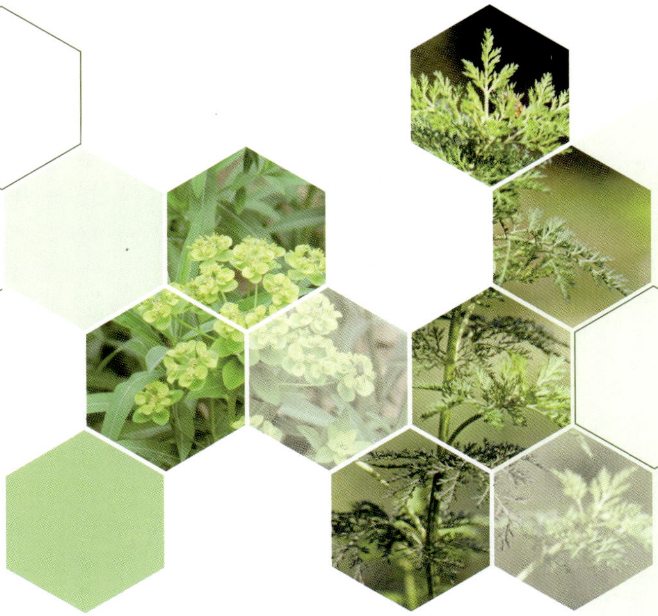

当代
药用植物典

赵中振·肖培根 主编

第一册

世界图书出版公司
上海·西安·北京·广州

图书在版编目（CIP）数据

当代药用植物典. 第一册／赵中振，肖培根主编.
上海：上海世界图书出版公司，2007.8
ISBN 978-7-5062-8889-7

I. 当… II. ①赵… ②肖… III. 药用植物—词典
IV. S567-61

中国版本图书馆CIP数据核字（2007）第099569号

当代药用植物典　　第一册

主编
赵中振　　肖培根

策划发行
冯国雄

责任编辑
施维

权利人
香港赛马会中药研究院有限公司
香港新界沙田香港科学园科技大道西 2 号生物资讯中心 703 室
电话：852 3551 7300　　传真：852 3551 7333
网址：www.hkjcicm.org

出版发行
上海世界图书出版公司
上海市尚文路 185 号 B 楼
邮政编码：200010
电话：86 21 63783016 转发行科
网址：www.wpcsh.com.cn

承印者
中华商务彩色印刷有限公司

出版日期
2007 年 9 月第 1 次印刷

版权所有·不准翻印
ISBN 978-7-5062-8889-7/S·3
图字：09-2007-423 号
定价：368.00元

前言

踏入21世纪，回归大自然的潮流席卷全球，人们对中国传统药物都趋之若鹜。随着人口老化以及人们对健康生活的热切追求，天然植物药和中国传统药物的防病治病、预防保健的特质及优势也为人们所认同，这从国际间的研究开发、生产以至销售使用都可见一斑。中国传统药物作为中华民族的文化瑰宝，在数千年的临床应用当中累积了大量宝贵经验，与西方医药一同在人类的医疗保健中担当着重要角色，是人类的共同财富。进一步认识及开发这一宝库，加强国际间对东西方天然植物药的了解及认识，是大多数人的期望，也是市场的需求及学术发展的必然。

作为东西方文化的交汇点，资讯发达是香港的一大优势。香港赛马会中药研究院自成立以来，一直致力于全面推动中医药的发展，并将中医药资讯交流列为发展重点之一。

2003年下半年，在香港赛马会慈善基金的资助以及研究院董事局的支持下，香港赛马会中药研究院筹备编纂一套《当代药用植物典》以加强中医药资讯交流。2004年，《当代药用植物典》的编纂工作正式开始。此项目由研究院负责统筹，并由赵中振教授与肖培根院士共同主编，联同众多中医药专家、学者合力完成。

本书的主要特色在于：

1. **融汇中西**：全书分为3篇共4册，分别为东方篇（第一及第二册）、西方篇（第三册）与岭南篇（第四册）。内容包括不同传统医学体系的传统用药，也涉及新兴的药用植物产品、天然健康产品、天然化妆品、天然色素等。

2. **与时俱进**：作者除对海内外药用植物进行深入调查与研究外，对浩瀚的传统药物学文献资料也进行了系统整理、归纳与分析，同时力求展示每种药用植物化学、药理学、临床医学等海内外研究的最新进展。全书完成后，还将是一套不断更新的资料库。

3. **图文并茂**：本书照片大多为编著者长年跋山涉水、深入药材产区与生长地所获得的第一手珍贵资料，科学地记录了药用植物的鉴别特征，生动地展现了药用植物生长的自然风貌。书中收录的对号标本已完好保存于香港浸会大学中药标本中心。

4. **温故知新**：《当代药用植物典》的编纂，不是简单的文献堆砌，每篇专论后均附有评注，对于植物药的开发与持续利用，阐述了作者的独到见解。书中还对部分中药安全性用药的问题给予提示。

5. **中英双语**：全书将分为中、英文版先后出版，以便国际交流。

综观全书，内容丰富，实用性强。本书可供从事医药教育、科研、生产、检验、管理、临床、贸易等方面的人士参考。

编辑及统筹委员会在此谨向香港赛马会中药研究院董事局各成员致意，感谢其于本书编纂、统筹工作当中的指导及支援，使本书的编写工作能顺利开展和完成。

由于本书的篇幅繁多，所涉及的药用植物及其相关文献资料也非常广泛，此外在相关学科领域上的研究及发展日新月异，因此本书若有不足或错漏之处敬请读者提出宝贵意见。

香港赛马会中药研究院
《当代药用植物典》编辑及统筹委员会
2007年9月

主编介绍

赵中振教授，现任香港浸会大学中医药学院中药课程主任，兼任香港中医药管理委员会中药组委员、香港卫生署中药标准科学委员会委员、世界卫生组织西太区传统医药顾问、美国草药典委员会顾问，长期从事药用植物资源、中药鉴定与质量研究。

1982年	北京中医药大学	中医学学士
1985年	中国中医研究院	中药学硕士
1992年	东京药科大学	药学博士

主编　《中国药典中药粉末显微鉴别彩色图集》
　　　《百方图解》《百药图解》系列丛书（中、英文版）
　　　《香港中药材图鉴》（中、英文版）
　　　《中药显微鉴别图鉴》（中、英文版）
　　　《香港容易混淆中药》（中、英文版）

肖培根院士，现任中国医学科学院药用植物研究所研究员、名誉所长、国家中医药管理局中药资源利用与保护重点实验室主任。兼任北京中医药大学中药学院教授、名誉所长，香港浸会大学中医药学院客座教授等。长期从事药用植物及中药研究，致力于开创药用亲缘学的研究。

1953年	厦门大学	理学学士
1994年	中国工程院	院士
2002年	香港浸会大学	荣誉理学博士

现任《中国中药杂志》主编；*J. Ethnopharmacology*；*Phytomedicine*；*Phytotherapy Research* 等杂志编委。

主编《中国本草图录》《新编中药志》等大型专著。

香港赛马会中药研究院

香港赛马会中药研究院于 2001 年由香港特区政府推动，并获香港赛马会慈善信托基金承诺拨款 5 亿港元支援其研发计划而成立。研究院的使命是促进和支持香港的中药研发工作走向现代化和进一步发展。

作为中药策略性发展平台，研究院主要负责协助政府推行中药及其创新科技政策，通过质控、科学、循证及应用，以及配合市场需求和业界的研发方向，透过合作发展相关技术，开发高品质的中药产品，建立国际中药品牌，以加快中医药的现代化及国际化进程。

欢迎浏览研究院网站：www.hkjcicm.org

编辑及统筹委员会

统筹委员会： 徐宏喜　朱志贤　郑全龙　肖培根
　　　　　　　赵中振　洪雪榕　老荣璋

主　　编： 赵中振　肖培根

副 主 编： 严仲铠　姜志宏　洪雪榕　邬家林　陈虎彪　彭　勇　徐　敏　禹志领

项目顾问： 谢明村　谢志伟

常务编辑委员会： 洪雪榕　吴孟华　叶俏波　郭　平　胡雅妮　梁之桃　区　彤

编辑委员会： 赵凯存　许慧玲　周　华　梁士贤　杨智钧　李　敏　卞兆祥
　　　　　　　易　涛　董小萍　张　梅　乐　巍　黄文华　刘苹回

项目统筹： 洪雪榕

执行编辑： 吴孟华　老荣璋

审　　阅： 谢明村

编辑助理： 李会军　白丽萍　陈　君　孟　江　程轩轩　易　玲　宋　越　马　辰
　　　　　　　袁佩茜　聂　红　夏　黎　蓝永豪　黄静雯　周芝苡　黄咏诗

植物摄影： 陈虎彪　邬家林　吴光弟　赵中振　严仲铠　徐克学　区　彤　云南省药物研究所
　　　　　　　李宁汉　指田丰　杨春林余霖　张　浩　胡雅妮　李晓瑾　郑汉臣　御影雅幸
　　　　　　　Mi-Jeong Ahn　裴卫忠　贺定翔　张继

药材摄影： 陈虎彪　陈亮俊　区　彤　唐得荣

特别鸣谢以下各人士的宝贵意见、指导及支持：
　　　　　　　曾育麟　袁昌齐　洪　恂　李宁汉　周荣汉　Martha Dahlen　陈露玲　李钟文
　　　　　　　郑会健　寇根来

《当代药用植物典》编写说明

1. 《当代药用植物典》共收载世界范围内常用的药用植物500条目,涉及原植物800余种。以中(繁、简体)、英文版本问世。

   全书分为第一、二册东方篇(以东方传统医学常用药为主,如中国、日本、朝鲜半岛、印度等),第三册西方篇(以欧美常用植物药为主,如欧洲、俄罗斯、美国等),第四册岭南篇(以岭南地区出产与常用的草药为主,也包括经此地区贸易流通的常见药用植物)。

2. 《当代药用植物典》以药用植物正名为辞目,共分名称、概述、原植物照片、药材照片、化学成分与结构式、药理作用、应用、评注、参考文献等9项,顺序著录。

3. 名称

   (1) 以药用植物资源种的拉丁学名为本书正名,并以此为序,右上角以小字标明各国药典收载情况,如:CP(《中国药典》)、JP(《日本药局方》)、KHP(《韩国草药典》)、VP(《越南药典》)、IP(《印度药典》)、USP(《美国药典》)、EP(《欧洲药典》)、BP(《英国药典》)。

   (2) 除中文正名之外,《当代药用植物典》还收载汉语拼音名、药用植物英文名、药材中文名、药材拉丁名等。

   (3) 药用植物拉丁学名及中文正名,首先以《中国药典》(2005版)原植物名为准,如《中国药典》没有收载,则参考《新编中药志》、《中华本草》等有关专著确定。民族药以《中国民族药志》收录的名称为准。国外药用植物的拉丁学名以所在国药典为准,其中文名参照《欧美植物药》及其他相关文献拟定。

   (4) 药材中文名和药材拉丁名以《中国药典》为准,如《中国药典》没有收载,则参照《中华本草》拟定。

4. 概述

   (1) 首先标示该药用植物种在植物分类学上的分类位置。写出科名(括弧内标示科之拉丁名称)、植物名、拉丁学名及药用部位。如一种药用植物多部位药用者,则分别叙述。

   (2) 记述药用植物所在属的名称,括弧内标示属之拉丁名称,介绍本属和本种在全球的分布区及产地。一般记述到洲和国家,特产种收录道地产区。

   (3) 简单介绍该药用植物最早文献出处、历史沿革。记述主产国家药用植物法定地位及药材的主要产地。

   (4) 概述该药用植物的化学成分研究成果,主要介绍活性成分、指标性成分。记述主要药典控制药材质量的方法。

   (5) 概述该药用植物的药理作用。

   (6) 介绍该药用植物的主要功效。

5. 原植物与药材照片

   (1) 《当代药用植物典》使用彩色图片包括:原植物图片、药材图片及部分种植基地图片。

   (2) 原植物图片或含该药用植物种图片与近缘药用植物种图片等;药材图片或含原药材图片与饮片图片等。

6. 化学成分

   (1) 主要收载该药用植物已经国内外期刊、专著上发表的主要成分、有效成分(或国家列为药食兼用种的营养成分）、特征性成分。对可作为控制该种原植物质量的指标性成分作重点记述。标示有中英文名及部分成分的化学结构式，并用方括号［ ］标出文献号。成分的中文名称参照《中华本草》及有关专著。没有中文名称的仅列出英文名称。蛋白质、氨基酸、多糖、微量元素等一般未列入。

(2) 化学结构式统一用 ISIS Draw 软件绘制，其下方适当位置标有英文名称。

(3) 正文中化学中文名首次出现时，其后写出英文名，并加上括号，其第一个字母小写。中文第二次出现时不再标写英文名。

(4) 该药用植物的化学成分类别较多时，如：生物碱类、黄酮类、苷类等，在其"类"下记述其单一成分时在"类"后用冒号（：），每单一成分之间用顿号（、），该类成分记述结束后用分号（；），整个植物器官成分结束后用句号（。），其他"类"依次类推。

(5) 同一基源植物的不同部位已作为单一商品生药入药，化学成分研究内容较少者简单记述，如各部位内容较多，则分段分别记述。

7. 药理作用

(1) 介绍该药用植物种及其有效成分或提取物已发表的实验药理作用内容，依药理作用简单记述或分项逐条记述。首先记述该植物的主要药理作用，其他作用视内容多寡，逐条记述。

(2) 概述实验研究所用的药物（包含药用部位、提取溶剂等）、给药途径、实验动物、作用机制等，并用方括号［ ］标出文献号。

(3) 首次出现的药理专业术语于括弧内标示英文缩略语，第二次出现时仅标示中文名或英文缩略语。

8. 应用

(1) 因《当代药用植物典》收集内容包括药用植物、药用化学成分来源植物、保健品基原植物和化妆品基原植物等。故本项定为"应用"，项下包括：功能、主治和现代临床三部分。视不同基原种的用途给予客观记述。药用化学成分来源植物则仅说明其用途，未分项描述。

(2) 功能和主治准确按中医理论对该药用植物种及各药用部位进行表述。主要参考文献为《中国药典》《中华本草》及其他相关专著。

(3) 现代临床部分以临床实践为准，表述该药用植物的临床适应证。

9. 评注

(1) 以该药用植物为主，用历史和未来的眼光，概括阐述该种植物研究的特点和不足，提出开发应用前景、发展方向和重点。

(2) 对属于中国国家卫生部规定的药食同源品种或香港常见毒剧药名单的药用植物种，文中予以说明。

(3) 评注中还包括该药用植物种植基地的分布情况。

(4) 对已有明显不良反应报道的药用植物，概括阐述其安全性问题与应用注意事项。

10. 参考文献

(1) 对 20 世纪 90 年代以前已佚文献，采用转引方式。

(2) 对原出处中术语与人名有明显错误之处，予以更正。

(3) 参考文献照国际通用写法。

11. 计量单位，采用国际通用的剂量单位和符号。数字均用阿拉伯数字，如：1、2、3……，不用一、二、三……文中主要成分含量的描述一般保留 2 位有效数字。

12. 《当代药用植物典》编制的索引有：拉丁学名索引、中文笔画索引、拼音索引、英文名称索引。

目录

前言

主编介绍

编辑及统筹委员会

《当代药用植物典》编写说明

当代药用植物典 ◆ 第一册

Acanthopanax gracilistylus W. W. Smith 细柱五加 2

Acanthopanax senticosus (Rupr. et Maxim.) Harms 刺五加 6

Achyranthes bidentata Bl. 牛膝 12

Aconitum carmichaeli Debx. 乌头 16

Aconitum kusnezoffii Reichb. 北乌头 20

Acorus tatarinowii Schott 石菖蒲 24

Adenophora stricta Miq. 沙参 28

Agrimonia pilosa Ledeb. 龙芽草 31

Albizia julibrissin Durazz. 合欢 35

Allium tuberosum Rottl. 韭菜 39

Ampelopsis japonica (Thunb.) Makino 白蔹 42

Anemarrhena asphodeloides Bge. 知母 45

Anemone raddeana Regel 多被银莲花 50

Angelica acutiloba (Sieb. et Zucc.) Kitag. 日本当归 53

Angelica dahurica (Fisch. ex Hoffm.) Benth. et Hook. f. 白芷 56

Angelica gigas Nakai 朝鲜当归 60

Angelica pubescens Maxim. f. *biserrata* Shan et Yuan 重齿毛当归 64

Angelica sinensis (Oliv.) Diels 当归 67

Arctium lappa L. 牛蒡 71

Ardisia crenata Sims 朱砂根 75

Arisaema erubescens (Wall.) Schott 天南星 78

Arnebia euchroma (Royle) Johnst. 新疆紫草 82

Artemisia annua L. 黄花蒿 86

Artemisia argyi Lévl. et Vant. 艾 90

Artemisia scoparia Waldst. et Kit. 滨蒿 94

Asarum heterotropoides Fr. Schmidt var. *mandshuricum* (Maxim.) Kitag. 北细辛 98

Asparagus cochinchinensis (Lour.) Merr. 天冬 102

Aster tataricus L. f. 紫菀 106

Astragalus membranaceus (Fisch.) Bge. 膜荚黄芪 110

Atractylodes lancea (Thunb.) DC. 茅苍术 116

Atractylodes macrocephala Koidz. 白术 120

Aucklandia lappa Decne. 木香 124

Auricularia auricula (L. ex Hook.) Underw. 木耳 128

Belamcanda chinensis (L.) DC. 射干 132

Berberis poiretii Schneid. 细叶小檗 136

Bidens bipinnata L. 鬼针草 140

Bletilla striata (Thunb.) Reichb. f. 白及 144

Broussonetia papyrifera (L.) Vent. 构树 148

Buddleja officinalis Maxim. 密蒙花 152

Bupleurum chinense DC. 柴胡 156

Bupleurum falcatum L. 三岛柴胡 160

Campsis grandiflora (Thunb.) K. Schum. 凌霄 164

Cannabis sativa L. 大麻 168

Cassia obtusifolia L. 决明 172

Celosia argentea L. 青葙 176

Celosia cristata L. 鸡冠花 180

Chaenomeles speciosa (Sweet) Nakai 贴梗海棠 184

Chrysanthemum indicum L. 野菊 188

Chrysanthemum morifolium Ramat. 菊 192

Cichorium intybus L. 菊苣 196

Cimicifuga foetida L. 升麻 200

Cirsium japonicum Fisch. ex DC. 蓟 204

Cirsium setosum (Willd.) MB. 刺儿菜 207

Cistanche deserticola Y. C. Ma 肉苁蓉 210

Citrus medica L. var. *sarcodactylis* (Noot.) Swingle 佛手 214

Citrus reticulata Blanco 橘 218

Clematis chinensis Osbeck 威灵仙 222

Clematis montana Buch. -Ham. 绣球藤 226

Cnidium monnieri (L.) Cuss. 蛇床 230

Codonopsis pilosula (Franch.) Nannf. 党参 233

Coix lacryma-jobi L. var. *mayuen* (Roman.) Stapf 薏苡 237

Commelina communis L. 鸭跖草 241

Coptis chinensis Franch. 黄连 244

Coptis japonica Makino 日本黄连 248

Cordyceps sinensis (Berk.) Sacc. 冬虫夏草 252

Cornus officinalis Sieb. et Zucc. 山茱萸 256

Corydalis yanhusuo W. T. Wang 延胡索 260

Crataegus pinnatifida Bge. 山楂 264

Croton tiglium L. 巴豆 268

Curculigo orchioides Gaertn. 仙茅 272

Curcuma wenyujin Y. H. Chen et C. Ling 温郁金 276

Cuscuta chinensis Lam. 菟丝子 279

Cyathula officinalis Kuan 川牛膝 283

Cynanchum atratum Bge. 白薇 287

Cynanchum stauntonii (Decne.) Schltr. ex Lévl. 柳叶白前 290

Cynomorium songaricum Rupr. 锁阳 294

Datura innoxia Mill. 毛曼陀罗 298

Dendrobium nobile Lindl. 金钗石斛 302

Dianthus superbus L. 瞿麦 306

Dichroa febrifuga Lour. 常山 309

Dictamnus dasycarpus Turcz. 白鲜 312

Dioscorea bulbifera L. 黄独 316

Dioscorea opposita Thunb. 薯蓣 320

Dipsacus asperoides C. Y. Cheng et T. M. Ai 川续断 324

Dolichos lablab L. 扁豆 328

Drynaria fortunei (Kunze) J. Sm. 槲蕨 331

Dysosma versipellis (Hance) M. Cheng ex Ying 八角莲 335

Eclipta prostrata L. 鳢肠 338

Ephedra sinica Stapf 草麻黄 342

Epimedium brevicornum Maxim. 淫羊藿 346

Eriobotrya japonica (Thunb.) Lindl. 枇杷 351

Eucommia ulmoides Oliv. 杜仲 355

Eupatorium fortunei Turcz. 佩兰 359

Euphorbia kansui T. N. Liou ex T. P. Wang 甘遂 362

Euphorbia lathyris L. 续随子 366

Euphorbia pekinensis Rupr. 大戟 370

Evodia rutaecarpa (Juss.) Benth. 吴茱萸 373

Ficus carica L. 无花果 377

Foeniculum vulgare Mill. 茴香 380

Forsythia suspensa (Thunb.) Vahl 连翘 384

Fraxinus rhynchophylla Hance 苦枥白蜡树 388

Fritillaria cirrhosa D. Don 川贝母 392

Fritillaria thunbergii Miq. 浙贝母 395

Ganoderma lucidum (Leyss. ex Fr.) Karst. 赤芝 399

Gardenia jasminoides Ellis 栀子 404

Gastrodia elata Bl. 天麻 408

Gentiana macrophylla Pall. 秦艽 412

Gentiana scabra Bge. 龙胆 ... 416

Geranium wilfordii Maxim. 老鹳草 ... 420

Ginkgo biloba L. 银杏 ... 424

Gleditsia sinensis Lam. 皂荚 ... 428

Glehnia littoralis Fr. Schmidt ex Miq. 珊瑚菜 ... 432

Glycyrrhiza uralensis Fisch. 甘草 ... 436

Hedysarum polybotrys Hand.-Mazz. 多序岩黄芪 ... 442

Hemerocallis fulva L. 萱草 ... 446

Hippophae rhamnoides L. 沙棘 ... 450

Houttuynia cordata Thunb. 蕺菜 ... 454

Hovenia dulcis Thunb. 北枳椇 ... 458

Ilex cornuta Lindl. ex Paxt. 枸骨 ... 462

Imperata cylindrica Beauv. var. *major* (Nees) C. E. Hubb. 白茅 ... 466

Inula helenium L. 土木香 ... 469

Inula japonica Thunb. 旋覆花 ... 473

Isatis indigotica Fort. 菘蓝 ... 477

Juglans regia L. 胡桃 ... 481

Kochia scoparia (L.) Schrad. 地肤 ... 484

索引

拉丁学名索引 ... 488

中文笔画索引 ... 492

拼音索引 ... 495

英文名称索引 ... 498

当代药用植物典

第一册

细柱五加 Xizhuwujia CP

五加科

Acanthopanax gracilistylus W.W. Smith
Slenderstyle Acanthopanax

概述

五加科 (Araliaceae) 植物细柱五加 *Acanthopanax gracilistylus* W. W. Smith，其干燥根皮入药。中药名：五加皮。

五加属 (*Acanthopanax*) 植物全世界约有 35 种，分布于亚洲。中国约有 26 种，占世界首位，现供药用者约有 22 种。细柱五加分布于中国中南、西南、陕西、江苏、安徽、浙江、江西、福建等地。

"五加皮"药用之名，始载于《神农本草经》，列为上品。历代本草所记载的五加皮，为细柱五加及五加属多种植物的根皮。《中国药典》(2005 年版) 收载本种为中药五加皮的法定原植物来源种。主产于中国湖北、河南、安徽等地。

细柱五加主要含有苯丙素苷类、二萜类、挥发油等成分。《中国药典》采用性状及显微鉴别等项目作指标控制五加皮药材质量。

药理研究表明，细柱五加具有抗炎镇痛、抗疲劳、调节免疫、抗肿瘤等作用。

中医理论认为五加皮具有祛风湿，补肝肾，强筋骨，利水等功效。

细柱五加 *Acanthopanax gracilistylus* W. W. Smith

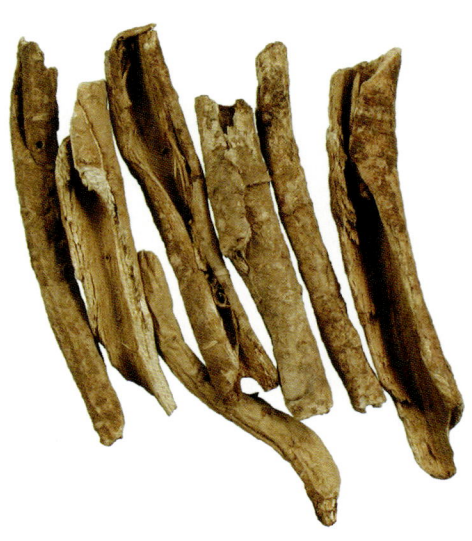

药材五加皮 Cortex Acanthopanacis Gracilistyli

1cm

白簕 *A. trifoliatus* (L.) Merr.

化学成分

细柱五加根皮含苷类成分：紫丁香苷 (syringin)、刺五加苷B、B_1 (eleutherosides B, B_1)；二萜类成分：16α-羟基-(-)-贝壳松-19-酸[16α-hydroxy-(-)-kauran-19-oic acid]、异贝壳杉烯酸[ent-16-kauren-19-

syringin

eleutheroside B_1

oic acid, kaurenoic acid]、五加酸[(-)-pimara-9(11),15-dien-19-oic acid][1]、ent-16a,17-dihydroxy-kauran-19-oic acid[2]、南五萜酸[3-hydroxy-lup-20(29)-en-23,28-dioic acid]等；挥发油类成分：4-甲基水杨醛(4-methylsalicylaldehyde)、优藏茴香酮(eucarvone)、双氢葛缕酮(dihydrocarvone)、花侧柏烯(cuparene)、三肉豆蔻酸甘油酯(myristin)、马鞭草烯酮(verbenone)、反式马鞭草烯醇(trans-verbenol)[3]等；还含有氨基酸[4]等。

茎皮含苷类成分：紫丁香苷[5]等；挥发油类成分：马鞭草烯酮、1,5,8-薄荷三烯(p-mentha-1,5,8-triene)、n-butyl isobutylphthalate、p-mentha-1,5-diene-8-ol[3, 5]等。

叶含三萜苷类成分：acankoreosides A、C、D、wujiapiosides A、B[6-7]等。

药理作用

1. **抗炎、镇痛**
   五加皮水或正丁醇提取物腹腔注射对角叉菜胶所致大鼠足趾肿胀有显著抑制作用。五加皮所含的二萜类成分有抗炎活性[2]。热板法实验表明，给小鼠腹腔注射五加皮正丁醇提取物，有较明显的镇痛作用。

2. **适应原样作用**
   五加皮水提液、总苷灌胃能显著延长小鼠游泳时间及在常压缺氧和寒冷条件下的生存时间；也能显著抑制中老龄大鼠体内脂质过氧化物(LPO)的生成[8-9]。

3. **免疫调节功能**
   腹腔注射五加皮注射剂可明显抑制小鼠腹腔巨噬细胞吞噬率和吞噬指数，降低空斑形成细胞(PFC)数目，并能明显延长移植组织的存活时间[10]。细柱五加提取物体外显著抑制人淋巴细胞的增殖反应，但显著促进单核细胞产生细胞活素[11]；五加皮总苷可明显提高小鼠血清的抗体浓度。五加皮醇提物灌胃能显著拮抗环磷酰胺所致的白细胞减少。

4. **促性腺激素样作用**
   南五加糖苷灌胃能明显增加幼年大鼠睾丸、前列腺和精囊重量。

5. **保肝**
   五加皮水提醇沉上清液和多糖给小鼠灌胃可使幼年小鼠和CCl_4中毒小鼠的肝细胞DNA合成明显增加。

6. **抗胃溃疡**
   南五加萜酸灌胃对消炎痛和无水乙醇以及幽门结扎所致的大鼠实验性胃溃疡均有良好保护作用，还可显著升高幽门结扎大鼠胃液中氨基多糖的含量[10]。

7. **抗肿瘤**
   细柱五加提取物体外能显著抑制人肿瘤细胞MT-2、Ragi、HL-60、TMK-1和HSC-2的增殖[12]。五加皮水提液体外显著抑制肿瘤细胞MT-2的增殖，抑制率与其浓度呈较好的量效关系；灌胃能改善荷瘤小鼠的一般情况，显著延缓肿瘤的生长，明显延长荷瘤小鼠的生存期，其抗肿瘤活性成分为蛋白质。该蛋白质通过促进单核细胞分泌细胞因子，增强其吞噬功能，可杀伤肿瘤或抑制肿瘤发生[13-15]。

8. **抗诱变**
   五加皮水提液灌胃，对丝裂霉素C (mitomycin C)诱发的小鼠骨髓细胞微核率和精子畸形率均有显著的拮抗作用[16]。

9. **其他**
   五加皮还有减肥[17]、抑制透明质酸酶活性[18]等作用。

应用

本品为中医临床用药。功能：祛风湿，强筋骨，利尿。主治：①风湿痹痛，四肢拘挛；②肝肾不足，腰膝痿软及小儿行迟等；③水肿，小便不利。

现代临床还用于风湿性关节炎、小儿麻痹后遗症、阳痿、贫血、神经衰弱等病的治疗。

评注

目前市售五加皮来源为同属多种植物根皮的混合品。近年对五加属14种南五加皮类药材的化学成分进行分析，结果显示除白五加 Acanthopanax trifoliatus (L.) Merr. 和其变种刚毛白五加 A. trifoliatus (L.) Merr. var. setosus Li 外，其他各种五加皮的总皂苷及苷B、苷D的含量基本相近。刺五加 A. senticosus (Rupr. et Maxim.) Harms 与细柱五加相比有较强的抗疲劳、抗应激、升白作用。红毛五加 A. giraldii Harms 水提物抗疲劳作用稍低于刺五加，但升白作用和抗炎作用都比刺五加强。

经多年研究和使用，五加皮已成为公认的较好的补益强壮药。有报道用五加属植物及其提取物制成保健食品，也有用刺五加制成茶剂，用提取物与烟酸毛果芸香碱等合用制成生发剂等。刺五加所含多种葡萄糖苷，对皮脂分泌、皮肤水合作用、减少皱纹有益，效果优于人参的提取物。说明五加皮在研制保健、美容、化妆品等方面，有广阔的前景。

参考文献

[1] 刘向前，陆昌洙，张承烨．细柱五加化学成分的研究．中草药．2004，35(3)：250-252

[2] 唐祥怡，马元春，李培金．细柱五加抗炎二萜的分离和鉴定．中国中药杂志．1995，20(4)：231

[3] 刘向前，张承烨，印文教，柳钟薰，陆昌洙．细柱五加的挥发油成分分析．中草药．2001，32(12)：1074-1075

[4] 金同顺，欧惠英．3种五加中微量元素和氨基酸含量分析．南京师大学报（自然科学版）．1995，18(12)：45-49

[5] XQ Liu, SY Chang, SY Park, T Nohara, CS Yook. Studies on the constituents of the stem barks of *Acanthopanax gracillistylus* W.W. Smith. *Natural Product Sciences*. 2002, 8(1): 23-25

[6] XQ Liu, SY Chang, SY Park, T Nohara, CS Yook. A new lupane-triterpene glycoside from the leaves of Acanthopanax gracilistylus. *Archives of Pharmacal Research*. 2002, 25(6): 831-836

[7] CS Yook, XQ Liu, SY Chang, SY Park, T Nohara. Lupane-triterpene glycosides from the leaves of *Acanthopanax gracilistylus*. *Chemical & Pharmaceutical Bulletin*. 2002, 50(10): 1383-1385

[8] 谢世荣，黄彩云，黄胜英．五加皮水提液的抗衰老作用研究．中药药理与临床．2004，20(2)：26

[9] 谢世荣，黄彩云，黄胜英．五加皮总苷的抗衰老作用研究．医药导报．2003，22(4)：226-228

[10] 王本祥．现代中药药理学．天津：天津科学技术出版社．1997：423-424

[11] BE Shan, Y Yoshita, T Sugiura, U Yamashita. Suppressive effect of Chinese medicinal herb, *Acanthopanax gracilistylus*, extract on human lymphocytes *in vitro*. *Clinical and Experimental Immunology*. 1999, 118(1): 41-48

[12] BE Shan, K Zeki, T Sugiura, Y Yoshida, U Yamashita. Chinese medicinal herb, *Acanthopanax gracilistylus*, extract induces cell cycle arrest of human tumor cells *in vitro*. *Japanese Journal of Cancer Research: Gann*. 2000, 91(4): 383-389

[13] 单保恩，李巧霞，梁文杰，许红，刘冀琴，张华，刘刚叁．中药五加皮抗肿瘤作用体内外实验研究．中国中西医结合杂志．2004，24(1)：55-58

[14] 单保恩，斯重阳，张金忠，梁文杰，李巧霞，张华，刘刚叁．中药五加皮抗肿瘤活性成分的分离．癌变·畸变·突变．2004，16(4)：203-205，222

[15] 单保恩，段建萍，张丽华，梁文杰，李巧霞，刘冀琴，张华，刘刚叁．五加皮抗肿瘤活性物质Age对单核细胞产生TNF-α和IL-12的影响．中国免疫学杂志．2003，19(7)：490-493

[16] 刘冰，庞慧民，陈敏怡．五加皮的体内抗诱变性研究．癌变·畸变·突变．1999，11(1)：11-14

[17] 朱彩凤，朱铉，李凤龙，徐善华．细柱五加根皮水提液减肥作用的实验研究．延边大学医学学报．1997，20(3)：152-154

[18] Y Kim, YK Noh, GI Lee, YK Kim, KS Lee, KR Min. Inhibitory effects of herbal medicines on hyaluronidase activity. *Saengyak Hakhoechi*. 1995, 26(3): 265-272

刺五加 Ciwujia CP, JP

五加科

Acanthopanax senticosus (Rupr. et Maxim.) Harms
Manyprickle Acanthopanax

概述

五加科 (Araliaceae) 植物刺五加 *Acanthopanax senticosus* (Rupr. et Maxim.) Harms，其干燥根及根茎或茎入药。中药名：刺五加。

五加属 (*Acanthopanax*) 植物全世界约有 35 种，分布于亚洲。中国约有 26 种，现供药用者约 22 种。本种主要分布于中国黑龙江、吉林、辽宁以及河北、山西等地。朝鲜半岛、日本和俄罗斯远东地区也有分布。

《神农本草经》只记载有五加皮。历代本草对五加皮原植物形态的描述，应是指五加科五加属的多种植物，也可能包括本种在内。近代也有以刺五加根皮代五加皮药用的记载。《中国药典》(2005 年版) 收载本种为中药刺五加的法定原植物来源种。主产地为辽宁、吉林、黑龙江、河北、陕西等。

刺五加的根、根茎或茎的主要活性成分是苯丙素苷类、多糖、黄酮等。《中国药典》采用高效液相色谱法进行测定，规定紫丁香苷含量不得少于 0.050%，以控制药材质量。

药理研究表明，刺五加具有镇静、减轻脑缺血、抗肿瘤、增强免疫和延缓衰老等作用。

中医理论认为刺五加具有益气健脾，补肾安神等功效。

刺五加 *Acanthopanax senticosus* (Rupr. et Maxim.) Harms

刺五加 A. senticosus (Rupr. et Maxim.) Harms

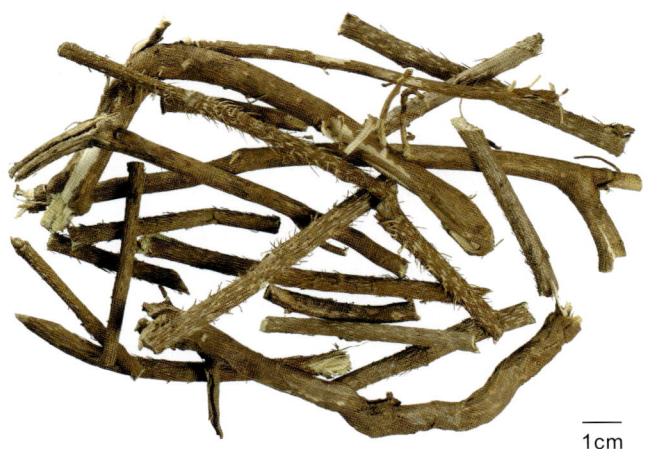

药材刺五加 Radix et Rhizoma seu Caulis Acanthopanacis Senticosi

1cm

化学成分

刺五加根、根茎或茎主要含多种苷类化合物：五加苷 A、B、B_1、C、D、E、F、G (eleutherosides A-B, B_1, C-G)[1-3]等；多糖类化合物：刺五加多糖 PES-A 和 PES-B (Acanthopanax senticosus polysaccharides A-B)、刺五加多糖 ASII、ASIII[4]；茎叶中还含有刺五加酮 (ciwujiatone)、异秦皮素 (isofraxidin)[5]、新刺五加酚 (neociwujiaphenol)、阿魏酸蔗糖苷 (feruloyl sucrose)[6]、白桦脂酸 (betulinic acid)、苦杏仁苷 (amygdalin)、芝麻素 (sesamin)、鹅掌楸碱 (liriodendrin)[7]、反式-4,4'-二羟基-3,3'-二甲氧基均二苯乙烯 (trans-4,4'-dihydroxy-3,3'-dimethoxystilbene)、原报春花素 A (protoprimulagenin A) 及其糖苷[8]、绿原酸 (chlorogenic acid)[9]、香草酸 (vanillic acid)、丁香酸 (syringic acid)、对羟基苯乙醇 (tyrosol)、异香草醛 (isovanillin)[10]等。

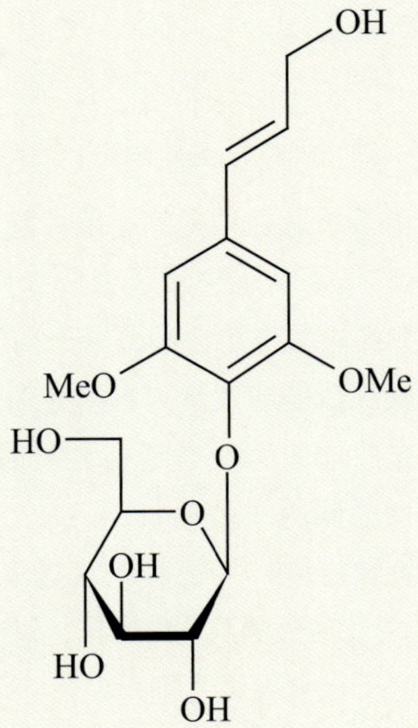

eleutheroside B

刺五加叶中还含有三萜皂苷类化合物：刺五加叶苷A、B、C、D、E、F (senticosides A – F)[11]、五加苷 I、K、L、M[12]、刺五加苷 A_1、A_2、A_3、A_4、B、C_1、C_2、C_3、C_4、D_1、D_2、D_3、E (ciwujianosides $A_1 – A_4$, B, $C_1 – C_4$, $D_1 – D_3$, E)[13-14]；黄酮类化合物：槲皮苷 (quercitrin)、金丝桃苷 (hyperin)、槲皮素 (quercetin)、芦丁 (rutin)[15]。

药理作用

1. **对中枢神经系统的影响**

   刺五加醇水提取物腹腔注射可明显减少小鼠自主活动、延长惊厥的潜伏期和睡眠时间，有明显的镇静作用；还可降低老年大鼠纹状体、中脑、延脑单氨氧化酶 B (MAO – B) 的活性，升高下丘脑 MAO – A 的活性。刺五加花果挥发油乳剂、醇提取物或水提取物腹腔注射均可显著延长小鼠戊巴比妥钠的睡眠时间。

2. **对心脑血管系统的影响**

   (1) **对心脏和脑的作用** 刺五加叶总皂苷舌下静脉注射对大鼠心肌缺血再灌注损伤具有明显保护作用，可明显缩小其心肌梗死范围 (MIS)，降低血清磷酸肌酸激酶 (CK)、乳酸脱氢酶 (LDH) 活性及脂质过氧化物 (LFO) 含量，提高超氧化物歧化酶 (SOD) 及谷胱甘肽过氧化物酶 (GSH – Px) 的活性，能使血浆内皮素 (ET)、血管紧张素 II (Ang II)、血栓素 A_2 (TXA_2) 水平明显下降，前列环素 (PGI_2) 水平及 PGI_2/TXA_2 比值明显增高，也可使心肌梗死及非梗死区心肌游离脂肪酸 (FFA) 含量明显降低[16]；刺五加叶总皂苷腹腔注射还能有效抑制急性心肌梗塞大鼠的心室重构[17]，并对大鼠离体工作心脏具有负性肌力作用[18]。刺五加叶总皂苷静脉注射可使氯化钡诱发的大鼠心律失常迅速转复窦性心律，显著增加豚鼠对哇巴因的耐量，对大量氯化钙引起大鼠室颤致死也有较好的保护作用[19]。刺五加提取液尾静脉注射对小鼠全脑缺血及对大鼠不完全脑缺血有保护作用，能显著延长小鼠张口喘气时间；并能显著抑制大鼠脑含水量、脑指数及乳酸脱氢酶的增加[20]。刺五加叶总皂苷在体外还能提高神经元缺血性损伤模型神经元存活率、降低 LDH 释放量及一氧化氮 (NO) 含量，对缺血性神经元凋亡有保护作用[21]。

   (2) **对血液流变学的作用** 刺五加注射液静脉滴注能明显抑制犬蛛网膜下腔出血 (SAH) 后内皮素水平的升高；还能降低SAH后脑血管痉挛 (CVS) 犬血及脑脊液中降钙素基因相关肽 (CGRP) 的含量[22]。刺五加叶总皂苷腹腔注射对实验性脑缺血大鼠血液流变学及血小板功能的异常变化有明显的改善作用，能明显降低其全血黏度、血浆黏度、血浆纤维蛋白原浓度、血沉、红细胞压积、红细胞聚集指数、红细胞刚性指数及抑制血小板黏附、聚集功能[23]。

   (3) **降血脂** 刺五加叶总皂苷腹腔注射能明显降低实验性高脂血症大鼠血清中三酯甘油、总胆固醇 (TC)、低密度脂蛋白-胆固醇 (LDL – C)、TXA_2、血清过氧化脂质 (LPO) 含量，并能明显提高高密度脂蛋白-胆固醇 (HDL – C)、PGI_2 及 SOD 活性，也能使 TC/HDL – C 及 LDL – C/HDL – C 比值明显降低，PGI_2/TXA_2比值明显升高，肝脏脂肪沉积明显减轻[24]。

3. **免疫调节功能**

   刺五加多糖 (ASPS) 腹腔注射能增强环磷酰胺所致免疫抑制小鼠脾脏和肠系膜淋巴结的细胞数目、脾脏白髓总体积和淋巴结皮质总体积，具有增强免疫功能的作用[25]。对于强迫游泳所致的应激性免疫功能抑制小鼠，刺五加提取物口服给药能使 T 淋巴细胞和 B 淋巴细胞的协同作用、细胞杀伤活性以及非特异性免疫细胞的功能发生变化[26]。ASPS 小鼠腹腔注射能特异地增强小鼠的细胞免疫功能及对绵羊红细胞的体液免疫反应性[27]。ASPS 能有效促进免疫重建小鼠 B 淋巴细胞的功能，ASPS 腹腔注射可明显增强异基因骨髓移植小鼠脾细胞对刀豆蛋白 A (ConA) 和细菌脂多糖 (LPS) 的增殖反应；明显增强胸腺不依赖抗原 TNP – Ba（三硝基苯-布氏杆菌）的溶血空斑试验 (PFC) 反应[28]。刺五加注射液给小鼠尾静脉注射，可使其网状内皮系统的吞噬功能增强，免疫器官重量指数也有增加趋势[29]。刺五加片剂灌胃给药或注射液耳后缘静脉注射给药，对环磷酰胺诱导的家兔白细胞数目减少均有抑制作用[30]。ASPS 及其苷 B、D 和 E 还是理想的干扰素促诱生剂[31]。

4. **延缓衰老、对非特异性刺激的作用**

   刺五加根提取物口服给药可抑制豚鼠皮肤中脂质过氧化物的生成，防止胶原蛋白流失，促进外周血液循环，还具有抗疲劳作用[32]。刺五加中所含的金丝桃苷、氯原酸以及 dl – α – 生育酚可抑制大鼠肝微粒体中脂质过氧化物的生成[33]。刺五加总苷灌胃给药在增强肌体运动耐力、抵抗疲劳产生和加速疲劳消除等方面具有显著作用，能显著延长小鼠负重游泳时间，提高小鼠运动耐力；显著提高游泳后小鼠血清乳酸脱氢酶活力以及小鼠体内肌糖原和肝糖原的储备量；显著降低小鼠全血中乳酸和血清中尿素氮的含量[34]。刺五加苷及总黄酮有抗缺氧、抗高低温、抗辐射、抗应激反应和抗化学及生物性毒害等作用[35]。

5. **对内分泌系统的影响**
   刺五加能调节内分泌功能紊乱，阻止促皮质激素引起的大鼠肾上腺素增生，减少由可的松引起的肾上腺皮质萎缩。刺五加叶总皂苷给小鼠或大鼠腹腔注射，对葡萄糖、四氧嘧啶及肾上腺素所致的高血糖均有明显抑制作用[36]；灌胃给药可促进 II 型糖尿病大鼠胰岛素分泌，并使其空腹及口服葡萄糖后胰高血糖素样肽-1（Glp-1）分泌升高、血糖水平降低[37-38]。刺五加注射液腹腔注射能使健康成年雄性小鼠睾丸重量增加、曲细精管直径及生精细胞的层数及精子的数量增加[39]。刺五加的水及饱和正丁醇提取物在体外能显著改善人精子的运动功能，刺激精子活力[40]。

6. **调节物质代谢**
   刺五加提取物皮下注射，能使静息状态大鼠肌肉中乳酸和丙酮酸含量提高，肝中糖原含量减少。刺五加茎皮水提物口服，能明显抑制雄性大鼠因长期游泳引起的肝糖原下降[41]。刺五加苷能使游泳大鼠或脑局部缺血大鼠蛋白质和 DNA 合成增加、脂肪代谢提高。此外，刺五加提取物肌肉注射还使牛的无机盐代谢趋向正常。

7. **抗肿瘤**
   刺五加茎皮水提物在体外能抑制人胃癌细胞 KATO III 的生长，并诱导其凋亡[42]。ASPS 抑制体外培养的小鼠肉瘤细胞 S_{180}、人白血病细胞 K_{562} 增殖，并使 S_{180} 细胞膜磷脂及花生四烯酸含量减少，同时抑制膜磷脂酰肌醇转换[43-44]。ASPS 灌胃给药可诱导移植瘤小鼠 S_{180} 肉瘤细胞凋亡，其机制可能与促进 bax 基因的表达有关[45]。刺五加皂苷在体外还能抑制肝癌细胞 SMMC-7721 的增殖，并诱导其凋亡[46]。刺五加注射液给小鼠腹腔注射能诱生内源性肿瘤坏死因子（TNF），诱生白介素-2（IL-2），增强自然杀伤细胞的活性；抑制肿瘤生长，减少瘤、肺组织和血浆中尿激酶型纤溶酶原激活剂（UPA）与1型纤溶酶原激活剂抑制物（pAI-1）活性，干预实验性小鼠肺癌侵袭的转移过程[47-48]。

8. **其他**
   刺五加中的异秦皮素有抗炎作用[49]；刺五加注射液有改善实验动物骨性关节炎关节功能的作用[50]；刺五加醇浸液或水煎剂对白色葡萄球菌均有抑制作用；此外，刺五加还有止咳祛痰、抗过敏[51]等作用。

应用

本品为中医临床用药。功能：补肾强腰，益气安神，活血通络。主治：①肾虚体弱之腰膝痠软、小儿行迟等；②脾虚乏力，气虚浮肿，食欲不振，失眠多梦，健忘；③胸痹疼痛，风寒湿痹痛，跌打肿痛。

现代临床还用于风湿性关节炎、高血压、低血压、冠心病、心绞痛、高脂血症、糖尿病、慢性支气管炎、神经衰弱等病的治疗。

评注

刺五加及其制剂在国内外除了作为临床药物使用外，还开发出多种功能性食品和保健品。如刺五加果汁奶、刺五加豆奶保健食品、饲料添加剂、"西伯利亚人参"、"Sure2Endure 抗氧化及维生素、微量元素复合剂"等。此外，刺五加的嫩叶也可直接作为优质山野菜食用，具有清香美味的口感，经常食用能达到壮筋骨、活血去瘀、安神益气的作用。

近年来，刺五加已列为中国珍稀濒危三级保护物种，有濒临灭绝的危险。为实现永续利用，开展组织培养技术、繁殖苗木、建立苗木基地安排人工栽培等是保护刺五加的关键[52]。

刺五加 Ciwujia

参考文献

[1] YS Ovodov, GM Frolova, MY Nefedova, GB Elyakov. Glycosides of *Eleutherococcus senticosus*. II. The structure of eleutherosides A, B_1, C, and D. *Khimiya Prirodnykh Soedinenii*. 1967, **3**(1): 63-64

[2] YS Ovdov, GM Frolova, AK Dzizenko, VI Litvinenko. Structure and properties of eleutheroside B, glycoside of *Eleutherococcus senticosus*. *Seriya Khimicheskaya*. 1969, **6**: 1370-1372

[3] VF Lapchik, YS Ovodov. Localization of eleutherosides in the stem and root tissues of *Eleutherococcus senticosus*. *Rastitel'nye Resursy*. 1970, **6**(2): 228-229

[4] 佟丽, 李吉来. 刺五加多糖研究进展. 天然产物研究与开发. 1997, **11**(1): 87-92

[5] 吴立军, 郑健, 姜宝虹, 沈燕, 单征, 刘湘杰, 闫淑梅. 刺五加茎叶化学成分. 药学学报. 1999, **34**(4): 294-296

[6] 吴立军, 阮丽军, 郑健, 王菲菲, 丁复莉, 龚海平. 刺五加茎叶化学成分研究. 药学学报. 1999, **34**(11): 839-841

[7] 赵余庆, 杨松松, 柳江华, 赵光燃. 刺五加化学成分的研究. 中国中药杂志. 1993, **18**(7): 428-429

[8] E Segier-Kujawa, M Kaloga. Triterpenoid saponins of *Eleutherococcus senticosus*. *Journal of Natural Products*. 1991, **54**(4): 1044-1048

[9] M Aoyagi, Y Hatakeyama, M Anetai. Determination of some constituents in *Acanthopanax senticosus* Harms (Part V). Drying method and chem. evaluation of stems. *Hokkaidoritsu Eisei Kenkyushoho*. 2000, **50**: 91-93

[10] 苑艳光, 王录全, 吴立军, 吴振. 刺五加茎的化学成分. 沈阳药科大学学报. 2002, **19**(5): 325-327

[11] NI Suprunov. Glycosides of *Eleutherococcus senticosus* leaves. *Khimiya Prirodnykh Soedinenii*. 1970, **6**(4): 486

[12] GM Frolova. YS Ovodov. Triterpenoid glycosides of *Eleutherococcus senticosus* leaves. II. Structure of eleutherosides I, K, L, and M. *Khimiya Prirodnykh Soedinenii*. 1971, **5**: 618-622

[13] CJ Shao, RJ Kasai, JD Xu, O Tanaka. Saponins from leaves of *Acanthopanax senticosus* Harms., Ciwujia. II. Structures of Ciwujianosides A1, A2, A3, A4, and D3. *Chemical & Pharmaceutical Bulletin*. 1989, **37**(1): 42-45

[14] CJ Shao, RJ Kasai, JD Xu, O Tanaka. Saponins from leaves of *Acanthopanax senticosus* Harms., Ciwujia: structures of ciwujianosides B, C1, C2, C3, C4, D1, D2 and E. *Chemical & Pharmaceutical Bulletin*. 1988, **36**(2): 601-608

[15] ML Chen, FR Song, MQ Guo, ZQ Liu, SY Liu. Analysis of flavonoid constituents from leaves of *Acanthopanax senticosus* harms by electrospray tandem mass spectrometry. *Rapid Communications in Mass Spectrometry*. 2002, **16**(4): 264-271

[16] 睢大员, 曲绍春, 于小风, 陈燕萍, 马兴元. 刺五加叶皂苷对大鼠心肌缺血再灌注损伤的保护作用. 中国中药杂志. 2004, **29**(1): 71-74

[17] 刘冷, 睢大员, 曲绍春, 于小风, 王志才, 陈燕萍. 刺五加叶皂苷对急性心肌梗塞大鼠心室重构的作用. 吉林大学学报(医学版). 2004, **30**(1): 66-70

[18] 曹霞, 高宇飞, 李红, 杨红, 杨世杰, 杜雪荣. 人参、西洋参及刺五加皂苷对离体工作心脏作用的对比研究. 白求恩医科大学学报. 2001, **27**(3): 246-248

[19] 睢大员, 吕忠智, 于晓风. 刺五加叶皂苷的抗实验性心律失常作用. 中草药. 1997, **28**(2): 99-101

[20] 封国峥, 王春华, 魏晶. 注射用刺五加对脑缺血的保护作用. 沈阳药科大学学报. 2003, **20**(1): 38-40

[21] 陈应柱, 顾永健, 吴小梅. 刺五加皂苷对缺血性脑损伤的保护作用. 中国急救医学. 2004, **24**(8): 583-584

[22] 周春奎, 冯加纯, 吴军, 饶明俐. 刺五加对实验性蛛网膜下腔出血后脑血管痉挛及内皮素和降钙素基因相关肽的影响. 中国神经精神疾病杂志. 2000, **26**(4): 206-208

[23] 姜红玉, 睢大员, 于晓风, 曲绍春, 徐华丽, 王志才, 陈燕萍. 刺五加叶皂苷对实验性脑缺血大鼠血液流变学及血小板功能的影响. 吉林大学学报(医学版). 2004, **30**(3): 384-386

[24] 睢大员, 韩丛成, 于晓风, 曲绍春. 刺五加叶皂苷对高脂血症大鼠血脂代谢的影响及其抗氧化作用. 吉林大学学报(医学版). 2004, **30**(1): 56-59

[25] 袁学千, 王淑梅, 高权国. 刺五加多糖增强小鼠免疫功能的实验研究. 中医药学报. 2004, **32**(4): 48-49

[26] SB Sadykov, RZ Satbaeva, TN Ganefel'd. Effect of *Eleutherococcus senticosus* extract on the T-system immune response during stress. *Zdravookhranenie Kazakhstana*. 1987, **11**: 52-55

[27] 许士凯. 刺五加多糖(ASPS)对小鼠免疫功能的影响. 中成药. 1990, **12**(3): 25-26

[28] 谢蜀生, 秦凤华, 张文仁, 龙振洲. 刺五加多糖对异基因骨髓移植小鼠免疫功能重建的影响. 北京医科大学学报. 1989, **21**(4): 289-291

[29] 崔毅. 刺五加注射液对实验动物免疫功能及免疫器官的影响. 中国医药研究. 2004, **2**(3): 45-46

[30] 宫汝淳．刺五加对家兔白细胞的影响．通化师范学院学报．2004，25(4)：65-66

[31] 杨吉成，刘静山，盛伟华．多糖类及刺五加苷类的干扰素促诱生效应．中草药．1990，21(1)：27-28

[32] T Mizoguchi, Y Kato, H Kubota, H Takekoshi, T Toyoshi, N Yamazaki. Physiological effects of ezo ukogi (*Acanthopanax senticosus* Harms) root extract in experimental animals. *Nippon Eiyo, Shokuryo Gakkaishi*. 2004, 57(6): 257-263

[33] T Takahashi, T Sato, T Goto, T Hayashi, H Kaneshima. Inhibitory effects of constituents of *Acanthopanax senticosus* on lipid peroxidation in rat liver microsomes. *Hokkaidoritsu Eisei Kenkyushoho*. 1989, 39: 94-97

[34] 曲中原，齐典，朱慧瑜，金哲雄．刺五加总苷抗疲劳实验研究．中国现代实用医学杂志．2004，3(19-20)：22-25

[35] 陈月，王宝贵，张桂英，颜炜群．刺五加皂苷的抗辐射损伤作用．吉林大学学报（医学版）．2005，31(3)：423-425

[36] 睢大员，吕忠智，李淑惠，蔡毅．刺五加叶皂苷降血糖作用．中国中药杂志．1994，19(11)：683-685

[37] 李艳君，欧叶涛，李晓涛，扈清云，杨扬，姜吉文．刺五加叶皂苷对Ⅱ型糖尿病大鼠GLP-1和血糖分泌的影响．解剖科学进展．2003，9(3)：238-239

[38] 扈清云，李艳君，王景涛，欧叶涛，王培军，杨杨．刺五加叶皂苷对Ⅱ型糖尿病大鼠胰岛素分泌影响的形态学研究．黑龙江医药科学．2003，26(6)：21-22

[39] 黄秀兰，吴燕红，周宜君．刺五加对小鼠睾丸作用的初步研究．中央民族大学学报（自然科学版）．2003，12(1)：37-39

[40] 尹春萍，刘璐，黄坡，吴维，刘继红．刺五加提取物体外对精子运动参数的影响．中国男科学杂志．2003，17(6)：381-383

[41] H Takeda. Effects of *Acanthopanax senticosus* Harms stem bark extract, and its main components, on exhaustion time, liver and skeletal muscle glycogen levels, and serum indices in swimming-exercised rats. *Toho Igakkai Zasshi*. 1990, 37(3): 323-333

[42] H Hibasami, T Fujikawa, H Takeda, S Nishibe, T Satoh, T Fujisawa, K Nakashima. Induction of apoptosis by *Acanthopanax senticosus* HARMS and its component, sesamin in human stomach cancer KATO III cells. *Oncology Reports*. 2000, 7(6): 1213-1216

[43] 佟丽，黄添友，梁谋，吴波，梁念慈，李吉来．刺五加多糖抗肿瘤作用与机理的实验研究．中国药理学通报．1994，10(2)：105-109

[44] 佟丽，黄添友，吴波，梁谋，梁念慈．刺五加多糖抗肿瘤作用与机理研究Ⅲ．茯苓多糖（PPS）和刺五加多糖（ASPS）对Sl80细胞膜脂肪酸组成的影响．天然产物研究与开发．1995，7(1)：5-9

[45] 陈忠林，蔡宇．刺五加多糖诱导Sl80肉瘤细胞凋亡和bax基因表达的影响．中华实用中西医杂志．2005，18(15)：578-579

[46] 吕冬霞，杜爱林，吕学诜，魏风香，刘英芹，朱金玲，王秀岩，李月秋．刺五加皂苷对肝癌SMMC-7721细胞凋亡的影响．中国老年学杂志．2005，25(7)：822-823

[47] 黄德彬，冉瑞智，余昭芬．刺五加注射液对小鼠肿瘤坏死因子的诱生作用．湖北民族学院学报（医学版）．2004，21(1)：29-31

[48] 张敬一，许顺江，史文海，张乃哲．刺五加在小鼠实验性肺癌侵袭转移过程中作用的探讨．中华临床医学实践杂志．2004，3(3)：229-233

[49] T Yamazaki, T Tokiwa, S Shimosaka, M Sakurai, T Matsumura, T Tsukiyama. Anti-inflammatory effects of a major component of *Acanthopanax senticosus* Harms, isofraxidin. *Seibutsu Butsuri Kagaku*. 2004, 48(2): 55-58

[50] 罗国良，王芳，郭大双，石卫人，刘晨峰，张永斌．刺五加注射液关节灌注对模型兔膝骨性关节炎的治疗作用．中医药通报．2005，4(3)：58-61

[51] JM Yi, SH Hong, JH Kim, HK Kim, HJ Song, HM Kim. Effect of *Acanthopanax senticosus* stem on mast cell-dependent anaphylaxis. *Journal of Ethnopharmacology*. 2002, 79(3): 347-352

[52] 贝丽霞，陈祥梅，赵海红．药用植物刺五加组织培养关键技术的研究．中国农学通报．2005，21(6)：91-93，159

牛膝 Niuxi ^{CP, JP, KHP, VP}

苋科

Achyranthes bidentata Bl.
Twotoothed Achyranthes

概 述

苋科 (Amaranthaceae) 植物牛膝 *Achyranthes bidentata* Bl.，其干燥根入药。中药名：牛膝，又称怀牛膝。

牛膝属 (*Achyranthes*) 植物全世界约有 15 种，分布于全球热带及亚热带地区。中国产有 3 种、4 变种、1 变型。中国该属植物现已供药用者约有 5 种。本种除东北外，广布于中国各地；朝鲜半岛、俄罗斯、印度、越南、菲律宾、马来西亚、非洲均有分布。

"牛膝"药用之名，始载于《神农本草经》，列为上品，但未有怀牛膝与川牛膝之分。从《名医别录》及其后诸多本草对牛膝产地、原植物形态的描述上看，本种应为传统药用牛膝的正品[1]。《中国药典》（2005 年版）收载本种为中药牛膝的法定原植物来源种。主要栽培于中国河南，为著名的"四大怀药"之一。

牛膝根的主要活性成分为齐墩果烷型三萜皂苷、蜕皮甾酮、多糖等。《中国药典》以药材性状、显微特征鉴别、水分、灰分以及浸出物含量等方面来控制药材质量。

药理研究表明，牛膝具有镇痛、抗炎、增强免疫、抗衰老、增强记忆力等作用。

中医理论认为牛膝具有补肝肾，强筋骨等功效。

牛膝 *Achyranthes bidentata* Bl.

药材牛膝 Radix Achyranthis Bidentatae

1cm

化学成分

牛膝的根含三萜皂苷：牛膝皂苷I、II（achybidensaponins I - II）[2]、bidentatosides I、II[3-4]、人参皂苷R_0（ginsenoside R_0）、竹节参皂苷-1（oleanolic acid 28 - O - β - D - glucopyranoside）[5]、achyranthosides I、II[6]等；甾酮：β-蜕皮甾酮（β - ecdysterone）、25S-牛膝甾酮（25S - inokosterone）、25R-牛膝甾酮（25R - inokosterone）[7]以及 achyranthesterone A[8]等；多糖：牛膝肽多糖ABAB[9]、牛膝多糖 AbPS[10]等。还含有黄酮、生物碱、香豆素[11-12]等成分。此外，还含有挥发油，其特征性成分为2,6-二甲基吡嗪（2,6 - dimethyl - pyrazine）、2-甲氧基-3-异丙基吡嗪（2 - methoxy - 3 - isopropyl - pyrazine）、2-甲氧基-3-异丁基吡嗪（2 - methoxy - 3 - isobutyl - pyrazine）[13]。

achybidensaponin I
R_1 = α - L - Rha(1→3) - β - D - glcA
R_2 = β - D - glc

achybidensaponin II
R_1 = β - D - glcA
R_2 = β - D - glc

药理作用

1. **免疫调节功能**

   牛膝多糖能提高小鼠单核巨噬细胞的吞噬功能，明显增加小鼠血清溶血素水平和抗体形成细胞数量[14]；牛膝多糖在体外可以提高老年小鼠 T 淋巴细胞的增殖能力和白介素 2（IL - 2）的分泌，在体内能显著提高老年大鼠 T 淋巴细胞肿瘤坏死因子（TNF - α 或TNF - β）及一氧化氮的产生和一氧化氮合酶（NOS）的活性[15]。

2. **抗衰老**

   牛膝水煎液灌胃 30 天可显著提高衰老模型小鼠超氧化物歧化酶（SOD）活力，降低血浆过氧化脂质（LPO）水平[16]。

3. **抗凝血**

   牛膝多糖能延长小鼠凝血时间（CT）、大鼠血浆凝血酶原时间（PT）和白陶土部分凝血活酶时间（KPTT）[17]。

4. **抗肿瘤**

   牛膝多糖能明显抑制小鼠肉瘤细胞 S_{180} 和人白血病细胞 K_{562} 的增殖[18]；牛膝总皂苷体外可抑制艾氏腹水癌细胞的生长，且其抑瘤效应呈现出量效关系，体内对小鼠 S_{180} 腹水型肉瘤及肝癌实体瘤有抑制作用[19]。

5. **抗炎、镇痛**

   牛膝不同炮制品可抑制小鼠醋酸扭体反应，提高痛阈值，对巴豆油所致小鼠耳部炎症也有明显抑制作用；牛膝总皂苷能明显减轻二甲苯所致小鼠耳廓肿胀、蛋清所致大鼠足趾肿胀，降低大鼠琼脂肉芽肿重量，延长热板上小鼠舔足时间[20-21]。

6. **兴奋子宫**

   牛膝总皂苷对离体大鼠子宫有明显浓度依赖性兴奋作用；怀牛膝皂苷 A 可使大鼠、小鼠离体子宫及家兔在体子宫产生明显的浓度依赖性收缩[22-23]。

7. **抗病毒**

   体外实验表明牛膝多糖硫酸酯能强烈抑制乙型肝炎病毒 HBsAg 和 HBeAg 的活性，并有效抑制 I 型单纯性疱疹病毒[24]。

8. **改善学习记忆**

   小鼠灌胃牛膝水煎液 7 天可明显改善戊巴比妥钠所致记忆障碍[25]；牛膝提取物能改善东莨菪碱和 MK-801 所致大鼠健忘症[26]。

9. **其他**

   牛膝醇提物中所含的蜕皮甾酮体外对大鼠成骨样细胞 UMR106 有促进增殖作用[27]；小鼠灌胃牛膝水煎液可明显延长其负荷游泳时间，提高小鼠耐力[25]。

应用

本品为中医临床用药。功能：活血通经，补肝肾，强筋骨，引血下行，利尿通淋。主治：①瘀血阻滞的经闭、痛经、月经不调、产后腹痛及跌打损伤；②肾虚腰痛及久痹腰膝痠痛乏力等；③淋证，水肿，小便不利等；④火热上炎、阴虚火旺之头痛、眩晕、吐血、衄血等。

现代临床还用于麻疹合并肺炎、高血压、丝虫病引起的乳糜尿等病的治疗。

评注

牛膝药用历史悠久，临床应用广泛，对其化学成分和药理活性研究也较深入。牛膝皂苷具有显著的抗生育、抗肿瘤、抗炎镇痛等作用；牛膝多糖具有较强的增强免疫和抗衰老作用，现已开发出牛膝多糖免疫调节剂；此外，牛膝甾酮具有降血糖、降血脂、保肝等作用。

参考文献

[1] 袁秀荣，常章富．怀牛膝、川牛膝本草考证．中国中药杂志．2002，**27**(7)：545

[2] 王晓娟，朱玲珍．牛膝皂苷的化学成分研究．第四军医大学学报．1996，**17**(6)：427-430

[3] AC Mitaine-Offer, A Marouf, C Pizza, TC Khanh, B Chauffert, MA Lacaille-Dubois. Bidentatoside I, a new triterpene saponin from *Achyranthes bidentata*. *Journal of Natural Products*. 2001, **64**(2): 243-245

[4] AC Mitaine-Offer, A Marouf, B Hanquet, N Birlirakis, MA Lacaille-Dubois. Two triterpene saponins from *Achyranthes bidentata*. *Chemical & Pharmaceutical Bulletin*. 2001, **49**(11): 1492-1494

[5] 孟大利，李铣，熊印华，王金辉．中药牛膝中化学成分的研究．沈阳药科大学学报．2002，**19**(1)：27-30

[6] 王广树，周小平，杨晓虹，徐景达．牛膝中酸性三萜皂苷成分的分离与鉴定．中国药物化学杂志．2004，**14**(1)：40-42

[7] 朱婷婷，梁鸿，赵玉英，王邠．牛膝甾酮25位差向异构体的分离与鉴定．药学学报．2004，**39**(11)：913-916

[8] DL Meng, X Li, JH Wang, W Li. A new phytosterone from *Achyranthes bidentata* Bl. *Journal of Asian Natural Products Research*. 2005, **7**(2): 181-184

[9] 方积年，张志花，刘柏年．牛膝多糖的化学研究．药学学报．1990，**25**(7)：526-529

[10] 陈晓明，徐愿坚，田庚元．牛膝多糖的理化性质研究及结构确证．药学学报．2005，**40**(1)：32-35

[11] G Bisht, H Sandhu, LS Bisht. Chemical constituents and antimicrobial activity of *Achyranthes bidentata*. *Journal of the Indian Chemical Society*. 1990, **67**(12): 1002-1003

[12] T Nguyen, S Nikolov, TD Nguyen. Chemical research of the aerial part of *Achyranthes bidentata* Blume. *Tap Chi Duoc Hoc*. 1995, **6**: 17-18, 21

[13] 巢志茂，何波，尚尔金．怀牛膝挥发油成分分析．天然产物研究与开发．1999，**11**(4)：41-44

[14] 唐黎明, 吕志筠, 章小萍, 李建华. 牛膝多糖药效学研究. 中成药. 1996, **18**(5): 31-32

[15] 李宗锴, 李电东. 牛膝多糖的免疫调节作用. 药学学报. 1997, **32**(12): 881-887

[16] 马爱莲, 郭焕. 怀牛膝抗衰老作用研究. 中药材. 1998, **21**(7): 360-362

[17] 毛平, 夏卉莉, 袁秀荣, 叶伟成. 怀牛膝多糖抗凝血作用实验研究. 时珍国医国药. 2000, **11**(12): 1075-1076

[18] 余上才, 章育正. 牛膝多糖抗肿瘤作用及免疫机制实验研究. 中华肿瘤杂志. 1995, **17**(4): 275-278

[19] 王一飞, 王庆端, 刘晨江, 江金花, 孙文欣, 夏薇, 吴玉. 怀牛膝总皂苷对肿瘤细胞的抑制作用. 河南医科大学学报. 1997, **32**(4): 4-6

[20] 陆兔林, 毛春芹, 张丽, 徐卫民. 牛膝不同炮制品镇痛抗炎作用研究. 中药材. 1997, **20**(10): 507-509

[21] 高昌琨, 高建, 马如龙, 徐先祥, 黄鹏, 倪受东. 牛膝总皂苷抗炎、镇痛和活血作用研究. 安徽医药. 2003, **7**(4): 248-249

[22] 王世祥, 车锡平. 怀牛膝总皂苷对离体大鼠子宫的兴奋作用及机理研究. 西北药学杂志. 1996, **11**(4): 160-162

[23] 郭胜民, 车锡平, 范晓雯. 怀牛膝皂苷A对动物子宫平滑肌的作用. 西安医科大学学报. 1997, **18**(2): 216-218, 225

[24] 田庚元, 李寿桐, 宋麦丽, 郑民实, 李文. 牛膝多糖硫酸酯的合成及其抗病毒活性. 药学学报. 1995, **30**(2): 107-111

[25] 马爱莲, 郭焕. 怀牛膝对记忆力和耐力的影响. 中药材. 1998, **21**(12): 624-628

[26] YC Lin, CR Wu, CJ Lin, MT Hsieh. The ameliorating effects of cognition-enhancing Chinese herbs on scopolamine- and MK-801-induced amnesia in rats. *American Journal of Chinese Medicine*. 2003, **31**(4): 543-549

[27] 高晓燕, 王大为, 李发美. 牛膝中脱皮甾酮的含量测定及促成骨样细胞增殖活性. 药学学报. 2000, **35**(11): 868-870

牛膝种植基地

毛茛科

乌头 Wutou CP, JP, VP

Aconitum carmichaeli Debx.
Mousebane

概述

毛茛科 (Ranunculaceae) 植物乌头 *Aconitum carmichaeli* Debx., 其干燥母根入药，中药名：川乌；其干燥子根，直接或经加工后入药，中药名：附子或制附子。

乌头属 (*Aconitum*) 植物全世界约有 350 种，分布于北半球温带，主要分布于亚洲，其次为欧洲、北美洲。中国约有167 种，现已供药用者约 36 种。乌头分布于中国四川、云南东部、湖北、贵州、湖南等地；越南北部也有分布。

"乌头"与"附子"药用之名，始载于《神农本草经》，列为下品。历代本草多有著录，也指本种。《中国药典》(2005年版) 收载本种为中药川乌和附子的法定原植物来源种。其中生品习称"泥附子"，主要流通品种根据加工方法的不同，有"盐附子"、"黑顺片"和"白附片"三种主要加工商品。主产于中国四川、陕西等省区。

乌头属植物主要活性成分和毒性成分为生物碱类化合物。研究指出乌头属植物中普遍存在有具活性的乌头碱等二萜类生物碱成分，是该属的特征性成分。《中国药典》规定制川乌中酯型生物碱以乌头碱计，不得多于 0.15%，以控制毒性；含生物碱以乌头碱计，不得少于 0.20%，以控制药材质量。

药理研究表明，乌头具有强心、抗炎、镇痛等作用。

中医理论认为川乌具有祛风除湿，温经止痛的功效；附子具有回阳救逆，补火助阳，祛除寒湿的功效。

乌头 *Aconitum carmichaeli* Debx.

药材附子 Radix Aconiti Lateralis Praeparata
盐附子(左)、黑顺片(中)、白附片(右)

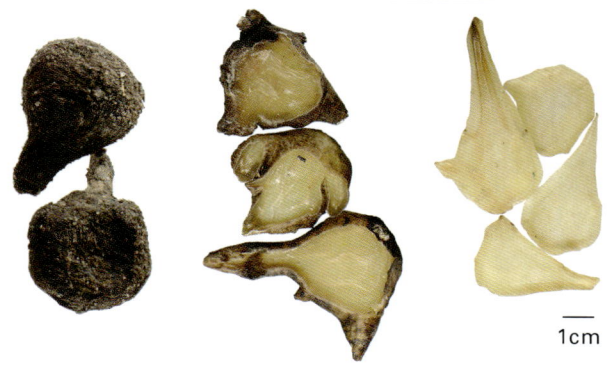

1cm

化学成分

川乌（母根）和附子（子根）主要含有二萜生物碱：乌头碱 (aconitine)、中乌头碱 (mesaconitine)、次乌头碱 (hypaconitine)、素馨乌头碱 (jesaconitine)、去氧乌头碱 (deoxyaconitine)、塔拉乌头胺 (talatisamine)、异塔拉定 (isotalatizidine)、森布星A、B、C (senbusines A-C)、14-乙酰塔拉乌头胺 (14-acetyltalatisamine)、多根乌头碱 (karacoline)、新乌宁碱 (neoline)、脂乌头碱 (lipoaconitine)、脂次乌头碱 (lipohypaconitine)、脂中乌头碱 (lipomesaconitine)、脂去氧乌头碱 (lipodeoxyaconitine)[1-5]。此外，附子中还有氯化棍掌碱 (coryneine chloride)、去甲猪毛菜碱 (salsolinol)、附子脂酸 (eicosadienoic acid)[3]、苯甲酰乌头原碱 (benzoylaconine)、苯甲酰次乌头原碱 (benzoylhypaconine)、苯甲酰中乌头原碱 (benzoylmesaconine)[2]、异翠雀碱 (isodelphinine)[4]、华北乌头碱 (songorine)、N-去乙基新乌碱 (N-deethylneoline)[6]、14-O-肉桂酰新乌碱 (14-O-cinnamoylneoline)、14-O-茴香酰新乌碱 (14-O-anisoylneoline)、14-O-藜芦酰新乌碱 (14-O-veratroylneoline)、14-O-乙酰新乌碱 (14-O-acetylneoline)、丽江乌头碱 (foresaconitine)、粗茎乌头碱 A (crassicauline A)[7]、附子亭 (fuzitine)、新江油乌头碱 (neojiangyouaconitine)[8]、(α)中乌头碱氮氧化物 [mesaconitine-N-oxide(α)]、(β)中乌头碱氮氧化物 [mesaconitine-N-oxide(β)]、醛次乌头碱 (aldohypaconitine)、准葛尔乌头胺 (songoramine)[4] 等，尚含尿嘧啶 (uracil)[9]。川乌中还有川乌碱甲、乙 (chuanwu-bases A-B)、卡乌碱 (carmichaeline)、异乌头碱 (isoaconitine) 等生物碱成分[3]、乌头多糖A、B、C、D (aconitans A-D)[10-11]。

aconitine: $R_1=C_2H_5$, $R_2=OH$
mesaconitine: $R_1=CH_3$, $R_2=OH$
hypaconitine: $R_1=CH_3$, $R_2=H$

药理作用

1. 对心血管系统的影响

(1) 强心　附子不同炮制品对离体心脏（蟾蜍、豚鼠、大鼠、兔）均有强心作用，可明显增强心肌收缩力和加快心肌收缩速度[12-14]。附子的强心成分有氯化棍掌碱、去甲乌药碱、去甲猪毛菜碱和尿嘧啶[9, 15]。

(2) 抗心肌损伤　附子水煎剂灌胃对大鼠在冰水应激状态下内源性儿茶酚胺分泌增加引起的血小板聚集所致心肌损伤有一定的保护作用，并能在一定程度上恢复心肌细胞结合膜的异常变化[16]。微波炮附子对垂体后叶素所致心肌缺血有明显的保护作用[13]。

(3) 对心律的影响　附子有致心律失常和抗心律失常的双重作用。附子水煎剂、注射液和去甲乌药碱对多种心律失常动物模型均有显著对抗作用，能降低耗氧量，增加血流及供氧量，改善病窦的窦房结起搏功能。乌头碱给药达到一定剂量可以引起多种动物心律失常，随着剂量的增大，先后出现心动过缓、心动过速、室性期外收缩、室性心动过速、室颤，直至心跳停止。生川乌中的乌头碱大剂量时有致心律失常的作用，而久煎剂中由于乌头碱含量下降，在同样剂量时主要表现出强心作用[17]。

(4) 对血压的影响　附子有升血压和降血压的双重作用，已知氯化棍掌碱为升血压成分之一，去甲乌药碱是降血压的成分之一[15]。乌头碱能降低血压,但大剂量使用时,血压先变得不规则,而后明显降低。乌头总生物碱给麻醉猫静脉注射时,可增加冠状动脉的血流量[17]。

(5) **对血液流变学的影响** 附子注射液腹腔注射对正常血压缺氧家兔模型的肠系膜微循环障碍有改善作用,能稳定血液流态及延缓红细胞聚集[18]。附子水提物灌胃给药能对抗电刺激所致大鼠动脉血栓形成,明显延长白陶土部分凝血活酶时间及凝血酶原消耗时间[19]。

2. **抗炎**

附子水煎液灌胃能明显减轻弗氏完全佐剂引起的大鼠原发性和继发性足趾肿胀,抗炎机制为增加下丘脑促肾上腺皮质激素释放激素 (CRH) 含量,促进促肾上腺皮质激素 (ACTH) 的分泌和释放,通过下丘脑-垂体-肾上腺 (HPA) 轴增加肾上腺皮质激素分泌,下调机体免疫细胞分泌细胞因子的水平[20]。川乌总碱灌胃,对角叉菜胶、蛋清、组胺和5-羟色胺所致的大鼠足趾肿胀有显著抑制作用,对二甲苯所致小鼠耳廓肿胀和5-羟色胺引起的毛细血管通透性增加也有明显抑制作用[17]。

3. **镇痛**

小鼠热板法和醋酸扭体反应实验证明,附子水煎液和川乌总碱(灌胃给药)、乌头注射液(腹腔注射)均有明显的镇痛作用,可提高小鼠在热板实验中的痛阈值[21-22]。

4. **抗应激**

附子水煎液灌胃可延长断头小鼠张口动作持续时间和氰化钾 (KCN) 中毒小鼠的存活时间[23]。白附片和黑附片水煎液以及黑附片的醋酸乙酯提取物能延长 $-5\,^\circ C$ 低温环境受寒小鼠的存活率[12]。

5. **对免疫功能的影响**

附子水煎液灌胃给药能明显促进小鼠脾淋巴细胞分泌白介素-2 (IL-2),还有提高小鼠巨噬细胞吞噬功能的作用[12, 24]。乌头碱有抑制免疫功能的作用[17]。

6. **抗肿瘤**

乌头注射液能抑制人胃癌细胞增殖,并可抑制体外培养胃癌细胞的有丝分裂;能延长原发性肝癌病人的生存期。腹腔注射乌头碱对小鼠 S_{180} 肉瘤有显著抑制作用[25]。附子多糖在体外有诱导人早幼粒白血病细胞分化的作用[26]。

7. **局部麻醉的作用**

乌头碱对皮肤黏膜有刺激作用,产生瘙痒、灼热感,并可麻痹感觉神经末梢而呈局部麻醉作用[17]。

8. **其他**

附子水煎液有抗溃疡、抗腹泻作用[21];乌头多糖有显著的降血糖和抗缺氧的作用[11]。

应用

本品为中医临床用药。

川乌

功能:祛风除湿,温经止痛。主治:①风寒湿痹;②诸寒疼痛;③跌打损伤。

现代临床还用于风湿性关节炎、手术麻醉、头痛、牙痛、中风、外科疮疡等病的治疗。

附子

功能:回阳救逆,补火助阳,逐风寒湿邪。主治:元阳衰微,阴寒内盛,风寒湿痹,水湿肿满。

现代临床还用于风湿性、类风湿性关节炎、心律失常、病窦综合征、感染性休克和多发性动脉炎等病的治疗。

评注

生川乌和生附子被列入香港常见毒剧中药 31 种名单。附子的临床药效受诸多因素的影响。经过炮制的附子，其毒性可以降低 70%～80%，且峻烈之性大减，可用于缓证。在用量上，药典规定附子常用剂量为 3～15g，如其作药引以增强补益作用时，常用 1.5～4.5g；用以强心，温中散寒止痛时，常用 4.5～9.0g，用以回阳救逆时，附子常大剂量使用，以不超过中毒剂量为度。在煎煮时间上，临床上附子入汤剂时应先煎 30～60min，用量较大时煎煮时间更长，以降低其毒性，以煎至口尝无麻辣感为宜[27]。

目前川乌主要来自四川江油附子基地，块根加工成各种附片，母根则加工成川乌。

参考文献

[1] I Kitagawa, ZL Chen, M Yoshihara, M Yoshikawa. Chemical studies on crude drug processing. II. Aconiti tuber (1). On the constituents of "Chuan-wu", the dried tuber of *Aconitum carmichaeli* Debx. *Yakugaku Zasshi*. 1984, **104**(8): 848-857

[2] I Kitagawa, ZL Chen, M Yoshihara, K Kobayashi, M Yoshikawa, N Ono, Y Yoshimura. Chemical studies on crude drug processing. III. Aconiti tuber (2). On the constituents of "Pao-fuzi", the processed tuber of *Aconitum carmichaeli* Debx. and biological activities of lipoalkaloids. *Yakugaku Zasshi*. 1984, **104**(8): 858-866

[3] 李娅萍, 田颂九, 王国荣. 乌头类药物的化学成分及分析方法概况. 中国中药杂志. 2001, **26**(10): 659-662

[4] 王宪楷, 赵同芳. 中坝附子及其化学成分. 中国药学杂志. 1993, **28**(11): 690-692

[5] C Konno, M Shirasaka, H Hikino. Pharmaceutical studies on Aconitum roots. 9. Structure of senbusine A, B and C, diterpenic alkaloids of *Aconitum carmichaeli* roots from China. *Journal of Natural Products*. 1982, **45**(2): 128-133

[6] SZ Choi, HC Kwon, YD Min, SO Lee, KR Kim, SU Choi, KH Son, SS Kang, KR Lee. Diterpene alkaloids from Kyong-Po Buja (processed *Aconitum carmichaeli*). *Saengyak Hakhoechi*. 2002, **33**(3): 187-190

[7] SH Shim, JS Kim, SS Kang. Norditerpenoid alkaloids from the processed tubers of *Aconitum carmichaeli*. *Chemical & Pharmaceutical Bulletin*. 2003, **51**(8): 999-1002

[8] 张卫东, 韩公羽, 梁华清. 四川江油附子生物碱成分的研究. 药学学报. 1992, **27**(9): 670-673

[9] 韩公羽, 梁华清, 廖耀中, 刘明珠, 戴富宝. 四川江油附子新的强心成分. 第二军医大学学报. 1991, **12**(1): 10-13

[10] M Tomoda, K Shimada, C Konno, M Murakami, H Hikino. Validity of the Oriental medicines. Part 98. Antidiabetic drugs. 11. Structure of aconitan A, a hypoglycemic glycan of *Aconitum carmichaeli* roots. *Carbohydrate Research*. 1986, **147**(1): 160-164

[11] 苏孝礼, 刘成基. 乌头及其炮制品中粗多糖药理作用的研究. 中药材. 1991, **14**(5): 27-29

[12] 周永禄, 李秀婵, 王晓东, 周世清, 黄衡. 川产道地药材江油附子的药理比较研究. 四川中草药研究. 1995, **37-38**: 24-28

[13] 杨明, 沈映君, 张为亮. 附子生用与炮用的药理作用比较. 中国中药杂志. 2000, **25**(12): 717-720

[14] 陈长勋, 金若敏, 贺劲松, 李仪奎. 用血清药理学实验方法观察附子的强心作用. 中国中医药科技. 1996, **3**(3): 12-14

[15] 江京莉, 周远鹏. 附子的药理作用和毒性. 中成药. 1991, **13**(12): 37-38

[16] 许青媛, 杨甫昭, 陈春梅. 附子的回阳救逆药理研究. 陕西中医. 1996, **17**(2): 89-90

[17] 王本祥. 现代中药药理学. 天津: 天津科学技术出版社. 1997: 425-430

[18] 李立, 王斌, 赵群兰. 附子、当归的抗缺氧作用及对微循环障碍的影响. 山西医学院学报. 1990, **21**(1): 4-9

[19] 许青媛, 于利森, 张小利, 陈瑞明, 陈春梅. 附子、吴茱萸对实验性血栓形成及凝血系统的影响. 西北药学杂志. 1990, **5**(2): 9-11

[20] 张宏, 彭成. 附子抗免疫佐剂性关节炎的蛋白质组学研究. 中华实用中西医杂志. 2005, **18**(22): 1566-1569

[21] 朱自平, 沈雅琴, 张明发, 陈光娟, 马树德. 附子的温中止痛药理研究. 中国中药杂志. 1992, **17**(4): 238-241

[22] 黄衍民, 李成韶, 潘留华, 朱建伟, 洪伟, 黄福, 吴晓放. 乌头注射液对小鼠的镇痛作用及其药效动力学研究. 中国药学杂志. 2000, **35**(9): 613-615

[23] 张明发, 沈雅琴, 许青媛. 附子和吴茱萸对缺氧和受寒小鼠的影响. 天然产物研究与开发. 1990, **2**(1): 23-27

[24] 陈玉春. 人参、附子与参附汤的免疫调节作用机理初探. 中成药. 1994, **16**(8): 30-31

[25] 黄永融. 乌头抗癌研究概述. 福建中医药. 1991, **22**(1): 54-56

[26] 彭文珍, 吴雄志, 曾升平, 陈丹, 陈佩钰. 附子多糖诱导人早幼粒白血病细胞分化研究. 职业卫生与病伤. 2003, **18**(2): 123-124

[27] 朱林平. 附子毒性研究概况. 江西中医药. 2004, **35**(6): 53-55

毛茛科

北乌头 Beiwutou[CP]

Aconitum kusnezoffii Reichb.
Kusnezoff Monkshood

概 述

毛茛科 (Ranunculaceae) 植物北乌头 *Aconitum kusnezoffii* Reichb.，其干燥块根入药，中药名：草乌；其干燥块根的炮制加工品入药，中药名：制草乌；蒙医习用其干燥叶入药。

乌头属 (*Aconitum*) 植物全世界约有 350 种，分布于北半球温带，主要分布于亚洲，其次为欧洲、北美洲。中国约有 167 种，现已供药用者约 36 种。本种分布于中国黑龙江、吉林、辽宁、内蒙古、河北、山西等地；俄罗斯西伯利亚、朝鲜半岛也有分布。

草乌以"乌头"药用之名，始载于《神农本草经》，列为下品。历代本草所记载的草乌主要为乌头 *Aconitum carmichaeli* Debx. 的野生品和北乌头等当今的乌头属植物。《中国药典》(2005 年版) 收载本种作为中药草乌的法定原植物来源种。《中国药典》规定制草乌中酯型生物碱以乌头碱计，不得多于 0.15%，以控制毒性；含生物碱以乌头碱计，不得少于 0.20%，以控制药材质量。主产于中国黑龙江、吉林、辽宁、河北、山西、内蒙等省区。

北乌头主要含二萜生物碱类化合物。乌头属植物中普遍存在具有活性的乌头碱等二萜类生物碱成分，也为该属的特征性成分。

药理研究表明，北乌头具有镇痛、抗炎等作用。

中医理论认为草乌具有祛风除湿、温经止痛等功效。

北乌头 *Aconitum kusnezoffii* Reichb.

药材草乌 Radix Aconiti Kusnezoffii

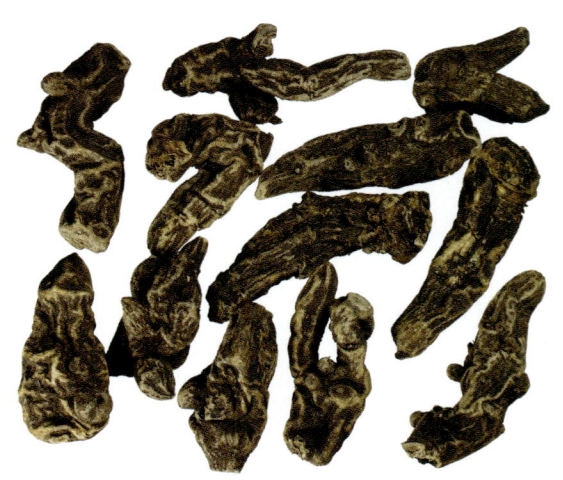

1cm

化学成分

北乌头的块根含有二萜类生物碱：乌头碱(aconitine)、中乌头碱(mesaconitine)、次乌头碱(hypaconitine)、3-去氧乌头碱(3-deoxyaconitine)、北草乌碱(beiwutine)[1-2]、尼奥宁(neoline)、华北乌头碱(songorine)、异它拉乌头定(isotalatisidine)、它拉乌头定(talatisidine)、10-羟基尼奥宁(10-hydroxyneoline)[3]、6-表展花乌头宁(6-epichasmanine)[4]、14-苯甲酰乌头原碱(14-benzoylaconine)、14-苯甲酰中乌头原碱(14-benzoylmesaconine)、15α-羟基尼奥宁(15α-hydroxyneoline)、查斯曼宁(chasmanine)、塔拉撒敏(talatizamine)、弗斯生(foresticine)、牛扁碱(lycoctonine)、氨茴酰牛扁碱(anthranoyllycoctonine)[5]、北草乌碱A、B (beiwusines A-B)、绣线菊新碱H (spiramine H)[6]、beiwudine[7]、acsonine[8]等；多糖：草乌多糖主要由鼠李糖、木糖、甘露糖、葡萄糖、半乳糖、阿拉伯糖等组成[9]。

地上部分含裸翠雀亭(denudatine)、拉帕宁(lepenine)[2]、北乌碱、8-乙氧基-14-苯甲酰中乌头原碱 (8-OEt-14-benzoylmesaconine)[10]等。

北乌头花含次乌头碱、中乌头碱、北乌碱、拉帕宁、3-乙酰乌头碱(3-acetylaconitine)、3-乙酰中乌头碱 (3-acetylmesaconitine)、3-acetylaconifine、去氧乌头碱(deoxyaconitine)[11-12]等。

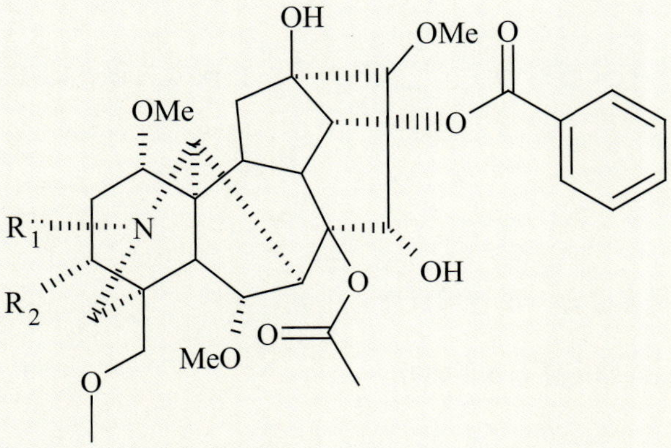

aconitine: $R_1=C_2H_5$, $R_2=OH$
mesaconitine: $R_1=CH_3$, $R_2=OH$
hypaconitine: $R_1=CH_3$, $R_2=H$

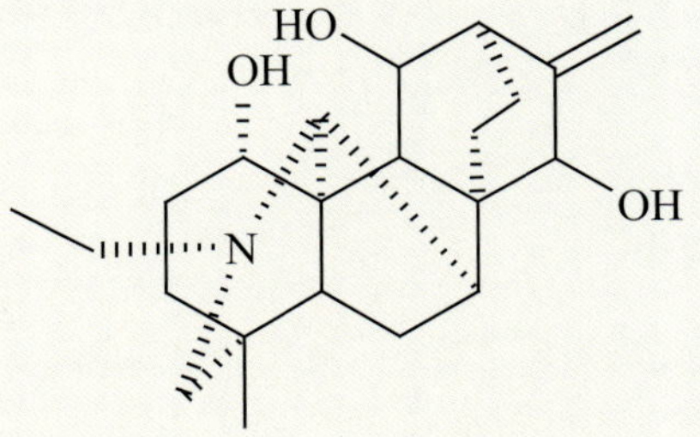

lepenine

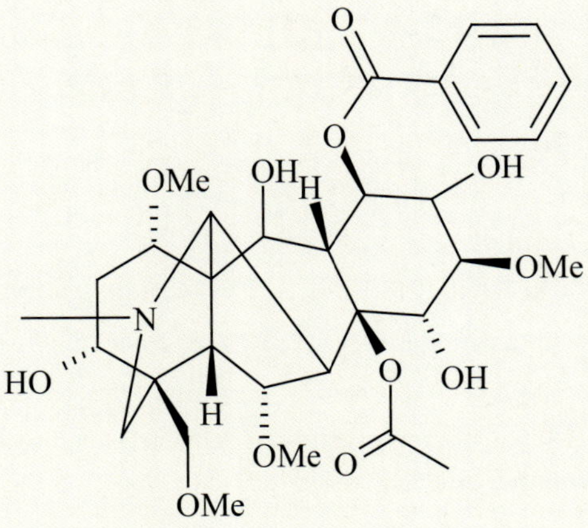

beiwutine

毛茛科

北乌头 Beiwutou

药理作用

1. **抗炎**
   北乌头煎剂可促进蛋清所致的大鼠足趾水肿消退。口服北乌头可抑制由巴豆油引起的鼠耳廓肿胀和腹腔毛细血管通透性增加。

2. **镇痛**
   小鼠热板法和醋酸扭体反应以及尾部加压实验证明，草乌生药制剂和草乌（野生品）子根均有镇痛作用，可使痛阈值提高，主要镇痛有效成分为乌头碱等二萜类生物碱。北乌头注射液腹腔注射可使小鼠热痛阈提高 2 倍以上。用甘草、黑豆炮制后毒性降低，但镇痛效力不受影响。

3. **局部麻醉**
   乌头碱可刺激皮肤黏膜的感觉神经末梢，产生瘙痒、灼热，麻痹感觉后呈局部麻醉作用。

4. **对心血管系统的影响**
   家兔实验表明，北乌头总碱能增强肾上腺素对心肌的作用，对抗氯化钙所致的 T 波倒置和垂体后叶素引起的初期 S－T 段上升及继发的 S－T 段下降。乌头碱体外能显著阻断大鼠心肌细胞 L 型钙通道的活动，使其开放时间缩短，关闭时间延长，开放概率下降。乌头碱可导致心律失常、血管扩张及神经系统兴奋性改变，这可能与乌头碱的钙通道阻滞作用有关[13]。

5. **抗肿瘤**
   草乌酸水提取物、酸浸醇沉物等腹腔注射，对小鼠肝癌有明显的抑制作用，其抗肿瘤活性成分为毒性的酯型生物碱[14-15]。

应 用

本品为中医临床用药。功能：祛风除湿，温经止痛。主治：①风寒湿痹；②诸寒疼痛；③跌打损伤。

现代临床还用于风湿性关节炎、手术麻醉、头痛、牙痛、中风、外科疮疡等病的治疗。

评 注

生草乌被列入香港常见毒剧中药 31 种名单。中国北方销用的草乌主要为北乌头、乌头，有些地区为疏毛圆锥乌头 *Aconitum paniculigerum* var. *wulingense* (Nakai) W. T. Wang、光梗鸭绿乌头 *A. jaluense* var. *glabrescens* Nakai、多根乌头 *A. karakolicum* Rapaics 等多种，它们主要含乌头碱；而南方有些省区所用的草乌除 *A. carmichaeli* Debx. 外，还用大乌头类（块根长且大）或藤乌头（地上缠茎绕），它们系属于蔓乌头系及显柱乌头系的多种植物，其块根主要含滇乌碱 (yunnanaconitine)。滇乌碱与乌头碱均为二萜类生物碱，但前者毒性更大，使用上应当加以区别。

参考文献

[1] 王永高，朱元龙，朱任宏. 中国乌头之研究XIII: 北草乌中的生物碱. 药学学报. 1980, 15(9): 526-531

[2] D Uhrin, B Proksa, J Zhamiansan. Lepenine and denudatine: new alkaloids from *Aconitum kusnezoffii*. *Planta Medica*. 1991, 57(4): 390-391

[3] EG Mil'grom, MN Sultankhodzhaev, CH Chang. Qualitative mass-spectrometric analysis of total diterpene alkaloids from roots of *Aconitum kusnezoffii*. *Khimiya Prirodnykh Soedinenii*. 1996, 1: 89-92

[4] ZB Li, FP Wang. Structure of 6-epichasmanine. *Chinese Chemical Letters*. 1996, 7(5): 443-444

[5] 李正邦，吕光华，陈东林，王锋鹏. 草乌中生物碱的化学研究. 天然产物研究与开发. 1997, 9(1): 9-14

[6] ZB Li, FP Wang. Two new diterpenoid alkaloids, beiwusines A and B, from *Aconitum kusnezoffii*. *Journal of Asian Natural Products Research*. 1998, **1**(2): 87-92

[7] FP Wang, ZB Li, CT Che. Beiwudine, a norditerpenoid alkaloid from *Aconitum kusnezoffii*. *Journal of Natural Products*. 1998, **61**(12): 1555-1556

[8] EG Zinurova, TV Khakimova, LV Spirikhin, MS Yunusov, PG Gorovoi, GA Tolstikov. A new norditerpenoid alkaloid acsonine from the roots of *Aconitum kusnezoffii* Reichb. *Russian Chemical Bulletin*. 2001, **50**(2): 311-312

[9] 孙玉军，陈彦，吴佳静，汪邦顺，郭志荣．草乌多糖的分离纯化和组成性质研究．中国药学杂志．2000，**35**(11)：731-733

[10] 于海兰，贾世山．蒙药草乌叶中的一个新二萜生物碱Beiwucine．药学学报．2000，**35**(3)：232-234

[11] 任玉琳，黄兆宏，贾世山．蒙药草乌花中的三酯型二萜生物碱的分离和鉴定．药学学报．1999，**34**(11)：873-876

[12] 王勇，刘志强，宋凤瑞，刘淑莹．草乌花及其煎煮液中二萜生物碱的电喷雾串联质谱研究．药学学报．2003，**38**(4)：290-293

[13] 陈龙，马骋，蔡宝昌，陆跃明，吴皓．乌头碱对大鼠心肌细胞钙通道阻滞作用的单通道分析．药学学报．1995，**30**(3)：168-171

[14] 郭爱华．草乌提取液抗肝癌实验研究．山西职工医学院学报．2000，**10**(2)：4-5

[15] 黄园，侯世祥，谢瑞犀，庄镇华，王舫彤，钟宁．草乌抗肝癌靶向制剂有效部位的浸出、纯化与确证．中国中药杂志．1997，**22**(11)：667-671

天南星科

石菖蒲 Shichangpu^{CP}

Acorus tatarinowii Schott
Grassleaf Sweelflag

概 述

天南星科 (Araceae) 植物石菖蒲 *Acorus tatarinowii* Schott，其干燥根茎入药。中药名：石菖蒲。

菖蒲属 (*Acorus*) 植物全世界约有 7 种，分布于北温带至亚热带。中国 7 种均有，分布于中国各省区，可供药用者约3种。本种分布于中国黄河流域以南各省区。

"菖蒲"药用之名，始载于《神农本草经》，列为上品。《中国药典》(2005 年版) 收载本种为中药石菖蒲的法定原植物来源种。主产于中国四川、浙江、江苏、湖南，以四川、浙江产量较大。印度东北部至泰国北部也有出产。

菖蒲属植物主要活性成分为挥发油类成分。《中国药典》规定，本品含挥发油不得少于 1.0%(mL/g)，以控制药材质量。

药理研究表明，石菖蒲具有镇静、抗惊厥、解痉平喘、增智、抑菌、抗衰老等作用。

中医理论认为石菖蒲具有开窍宁神，化湿和胃等功效。

石菖蒲 *Acorus tatarinowii* Schott

水菖蒲 *A. calamus* L.

药材石菖蒲 Rhizoma Acori Tatarinowii

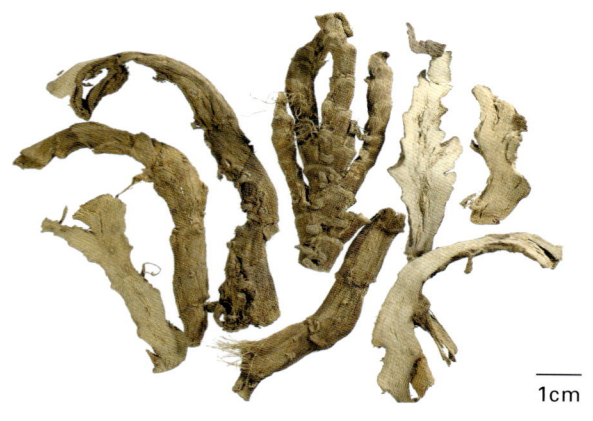

1cm

化学成分

石菖蒲根茎部分主要含有挥发油：β-细辛醚(β-asarone)、α-细辛醚(α-asarone)、顺式甲基异丁香酚(cis-methyl-isoeugenol)、反式甲基异丁香酚(trans-methyl-isoeugenol)、榄香素(elemicin)、石竹烯(caryophyllene)、菖蒲二烯(acoradiene)、柏木烯[1]、蒿脑(methyl chabicol)[2]、金钱蒲烯酮(gramenone)[3]、黄樟素(safrole)、丁香酚(eugenol)、细辛醛(asarylaldehyde)、绿叶烯(α-patchoulene)、樟脑(camphor)等[4]。

石菖蒲根茎的水煎液中含2,4,5-三甲氧基苯甲酸(2,4,5-trimethoxybenzoic acid)、4-羟基-3-甲氧基苯甲酸(4-hydroxy-3-methoxybenzoic acid)、2,4,5-三甲氧基苯甲醛(2,4,5-trimethoxy benzaldehyde)、丁二酸(butanedioic acid)、辛二酸(octanedioic acid)、5-羟甲基糠醛(5-hydroxymethyl-2-furaldehyde)、2,5-二甲氧基苯醌(2,5-dimethoxybenzoquinone)[5]等。

此外，还含isoacoramone、cis-epoxyasarone、threo-1',2'-dihydroxyasarone、erythro-1',2'-dihydroxyasarone[6]等。

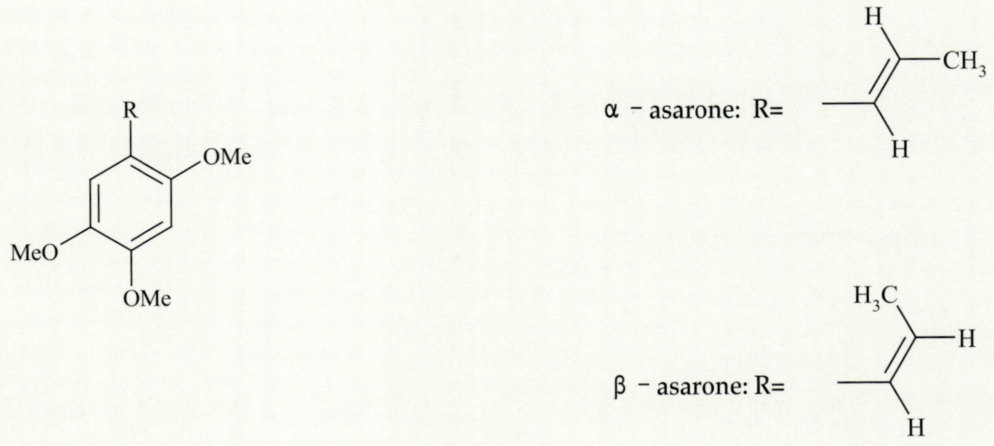

药理作用

1. **对中枢神经系统的影响**

   石菖蒲水提液、醇提液、总挥发油、α-细辛醚、β-细辛醚、去油煎剂均能增强阈下剂量的巴比妥钠对小鼠的催眠作用[7-8]。石菖蒲醇提液和挥发油能增强士的宁(strychnine)兴奋脊髓的作用；水提液和醇提液有协同苦味毒(picrotoxin)兴奋中枢神经系统的作用，使抽搐次数和死亡率增加；而挥发油能对抗苦味毒的兴奋作用，说明石菖蒲醇提液能兴奋脊髓、中脑和大脑；水提液主要兴奋中脑和大脑；挥发油既能兴奋脊髓，又能抑制中脑和大脑[7]。石菖蒲总挥发油、α-细辛醚、β-细辛醚还能延长回苏灵(dimefline)所致小鼠的惊厥潜伏期和死亡时间，α-细辛醚为抗惊厥的主要有效成分之一[8-9]。采用最大电休克发作法和戊四氮最小阈发作法研究表明，石菖蒲煎剂和挥发油均能抗大鼠惊厥，还能防止惊厥引起的γ-氨基丁酸(GABA)神经元损伤[10]。

2. **促进学习记忆**

   石菖蒲煎剂灌胃对亚硝酸钠造成的小鼠记忆巩固障碍、东莨菪碱引起的记忆获得障碍和乙醇造成的记忆再现障碍均有明显的改善作用，还能促进正常小鼠的记忆获得[11]。

3. **对脑部的作用**

   石菖蒲挥发油、去油煎剂和含油水提液对脑缺血再灌注的大鼠模型均有保护作用，能减轻脑水肿，减少大鼠脑皮质神经细胞凋亡；石菖蒲挥发油和含油水提液还能减少大鼠海马神经细胞凋亡[12-13]。石菖蒲挥发油和β-细辛醚能增强大鼠脑皮质神经细胞 Bcl-X 基因的表达，β-细辛醚还能抑制大鼠脑皮质和海马神经细胞bax基因表达，证明石菖蒲挥发油尤其是β-细辛醚为抑制大鼠神经细胞凋亡的主要成分[13]，两者还能提高小鼠正常血脑通透性[14]。

4. 平喘

   石菖蒲总挥发油、α-细辛醚、β-细辛醚能显著抑制组胺和乙酰胆碱所致的豚鼠气管痉挛性收缩，且具明显的量效关系[15]。

5. 对消化系统的影响

   石菖蒲总挥发油、去油煎剂、α-细辛醚、β-细辛醚均能抑制离体家兔肠管的自发性收缩，拮抗乙酰胆碱、组胺及氯化钡所致的肠管痉挛，增强大鼠在体肠管蠕动和小鼠小肠运动；促进大鼠胆汁分泌[16]。石菖蒲水提醇沉后的上清液对大鼠的胃、十二指肠的收缩活动均有抑制作用，其作用是通过阻断胆碱能M受体及迷走神经非胆碱能受体而实现的，与肾上腺能α和β受体无关[17]。

6. 抗心律失常

   石菖蒲挥发油能对抗乌头碱所致大鼠心律失常和肾上腺素及氯化钡所致家兔心律失常；治疗剂量时还有减慢心率的作用[18]。

7. 抗菌

   石菖蒲提取液在琼脂平板稀释法实验中对链球菌、苏云金杆菌、产气杆菌、金黄色葡萄球菌、枯草杆菌、表皮葡萄球菌、变形杆菌和大肠杆菌均有不同程度的抑制作用，其中对链球菌和苏云金杆菌的抑制效果最强[19]。

8. 其他

   石菖蒲还具有抗应激[8,14]和抗抑郁等作用[20-21]。

应用

本品为中医临床用药。功能：开窍宁神，化湿和胃。主治：①痰湿蒙蔽清窍之神志昏迷；②湿阻中焦，脘腹胀闷，痞塞疼痛。

现代临床还用于治疗癫痫、肺性脑病、脑梗塞、支气管炎、风湿性关节炎、哮喘、萎缩性胃炎、鼻炎、白内障等病。

评注

水菖蒲 *Acorus calamus* L. 主产于中国四川、湖南、湖北等地，民间也作药用，功效类似石菖蒲。近年来，研究发现石菖蒲对污水有净化能力，在污水中能正常生长，对污水中的重金属有强吸收能力，对水质具有良好的净化效应[22]。据研究表明，石菖蒲的根茎不仅能与藻类竞争光和矿质营养，还能向水中分泌化学物质，伤害和清除藻类，用培养石菖蒲的水培养藻类，可破坏藻类的叶绿素α，促使藻细胞死亡[23]。因此，推广石菖蒲种植对保护环境，净化水源有积极作用，但用作净化污水的石菖蒲不宜再入药，以防引起重金属对人体的伤害。

参考文献

[1] 唐洪梅, 席萍, 薛秀清. 石菖蒲不同提取物化学成分的GC-MS分析. 广东药学. 2001, 11(6): 33-35

[2] 高玉琼, 刘建华, 霍昕. 石菖蒲挥发油成分的研究. 贵阳医学院学报. 2003, 28(1): 31-33

[3] 刘驰, 朱亮锋, 何志诚, 俞黔生, 马益林. 石菖蒲中一新倍半萜. 植物资源与环境. 1993, 2(3): 22-25

[4] 吴惠勤, 张桂英, 曾莉, 张忠义, 雷正杰. 超临界CO_2萃取石菖蒲有效成分的GC-MS分析. 分析测试学报. 2000, 19(6): 70-71

[5] 杨晓燕, 陈发奎, 吴立军. 石菖蒲水煎液化学成分的研究. 中草药. 1998, 29(11): 730-731

[6] J Hu, X Feng. Phenylpropanes from *Acorus tatarinowii*. Planta Medica. 2000, 66(7): 662-664

[7] 方永奇，吴启瑞，王丽新，邹衍衍，柯雪红．石菖蒲对中枢神经系统兴奋－镇静作用研究．广西中医药．2001，**24**(1)：49-50

[8] 胡锦官，顾健，王志旺．石菖蒲及其有效成分对中枢神经系统作用的实验研究．中药药理与临床．1999，**15**(3)：19-21

[9] 杨立彬，黄民，梁健民，蔡正旭，王宇红，张淑琴．石菖蒲及其成分对幼鼠电刺激反应性和电致惊厥阈的影响．中风与神经疾病杂志．2004，**21**(2)：112-113

[10] WP Liao, L Chen, YH Yi, WW Sun, MM Gao, T Su, SQ Yang. Study of antiepileptic effect of extracts from *Acorus tatarinowii* Schott. *Epilepsia*. 2005, **46**(1): 21-24

[11] 周大兴，李昌煜，林乾良．石菖蒲对小鼠学习记忆的促进作用．中草药．1992，**23**(8)：417-419

[12] 方永奇，李翎，邹衍衍，魏刚，林双峰．石菖蒲对缺血－再灌注脑损伤大鼠脑电图和脑水肿的影响．中国中医急症．2003，**12**(1)：55-56

[13] 方永奇，匡忠生，谢宇辉，李翎，吴启端，魏刚，林双峰．石菖蒲对缺血再灌注脑损伤大鼠神经细胞凋亡的影响．现代中西医结合杂志．2002，**11**(17)：1647-1649

[14] 吴启端，方永奇，李翎，林双峰，魏刚．石菖蒲醒脑开窍的有效部位筛选．时珍国医国药．2002，**13**(5)：260-261

[15] 杨社华，王志旺，胡锦官．石菖蒲及其有效成分对豚鼠气管平滑肌作用的实验研究．甘肃中医学院学报．2003，**20**(2)：12-13，45

[16] 胡锦官，顾健，王志旺．石菖蒲及其有效成分对消化系统的作用．中药药理与临床．1999，**15**(2)：16-18

[17] 秦晓民，徐敬东，邱小青，王文．石菖蒲对大鼠胃肠肌电作用的实验研究．中国中药杂志．1998，**23**(2)：107-109

[18] 申军，肖柳英，张丹．石菖蒲挥发油抗心律失常的实验研究．广州医药．1993，**3**：44-45

[19] 何池全，陈少凤，叶居新．石菖蒲抑菌效应的研究．环境与开发．1997，**12**(3)：1-3，6

[20] 李明亚，陈红梅．石菖蒲对行为绝望动物抑郁模型的抗抑郁作用．中药材．2001，**24**(1)：40-41

[21] 李明亚，李娟好，季宁东，郭丽冰，甘火荣，庄岚．石菖蒲几种粗提物的抗抑郁作用．广东药学院学报．2004，**20**(2)：141-144

[22] 杨海龙，洪瑞川．石菖蒲对污水适应性的研究．南昌大学学报（理科版）．1994，**18**(1)：97-102

[23] 叶居新，何池全，陈少风．石菖蒲的克藻效应．植物生态学报．1999，**23**(4)：379-384

桔梗科

沙参 Shashen CP

Adenophora stricta Miq.
Upright Ladybell

概述

桔梗科 (Campanulaceae) 植物沙参 *Adenophora stricta* Miq.，其干燥根入药。中药名：南沙参。

沙参属 (*Adenophora*) 植物全世界约有 50 种，分布于亚洲东部，尤其是中国东部，其次为日本、朝鲜半岛及俄罗斯远东地区。中国产约 40 种，是现代该属植物分布的中心。中国本属现供药用者近 30 种。本种分布于中国江苏、安徽、浙江、江西、湖南等地。

"沙参"药用之名，始载于《神农本草经》，列为上品。历代本草中记载的沙参为本属多种植物。《中国药典》(2005年版)收载本种为中药南沙参的法定原植物来源种之一。主产于中国贵州、四川、河南、安徽、江苏和黑龙江等地。

沙参属植物主要成分为多糖类化合物，尚有甾醇、三萜类化合物等。《中国药典》规定沙参醇溶性浸出物含量不得少于30%，以控制药材质量。

药理研究表明，沙参具有调节机体免疫、抗辐射、抗肿瘤等作用。

中医理论认为沙参具有养阴清肺，润肺化痰，益胃生津等功效。

沙参 *Adenophora stricta* Miq.

药材南沙参 Radix Adenophorae

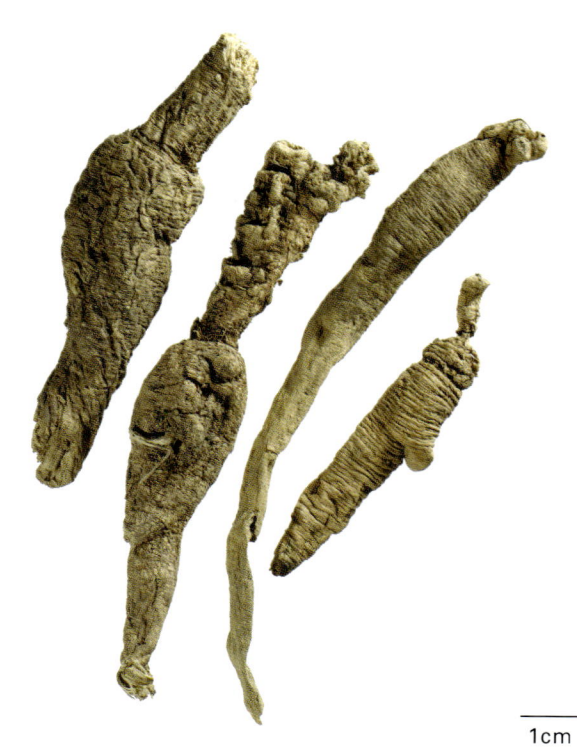

1cm

沙参 Shashen

化学成分

沙参的根主要含多糖[1]。另有三萜类成分：乙酰环阿尔廷醇酯(cycloartenol acetate)、羽扇豆烯酮(lupenone)；甾醇类成分：β-谷甾醇-O-β-D-吡喃葡萄糖苷(β-sitosterol-O-β-D-glucopyranoside)、β-谷甾醇-葡萄糖苷-6′-O-棕榈酰酯(β-sitosteryl glucoside-6′-O-palmitoyl ester)[2]、蒲公英赛酮(taraxerone)[3]；香豆素类化合物：白花前胡甲素(praeruptorin A)、3′-当归酰-4′-异戊酰(3′S,4′S)-顺式克莱酮 [3′-angeloyl-4′-isovaleryl-(3′S,4′S)-cis-khellactone][2]。还含有丹皮酚 (paeonol)[4]、无柄沙参酸-3-O-异戊酸酯 (sessilifolic acid-3-O-isovalerate)[5]等。

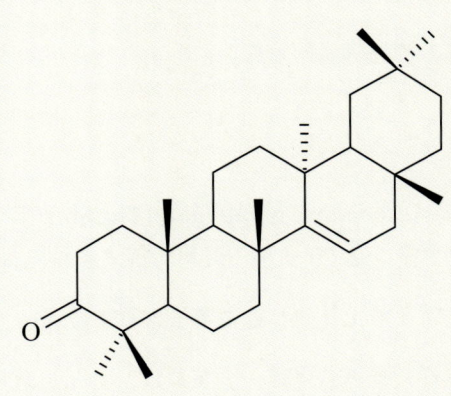

taraxerone

药理作用

1. **免疫调节功能**

   沙参多糖及水提物灌胃能明显增加正常小鼠炭粒廓清指数 K 及吞噬指数 α，增强单核巨噬细胞的吞噬功能；使二硝基氟苯诱导的迟缓型变态反应小鼠耳廓肿胀度显著增加，迟发型变态反应增强。沙参多糖和水提物可增加小鼠胸腺重量，沙参多糖还可增加小鼠脾脏的重量[6]。

2. **镇咳祛痰**

   沙参乙醇和醋酸乙酯提取物灌胃对枸橼酸引起的豚鼠咳嗽有显著的对抗作用，醋酸乙酯提取物灌胃能显著增加小鼠酚红排泌量，显示出良好的祛痰作用[6]。

3. **抗辐射损伤**

   沙参多糖灌胃能明显对抗 ^{60}Co-γ 射线照射引起的小鼠免疫器官重量减轻和白细胞数量减少，能使照射引起的辅助性 T 淋巴细胞与抑制性 T 淋巴细胞的比值 (T_H/T_S)，降低并趋于正常，腹腔巨噬细胞吞噬率和吞噬指数明显升高；还可使辐射大鼠血清丙二醛 (MDA) 含量减少，全血中谷胱甘肽过氧化物酶 (GSH-Px) 活性增加，红细胞中超氧化物歧化酶 (SOD) 含量回升；此外，沙参多糖灌胃对亚慢性受照小鼠雄性生殖细胞辐射损伤也有良好的防护作用[7-9]。

4. **抗衰老**

   沙参多糖灌胃能明显抑制老龄小鼠 MDA 的产生及肝、脑组织中脂褐素的形成，能降低其肝、脑组织中单胺氧化酶的活性，提高血清中睾酮的含量；采用含沙参多糖的培养基，能延长果蝇的寿命，提高性活力和交配频率，有较好的抗衰老作用[10]。

5. **改善学习记忆**

   沙参多糖灌胃对东莨菪碱、亚硝酸钠、乙醇引起的小鼠记忆获得、巩固及再现障碍均有显著的改善作用。其机理可能与清除自由基、降低单氨氧化酶 B (MAO－B) 活性有关[11]。

6. **抗肿瘤**

   以沙参水煎液作为小鼠的日常饮水，对氨基甲酸乙酯诱发的肺腺癌有抑制作用，这种作用可能与提高机体的免疫功能有关[12]。沙参多糖给小鼠灌胃还能通过清除氧自由基、保护内源性自由基清除物而表现出抗肺癌作用[13]。

应用

本品为中医临床用药。功能：养阴清肺，化痰，益气。主治：①肺虚的燥热咳嗽；②热病后气阴不足或脾胃虚弱。

现代临床还用于支气管炎、胃炎、糖尿病、肺癌等病的治疗。

评注

除本种外，《中国药典》还收载轮叶沙参 *Adenophora tetraphylla* (Thunb.) Fisch. 作为中药南沙参的法定原植物来源种。在中国局部地区作南沙参药用的植物更多，达 20 多种，使用时应注意品种和质量问题。

贵州目前是中国沙参产量最大的省，已成功家种，其他各省主要依靠野生资源。

沙参富含多糖、甾体和三萜化合物，口感好，营养价值高，分布广泛，贵州当地将其腌菜食用。可对沙参进行进一步开发，使其成为功能性的营养食品。

参考文献

[1] 屠鹏飞，徐国钧，徐珞珊，金蓉鸾．沙参类的研究Ⅲ．多糖的含量测定．中草药．1992，23(7)：355-356

[2] SJ Du, P Gariboldi, G Jommi. Constituents of Shashen (*Adenophora axilliflora*). *Planta Medica*. 1986, 4: 317-320

[3] 江佩芬，高增平．南沙参化学成分的研究．中国中药杂志．1990，15(8)：38-39

[4] Y Ueyama, K Furukawa. Volatile components of shajin. *Nippon Nogei Kagaku Kaishi*. 1987, 61(12): 1577-1582

[5] PF Tu, GJ Xu, XW Yang, M Hattori, T Namba. A triterpene from the roots of Adenophora stricta subsp. *sessilifolia*. *Shoyakugaku Zasshi*. 1990, 44(2): 98-100

[6] 龚晓健，季晖，李萍，杨伦，陈友地，毛新伟．沙参提取物镇咳祛痰及免疫增强作用研究．中国现代应用药学杂志．2000，17(4)：258-260

[7] 葛明珠，赵亚莉，任少林．南沙参多糖对小鼠免疫器官辐射损伤的防护．中草药．1996，27(11)：673-675

[8] 唐富天，梁莉，李新芳．南沙参多糖对大鼠的辐射防护作用．中药药理与临床．2002，18(2)：15-17

[9] 梁莉，李梅，李新芳．南沙参多糖对亚慢性受照小鼠的抗突变作用研究．中药药理与临床．2003，19(3)：10-11

[10] 李春红，李泱，李新芳，李瑜．南沙参多糖抗衰老作用的实验研究．中国药理学通报．2002，18(4)：452-455

[11] 张春梅，李新芳．南沙参多糖改善化学品诱导小鼠学习记忆障碍的研究．中药药理与临床．2001，17(4)：19-21

[12] 凌昌全，韩明权，高虹，陈善香，刘嘉湘．扶正类中药对氨基甲酸乙酯诱发肺腺癌的抑制作用．中国中西医结合杂志．1992，12(3)：169

[13] 李泱，邓宏珠，李春红，李瑜，李新芳．南沙参多糖对肺癌小鼠自由基作用的实验研究．中国中医药科技．2000，7(4)：233-234

龙芽草 Longyacao CP, KHP

Agrimonia pilosa Ledeb.
Hairyvein Agrimonia

蔷薇科

概 述

蔷薇科 (Rosaceae) 植物龙芽草 *Agrimonia pilosa* Ledeb.，其干燥地上部分入药。中药名：仙鹤草。

龙芽草属 (*Agrimonia*) 植物全世界约有 10 种，分布于北温带和热带高山及拉丁美洲。中国产约有 4 种、1 变种，民间均供药用。本种分布于中国吉林、辽宁、山东、浙江等地，俄罗斯、朝鲜半岛、日本也有分布。

仙鹤草以"龙牙草"药用之名，始载于《图经本草》。古今药用品种一致。《中国药典》(2005 年版) 收载本种为中药仙鹤草的法定原植物来源种。主产于中国浙江、江苏、湖北；此外，安徽、辽宁、福建、广东、河北、山东等省也产。

龙芽草含鞣质、黄酮、内酯、三萜等成分。其中儿茶酚鞣质为中药仙鹤草的止血活性成分，仙鹤草酚为抗疟活性成分，鹤草酚为驱虫的活性成分。《中国药典》以显微鉴别和性状为指标，以控制药材质量。

药理研究表明，龙芽草具有止血、杀虫、抗菌、抗病毒、抗炎、镇痛、抗肿瘤等作用。

中医理论认为仙鹤草具有收敛止血，解毒杀虫，止痢，截疟等功效。

龙芽草 *Agrimonia pilosa* Ledeb.

药材仙鹤草 Herba Agrimoniae

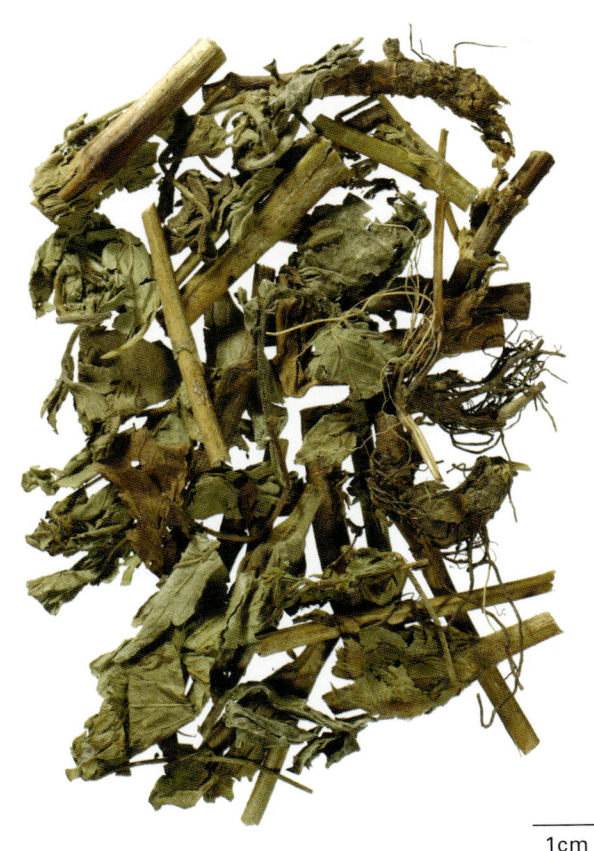

1cm

蔷薇科

龙芽草 Longyacao

化学成分

龙芽草全草含挥发油：主要为6,10,14-三甲基-2-十五烷酮 (6,10,14-trimethyl-2-pentadecanone)、α-没药醇 (α-bisabolol)[1]；三萜类成分：1β,2α,3β,19α-四羟基乌索-12-烯-28-酸 (1β,2α,3β,19α-tetrahydroxyurs-12-en-28-oic acid)、1β,2β,3β,19α-四羟基乌索-12-烯-28-酸 (1β,2β,3β,19α-tetrahydroxyurs-12-en-28-oic acid)[2]、乌苏酸 (ursolic acid)、坡模醇酸 (pomolic acid)、委陵菜酸 (tormentic acid)、科罗索酸 (corosolic acid)[3]；黄酮类：(2S,3S)-(-)-花旗松素-3-葡萄糖苷[(2S,3S)-(-)-taxifolin-3-glucoside]、(2R,3R)-(+)-花旗松素-3-葡萄糖苷[(2R,3R)-(+)-taxifolin-3-glucoside]、金丝桃苷 (hyperin)[4]、槲皮素 (quercetin)、槲皮苷 (quercitrin)、芦丁 (rutin)[5]等。

地下部分含鞣质类成分：鞣花酸-4-O-β-D-木吡喃糖苷 (ellagic aicd-4-O-β-D-xylopyranoside)[6]、仙鹤草鞣酸 (agrimoniin)[7]；间苯三酚类：仙鹤草酚A、B、C、D、E、F、G (agrimols A-G)、鹤草酚 (agrimophol)[8-9]；三萜类成分：2α,19α-二羟基乌索酸-28-β-D-吡喃葡萄糖苷 (2α,19α-dihydroxyursolic acid-28-β-D-glucopyranoside)[2]；黄酮类成分：木犀草素-7-β-D-葡萄糖苷 (luteolin-7-β-D-glucoside)、芹菜素-7-β-D-葡萄糖苷 (apigenin-7-β-D-glucoside)、2S,3S-(-)-花旗松素-3-O-β-D-吡喃葡萄糖苷 (2S,3S-(-)-taxifolin-3-O-β-D-glucopyranoside)[10]；有机酸类成分：鞣花酸 (ellagic acid)、没食子酸 (gallic acid)、咖啡酸 (caffeic acid)、仙鹤草酸A、B (agrimonic acids A-B)；儿茶素衍生物：龙芽草醇A、B、C (pilosanols A-C)[11]；异香豆素类成分：仙鹤草内酯 (agrimonolide)、仙鹤草内酯-6-O-β-D-葡萄糖苷 (agrimonolide-6-O-β-D-glucoside)[12]等成分。

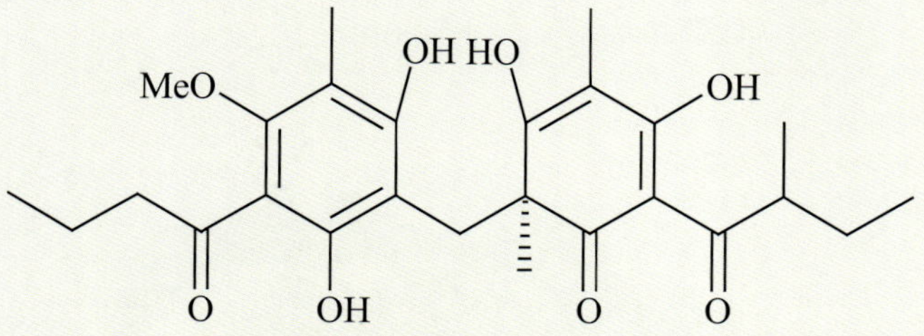

agrimophol

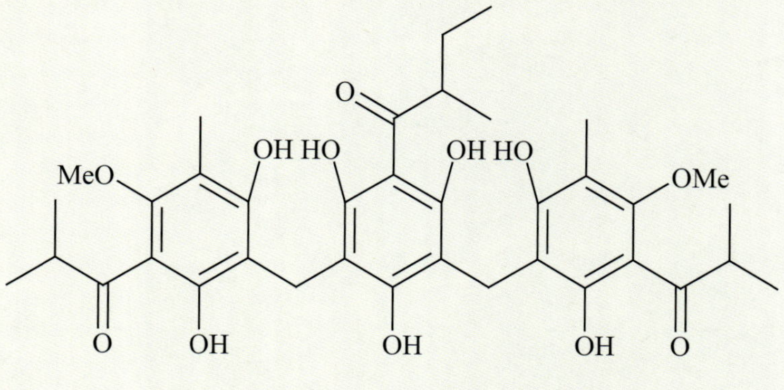

agrimol A

药理作用

1. **止血**

   龙芽草含大量的鞣质及少量的维生素K等已知止血成分，故有止血作用。二磷酸腺苷 (ADP) 诱导体外兔血小板聚集实验表明，龙芽草有明显的促凝血作用，可能与其水提液中鞣质和维生素K的协同作用有关。

2. **抗疟**

   动物实验表明仙鹤草酚 A、B、C、D、E 均具有一定的抗疟活性。

3. **杀虫、抗病原微生物**

   仙鹤草酚对绦虫、蛔虫、血吸虫、滴虫均有驱杀作用；鹤草酚有驱杀日本血吸虫的作用，合并硝唑咪时效果极佳。龙芽草煎剂及其甲醇浸膏对革兰阳性菌有一定的抑制作用；热水或乙醇浸液在体外对枯草杆菌、金黄色葡萄球菌、大肠杆菌、绿脓杆菌、福氏痢疾杆菌、伤寒杆菌及人型结核杆菌等均有抑制作用[13]。水提物有抗 I 型单纯性疱疹病毒 (HSV - 1) 的作用[14]，甲醇提取物还可以抗 I 型人类免疫缺陷病毒 (HIV - 1)[15]。

4. **抗炎、镇痛**

   龙芽草乙醇提取物灌胃能显著抑制二甲苯引起的小鼠耳廓肿胀，对热板法所致的小鼠疼痛及酒石酸锑钾所致的小鼠扭体反应均有显著的抑制作用[16]。水煎剂灌胃对热板所致的小鼠疼痛及醋酸所致的小鼠扭体反应也均有显著抑制作用[17]。

5. **对心血管系统的影响**

   龙芽草醇提物及仙鹤草素对蛙、兔、犬等动物有增高血压、加大心搏、收缩外周和内脏血管以及兴奋呼吸的作用。仙鹤草提取物静脉注射对麻醉兔有明显的降血压作用，醇提物作用强于水提物[18]。

6. **抗肿瘤、抗突变**

   龙芽草水提物在体外能显著抑制人肠腺癌细胞 SW620、肝癌细胞 HepG2 及白血病细胞 HL - 60 的增殖[19-20]；龙芽草鞣酸在体外对人宫颈癌 HeLa、肺腺癌 SPC - A - 1 和乳腺癌 MCF7 等细胞均有抑制作用[21]。龙芽草水醇提取物灌胃，对人胃癌 Mgc803、肺腺癌 SPC - A - 1 和宫颈癌 HeLa 裸鼠移植瘤均有显著的抑制作用[22]。龙芽草水煎剂腹腔注射可延长艾氏腹水癌 (EAC) 小鼠的生存期，并抑制肝癌腹水型小鼠瘤体重量增加[17]；灌服则能明显增强荷瘤小鼠白介素 2 (IL - 2) 活性以及红细胞对肿瘤细胞的免疫黏附功能[23-24]。龙芽草水提物灌胃能显著抑制环磷酰胺诱发的小鼠骨髓细胞微核发生和丝裂霉素 C 诱发的小鼠睾丸细胞染色体畸变；也能显著抑制小鼠肉瘤 S_{180} 和肝癌 H - 22 移植性肿瘤的生长[25]。

7. **降血糖**

   龙芽草水提取物、水和醇等提取制成的颗粒剂（主要含黄酮类）灌胃给药对链脲佐菌素 (STZ)、肾上腺素 (Adr) 或四氧嘧啶 (alloxan) 等诱导的高血糖小鼠有显著的降血糖作用，机制与其促进胰岛素分泌或增加组织对糖转化利用有关[26-27]。

8. **其他**

   龙芽草所含的异香豆素类化合物还具有保肝作用[12]。

应用

本品为中医临床用药。功能：收敛止血，补虚，消积，止痢，杀虫。主治：①多种出血证如咯血、吐血、衄血、便血、崩漏等；②泻痢；③脱力劳伤，神疲乏力，面色萎黄之证；④疮疖痈肿。

现代临床还用于上消化道出血、功能性子宫出血、肿瘤（如原发性支气管肺癌、肺部转移癌）、全血细胞减少、绦虫及滴虫性阴道炎、痢疾和疟疾等病的治疗。

评注

目前，对龙芽草化学、药理的研究较多，其止血、驱绦虫、抗菌成分已经基本明确，关于龙芽草中的抗癌有效成分及黄

龙芽草 Longyacao

酮类化合物研究尚少报道。在龙芽草的药理方面，关于止血尚存疑问，有进一步证实和研究的必要。

龙芽草除具有很高的药用价值以外，还含有丰富的蛋白质、糖分、维生素、无机盐及食用纤维等营养物质，可以作为一种野生蔬菜资源加以开发，通过人工改良，集中栽培，扩大利用，成为栽培蔬菜。

参考文献

[1] 赵莹，李平亚，刘金平．仙鹤草挥发油化学成分的研究．中国药学杂志．2001，36(10)：672

[2] I Kouno, N Baba, Y Ohni, N Kawano. Triterpenoids from *Agrimonia pilosa*. *Phytochemistry*. 1988, 27(1): 297-299

[3] RB An, HC Kim, GS Jeong, SH Oh, H Oh, YC Kim. Constituents of the aerial parts of *Agrimonia pilosa*. *Natural Product Sciences*. 2005, 11(4): 196-198

[4] 李霞，叶敏，余修祥，何为江，李荣芷．仙鹤草化学成分的研究．北京医科大学学报．1995，27(1)：60-61

[5] XQ Xu, XZ Qi, W Wang, GN Chen. Separation and determination of flavonoids in *Agrimonia pilosa* Ledeb. by capillary electrophoresis with electrochemical detection. *Journal of Separation Science*. 2005, 28(7): 647-652

[6] 裴月湖，李铣，朱廷儒．仙鹤草根芽中新鞣花酸苷的结构研究．药学学报．1990，25(10)：798-800

[7] T Murayama, N Kishi, R Koshiura, K Takagi, T Furukawa, K Miyamoto. Agrimoniin, an antitumor tannin of *Agrimonia pilosa* Ledeb., induces interleukin-1. *Anticancer Research*. 1992, 12(5): 1471-1474

[8] 李良泉，郑亚平，虞佩琳，李英，盖元珠，王德生，陈一心．仙鹤草根有效成分的研究．化学学报．1978，36(1)：43-48

[9] M Yamaki, M Kashihara, K Ishiguro, S Takagi. Antimicrobial principles of Xianhecao (*Agrimonia pilosa*). *Planta Medica*. 1989, 55(2): 169-170

[10] 裴月湖，李铣，朱廷儒，吴立军．仙鹤草根芽中新二氢黄酮苷的结构研究．药学学报．1990，25(4)：267-270

[11] S Kasai, S Watanabe, J Kawabata, S Tahara, J Mizutani. Antimicrobial catechin derivatives of *Agrimonia pilosa*. *Phytochemistry*. 1992, 31(3): 787-789

[12] EJ Park, H Oh, TH Kang, DH Sohn, YC Kim. An isocoumarin with hepatoprotective activity in $HepG_2$ and primary hepatocytes from *Agrimonia pilosa*. *Archives of Pharmacal Research*. 2004, 27(9): 944-946

[13] 王本祥．现代中药药理学．天津：天津科学技术出版社．1997：795-802

[14] Y Li, LSM Ooi, H Wang, PPH But, VEC Ooi. Antiviral activities of medicinal herbs traditionally used in southern mainland China. *Phytotherapy Research*. 2004, 18(9): 718-722

[15] BS Min, YH Kim, M Tomiyama, N Nakamura, H Miyashiro, T Otake, M Hattori. Inhibitory effects of Korean plants on HIV-1 activities. *Phytotherapy Research*. 2001, 15(6): 481-486

[16] 王德才，高允生，李柯，孔志峰，朱玉云．仙鹤草乙醇提取物抗炎镇痛作用的实验研究．泰山医学院学报．2004，25(1)：7-8

[17] 常敏毅．仙鹤草对小鼠抗肿瘤、镇痛及升白细胞作用的观察．浙江中医学院学报．1998，22(5)：30-31

[18] 王德才，高允生，朱玉云，李娟，徐晓燕．仙鹤草提取物对兔血压的影响．中国中医药信息杂志．2003，10(3)：21-24

[19] 李玉祥，樊华，张劲松，陈永萱．中草药抗癌的体外实验．中国药科大学学报．1999，30(1)：37-42

[20] 高凯民，周玲，陈金英，李凤琴，张玲．仙鹤草煎剂对HL-60细胞的体外诱导凋亡作用．中药材．2000，23(9)：561-562

[21] 袁静，王元勋，侯正明，张虹亚，陈向涛．仙鹤草鞣酸体外对人体肿瘤细胞的抑制作用．中国中医药科技．2000，7(6)：378-379

[22] 王思功，李予蓉，王瑞宁，冯莉．仙鹤草对人癌细胞裸鼠移植瘤的影响．第四军医大学学报．1998，19(6)：702-704

[23] 曹勇，骆永珍．仙鹤草对荷瘤小鼠脾IL-2活性影响的研究．中国中医药科技．1999，6(4)：242

[24] 曹勇，骆永珍．仙鹤草对肿瘤红细胞免疫及其调节功能影响的实验研究．云南中医学院学报．1998，21(4)：18-21

[25] 李红枝，黄清松，陈伟强，黄思翔．仙鹤草抗突变和抑制肿瘤作用实验研究．数理医药学杂志．2005，18(5)：471-473

[26] 王思功，李予蓉，王瑞宁，冯莉．仙鹤草颗粒对小鼠血糖的影响．第四军医大学学报．1999，20(7)：640-642

[27] 范尚坦，李金兰，姚振华．仙鹤草降血糖的实验研究．医药导报．2004，23(10)：710-711

合欢 Hehuan CP, KHP

豆科

Albizia julibrissin Durazz.
Albizzia

概 述

豆科 (Fabaceae) 植物合欢 *Albizia julibrissin* Durazz., 其干燥树皮和花序入药。树皮入药, 中药名: 合欢皮; 花序入药, 中药名: 合欢花。

合欢属 (*Albizia*) 植物全世界约 150 种, 分布于亚洲、非洲、大洋洲及美洲的热带、亚热带地区。中国约有 17 种。中国本属已供药用者约 8 种。本种分布于中国东北至华南及西南部各地。非洲、中亚至东亚均有分布, 北美有栽培。

"合欢皮"药用之名, 始载于《神农本草经》, 列为中品。历代本草多有著录。自古以来作药用者皆为本种。《中国药典》(2005 年版) 收载本种为中药合欢的法定原植物来源种。合欢皮主产于中国湖北、江苏、浙江、安徽等地, 以湖北产量大。合欢花主产于中国河北、河南、陕西、山东、江西、湖北、江苏、浙江、安徽、四川等地。

合欢属植物树皮中的主要活性成分是三萜皂苷类、木脂素类、黄酮类。《中国药典》采用薄层色谱法与对照药材相比较的方法来控制合欢皮和合欢花药材的质量。

药理研究表明, 合欢具有镇静、催眠、抗抑郁、抗肿瘤及免疫活性等作用。

中医理论认为合欢皮具有安神解郁, 活血消痈等功效。

合欢 *Albizia julibrissin* Durazz.

药材合欢皮 Cortex Albiziae

1cm

豆科

合欢 Hehuan

化学成分

合欢的树皮含三萜及三萜皂苷类成分：金合欢皂苷元B (acacigenin B)、剑叶沙酸内酯 (machaerinic acid lactone)[1]、剑叶沙酸(machaerinic acid)[2]、合欢皂苷元A (julibrogenin A)、剑叶沙酸甲酯(machaerinic acid methylester)、合欢三萜内酯甲(julibrotriterpenoidal lactone A)[3]、金合欢酸甲酯 (acacic acid methylester)、合欢皂苷I、II、III、A_1、A_2、A_3、A_4、B_1、C_1、J_3、J_6、J_{10}、J_{11}、J_{18}、J_{19}、J_{20}、J_{23}、J_{24}、J_{28}[4-13](julibrosides I–III, A_1–A_4, B_1, C_1, J_3, J_{10}–J_{11}, J_{18}–J_{20}, J_{23}–J_{24}, J_{28})、合欢皂苷 (prosapogenin–10)[14]等；木脂素类化合物：丁香树脂酚(syringaresinol) 及其葡萄糖苷等[15-17]；黄酮类化合物：异奥卡宁(isookanin)、木犀草素(luteolin)、3,5-去羟异鼠李素(geraldone)、大豆黄素(daidzein)、地槐酚(sophoflavescenol)、苦参酮(kurarinone)、苦参醇(kurarinol)、苦参定(kuraridin)、苦参二醇(kuraridinol)[17]等；酚酸苷类化合物：albibrissinosides A、B[18]；尚含多糖类化合物。

合欢的心材含4,6-二甲氧基苯酞 (4,6-dimethoxyphthalide)和松醇(pinitol)[19]等；花序含挥发油以及黄酮类成分槲皮苷(quercitrin)、异槲皮素 (isoquercitrin)[20-21]；荚果含合欢酸(echinocystic acid)和albiside[22]等；种子含3,5,4'-三羟基-7,3-二甲氧基黄酮-3-O-β-D-吡喃葡萄糖-α-L-吡喃木糖苷(3,5,4'-trihydroxy-7,3-dimethoxyflavonol-3-O-β-D-glucopyranosyl-α-L-xylopyranoside)[23]等。

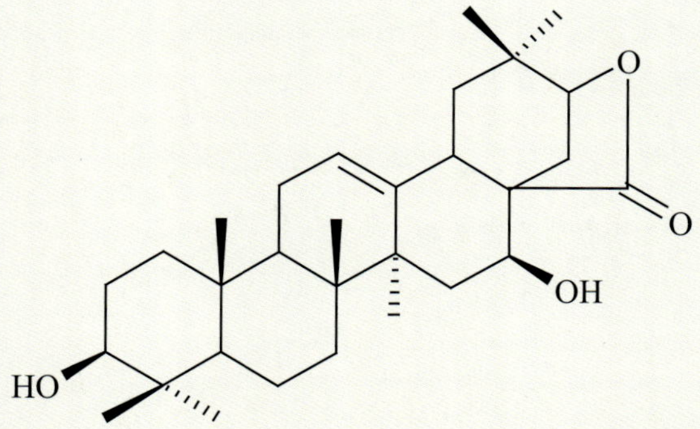

julibrotriterpenoidal lactone A

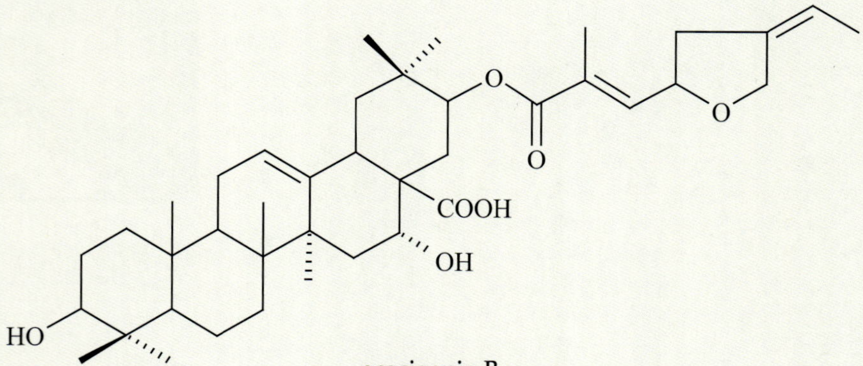

acacigenin B

药理作用

1. **镇静催眠**

    合欢树皮、花序、树叶水煎液灌胃给药对小鼠的自发活动均有显著的抑制作用，与戊巴比妥钠还有明显的协同作用，显示出镇静催眠的功效[24-26]。合欢花的镇静催眠作用与所含的槲皮苷和异槲皮素有关[21]。

2. 抗抑郁

合欢花水提物灌胃能明显对抗"行为绝望"动物模型的抑郁行为，显著缩短小鼠强迫游泳实验和悬尾实验中"行为绝望"小鼠的不动时间，减少开场实验中小鼠的自发活动[27]。其抗抑郁作用是通过改变5-羟色胺能神经系统（尤其是5-HT_{1A}受体）而介导的[28]。

3. 免疫活性

合欢树皮醇提物、水提物、多糖或皂苷腹腔注射均可明显增加红细胞免疫复合物花环率（ICR）、红细胞 C3b 受体花环率（RBC·C3bPR）、红细胞对白细胞的吞噬促进率、红细胞超氧化物歧化酶（SOD）活性及红细胞免疫促进因子活性（RFER）等，以多糖和皂苷的活性更为显著。表明合欢皮具有良性调节实验小鼠红细胞免疫功能的作用，活性成分主要为多糖和皂苷[29]。

4. 抗肿瘤

合欢树皮多糖腹腔注射对 S_{180} 荷瘤小鼠的肿瘤生长有明显的抑制作用，同时促进 T 细胞的转化，还可协同环磷酰胺的抑瘤作用，并减轻环磷酰胺的免疫抑制[30]。合欢树皮乙醇提取物腹腔注射对 $C_{57}BL/6$ 胸腺瘤荷瘤小鼠白介素 2（IL-2）的生物活性有显著增强作用，提示其抗癌活性与免疫调节作用有关[31]。合欢皂苷 J_{18}、J_{19}、J_{28} 在体外能显著抑制人宫颈癌细胞 HeLa、人肝癌细胞 Bel-7402、人乳腺癌细胞 MDA-MB-435 或人前列腺癌细胞 PC-3M-1E8 的增强[9, 13]。

5. 抗菌

体外实验表明合欢种子甲醇提取物可抑制葡枝根霉、黄曲霉素和黑曲霉素等活性；该提取物的氯仿洗脱部分对麻风分支杆菌和金黄色葡萄球菌等革兰氏阳性菌以及大肠杆菌等革兰氏阴性菌均有极好的抗菌作用[23]。

6. 抗生育

合欢树皮冷水提取物羊膜腔内给药可使中孕大鼠胎仔萎缩，妊娠终止，具有抗生育作用；合欢皮总苷宫腔注射可使妊娠 6～7 天的大鼠胎胞萎缩死亡，提示合欢皮抗生育作用的有效成分为皂苷[32]。

7. 其他

合欢树皮提取物有拮抗血小板活化因子（PAF）受体、促进血液循环和消肿等作用[32]。

应用

本品为中医临床用药。功能：安神解郁，活血消肿。主治：①忿怒忧郁，烦躁不眠；②跌打骨折，血瘀肿痛及痈肿疮毒。

现代临床还用于夜盲和神经衰弱等病的治疗。

评注

合欢属植物山合欢 *Albizia kalkora* (Roxb.) Prain. 的树皮在北京、山西、河北、河南、四川等地也作合欢皮使用。有文献报道，合欢与山合欢镇静安神作用基本相似，但山合欢未被《中国药典》收载，两者之间化学成分和临床疗效的对比研究有待深入。

抑郁与失眠是现代社会的常见问题，给人们的工作和生活带来诸多不便。目前常用的抗抑郁药多为化学药，长期服用往往出现副作用。而合欢资源丰富，自古以来便是解郁安神的良药，具有极为广阔的市场前景。

合欢生长迅速，树形高大，树冠开阔，粉红色头状花序呈簇状散开，也是绿化街道、庭院的观赏植物。其木材多用于制作家具；嫩叶可食，老叶可以洗衣服，具有较高的经济价值。

合欢 Hehuan

参考文献

[1] SS Kang, WS Woo. Sapogenins from *Albizia julibrissin*. *Archives of Pharmacal Research*. 1983, **6**(1): 25-28

[2] WS Woo, SS Kang. Isolation of a new monoterpene conjugated triterpenoid from the stem bark of *Albizia julibrissin*. *Journal of Natural Products*. 1984, **47**(3): 547-549

[3] 陈四平, 张如意. 合欢皮中三萜皂苷元的研究. 药学学报. 1997, **32**(2): 144-147

[4] T Ikeda, S Fujiwara, J Kinjo, T Nohara, Y Ida, J Shoji, T Shingu, R Isobe, T Kajimoto. Three new triterpenoidal saponins acylated with monoterpenic acid from albizziae cortex. *Bulletin of the Chemical Society of Japan*. 1995, **68**(12): 3483-3490

[5] J Kinjo, K Araki, K Fukui, H Higuchi, T Ikeda, T Nohara, Y Ida, N Takemoto, M Miyakoshi, J Shoji. Studies on leguminous plants. XXXIV. Six new triterpenoidal glycosides including two new sapogenols from Albizzia cortex. V. *Chemical & Pharmaceutical Bulletin*. 1992, **40**(12): 3269-3273

[6] 陈四平, 张如意, 马立斌, 涂光忠. 合欢皮中新皂苷的结构鉴定. 药学学报. 1997, **32**(2): 110-115

[7] 邹坤, 赵玉英, 张如意. 合欢皂苷J6的结构鉴定. 实用医学进修杂志. 1999, **27**(2): 79-83

[8] 邹坤, 王邠, 赵玉英, 张如意. 合欢中一对非对映异构九糖苷的分离鉴定. 化学学报. 2004, **62**(6): 625-629

[9] K Zou, JR Cui, B Wang, YY Zhao, RY Zhang. A pair of isomeric saponins with cytotoxicity from *Albizia julibrissin*. *Journal of Asian Natural Products Research*. 2005, **7**(6): 783-789

[10] 邹坤, 赵玉英, 王邠, 徐峰, 张如意, 郑俊华. 合欢皂苷J20的结构鉴定. 药学学报. 1999, **34**(7): 522-525

[11] 邹坤, 赵玉英, 涂光忠, 张如意, 郑俊华. 合欢皮中一个新的三萜皂苷. 中国药学杂志. 2000, **9**(3): 125-127

[12] 邹坤, 王邠, 赵玉英, 郑俊华, 张如意. 合欢皮中一个新的八糖苷. 北京大学学报(医学版). 2004, **36**(1): 18-20

[13] H Liang, WY Tong, YY Zhao, JR Cui, GZ Tu. An antitumor compound julibroside J28 from *Albizia julibrissin*. *Bioorganic & Medicinal Chemistry Letters*. 2005, **15**: 4493-4495

[14] 郑璐, 吴刚, 王邠, 吴立军, 赵玉英. 合欢皂苷及苷元的分离鉴定. 北京大学学报(医学版). 2004, **36**(4): 421-425

[15] 佟文勇, 米靓, 梁鸿, 赵玉英. 合欢皮化学成分的分离鉴定. 北京大学学报(医学版). 2003, **35**(2): 180-183

[16] J Kinjo, K Fukui, H Higuchi, T Nohara. Leguminous plants. 23. The first isolation of lignan tri- and tetra-glycosides. *Chemical & Pharmaceutical Bulletin*. 1991, **39**(6): 1623-1625

[17] MJ Jung, SS Kang, HA Jung, GJ Kim, JS Choi. Isolation of flavonoids and a cerebroside from stem bark of *Albizia julibrissin*. *Archives of Pharmacal Research*. 2004, **27**(6): 593-599

[18] MJ Jung, SS Kang, YJ Jung, JS Choi. Phenolic glycosides from the stem bark of *Albizia julibrissin*. *Chemical & Pharmaceutical Bulletin*. 2004, **52**(12): 1501-1503

[19] Y Nakano, T Takashima. Extractives of *Albizia julibrissin* heartwood. *Mokuzai Gakkaishi*. 1975, **21**(10): 577-580

[20] 李作平, 郜嵩, 郝存书, 范桂敏. 合欢花化学成分的研究. 中国中药杂志. 2000, **25**(2): 103-104

[21] TH Kang, SJ Jeong, NY Kim, R Higuchi, YC Kim. Sedative activity of 2 flavonol glycosides isolated from the flowers of *Albizia julibrissin*. *Journal of Ethnopharmacology*. 2000, **71**(1, 2): 321-323

[22] TV Sergienko, TB Mogilevtseva, VY Chirva. Chemical study of *Albizia julibrissin* beans. *Khimiya Prirodnykh Soedinenii*. 1977, **5**: 708

[23] RN Yadava, VMS Reddy. A biologically active flavonol glycoside of seeds of *Albizia julibrissin* Durazz. *Journal of the Institution of Chemists*. 2001, **73**(5): 195-199

[24] 李洁. 合欢皮与山合欢皮镇静催眠作用的比较研究. 时珍国医国药. 2005, **16**(6): 488

[25] 单国存, 石磊虹. 合欢花与南蛇藤果实水煎剂镇静、催眠作用的比较. 中药材. 1989, **12**(5): 36-37

[26] 赵晓峰, 徐健, 施明, 庞传宇, 王翅楚. 合欢树叶镇静催眠作用的药理实验研究. 中成药. 1996, **18**(8): 48

[27] 李作平, 赵丁, 任雷鸣, 朱忠宁. 合欢花抗抑郁作用的药理实验研究初探. 河北医科大学学报. 2003, **24**(4): 214-216

[28] JW Jung, JH Cho, NY Ahn, HR Oh, SY Kim, CG Jang, JH Ryu. Effect of chronic *Albizia julibrissin* treatment on 5-hydroxytryptamine1A receptors in rat brain. *Pharmacology, Biochemistry and Behavior*. 2005, **81**(1): 205-210

[29] 田维毅, 武孔云, 白惠卿. 合欢皮红细胞免疫活性成分及其机制的研究. 四川中医. 2003, **21**(10): 17-19

[30] 韩莉, 崔景荣, 李敏, 叶颖, 刘倩, 吴军. 合欢皮多糖对S180荷瘤小鼠的抑瘤及免疫调节作用的研究. 实用医学进修杂志. 2000, **28**(3): 144-146

[31] 田维毅, 尚丽江, 白惠卿, 马春玲. 合欢皮乙醇提取物对荷瘤小鼠IL-2生物活性的影响. 贵州医药. 2002, **26**(5): 392-393

[32] 蔚冬红, 乔善义, 赵毅民. 中药合欢皮研究概况. 中国中药杂志. 2004, **29**(7): 619-624

韭菜 Jiucai CP, KHP

Allium tuberosum Rottl.
Tuber Onion

百合科

 概述

百合科 (Liliaceae) 植物韭菜 *Allium tuberosum* Rottl.，其干燥种子入药。中药名：韭菜子。

葱属 (*Allium*) 植物全世界约有 500 种，分布于北半球，中国约有 110 种。该属植物现已供药用者约有 13 种。本种原产亚洲东南部，现全世界各地均有栽培。

韭菜以"韭"药用之名，始载于《名医别录》，列为中品。《中国药典》（2005 年版）收载本种为中药韭菜子的法定原植物来源种。中国各地均有栽培。

韭菜子主要含硫化物、苷类、黄酮类。《中国药典》以药材性状特征来控制其质量。

药理研究表明，韭菜的种子具有抗菌、祛痰等作用。

中医理论认为韭菜子具有温补肝肾，壮阳固精等功效。

韭菜 *Allium tuberosum* Rottl.

药材韭菜子 Semen Allii Tuberosi

1cm

韭菜 Jiucai

化学成分

韭菜种子含甾体皂苷类成分：tuberosides A、B、C、D、E、F、G、H、I、J、K、L、M[1-5]、烟草苷C (nicotianoside C)、(22S)-胆甾-5-烯-1β,3β,6β,22-四羟基-1-O-α-L-吡喃鼠李糖基-16-O-β-D-吡喃葡萄糖苷[(22S)-cholest-5-ene-1β,3β,6β,22-tetrol-1-O-α-L-rhamnopyranosyl-16-O-β-D-glucopyranoside][6]；黄酮类成分：山柰酚-3-O-槐糖基-7-O-β-D-(2'-阿魏酰基)葡萄糖苷 [3-O-sophorosyl-7-O-β-D-(2'-feruloylglucosyl) kaempferol]、山柰酚-3,4'-二-O-β-D-阿魏酰基葡萄糖苷 [3,4'-di-O-β-D-feruloylglucosyl kaempferol]、山柰酚-3-O-β-D-(2-O-阿魏酰基)葡萄糖-7,4'-二-O-β-D-葡萄糖苷 [3-O-β-D-(2-O-feruloyl) glucosyl-7,4'-di-O-β-D-glucosylkaempferol]、槲皮素-3,4'-二-O-β-D-葡萄糖苷 (3,4'-di-O-β-D-glucosyl quercetin)、山柰酚-3-O-β-槐糖苷 (3-O-β-sophorosyl-kaempferol)；生物碱类成分：韭子碱甲、乙(tuberosines A-B)、N-反式阿魏酰基-3-甲基多巴胺 (N-trans-feruloyl-3-methyldopamine)、N-反式-香豆酰酪胺 (N-trans-coumaroyl tyramine)、甲酰吲哚(3-formylindole)、3-吡啶羧酸(3-pyridine carboxylic acid)；有机酸类成分：斑鸠菊酸(vernolic acid)、3-methoxy-4-hydroxybenzoic acid、对羟基苯甲酸(p-hydroxybenzoic acid)、3,5-dimethoxy-4-hydroxybenzoic acid；木脂素类：丁香树脂酚 (syringaresinol)等[6-9]。尚含7-hydroxy-2,5-dimethyl 4-H-1-benzopyran-4-one。

韭菜根茎、叶、花中均含硫化物：二甲基二硫醚(dimethyl disulfide)、二甲基三硫醚(dimethyl trisulfide)、甲基丙基二硫醚 (methyl propyl disulfide)、甲基丙基三硫醚 (methyl propyl trisulfide)、甲基丙烯基二硫醚 (methyl propenyl disulfide)、甲基丙烯基三硫醚(methyl propenyl trisulfide)、丙基丙烯基二硫醚(propyl propenyl disulfide)、丙基丙烯基三硫醚(propyl propenyl trisulfide)、二丙基三硫醚(dipropyl trisulfide)[10]。

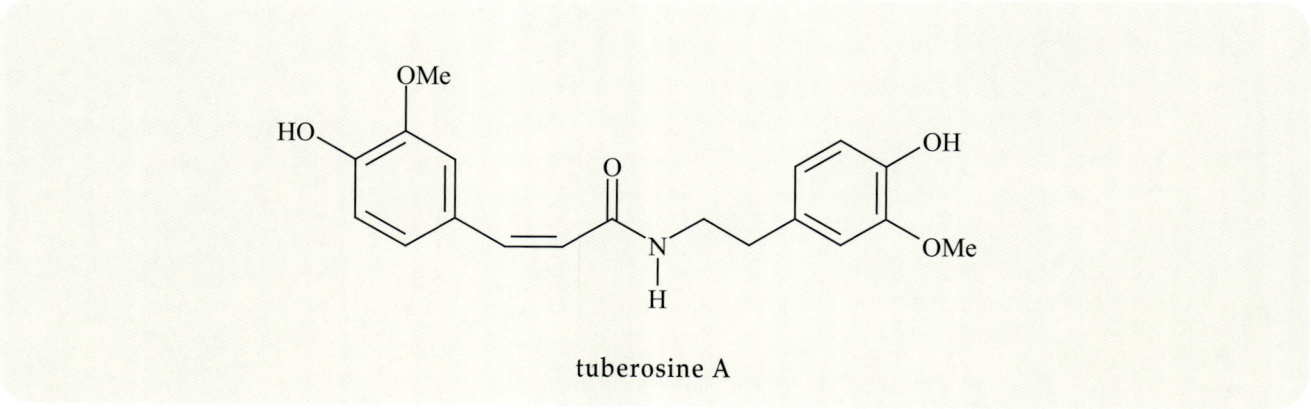

tuberosine A

药理作用

1. **抗菌**

   韭菜子中的含硫化合物，在大蒜酯酶的作用下，可转化为大蒜辣素，从而具有抗菌作用，能抑制葡糖球菌、肺炎球菌、链球菌、伤寒杆菌、大肠杆菌、痢疾杆菌、阿米巴原虫及一些真菌；韭菜叶还有杀灭阴道滴虫作用。

2. **祛痰**

   韭菜子所含皂苷能刺激胃黏膜，反射性地引起呼吸道分泌物增加而呈祛痰作用。

3. **抗肿瘤**

   体外实验表明 tuberoside M 能显著抑制人早幼粒白血病细胞 HL-60 的增殖[5]。

4. **适应原样作用**

   韭菜子油能显著增强果蝇耐高温和耐低温的能力[11]。

5. 红细胞凝集

韭菜叶中含植物凝集素，对新鲜兔红细胞有强烈凝集作用[12]。

应用

韭菜子

本品为中医临床用药。功能：温补肝肾，壮阳固精。主治：①肾阳虚的阳痿遗精，遗尿尿频，白带过多等；②肝肾不足的腰膝痠软冷痛。

现代临床还用于神经衰弱、顽固性呃逆、腹溏肠炎等病的治疗。

韭菜

本品为中医临床用药。功能：补肾温中，行气散瘀，解毒。主治：①肾虚阳痿；②里寒腹痛，噎膈反胃，胸痹疼痛；③衄血，吐血，尿血；④痢疾，痔疮；⑤痈肿疮毒，漆疮；⑥跌打损伤。

现代临床还用于过敏性紫癜、乳腺炎、荨麻疹等病的治疗。

评注

除韭菜子做药用外，韭菜叶为常用蔬菜。

韭菜根具温中、行气、散瘀、解毒功效，可用于里寒腹痛，食积腹胀，胸痹疼痛，赤白带下，衄血，吐血，跌打损伤。

韭菜子中所含皂苷对钉螺有杀灭作用，可用于血吸虫流行地区，广泛杀灭宿主钉螺[13]。

参考文献

[1] SM Sang, AN Lao, HC Wang, ZL Chen. Furostanol saponins from *Allium tuberosum*. *Phytochemistry*. 1999, **52**(8): 1611-1615

[2] SM Sang, AN Lao, HC Wang, ZL Chen. Two new spirostanol saponins from *Allium tuberosum*. *Journal of Natural Products*. 1999, **62**(7): 1028-1029

[3] S Sang, S Mao, A Lao, Z Chen, CT Ho. Four new steroidal saponins from the seeds of *Allium tuberosum*. *Journal of Agricultural and Food Chemistry*. 2001, **49**(3): 1475-1478

[4] S Sang, M Zou, Z Xia, A Lao, Z Chen, CT Ho. New spirostanol saponins from Chinese chives (*Allium tuberosum*). *Journal of Agricultural and Food Chemistry*. 2001, **49**(10): 4780-4783

[5] SM Sang, ML Zou, XW Zhang, AN Lao, ZL Chen. Tuberoside M, a new cytotoxic spirostanol saponin from the seeds of *Allium tuberosum*. *Journal of Asian Natural Products Research*. 2002, **4**(1): 69-72

[6] 桑圣民，夏增华，毛士龙，劳爱娜，陈仲良．中药韭子化学成分的研究．中国中药杂志．2000，**25**(5)：286-288

[7] 桑圣民，毛士龙，劳爱娜，陈仲良．中药韭子中一个新酰胺成分．中草药．2000，**31**(4)：244-245

[8] 桑圣民，毛士龙，劳爱娜，陈仲良．中药韭子中一个新生物碱成分．天然产物研究与开发．2000，**12**(2)：1-3

[9] ZM Zou, LJ Li, DQ Yu, PZ Cong. Sphingosine derivatives from the seeds of *Allium tuberosum*. *Journal of Asian Natural Products Research*. 1999, **2**(1): 55-61

[10] 王鸿梅，冯静．韭菜挥发油中化学成分的研究．天津医科大学学报．2002，**8**(2)：191-192

[11] 马庆臣，吕文华，李廷利，杨玉静．韭菜籽油抗高温和抗低温作用的实验研究．中医药学报．2000，**2**：78

[12] 余萍，黄德棋，林玉满．韭菜凝集素的纯化及部分性质的研究．福建师范大学学报（自然科学版）．1995，**11**(3)：71-75

[13] 赵庆华，吴东儒，李国贤，赵帜平．葱属植物韭子皂苷的化学结构及其灭螺活性的研究．安徽大学学报（自然科学版）．1993，**4**：62-64

葡萄科

白蔹 Bailian CP, KHP

Ampelopsis japonica (Thunb.) Makino
Japanese Ampelopsis

概 述

葡萄科 (Vitaceae) 植物白蔹 *Ampelopsis japonica* (Thunb.) Makino，其干燥块根入药。中药名：白蔹。

蛇葡萄属 (*Ampelopsis*) 植物全世界约有 30 种，分布于亚洲、北美洲和中美洲。中国有 17 种。中国本属现供药用者有 13 种。本种分布于中国东北、华北、华东、中南及四川等地；日本也有分布。

"白蔹"药用之名，始载于《神农本草经》，列为下品。历代本草多有著录，古今药用品种一致。《中国药典》(2005年版) 收载本种为中药白蔹的法定原植物来源种。主产于中国河南、湖北、江西、安徽；此外，江苏、浙江、四川、广西等地也产。

白蔹主要含蒽醌类、有机酸等化学成分。其中大黄素甲醚、大黄酚、延胡索酸、没食子酸是抗菌和抗真菌作用的有效成分[1]。《中国药典》以药材性状、薄层色谱鉴别、杂质、水分、总灰分、酸不溶性灰分、醇浸出物检查来控制药材质量。

药理研究表明，白蔹具有抗菌、抗肿瘤等作用。

中医理论认为白蔹有清热解毒、消痈散结等功效。

白蔹 *Ampelopsis japonica* (Thunb.) Makino

药材白蔹 Radix Ampelopsis

1cm

化学成分

白蔹块根含有机酸类成分：延胡索酸 (fumaric acid)[1]、泻根酸 (bryonolic acid)[2]、没食子酸 (gallic acid)、十六烷酸 (hexadecanoic acid)[3]；蒽醌类成分：大黄素甲醚 (physcion)、大黄酚 (chrysophanol)、大黄素 (emodin)[3]；还含有羽扇豆醇 (clerodol)、卫矛醇 (galactitol)[3]、齐墩果酸苷类 (oleanolic acid glycosides)、菠菜甾醇-3β-D-吡喃葡萄糖苷 (chondrillasterol-3β-D-glucopyranoside)[4]、24-乙基甾醇 (24-ethylsterol)[2]、木鳖子苷Ⅰ (momordin Ⅰ)[5]等。

白蔹叶含没食子酸、1,2,6-三-O-没食子酰基-β-D-吡喃葡萄糖苷 (1,2,6-tri-O-galloyl-β-D-glucopyranoside)、1,2,3,6-四-O-没食子酰基-β-D-吡喃葡萄糖苷 (1,2,3,6-tetra-O-galloyl-β-D-glucopyranoside)、1,2,4,6-四-O-没食子酰基-β-D-吡喃葡萄糖苷 (1,2,4,6-tetra-O-galloyl-β-D-glucopyranoside)、1,2,3,4,6-五-O-没食子酰基-β-D-吡喃葡萄糖苷 (1,2,3,4,6-penta-O-galloyl-β-D-glucopyranoside)[6]、槲皮素-3-O-α-L-鼠李糖苷 (quercetin-3-O-α-L-rhamnoside)[7]等。

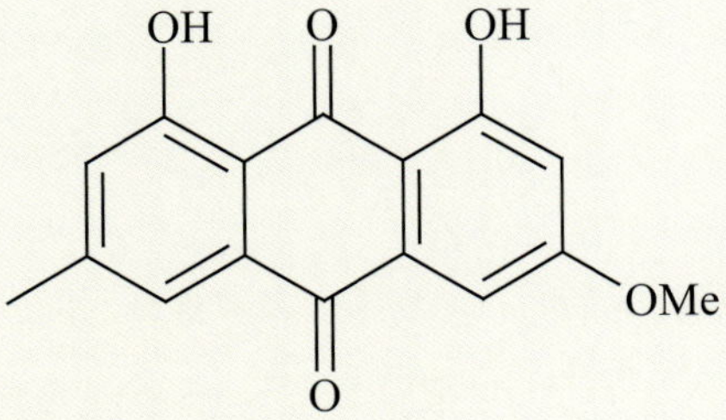

physcion

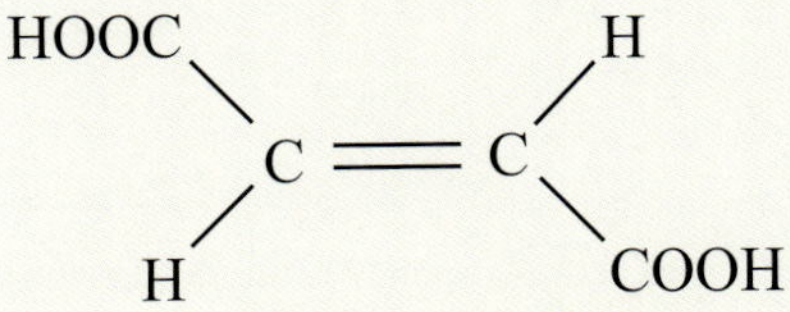

fumaric acid

葡萄科

白蔹 Bailian

药理作用

1. **抗菌**
   纸片法试验表明，白蔹生品、炒制品与炒焦品对金黄色葡萄球菌、绿脓杆菌、福氏痢疾杆菌和大肠杆菌均有一定的体外抗菌作用，以炮制品作用更强，其中又以炒焦品作用最好[8]。

2. **抗肿瘤**
   体外实验表明白蔹能抑制人宫颈癌细胞JTC-26；白蔹中的木鳖子苷Ⅰ能诱导人前髓细胞性白血病(HL-60)的细胞凋亡[5]。

3. **增强免疫**
   白蔹醇提物灌胃对小鼠外周血淋巴细胞α-醋酸萘酯酶(ANAE)阳性率、脾淋巴细胞增殖能力和巨噬细胞吞噬功能均有促进作用[9]。

4. **其他**
   白蔹还有改善血液循环、治疗神经系统紊乱等作用[10]。

应用

本品为中医临床用药。功能：清热解毒，消痈散结，生肌止痛。主治：①疮痈肿毒；②水火烫伤。

现代临床还用于外科炎症、皮肤炎、急慢性细菌性痢疾、上消化道出血、淋巴结炎等病的治疗。

评注

近年有研究发现，白蔹提取物对皮肤有美白作用，能抑制黑色素和酪氨酸酶的生成[11]，与其他草药提取物共同使用能去除身体毒素，对黄褐斑、雀斑、痤疮有治疗作用[12]。白蔹应用在化妆品方面具有很好的开发前景。

参考文献

[1] 何宏贤，谢丽华，金蓉鸾．白蔹化学成分的初步研究．中草药．1994，25(11)：568

[2] T Kato, T Suyama, F Yamane, Y Morita. Chemical components of a commercial crude drug Byakuren (Ampelopsis Radix). *Shoyakugaku Zasshi*. 1992, 46(4): 302-309

[3] 邹济高，金蓉鸾，何宏贤．白蔹化学成分研究．中药材．2000，23(2)：91-93

[4] T Kato, F Yamane, Y Morita. Chemical components of crude drug "Byakuren" (Ampelopsis Radix). *Natural Medicines*. 1995, 49(4): 478-483

[5] JH Kim, EM Ju, DK Lee, HJ Hwang. Induction of apoptosis by momordin I in promyelocytic leukemia (HL-60) cells. *Anticancer Research*. 2002, 22(3): 1885-1889

[6] 俞文胜，陈新民，杨磊，李宇飞．白蔹单宁化学成分的研究．天然产物研究与开发．1995，7(1)：15-18

[7] 俞文胜，陈新民，杨磊．白蔹多酚类化学成分的研究(Ⅱ)．中药材．1995，18(6)：297-301

[8] 闵凡印，周一鸿，宋学立，杨维高．白蔹炒制前后的体外抗菌作用．中国中药杂志．1995，20(12)：728-729

[9] 俞琦，蔡琨，田维毅．白蔹醇提物免疫活性的初步研究．贵阳中医学院学报．2005，27(2)：20-21

[10] S Choi, SD Shin, YH Ahn. New formulation of oriental drug, Woowhangchungshimwaon. *Japan Kokai Tokkyo Koho*. 1999: 22

[11] YH Cho, SG Hong, JH Kim, BC Lee, JJ Lee, SM Park, HB Pyo. Cosmetic composition containing *Ampelopsis japonica* extract. *Republic Korean Kongkae Taeho Kongbo*. 2003

[12] JY Kim. Skin whitening agent and production thereof. *Republic Korean Kongkae Taeho Kongbo*. 2003

知母 Zhimu CP, JP, VP

百合科

Anemarrhena asphodeloides Bge.
Common Anemarrhenae

概述

百合科 (Liliaceae) 植物知母 *Anemarrhena asphodeloides* Bge.，其干燥根茎入药。中药名：知母。

知母属 (*Anemarrhena*) 植物全世界仅 1 种，分布于中国和朝鲜半岛。知母分布于中国东北、华北、陕西、甘肃、宁夏、山东、江苏等地。

"知母"药用之名，始载于《神农本草经》，列为中品。历代本草多有著录。《中国药典》(2005 年版) 收载本种为中药知母的法定原植物来源种。主产于中国河北；此外，山西、河南、甘肃、陕西、内蒙古及东北各省也产。

知母属植物主要活性成分为甾体皂苷。《中国药典》规定以高效液相色谱法测定，知母中菝葜皂苷元含量不得少于 1.0%，以控制药材质量。

药理研究表明，知母具有抗菌、抗病毒、解热、抗炎止喘、降血糖等作用。

中医理论认为知母具有清热泻火，滋阴润燥，止咳除烦等功效。

知母 *Anemarrhena asphodeloides* Bge.

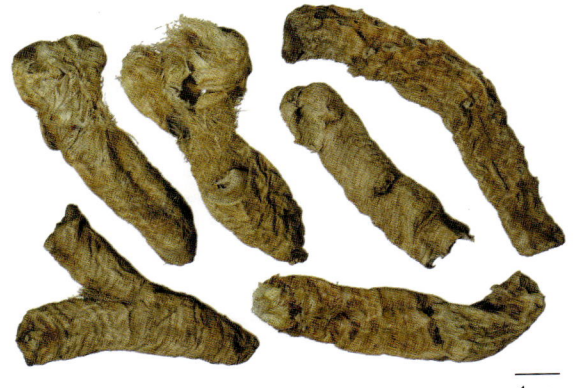

药材毛知母 Rhizoma Anemarrhenae

1cm

药材光知母 Rhizoma Anemarrhenae

1cm

知母 Zhimu

化学成分

知母的根茎含甾体皂苷元及皂苷，如知母皂苷 A_1、A_2、$B^{[1]}$、C、$E^{[2]}$、F、$G^{[3]}$ (anemarsaponins A_1, A_2, B‑C, E‑G)、知母苷I、II、III、$IV^{[4]}$、$Ia^{[5-6]}$ (anemarrhenasaponins I‑IV, Ia)、菝葜皂苷元(sarsasapogenin)、马尔可皂苷元(marcogenin)[7]、pseudoprototimosaponin AIII、prototimosaponin $AIII^{[8]}$、知母皂苷AIII、B、BI、$BII^{[6]}$、$BIII^{[7]}$、BIV、BV、$BVI^{[9]}$、C_1、C_2、$D^{[10]}$、D_1、$D_2^{[11]}$、$E_1^{[13]}$、$F^{[6]}$、$G^{[12]}$、H_1、H_2、I_1、$I_2^{[14]}$ (timosaponins AIII, B, BI‑VI, C_1‑C_2, D, D_1‑D_2, E_1, F‑G, H_1‑H_2, I_1‑I_2)、西陵皂苷A、B (xilingsaponins A‑B)[15]、异菝葜皂苷(smilageninoside)[16]、degalactotigonin、F‑gitonin[17]。

此外，还含黄酮类成分宝藿苷I (baohuaside‑I)、淫羊藿苷I (icariside‑I)[7]、叫酮类成分芒果苷 (知母宁，mangiferin)、新芒果苷 (neomangiferin)[18]以及知母多糖A、B、C、$D^{[19]}$ (anamarans A‑D)、PS‑$I^{[20]}$等。

知母的地上部分含有叫酮类成分芒果苷和异芒果苷 (isomangiferin)[21]。

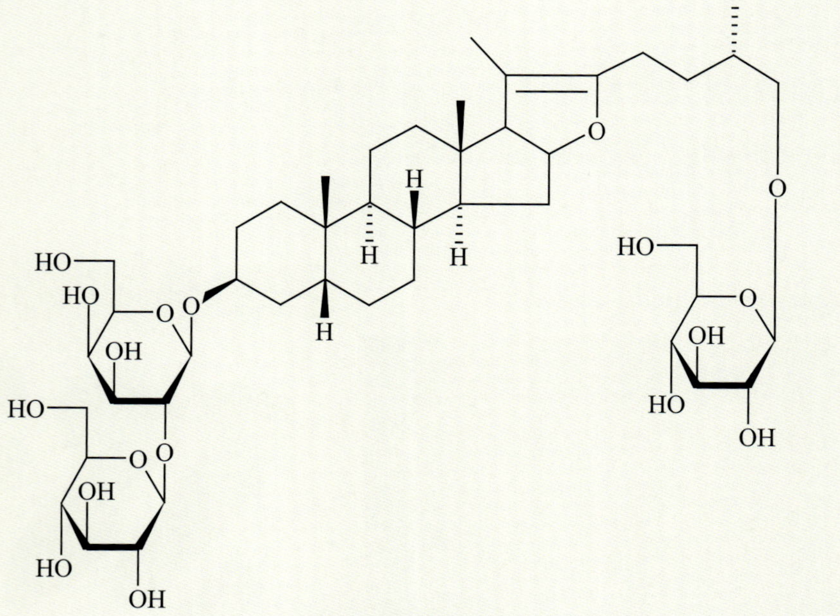

timosaponin B III

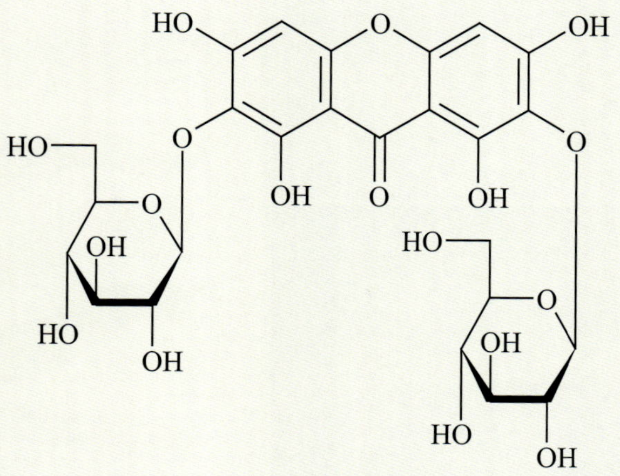

neomangiferin

药理作用

1. **抗病原微生物**
   知母煎剂体外对痢疾杆菌、伤寒杆菌、结核杆菌等细菌和许兰毛癣菌、共心性毛癣菌等皮肤病真菌有抑制作用；知母宁体外对甲型人流感病毒 H_1N_1[22] 和单纯疱疹病毒 HSV Sm44[23] 有明显的抑制作用；知母宁可改善 H_1N_1 感染小鼠的临床症状，减少 14 日内的死亡数，延长存活时间[24]。

2. **抗炎**
   知母宁腹腔注射可使卵蛋白致哮喘豚鼠血清和肺泡灌洗液中的 NO 和内皮素-1 (ET-1) 含量及毛细血管通透性降低，肺组织炎症减轻，预防哮喘发作，抗炎作用与糖皮质激素相似[25]。知母总多糖可增强肾上腺功能，提高大鼠血浆皮质酮 (corticosterone) 浓度，减少促肾上腺皮质激素 (ACTH) 分泌释放，抑制炎症组织前列腺素 E (PGE) 的合成或释放，对多种致炎剂引起的急性毛细血管通透性增高、炎性渗出增加、组织水肿以及慢性肉芽肿增生有显著抑制作用[26]。

3. **解热**
   知母浸膏皮下注射能抑制大肠杆菌所致兔发热，效果持久。

4. **降血糖**
   知母水提物体外可抑制 α-糖苷酶的活性[27]；知母多糖给四氧嘧啶致高血糖大鼠灌胃能增加肝糖元合成、减少肝糖元分解，增加骨骼肌对 3H-2-脱氧葡萄糖的摄取，降低血糖[28]；知母宁等灌胃，可降低遗传 II 型糖尿病 KK-Ay 小鼠的血糖水平，并且有降低血清胰岛素水平的趋势[29]。

5. **影响大脑功能**
   知母皂苷元能促进原代培养神经细胞 M 受体生成[30]；提高转基因细胞 CHOm2 的 M_2 受体 mRNA 的稳定性和含量及 M_2 受体密度[31]；知母皂苷元及其异构体口服可明显改善老年大鼠记忆力和提高脑内 M_1 受体密度[32]，知母皂苷元能提高 β-淀粉样肽和兴奋性氨基酸所致痴呆大鼠大脑皮层、海马、纹状体中的M受体密度[33]，提高模型动物脑内乙酰胆碱转移酶 (ChAT) 活性[34]、超氧化物歧化酶 (SOD) 活性和抗氧化能力，减少 Aβ-斑块沉积，降低丙二醛 (MDA)，改善学习记忆[35]。知母皂苷也能够提高老年大鼠脑内N受体浓度[36]，改善药物所致小鼠学习记忆障碍[37]。

6. **对激素影响**
   知母皂苷及苷元可使氢化可的松所致肾上腺皮质机能亢进兔上升的外周血淋巴细胞、甲亢大鼠脑组织的 β-受体密度趋于正常，且不影响兔肝脏糖皮质激素受体密度和血清皮质醇含量[38]。

7. **抗氧化、抗辐射**
   知母宁灌胃给药能降低 γ 射线照射后小鼠肝、脾、肾中脂质过氧化物 (LPO) 的含量，对 5'-TMP 自由基有较强清除作用[39]。

8. **抗肿瘤**
   知母宁体外对人早幼粒白血病细胞 HL-60 生长有抑制作用[40]，体外对阿霉素引起的大鼠心脏线粒体 MDA 生成、ATP 酶活性丧失和膜流动性降低等毒性有保护作用，同时不降低阿霉素的疗效[41]。

9. **其他**
   知母中的甾体皂苷对血小板聚集有显著的抑制作用[42]。知母宁可使阴虚小鼠体重增加、血浆 cAMP 含量和 cAMP/cGMP 值降低，增强小鼠迟发性变态反应[43]；还有抑制慢性低 O_2 高 CO_2 性肺动脉高压和肺血管结构重建的作用[44]。

知母 Zhimu

百合科

应用

本品为中医临床用药。功能：清热泻火，滋阴润燥。主治：①热病烦渴；②肺热咳嗽，阴虚燥咳；③骨蒸潮热；④阴虚消渴，肠燥便秘。

现代临床还用于老年痴呆、急性热病、糖尿病、风湿性关节炎等病的治疗。

评注

近年对知母的研究多在知母皂苷对老年痴呆方面的作用，有研究认为其抗老年痴呆作用是由于提高了 N 胆碱受体的含量所导致的。随着全球老龄化的到来，阐明知母皂苷在增强学习和记忆方面作用的机制，探求开发相关产品，也将成为热点。

知母的商品药材分为两种：光知母和毛知母。采收时挖出根茎，除去茎苗及须根，保留黄绒毛和浅黄色的叶痕及茎痕晒干者，为"毛知母"；鲜时剥去栓皮晒干者为"光知母"。

参考文献

[1] 董俊兴，韩公羽．中药知母有效成分研究．药学学报．1992，27(1)：26-32

[2] 马百平，董俊兴，王秉伋，颜贤忠．知母中呋甾皂苷的研究．药学学报．1996，31(4)：271-277

[3] BP Ma, BJ Wang, JX Dong, XZ Yan, HJ Zhang, AP Tu. New spirostanol glycosides from *Anemarrhena asphodeloides*. *Planta Medica*. 1997, 63(4): 376-379

[4] S Saito, S Nagase, K Ichinose. New steroidal saponins from the rhizomes of *Anemarrhena asphodeloides* Bunge (Liliaceae). *Chemical & Pharmaceutical Bulletin*. 1994, 42(11): 2342-2345

[5] 孟志云，徐绥绪．知母中的皂苷成分．中国药物化学杂志．1998，8(2)：135-136，140

[6] ZY Meng, JY Zhang, SX Xu, K Sagahara. Steroidal saponins from *Anemarrhena asphodeloides* and their effects on superoxide generation. *Planta Medica*. 1999, 65(7): 661-663

[7] 边际，徐绥绪，黄松，王喆星．知母化学成分的研究．沈阳药科大学学报．1996，13(1)：34-40

[8] N Nakashima, I Kimura, M Kimura, H Matsuura. Isolation of pseudoprototimosaponin AIII from rhizomes of *Anemarrhena asphodeloides* and its hypoglycemic activity in streptozotocin-induced diabetic mice. *Journal of Natural Products*. 1993, 56(3): 345-350

[9] 徐绥绪．知母中三个新的呋甾皂苷．沈阳药科大学学报．1998，15(2)：130-131

[10] 徐绥绪，周晓棉．知母中新的甾体皂苷．沈阳药科大学学报．1998，15(4)：254-256

[11] 杨军衡，曾雷，易诚．中药知母新皂苷成分的研究．天然产物研究与开发．2001，13(5)：18-21

[12] 孟志云，李文，徐绥绪，漆新国，沙义．知母的皂苷成分．药学学报．1999，34(6)：451-453

[13] 孟志云，徐绥绪，孟令宏．知母皂苷E1和E2．药学学报．1998，33(9)：693-696

[14] 孟志云，徐绥绪，李文，沙沂．知母中新的皂苷成分．中国药物化学杂志．1999，9(4)：294-298

[15] 洪永福，张广明，孙连娜，韩公羽，计国桢．西陵知母中甾体皂苷的分离与鉴定．药学学报．1999，34(7)：518-521

[16] 郭冬，李书，池群，孙文基，沙振方，赵效文．知母中一个新皂苷的分离和结构鉴定．药学学报．1991，26(8)：619-621

[17] S Nagumo, S Kishi, T Inoue, M Nagai. Saponins of Anemarrhenae rhizoma. *Yakugaku Zasshi*. 1991, 111(6): 306-310

[18] 洪永福，韩公羽，郭学敏．西陵知母中新芒果苷的分离与结构鉴定．药学学报．1997，32(5)：473-475

[19] M Takahashi, C Konno, H Hikino. Validity of the Oriental medicines. 86. Antidiabetes drugs. 7. Isolation and hypoglycemic activity of anemarans A, B, C and D, glycans of *Anemarrhena asphodeloides* rhizomes. *Planta Medica*. 1985, 2: 100-102

[20] 王靖，陈琦，赵帜平，吴东儒．知母多糖PS-I的分离、纯化和分析．安徽大学学报（自然科学版）．1996，20(1)：83-87

[21] M Aritomi, T Kawasaki. New xanthone C-glucoside, position isomer of mangiferin, from *Anemarrhena asphodeloides*. *Chemical & Pharmaceutical Bulletin*. 1970, 18(11): 2327-2333

[22] 李沙, 甄宏. 知母宁体外抗甲型流感病毒作用研究. 中国药师. 2005, 8(4): 267-270

[23] 蒋杰, 向继洲. 知母宁体外抗单纯性疱疹病毒Ⅰ型体外活性研究. 中国药师. 2004, 7(9): 666-670

[24] 蒋杰, 李明, 向继洲. 知母宁抗流感病毒作用研究. 中国药师. 2004, 7(5): 335-338

[25] 李惠萍, 丁劲松, 李明, 全彩娟. 知母宁对豚鼠哮喘的预防作用及对体内一氧化氮和内皮素的影响. 中国药学杂志. 1999, 34(1): 14-17

[26] 陈万生, 韩军, 李力, 乔传卓. 知母总多糖的抗炎作用. 第二军医大学学报. 1999, 20(10): 758-760

[27] 刘志峰, 李萍, 李慎军, 刘相斌, 刘珂. 5种中药体外α-糖苷酶抑制作用的观察. 山东中医杂志. 2004, 23(1): 41-43

[28] 卢盛华, 孙洪伟, 王菊英, 魏欣冰, 徐红岩. 知母聚糖降糖作用及其机理研究. 中国生化药物杂志. 2003, 24(2): 81-83

[29] T Miura, H Ichiki, N Iwamoto, M Kato, M Kubo, H Sasaki, M Okada, T Ishida, Y Seino, K Tanigawa. Antidiabetic activity of the rhizoma of *Anemarrhena asphodeloides* and active components, mangiferin and its glucoside. *Biological & Pharmaceutical Bulletin*. 2001, 24(9): 1009-1011

[30] 范国煌, 易宁育, 夏宗勤. 知母皂苷元对原代培养的神经细胞M受体密度和代谢动力学的影响. 中国中医基础医学杂志. 1997, 3(6): 15-17

[31] 张永芳, 胡雅儿, 夏宗勤. 知母活性成分ZDY101调节M2受体mRNA稳定性的研究. 上海第二医科大学学报. 2005, 25(4): 368-370, 381

[32] 陈勤, 曹炎贵, 林义明, 夏宗勤, 胡雅儿. 知母皂苷元及其异构体对老年大鼠学习记忆和脑内M1受体密度的影响. 中国药理学通报. 2004, 20(5): 561-564

[33] 陈勤, 夏宗勤, 胡雅儿. 知母皂苷元对痴呆模型大鼠脑内M受体密度分布的影响. 激光生物学报. 2003, 12(6): 445-449

[34] 陈勤, 夏宗勤, 胡雅儿. 知母皂苷元对拟痴呆大鼠β-淀粉样肽沉积及胆碱能系统功能的影响. 中国药理学通报. 2002, 18(4): 390-393

[35] S OuYang, LS Sun, SL Guo, X Liu, JP Xu. Effects of timosaponins on learning and memory abilities of rats with dementia induced by lateral cerebral ventricular injection of amyloid β-peptide. *Journal of First Military Medical University*. 2005, 25(2): 121-126

[36] 徐江平. 知母皂苷对衰老大鼠脑M、N胆碱受体的调节作用. 中国老年学杂志. 2001, 21(5): 379-380

[37] 马玉奎, 李莉, 刘国宾. 知母皂苷对学习记忆障碍模型小鼠的作用. 齐鲁药事. 2005, 24(3): 172-174

[38] 赵树进, 韩丽萍, 李俭洪. 知母皂苷及其苷元对动物模型β肾上腺素受体的调整作用. 中国医院药学杂志. 2000, 20(2): 70-73

[39] 王崇道, 强也忠, 劳勤华, 邵源. 几种制剂抗氧化与清除自由基效应的比较研究. 工业卫生与职业病. 2000, 26(1): 13-16

[40] 侯敢, 黄迪南, 祝其锋. 三种天然抗氧化剂对早幼粒白血病细胞(HL-60)的生长抑制作用研究. 湖南中医学院学报. 1996, 16(1): 49-51

[41] 王道毅, 陈炼, 李忌, 李伯刚. 知母宁(Chinonin)对阿霉素的减毒增效作用. 天然产物研究与开发. 2000, 12(4): 8-11

[42] J Zhang, Z Meng, M Zhang, D Ma, S Xu, H Kodama. Effect of six steroidal saponins isolated from anemarrhenae rhizoma on platelet aggregation and hemolysis in human blood. *Clinica Chimica Acta; International Journal of Clinical Chemistry*. 1999, 289(1-2): 79-88

[43] 王凤芝, 陶站华, 王晓惠, 白秀梅. 中药知母对小鼠免疫功能的影响. 黑龙江医药科学. 2002, 25(3): 7-8

[44] 黄晓颖, 王良兴, 李明, 陈少贤, 徐正祄, 王群姬. 知母宁对慢性低O_2高CO_2大鼠肺动脉高压的影响及其机制研究. 中国应用生理学杂志. 2002, 18(1): 75-79

毛茛科

多被银莲花 Duobeiyinlianhua^CP

Anemone raddeana Regel
Radde Anemone

概 述

毛茛科 (Ranunculaceae) 植物多被银莲花 *Anemone raddeana* Regel，其干燥根茎入药。中药名：两头尖。

银莲花属 (*Anemone*) 植物全世界约有 150 种，分布于全世界各大洲，多数分布于亚洲和欧洲。中国除广东、海南岛外，各省区均有分布。中国产约有 52 种，本属现供药用者约有 10 种、2 变种。本种分布于中国东北、山东；朝鲜半岛、俄罗斯远东地区也有分布。

"两头尖"药用之名，始载于《本草品汇精要》。《中国药典》(2005 年版) 收载本种为中药两头尖的法定原植物来源种。主产于中国黑龙江、吉林、辽宁、山东等地。

多被银莲花主要活性成分为齐墩果烷型三萜及其苷类化合物。《中国药典》采用高效液相色谱法测定，规定两头尖含竹节香附素 A 不得少于 0.20%，以控制药材质量。

药理研究表明，多被银莲花具有抗炎、抗肿瘤、镇痛、抗惊厥等作用。

中医理论认为两头尖具有祛风湿，散寒止痛，消痈肿等功效。

多被银莲花 *Anemone raddeana* Regel

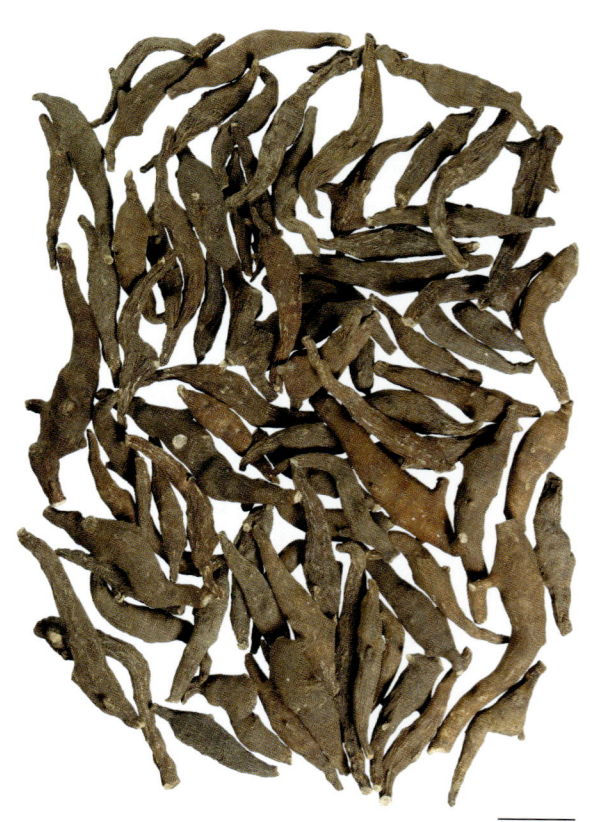

药材两头尖 Rhizoma Anemones Raddeanae

1cm

化学成分

多被银莲花根茎含三萜皂苷化合物：竹节香附素 A、B、C、D、E、F (raddeanins A - F)[1-5]、竹节香附皂苷 R_0、R_2、R_4、R_5、R_8、R_9、R_{10}、R_{11}、R_{12}、R_{14}、R_{15}、R_{16}、R_{17}、R_{18} (raddeanosides R_0, R_2, $R_4 - R_5$, $R_8 - R_{12}$, $R_{14} - R_{18}$)[6-12]、常春藤皂苷B (hederasaponin B)、五加苷K (eleutheroside K)[6]、hederacholichiside F、牡丹草苷 D (leontoside D)[12]；还含三萜类化合物：齐墩果酸 (oleanolic acid)、乙酰齐墩果酸 (acetyloleanolic acid)、桦树脂醇 (betulin)、桦树脂酸 (betulic acid)、羽扇醇 (lupeol)[13]；又含内酯类化合物：毛茛苷 (ranunculin)[14]。多被银莲花地上部分也含竹节香附素 A[15]。

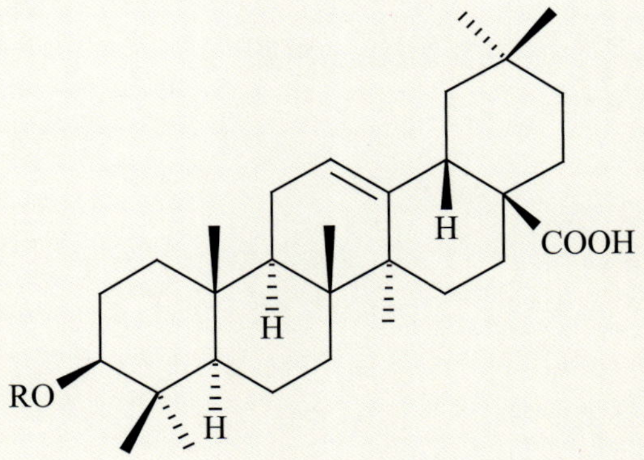

raddeanin A: R = α - L - rha - (1→2) - β - D - glc - (1→2) - α - L - ara -

药理作用

1. **抗炎**
   多被银莲花水提取物对巴豆油所致小鼠耳廓肿胀有明显抑制作用[17]。多被银莲花所含的桦树脂醇、羽扇醇、齐墩果酸及其衍生物可通过抑制人中性粒细胞中蛋白的酪氨酰磷脂化，而抑制过氧化物的产生，这可能是其抗炎作用的机制之一[13, 16]。

2. **抗菌**
   多被银莲花总皂苷对金黄色葡萄球菌、大肠杆菌有很强的抑菌作用[17]。

3. **抗肿瘤**
   多被银莲花中的齐墩果烷型三萜皂苷有较强的抗肿瘤作用。两头尖总皂苷在体外对人肝癌细胞 SMMC－7721、人宫颈癌细胞 HeLa 及大鼠成纤维瘤细胞 L929 均有显著的生长抑制作用[18]。竹节香附素 A 在体外可影响肝腹水癌细胞 DNA 的合成，给小鼠腹腔注射能使其血浆中的环腺苷酸 (cAMP) 水平显著降低[19]。

4. **环腺苷酸磷酸二酯酶 (cAMP－PDE) 抑制**
   多被银莲花脂溶性总皂苷和水溶性皂苷在体外均可抑制兔脑环腺苷酸磷酸二酯酶[20]。

5. **其他**
   多被银莲花总皂苷还有镇痛、镇静、抗惊厥[17]和溶血作用。

毛茛科

多被银莲花 Duobeiyinlianhua

应用

本品为中医临床用药。功能：祛风湿，散寒止痛，消痈肿。主治：①风寒湿痹，四肢拘挛，骨节疼痛；②痈肿溃烂。现代临床还用于类风湿性关节炎、外科炎症等病的治疗。

评注

两头尖的商品药材中发现混有少量黑水银莲花 Anemone amurensis (Korsch.) Kom. 的根茎，多被银莲花与黑水银莲花经常伴生在一起，采集时很容易将它们混在一起[21]。黑水银莲花有发汗，增强肝肾功能的作用。因此有必要对二者加以区别研究，以规范用药。

因多被银莲花有一定的毒性，在使用过程中还应注意药物的用量[22]。

参考文献

[1] 吴凤锷，朱子清．中药竹节香附化学成分的研究．化学学报．1984，42(3)：253-258

[2] 吴凤锷，朱子清．中药竹节香附化学成分的研究Ⅲ．高等学校化学学报．1985，6(1)：36-40

[3] 吴凤锷，朱子清．中药竹节香附化学成分的研究Ⅳ．化学学报．1984，42(12)：1266-1270

[4] 吴凤锷，朱子清．中药竹节香附化学成分的研究Ⅴ．化学学报．1985，43(1)：82-86

[5] 吴凤锷，朱子清．中药竹节香附化学成分的研究Ⅵ．兰州大学学报（自然科学版）．1984，20(2)：164

[6] 李顺意，李紫，王世敏，陈勇．高效液相色谱–质谱–质谱法快速鉴定中药竹节香附的皂苷．湖北大学学报（自然科学版）．2000，22(4)：382-386

[7] FE Wu, K Koike, T Ohimoto, WX Chen. Saponins from Chinese folk medicine, "zhu jie xiang fu," Anemone raddeana Regel. Chemical & Pharmaceutical Bulletin. 1989, 37(9): 2445-2447

[8] JM Zhang, BG Li, MK Wang, YZ Chen. Oleanolic acid based bisglycosides from Anemone raddeana Regel. Phytochemistry. 1997, 45(5): 1031-1033

[9] 路金才，徐琲琲，张新艳，孙启时．两头尖的化学成分研究．药学学报．2002，37(9)：709-712

[10] 王晓颖，刘大有，夏忠庭，刘科峰，李静．两头尖化学成分研究．分析化学．2004，32(5)：587-592

[11] 夏忠庭，刘大有，王晓颖，刘科峰，张培成．两头尖的化学成分研究(Ⅰ)．化学学报．2004，62(19)：1935-1940

[12] 夏忠庭，刘大有，王晓颖，杨秀伟，刘科峰．两头尖的化学成分研究(Ⅱ)．高等学校化学学报．2004，25(11)：2057-2059

[13] K Yamashita, HW Lu, JC Lu, G Chen, T Yokoyama, Y Sagara, M Manabe, H Kodama. Effect of three triterpenoids, lupeol, betulin, and betulinic acid on the stimulus-induced superoxide generation and tyrosyl phosphorylation of proteins in human neutrophils. Clinica Chimica Acta. 2002, 325(1-2): 91-96

[14] 刘大有．两头尖中毛茛苷的分离和鉴定．中草药．1983，14(12)：532-533

[15] 刘大有，李勇，赵博，周鸿立，刘淑华，高妃．两头尖地上部分化学成分及其含量测定分析．长春中医学院学报．2005，21(3)：43-44

[16] J Lu, Q Sun, K Sugahara, Y Sagara, H Kodama. Effect of six compounds isolated from rhizome of Anemone raddeana on the superoxide generation in human neutrophil. Biochemical and Biophysical Research Communications. 2001, 280(3): 918-922

[17] 冉忠梅，陈金斗，刘宇．两头尖抗炎活性的初步测试．中国民族民间医药杂志．2000，46：293-294

[18] 张嘉岷，曹莉，吴争鸣．竹节香附中三萜类成分的抗肿瘤活性研究．中国新药杂志．2003，12(3)：191-193

[19] 张尔贤，吴凤锷．竹节香附糖苷和多种天然多糖的 cAMP-PDE 抑制活性研究．中国生化药物杂志．1993，1：61-64

[20] 刘力生，肖显华，张龙弟，郑荣梁，吴凤锷，朱子清．多被银莲花素A对癌细胞DNA、RNA、蛋白质和血浆cAMP含量的影响．中国药理学报．1985，6(3)：192-194

[21] 秦桂莲，崔金有，徐飞．两头尖与黑水银莲花根茎的鉴别研究．中药材．1989，12(7)：15-17

[22] 景新．竹节香附提取物治疗癌症．国外药讯．2004，11：34

日本当归 Ribendanggui JP

Angelica acutiloba (Sieb. et Zucc.) Kitag.
Japanese Angelica

伞形科

 概述

伞形科（Apiaceae）植物日本当归 *Angelica acutiloba* (Sieb. et Zucc.) Kitag.，其干燥根入药。日本称作：当归。

当归属（*Angelica*）植物全世界约有 80 种，分布于北温带地区和新西兰。中国有 26 种、5 变种、1 变型。中国该属植物现已供药用者约有 16 种。本种栽培于日本、朝鲜半岛及中国吉林延边朝鲜族自治州。

"当归"药用之名，收载于《日本药局方》（第十五版），为日本和汉药使用药材当归的法定原植物来源种[1]。主产于日本、朝鲜半岛及中国延边地区。

日本当归主要含挥发油，尚有香豆素、酚酸、多糖类成分等。《日本药局方》采用性状、显微鉴别、纯度试验及稀醇提取物含量测定等指标，以控制其药材质量。

药理研究表明，当归具有增加子宫平滑肌收缩频率、保肝、增强造血功能等作用。

日本汉方医药用于强身健体，安神，利尿等，还用于妇科病的治疗。

日本当归 *Angelica acutiloba* (Sieb. et Zucc.) Kitag.

日本当归 Ribendanggui

药材日本当归 Radix Angelicae Acutilobae

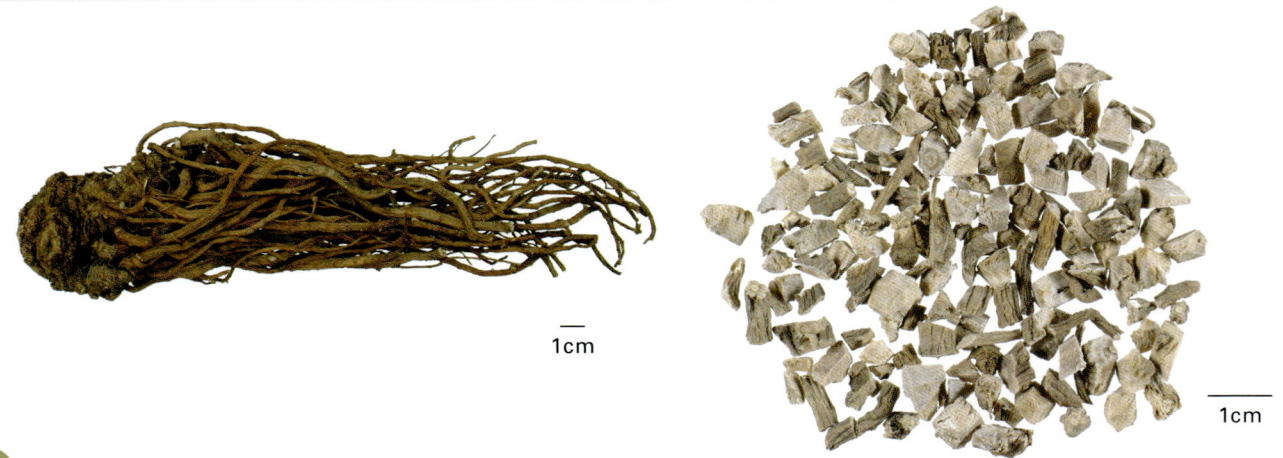

化学成分

日本当归的根含挥发油,其主要成分为:藁本内酯(ligustilide)、亚丁基苯酞(butylidenephthalide)、川芎内酯(cnidilide)、异川芎内酯(isocnidilide)、瑟丹交酯(sedanolide)、对聚伞花素(p-cymene)[2-3]等;还含香豆素类成分:佛手柑内酯(bergapten)、花椒毒素(xanthotoxin)、异茴芹素(isopimpinellin)[4-5]等;多炔类成分:法尔卡林醇(falcarinol)、法卡林二醇(falcarindiol)、法尔卡林酮(falcarinolone)[6]等。

果实中含香豆素类成分:佛手柑内酯、花椒毒素、异茴芹素[5]等。

全株含挥发性成分:亚丁基苯酞、藁本内酯、丁基苯酞(butylphthalide)[7]等。

药理作用

1. **对子宫平滑肌的影响**
   日本当归煎剂可使未孕大鼠离体子宫平滑肌收缩幅度明显加大。而对孕早期大鼠离体子宫平滑肌可明显增加收缩的频率,但对收缩幅度的影响不明显。日本当归水煎剂可对抗垂体后叶素引起的大鼠离体子宫平滑肌收缩[8]。

2. **保肝**
   日本当归水提物灌胃,能显著抑制四氯化碳以及乙醇所致小鼠谷丙转氨酶(GPT)或谷草转氨酶(GOT)水平升高,表明日本当归水提物对四氯化碳及乙醇性肝损伤具有保护作用[9]。

3. **对造血系统的作用**
   日本当归水溶性部位(主要含多糖)口服,对5-氟尿嘧啶造成的贫血小鼠的造血功能有促进作用[10]。

4. 其他

日本当归丁醇提取物（主要成分为胺类）能改善东莨菪碱引起的大鼠间隙性记忆损伤[11]。

应用

本品为日本和汉医临床用药。功能：补血，活血，调经，止痛，润肠。主治：①心肝血虚，面色萎黄，眩晕心悸等；②血虚或血虚兼有瘀滞的月经不调、痛经、经闭等证；③血虚或血滞兼有寒凝，以及跌打损伤，风寒湿阻的疼痛证；④痈疽疮疡；⑤血虚肠燥便秘。

现代临床还用于急性缺血性脑中风、突发性耳聋、血栓闭塞性脉管炎、心律失常等病的治疗。

评注

本种在日本被列为药材当归的法定原植物来源种。中国自 20 世纪 40 年代在吉林延边引种栽培，在中国东北已有 60 余年地方用药历史。在朝鲜半岛也以本种作当归入药。日本当归在解痉止痛功效方面与当归 *Angelica sinensis* (Oliv.) Diels 有相似之处。

日本当归、当归以及朝鲜当归 *A. gigas* Nakai 系同属植物，在日本、中国和朝鲜均作为当归入药，其主要活性成分为阿魏酸、藁本内酯及丁基苯酞类物质。有研究资料表明，三者主要活性成分的含量差别较大，但其临床疗效是否有差异还有待于进一步研究[12]。

参考文献

[1] 日本公定书协会．日本药局方（第十五版）．广川书店出版社．2006: 3664-3665

[2] I Takano, I Yasuda, N Takahashi, T Hamano, T Seto, K Akiyama. Analysis of essential oils in various species of Angelica root by capillary gas chromatography. *Tokyo-toritsu Eisei Kenkyusho Kenkyu Nenpo*. 1990, **41**: 62-69

[3] 杜蕾蕾，王晓静，蔡传真，王天志．四川栽培东当归挥发油成分分析．中药材．2002, **25**(7): 477-478

[4] KY Yen, TW Wang, CM Chen, MS Lee. Chemical constituents of umbelliferous plants of Taiwan. V. Coumarin compounds in "Tangkwei" of Taiwan. *Taiwan Yaoxue Zazhi*. 1966, **18**(1): 16-22

[5] KY Yen. Chemical constituents of umbelliferous plants of Taiwan. XII. Coumarins of the fruit of *Angelica acutiloba*. *Taiwan Yaoxue Zazhi*. 1967, **19**(12): 41-44

[6] S Tanaka, Y Ikeshiro, M Tabata, M Konoshima. Anti-nociceptive substances from the roots of *Angelica acutiloba*. *Arzneimittel-Forschung*. 1977, **27**(11): 2039-2045

[7] SJ Sheu, YS Ho, YP Chen, HY Hsu. Analysis and processing of Chinese herbal drugs; VI. The study of Angelicae Radix. *Planta Medica*. 1987, **53**(4): 377-378

[8] 李波，赵雅灵，袁惠南．当归与东当归对大鼠离体子宫平滑肌的影响．中药药理与临床．1995, **6**: 40-42

[9] 张善玉，金在久，申英爱，朴惠顺．东当归对四氯化碳及乙醇性肝损伤的保护作用．中国野生植物资源．2003, **22**(1): 42-43

[10] R Hatano, F Takano, S Fushiya, M Michimata, T Tanaka, I Kazama, M Suzuki, M Matsubara. Water-soluble extracts from *Angelica acutiloba* Kitagawa enhance hematopoiesis by activating immature erythroid cells in mice with 5-fluorouracil-induced anemia. *Experimental Hematology*. 2004, **32**(10): 918-924

[11] I Hatip-Al-Khatib, N Egashira, K Mishima, K Iwasaki, K Iwasaki, K Kurauchi, K Inui, T Ikeda, M Fujiwara. Determination of the effectiveness of components of the herbal medicine Toki-Shakuyaku-San and fractions of *Angelica acutiloba* in improving the scopolamine-induced impairment of rat's spatial cognition in eight-armed radial maze test. *Journal of Pharmacological Sciences*. 2004, **96**(1): 33-41

[12] SC Lao, SP Li, KKW Kan, P Li, JB Wan, YT Wang, TTX Dong, KWK Tsim. Identification and quantification of 13 components in *Angelica sinensis* (Danggui) by gas chromatography-mass spectrometry coupled with pressurized liquid extraction. *Analytica Chimica Acta*. 2004, **526**(2): 131-137

伞形科

白芷 Baizhi CP, JP, VP

Angelica dahurica (Fisch. ex Hoffm.) Benth. et Hook. f.
Dahurian Angelica

 概 述

伞形科 (Apiaceae) 植物白芷 *Angelica dahurica* (Fisch. ex Hoffm.) Benth. et Hook. f.，其干燥根入药。中药名：白芷。

当归属 (*Angelica*) 植物全世界约有80种，中国产有 26 种、5 变种、1 变型。中国该属植物现已供药用者约有 16 种。白芷主要栽培于中国河北、河南，其他北方各省常有栽培。

"白芷"药用之名，始载于《神农本草经》，列为中品。历代本草多有著录。《中国药典》（2005 年版）收载本种为中药白芷的法定原植物来源种之一。主产于中国河南（禹县、长葛、商丘）以及河北（安国）等地，商品名有"禹白芷"与"祁白芷"之称。

白芷主要含香豆素及挥发油成分，也含有微量元素等。香豆素类化合物是白芷的主要活性成分。《中国药典》用欧前胡素为对照品，规定白芷药材含欧前胡素不得少于 0.080%，以控制药材质量。

药理研究表明，白芷具有解热、镇痛、抗炎、扩张及收缩血管、光敏、促进脂肪分解抑制脂肪合成、解痉、抗微生物等作用。

中医理论认为白芷具有散风除湿，通窍止痛，消肿排脓等功效。

白芷 *Angelica dahurica* (Fisch. ex Hoffm.) Benth. et Hook. f.

杭白芷 *A. dahurica* (Fisch. ex Hoffm.) Benth. et Hook. f. var. *formosana* (Boiss.) Shan et Yuan

| 药材白芷 - 祁白芷 Radix Angelicae Dahuricae | 药材白芷 - 杭白芷 Radix Angelicae Dahuricae |

化学成分

白芷根部含有香豆素类成分：欧前胡素(imperatorin)、异欧前胡素(isoimperatorin)、氧化前胡素(oxypeucedanin)、水合氧化前胡素(oxypeucedanin hydrate)[1]、珊瑚菜素(phellopterin)、白当归素(byakangelicin)、叔-O-甲基白当归素(tert-O-methylbyakangelicin)[2]等；香豆素葡萄糖苷类：紫花前胡苷(nodakenin)、3'-羟基印度榅桲苷(3'-hydroxymarmesinin)、白当归素-叔-O-β-D吡喃葡萄糖苷(tert-O-β-D-glucopyranosyl byakangelicin)、白当归素-仲-O-β-D-吡喃葡萄糖苷(sec-O-β-D-glucopyranosyl byakangelicin)、东莨菪苷 (scopolin)[3]、茵芋苷(skimmin)、花椒毒酚-8-O-β-D-吡喃葡萄糖苷 (8-O-β-D-glucopyranosyl xanthotoxol)、独活醇-叔-O-β-D-吡喃葡萄糖苷(tert-O-β-D-glucopyranosyl heraclenol)[4]等；挥发油：榄香烯(elemene)、8-壬烯酸(8-nonenoic acid)等。

新近从白芷根中还分得白芷素A、B、C、D、E、F、G (dahuribirins A-G)[5]、oxypeucedanin hydrate acetonide[6]等香豆素类成分及聚炔类化合物：法卡林二醇 (falcarindiol)[7]。

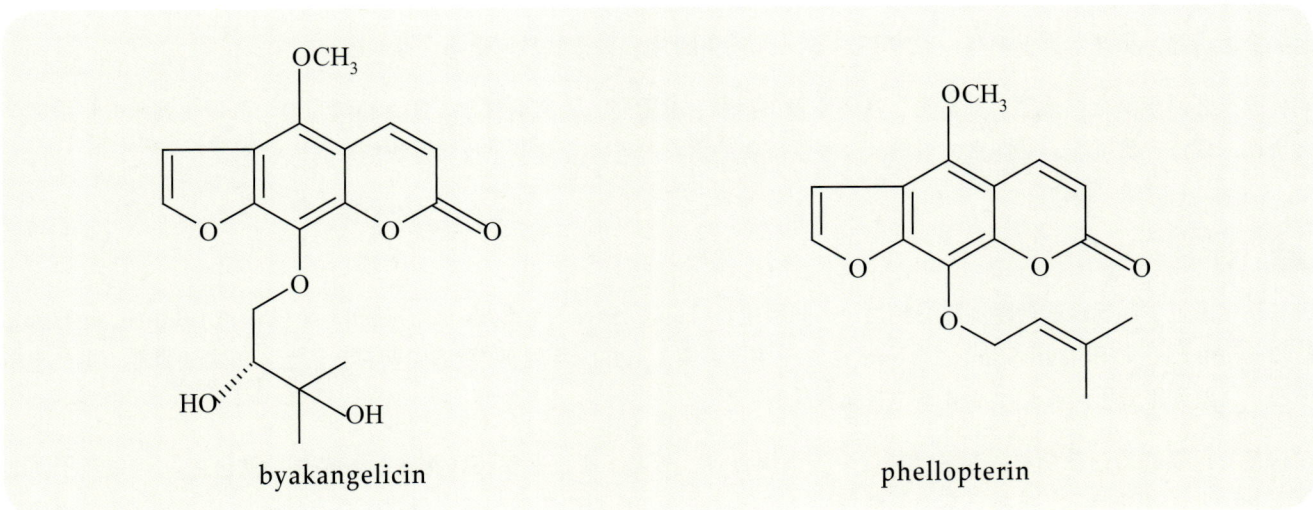

byakangelicin　　　　　　　　　phellopterin

药理作用

1. 解热、抗炎、镇痛

白芷水煎剂灌胃对背部皮下注射蛋白胨所致发热的家兔有明显解热作用，对二甲苯所致小鼠耳廓肿胀有明显抑制作

白芷　Baizhi

白芷 Baizhi

用，可抑制醋酸所致小鼠扭体反应，并使痛阈值明显提高[8]。白芷超临界提取物（主要含欧前胡素和异欧前胡素）的乳剂鼻黏膜给药，能较快透过血脑屏障，进入大鼠的脑组织，为鼻腔给药治疗偏头痛提供了一定的依据[9]。

2. **对心血管及血液系统的影响**

    白芷香豆素类成分白当归素可扩张冠状血管，异欧前胡素可降低离体蛙心收缩力。体外实验表明，白芷醇提醚溶性成分具有血管扩张作用，而水溶性成分有血管收缩作用。白芷水溶性成分灌胃能缩短小鼠凝血时间[10]。

3. **对皮肤的作用**

    白芷中所含呋喃香豆素类化合物有光敏作用，可用于光化学疗法治疗银屑病。光敏活性以欧前胡素最强，花椒毒酚、异欧前胡素、珊瑚菜素次之。白芷的乙醇提取物能显著增加体外培养的黑素细胞的黏附和迁移，从而对白癜风产生治疗作用[11]。白芷水煎剂对体外培养的小鼠触须毛囊有明显的促生长作用[12]。

4. **对平滑肌的影响**

    白芷醚溶和水溶性成分均能抑制离体家兔小肠的自发性运动和拮抗氯化钡所致强直性收缩；醚溶性成分还能拮抗毒扁豆碱 (physostigmine) 和甲基新斯的明 (methyl prostigmin) 所致肠肌强直性收缩[10]。

5. **抗肿瘤**

    白芷可明显抑制毒激素–L诱导的恶病质样表现，从中分离得到的欧前胡素对毒激素–L诱导的脂肪分解有显著抑制作用[13]。白芷果实中的麦角固醇过氧化物对3种肿瘤细胞均有强的抑制活性，3–羟基–p–甲基–1–烯–6–酮对鼠黑色素瘤B16F10细胞增殖有抑制作用[14]。白芷及其所含欧前胡素和异欧前胡素体外可强烈抑制肿瘤促进剂12–O–十四碳酰基佛波醇–13–醋酸酯 (TPA) 的活性[15]。

6. **其他**

    白芷还能兴奋中枢神经系统[16]。白芷所含欧前胡素和白当归素有明显的保肝作用[17]。白芷己烷及醚提物对肝药物代谢酶有抑制作用，但从中分离出的珊瑚菜素和白当归素对肝药酶却有抑制和诱导双向作用[2]。从白芷中分得的白当归素及叔–O甲基白当归素能抑制醛糖还原酶，对大鼠白内障有抑制作用[18]。

应用

本品为中医临床用药。功能：解表散风，通窍，止痛，燥湿止带，消肿排脓。主治：①外感风寒，头痛，鼻塞；②阳明头痛，齿痛，鼻渊，风湿痹痛；③带下过多；④疮痈肿毒；⑤皮肤风湿瘙痒，毒蛇咬伤。

现代临床还用于消化性溃疡、阑尾炎、月经不调、痛经、盆腔炎、关节囊积水、睾丸鞘膜积液、肝硬化腹水、白内障、烧烫伤、痤疮、黄褐斑、银屑病、白癜风、脱发等病的治疗。还被应用于化妆和香味剂等方面[19-20]。

评注

白芷是中国卫生部规定的药食同源品种之一。同属植物杭白芷 Angelica dahurica (Fisch. ex Hoffm.) Benth. et Hook. f. var. formosana (Boiss.) Shan et Yuan 也为《中国药典》(2005年版)收载的中药白芷法定原植物来源种。主产于中国四川、浙江等省区。其化学成分与白芷大致相同[21-23]。

以白芷为原植物的白芷药材，如主产地为中国河南禹县、长葛、商丘者在药材商品市场称为"禹白芷"，主产于河北安国者称为"祁白芷"。以杭白芷为原植物的白芷药材如主产地为中国四川者在药材商品市场称为"川白芷"，主产于浙江者称为"杭白芷"。目前，四川与辽宁已经建立了白芷的规范化种植基地。

白芷也是很好的香料和调味辅料植物资源。历代本草均记载白芷能"润颜色"、"去面部痕疵"。现代研究表明，白芷确具有防晒、防紫外线及抑制酪氨酸酶的作用[20]，因此还需在这方面做深入的药理研究，以利于白芷资源的深度开发和利用。

参考文献

[1] 张如意，张建华，王洋，沈莉．白芷化学成分的分离与鉴定．北京医学院学报．1985，17(2)：103-104

[2] KH Shin, ON Kim, WS Woo. Effect of the constituents of *Angelicae dahuricae* radix on hepatic drug-metabolizing enzyme activity. *Saengyak Hakhoechi*. 1988, 19(1): 19-27

[3] SH Kim, SS Kang, CM Kim. Coumarin glycosides from the roots of *Angelica dahurica*. *Archives of Pharmacal Research*. 1992, 15(1): 73-77

[4] YS Kwon, CM Kim. Coumarin glycosides from the roots of *Angelica dahurica*. *Saengyak Hakhoechi*. 1992, 23(4):221-224

[5] NH Wang, K Yoshizaki, K Baba. Seven new bifuranocoumarins, dahuribirin A-G, from Japanese Bai Zhi. *Chemical & Pharmaceutical Bulletin*. 2001, 49(9): 1085-1088

[6] PN Thanh, WY Jin, GY Song, KH Bae, SS Kang. Cytotoxic coumarins from the root of *Angelica dahurica*. *Archives of Pharmacal Research*. 2004, 27(12): 1211-1215

[7] D Lechner, M Stavri, M Oluwatuyi, R Pereda-Miranda, S Gibbons. The anti-staphylococcal activity of *Angelica dahurica* (Bai Zhi). *Phytochemistry*. 2004, 65(3): 331-335

[8] 李宏宇，戴跃进，张海波，谢成科．不同商品白芷的药理研究．中国中药杂志．1991，16(9)：560-562

[9] 龚志南，徐莲英，宋经中，陶建生，马树人．中药白芷乳剂大鼠鼻腔给药的体内研究．中国临床药学杂志．2001，10(6)：370-373

[10] 凤良元，鄢顺琴，杨瑞琴，徐兆兰．五种不同产地白芷药理作用的比较研究．安徽中医学院学报．1990，9(2)：56-59

[11] 马慧群，冯捷，张宪旗，牟宽厚，刘超，牛新武，党倩丽．补骨脂、白芷对黑素细胞迁移和黏附影响的比较．现代中西医结合杂志．2005，14(7)：850-851

[12] 范卫新，朱文元．55种中药对小鼠触须毛囊体外培养生物学特性的研究．临床皮肤科杂志．2001，30(2)：81-84

[13] 吴耕书，张荔彦．五加皮、茜草、白芷对毒激素-L诱导的恶病质样表现抑制作用的实验研究．中国中医药科技．1997，4(1)：13-15

[14] 上原靖洋．白芷中的活性成分．国外医学中医中药分册．2002，24(4)：247-248

[15] T Okuyama, M Takata, H Nishino, A Nishino, J Takayasu, A Iwashima. Studies on the antitumor-promoting activity of naturally occurring substances. II. inhibition of tumor-promoter-enhanced phospholipid metabolism by umbelliferous materials. *Chemical & Pharmaceutical Bulletin*. 1990, 38(4):1084-1086

[16] 王本祥．现代中药药理学．天津：天津科学技术出版社．1997：77-81

[17] H Oh, HS Lee, T Kim, KY Chai, HT Chung, TO Kwon, JY Jun, OS Jeong, YC Kim, YG Yun. Furocoumarins from *Angelica dahurica* with hepatoprotective activity on tacrine-induced cytotoxicity in Hep G2 cells. *Planta Medica*. 2002, 68(5): 463-464

[18] KH Sin. Use of byakangelicin and its tertiary-O-methyl derivative for treating cataract. *PCT International Application*. 1994: 30

[19] 许廷生，梁秀兰．白芷的临床新应用．中国社区医师．2002，18(23)：22-23

[20] 王梦月，贾敏如，马逾英．白芷开发现状与前景．中国中医药信息杂志．2002，9(8)：77-78

[21] 张涵庆，袁昌齐，陈桂英，丁云梅，陈尚齐，邓玉琼．杭白芷根化学成分的研究．药学通报．1980，15(9)：386-388

[22] 周继铭，余朝菁，杭宜卿．白芷的研究V．化学成分的研究．中草药．1987，18(6)：242-246

[23] 张强，李章万．杭白芷挥发油成分的GC-MS分析．中药材．1997，20(1)：28-30

伞形科

朝鲜当归 Chaoxiandanggui

Angelica gigas Nakai
Korean Angelica

 概 述

伞形科 (Apiaceae) 植物朝鲜当归 *Angelica gigas* Nakai，其干燥根入药。本品为朝鲜族常用药。

当归属 (*Angelica*) 植物全世界约有 80 种，分布于北温带地区和新西兰。中国产有 26 种、5 变种、1 变型。中国该属植物现已供药用者约有 16 种。本种分布和主产于中国东北地区各地；朝鲜半岛、日本也有。

朝鲜当归主要含香豆素类化合物，尚有挥发油，也含有多炔、黄酮苷以及嘧啶等。其所含香豆素类化合物紫花前胡素、紫花前胡醇和紫花前胡醇当归酯具有多种生理活性。

药理研究表明，朝鲜当归具有增强造血功能、提高免疫力、抗肿瘤、保肝、抗菌、镇静等作用。

朝鲜当归 *Angelica gigas* Nakai

药材朝鲜当归 Radix Angelicae Gigatis

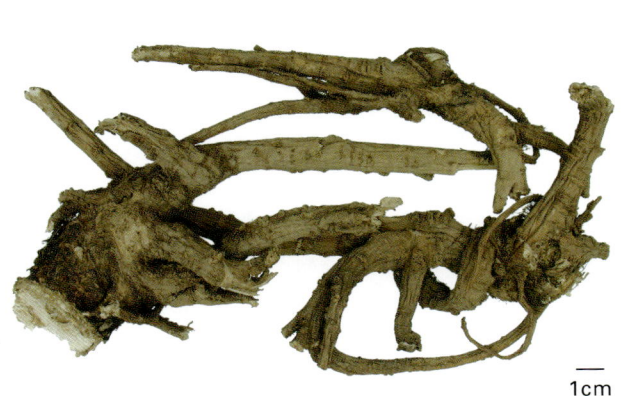
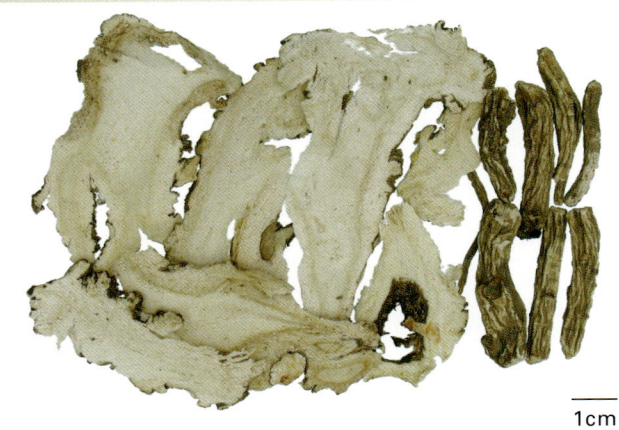

1cm   1cm

化学成分

朝鲜当归的根含香豆素及其苷类成分：紫花前胡素(decursin)、紫花前胡醇(decursinol)、紫花前胡醇当归酯(decursinol angelate)[1-3]、伞形花内酯(umbelliferon)、紫花前胡苷(nodakenin)、紫花前胡苷元(nodakenetin)、佛手柑内酯(bergapten)、欧前胡素(imperatorin)、异欧前胡素(isoimperatorin)、花椒毒素(xanthotoxin)、滨蒿内酯(scoparone)、二氢山芹醇当归酸酯(columbianadin)、花椒毒酚(xanthotoxol)、东莨菪素(scopoletin)[4-5]、peucedanone[6]、蛇床子素(osthol)[7]、4"-hydroxytigloyldecursinol[8]等；黄酮苷类成分：洋芫荽苷(diosmin)[9]；多炔类成分：octadeca-1,9-dien-4,6-diyn-3,8,18-triol[10]等。

叶含黄酮类成分：槲皮素(quercetin)、木犀草素(luteolin)、山柰酚(kaempferol)[11]等。

地上部分含朝鲜当归醇(gigasol)[12]；还含有亚丁基苯酞(butylidenephthalide)、藁本内酯(ligustilide)、丁基苯酞(butylphthalide)、阿魏酸(ferulic acid)、烟酸(nicotinic acid)[13]等。

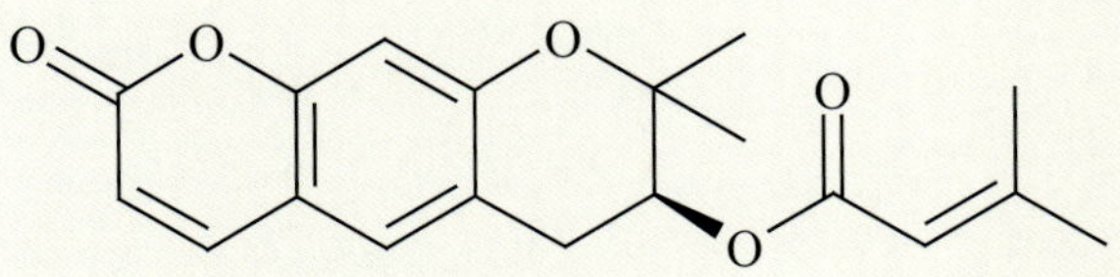

decursin 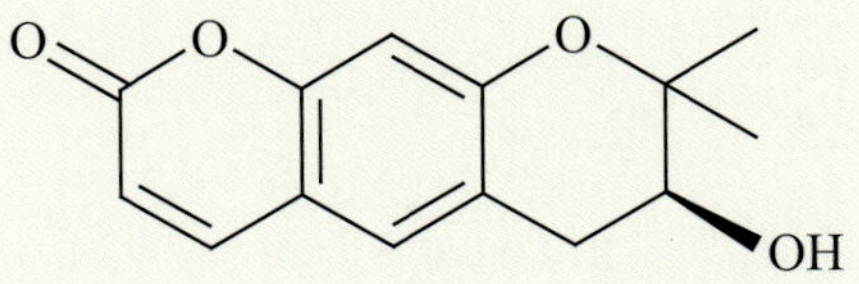   decursinol

药理作用

1. 抗记忆损伤

腹腔注射紫花前胡素能显著改善东莨菪碱诱导的小鼠健忘症，可能是通过抑制海马体的乙酰胆碱酯酶活性而发挥其体内抗健忘作用；喂饲朝鲜当归乙醇提取物或紫花前胡醇能阻止β-淀粉肽诱导的小鼠记忆损伤，提示其对早老性痴呆相关联的记忆损伤可能有预防作用[14-15]。

2. 保肝

紫花前胡素和紫花前胡醇当归酯可降低 CCl_4 中毒所致大鼠肝损伤引起的血清转氨酶升高[16]。

3. 镇静、镇痛

朝鲜当归所含紫花前胡素和紫花前胡醇能抑制预先用苯甲酸钠咖啡因处理小鼠的自主活动，紫花前胡醇的抑制作用大于紫花前胡素[17]；口服朝鲜当归甲醇提取物对小鼠各种疼痛均有镇痛作用，尤其是炎性疼痛，其作用部位在中枢[18]。

4. 抗肿瘤

紫花前胡素、紫花前胡醇、紫花前胡醇当归酯等香豆素类成分对P388细胞系显示出明显的细胞毒活性[19]；腹腔注射紫花前胡素和紫花前胡醇当归酯能显著降低接种 S_{180} 肉瘤小鼠的肿瘤细胞的重量和体积，显著延长其生命周期[20]；紫花前胡素对人前列腺癌细胞 DU145、PC-3、LNCaP 的生长有强烈抑制作用[21]。

5. 抗氧化

紫花前胡素和紫花前胡醇当归酯可增加 CCl_4 中毒大鼠肝超氧化物歧化酶 (SOD)、过氧化氢酶和谷胱甘肽过氧化物酶 (GSH-Px) 的活性[16]。

6. 其他

体外实验表明紫花前胡素和紫花前胡醇当归酯对枯草杆菌有显著抑制作用[22]。

应用

本品为传统韩医临床用药。功能：补血，活血，调经，止痛，润肠。主治：①心肝血虚，面色萎黄，眩晕心悸等；②血虚或血虚兼有瘀滞的月经不调，痛经，经闭等证；③血虚或血滞兼有寒凝，以及跌打损伤，风寒湿阻的痛证；④痈疽疮疡；⑤血虚肠燥便秘。

现代临床还用于急性缺血性脑中风、突发性耳聋、血栓闭塞性脉管炎、心律失常等病的治疗。

评注

朝鲜半岛以本种植物的根部作为当归使用，中国吉林省延边朝鲜族自治州某些地区也以本种的根代当归使用，而在日本则将本种作为独活使用。朝鲜当归、当归 Angelica sinensis (Oliv.) Diels 与日本当归 Angelica acutiloba (Sieb. et Zucc.) Kitag. 三种均作为当归入药，其化学成分有较大的差别，相互对比研究有待深入[23]。

参考文献

[1] KS Ahn, WS Sim, IH Kim. Decursin: a cytotoxic agent and protein kinase C activator from the root of Angelica gigas. Planta Medica. 1996, 62(1): 7-9

[2] HJ Chi. Components of umbelliferous plants in Korea. V. Components of the fruits of Angelica gigas. 2. Yakhak Hoechi. 1967, 11(3-4): 39-40

[3] KS Ryu, ND Hong, NJ Kim, YY Kong. Studies on the coumarin constituents of the root of Angelica gigas Nakai. Isolation of decursinol angelate and assay of decursinol angelate and decursin. Saengyak Hakhoechi. 1990, 21(1): 64-68

[4] HJ Chi. Components of umbelliferous plants in Korea. VI. Chemical components of the roots of Angelica gigas. Yakhak Hoechi. 1969, 13(1): 47-50

[5] 杨秀伟，王继彦，严仲铠，刘大有. 四种长白山产当归属药用植物的香豆精成分研究. 中药材. 1994, 17(4): 30-32

[6] SY Kang, KY Lee, SH Sung, MJ Park, YC Kim. Coumarins isolated from Angelica gigas inhibit acetylcholinesterase: structure-activity relationships. Journal of Natural Products. 2001, 64(5): 683-685

[7] YY Lee, S Lee, JL Jin, HS Yun-Choi. Platelet anti-aggregatory effects of coumarins from the roots of Angelica genuflexa and A. gigas. Archives of Pharmacal Research. 2003, 26(9): 723-726

[8] SY Kang, KY Lee, SH Sung YC Kim. Four new neuroprotective dihydropyranocoumarins from *Angelica gigas*. *Journal of Natural Products*. 2005, **68**(1): 56-59

[9] S Lee, SS Kang, KH Shin. A flavone glycoside from *Angelica gigas* roots. *Natural Product Sciences*. 2002, **8**(4): 127-128

[10] YE Choi, H Ahn, JH Ryu. Polyacetylenes from *Angelica gigas* and their inhibitory activity on nitric oxide synthesis in activated macrophages. *Biological & Pharmaceutical Bulletin*. 2000, **23**(7): 884-886

[11] HI Moon, KT Ahn, KR Lee, OP Zee. Flavonoid compounds and biological activities of the aerial parts of *Angelica gigas*. *Yakhak Hoechi*. 2000, **44**(2):119-127

[12] YZ Chang. Structure of gigasol, a new-bis-coumarin, isolated from aerial parts of *Angelica gigas*. *Choson Minjujuui Inmin Konghwaguk Kwahagwon Tongbo*. 1991, **6**: 47-51

[13] SJ Sheu, YS Ho, YP Chen, HY Hsu. Analysis and processing of Chinese herbal drugs; VI. The study of *Angelicae* Radix. *Planta Medica*. 1987, **53**(4): 377-378

[14] SY Kang, KY Lee, MJ Park, YC Kim, GJ Markelonis, TH Oh, YC Kim. Decursin from *Angelica gigas* mitigates amnesia induced by scopolamine in mice. *Neurobiology of Learning and Memory*. 2003, **79**(1): 11-18

[15] JJ Yan, DH Kim, YS Moon, JS Jung, EM Ahn, NI Baek, DK Song. Protection against beta-amyloid peptide-induced memory impairment with long-term administration of extract of *Angelica gigas* or decursinol in mice. *Progress in Neuro-Psychopharmacology & Biological Psychiatry*. 2004, **28**(1): 25-30

[16] S Lee, YS Lee, SH Jung, KH Shin, BK Kim, SS Kang. Antioxidant activities of decursinol angelate and decursin from *Angelica gigas* roots. *Natural Product Sciences*. 2003, **9**(3): 170-173

[17] HS Kim, JS Park, HJ Park, HJ Chi. A study of the effects of the root components of *Angelica gigas* Nakai on voluntary activity in mice. *Soul Taehakkyo Saengyak Yonguso Opjukjip*. 1980, **19**: 65-68

[18] SS Choi, KJ Han, HK Lee, EJ Han, HW Suh. Antinociceptive profiles of crude extract from roots of *Angelica gigas* Nakai in various pain models. *Biological & Pharmaceutical Bulletin*. 2003, **26**(9): 1283-1288

[19] H Itokawa, Y Yun, H Morita, K Takeya, SR Lee. Cytotoxic coumarins from roots of *Angelica gigas* Nakai. *Natural Medicines*. 1994, **48**(4): 334-335

[20] S Lee, YS Lee, SH Jung, KH Shin, BK Kim, SS Kang. Anti-tumor activities of decursinol angelate and decursin from *Angelica gigas*. *Archives of Pharmacal Research*. 2003, **26**(9): 727-730

[21] D Yim, RP Singh, C Agarwal, S Lee, H Chi, R Agarwal. A novel anticancer agent, decursin, induces G1 arrest and apoptosis in human prostate carcinoma cells. *Cancer Research*. 2005, **65**(3): 1035-1044

[22] S Lee, DS Shin, JS Kim, KB Oh, SS Kang. Antibacterial coumarins from *Angelica gigas* roots. *Archives of Pharmacal Research*. 2003, **26**(6): 449-452

[23] 康廷国．朝鲜当归挥发油的GC-MS分析．中药材．1990，**13**(3)：28-29

伞形科

重齿毛当归 Chongchimaodanggui [CP]

Angelica pubescens Maxim. f. *biserrata* Shan et Yuan
Doubleteeth Angelica

概述

伞形科 (Apiaceae) 植物重齿毛当归 *Angelica pubescens* Maxim. f. *biserrata* Shan et Yuan，其干燥根入药。中药名：独活。

当归属植物全世界约有 80 种，中国产有 26 种、5 变种、1 变型，分布于东北、西北、西南地区。中国该属植物已供药用者约为 16 种。本种分布于中国安徽、浙江、江西、湖北、四川等地。四川、湖北及陕西等地的高山地区已有栽培。

"独活"药用之名，始载于《神农本草经》，列为上品。《中国药典》(2005 年版) 收载本种为中药独活的法定原植物来源种。主产于中国四川、湖北、陕西、浙江等地。以四川产量最大，质量也优。

本种植物主要含香豆素、挥发油等成分。香豆素类成分为其主要活性成分。《中国药典》采用高效液相色谱法测定，规定独活含蛇床子素不得少于 0.50%，以控制药材质量。

药理研究表明，重齿毛当归具有抗炎、镇痛、镇静、抗血小板聚集、抗血栓、抗心律失常等作用。

中医理论认为独活具有祛风，除湿，散寒，止痛等功效。

重齿毛当归 *Angelica pubescens* Maxim. f. *biserrata* Shan et Yuan

药材独活 Radix Angelicae Pubescentis

1cm

化学成分

重齿毛当归的根主要含香豆素类化合物：蛇床子素 (osthol)、佛手柑内酯 (bergapten)、当归醇 (angelol)[1]、angelin[2]、当归醇B、C、D、E、F、G、H (angelols B-H)[3]、二氢山芹醇 (columbianetin)、二氢山芹醇醋酸酯 (columbianetin acetate)、二氢山芹醇当归酸酯 (columbianadin)、异欧前胡素 (isoimperatorin)、花椒毒素 (xanthotoxin)、二氢山芹醇葡萄糖苷 (columbianetin-β-D-glucopyranoside)[4]、伞形花内酯 (umbelliferone)、紫花前胡苷 (nodakenin)、水合氧化前胡素 (oxypeucedaninhydrate)[5]、angelitriol、angelol J、angelidiol、columbianetin propionate[6-8]等。

此外，还含有挥发油，其中含量较高的有佛术烯 (eremophilene)、百里香酚 (thymol)、α-柏木烯 (α-cedrene)、葎草烯 (humulene)、对-甲基苯酚 (p-cresol)、β-柏木烯 (β-cedrene)[9]等。也有报道其中α-蒎烯 (α-pinene)含量最高[10]。

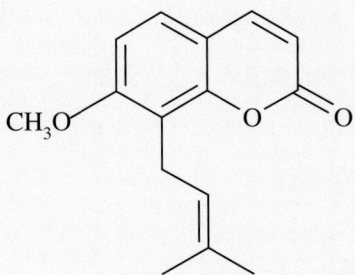

columbianetin: R=H
columbianetin acetate: R=COCH₃

osthol

药理作用

1. **抗炎、镇痛**
   重齿毛当归甲醇、氯仿及醋酸乙酯提取物能显著降低醋酸和热板所致疼痛；也能降低甲醛和角叉莱胶造成的肿胀；从重齿毛当归中分离得到的二氢山芹醇及其醋酸酯、佛手柑内酯、伞形花内酯、花椒毒素等显示出明显的抗炎、镇痛活性。

2. **对抗血栓及抗凝血**
   重齿毛当归醇提取物对二磷酸腺苷 (ADP) 体外诱导的大鼠血小板聚集、动静脉旁路血栓形成及 Chandler 法体外血栓形成均有抑制作用，其活性成分为蛇床子素、二氢山芹醇、二氢山芹醇醋酸酯等。醇提取物还可延长小鼠尾出血时间[4]。

3. **对心血管系统影响**
   重齿毛当归对离体蛙心有抑制作用；重齿毛当归粗制剂给予麻醉犬或猫静注，有降血压作用；煎剂在蛙腿灌注时，有收缩血管作用；水提取部分有抗心律失常作用，其有效成分为γ-氨基丁酸。

4. **解痉**
   重齿毛当归挥发油能抑制乙酰胆碱所致离体豚鼠回肠痉挛性收缩；花椒毒素、佛手柑内酯等成分对兔回肠具有明显的解痉作用。

5. 其他

重齿毛当归所含佛手柑内酯、花椒毒素有抗肿瘤、光敏感等作用。蛇床子素等成分体外试验对脂氧化酶和环氧合酶有抑制作用[13]。

应用

本品为中医临床用药。功能：祛风湿，止痹痛，解表。主治：①风寒湿痹痛；②外感风寒挟湿症。

现代临床还用于牙痛、风湿性关节炎、类风湿性关节炎、腰腿痛、小儿麻痹症、美尼尔氏综合症[14]等病的治疗。

评注

中国古代本草记载存在独活、羌活 Notopterygium incisum Ting ex H.T. Chang 不分的现象，中药独活入药者除来源于当归属的多种植物外，还有独活属及五加科的植物。

重齿毛当归是中药用独活商品的法定品种，中国在主要产区已建有规范化生产基地。

独活在治疗关节炎及镇痛等方面疗效显著，有深入研究及开发价值。

参考文献

[1] K Hata, M Kozawa. Constitution of angelol, a new coumarin isolated from the root of *Angelica pubescens*. *Tetrahedron Letters*. 1965, 50: 4557-4562

[2] M Kozawa, K Baba, Y Matsuyama, K Hata. Studies on coumarins from the root of *Angelica pubescens* Maxim. III. Structures of various coumarins including angelin, a new prenylcoumarin. *Chemical & Pharmaceutical Bulletin*. 1980, 28(6): 1782-1787

[3] K Baba, Y Matsuyama, M Kozawa. Studies on coumarins from the root of *Angelica pubescens* Maxim. IV. Structures of angelol-type prenylcoumarins. *Chemical & Pharmaceutical Bulletin*. 1982, 30(6): 2025-2035

[4] 李荣芷，何云清，乔明，徐岩，张启博，孟娟如，顾云，葛六萍．中药独活活性成分香豆素及其苷的化学研究．药学学报．1989，24(7)：546-551

[5] 柳江华，谭严，陈玉萍，徐绥绪，姚新生．重齿毛当归化学成分的研究．中草药．1994，25(6)：288-291

[6] JH Liu, SX Xu, XS Yao, H Kobayashi. Two new 6-alkylcoumarins from *Angelica pubescens* biserrata. *Planta Medica*. 1995, 61(5): 482-484

[7] 柳江华，徐绥绪，孟志云，姚新生，吴玉强．重齿毛当归香豆素的进一步分离．中国药学．1997，6(4)：221-224

[8] JH Liu, S Zschocke, R Bauer. A polyacetylenic acetate and a coumarin from *Angelica pubescens* f. biserrata. *Phytochemistry*. 1998, 49(1): 211-213

[9] 周成明，姚川，孙海林．独活挥发油化学成分的研究．中药材．1990，13(8)：29-32

[10] 邱琴，刘廷礼，崔兆杰，赵怡．独活挥发油化学成分的气相色谱-质谱法测定．分析测试学报．2000，19(2)：58-60

[11] YF Chen, HY Tsai, TS Wu. Anti-inflammatory and analgesic activities from roots of *Angelica pubescens*. *Planta Medica*. 1995, 61(1): 2-8

[12] TS Wu, JH Yeh, MJ Liou, HY Tsai, YF Chen, KF Huang. Antiinflammatory and analgesic principles from the roots of *Angelica pubescens*. *Chinese Pharmaceutical Journal (Taipei, Taiwan)*. 1994, 46(1): 45-52

[13] JH Liu, S Zschocke, E Reininger, R Bauer. Inhibitory effects of *Angelica pubescens* biserrata on 5-lipoxygenase and cyclooxygenase. *Planta Medica*. 1998, 64(6): 525-529

[14] 王传丽，张永健．独活煮鸡蛋治疗美尼尔氏综合征．时珍国药研究．1996，7(4)：196

当归 Danggui[CP]

Angelica sinensis (Oliv.) Diels
Chinese Angelica

伞形科

概 述

伞形科 (Apiaceae) 植物当归 *Angelica sinensis* (Oliv.) Diels，其干燥根入药。中药名：当归。

当归属 (*Angelica*) 植物全世界约有80种，中国产有 26 种、5 变种、1 变型。中国该属植物已供药用者达 16 种。本种栽培于中国甘肃、四川、云南、湖北、陕西、贵州等地。

"当归"药用之名，始载于《神农本草经》，列为中品。《中国药典》(2005 年版) 收载本种为中药当归的法定原植物来源种。主产于中国甘肃、四川、云南等省区。

当归主要含挥发油和有机酸类成分。《中国药典》采用高效液相色谱法进行测定，规定当归含阿魏酸不得少于 0.050%，以控制药材质量。

药理研究表明，当归具有降低血小板聚集、抗血栓、抗心律失常、扩张冠脉、降血脂、促进血红蛋白及红细胞的生成、抗炎镇痛、双向调节子宫平滑肌等作用。

中医理论认为当归具有补血，活血，调经等功效。

当归 *Angelica sinensis* (Oliv.) Diels

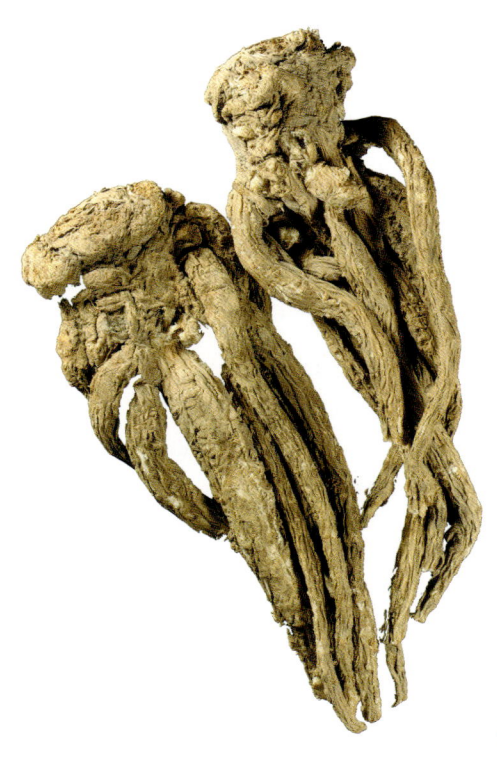

药材当归 Radix Angelicae Sinensis

1cm

当归 Danggui

化学成分

当归的根主要含挥发油，其酚性油主要含香荆芥酚(carvacrol)，还含苯酚(phenol)、邻甲苯酚(o-cresol)、对甲苯酚(p-cresol)、愈创木酚(guaiacol)等；中性油中主要含藁本内酯(ligustilide)，还含α-蒎烯(α-pinene)、月桂烯(myrcene)、β-罗勒烯(β-ocimene)、别罗勒烯(alloocimene)、正丁基苯酞(n-butylphthalide)、亚丁基苯酞(n-butylidenephthalide)、当归酮(angelic ketone)等；酸性油中含樟脑酸(camphoric acid)、茴香酸(anisic acid)、壬二酸(azelaic acid)、癸二酸(sebacic acid)、肉豆蔻酸(myristic acid)、邻苯二甲酸酐(phthalicanhydride)等成分。还含有机酸类成分：阿魏酸(ferulic acid)、丁二酸(succinic acid)、烟酸(nicotinic acid)、香草酸(vanillic acid)、棕榈酸(palmitic acid)等。

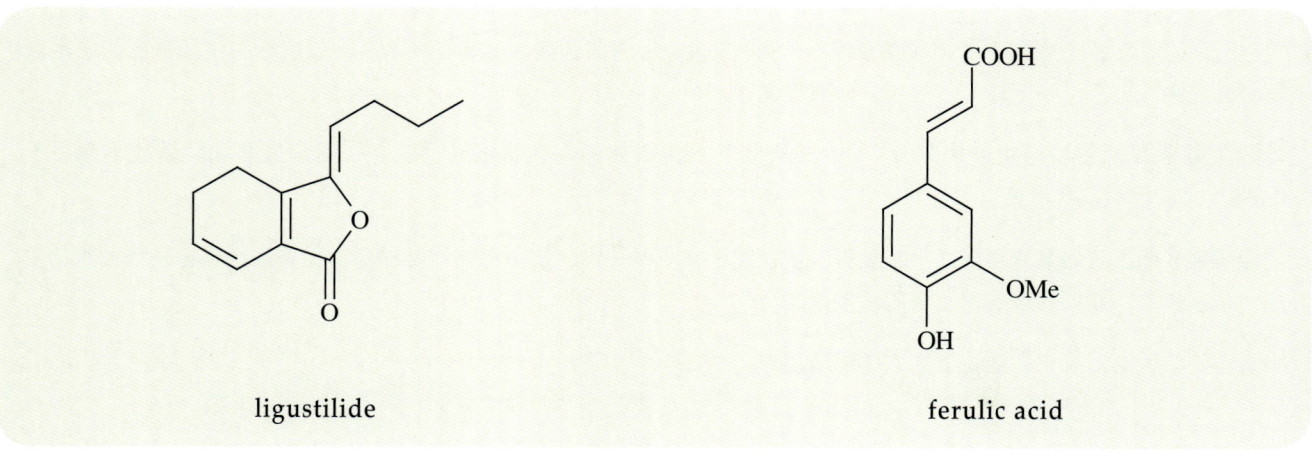

ligustilide　　　　ferulic acid

药理作用

1. **对血液及造血系统的影响**

    当归或阿魏酸静脉注射或口服对大鼠二磷酸腺苷(ADP)和胶原蛋白诱发的血小板聚集有明显抑制作用；当归及阿魏酸钠有明显的抗血栓作用，可使血栓干重量显著减少，血栓增加速度减慢[1]；当归多糖(AP)能显著延长小鼠（腹腔注射）和家兔（耳缘静脉注射）的凝血时间、缩短出血时间，显著延长凝血酶时间(TT)和活化部分凝血活酶时间(APTT)，而对凝血酶原时间(PT)影响较小，体外能显著升高血小板聚集率，显示其具有抗凝血和止血的双向性调节作用[2]；AP皮下注射对多功能造血干细胞(CFU-S)和造血祖细胞的增殖和分化有显著的促进作用，并能促进造血干细胞向粒单系血细胞分化，从而促进血红蛋白及红细胞的生成[3-6]；AP体外能明显促进人多向性造血祖细胞(CFU-Mix)的增殖[7]。

2. **对心血管系统的影响**

    当归煎剂及所含挥发油可抑制离体蟾蜍心脏的收缩幅度及频率；当归浸膏能显著扩张离体豚鼠冠脉，增加冠脉血流量；当归醇提物及阿魏酸可对抗心律失常；阿魏酸能拮抗肾上腺素等收缩离体主动脉条作用；口服当归粉可降低血脂，对抗实验性动脉粥样硬化。

3. **抗炎、镇痛**

    当归水煎液及阿魏酸对多种致炎剂引起的急、慢性炎症均有显著的抑制作用。摘除大鼠双侧肾上腺后其抗炎作用仍然存在；并能降低大鼠炎症组织前列腺素E_2(PGE_2)的释放量，降低豚鼠补体旁路溶血活性[8-9]。腹腔注射当归水提醇沉液浸膏及阿魏酸钠均能减少醋酸所致小鼠扭体反应次数[10]。

4. **对平滑肌的影响**

    藁本内酯对豚鼠离体支气管有松弛作用；对致痉剂乙酰胆碱、组胺以及氯化钡所致的支气管平滑肌痉挛收缩有明显的解痉作用[11]；当归挥发油对离体大鼠子宫平滑肌有"双向调节"作用，小剂量时略有兴奋作用，大剂量时有明显抑制作用。较大剂量时能浓度依赖性抑制缩宫素引起的子宫兴奋作用，也能明显抑制高钾引起的子宫收缩[12]。

5. 对免疫系统的影响

当归水提醇沉物体外能单独或协同刀豆蛋白A/细菌脂多糖(ConA/LPS)发挥促进小鼠脾脏及胸腺T、B淋巴细胞增殖的作用，对抗氢化泼尼松(HP)对ConA诱导的脾脏及胸腺T淋巴细胞的增殖反应的抑制作用[13]。AP腹腔注射能对抗氢化可的松引起的小鼠脾萎缩，但对胸腺影响不大；能显著增加氢化可的松免疫抑制小鼠的碳粒廓清率，但对小鼠血清溶血素IgG和IgM的生成有较强的抑制作用；AP体外还能显著增强小鼠脾细胞和腹腔巨噬细胞的增殖。显示了AP增强非特异性免疫同时抑制体液免疫的双向免疫调节功能[14]。

6. 增强记忆

阿魏酸可改善药物诱发大鼠学习记忆障碍，其作用机制与促进乙酰胆碱神经系统及脑血流量有关[15]。

7. 其他

当归注射液腹腔注射对辐射损伤后的小鼠肝、肾组织和功能具有显著的保护作用[16-17]。

应 用

本品为中医临床用药。功能：补血，活血，调经，止痛，润肠。主治：①心肝血虚，面色萎黄，眩晕心悸等；②血虚或血虚兼有瘀滞的月经不调，痛经，经闭等证；③血虚或血滞兼有寒凝，以及跌打损伤，风寒湿阻的痛证；④痈疽疮疡；⑤血虚肠燥便秘。

现代临床还用于急性缺血性脑中风、突发性耳聋、血栓闭塞性脉管炎、心律失常等病的治疗。

评 注

当归的果实、叶、根等部位含芳香性精油，具芳香、防腐作用，可用作食品、饲料和腌制品的调味剂；也可用作化妆品、香皂、牙膏、洁口剂的香精及调和香精成分；在欧洲还曾广泛应用于制糖业、酿酒业。如进一步开展综合利用研究，提高其附加值，可为当归产品走向更广阔的市场创造条件。

当归临床应用广泛，使用量大。中国药用当归商品主要为栽培品，覆盖面广，质量较好。现甘肃已建立当归的规范化种植基地。

参考文献

[1] 张翠兰，文德鉴. 当归对血液及造血系统药理作用研究进展. 湖北民族学院学报. 医学版. 2002, **19**(4): 34-35, 38
[2] 杨铁虹，贾敏，梅其炳，商澎. 当归多糖对凝血和血小板聚集的影响. 中药材. 2002, **25**(5): 344-345
[3] 王亚平，祝彼得. 当归多糖对小鼠粒单系血细胞发生的影响. 解剖学杂志. 1993, **16**(2): 125-129
[4] 王亚平，祝彼得. 当归多糖对小鼠红系细胞增殖的影响. 中华血液学杂志. 1993, **14**(12): 650-651
[5] 王亚平，黄晓芹，祝彼得，王勇，姜蓉. 当归多糖诱导L-细胞产生造血生长因子的实验研究. 解剖学报. 1996, **27**(1): 69-74
[6] 王亚平，祝彼得. 当归多糖对造血祖细胞增殖调控机理的研究. 中华医学杂志. 1996, **76**(5): 363-366
[7] 姜蓉，吴宏，王亚平. 当归多糖(APS)对造血生长因子受体表达调控的试验研究. 解剖科学进展. 2004, **10**: 55
[8] 胡慧娟，杭秉茜，王鹏书. 当归的抗炎作用. 中国中药杂志. 1991, **16**(11): 684-686
[9] 胡慧娟，杭秉茜，王朋书. 阿魏酸的抗炎作用. 中国药科大学学报. 1990, **21**(5): 279-282
[10] 杨瑜，查仲玲，朱蕙，王智勇. 当归提取物的镇痛作用. 医药导报. 2002, **21**(8): 481-482
[11] 章辰芳，孔繁智. 当归对呼吸系统作用的研究概况. 中草药. 1999, **30**(4): 311-313

当归 Danggui

[12] 肖军花,周健,丁丽丽,周全军,陈剑峰,王征,王嘉陵,向继洲.当归挥发油对子宫的双向作用及其活性部位筛选.华中科技大学学报(医学版).2003,32(6):589-592,596

[13] 夏雪雁,彭仁琇.当归醇沉物对体外小鼠脾、胸腺淋巴细胞增殖的影响.中草药.1999,30(2):112-115

[14] 杨铁虹,贾敏,梅其炳.当归多糖对小鼠免疫功能的调节作用.中成药.2005,27(5):563-565

[15] MT Hsieh, FH Tsai, YC Lin, WH Wang, CR Wu. Effects of ferulic acid on the impairment of inhibitory avoidance performance in rats. *Planta Medica*. 2002, 68(8): 754-756

[16] 袁新初,张端莲,周乾毅,余瑛,崔冶建,陕光,唐甜,熊燕娥,李红.当归注射液对辐射损伤后肝组织中超氧化物歧化酶活性的影响.解剖学研究.2003,25(2):114-116

[17] 邓成国,杨虹,张端莲,杨勇,崔冶建.当归注射液对辐射损伤后肾组织中超氧化物歧化酶活性的定量分析.数理医药学杂志.2004,17(1):18-19

当归种植基地

牛蒡 Niubang CP, JP, KHP

Arctium lappa L.
Great Burdock

菊 科

概 述

菊科 (Asteraceae) 植物牛蒡 *Arctium lappa* L.，其干燥成熟果实入药。中药名：牛蒡子。

牛蒡属 (*Arctium*) 植物全世界约有 10 种，分布于亚洲和欧洲温带地区。中国有 2 种，均供药用。本种广布于欧亚大陆，中国南北各地均有分布。

牛蒡子以"恶实"药用之名，始载于《名医别录》，列为中品。历代本草多有著录。《中国药典》(2005 年版) 收载本种为中药牛蒡子的法定原植物来源种。《韩国药典》也收载牛蒡子药用[1]，《英国植物药典》将牛蒡叶和根作为皮肤病用药[2]。主产于中国东北、浙江、江苏等地，以东北产量最大，浙江产质量好。

牛蒡属植物的主要活性物质为木脂素类成分。牛蒡苷及牛蒡苷元是牛蒡子的有效成分，《中国药典》采用高效液相色谱法进行测定，规定牛蒡苷的含量不得少于 5.0%，以控制药材质量。

药理研究表明，牛蒡具有显著的抗病毒、提高机体免疫力等作用。

中医理论认为牛蒡具疏散风热，宣肺透疹，解毒利咽等功效。

牛蒡 *Arctium lappa* L.

药材牛蒡子 Fructus Arctii

1cm

牛蒡 Niubang

化学成分

牛蒡果实中主要含有木脂素类成分,有牛蒡苷 (arctiin)、牛蒡苷元 (arctigenin)、罗汉松脂素 (matairesinol)[3]、牛蒡酚 A、B、C、D、E、F、H (lappaols A – F, H)[4-6]、异牛蒡酚 (isolappaol)、新牛蒡素 A、B (neoarctins A – B)[3, 7]、牛蒡子素 A、B、C、D、E (arctignans A – E)[8]等成分。

牛蒡叶含牛蒡苷、牛蒡苷元[9]和黄酮类成分槲皮素 – 3 – O – 芸香糖苷 (quercetin – 3 – O – rutinoside)、山奈酚 – 3 – O – 芸香糖苷 (kaempferol – 3 – O – rutinoside)[10]。根中含牛蒡寡糖 (BOS – 2)[11]和挥发油[12]。

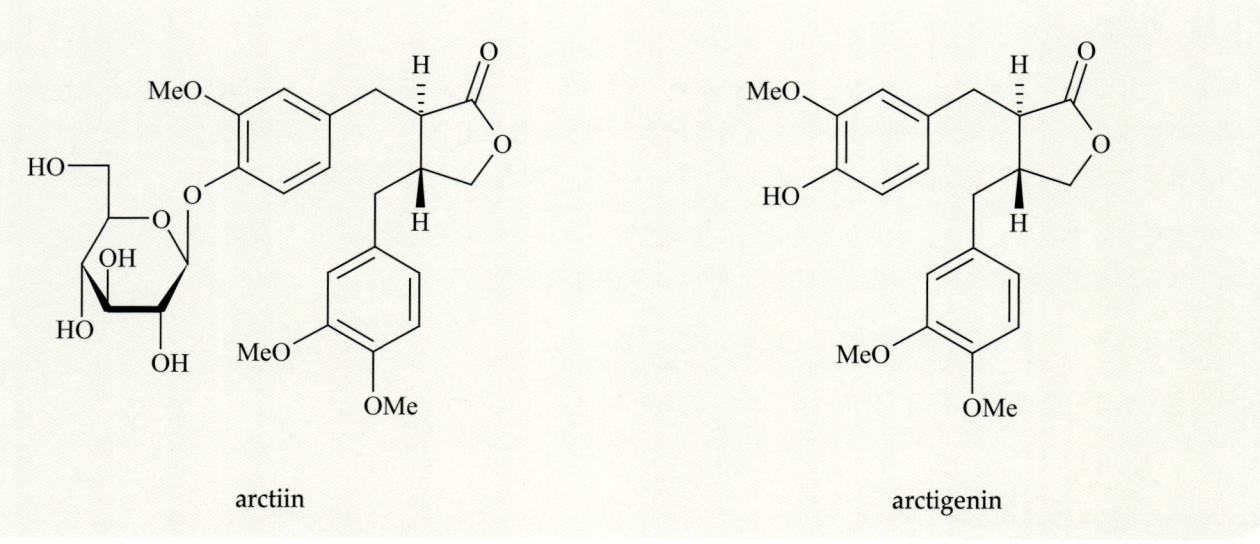

arctiin　　　　　　　　　　　　　　　arctigenin

药理作用

1. **抗菌、抗病毒**
   牛蒡子水提液体外对堇色毛癣菌、同心性毛癣菌、许兰黄癣菌等多种致病真菌有抑制作用。牛蒡苷元口服明显抑制甲 1 型流感病毒引起的小鼠肺炎病变[13],体外有直接抑制甲 1 型流感病毒复制作用[14];牛蒡子醇提物体外对巴豆油、正丁酸钠联合激发的 Epstein – Barr 病毒特异性 DNA 酶、DNA 多聚酶、早期抗原、壳抗原表达均有抑制作用[15],并可抑制 I 型人类免疫缺陷病毒 (HIV – 1) 在 MT – 4 淋巴细胞、U937 细胞和外周血单核细胞中的复制[16]。

2. **抗肿瘤**
   牛蒡子煎剂灌胃对小鼠 S_{180} 移植瘤有抑制作用[17]。牛蒡苷和牛蒡苷元体外对肝癌细胞 HepG2 有强细胞毒性[18],牛蒡苷元体外对白血病细胞 HL – 60 和淋巴细胞白血病 MOL T – 4 细胞生长有抑制作用,并可强烈抑制胸腺嘧啶核苷、尿嘧啶核苷、白氨酸结合进 HL – 60 细胞[18]。牛蒡子二氯甲烷提取物有细胞毒活性,牛蒡苷元可抑制裸鼠 PANC – 1 移植瘤的生长[19]。

3. **提高免疫力**
   牛蒡子醇提物灌胃可显著提高正常小鼠淋巴细胞转化率和 α – 醋酸萘酯酶阳性率,增加抗体生成细胞的形成和巨噬细胞吞噬功能,增强小鼠免疫系统的功能[20]。

4. **降血糖**
   牛蒡子醇提物灌胃能显著降低正常小鼠口服葡萄糖所致的高血糖和四氧嘧啶致糖尿病小鼠的血糖水平[20]。

5. **保护肾脏**
   牛蒡子醇提物具有抑制 α – 糖苷酶的活性[21];醇提物灌胃能明显改善链脲佐菌素 (STZ) 致糖尿病大鼠多饮、多食、消瘦等症状,降低尿蛋白、尿微量白蛋白,减少肾组织转化生长因子 β_1 (TGF – β_1) mRNA、单核趋化蛋白

1 (MCP–1) mRNA 的表达[22]，降低肾皮质细胞膜蛋白激酶 C (PKC) 活性[23]。

6. 其他

牛蒡苷和牛蒡苷元能拮抗血小板活化因子 (PAF) 受体活性[24]，牛蒡苷元有强烈的 Ca^{2+} 拮抗作用，对 KCl 引起的离体大鼠气管、结肠、肺动脉、胸主动脉平滑肌收缩和 $CaCl_2$ 引起的离体豚鼠气管平滑肌收缩有非竞争性抑制作用[25]；牛蒡苷有扩张血管的作用。牛蒡寡糖体外可促进双歧杆菌生长[26]。

应用

本品为中医临床用药。功能：疏散风热，透疹利咽，解毒散肿。主治：①风热感冒，咽喉肿痛；②麻疹不透；③痈肿疮毒，痄腮喉痹；④便秘。

现代临床还用于急慢性咽炎、扁桃体炎、支气管炎等病的治疗。

评注

在中国新疆地区产同属植物毛头牛蒡 *Arctium tomentosum* Mill. 的果实作牛蒡子药用，并有悠久的临床药用史。近年研究表明，毛头牛蒡果实在功用、化学成分及药理作用等方面类同牛蒡子，牛蒡苷的含量符合《中国药典》中牛蒡子的含量规定。且毛头牛蒡在新疆地区有广泛的分布，其开发应用值得关注。

中国、日本、韩国和欧洲有食用牛蒡根及幼枝的传统习惯，在日本牛蒡被视为强身保健蔬菜。

近年来牛蒡在中国已有大面积的种植栽培，江苏丰县被誉为"中国牛蒡之乡"。已开发了牛蒡系列的保健食品 200 余种，畅销东南亚。作为药食两用植物，牛蒡在保健食品方面展示了广阔的开发应用前景。

参考文献

[1] 金在佶，肖培根．东洋传统药物原色图鉴．图书出版永林社．1995: 217

[2] British Herbal Association. British Herbal Pharmacopoeia. United Kingdom: British Herbal Medicine Association.1996: 47-49

[3] 王海燕，杨峻山．牛蒡子化学成分的研究．药学学报．1993, 28(12): 911-917

[4] A Ichihara, K Oda, Y Numata, S Sakamura. Lappanol A and B, novel lignans from Arctium lappa L. Tetrahedron Letters. 1976, 44: 3961-3964

[5] A Ichihara, Y Numata, S Kanai, S Sakamura. New sesquilignans from *Arctium lappa* L. The structure of lappanol C, D and E. *Agricultural and Biological Chemistry*. 1977, 41(9): 1813-1814

[6] A Ichihara, S Kanai, Y Numata, S Sakamura. Structures of lappanol F and H, dilignans from *Arctium lappa* L. *Tetrahedron Letters*. 1978, 33: 3035-3038

[7] HY Wang, JS Yang. Neoarctin A from *Arctium lappa* L. *Chinese Chemical Letters*. 1995, 6(3): 217-220

[8] K Umehara, A Sugawa, M Kuroyanagi, A Ueno, T Taki. Studies on differentiation-inducers from Arctium Fructus. *Chemical & Pharmaceutical Bulletin*. 1993, 41(10): 1774-1779

[9] SM Liu, KS Chen, W Schliemann, D Strack. Isolation and identification of arctiin and arctigenin in leaves of burdock (*Arctium lappa* L.) by polyamide column chromatography in combination with HPLC-ESI/MS. *Phytochemical Analysis*. 2005, 16(2): 86-89

[10] 刘世明，陈靠山，S Willibald，S Dieter．聚酰胺柱层析/反向高效液相色谱/电喷雾离子质谱法分离鉴定牛蒡叶中两种黄酮苷．分析化学．2003, 31(8): 1023

[11] 郝林华，陈磊，仲娜，陈靠山，李光友．牛蒡寡糖的分离纯化及结构研究．高等学校化学学报．2005, 26(7): 1242-1247

[12] 王晓，程传格，杨予涛，郑成超．牛蒡挥发油化学成分分析．天然产物研究与开发．2004, 16(1): 33-35

[13] 杨子峰，刘妮，黄碧松，王艳芳，胡英杰，朱宇同．牛蒡子苷元体内抗甲 1 型流感病毒作用的研究．中药材．2005, 28(11): 1012-1014

[14] 高阳, 董雪, 康廷国, 赵长智, 黄智, 张效禹. 牛蒡苷元体外抗流感病毒活性. 中草药. 2002, 33(8): 724-726

[15] 陈铁宏, 黄迪. 牛蒡子对Epstein-Barr病毒抗原表达的抑制作用. 中华实验和临床病毒学杂志. 1994, 8(4): 323-326

[16] XJ Yao, MA Wainbergl, MA Parniak. Mechanism of inhibition of HIV-1 infection in vitro by purified extract of *Prunella vulgaris*. *Virology*. 1992, 187(1): 56-62

[17] 孙铁民, 梁伟, 林莉, 黄延娜, 金雨, 李春玲. 牛蒡子对癌瘤作用的实验研究. 辽宁中医学院学报. 2002, 4(4): 310

[18] 任常胜, 朱庆玲. 牛蒡子的研究概况. 中国民族医药杂志. 2003: 36-38

[19] S Awale, J Lu, S K Kalauni, Y Kurashima, Y Tezuka, S Kadota, H Esumi. Identification of arctigenin as an antitumor agent having the ability to eliminate the tolerance of cancer cells to nutrient starvation. *Cancer Research*. 2006, 66(3): 1751-1757

[20] 阎凌霄, 李亚明. 牛蒡子提取物对小鼠免疫功能及血糖的作用. 西北药学杂志. 1993, 8(2): 75-78

[21] M Miyazawa, N Yagi, K Taguchi. Inhibitory compounds of α-glucosidase activity from *Arctium lappa* L. *Journal of Oleo Science*. 2005, 54(11): 589-594

[22] 王海颖, 陈以平. 牛蒡子提取物对糖尿病大鼠肾脏病变作用机制的实验研究. 中成药. 2004, 26(9): 745-749

[23] 王海颖, 朱戎, 邓跃毅, 沈玲妹, 陈以平, 锺逸斐. 牛蒡子提取物对糖尿病大鼠肾脏蛋白激酶C活性作用的研究. 中国中医基础医学杂志. 2002, 8(5): 382-383

[24] 韩桂秋, 白光清, 王夕红. 牛蒡子中血小板活化因子(PAF)受体拮抗剂的分离和结构鉴定. 中草药. 1992, 23(11): 563-566

[25] Y Gao, TG Kang, XY Zhang. Studies on the calcium antagonist action of arctigenin. *Chinese Traditional and Herbal Drugs*. 2000, 31(10): 758-762

[26] 郝林华, 陈靠山, 李光友. 牛蒡寡糖对双歧杆菌体外生长的促进作用. 海洋科学进展. 2005, 23(3): 347-352

朱砂根 Zhushagen CP

Ardisia crenata Sims
Coral Ardisia

紫金牛科

概述

紫金牛科 (Myrsinaceae) 植物朱砂根 *Ardisia crenata* Sims，其干燥根入药。中药名：朱砂根。

紫金牛属 (*Ardisia*) 植物全世界约有 300 种，分布于热带美洲、太平洋诸岛、印度半岛东部及亚洲东部至南部，少数分布于大洋洲。中国有 68 种，大多可供药用。本种主要分布于中国西藏东南部及秦岭、长江以南各省区。印度、缅甸经马来半岛、印度尼西亚至日本均有分布。

"朱砂根"药用之名，始载于《本草纲目》。《中国药典》(2005 年版)收载本种为中药朱砂根的法定原植物来源种。主产于中国广西；广东、江西、浙江等地也产。

紫金牛属植物主要活性成分为三萜皂苷类和香豆素类成分[1]。其中香豆素类主要为岩白菜素，皂苷类成分具有显著的抗肿瘤、抗 HIV 活性。《中国药典》采用高效液相色谱法测定，规定朱砂根含岩白菜素不得少于 1.5%，以控制药材质量。

药理研究表明，朱砂根具有抗菌、消炎、止痛等作用。

中医理论认为朱砂根具有消肿止痛，活血散瘀，祛风除湿等功效。

朱砂根 *Ardisia crenata* Sims

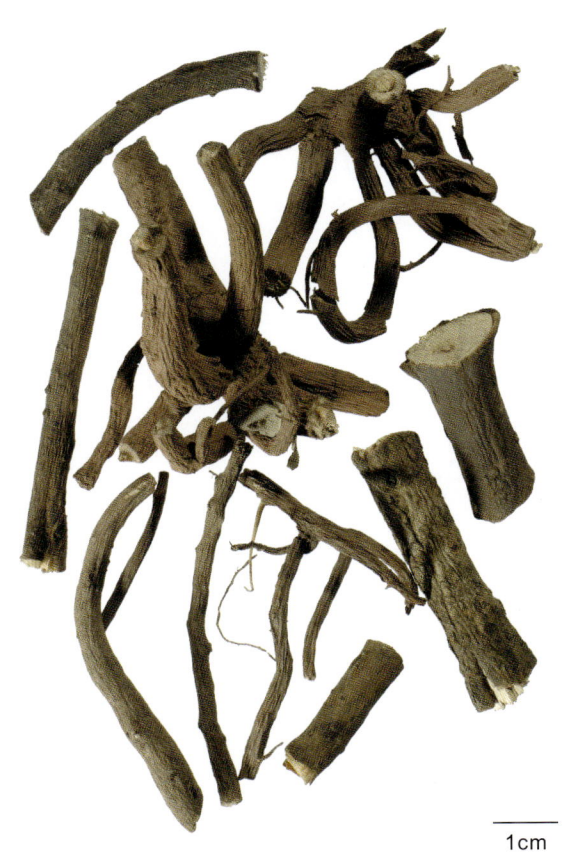

药材朱砂根 Radix Ardisiae Crenatae

1cm

紫金牛科

朱砂根 Zhushagen

化学成分

朱砂根的根中含有香豆素类成分：岩白菜素 (bergenin)[1]及其衍生物去甲基岩白菜素 (demethylbergenin)、11-O-丁香酰基岩白菜素 (11-O-syrinylbergenin)[2]、11-O-没食子酰基岩白菜素 (11-O-galloylbergenin)、11-O-草香酰基岩白菜素 (11-O-vanilloylbergenin)、11-O-(3′,4′-二甲基没食子酰基)-岩白菜素 [11-O-(3′,4′-dimethylgalloyl)-bergenin][3]等；三萜类成分：cyclamiretin A[4]；三萜皂苷类化合物：朱砂根苷 (ardicrenin)[5]、百两金皂苷A、B (ardisiacrispins A-B)[6]、朱砂根新苷A、B[6]、C、D[7]、E、F[8]、G、H[9] (ardisicrenosides A-H)。还含紫金牛醌 (rapanone) 等[1]；此外尚含环状缩酚肽 FR900359[10]。

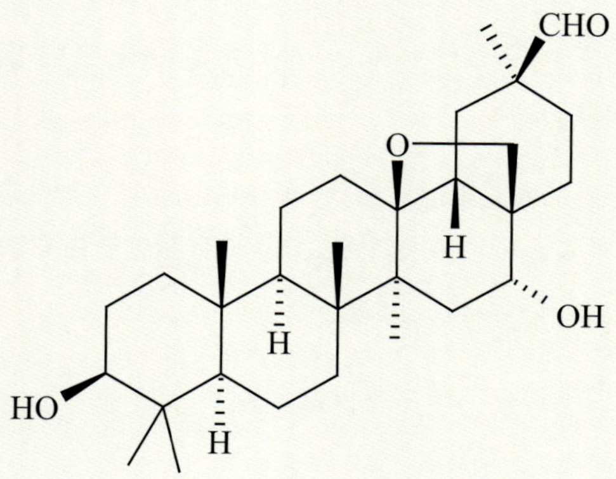

cyclamiretin A

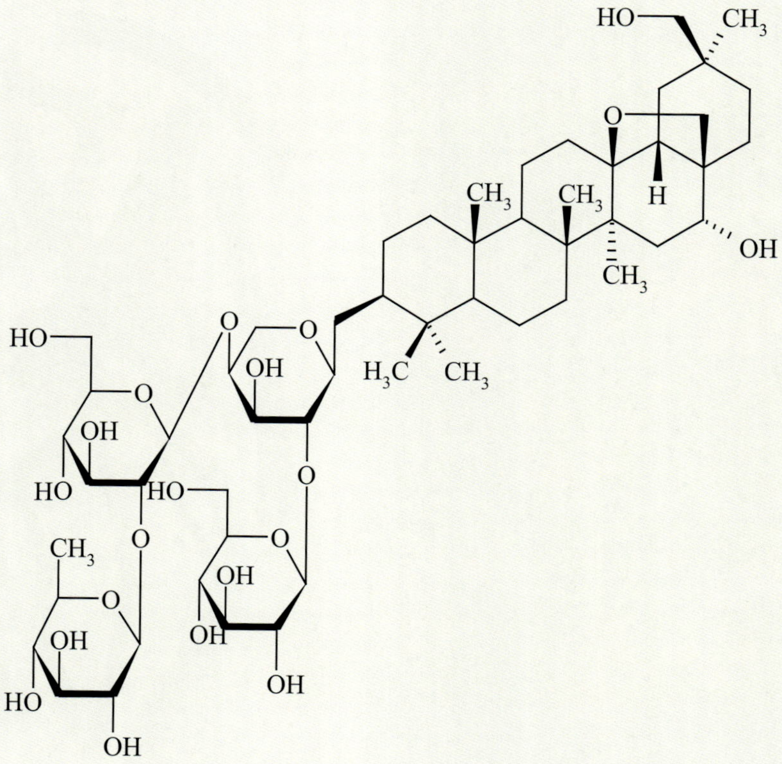

ardisicrenoside A

药理作用

1. 抗菌

朱砂根醇提液体外对甲型溶血性链球菌、乙型溶血性链球菌、金黄色葡萄球菌有抑菌和杀菌作用[11]。

2. 抗炎

朱砂根醇提液腹腔注射能抑制醋酸所致小鼠毛细血管通透性增高，抑制大鼠蛋清性足趾肿胀[11]。

3. 抗生育

60%朱砂根的乙醇提取物有抗生育作用，朱砂根三萜皂苷有抗早孕作用；朱砂根三萜皂苷 (CRTS) 对成年小鼠、豚鼠和家兔离体子宫均有兴奋作用。小剂量使子宫收缩频率加快，振幅加大，张力明显升高；大剂量使子宫直性收缩。

4. 止咳

岩白菜素止咳强度按剂量计算相当于可待因的 1/4～1/7。

5. 其他

从朱砂根中获得的环状缩酚肽 FR900359 能抑制血小板聚集和降血压[10]。

应用

本品为中医临床用药。功能：清热解毒，活血止痛。主治：①咽喉肿痛，流火，乳腺炎，睾丸炎；②黄疸，痢疾；③风湿热痹，跌打损伤。

现代临床还用于胃痛、牙痛、扁桃体炎、肾炎、丝虫性淋巴管炎等病的治疗。

评注

本植物为中国民间用药，其根和叶均有消肿止痛、活血散瘀、祛风除湿的功效，临床上用于治疗多种病症。同时，其果可食用，也可用于榨油，是制造肥皂的原料之一。朱砂根还是一观赏植物，在园艺方面应用广泛。

参考文献

[1] 倪慕云，韩力. 朱砂根化学成分的研究. 中药通报. 1988, 13(12): 737-738

[2] 韩力，倪慕云. 中药朱砂根化学成分的研究. 中国中药杂志. 1989, 14(12): 33-35

[3] ZH Jia, K Mitsunaga, K Koike, T Ohmoto. New bergenin derivatives from *Ardisia crenata*. *Natural Medicines*. 1995, 49(2): 187-189

[4] 关雄泰，汪茂田，宫予敏，赵天增，洪山海. 朱砂根中皂苷元及次生苷的研究. 中草药. 1987, 18(8): 338-341

[5] MT Wang, XT Guan, XW Han, SH Hong. A new triterpenoid saponin from *Ardisia crenata*. *Planta Medica*. 1992, 58(2): 205-207

[6] ZH Jia, K Koike, T Ohmoto, MY Ni. Triterpenoid saponins from *Ardisia crenata*. *Phytochemistry*. 1994, 37(5): 1389-1396

[7] ZH Jia, K Koike, T Nikaido, T Ohmoto, MY Ni. Triterpenoid saponins from *Ardisia crenata* and their inhibitory activity on cAMP phosphodiesterase. *Chemical & Pharmaceutical Bulletin*. 1994, 42(11): 2309-2314

[8] ZH Jia, K Koike, T Nikaido, T Ohmoto. Two novel triterpenoid pentasaccharides with an unusual glycosyl glycerol side chain from *Ardisia crenata*. *Tetrahedron*. 1994, 50(41): 11853-11864

[9] K Koike, ZH Jia, S Ohura, S Mochida, T Nikaido. Minor triterpenoid saponins from Ardisia crenata. *Chemical & Pharmaceutical Bulletin*. 1999, 47(3): 434-435

[10] M Fujioka, S Koda, Y Morimoto, K Biemann. Structure of FR900359, a cyclic depsipeptide from *Ardisia crenata* sims. *Journal of Organic Chemistry*. 1988, 53(12): 2820-2825

[11] 田振华，何燕，骆红梅，黄勇其. 朱砂根抗炎抗菌作用研究. 西北药学杂志. 1998, 13(3): 109-110

天南星科

天南星 Tiannanxing CP, VP

Arisaema erubescens (Wall.) Schott

Jackinthepulpit

概 述

天南星科 (Araceae) 植物天南星 *Arisaema erubescens* (Wall.) Schott，其干燥块茎入药。中药名：天南星。

天南星属 (*Arisaema*) 植物全世界约有 150 种，大部分分布于亚洲热带、亚热带和温带，少数产非洲热带，中美和北美。中国约有 82 种，其中 59 种系中国特有，以云南省最为丰富，约有 40 种。中国本属已供药用者有 10 余种。本种除东北、内蒙古、新疆、山东、江苏没有分布外，中国各省区均有分布。印度、尼泊尔、缅甸、泰国也有分布。

天南星以"虎掌"药用之名，载于《神农本草经》。《中国药典》(2005年版) 收载本种为中药天南星的法定原植物来源种之一。主产于中国陕西、甘肃、四川、贵州、云南等省区。

天南星属植物块茎含脂肪酸黄酮苷及甾醇类化合物[1]。目前本属植物的有效、有毒成分尚不清楚。《中国药典》以药材性状、显微特征来控制药材质量。

药理研究指出，天南星具有祛痰、抗惊厥、抗肿瘤等作用。

中医理论认为天南星具有燥湿化痰，祛风止痉，散结消肿等功效。

天南星 *Arisaema erubescens* (Wall.) Schott

异叶天南星 *A. heterophyllum* Bl.

药材天南星 Rhizoma Arisaematis

1cm

化学成分

天南星的块茎含有甾醇类化合物：胡萝卜苷 (daucosterol)、β-谷甾醇 (β-sitosterol)[2]；脂肪酸类化合物：三十烷酸 (triacontanoic acid)、二十六烷酸 (cerotic acid)[2-3]等；脂肪烃类化合物：四十烷 (tetracontane)[2]；黄酮苷类化合物：夏佛托苷 (schaftoside)、异夏佛托苷 (isoschaftoside)[4]。此外，还含有没食子酸乙酯 (ethyl gallate)、没食子酸 (gallic acid)[2]、丹皮酚 (paeonol)[5]、醋酸橙酰胺 (aurantiamide acetate)[6]等。

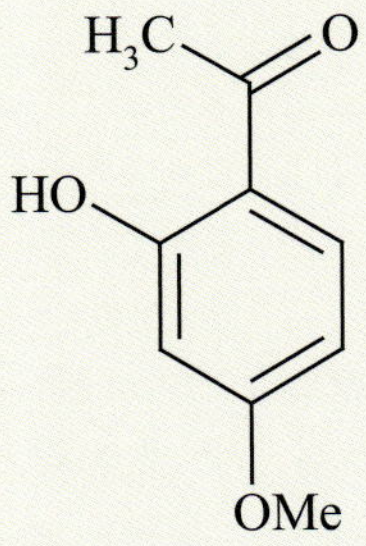

paeonol

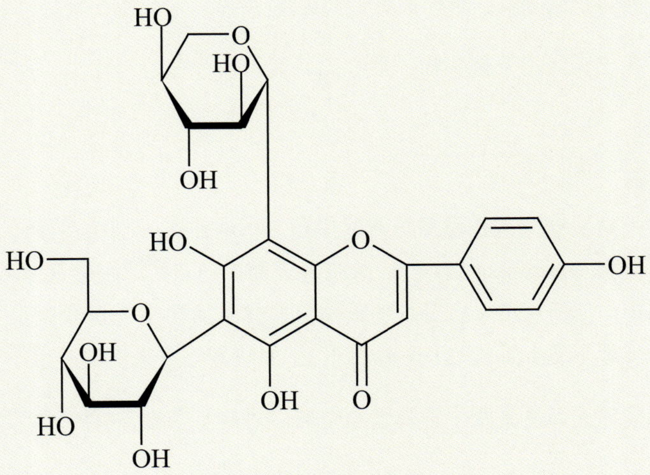

schaftoside

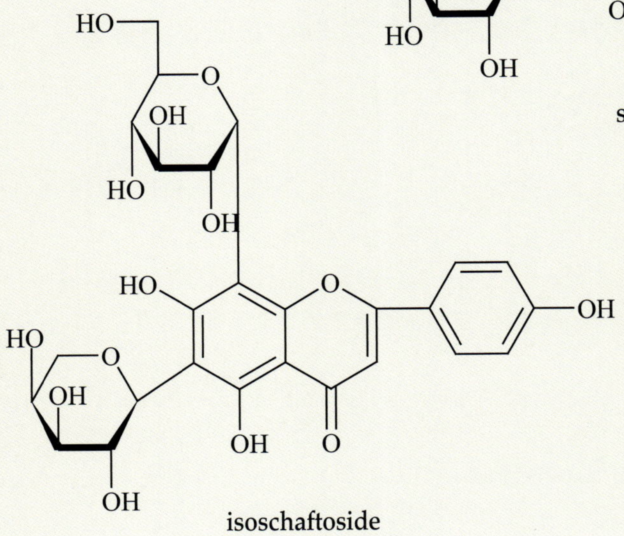

isoschaftoside

天南星 Tiannanxing

药理作用

1. 祛痰

天南星水煎剂给麻醉兔灌服，能显著增加呼吸道黏液分泌；酚红法表明天南星水煎剂小鼠灌胃可增加呼吸道酚红排泌量，显示出祛痰作用[7]。

2. 抗肿瘤

鲜天南星的水提醇沉液，体外对宫颈癌细胞 HeLa 有抑制作用，使细胞浓缩成团块，破坏正常的细胞结构，部分细胞脱落[8]。天南星水提取物灌胃对小鼠肝癌 H22 也有一定的抑制作用[9]。

3. 抗惊厥

小鼠腹腔注射天南星水煎剂，可明显拮抗士的宁、戊四唑、咖啡因、烟碱所致惊厥的发生率和死亡率[10]。

4. 镇静

天南星煎剂腹腔注射，可使家兔和大鼠数分钟内出现安静、不动似睡、对声反应迟钝等表现[10]；天南星混悬剂灌胃对小鼠的自主活动也有明显的抑制作用；天南星混悬剂灌胃还能显著延长小鼠戊巴比妥钠诱发的睡眠时间，表明天南星与戊巴比妥钠之间有协同作用[11]。

5. 抗心律失常

大鼠口服天南星醇提物能缩短心律失常的持续时间[11]。

应用

本品为中医临床用药。功能：燥湿化痰，祛风止痉，消肿止痛。主治：①湿痰，寒痰证；②风痰证，如眩晕，中风，癫痫，口眼㖞斜，破伤风等；③痈疽肿痛，毒蛇咬伤等。

现代临床还用于偏头痛、冠心病、宫颈癌等病的治疗。

评注

生天南星被列入香港常见毒剧中药 31 种名单。《中国药典》还收载异叶天南星 *Arisaema heterophyllum* Bl. 和东北天南星 *A. amurense* Maxim. 为中药天南星的法定原植物来源种。但目前商品中天南星以药材形态分为"虎掌形"和"圆球形"，药材市场上公认的天南星的优质品种是"虎掌南星"（因其"四边有子如虎掌"而得名），其来源为半夏属掌叶半夏 *Pinellia pedatisecta* Schott 的块茎。虎掌南星应用历史悠久，再加上产量大，成为天南星的主流品种。

半夏与天南星是两个不同属的中药，功效、主治各有所长。二者的对比研究，有待深入。

参考文献

[1] 杜树山, 孟蕾, 徐艳春, 魏璐雪. 天南星属植物研究进展. 北京中医药大学学报. 2001, 24(3): 49-51

[2] 杜树山, 徐艳春, 魏璐雪. 天南星化学成分研究（I）. 中草药. 2003, 34(4): 310, 342

[3] 杜树山, 徐艳春, 魏璐雪. 天南星中脂肪酸的分析. 北京中医药大学学报. 2003, 26(2): 44-46

[4] 杜树山, 雷宁, 吴明, 张文生, 徐艳春, 魏璐雪. 高效液相色谱法测定天南星中夏佛托苷和异夏佛托苷的含量. 中国药学杂志. 2005, 40(1): 21-23

[5] S Ducki, JA Hadfield, NJ Lawrence, XG Zhang, AT McGown. Isolation of paeonol from *Arisaema erubescens*. Planta Medica. 1995, 61(6): 586-587

[6] S Ducki, JA Hadfield, XG Zhang, NJ Lawrence, AT McGown. Isolation of aurantiamide acetate from *Arisaema erubescens*. Planta Medica. 1996, 62(3): 277-278

[7] 冯汉林，刘美丽．天南星及其代用品研究概况．中草药．1993，**24**(11)：602-605

[8] 王庆才．生南星生半夏在肿瘤临床中的应用．辽宁中医杂志．1993，**3**：37-38

[9] 张蕻，李燕玲，任连生，汤莹．马钱子、天南星对小鼠移植性肿瘤H22的抑瘤作用．中国药物与临床．2005，**5**(4)：272-274

[10] 韦英杰，杨中林．天南星研究进展．时珍国医国药．2001，**12**(3)：264-267

[11] 秦彩玲，胡世林，刘君英，程志铭．有毒中药天南星的安全性和药理活性的研究．中草药．1994，**25**(10)：527-530

[12] 谢宗万．中药材正名词典．北京：北京科学技术出版社．2004：285

新疆紫草 Xinjiangzicao CP, JP

紫草科

Arnebia euchroma (Royle) Johnst.
Sinkiang Arnebia

概 述

紫草科 (Boraginaceae) 植物新疆紫草 *Arnebia euchroma* (Royle) Johnst.，其干燥根入药。中药名：紫草。

软紫草属 (*Arnebia*) 植物全世界约 25 种，主要分布于非洲北部、欧洲、中亚及喜马拉雅等地区。中国产 6 种，分布于西北及华北地区。本属现供药用者约 3 种。本种分布于中国新疆及西藏西部；印度西北部、尼泊尔、巴基斯坦、阿富汗、伊朗、俄罗斯中亚地区及西伯利亚地区也有分布。

"紫草"药用之名，始载于《神农本草经》，列为中品。《中国药典》(2005 年版) 收载本种为中药紫草的法定原植物来源种。《日本药局方》(第十五版) 收载硬紫草为紫草法定的原植物来源种。主产于中国新疆。

新疆紫草根中主要活性成分为萘醌类色素，此外还含有酚酸类成分等。《中国药典》采用高效液相色谱法进行测定，规定羟基萘醌总色素以左旋紫草素计含量，不得少于 0.80%；另按干燥品计，β,β'-二甲基丙烯酰阿卡宁含量不得少于 0.30%。

药理研究表明，新疆紫草具有抗菌、抗炎、抗肿瘤、抗血凝及抗人类免疫缺陷病毒等作用。

中医理论认为新疆紫草具活血凉血，解毒透疹等功效。

新疆紫草 *Arnebia euchroma* (Royle) Johnst.

药材紫草 Radix Arnebiae

1cm

化学成分

新疆紫草根中含萘醌类色素,有两种光学异构体,其中 R 型命名为紫草素 (shikonin) 类,S 型命名为阿卡宁类 (alkannin),它们互为对映体。萘醌类色素有去氧紫草素 (deoxyshikonin)、紫草素 (shikonin)、乙酰紫草素 (acetylshikonin)、异戊酰紫草素 (isovalerylshikonin)、α-甲基正丁酰紫草素 (α-methyl-n-butylshikonin)、β,β'-二甲基丙烯酰紫草素 (β,β'-dimethylacrylshikonin)、三甲基丙烯酰紫草素 (teracrylshikonin)、β-羟基异戊酰紫草素 (β-hydroxy-isovalerylshikonin)、β-乙酰氧基异戊酰紫草素 (β-acetoxy-isovalerylshikonin) 等及其阿卡宁类对映体,异丁酰紫草素 (isobutylshikonin)、1-甲氧基乙酰紫草素 (1-methoxy-acetylshikonin)、脱水阿卡宁 (anhydroalkannin)、去氢阿卡宁 (dehydroalkannin)[1];苯酚及苯醌类成分有新疆紫草酮 (arnebinone)、软紫草单萜醇 (arnebinol)、软紫草呋喃萜酮 (arnebifuranone)[2] 及去氧甲基毛色二孢素 (des-O-methyllasiodiplodin)[3] 等。酚酸类成分有迷迭香酸 (rosmarinic acid) 等;另尚含微量吡咯里西啶类生物碱 (pyrrolizidine alkaloid) 等[1]。

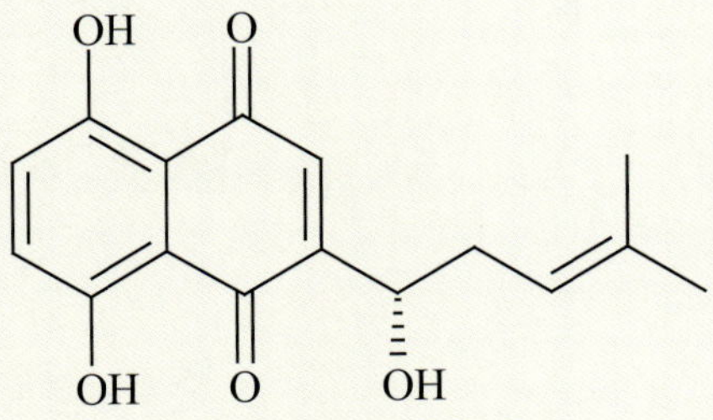

alkannin

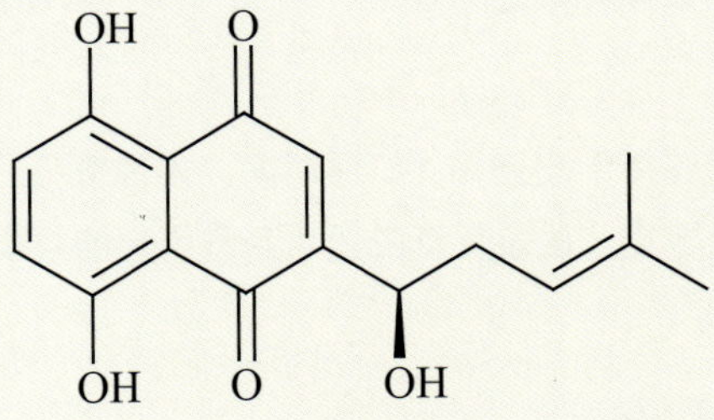

shikonin

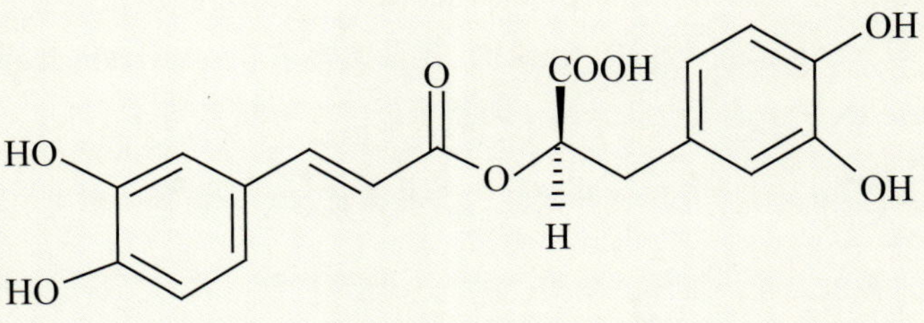

rosmarinic acid

紫草科

新疆紫草 Xinjiangzicao

药理作用

1. 抗菌、抗病毒
体外实验显示，紫草素、阿卡宁及其衍生物对耐甲氧西林金黄色葡萄球菌、耐万古霉素肠球菌、白色念珠菌等及部分真菌均有抑制作用[4-5]；从新疆紫草中分离的咖啡酸四聚物钠盐及钾盐具有抗人类免疫缺陷病毒作用[6]；新疆紫草体外也具有抗丙肝病毒(HCV)作用[7]。

2. 抗炎、抗过敏
紫草素皮下注射对巴豆油所致小鼠耳廓肿胀和酵母所致大鼠足趾肿胀有明显抑制作用；在白细胞体外温孵系统中，紫草素可抑制白三烯B_4(LTB_4)和5-脂氧酶(5-HETE)生物合成；紫草素衍生物：1,4-萘醌、去氧紫草素、乙酰紫草素、β,β'-二甲基丙烯酰紫草素对LTB_4的生物合成也具有抑制作用[8]；新疆紫草根的石油醚、氯仿、乙醇及水提取物口服对角叉菜胶等引起的大鼠足趾肿胀均具有抑制作用[9]。

3. 抗肿瘤
阿卡宁衍生物体外对人肺腺癌细胞 GLC-82、人鼻咽癌细胞 CNE2、人肝癌细胞 Bel-7402、人白血病细胞 K_{562} 具有细胞毒作用[10]；新疆紫草素可诱导体外培养的人大肠癌细胞 CCL229 凋亡[11]；新疆紫草素对体外培养的小鼠胶质瘤细胞 C6、人舌鳞癌细胞 Tca-8113 和人宫颈癌细胞 HeLa 均具有明显的杀伤和抑制作用[12]；新疆紫草素可抑制体外培养的人肝癌细胞 SMMC-7721 增殖，对荷 H22 肝癌小鼠肝癌具有明显抑制作用[13]；新疆紫草乙醇提取物灌胃，对野百合碱引起的大鼠肝窦阻塞综合征(SOS)具有预防作用[14]。

4. 抗血小板凝集
紫草素衍生物对胶原、花生四烯酸、磷酸肌醇、血小板活化因子等引起的家兔血小板凝集具有抑制作用，同时还可抑制高钾及去甲肾上腺素引起的大鼠动脉收缩[15-16]。体外实验证明新疆紫草中水溶性成分软紫草单萜醇及去氧甲基毛色二孢素具有抑制前列腺素生物合成的作用[3]。

5. 其他
新疆紫草提取物还具有抗早孕[17]、镇痛、镇静等作用。

应用

本品为中医临床用药。功能：活血凉血，解毒透疹。主治：①斑疹紫黑，麻疹不透；②痈疽疮疡，湿疹阴痒，水火烫伤。

现代临床还用于皮肤病（如银屑病、玫瑰糠疹、外科疮疡、过敏性紫癜）、中耳炎、单疱病毒性角膜炎、病毒性肝炎、慢性前列腺炎、宫颈炎及由药物刺激引起的继发性进行性静脉炎等病的治疗。

评注

中国古代本草中所收载紫草为商品硬紫草的原植物紫草 Lithospermum erythrorhizon Sieb. et Zucc.。

《中国药典》中收载作紫草药用的还有同属植物内蒙紫草 Arnebia guttata Bge. 的根。另外滇紫草 Onosma paniculatum Bur. et Franch.、密花滇紫草 O. confertum W. W. Smith、露蕊滇紫草 O. exsertum Hemsl. 及长花滇紫草 O. hookeri Clarke var. longiflorum Duthie ex Stapf 等也在云南、西藏等地区作紫草药用。

新疆紫草分布面积广，产量大，自20世纪70年代开始即成为药用紫草主流品种，有关其栽培研究已有报道[18]。

新疆紫草色素类成分色泽鲜艳、着色力强、耐热、耐酸、耐光，且可抗菌、抗炎、促进血液循环，已被广泛用作日化、食品、染料等的着色剂，在天然食用色素及化妆品的开发方面具有极大潜力。

参考文献

[1] 黄志纾，张敏，马林，古练权. 紫草的化学成分及其药理活性研究概况. 天然产物研究与开发. 2000, **12**(1): 73-82

[2] XS Yao, Y Ebizuka, H Noguchi, F Kiuchi, M Shibuya, Y Iitaka, H Seto, U Sankawa. Biologically active constituents of *Arnebia euchroma*: structures of new monoterpenylbenzoquinones: arnebinone and arnebifuranone. *Chemical & Pharmaceutical Bulletin*. 1991, **39**(11): 2962-2964

[3] XS Yao, Y Ebbizuka, H Noguchi, F Kiuchi, M Shibuya, Y Iitaka, H Seto, U Sankawa. Biologically active constituents of *Arnebia euchroma*: structure of arnebinol, an ansa-type monoterpenylbenzenoid with inhibitory activity on prostaglandin biosynthesis. *Chemical & Pharmaceutical Bulletin*. 1991, **39**(11): 2956-2961

[4] CC Shen, WJ Syu, SY Li, CH Lin, GH Lee, CM Sun. Antimicrobial Activities of naphthazarins from *Arnebia euchroma*. *Journal of Natural Products*. 2002, **65**(12): 1857-1862

[5] K Sasaki, F Yoshizaki, H Abe. The anti-Candida activity of shikon. *Yakugaku Zasshi*. 2000, **120**(6): 587-589

[6] Y Kashiwada, M Nishizawa, T Yamagishi, T Tanaka, G Nonaka, LM Cosentino, JV Snider, K Lee. Anti-AIDS agents, 18. Sodium and potassium salts of caffeic acid tetramers from *Arnebia euchroma* as anti-HIV agents. *Journal of Natural Products*. 1995, **58**(3): 392-400

[7] TY Ho, SL Wu, IL Lai, KS Cheng, ST Kao, CY Hsiang. An *in vitro* system combined with an in-house quantitation assay for screening hepatitis C virus inhibitors. *Antiviral Research*. 2003, **58**(3): 199-208

[8] 王文杰，白金叶，刘大培，薛立明，朱秀媛. 紫草素抗炎及对白三烯 B4 生物合成的抑制作用. 药学报. 1994，**29**(3)：161-165

[9] BS Kaith, NS Kaith, NS Chauhan. Anti-inflammatory effect of *Arnebia euchroma* root extracts in rats. *Journal of Ethnopharmacology*. 1996, **55**(1): 77-80

[10] ZS Huang, HQ Wu, ZF Duan, BF Xie, ZC Liu, GK Feng, LQ Gu, ASC Chan, YM Li. Synthesis and cytotoxicity study of alkannin derivatives. *European Journal of Medicinal Chemistry*. 2004, **39**(9): 755-764

[11] 蒋英丽，宋今丹. 新疆紫草素诱导人大肠癌细胞的凋亡. 癌症. 2001，**20**(12)：1355-1358

[12] 林江，韩福刚，王开正. 新疆紫草素对肿瘤细胞生长抑制作用的研究. 泸州医学院学报. 2003，**26**(2)：102-106

[13] 徐贵颖，郭敏，王英丽. 新疆紫草素对荷H22肝癌小鼠抗肿瘤的实验性研究. 中华医学全科杂志. 2004，**3**(5)：22-24

[14] 赵婷，吴彤，陆道培. 新疆紫草的乙醇提取物抗肝窦阻塞综合征作用的实验研究. 中国药学杂志. 2005，**40**(21)：1626-1629

[15] YS Chang, SC Kuo, SH Weng, SC Jan, FN Ko, CM Teng. Inhibition of platelet aggregation by shikonin derivatives isolated from *Arnebia euchroma*. *Planta Medica*. 1993, **59**(5): 401-404

[16] FN Ko, YS Lee, SC Kuo, YS Chang, CM Teng. Inhibition on platelet activation by shikonin derivatives isolated from *Arnebia euchroma*. *Biochimica et Biophysica Acta*. 1995, **1268**(3): 329-334

[17] 夏立程，王彩霞，李萍，朱滨. 具抗早孕活性的新疆紫草浸膏中金属元素的分析. 中草药. 1996，**27**：65-66

[18] 计巧灵，王卫国，李仁敬，李康. 新疆紫草外植体组织培养和植株再生. 新疆大学学报（自然科学版）. 1993，**10**(3)：91-94

菊 科

黄花蒿 Huanghuahao CP, KHP

Artemisia annua L.
Annual Wormwood

概述

菊科 (Asteraceae) 植物黄花蒿 *Artemisia annua* L.，其干燥地上部分入药。中药名：青蒿。

蒿属 (*Artemisia*) 植物全世界约有 300 种，主要分布于亚洲、欧洲及北美洲的温带、寒温带及亚热带地区。中国约有 190 种，遍布各地，以西北、华北、东北及西南地区最多，约 23 种可入药。黄花蒿为世界广布种，在中国从海拔1500 米以下地区至海拔 3650 米的青藏高原均有分布。

"青蒿"药用之名，始载于《五十二病方》，在《神农本草经》中作为"草蒿"之别名列为下品。《中国药典》(2005年版) 收载本种为中药青蒿的法定原植物来源种。青蒿在中国各地均有出产。

黄花蒿主要含有挥发油、倍半萜内酯、黄酮、香豆素等多种成分。《中国药典》以青蒿素为对照品，用薄层色谱法对青蒿药材进行定性鉴别。

药理研究表明，黄花蒿具有解热、抗炎、镇痛、抗疟疾、抗血吸虫、调节免疫、抗肿瘤、抗菌、抗病毒等作用。

中医理论认为青蒿具有清热解暑，除蒸，截疟的功效。

黄花蒿 *Artemisia annua* L.

药材青蒿 Herba Artemisiae Annuae

1cm

化学成分

黄花蒿地上部分含挥发油，其质和量受产地和提取方法的影响较大，主要成分为：蒿酮 (artemisia ketone)、α-蒎烯 (α-pinene)、1,8-桉叶素 (1,8-cineole)、左旋樟脑 (camphor)、α-芹子烯 (α-selinene)、左旋龙脑 (borneol)[1-3]、β-丁香烯 (β-caryophyllene)、石竹烯氧化物 (caryophyllene oxide)、反式-β-合金欢烯 (trans-β-farnesene)、青蒿酸 (artemisic acid, artemisinic acid, arteannuic acid)、脱氧青蒿素 (deoxyqinghaosu)、香橙烯 (aromadendrene)、匙叶桉油醇 (spathulenol)、库贝醇 (cubenol)[4-6]等；倍半萜类成分：青蒿素 (qinghaosu, artemisinin, artemisine)、青蒿素I、II、III、IV、V、VI、C、G、K、L、M、O (qinghaosus I-VI, C, G, K-O)、去氧异青蒿素B (deoxyisoartemisinin B)、双氢表去氧异青蒿素B (dihydro-epideoxyarteannuin B)[7-8]、青蒿素K、L、M、O (arteannuins K-O)[8]、去氢青蒿酸 (dehydroartemisinic acid)、环氧青蒿酸 (epoxyartemisinic acid)、青蒿醇 (artemisinol)、去甲黄花蒿酸 (norannuic acid)、黄花蒿内酯 (annulide)等，新近还从黄花蒿叶中分得5α-[3'(15'),7'(14'),11'(13')-trien]-pentadecanyloxydihydroarteannuin B[9]；黄酮类成分：中国蓟醇 (cirsilineol)、泽兰黄素 (eupatorin)、4',5-二羟基-3,6,7-三甲氧基黄酮 (penduletin)、柽柳黄素 (tamarixetin)、鼠李素 (rhamnetin)、滨蓟黄素 (cirsimaritin)、鼠李柠檬素 (rhamnocitrin)、金圣草素 (chrysoeriol)、万寿菊素 (patuletin)及其苷、猫眼草酚D (chrysosplenol D)、猫眼草黄素 (chrysosplenetin)[10]等；香豆素类成分：东莨菪素 (scopoletin)、6,8-二甲氧基-7-羟基香豆素 (6,8-dimethoxy-7-hydroxycoumarin)、蒿属香豆素 (scoparon)等；尚含缩合鞣质[11]等成分。

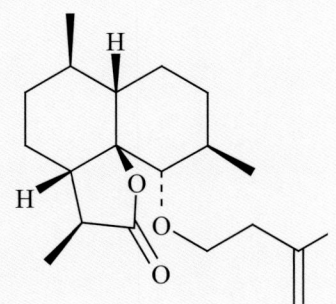

artemisinin　　　5α-[3'(15'),7'(14'),11'(13')-trien]-pentadecanyloxydihydroarteannuin B

药理作用

1. **抗疟疾**

    从黄花蒿中分离得到的青蒿素对疟原虫有直接的杀灭作用，主要作用于疟原虫的膜结构，干扰其线粒体功能，在给药后20小时自噬液泡大量集聚，导致疟原虫瓦解死亡。青蒿素的合成衍生物双氢青蒿素在小剂量就可清除猴体内的疟原虫，其口服的疟原虫清除能力较静脉注射青蒿琥酯强；双氢青蒿素片对缓解发烧、清除疟原虫和抑制复发率等方面优于磷酸哌喹 (piperaquine phosphate)[12]。

2. **抗菌、抗病毒**

    黄花蒿粗提物（乙醚和乙醇提取部分）、青蒿酸体外对革兰氏阳性菌有一定的抑制作用[13]；猫眼草酚和猫眼草黄素，与小檗碱合用能显著抑制金黄色葡萄球菌耐药菌株[10]。黄花蒿水提物在体外能抗单纯疱疹和乙型肝炎病毒，其抗病毒活性成分为缩合鞣质[11,14]；青蒿素与其衍生物蒿甲醚在体外虽然不能直接灭活柯萨奇病毒B组3型 (CVB_3)，但在 CVB_3 感染的吸附和复制等步骤中能发挥抗病毒作用[15]。

3. **抗内毒素**

   黄花蒿乙醇提取物、青蒿素灌胃能降低大鼠肝线粒体脂质过氧化物 (LPO)、溶酶体酸性磷酸酶 (ACP)、内毒素、肿瘤坏死因子α (TNF-α)、辅酶 P_{450} 浓度，升高超氧化物歧化酶 (SOD) 活性；降低内毒素休克小鼠的死亡率，延长小鼠的平均生存时间，对肝、肺组织形态也有保护作用[16]。青蒿琥酯体外对内毒素或内毒素合并干扰素诱导的一氧化氮合成均有显著的抑制作用；小鼠肌肉注射青蒿琥酯后，其腹腔巨噬细胞对内毒素的反应性降低，其受内毒素刺激后产生的一氧化氮量显著减少[17]。

4. **解热、抗炎、镇痛**

   黄花蒿茎叶的水提物灌胃能显著降低正常大鼠的体温，水提物、醋酸乙酯提取物及正丁醇提取物灌胃对鲜酵母所致的发热大鼠均有显著的退热作用；水提物灌胃对酵母所致的大鼠足关节肿胀、蛋清所致的小鼠足趾肿胀、二甲苯所致的小鼠耳廓肿胀均有显著的抑制作用，东莨菪素灌胃也显著抑制酵母所致的小鼠足关节肿胀；水提物灌胃能明显减少醋酸引起的小鼠扭体次数[13]。

5. **抗血吸虫**

   青蒿素的合成衍生物蒿乙醚或蒿甲醚灌胃治疗感染日本血吸虫的小鼠，对小鼠体内日本血吸虫童虫和成虫有杀灭作用[18]。

6. **抗肿瘤**

   体外实验表明，青蒿素及其合成衍生物青蒿琥酯能明显改变人乳腺癌细胞 MCF-7 的细胞周期，青蒿琥酯引起 MCF-7 细胞的凋亡和直接的细胞毒作用明显强于青蒿素[19]；青蒿琥酯能显著抑制胃癌细胞生长，并诱导胃癌细胞凋亡[20]；青蒿素的合成衍生物双氢青蒿素与丁酸纳合用，可协同促进人类结肠肿瘤细胞的凋亡[21]。喂饲青蒿素能显著预防和延迟 7,12-二甲基苯并蒽 (DMBA) 诱导的大鼠乳腺癌的发展[22]。

7. **其他**

   双氢去氧异青蒿素和去氧青蒿素有抗胃溃疡活性[7]，青蒿素还有抗心律失常[23]、调节免疫[24]等作用。

应用

本品为中医临床用药。功能：清虚热，除骨蒸，解暑，截疟。主治：①温邪伤阴，夜热早凉；②阴虚发热，劳热骨蒸；③暑邪，发热头痛口渴；④疟疾寒热，黄疸。

现代临床还用于中暑、牙龈炎、鼻衄等病的治疗。

评注

黄花蒿为世界广泛分布的品种，《肘后备急方》及后代医籍中均有用青蒿治疗疟疾的记载。在 20 世纪 70 年代，中国科学家从黄花蒿中分离得到青蒿素，并确定了其结构及抗疟活性，从此改写了只有生物碱成分才能抗疟疾的历史[12-13]。青蒿素及其合成衍生物蒿乙醚 (arteether)、蒿甲醚 (artemether)、青蒿琥酯 (artesunate)、双氢青蒿素 (dihydroartemisinin) 等已广泛用于临床。

除黄花蒿外，蒿属几百种植物中尚未发现其他种含有青蒿素，迄今未发现其他成分有抗疟活性。青蒿素及其合成衍生物的生产，需依赖于天然来源。但是，世界绝大多数地区生长的黄花蒿中的青蒿素含量都很低，只有少数地区的黄花蒿中的青蒿素含量高，具有工业生产价值。黄花蒿资源品质具有显著的生态地域性[25]，应进行大范围的野生资源考察，选育栽培优质的黄花蒿品种，以满足临床需要。随着青蒿素及其衍生物药理活性研究的不断深入和扩大，这方面的研究已成为热点之一。

参考文献

[1] 董岩, 刘洪玲. 青蒿与黄花蒿挥发油化学成分对比研究. 中药材. 2004, 27(8): 568-571

[2] I Rasooli, MB Rezaee, ML Moosavi, K Jaimand. Microbial sensitivity to and chemical properties of the essential oil of Artemisia annua L. Journal of Essential Oil Research. 2003, 15(1): 59-62

[3] N Jain, SK Srivastava, KK Aggarwal, S Kumar, KV Syamasundar. Essential oil composition of Artemisia annua L. 'Asha' from the plains of northern India. Journal of Essential Oil Research. 2002, 14(4): 305-307

[4] 陈飞龙, 贺丰, 李吉来, 罗佳波, 吴忠, 于红宇, 王立杰, 林敬明. 不同方法提取的青蒿挥发油成分的GS-MS分析. 中药材. 2001, 24(3): 176-178

[5] 邱琴, 崔兆杰, 刘廷礼, 田赏. 青蒿挥发油化学成分的GS/MS研究. 中成药. 2001, 23(4): 278-280

[6] Y Holm, I Laakso, R Hiltunen, B Galambosi. Variation in the essential oil composition of *Artemisia annua* L. of different origin cultivated in Finland. Flavour and Fragrance Journal. 1997, 12(4): 241-246

[7] MA Foglio, PC Dias, MA Antonio, A Possenti, RAF Rodrigues, E Ferreira da Silva, VLG Rehder, J Ernesto de Carvalho. Antiulcerogenic activity of some sesquiterpene lactones isolated from *Artemisia annua*. Planta Medica. 2002, 68(6): 515-518

[8] LK Sy, KK Cheung, NY Zhu, GD Brown. Structure elucidation of arteannuin O, a novel cadinane diol from *Artemisia annua*, and the synthesis of arteannuins K, L, M and O. Tetrahedron. 2001, 57(40): 8481-8493

[9] T Singh, RS Bhakuni. A new sesquiterpene lactone from *Artemisia annua* leaves. Indian Journal of Chemistry, Section B: Organic Chemistry Including Medicinal Chemistry. 2004, 43B(12): 2734-2736

[10] FR Stermitz, LN Scriven, G Tegos, K Lewis. Two flavonols from *Artemisia annua* which potentiate the activity of berberine and norfloxacin against a resistant strain of Staphylococcus aureus. Planta Medica. 2002, 68(12): 1140-1141

[11] 张军峰, 谭健, 蒲蔷, 刘颖华, 刘月雪, 何开泽. 青蒿鞣质抗病毒活性研究. 天然产物研究与开发. 2004, 16(4): 307-311

[12] YY Tu. The development of the antimalarial drugs with new type of chemical structure- qinghaosu and dihydroqinghaosu. Southeast Asian Journal of Tropical Medicine and Public Health. 2004, 35(2): 250-251

[13] 黄黎, 刘菊福, 刘林祥, 李德凤, 张毅, 牛惠珍, 宋红月, 章春宜, 刘晓宏, 屠呦呦. 中药青蒿的解热抗炎作用研究. 中国中药杂志. 1993, 18(1): 44-48

[14] 张军峰, 谭健, 蒲蔷, 刘颖华, 何开泽. 青蒿提取物抗单纯疱疹病毒活性研究. 天然产物研究与开发. 2003, 15(2): 104-108

[15] 马培林, 李惠, 董欣, 李呼伦, 张凤民. 青蒿素类药物抗柯萨奇B组病毒的体外实验研究. 微生物学杂志. 2003, 23: 40

[16] 谭余庆, 赵一, 林启云, 谢干琼, 杨品纯, 尹雪曼. 青蒿提取物抗内毒素实验研究. 中国中药杂志. 1999, 24(3): 166-171

[17] 梁爱华, 薛宝云, 李春英, 王金华, 王岚. 青蒿琥酯对内毒素诱导的一氧化氮合成的抑制作用. 中国中药杂志. 2001, 26(11): 770-773

[18] 肖树华, 殷静雯, 梅静艳, 尤纪青, 李英, 姜洪建. 蒿乙醚的抗血吸虫作用. 药学学报. 1992, 27(3): 161-165

[19] 林芳, 钱之玉, 薛红卫, 丁健, 林莉萍. 青蒿素和青蒿琥酯对人乳腺癌MCF-7细胞的体外抑制作用比较研究. 中草药. 2003, 34(4): 347-349

[20] 赵君宁, 何一然, 张振玉, 孙士其, 王书奎. 青蒿琥酯对人胃癌细胞增殖及凋亡的影响. 中国癌症杂志. 2005, 15(4): 347-350

[21] NP Singh, HC Lai. Synergistic cytotoxicity of artemisinin and sodium butyrate on human cancer cells. Anticancer Research. 2005, 25(6B): 4325-4331

[22] H Lai, NP Singh. Oral artemisinin prevents and delays the development of 7,12-dimethylbenz[a]anthracene (DMBA)-induced breast cancer in the rat. Cancer Letters. 2006, 231(1): 43-48

[23] 王慧珍, 杨宝峰, 罗大力, 张晋, 廖淑杰. 青蒿素抗心律失常作用的研究. 中国药理学通报. 1998, 14(1): 94

[24] 舒贝, 马行一. 青蒿素及其衍生物的免疫调节作用. 中国中西医结合肾病杂志. 2005, 6(3): 176-178

[25] 钟国跃, 周华蓉, 凌云, 胡鸣, 赵萍萍. 黄花蒿优质种质资源的研究. 中草药. 1998, 29(4): 264-267

艾 Ai CP, KHP

菊科

Artemisia argyi Lévl. et Vant.
Argy Wormwood

概述

菊科 (Asteraceae) 植物艾 *Artemisia argyi* Lévl. et Vant.，其干燥叶入药。中药名：艾叶。

蒿属 (*Artemisia*) 植物全世界约有 300 种，主要分布于亚洲、欧洲及北美洲的温带、寒温带及亚热带地区。中国约有 190 种，遍布各地，以西北、华北、东北及西南省区最多。本属现供药用者约 23 种。

"艾"药用之名，始载于《五十二病方》，《名医别录》开始正式记载，列为中品。历代本草多有著录。《中国药典》(2005 年版) 收载本种为中药艾的法定原植物来源种。现今商品艾叶的原植物除本种以外，尚有同属多种植物的叶作为艾叶使用或混用。主产于中国安徽、山东；以安徽嘉山县产量大，同时用作艾叶油之原料。

蒿属多种植物含萜类、黄酮类、甾醇类、香豆素类和木脂素类等成分。《中国药典》以性状和显微鉴别控制药材质量。

药理研究表明，艾具有凝血止血、平喘止咳、抗菌等作用。

中医理论认为艾叶具有理气，散寒，温经，止血等功效。

艾 *Artemisia argyi* Lévl. et Vant.

药材艾叶 Folium Artemisiae Argyi

化学成分

艾叶中主要含有挥发油,其中含量较高的成分有萜品烯-4-醇 (terpinen-4-ol)、1,8-桉叶素 (1,8-cineole)、樟脑 (camphor)、龙脑 (borneol)、蒿醇 (artemisia alcohol)、芳樟醇 (linalool)、柠檬烯 (limonene)、乙酸龙脑酯 (bornyl acetate)[1-2]、石竹烯 (caryophyllene)、α-香柠檬烯 (α-bergamotene)、薄荷醇 (piperitol)[3]等;黄酮类化合物:异泽兰黄素 (eupatilin)、金合欢素 (jaceosidin)、芹菜素 (apigenin)、甲氧基木犀草素 (chrysoeriol)[4]、5-hydroxy-3',4',6,7-tetramethoxyflavone、5,6-dihydroxy-3',4',7-trimethoxyflavone、4',5,6,-trihydroxy-3',7-dimethoxyflavone、3',5,7-trihydroxy-4',5',6-trimethoxyflavone、ladanein、高车前素 (hispidulin)[5]、槲皮素 (quercetin) 和柚皮素 (naringenin) 等[6];萜类化合物:arteminolides A, B, C, D[7]、artemisolide[8]、11,13-dihydroarteglasin A[9]、moxartenolide[10]、木栓酮 (friedelin)[6]等。

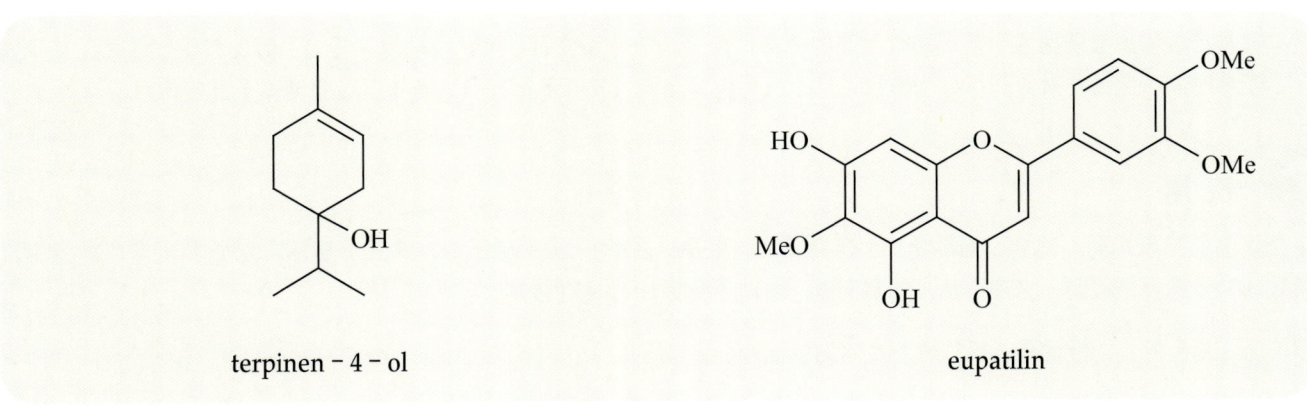

terpinen-4-ol　　　　eupatilin

药理作用

1. 凝血止血

  生艾叶水提物灌胃能缩短小鼠的凝血时间,醋艾叶炭、艾叶炭、煅艾叶炭水提物灌胃均能缩短小鼠断尾的出血时间和凝血时间[11-12]。

2. 平喘、止咳、祛痰

  艾叶油及其单萜类、倍半萜类均有平喘作用,其中α-萜品烯醇作用尤强。艾叶油灌胃或者气雾吸入能延长组胺和乙酰胆碱所致豚鼠哮喘潜伏期,松弛静息豚鼠离体气管平滑肌;并能抑制枸橼酸引起的豚鼠咳嗽,促进小鼠气道酚红排泄,具有扩张支气管、镇咳和祛痰作用。其机理与抗过敏作用有关[13-14]。

3. 抗菌

  试管法和滤纸扩散法结果表明,艾叶油对大肠杆菌、金黄色葡萄球菌、白色念珠菌、绿脓杆菌、枯草芽孢杆菌等均有强烈的抑菌作用[15]。

4. 抗病毒

体外实验表明，艾叶油对呼吸道合胞病毒 (RSV) 有一定的抑制作用[16]。

5. 对心血管系统的影响

艾叶油对离体蟾蜍心脏、离体兔心脏的收缩力有抑制作用。从炮制的艾叶中分离得到的 moxartenolide 也能对抗高浓度K^+、去甲肾上腺素和 5-羟色胺引起的离体大鼠主动脉条的收缩[10]。

6. 增强免疫

艾叶油小鼠灌胃能使腹腔炎性渗出白细胞吞噬率明显增加；艾灸能增强小鼠单核巨噬细胞的吞噬功能，提高机体的免疫力[17]。

7. 抗疲劳

艾叶油经口给药数日，能明显延长小鼠负重游泳时间，降低运动时血清尿素氮水平，抑制运动后血乳酸升高并促进其消除，减少肝糖原消耗量，显示出抗疲劳作用[18]。

8. 抗肿瘤

艾叶水煎液、甲醇提取物及其柱层析分离物对小鼠白血病细胞系 L1210、人 T 淋巴细胞系 H9 和 J744A.1 细胞均具有细胞毒性，并显示出抗氧化酶活性[19-22]。其中所含的黄酮类化合物异泽兰黄素、金合欢素、芹菜配基、甲氧基木犀草素可直接使色氨酸热解物-2 (Trp-P-2) 失活或抑制其代谢活性[4]；金合欢素还可抑制乳头瘤病毒 E6 和 E7 蛋白（E6 和 E7 蛋白可以引起宿主向恶性转化成为肿瘤细胞）的功能[23]。萜类化合物 arteminolides A、B、C、D 可抑制法尼基转移酶 (farnesyl-transferase) 的活性，通过抑制大鼠肉瘤 (Ras) 癌基因从而在癌细胞中激活杀死细胞的路径[7]。

9. 其他

生艾叶及其各种炮制品水提物灌胃可显著抑制二甲苯所致的小鼠耳廓肿胀，显示出抗炎作用[12]。醋艾叶炭水提物灌胃对热板和醋酸所致的小鼠疼痛有明显的镇痛作用[11]。艾叶油灌胃可保护豚鼠用卵蛋白引起的过敏性休克；艾叶油混悬液十二指肠注射给药可显著增加正常大鼠的胆汁流量。艾叶煎剂还有兴奋未孕家兔离体子宫的作用。

应用

本品为中医临床用药。功能：温经止血，散寒调经，安胎。主治：①虚寒出血，尤宜于崩漏；②下焦虚寒或寒客胞宫所致的月经不调、痛经、宫冷不孕、胎漏下血、胎动不安等；③寒性咳喘。

现临床还用于肝炎、肝硬化、慢性气管炎等病的治疗。

评注

艾叶是一种常用中药。马王堆出土的帛书《五十二病方》中记载了艾熏和艾灸疗法。艾叶在中国民间的应用极为广泛，民间更有"端午插艾"，或以艾叶包粽子，以艾叶浸米裹粽子的习俗。艾之原植物从不生虫，这也使古人赋予艾"神圣不可侵犯"，甚至能"祛虫辟邪"的观念[24]。

根据炮制方法不同，艾叶药材可分为艾叶、艾绒、鲜艾叶、炒艾叶、醋艾叶、艾叶炭等多种。中医理论认为其功效各不相同。艾叶性温芳香，暖血温经，行气止痛，用于妇人气血寒滞之症效佳；艾绒，多用于烧灸，温煦气血，疏经活络，药效似艾叶而更优；鲜艾叶平温少燥，宁血和经，配凉血止血等症；炒艾叶性偏温热，强于散寒，适用于宫寒不孕，腹冷痛经；艾叶炭擅入血分，温经止血，宜于崩漏下血、月经过多等出血症。

艾叶以往多用于灸剂，由于它集化学成分、穴位针灸、物理热疗于一体，应用广泛。除传统灸剂外，目前还研制出各种复方及微型灸剂、胶囊剂、片剂、油剂、β-环糊精包含物、浴剂、滴丸剂等剂型，广泛用于临床，并向保健、美容等方面扩展[25]。

参考文献

[1] 潘炯光, 徐植灵, 吉力. 艾叶挥发油的化学研究. 中国中药杂志. 1992, **17**(12): 741-744

[2] 刘国声. 艾叶挥发油成分的研究. 中草药. 1990, **21**(9): 8-9

[3] 姚发业, 邱琴, 刘廷礼, 苗欣. 艾叶挥发油的化学成分. 分析测试学报. 2001, **20**(3): 42-45

[4] T Nakasugi, M Nakashima, K Komai. Antimutagens in Gaiyou (*Artemisia argyi* Levl. et Vant.). *Journal of Agricultural and Food Chemistry*. 2000, **48**(8): 3256-3266

[5] JM Seo, HM Kang, KH Son, JH Kim, CW Lee, HM Kim, SI Chang, BM Kwon. Antitumor activity of flavones isolated from *Artemisia argyi*. *Planta Medica*. 2003, **69**(3): 218-222

[6] RX Tan, ZJ Jia, Eudesmanolides and other constituents from *Artemisia argyi*. *Planta Medica*. 1992, **58**(4): 370-372

[7] SH Lee, HK Kim, JM Seo, HM Kang, JH Kim, KH Son, H Lee, BM Kwon, J Shin, Y Seo. Arteminolides B, C, and D, new inhibitors of farnesyl protein transferase from *Artemisia argyi*. *Journal of Organic Chemistry*. 2002, **67**(22): 7670-7675

[8] JH Kim, HK Kim, SB Jeon, KH Son, EH Kim, SK Kang, ND Sung, BM Kwon. New sesquiterpene-monoterpene lactone, artemisolide, isolated from *Artemisia argyi*. *Tetrahedron Letters*. 2002, **43**(35): 6205-6208

[9] MI Yusupov, SK Zakirov, ID Sham'yanov, A Abdusamatov. 11,13-Dihydroarteglasin A, a new guaianolide from *Artemisia argyi*. *Khimiya Prirodnykh Soedinenii*. 1990, **4**: 555-556

[10] M Yoshikawa, H Shimada, H Matsuda, J Yamahara, N Murakami. Bioactive constituents of Chinese natural medicines. I. New sesquiterpene ketones with vasorelaxant effect from Chinese moxa, the processed leaves of *Artemisia argyi* Lévl. et Vant.: moxartenone and moxartenolide. *Chemical & Pharmaceutical Bulletin*. 1996, **44**(9): 1656-1662

[11] 瞿燕, 秦旭华, 潘晓丽. 艾叶和醋艾叶炭止血、镇痛作用比较研究. 中药药理与临床. 2005, **21**(4): 46-47

[12] 杨长江, 田继义, 张传平, 李雪. 艾叶不同炮制品对实验性炎症及出血、凝血时间的影响. 陕西中医学院学报. 2004, **27**(4): 63-64

[13] 谢强敏, 卞如濂, 杨秋火, 唐法娣, 王砚. 艾叶油的呼吸系统药理作用 I, 支气管扩张、镇咳和祛痰作用. 中国现代应用药学杂志. 1999, **16**(4): 16-19

[14] 谢强敏, 唐法娣, 王砚, 杨秋火, 卞如濂. 艾叶油的呼吸系统药理作用 II, 抗过敏作用. 中国现代应用药学杂志. 1999, **16**(5): 3-6

[15] 吴士筠, 洪宗国, 刘峰成. 艾露抑菌作用研究. 中南民族大学学报(自然科学版). 2002, **21**(4): 17-18

[16] 韩轶, 戴璨, 汤璐瑛. 艾叶挥发油抗病毒作用的初步研究. 氨基酸和生物资源. 2005, **27**(2): 14-16

[17] 梅全喜. 艾叶的药理作用研究概况. 中草药. 1996, **27**(5): 311-314

[18] 蒋涵, 侯安继, 项志学, 陈友香. 蕲艾挥发油的抗疲劳作用研究. 武汉大学学报(医学版). 2005, **26**(3): 373-374, 390

[19] DY Jung, SW Park. Cytotoxicity of water fration of *Artemisia argyi* against L1210 cells and antioxidant enzyme activities. *Yakhak Hoechi*. 2002, **46**(1): 39-46

[20] KH Kim, DY Jung, TJ Min, SW Park. Cytotoxicity of *Artemisia argyi* extract against H9 (ATCC HTB 176) cell and antioxidant enzyme activities. *Yakhak Hoechi*. 1999, **43**(5): 598-605

[21] DY Jung, HK Ha, AN Kim, SM Lee, TJ Min, SW Park. Cytotoxicity of SD-994, a methanolic extract of *Artemisia argyi*, against L1210 cells with concomitant induction of antioxidant enzymes. *Yakhak Hoechi*. 2000, **44**(3): 213-223

[22] TE Lee, SW Park, TJ Min. Antiproliferative effect of *Artemisia argyi* extract against J774A.1 cells and subcellular auperoxide dismutase (SOD) activity changes. *Journal of Biochemistry and Molecular Biology*. 1999, **32**(6): 585-593

[23] HG Lee, KA Yu, WK Oh, TW Baeg, HC Oh, JS Ahn, WC Jang, JW Kim, JS Lim, YK Choe, DY Yoon. Inhibitory effect of jaceosidin isolated from *Artemisia argyi* on the function of E6 and E7 oncoproteins of HPV 16. *Journal of Ethnopharmacology*. 2005, **98**(3): 339-343

[24] 郑汉臣, 魏道智, 黄宝康, 辛海量, 秦路平. 艾叶的民俗应用与现代研究. 中国医学生物技术应用杂志. 2003, **2**: 35-39

[25] 李慧. 艾叶的药理研究进展及开发应用. 基层中药杂志. 2002, **16**(3): 51-53

菊 科

滨蒿 Binhao^{CP}

Artemisia scoparia Waldst. et Kit.
Virgate Wormwood

概述

菊科 (Asteraceae) 植物滨蒿 *Artemisia scoparia* Waldst. et Kit.，其干燥地上部分入药。中药名：茵陈。春季采收的习称"绵茵陈"，秋季采割的称"茵陈蒿"。

蒿属 (*Artemisia*) 植物全世界约有 300 种，主要分布于亚洲、欧洲及北美洲的温带、寒温带及亚热带地区。中国约有 190 种，遍布各地，以西北、华北东北及西南地区最多。本属现供药用者约 23 种。本种主要分布于中国华东、中南及辽宁、河北、陕西、四川、台湾等地。

滨蒿以"茵陈蒿"药用之名，始载于《神农本草经》，列为上品。历代本草多有著录。中国自古以来作药用者皆为本种与茵陈蒿 *Artemisia capillaris* Thunb.。《中国药典》(2005 年版) 收载本种为中药茵陈的法定原植物来源种之一。主产于中国陕西、河北、山西等地。陕西产者称西茵陈，质量最佳。

滨蒿的有效成分主要是挥发油、香豆素、黄酮、色原酮类化合物等。其中多种成分具有保肝利胆活性。《中国药典》采用性状鉴别控制药材质量。

药理研究表明，滨蒿具有利胆保肝、消炎、镇痛、利尿、降血压等作用。

中医理论认为茵陈具有清热利湿，利胆退黄等功效。

滨蒿 *Artemisia scoparia* Waldst. et Kit.

茵陈蒿 *A. capillaris* Thunb.

药材茵陈 Herba Artemisiae Scopariae

1cm

化学成分

滨蒿全草含挥发油，花期含量最高，其成分主要有：α-蒎烯 (α-pinene)、β-蒎烯 (β-pinene)、樟脑烯 (camphor)、丁醛 (butyraldehyde)、糠醛 (furfuraldehyde)、茵陈二炔 (capillene)、茵陈二炔酮 (capillin)、α-姜黄烯 (α-curcumene)、丁香油酚 (eugenol)、1,8-桉油素 (1,8-cineole)、β-丁香烯 (β-caryophyllene) 等[1-3]。

花蕾及地上部分含香豆素类成分：滨蒿内酯 (scoparone)[4]、7-甲基马栗皮素 (7-methylesculetin)、东莨菪素 (scopoletin)[5]、7-甲氧基香豆素 (7-methoxycoumarin)、isosabandin[6]、sabandins A、B[7]；黄酮类化合物：7-O-甲基香橙素 (7-methylaromadendrin)、鼠李柠檬素 (rhamnocitrin)、泽兰黄酮 (eupalitin)、蓟黄素 (cirsimaritin)、泽兰素 (eupatolitin)[5]、3'-甲氧基蓟黄素 (cirsilineol)、茵陈黄酮 (arcapillin)、线蓟素 (cirsiliol)[8]、金丝桃苷 (hyperin)、胡麻素 (pedalitin)[9]、华良姜素 (kumatakenin)[10]、芦丁 (rutin) 等[11]。另含茵陈素 (capillarin)[4]、对羟基苯乙酮 (p-hydroxyacetophenone)[12]。此外，还含有色原酮类化合物：6-去甲基茵陈色原酮 (6-methylcapillarisin)[10] 及茵陈色原酮 (capillarisine)[13]。

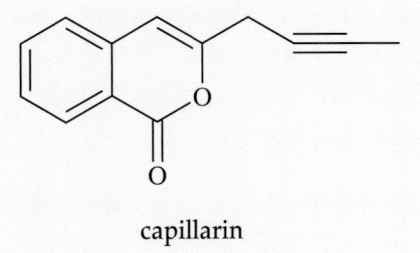

capillarin　　　　　　scoparone

药理作用

1. **利胆**
   滨蒿所含的对羟基苯乙酮十二指肠内注射可明显增加正常大鼠的胆汁分泌，促进硝硫氰胺所致肝损伤大鼠胆汁分泌，并使胆汁中的固形物和胆酸含量增多。对羟基苯乙酮灌胃还能降低大鼠的血清黄疸指数和胆红素[12]。

2. **保肝**
   芦丁口服给药，能显著降低扑热息痛所致肝损伤小鼠的死亡率，预防扑热息痛和四氯化碳 (CCl_4) 引起的大鼠血清中转氨酶水平升高；对 CCl_4 所致肝损伤小鼠的戊巴比妥睡眠时间延长，芦丁也有抑制作用[11]。滨蒿甲醇水溶液提取物也能显著降低扑热息痛引起的大鼠血清中谷丙转氨酶和谷草转氨酶水平升高[14]。

3. **抗肿瘤**
   茵陈色原酮在体外对小鼠成纤维细胞 L-929 和鼻咽腔癌细胞 KB 具有较强的细胞毒活性，在体内能明显抑制小鼠肉瘤 Meth A 的生长。它和蓟黄素在体外还有显著抑制人子宫颈癌细胞 HeLa 和艾氏腹水癌 (Ehrlich) 细胞增殖的作用[15]。

4. **对心血管系统的影响**
   滨蒿含有类似钙离子通道阻滞剂的成分，大鼠静脉注射滨蒿80%甲醇提取物，可产生降血压和减慢心率作用[16]。滨蒿内酯在体外具有舒张血管、抗增殖以及清除自由基等活性；滨蒿内酯对高脂血症家兔给药，能显著减轻动脉粥样硬化症，降低血浆中胆固醇的含量，减少大动脉表面斑块覆盖率和内膜的厚度[17]。

5. **舒张气管平滑肌**
   滨蒿内酯可直接舒张豚鼠离体气管平滑肌，雾化给药能有效拮抗氯化乙酰胆碱 (Ach) 和磷酸组织胺 (His) 混合液对豚鼠的引喘作用[18-19]。滨蒿内酯松弛豚鼠气管平滑肌的主要作用机制是抑制细胞内钙浓度水平[20]。

菊 科

滨蒿 Binhao

6. 驱虫

滨蒿挥发油肠内注射可有效地杀灭小鼠体内的软膜壳绦虫、肠贾第虫、鼠管状线虫、鼠鞭虫等寄生虫[21]。

7. 其他

体外实验表明滨蒿挥发油对口腔中多种细菌均有抑制作用[3];滨蒿内酯能抑制脂多糖激活的人脐静脉上皮细胞凝血激酶的表达[22]。

应用

本品为中医临床用药。功能:清热利湿、利胆退黄。主治: ①黄疸; ②湿温,湿疹,湿疮。

现代临床还用于多种肝胆疾病如肝胆结石、急慢性肝胆炎症、溶血性黄疸,高脂血症等病的治疗。

评注

《中国药典》除滨蒿外,还收载茵陈蒿 *Artemisia capillaris* Thunb. 为中药茵陈的法定原植物来源种。茵陈蒿和滨蒿中均含有利胆成分 6,7 - 二甲氧基香豆素。不同季节采收的茵陈蒿和滨蒿的利胆作用也很相似。两者的挥发油组成成分基本相似,故此它们并列为茵陈的两个主流品种是可行的。历史上一直认为茵陈的质量与它的采收季节有很大关系。民谚云:"三月茵陈,四月蒿,五月当柴烧"。

鉴于茵陈蒿和滨蒿的花前期、花蕾期和开花期植物的水煎剂具有良好的利胆作用,应重视其开发研究。考虑到中医用药经验和习惯以及幼苗本身含利胆成分,可参照本草记载允许茵陈有两个采收季节,但是绵茵陈的采收时应以 5～6 月为宜,茵陈蒿则以立秋(8月中、下旬)为宜。

参考文献

[1] K Dakshinamurti. Chemical constituents of the oil of *Artemisia scoparia*. *Indian Pharmacist*. 1953, **8**: 257-260

[2] OA Konovalova, VS Kabanov, KS Rybalko, VI Sheichenko. The composition of essential oil of *Artemisia scoparia* Waldst. et Kit. *Rastitel'nye Resursy*. 1989, **25**(3): 404-410

[3] JD Cha, MR Jeong, SI Jeong, SE Moon, JY Kim, BS Kil, YH Song. Chemical composition and antimicrobial activity of the essential oils of *Artemisia scoparia* and A. capillaris. *Planta Medica*. 2005, **71**(2): 186-190

[4] B Cubukcu, AH Mericli, N Guner, N Ozhatay. Constituents of Turkish *Artemisia scoparia*. *Fitoterapia*. 1990, **61**(4): 377-378

[5] I Chandrasekharan, HA Khan, A Ghanim. Flavonoids from *Artemisia scoparia*. *Planta Medica*. 1981, **43**(3): 310-311

[6] 谢韬, 梁敬钰, 刘净, 王敏, 魏秀丽, 杨春华. 滨蒿化学成分的研究. 中国药科大学学报. 2004, **35**(3): 401-403

[7] MS Ali, M Jahangir, M Saleem. Structural distinction between sabandins A and B from *Artemisia scoparia* waldst. *Natural Product Research*. 2003, **17**(1): 1-4

[8] 张启伟, 张永欣, 张颖, 肖永庆, 王智民. 滨蒿化学成分的研究. 中国中药杂志. 2002, **27**(3): 202-204

[9] 林生, 肖永庆, 张启伟, 张宁宁. 滨蒿化学成分的研究(II). 中国中药杂志. 2004, **29**(2): 152-154

[10] 林生, 肖永庆, 张启伟, 石建功, 王智民. 滨蒿化学成分的研究(III). 中国中药杂志. 2004, **29**(5): 429-431

[11] KH Janbaz, SA Saeed, AH Gilani. Protective effect of rutin on paracetamol- and CCl_4-induced hepatotoxicity in rodents. *Fitoterapia*. 2002, **73**(7-8): 557-563

[12] CX Liu, GZ Ye. Choleretic activity of p-hydroxyacetophenone isolated from *Artemisia scoparia* waldst. et Kit. in the rat. *Phytotherapy Research*. 1991, **5**(4): 182-184

[13] 孙秀燕, 邢山闽, 李明慧, 王立群, 苑健. 用液相色谱-质谱联用法测定滨蒿中的茵陈色原酮. 沈阳药科大学学报. 2000, **17**(2): 110-113

[14] AUH Gilani, KH Janbaz. Protective effect of *Artemisia scoparia* extract against acetaminophen-induced hepatotoxicity. *General Pharmacology*. 1993, **24**(6): 1455-1458

[15] 蒋洁云，徐强，王蓉，李佩珍．茵陈抗肿瘤活性成分的研究．中国药科大学学报．1992，**23**(5)：283-286

[16] 蔡幼清．滨蒿提取物的钙离子通道阻滞活性．国外医学中医中药分册．1995，**17**(3)：42-43

[17] YL Chen, HC Huang, YI Weng, YJ Yu, YT Lee. Morphological evidence for the antiatherogenic effect of scoparone in hyperlipidemic diabetic rabbits. *Cardiovascular Research*. 1994, **28**(11): 1679-1685

[18] 刘洪瑞，朱喆，李智，丛华，于秀华，滕赞．滨蒿内酯对豚鼠哮喘模型平喘作用的研究．中国医科大学学报．2000，**29**(5)：333-334

[19] 赵明沂，朱喆，李智，丛华，杨向红．滨蒿内酯对豚鼠离体气管平滑肌作用的研究．中国医科大学学报．2000，**29**(5)：335-337

[20] 刘洪瑞，李智，王晓红，韩雪松，滕赞，孙哲．滨蒿内酯对豚鼠气管平滑肌细胞细胞内钙离子浓度的影响．中国医科大学学报．2002，**31**(4)：249-251

[21] RE Chabanov, AN Aleskerova, SN Dzhanakhmedova, LA Safieva. Experimental estimation of antiparasitic activities of essential oils from some artemisia (Asteraceae) species of Azerbaijan Flora. *Rastitel'nye Resursy*. 2004, **40**(4): 94-98

[22] YM Lee, G Hsiao, JW Chang, JR Sheu, MH Yen. Scoparone inhibits tissue factor expression in lipopolysaccharide-activated human umbilical vein endothelial cells. *Journal of Biomedical Science*. 2003, **10**(5): 518-525

茵陈种植基地

马兜铃科

北细辛 Beixixin CP, JP

Asarum heterotropoides Fr. Schmidt var. *mandshuricum* (Maxim.) Kitag.
Manchurian Wildginger

概述

马兜铃科 (Aristolochiaceae) 植物北细辛 *Asarum heterotropoides* Fr. Schmidt var. *mandshuricum* (Maxim.) Kitag.，其干燥根及根茎入药。中药名：细辛。

细辛属 (*Asarum*) 植物全世界约有 90 种，分布于较温暖的地区。主产于亚洲东部和南部，少数种分布于亚洲北部、欧洲和北美洲。中国产约 30 种、4 变种、1 变型，分布南北各地，长江以南各省最多。本属现供药用者约 22 种、4 变种。

"细辛"药用之名，始载于《神农本草经》，列为上品。历代本草多有著录。《中国药典》(2005 年版) 收载本种为中药细辛的法定原植物来源种之一。北细辛是中国东北地区的道地药材，主产于黑龙江、吉林、辽宁等省东部山区。

细辛的主要活性成分为挥发油，尚有木脂素类、黄酮类等成分。《中国药典》以药材性状、总灰分检查和挥发油的含量来控制药材质量，规定挥发油的含量不得少于 2.0% (mL/g)。

药理研究表明，北细辛具有抗炎、解热、镇痛、抗惊厥、免疫抑制、局部麻醉、抗组胺、抗变态和松弛平滑肌等作用。

中医理论认为细辛具有祛风散寒、通窍、止痛、温肺化饮等功效。

北细辛 *Asarum heterotropoides* Fr. Schmidt var. *mandshuricum* (Maxim.) Kitag.

药材细辛 Radix et Rhizoma Asari

1cm

汉城细辛 A. sieboldii Miq. var. seoulense Nakai

华细辛 A. sieboldii Miq.

化学成分

北细辛全草（干品）含挥发油约2.5%，挥发油类成分主要有：甲基丁香酚 (methyl eugenol, 60%)、优芷茴香酮 (eucarvone, 13%)、黄樟醚 (safrole, 8%)、1,8-桉叶素 (1,8-cineole, 7%)、细辛酮 (asaryl ketone, 6%)、细辛醚 (asaricin, 2%)[1]、樟烯 (camphene)[2]、α-蒎烯 (α-pinene)、β-蒎烯 (β-pinene)、3-皆烯 (3-carene)、N-异丁基十二碳四烯酰胺 (N-isobutyldodecatetraenamide)、肉豆蔻醚 (myristicin)[3]等；木脂素类成分：L-芝麻脂素 (L-sesamin)、L-细辛脂素 (L-asarinin)[4]等；黄酮类成分：山柰酚-3-葡萄糖苷 (kaempferol-3-glucoside)、山柰酚-3-芸香糖苷 (kaempferol-3-rutinoside)、山柰酚-3-龙胆二糖苷 (kaempferol-3-gentiobioside)[5]等。其中有效成分有甲基丁香油酚、3-皆烯、桉油精、优芷茴香酮等；特征成分为N-异丁基十二碳四烯酰胺；毒性成分为黄樟醚、肉豆蔻醚等[3]。

药理作用

1. **镇静、镇痛**

   北细辛挥发油给小鼠腹腔注射对戊四氮引起的惊厥及电刺激引起的惊厥有明显的镇静作用，可显著延长惊厥潜伏期和死亡时间；北细辛挥发油灌胃可明显减少小鼠醋酸所致的扭体次数，有较强的镇痛作用，其机理与甲基丁香酚的中枢抑制作用有关[6]。

2. 解热

北细辛挥发油灌胃能降低正常小鼠的体温；北细辛挥发油皮下注射对酵母混悬液所致的大鼠发热模型有显著的解热作用，且持续时间较长[6]。

3. 抗炎

北细辛挥发油腹腔注射有明显抗炎作用，能显著抑制角叉菜胶、前列腺素 E_2 (PGE_2)、组胺引起的大鼠足趾肿胀以及酵母、甲醛引起的大鼠踝关节肿胀，对巴豆油引起的小鼠耳廓肿胀和抗大鼠兔血清引起的大鼠皮肤浮肿等也有对抗作用[7-8]；此外，还能抑制大鼠棉球肉芽组织增生[9]。

4. 抑菌

北细辛超临界 CO_2 萃取物在体外对枯草芽孢杆菌、金黄色葡萄球菌、大肠杆菌、沙门氏菌、蜡状芽孢杆菌、酵母菌、青霉菌等均有较强的抑制作用[10]。

5. 对心血管系统的影响

北细辛挥发油能明显增加豚鼠离体心脏的冠脉流量[8]；还能抑制去甲肾上腺素引起的兔离体主动脉平滑肌条收缩[11]。

6. 镇咳祛痰

甲基丁香油酚腹腔注射对氨水导致的小鼠咳嗽有明显的镇咳作用；甲基丁香油酚还能明显增加气管分泌量，显示有稀释痰液作用[12]。

7. 松弛平滑肌

北细辛挥发油能松弛组胺、乙酰胆碱引起的离体气管痉挛；松弛组胺、乙酰胆碱和氯化钡引起的离体豚鼠回肠痉挛[8]。

8. 其他

细辛醚有抗肿瘤作用[13]；体外抗病毒试验表明，细辛的水提物对人乳头瘤病毒有破坏作用[14]。北细辛木脂素灌胃对大鼠心脏移植急性排斥反应有对抗作用，并与抗排斥药环胞素 A (CsA) 具有良好的协同作用[15]。

应用

本品为中医临床用药。功能：祛风散寒，通窍，止痛，温肺化饮。主治：①风寒感冒，阳虚外感；②头痛，鼻渊，牙痛，痹痛；③寒痰停饮，气逆喘咳；④厥证（吹鼻取嚏）。

现代临床还用于慢性支气管炎、风湿性关节炎、心绞痛、阳痿等病的治疗，也用于局部麻醉。

评注

《中国药典》除北细辛外，还收载汉城细辛 *Asarum sieboldii* Miq. var. *seoulense* Nakai 和华细辛 *A. sieboldii* Miq. 作为中药细辛的法定原植物来源种。汉城细辛、华细辛与北细辛具有类似的药理作用，其化学成分也大致相同，主要含挥发油类成分。与北细辛相比，汉城细辛（干品）的挥发油含量较低，为 1.0% 左右，而华细辛（干品）的挥发油含量则与北细辛接近，为 2.6%。

细辛中的马兜铃酸含量，以地上部分较高，根部较低。此外，水煎煮提取的马兜铃酸含量较有机溶剂提取为少，其中细辛根在复方煎煮后，未检出马兜铃酸，因此 2004 年香港卫生署公布细辛只可使用根部。

中国东北地区为北细辛的道地产区，目前已经在吉林省通化县和黑龙江省七台河市分别建立了种植基地。

参考文献

[1] 黄顺旺．北细辛中不含马兜铃酸的薄层色谱法鉴别．安徽医药．2003，7(4)：299-300

[2] 田珍，董善年，王宝荣，楼之岑．国产细辛属植物中挥发油的成分鉴定-I·辽细辛的挥发油．北京大学学报（医学版）．1981，13(3)：179-182

[3] 张峰，王龙星，罗茜，肖红斌，梁鑫淼，蔡少青．气相色谱-质谱分析北细辛根和根茎中的挥发性成分．色谱．2002，20(5)：467-470

[4] 蔡少青，王禾，陈世忠，楼之岑．北细辛非挥发性化学成分的研究．北京医科大学学报．1996，28(3)：228-230

[5] 王栋，夏晓晖．北细辛地上部分化学成分的研究．中草药．1998，29(2)：83-84

[6] 孙建宁，徐秋萍，王风仁，吴金英，马立新，陈木天，杨春澍．三种细辛属植物挥发油对中枢神经系统的作用．中国药学杂志．1991，26(8)：470-472

[7] 曲淑岩，毌英杰．细辛油的抗炎作用．药学学报．1982，17(1)：12-14

[8] 胡月娟，周弘，王家国，张毅，李仪奎．细辛挥发油的解痉抗炎作用．中国药理学通报．1986，2(1)：41-43

[9] 钱立群，钱大玮，谢伟，洪翠英，阎玲．细辛挥发油对实验性炎症大鼠血清、肝脏中锌、铜含量的影响．中草药．1996，27(5)：290-293

[10] 张妙玲，唐裕芳，叶进富，邓孝平，曾虹燕．细辛超临界CO_2萃取物抑菌活性研究．四川食品与发酵．2004，40(1)：36-38

[11] YJ Hu, J Xu, O Wongsawatkul. The preliminary study of certain pharmacological effects of Xi Xin oil. *Journal of Chinese Pharmaceutical Sciences*. 1993, 2(2): 156-158

[12] 周慧秋，于滨，乔婉红，王大勇，张万荣，白云，苏云明．甲基丁香酚药理作用研究．中医药学报．2000，2：79-80

[13] M Takasaki, T Konoshima, I Yasuda, T Hamano, H Tokuda. Inhibitory effects of shouseiryu-to on two-stage carcinogenesis. II. Anti-tumor-promoting activities of lignans from *Asiasarum heterotropoides* var. mandshuricum. *Biological & Pharmaceutical Bulletin*. 1997, 20(7): 776-780

[14] 邓远辉，冯怡，孙静，周丹，杨柳，赖嘉颖．细辛抗人乳头瘤病毒的作用研究．中药材．2004，27(9)：665-667

[15] 牟翠鸣，陈述，董志超．细辛木脂素抗心脏移植急性排斥反应的实验观察．黑龙江医药．2004，17(5)：347-348

百合科

天冬 Tiandong CP, JP

***Asparagus cochinchinensis* (Lour.) Merr.**
Lucid Asparagus

概 述

百合科 (Liliaceae) 植物天冬 *Asparagus cochinchinensis* (Lour.) Merr.，其干燥块根入药。中药名：天冬。

天冬属 (Asparagus) 植物全世界约有 300 种，除美洲外，全世界温带至热带地区都有分布。中国有 24 种和一些外来栽培种，广泛分布于全国各地。中国本属已供药用者约 13 种。本种从中国河北、山西、陕西、甘肃等省的南部至华东、中南、西南各省区都有分布。朝鲜半岛、日本、老挝和越南也有分布。

"天冬"药用之名，始载于《神农本草经》，列为上品。历代本草多有著录。《中国药典》(2005 年版) 收载本种为中药天冬的法定原植物来源种。主产于中国贵州、广西、四川、云南等省，陕西、甘肃、安徽、湖北、河南、湖南、江西等省也产。以贵州产量最大，质量最好。

天冬主含甾体皂苷和多糖[1]。《中国药典》采用热浸法测定，规定以稀乙醇作溶剂天冬的浸出物不得少于 80%，以控制药材质量。

药理研究表明，天冬具有镇咳祛痰、抗菌、抗肿瘤、免疫抑制作用。

中医理论认为天冬具有滋阴润肺，清肺生津等功效。

天冬 *Asparagus cochinchinensis* (Lour.) Merr.

百合科

药材天冬 Radix Asparagi

methylprotodioscin

nyasol

diosgenin

天冬　Tiandong

> 百合科

天冬 Tiandong

化学成分

天冬的块根含甾体皂苷：aspacochiosides A、B、C、3－O－[α－L－rhamnopyranosyl－(1→4)β－D－glucopyranosyl]－26－O－(β－D－glucopyranosyl)－(25S)－5β－spirostane－3β－ol[2]、3－O－[α－L－rhamnopyranosyl－(1→4)β－D－glucopyranosyl]－26－O－(β－D－glucopyranosyl)－(25R)－furosta－5,20－diene－3β,26－diol、甲基原薯蓣皂苷(methylprotodioscin)、伪原薯蓣皂苷(pseudoprotodioscin)[3]、asparacoside、asparacosins A、B、3″－methoxyasparenydiol[4]、菝葜皂苷元－3－O－[α－L－鼠李吡喃糖基－(1→4)]－β－D－葡萄吡喃糖苷 (3－O－[α－L－rhamnopyranosyl－(1→4)β－D－glucopyranosyl]－(25S)－5β－spirostane－3β－ol)；甾体皂苷元：薯蓣皂苷元 (diosgenin)、菝葜皂苷元 (sarsasapogenin)[5]等；酚类化合物：3′－羟基－4′－甲氧基－4′－去羟基尼亚萨酚 (3′－hydroxy－4′－methoxy－4′－dehydroxynyasol)、asparenydiol、尼亚萨酚 (nyasol)、3″－甲氧基尼亚萨酚 (3″－methoxynyasol)、1,3－二对羟基苯基－4－戊烯－1－酮 (1,3－bis－di－p－hydroxyphenyl－4－penten－1－one)和反式松柏醇 (trans－coniferyl alcohol)[4]；多糖类成分：天冬多糖 A、B、C、D (asparagus polysaccharides A－D)[6]。

药理作用

1. **镇咳祛痰、平喘**

   天冬水煎液灌胃能明显减少浓氨水诱发的小鼠咳嗽次数和组胺诱发的豚鼠咳嗽次数；显著增加小鼠呼吸道中酚红排泌量，有明显的祛痰作用；有效减轻磷酸组胺诱导的豚鼠哮喘发作症状[7]。

2. **抗菌**

   体外实验表明天冬水煎液对多种革兰氏阳性球菌和阴性杆菌均有显著的抑菌作用[8]，天冬所含的菝葜皂苷元－3－O－[α－L－鼠李吡喃糖基－(1→4)]－β－D－葡萄吡喃糖苷对白色念珠菌等真菌具有抗菌活性[5]。

3. **抗肿瘤**

   体外实验表明，天冬水提物可抑制人肝癌 HepG2 细胞肿瘤坏死因子α(TNF－α)所致的吞噬作用，从而防止乙醇引起的肝毒性[9]。天冬水提物灌胃可使接种肉瘤 S_{180} 实体型肿瘤小鼠的瘤块明显减小，并延长小鼠的存活天数，对接种肝癌 H22 实体型肿瘤小鼠也有明显的抑瘤作用[9]。菝葜皂苷元－3－O－[α－L－鼠李吡喃糖基－(1→4)]－β－D－葡萄吡喃糖苷对人白血病细胞 HL－60 和人乳腺癌细胞均有一定的抗癌活性[5]。天冬多糖也是抗癌活性成分之一[6]。

4. **抗氧化、抗衰老**

   对 D－半乳糖致衰老的小鼠，天冬水提液灌胃能显著增强血清中一氧化氮合酶 (NOS) 的活性，使一氧化氮 (NO) 的含量增加，脂褐素 (LPF) 含量降低[11]；天冬氯仿、乙醇、水提取物灌胃均可不同程度提高心肌过氧化物酶 (GSH－Px) 的活性，降低 LPF 含量，以氯仿提取物抗氧化作用更强[12]；水提液还能提高脑和肝组织中 Na^+, K^+－ATP 酶的活性，降低脑、肝和血浆中丙二醛含量，天冬总多糖也能降低肝组织中丙二醛含量。天冬总多糖灌胃可使正常小鼠胸腺和脾脏重量增加，水提液灌胃能延长小鼠的耐缺氧时间[13]。

5. **抑制血小板聚集**

   体外实验表明天冬 75% 乙醇提取液可抑制二磷酸腺苷 (ADP) 所诱导的血小板聚集，抗血栓形成，延长凝血时间[14]。

应用

本品为中医临床用药。功能：养阴润燥，清火生津。主治：①阴虚肺热的燥咳或痨嗽咳血；②肾阴不足，阴虚火旺的潮热盗汗，遗精，内热消渴，肠燥便秘。

现代临床还用于百日咳、肺脓疡、肺结核、扁桃腺炎及糖尿病等病的治疗。

评注

《中国药典》仅收载本种为法定原植物来源，但在民间，天冬属多种植物均作为天冬药用，如有刺天冬 *Asparagus myriacanthus* Wang et S. C. Chen 和羊齿天冬 *A. filicinus* Ham. ex D. Don 等。研究发现天冬属多种植物也含有与天冬相似的活性成分，可以进一步研究天冬属物的资源利用。

四川内江作为川天冬的道地产区，已有 160 年的种植历史，现已建立了大规模的现代化天冬生产基地。

除作药用外，天冬开发成绿色保健饮料，将会有广阔的市场前景。

参考文献

[1] 姚念环, 孔令义. 天门冬属植物化学成分及生物活性研究进展. 天然产物研究与开发. 1999, 11(2): 67-71

[2] JG Shi, GQ Li, SY Huang, SY Mo, Y Wang, YC Yang, WY Hu. Furostanol oligoglycosides from *Asparagus cochinchinensis*. Journal of Asian Natural Products Research. 2004, 6(2): 99-105

[3] ZZ Liang, R Aquino, F De Simone, A Dini, O Schettino, C Pizza. Oligofurostanosides from *Asparagus cochinchinensis*. Planta Medica. 1988, 54(4): 344-346

[4] HJ Zhang, K Sydara, GT Tan, CY Ma, B Southavong, DD Soejarto, JM Pezzuto, HHS Fong. Bioactive constituents from *Asparagus cochinchinensis*. Journal of Natural Products. 2004, 67(2): 194-200

[5] 徐从立, 陈海生, 谭兴起, 宣伟东. 中药天冬的化学成分研究. 天然产物研究与开发. 2005, 17(2): 128-130

[6] 杜旭华, 郭允珍. 抗癌植物药的开发研究IV·中药天冬的多糖类抗癌活性成分的提取与分离. 沈阳药学院学报. 1990, 7(3): 197-200

[7] 罗俊, 龙庆德, 李诚秀, 李玲, 黄能慧, 聂敏, 唐培仙. 地冬与天冬的镇咳、祛痰及平喘作用比较. 贵阳医学院学报. 1998, 23(2): 132-134

[8] 温晶媛, 李颖, 丁声颂, 李群欢. 中国百合科天冬属九种药用植物的药理作用筛选. 上海医科大学学报. 1993, 20(2): 107-111

[9] HN Koo, HJ Jeong, JY Choi, SD Choi, TJ Choi, YS Cheon, KS Kim, BK Kang, ST Park, CH Chang, CH Kim, YM Lee, HM Kim, NH An, JJ Kim. Inhibition of tumor necrosis factor-alpha-induced apoptosis by *Asparagus cochinchinensis* in Hep G2 cells. Journal of Ethnopharmacology. 2000, 73(1-2): 137-143

[10] 罗俊, 龙庆德, 李诚秀, 李玲, 黄能慧. 地冬及天冬对荷瘤小鼠的抑瘤作用. 贵阳医学院学报. 2000, 25(1): 15-16

[11] 赵玉佳, 孟祥丽, 李秀玲, 曲凤玉. 天冬水提液及其纳米中药对衰老模型小鼠NOS、NO、LPF的影响. 中国野生植物资源. 2005, 24(3): 49-51

[12] 王旭, 刘红, 周淑晶, 曲凤玉. 天冬提取液对小鼠心肌LPF、GSH-Px影响的实验研究. 中国野生植物资源. 2004, 23(2): 43, 65

[13] 李敏, 费曜, 王家葵. 天冬药材药理实验研究. 时珍国医国药. 2005, 16(7): 580-582

[14] 张小丽, 谢人明, 冯英菊. 四种中药对血小板聚集性的影响. 西北药学杂志. 2000, 15(6): 260-261

菊 科

紫菀 Ziwan ^{CP, KHP}

Aster tataricus L. f.
Tatarian Aster

概 述

菊科 (Asteraceae) 植物紫菀 *Aster tataricus* L. f.，其干燥根及根茎入药。中药名：紫菀。

紫菀属 (*Aster*) 植物全世界约有 250 种，广泛分布于亚洲、欧洲及北美洲。中国约有 100 种，本属现供药用者约 40 种。本种产于中国黑龙江、吉林、辽宁、内蒙古、山西、河北、河南、陕西及甘肃；朝鲜半岛、日本及俄罗斯西伯利亚东部也有分布。

"紫菀"药用之名，始载于《神农本草经》，列为中品。历代本草多有著录。《中国药典》(2005 年版) 收载本种为中药紫菀的法定原植物来源种。主产于中国河北安国及安徽亳县、涡阳。

紫菀主要含有三萜皂苷和环肽类成分。《中国药典》采用高效液相色谱法测定，规定紫菀紫菀酮含量不得少于 0.10%，以控制药材质量。

药理研究表明，紫菀具有祛痰、镇咳、抑菌、抗肿瘤等作用。

中医理论认为紫菀具有润肺下气，化痰止咳等功效。

紫菀 *Aster tataricus* L. f.

菊 科

紫菀 A. tataricus L. f.

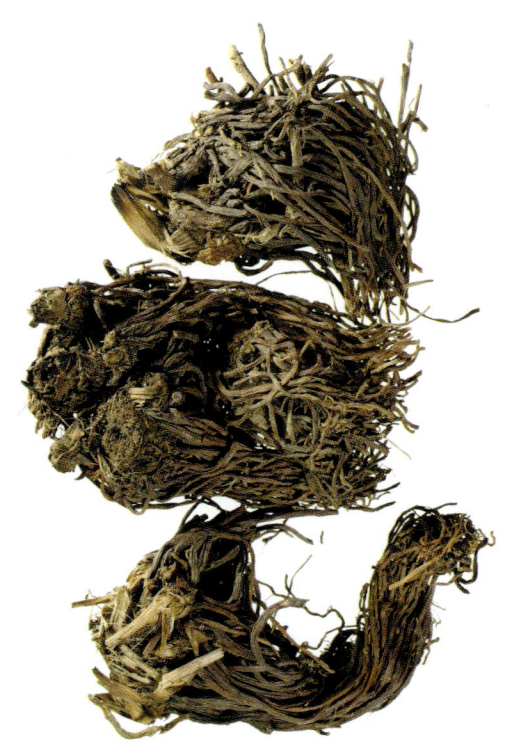

药材紫菀 Radix et Rhizoma Asteris

1cm

化学成分

紫菀的根及根茎含三萜及三萜皂苷类成分：紫菀酮 (shionone)、木栓酮 (friedelin)、表木栓酮 (epifriedelin)[1-2]、蒲公英萜醇 (taraxerol)、胡萝卜苷(daucosterin)[3]、astertarones A、B[4-5]、紫菀皂苷A、B、C、D、E、F、G (aster saponins A - G)[6]、β－香树脂素 (β－amyrin)[7]等；单萜苷：紫菀苷A、B、C (shinosides A - C)[8]等；环肽类：紫菀环肽 A、B、C、D、E、F、G、H、J (astins A - H, J)[9-12]、寡肽A、B (asteins A - B)；黄酮类成分：槲皮素 (quercetin)、山奈酚 (kaempferol)、3－甲氧基山奈酚 (3 - O - methylkaempferol)[7]等；酰胺类化合物：N－（N－

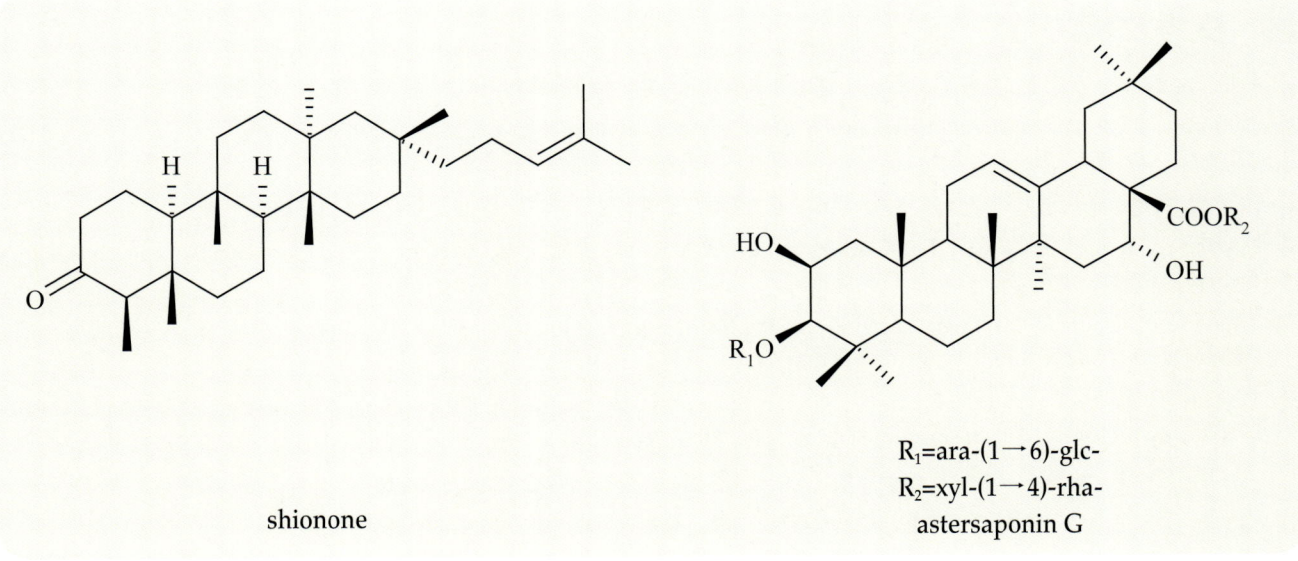

shionone

R_1=ara-(1→6)-glc-
R_2=xyl-(1→4)-rha-
astersaponin G

紫菀 Ziwan

苯甲酰基-L-苯丙氨酰基)-O-乙酰基-L-苯丙氨醇 [N-(N-benzoyl-L-phenylalanyl-)-O-actyl-L-phenylalanol][13];蒽醌类成分:大黄素 (emodin)、大黄酚 (chrysophanol)、大黄素甲醚 (physcion)[14]等成分。

药理作用

1. 祛痰、镇咳
   紫菀水煎剂、紫菀酮、表木栓酮灌胃均能显著增加小鼠呼吸道酚红排泄量[15];从紫菀中分离得到的丁基-D-核酮糖苷也有祛痰作用。紫菀酮、表木栓酮灌胃能显著抑制氨水所致的小鼠咳嗽[15]。

2. 抗微生物
   体外实验表明,紫菀对大肠杆菌、痢疾杆菌、变形杆菌、伤寒杆菌、副伤寒杆菌、绿脓杆菌和霍乱弧菌有抑制作用,并有抗致病性真菌和流感病毒的作用[16]。

3. 抗肿瘤
   紫菀所含的表木栓酮对小鼠艾氏腹水癌 (EAC) 有抑制作用。紫菀环肽也有抗肿瘤活性[16-17]。

4. 其他
   从紫菀中分离得到的槲皮素、山柰酚、东莨菪素和大黄素可显著抑制超氧自由基的生成及脂质过氧化;槲皮素和山柰酚还有抑制溶血的作用[18]。

应用

本品为中医临床用药。功能:润肺宣肺,化痰止咳。主治:①咳嗽有痰;②肺气不宣所致的肺痈,肺痿,小便不通。

现代临床还用于百日咳、慢性支气管炎、肺炎及尿潴留等病的治疗。

评注

在中国许多地区,菊科橐吾属 (*Ligularia*) 多种植物的根及根茎作紫菀使用,统称山紫菀。山紫菀类药材多含吡咯里西啶生物碱 (pyrrolizidine alkaloids),为目前已知的重要的植物性肝毒成分,有的还有致突变、致癌及致畸胎作用。但其资源丰富,使用地区广,用药历史长。现代药理研究也表明,部分山紫菀类具有明显祛痰镇咳作用,并具一定的细胞毒及杀虫活性。在临床使用中应注意区别。

参考文献

[1] 卢艳花, 王峥涛, 叶文才, 徐珞珊, 舒跃中. 紫菀化学成分的研究. 中国药科大学学报. 1998, 29(2): 97-99

[2] O Shirota, H Morita, K Takeya, H Itokawa, Y Iitaka. Cytotoxic triterpene from *Aster tataricus*. *Natural Medicines*. 1997, 51(2): 170-172

[3] 王国艳, 吴弢, 林平川, 俞桂新, 王峥涛. 紫菀三萜类化学成分的研究. 中草药. 2003, 34(10): 875-876

[4] T Akihisa, Y Kimura, K Koike, T Tai, K Yasukawa, K Arai, Y Suzuki, T Nikaido. Astertarone A: a triterpenoid ketone isolated from the roots of *Aster tataricus* L. *Chemical &Pharmaceutical Bulletin*. 1998, 46(11): 1824-1826

[5] T Akihisa, Y Kimura, T Tai, K Arai. Astertarone B, a hydroxy-triterpenoid ketone from the roots of *Aster tataricus* L. *Chemical & Pharmaceutical Bulletin*. 1999, 47(8): 1161-1163

[6] T Nagao, H Okabe, T Yamauchi. Studies on the constituents of *Aster tataricus* L. f. III. Structures of aster saponins E and F isolated from the root. *Chemical &Pharmaceutical Bulletin*. 1990, 38(3): 783-785

[7] 卢艳花, 王峥涛, 徐珞珊, 吴子斌. 紫菀中的多元酚类化合物. 中草药. 2002, 33(1): 17-18

[8] 程东亮, 邵宇, 杨立, 邹佩秀. 紫菀中一个新单萜苷的结构. 植物学报. 1993, 35(4): 311-313

[9] H Morita, S Nagashima, K Takeya, H Itokawa. Cyclic peptides from higher plants. XX. Solution forms of antitumor cyclic pentapeptides with 3,4-dichlorinated proline residues, astins A and C, from *Aster tataricus*. *Chemical & Pharmaceutical Bulletin*. 1995, **43**(8): 1395-1397

[10] 邵宇，程东亮，崔育新. 紫菀中的一个新寡肽. 高等学校化学学报. 1993, **14**(11)：1551-1552

[11] H Morita, S Nagashima, K Takeya, H Itokawa. Cyclic peptides from higher plants. Part 8. Three novel cyclic pentapeptides, astins F, G and H from *Aster tataricus*. *Heterocycles*. 1994, **38**(10): 2247-2252

[12] H Morita, S Nagashima, K Takeya, H Itokawa. Cyclic peptides from higher plants. XII. Structure of a new peptide, astin J, from *Aster tataricus*. *Chemical &Pharmaceutical Bulletin*. 1995, **43**(2): 271-273

[13] 邹澄，张荣平，赵碧涛，敖翔，郝小江，周俊. 紫菀活性酰胺研究. 云南植物研究. 1999, **21**(1)：121-124

[14] 卢艳花，王峥涛，徐珞珊，吴子斌. 紫菀中的3个蒽醌类化合物. 中国药学. 2003, **12**(2)：112-113

[15] 卢艳花，戴岳，王峥涛，徐珞珊. 紫菀祛痰镇咳作用及其有效部位和有效成分. 中草药. 1999, **30**(5)：360-362

[16] 王本祥. 现代中药药理学. 天津：天津科学技术出版社. 1997：1019-1021

[17] H Morita, S Nagashima, K Takeya, H Itokawa, Y Iitaka. Antitumor cyclic pentapeptides, astin series, from *Aster tataricus*. *Tennen Yuki Kagobutsu Toronkai Koen Yoshishu*. 1994, **36**: 445-452

[18] TB Ng, F Liu, YH Lu, CHK Cheng, ZT Wang. Antioxidant activity of compounds from the medicinal herb *Aster tataricus*. *Comparative Biochemistry and Physiology, Part C: Toxicology & Pharmacology*. 2003, **136C**(2): 109-115

紫菀种植基地

豆科

膜荚黄芪 Mojiahuangqi
CP, JP, VP

Astragalus membranaceus (Fisch.) Bge.
Milkvetch Huangchi

概 述

豆科 (Fabaceae) 植物膜荚黄芪 *Astragalus membranaceus* (Fisch.) Bge.，其干燥根入药。中药名：黄芪。

黄芪属 (*Astragalus*) 植物全世界约有 2000 种，主要分布于亚欧大陆、南美洲和非洲，少数种类分布于北美洲和大洋洲。中国约有 278 种、2 亚种、35 变种、2 变型。中国该属现已供药用者约有 10 种。本种分布于中国东北、华北、西北地区。俄罗斯远东地区也有分布。

黄芪以"黄耆"药用之名，始载于《神农本草经》，列为上品。历代本草均有著录。《中国药典》(2005 年版) 收载本种为中药黄芪的法定原植物来源种之一。膜荚黄芪主产于中国黑龙江、吉林、内蒙古、河北等省区，近年由于野生资源减少，黑龙江、河北、山东、江苏等省区有栽培。

黄芪的主要活性成分为三萜皂苷、黄酮、多糖等成分。《中国药典》规定，以高效液相色谱法测定，本品含黄芪甲苷不得少于 0.040%，以控制药材质量。

药理研究表明，膜荚黄芪具有提高免疫力、抗应激、保护心脑等作用。

中医理论认为黄芪具有补气固表，利尿，托毒等功效。

膜荚黄芪 *Astragalus membranaceus* (Fisch.) Bge.

蒙古黄芪 A. membranaceus (Fisch.) Bge. var. mongholicus (Bge.) Hsiao

药材黄芪 Radix Astragali

5cm

化学成分

膜荚黄芪的根含cycloastragenol[1]、乙酰黄芪苷 (acetylastragaloside)、异黄芪苷I、II (isoastragalosides I - II)、黄芪苷I、II、III、IV、V、VI、VII、VIII (astragalosides I - VIII)、大豆皂苷 I (soyasaponin I)[2-4]、膜荚黄芪苷I、II (astramembrannins I - II)、daucosterin[5-6]、cyclocanthoside[7]等三萜皂苷类成分；香豆素类成分：2'- angeloyloxy - 1',2' - dihydroxanthyletin和2'- senecioyloxy - 1', 2' - dihydroxanthyletin[8]；还有丰富的黄酮类成分：毛蕊异黄酮 (calycosin)、毛蕊异黄酮 - 7 - O - β - D - 吡喃葡萄糖 (calycosin - 7 - O - β - D - glucopyranoside)、毛蕊异黄酮7 - O - β - D - 吡喃葡萄糖苷 - 6″ - O - 乙酯 (calycosin - 7 - O - β - D - glucopyranoside - 6″ - O - malonate)、芒柄花苷 (ononin)、9,10 - 二甲氧基紫檀烷 - 3 - O - β - D - 吡喃葡萄糖苷 (9,10 - dimethoxyptero - carpan - 3 - O - β - D - glucopyranoside)、2'-羟基-3',4'-二甲氧基紫檀烷 - 7 - O - β - D - 吡喃葡萄糖苷(2'- hydroxy - 3',4'- dimethoxyptero - carpan - 7 - O - β - D - glucopyranoside)[9]、芒柄花素 (formononetin)[10]、熊竹素 (kumatakenin)[11]、(3R) - 2',8 - 二羟基 - 4',7 - 二甲氧基异黄烷 [(3R) - 2',8 - dihydroxy - 4',7 - dimethoxyisoflavan]、(3R) - 2',3,7 - 三羟基 - 4'- 甲氧基异黄烷 [(3R) - 2',3,7 - trihydroxy - 4'- methoxyisoflavan][12]、3',8 - 二羟基 - 4',7 - 二甲氧基异黄酮 (3',8 - dihydroxy - 4',7 - dimethoxyisoflavone)、飞机草素 - 7 - O - β - D - 吡喃葡萄糖苷 (odoratin - 7 - O - β - D - glucopyranoside)、3',7 - dihydroxy - 4',8 - dimethoxyisoflavone)[13]、(6aR,11aR) - 3,9 - 二甲氧基 - 10 - 羟基紫檀烷[(6aR,11aR) - 3,9 - dimethoxy - 10 - hydroxypterocarpan]、(6aR,11aR) - 3,9,10 - 三甲氧基紫檀烷 [(6aR,11aR) - 3,9,10 - trimethoxypterocarpan]、(3R) - 2'-羟基 - 3',4',7 -三甲氧基异黄烷 [(3R) - 2'- hydroxy - 3',4',7 - trimethoxyisoflavan]、2'-羟基 - 3',4'- 二甲氧基异黄烷 - O - β - D - 吡喃葡萄糖苷(2'- hydroxy - 3',4'- dimethoxyisoflavan - O - β - D - glucopyranoside)[14]、3'- 甲氧基 - 5'- 羟基 - 异黄酮 - 7 - O - β - D - 葡萄糖苷 (3'- methoxy - 5'- hydroxy - isoflavone - 7 - O - β - D - glucoside)[7]、(6aR,11aR) - 3 - 羟基 - 9,10 - 二甲氧基紫檀烷 - 3 - O - β - D - 葡萄糖苷 [(6aR,11aR) - 3 - hydroxy - 9,10 - dimethoxypterocarpan 3 - O - β - D - glucoside]、(3R) - 2',7 - 二羟基 - 3',4'- 二甲氧基异黄烷 - 7 - O - β - D - 葡萄糖苷 [(3R) - 2',7 - dihydroxy - 3',4'- dimethoxyisoflavan - 7 - O - β - D - glucoside]、芒柄花素 - 7 - O - β - D - 葡萄糖苷 - 6″ - O - 乙酯 (formononetin - 7 - O - β - D - glucoside - 6''- O - malonate)[15]。此外，还富含多糖类成分。

膜荚黄芪 Mojiahuangqi

膜荚黄芪的地上部分含有 huangqiyenins A、B、D[16-17]等三萜皂苷类成分以及槲皮素 (quercetin)、异鼠李素 (isorhamnetin)、山柰酚 (kaempferol)[18]、鼠李柠檬素-3-葡萄糖苷 (rhamnocitrin-3-glucoside)、槲皮素-3-葡萄糖苷 (quercetin-3-glucoside) 等黄酮类成分[19]。

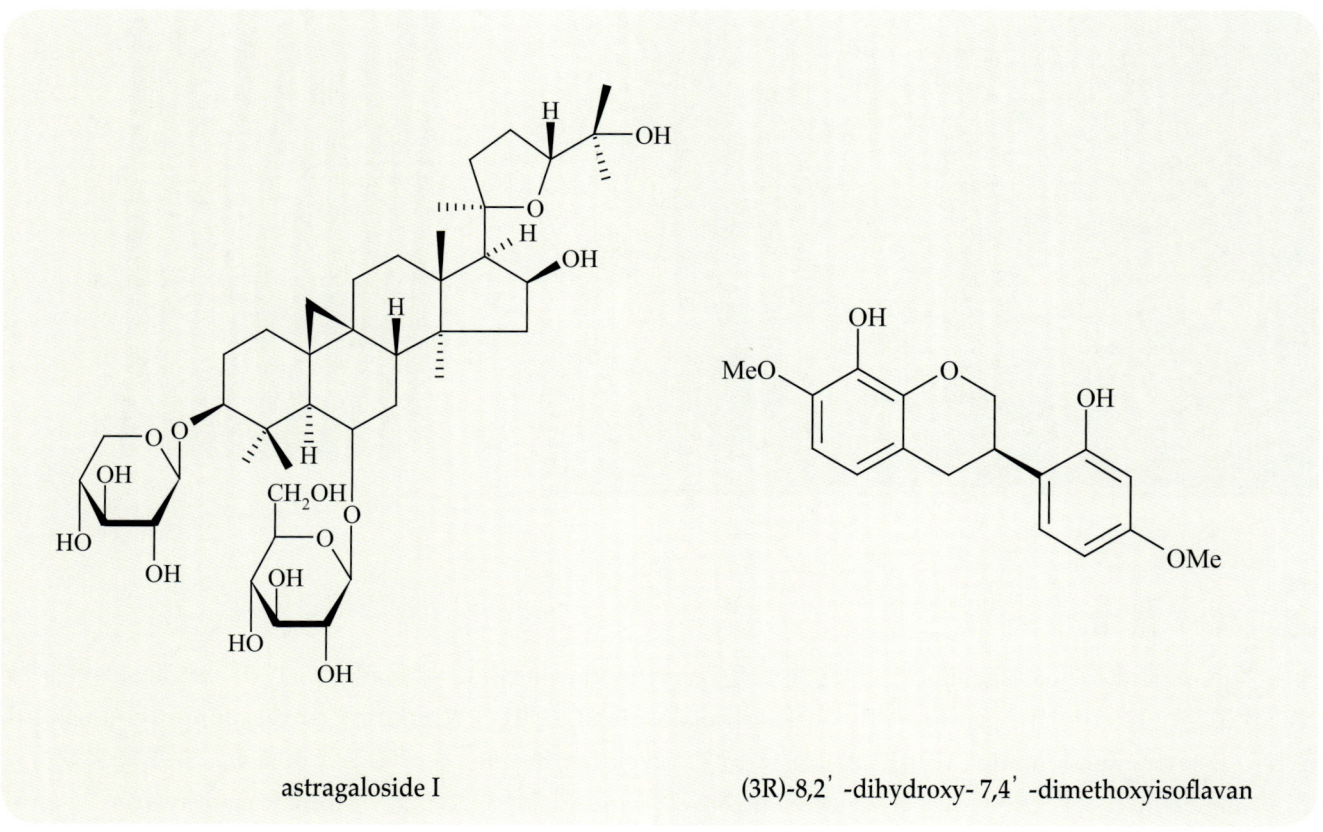

astragaloside I　　　　　　　　　(3R)-8,2'-dihydroxy-7,4'-dimethoxyisoflavan

药理作用

1. 调节免疫功能

黄芪总提取物腹腔注射可改善环磷酰胺 (Cy) 诱导的小鼠迟发型超敏 (DTH) 反应, 体外对亚适浓度刀豆蛋白 A (ConA) 和脂多糖 (LPS) 诱导的小鼠脾淋巴细胞增殖和白介素 (IL-2) 产生有促进作用[20]。黄芪水溶性黄酮类静脉注射, 可提高氢化可的松 (HC) 致免疫低下小鼠 T 细胞总数, $L_3T_4^+$、Lyt_2^+ 细胞百分率和 $L_3T_4^+$、Lyt_2^+ 细胞比值, 促进 ConA 诱导的小鼠脾淋巴细胞增殖[21], 黄芪茎叶总黄酮也具有相似作用[22]。黄芪多糖腹腔注射, 可使创伤应激小鼠胸腺、脾脏重量恢复, 抑制胸腺、淋巴细胞中 NF-κB 和白介素-10 (IL-10) 的 mRNA 表达水平升高[23], 红斑狼疮模型小鼠腹腔注射黄芪多糖, 低剂量可使抗心磷脂 (aCL) 等 6 种抗磷脂抗体升高, 高剂量则有抑制其产生的作用[24]。

2. 保护心脏、大脑

黄芪注射液对离体大鼠胸主动脉有内皮依赖性舒缩双向作用, 调节血管环张力[25], 降低大鼠离体心肌内缺血再灌注损伤早期的肿瘤坏死因子 (TNF) 水平[26]; 黄芪多糖腹腔注射可降低动脉粥样硬化家兔血清总胆固醇、三酰甘油、丙二醛 (MDA)、内皮缩血管肽含量, 保护血管内皮细胞[27]。黄芪苷 I 腹腔注射, 可显著降低缺血脑组织 MDA 含量, 提升谷胱甘肽过氧化物酶 (GSH-Px) 的活性[28]。

3. 促进造血机能

黄芪多糖皮下注射, 可促进丝裂霉素 C (MMC) 致骨髓抑制小鼠的骨髓和脾脏的造血祖细胞的增殖和成熟[29], 促进正常及 Cy 化疗小鼠骨髓、外周血、脾脏造血干细胞增加[30]; 黄芪多糖体外能促进人外周血单个核细胞 (PBMC) 分泌粒细胞集落刺激因子 (G-CSF) 和粒细胞巨噬细胞集落刺激因子 (GM-CSF)，升高白细胞[31]。

4. 延缓衰老

化学发光法证明，黄芪总皂苷为清除超氧阴离子自由基的活性成分[32]；黄芪多糖灌胃能使D-半乳糖致衰老小鼠胸腺指数和脾脏指数升高，血清和肝组织 MDA 下降，超氧化歧化酶 (SOD) 活性增高，脑组织脂褐素 (LF) 下降，肾组织 GSH-Px 和一氧化氮合酶 (NOS) 活性增高[33]。

5. 抗肿瘤

黄芪水提物腹腔注射，体外可提高人 PBMC 增殖，提升杀伤性 T 细胞 (CTL) 对肿瘤细胞杀伤活性，促进外周血黏附单核细胞 (PBAM) 对肿瘤细胞的吞噬和产生细胞因子，及外周血 B 细胞 (PBBC) 产生 IgG 的能力[34]；黄芪水提物体外可抑制人肝癌细胞 SMMC-7721 增殖并降低其线粒体代谢活性，腹腔注射可抑制小鼠 S_{180} 实体瘤增重，提高 T/B 淋巴细胞比率和腹腔吞噬细胞活性[35]；黄芪多糖体外可诱导肿瘤细胞凋亡[36]，促进小鼠巨噬细胞 NO 合成，增强对黑色素瘤的杀伤作用[37]。

6. 抗病毒

黄芪总苷、黄芪多糖体外可抗乙型肝炎病毒 (HBV)，抑制人肝癌细胞 $HepG_2$-2.2.15 增殖，并抑制 HBV-DNA 转染的 HepG2-2.2.15 细胞分泌表面抗原 (HBsAg) 和 e 抗原 (HBeAg)[38]。

7. 其他

黄芪皂苷能对抗 D-半乳糖胺、醋胺酚引起的肝损伤[39]；黄芪多糖可促进脂肪细胞摄取葡萄糖、细胞分化和相关基因过氧化物体增值基因活化γ受体 (PPARγ) mRNA 表达[40]，预防 NOD 小鼠 I 型糖尿病发病[41]。

应用

本品为中医临床用药。功能：补气升阳，益卫固表，利水消肿，托毒生肌。主治：①脾胃气虚及中气下陷诸证；②肺气虚及表虚自汗，气虚外感诸证；③气虚水湿失运的浮肿，小便不利；④气血不足，疮疡内陷的脓成不溃或溃久不敛。

现代临床还用于哮喘、慢性支气管炎、过敏性鼻炎、消化性溃疡、萎缩性胃炎、病毒性肝炎、病毒性心肌炎、慢性肾炎、贫血、脱肛、子宫脱垂等病的治疗。

评注

《中国药典》还收载蒙古黄芪 Astragalus membranaceus (Fisch.) Bge. var. mongholicus (Bge.) Hsiao 为中药黄芪的法定原植物来源种。蒙古黄芪，为膜荚黄芪的变种。分布于中国黑龙江、内蒙古、河北、山西等省区。药材主产于中国吉林、山西、内蒙古、宁夏、山东、陕西、河北等省区，以栽培为主，品质较优。目前，内蒙古已建立了蒙古黄芪的规范化种植基地。

黄芪历来以根入药，对膜荚黄芪地下部分与地上部分的对比分析表明，二者的黄酮类成分虽略有差异，但皂苷类成分完全相同[58]，是值得进一步开发利用的资源。

黄芪属植物在中国分布广泛，由于该属植物生活于温带干旱、半干旱地区，生长缓慢，资源自然更新能力有限，野生资源数量不足。此外，黄芪为深根性植物，是保持水土、固沙的优良作物，应大力发展人工栽培，以确保其资源的持续利用。

参考文献

[1] I Kitagawa, HK Wang, A Takagi, M Fuchida, I Miura, M Yoshikawa. Saponin and sapogenol. XXX IV. chemical constituents of astragali radix, the root of *Astragalus membranaceus* Bunge. (1). cycloastragenol, the 9,19-cyclolanostane- type aglycone of astragalosides, and the artifact aglycone astragenol. *Chemical & Pharmaceutical Bulletin*. 1983, 31(2): 689-697

膜荚黄芪 Mojiahuangqi

[2] I Kitagawa, HK Wang, M Saito, A Takagi, M Yoshikawa. Saponin and sapogenol. XXXV. chemical constituents of astragali radix, the root of *Astragalus membranaceus* Bunge. (2). astragalosides I, II and IV, acetylastragaloside I and isoastragalosides I and II. *Chemical & Pharmaceutical Bulletin*. 1983, **31**(2): 698-708

[3] I Kitagawa, HK Wang, M Saito, M Yoshikawa. Saponin and sapogenol. XXXVI. Chemical constituents of astragali radix, the root of *Astragalus membranaceus* Bunge. (3). astragalosides III, V, and VI. *Chemical & Pharmaceutical Bulletin*. 1983, **31**(2): 709-715

[4] I Kitagawa, HK Wang, M Yoshikawa. Saponin and sapogenol. XXXVII. chemical constituents of astragali radix, the root of *Astragalus membranaceus* Bunge. (4). astragalosides VII and VIII. *Chemical & Pharmaceutical Bulletin*. 1983, **31**(2): 716-722

[5] 曹正中，俞家华，甘立宪，周维善. 膜荚黄芪苷元的结构. 化学学报. 1983, **41**(12): 1137-1145

[6] 曹正中，俞家华，甘立宪，陈毓群. 膜荚黄芪苷的结构. 化学学报. 1985, **43**(6): 581-585

[7] 曹正中，曹园，易以军，吴永平，冷宗康，D Li，NL Owen. 膜荚黄芪中新异黄酮苷的结构鉴定. 药学学报. 1999, **34**(5): 392-394

[8] JS Kim, CS Kim. A study on the constituents from the roots of *Astragalus membranaceus* (Bunge) (III). *Saengyak Hakhoechi*. 2000, **31**(1):109-111

[9] 李锐，付铁军，及元乔，丁立生，彭树林. 膜荚黄芪与蒙古黄芪化学成分的高级液相色谱-质谱研究. 分析化学. 2005, **33**(12): 1676-1680

[10] JS Kim, CS Kim. A study on the constituents from the roots of *Astragalus membranaceus* (II). *Saengyak Hakhoechi*. 1997, **28**(2): 75-79

[11] D Dungerdorzh, VV Petrenko. Kumatakenin from *Astragalus membranaceus*. *Khimiya Prirodnykh Soedinenii*. 1972, **3**: 389

[12] CQ Song, ZR Zheng, D Liu, ZB Hu. Antimicrobial isoflavans from *Astragalus membranaceus* (Fisch.) Bunge. *Zhiwu Xuebao*. 1997, **39**(5): 486-488

[13] CQ Song, ZR Zheng, D Liu, ZB Hu, WY Shen. Isoflavones from *Astragalus membranaceus*. *Zhiwu Xuebao*. 1997, **39**(8): 764-768

[14] CQ Song, ZR Zheng, D Liu, ZB Hu, WY Shen. Pterocarpans and isoflavans from *Astragalus membranaceus* Bunge. *Zhiwu Xuebao*. 1997, **39**(12):1169-1171

[15] LZ Lin, XG He, M Lindenmaier, G Nolan, J Yang, M Cleary, SX Qiu, GA Cordell. Liquid chromatography-electrospray ionization mass spectrometry study of the flavonoids of the roots of *Astragalus mongholicus* and *A. membranaceus*. *Journal of Chromatography*, A, 2000, **876**(1+2): 87-95

[16] YL Ma, ZK Tian, HX Kuang, CS Yuan, CJ Shao, K Ohtani, R Kasai, O Tanaka, Y Okada, T Okuyama. Studies of the constituents of *Astragalus membranaceus* Bunge. III. Structures of triterpenoidal glycosides, huangqiyenins A and B, from the leaves. *Chemical & Pharmaceutical Bulletin*. 1997, **45**(2): 358-361

[17] HX Kuang, N Zhang, ZK Tian, P Zhang, Y Okada, T Okuyama. Studies on the constituents of *Astragalus membranaceus* II. Structure of triterpenoidal glycoside, huangqiyenin D, from its leaves. *Natural Medicines*. 1997, **51**(4): 358-360

[18] IA Cheshuina. Flavonol aglycons of *Astragalus membranaceus*. *Khimiya Prirodnykh Soedinenii*. 1990, **6**: 832-833

[19] 马英丽，田振坤，苑春生，孟锐. 黄芪茎叶化学成分的研究. 沈阳药学院学报. 1991, **8**(2): 121-123, 136

[20] 徐明，胡秀萍，朱虹，吴樱樱，邝荔香，杨雁. 黄芪总提物的免疫调节作用. 中药药理与临床. 2005, **21**(3): 27-29

[21] 杨凤华，康成，李淑华，张德山. 黄芪水溶性黄酮类对小鼠细胞免疫功能的影响. 时珍国医国药. 2002, **13**(12): 718-719

[22] 焦艳，闻杰，于晓红，张德山. 膜荚黄芪茎叶总黄酮对小鼠细胞免疫功能的影响. 中国中西医结合杂志. 1999, **19**(6): 356-358

[23] 刘俊英，曾广仙，熊金蓉，代丽红，赵璐. 黄芪多糖对创伤应激小鼠胸腺、脾脏淋巴细胞中NF-κB mRNA与IL-10 mRNA表达影响的形态计量学研究. 中国体视学与图像分析. 2004, **9**(1): 21-24

[24] 王晓琴，赵玉铭，王雅坤，陈洪铎. 黄芪多糖对红斑狼疮小鼠6种抗磷脂抗体的影响. 中国免疫学杂志. 2004, **20**(8): 558-560

[25] 张必祺，孙坚，胡申江，单绮娴，夏强. 黄芪的内皮依赖性血管舒缩作用及其机制. 中国药理学与毒理学杂志. 2005, **19**(1): 44-48

[26] 徐世安，徐斌，陈晓慨，朱兵，王占明. 黄芪对肿瘤坏死因子介导大鼠缺血再灌注心肌细胞凋亡的作用. 中国新药与临床杂志. 2004, **23**(10): 671-674

[27] Y Wu, XS Shi, SS Wang, JP Ou-yang, CY Wen. Protective role of astragalus polysaccharide on endothelium cells induced by atherosclerosis. Chinese *Journal of Clinical Rehabilitation*. 2005, **9**(23): 238-240

[28] 邱永明，王黛. 黄芪改善缺血性脑损害的作用机制. 神经疾病与精神卫生. 2001, **1**(2): 55-56

[29] 夏星，N Dao. 黄芪多糖对丝裂霉素C (MMC)致骨髓抑制小鼠骨髓及脾脏造血祖细胞的生成作用的影响. 中国药理学通报. 2003, **19**(7): 812-814

[30] 翁玲, 刘学英, 刘彦, 张颖, 赵林爱, 邓筱玲. 黄芪多糖对小鼠骨髓及外周血造血干细胞的增殖及动员作用. 基础医学与临床. 2003, 23(3): 306-309

[31] 娄晓芬, 张炳华, 宋京, 刘彬, 邓筱玲. 黄芪多糖对有核细胞分泌造血细胞因子的影响. 中药新药与临床药理. 2003, 14(5): 310-312

[32] 刘星堦, 江明华, 俞正坤, 郑基蒙, 龚志铭, 张静华, 戴瑞鸿. 黄芪有效成分研究V·黄芪中清除超氧阴离子成分的分离和检测. 天然产物研究与开发. 1991, 3(4): 1-6

[33] 葛斌, 许爱霞, 杨社华. 黄芪多糖抗衰老作用机制的研究. 中国医院药学杂志. 2004, 24(10): 610-612

[34] 王润田, 单保恩, 李巧霞, 唐建发, 乔芳, 杜肖娜, 李宏, 叶静. 黄芪提取物免疫调节活性的体外实验研究. 中国中西医结合杂志. 2002, 22(6): 453-456

[35] 肖正明, 赵联合, 邱军, 董丽华, 宋景贵, 徐朝辉. 黄芪水提物对人肝癌细胞和瘤鼠免疫细胞的影响. 山东中医药大学学报. 2004, 28(2): 136-139

[36] 陈光, 臧文臣, 刘显清, 王庆国. 黄芪多糖对动物肿瘤细胞凋亡影响的研究. 中医药学报. 2002, 30(4): 55-56

[37] 姚金凤, 王志新, 张晓勇, 张瑞峰. 黄芪多糖对小鼠腹腔巨噬细胞免疫功能的调节作用研究. 河南大学学报(医学版). 2005, 24(1): 34-36

[38] 邹宇宏, 杨雁, 吴强, 陈敏珠, 张胜权. 黄芪提取物体外抗乙肝病毒作用. 安徽医科大学学报. 2003, 38(4): 267-269

[39] 张银娣, 沈建平, 朱树华, 黄大贶, 丁勇, 张晓林. 黄芪皂苷抗实验性肝损伤作用. 药学学报. 1992, 27(6): 401-406

[40] 王树海, 王文健, 汪雪峰, 陈伟华. 黄芪多糖和小檗碱对3T3-L1脂肪细胞糖代谢及细胞分化的影响. 中国中西医结合杂志. 2004, 24(10): 926-928

[41] 陈蔚, 刘芳, 俞茂华, 朱秋毓, 朱禧星. 黄芪多糖对NOD小鼠1型糖尿病的预防作用. 复旦学报(医学科学版). 2001, 28(1): 57-60

蒙古黄芪种植基地

| 菊 科 |

茅苍术 Maocangzhu CP, JP, VP

Atractylodes lancea (Thunb.) DC.
Swordlike Atractylodes

概 述

菊科 (Asteraceae) 植物茅苍术 *Atractylodes lancea* (Thunb.) DC., 其干燥根茎入药。中药名：苍术。

苍术属 (*Atractylodes*) 植物全世界约有 7 种，主要分布于亚洲东部地区。中国约有 5 种，本属现供药用者约 5 种。茅苍术分布于中国河南、山东、江苏、浙江、江西、湖北、四川等省，各地多有栽培。

"术"药用之名，始载于《神农本草经》，列为上品，但无白术、苍术之分。《本草经集注》按其形态、药材形状，将术分为白、赤两种，此两种与现今白术、苍术相吻合，但功用未分开。至《本草衍义》才明确将白术、苍术加以区分。《中国药典》（2005 年版）收载本种为中药苍术的法定原植物来源种之一。茅苍术主产于中国江苏、湖北、河南等地；浙江、安徽、江西也产。以江苏句容、河南桐柏所产质量较好。湖北省为茅苍术的主要产地，产量大。

苍术类药材主要含挥发油和倍半萜苷类成分，挥发油中苍术素是苍术类药材的特征性成分。《中国药典》也将苍术素作为中药苍术的定性检查指标。

药理研究表明，茅苍术具有抗胃溃疡、改善脾虚、促进肝蛋白合成、抗病毒、降血糖、抗炎、利尿等作用。

中医理论认为苍术具有燥湿健脾，祛风，解表等功效。

茅苍术 *Atractylodes lancea* (Thunb.) DC.

北苍术 *A. chinensis* (DC.) Koidz.

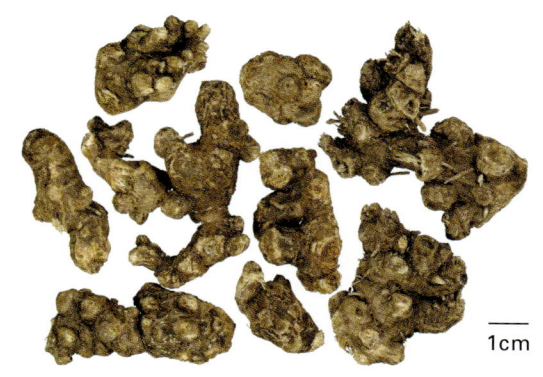

药材苍术 Rhizoma Atractylodis

1cm

化学成分

茅苍术的根茎含有挥发油，油中主要成分有苍术素 (atractylodin)、茅术醇 (hinesol)、苍术酮 (atractylon)、β-桉叶醇 (β-eudesmol)、榄香醇 (elemol) 等[1]。还含有乙酰氧基苍术酮 (acetoxyatractylon)、3β-羟基苍术酮 (3β-hydroxyatractylon)[2]、苍术素醇 (atractylodinol)、乙酰苍术素醇 (acetylatractylodinol)[3]等。另有文献报道道地茅苍术与非道地茅苍术相比，其总挥发油含量较低，但苍术酮和苍术素的含量极高，而茅术醇和β-桉叶醇的含量极低[4]。从茅苍术中还分得倍半萜苷类成分，即苍术苷A、B、C、D、E、F、G、H、I (atractylosides A-I)[5]、atractyloside A-14-O-β-D-fructofuranoside、(1S,4S,5S,7R,10S)-10,11,14-trihydroxyguai-3-one-11-O-β-D-glucopyranoside、(5R,7R,10S)-isopterocarpolone-β-D-glucopyranoside、cis-atractyloside I、(2R,3R,5R,7R,10S)-atractyloside G-2-O-β-D-glucopyranoside 和 (2E,8E)-2,8-decadiene-4,6-diyne-1,10-diol-1-O-β-D-glucopyranoside[6]、4(15),11-eudesmadiene 等；尚含有三萜类成分：3-乙酰基-β-香树脂素 (3-acetyl-β-amyrin) 和香豆素类成分：蛇床子素 (osthol)[7]。

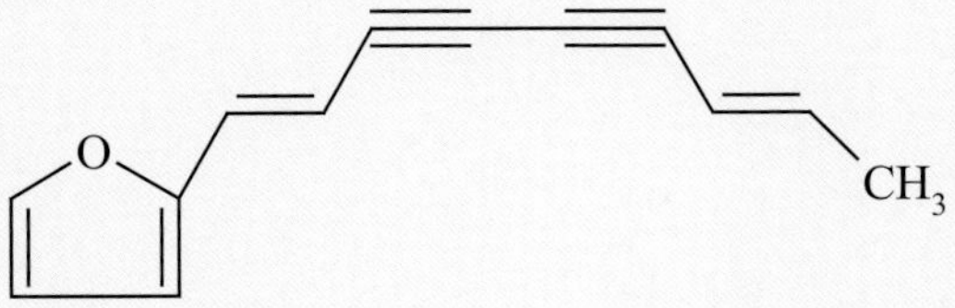

atractylodin

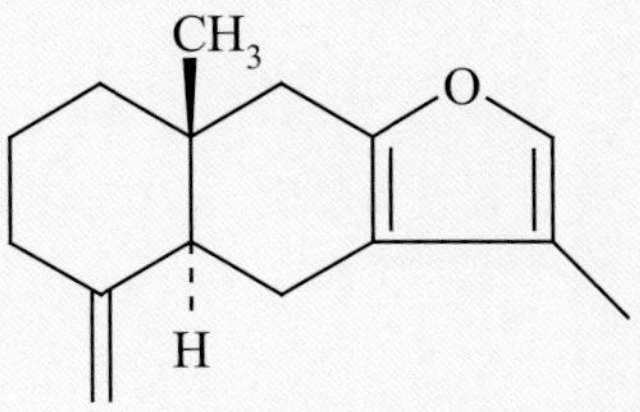

atractylon

药理作用

1. **对胃肠道的影响**
   茅苍术水提物和多炔类成分灌胃可使大鼠胃排空明显延迟，其中水提物延缓胃排空，多炔类成分对此活性有促进作用[8]。茅苍术甲醇提取物中的茅术醇和β-桉叶醇对幽门结扎大鼠的胃液分泌有极显著的抑制作用；β-桉叶醇灌胃可有效地抑制大鼠幽门结扎、组胺、阿司匹林等所致的胃溃疡，对组胺引起的胃酸分泌也表现出显著的抑制作用[9]。β-桉叶醇灌胃可显著促进正常小鼠的胃肠运动，对新斯的明负荷小鼠引起的胃肠运动加快有明显的拮抗作用，还可使脾虚模型小鼠体重上升、体征改善并且胃肠运动受抑制，直至趋于正常[10]。

2. **保肝**
   体外实验表明茅苍术提取物对四氯化碳、半乳糖胺造成的大鼠肝细胞毒性具有一定的保护作用，其有效成分为苍术酮、β-桉叶醇和茅术醇[11]。苍术酮对叔丁基过氧化氢所致体外培养的大鼠肝细胞损伤有保护作用，能减少丙二醛 (MDA) 生成，抑制乳酸脱氢酶 (LDH) 和丙氨酸转氨酶 (ALT) 细胞外渗出，修复受损的肝细胞DNA[12]。

3. **抗菌**
   茅苍术艾叶烟熏剂体外对肺炎球菌、流感杆菌、金黄色葡萄球菌、枯草杆菌和绿脓杆菌有明显灭菌作用[13]。茅苍术中酸性多糖对白色酵母感染的小鼠有明显的保护作用，可以延长小鼠存活时间[14]。

4. **抗缺氧**
   茅苍术丙酮提取物及β-桉叶醇灌胃能明显延长氰化钾中毒小鼠的存活时间，降低死亡率，具有较强的抗缺氧能力。茅苍术抗缺氧作用的主要活性成分为β-桉叶醇[15]。

5. **对神经系统的影响**
   β-桉叶醇能够通过降低小鼠重复性刺激引起的乙酰胆碱的再生释放对抗新斯的明诱导的神经肌肉障碍[16]。β-桉叶醇可以增强小鼠琥珀酰胆碱诱导的神经肌肉麻醉阻断作用，通过阻断烟碱的乙酰胆碱受体通道而起作用[17-19]。在研究β-桉叶醇结构中发现，其亚环己基衍生物也有增强琥珀酰胆碱诱导的神经肌肉麻醉阻断作用[20-21]，对不同取代基的亚环己基衍生物研究发现，酯基团取代的增强作用更明显[22]。

6. 抑制血管异常增生

β-桉叶醇在体外能抑制猪微血管内皮细胞和人脐静脉内皮细胞 (HUVEC) 的增殖，还可抑制成纤维细胞生长因子 (bFGF) 引起的 HUVEC 迁移以及基质胶中 HUVEC 的血管形成作用。体内实验表明β-桉叶醇显著抑制小鼠皮下埋植基质胶所致的血管增生和小鼠皮下肉芽肿[23]。

7. 其他

茅苍术煎液在大鼠血浆中的水解产物对黄嘌呤氧化酶有抑制作用，能促进黄嘌呤氧化酶的排泄[24]。茅苍术中的多糖成分能刺激骨髓细胞增殖[25]。茅苍术还具降血糖、镇静、中枢抑制、抗肿瘤等作用。

应用

本品为中医临床用药。功能：燥湿健脾，祛风湿，明目。主治：①湿滞中焦证；②风湿痹证；③外感风寒挟湿之表证；④夜盲症及眼目昏涩。

现代临床还用于急、慢性胃肠炎、佝偻病、湿疹、水肿等病的治疗。

评注

《中国药典》除茅苍术外，还收载北苍术 Atractylodes chinensis (DC.) Koidz. 为中药苍术的法定药用来源种。北苍术与茅苍术具有类似的药理作用，其化学成分也大致相同，主要含挥发油，多为多炔和萜类化合物。北苍术与茅苍术的区别主要表现为有效成分含量上的差异，茅苍术挥发油含量远高于北苍术。北苍术另含α-甜没药萜醇 (α-bisabolol)[1, 26-29]。

茅苍术又称南苍术，主产于中国江苏，因产于江苏句容茅山而得名；北苍术主产于河北、山西、陕西等中国北方地区。传统认为，在药材质量上茅苍术优于北苍术。

茅苍术的根约占地下部分总重的 20%，长期以来产地加工时均作为杂质而去除。有实验表明茅苍术根中挥发油含量虽比根茎低，但薄层层析斑点和色谱峰基本一致，因此可考虑将茅苍术的根和根茎一并入药，并适当增加剂量[30]。

茅苍术除作药用以外，也是一种非常有效的空气消毒剂。它具有杀菌作用强、效果维持时间长、气味芳香、使用得当无刺激性、对人体无毒。因此，在特殊条件下，如在危重病房、烧伤病房、产科和母婴同室病房等患者移动不方便情况下，或洁净室、仪器室等设施和管线应避免酸性环境腐蚀的情况下，使用茅苍术进行空气消毒有一定的优越性。

参考文献

[1] 吉力，敖平，潘炯光，杨京玉，杨健，胡世林. 苍术挥发油的气相色谱-质谱联用分析. 中国中药杂志. 2001, 26(3): 182-185

[2] Y Nisikawa, Y Watanabe, T Seto, I Yasuda. Studies on the components of Atractylodes. I. New sesquiterpenoids in the rhizome of Atractylodes lancea De Candolle. Yakugaku Zasshi. 1976, 96(9): 1089-1093

[3] M Resch, J Heilmann, A Steigel, R Bauer. Further phenols and polyacetylenes from the rhizomes of Atractylodes lancea and their anti-inflammatory activity. Planta Medica. 2001, 67(5): 437-442

[4] 郭兰萍，刘俊英，吉力，黄璐琦. 茅苍术道地药材的挥发油组成特征分析. 中国中药杂志. 2002, 27(11): 814-819

[5] S Yahara, T Higashi, K Iwaki, T Nohara, N Marubayashi, I Ueda, H Kohda, K Goto, H Izumi. Studies on the constituents of Atractylodes lancea. Chemical & Pharmaceutical Bulletin. 1989, 37(11): 2995-3000

[6] J Kitajima, A Kamoshita, T Ishikawa, A Takano, T Fukuda, S Isoda, Y Ida. Glycosides of Atractylodes lancea. Chemical & Pharmaceutical Bulletin. 2003, 51(6): 673-678

[7] VM Chau, VK Phan, TH Hoang, JJ Lee, YH Kim. Terpenoids and coumarin from Atractylodes lancea growing in Vietnam. Tap Chi

Hoa Hoc. 2004, **42**(4): 499-502

[8] Y Nakai, T Kido, K Hashimoto, Y Kase, I Sakakibara, M Higuchi, H Sasaki. Effect of the rhizomes of *Atractylodes lancea* and its constituents on the delay of gastric emptying. *Journal of Ethnopharmacology*. 2003, **84**(1): 51-55

[9] M Nogami, T Moriura, M Kubo, T Tani. Studies on the origin, processing and quality of crude drugs. II. Pharmacological evalution of the Chinese crude drug "Zhu" in experimental stomach ulcer. (2). Inhibitory effect of extract of *Atractylodes lancea* on gastric secretion. *Chemical & Pharmaceutical Bulletin*. 1986, **34**(9): 3854-3860

[10] 王金华，薛宝云，梁爱云，王岚，付梅红，叶祖光. 苍术有效成分β-桉叶醇对小鼠小肠推进功能的影响. 中国药学杂志. 2002, **37**(4): 266-268

[11] Y Kiso, M Tohkin, H Hikino. Antihepatotoxic principles of Atractylodes rhizomes. *Journal of Natural Products*. 1983, **46**(5): 651-654

[12] JM Hwang, TH Tseng, YS Hsieh, FP Chou, CJ Wang, CY Chu. Inhibitory effect of atractylon on tert-butyl hydroperoxide induced DNA damage and hepatic toxicity in rat hepatocytes. *Archives of Toxicology*. 1996, **70**(10): 640-644

[13] 王本祥. 现代中药药理学. 天津：天津科学技术出版社. 1997: 517-520

[14] N Inagaki, Y Komatsu, H Sasaki, H Kiyohara, H Yamada, H Ishibashi, S Tansho, H Yamaguchi, S Abe. Acidic polysaccharides from rhizomes of *Atractylodes lancea* as protective principle in Candida-infected mice. *Planta Medica*. 2001, **67**(5): 428-431

[15] 李育浩，梁颂名，山原条二. 苍术的抗缺氧作用及其活性成分. 中药材. 1991, **14**(6): 41-43

[16] LC Chiou, CC Chang. Antagonism by beta-eudesmol of neostigmine-induced neuromuscular failure in mouse diaphragms. *European Journal of Pharmacology*. 1992, **216**(2): 199-206

[17] H Nojima, I Kimura, M Kimura. Blocking action of succinylcholine with beta-eudesmol on acetylcholine-activated channel activity at endplates of single muscle cells of adult mice. *Brain Research*. 1992, **575**(2): 337-340

[18] M Muroi, K Tanaka, I Kimura, M Kimura. Beta-eudesmol (a main component of *Atractylodes lancea*)-induced potentiation of depolarizing neuromuscular blockade in diaphragm muscles of normal and diabetic mice. *Japanese Journal of Pharmacology*. 1989, **50**(1): 69-71

[19] M Kimura, H Nojima, M Muroi, I Kimura. Mechanism of the blocking action of beta-eudesmol on the nicotinic acetylcholine receptor channel in mouse skeletal muscles. *Neuropharmacology*. 1991, **30**(8): 835-841

[20] M Kimura, K Tanaka, Y Takamura, H Nojima, I Kiumra, S Yano, M Tanaka. Structural components of beta-eudesmol essential for its potentiating effect on succinylcholine-induced neuromuscular blockade in mice. *Biological & Pharmaceutical Bulletin*. 1994, **17**(9): 1232-1240

[21] M Kimura, I Kimura, M Muroi, K Tanaka, H Nojima, T Uwano. Different modes of potentiation by beta-eudesmol, a main compound from *Atractylodes lancea*, depending on neuromuscular blocking actions of p-phenylene-polymethylene bis-ammonium derivatives in isolated phrenic nerve-diaphragm muscles of normal and alloxan-diabetic mice. *Japanese Journal of Pharmacology*. 1992, **60**(1): 19-24

[22] M Kimura, PV Diwan, S Yanagi, Y Kon-no, H Nojima, I Kimura. Potentiating effects of beta-eudesmol-related cyclohexylidene derivatives on succinylcholine-induced neuromuscular block in isolated phrenic nerve-diaphragm muscles of normal and alloxan-diabetic mice. *Biological & Pharmaceutical Bulletin*. 1995, **18**(3): 407-410

[23] H Tsuneki, El Ma, S Kobayashi, N Sekizaki, K Maekawa, T Sasaoka, MW Wang, I Kimura. Antiangiogenic activity of beta-eudesmol in vitro and in vivo. *European Journal of Pharmacology*. 2005, **512**(2-3): 105-115

[24] T Sakurai, H Yamada, K Saito, Y Kano. Enzyme inhibitory activities of acetylene and sesquiterpene compounds in atractylodes rhizome. *Biological & Pharmaceutical Bulletin*. 1993, **16**(2): 142-145

[25] KW Yu, H Kiyohara, T Matsumoto, HC Yang, H Yamada. Intestinal immune system modulating polysaccharides from rhizomes of *Atractylodes lancea*. *Planta Medica*. 1998, **64**(8): 714-719

[26] I Yosioka, T Nishino, T Tani, I Kitagawa. The constituents on the rhizomes of *Atractylodes lancea* DC var. chinensis Kitamura ("Jin-changzhu") and Atractylodes ovata DC ("Chinese baizhu"). The gas chromatographic analysis of the crude drug "zhu". *Yakugaku zasshi*. 1976, **96**(10): 1229-1235

[27] Y Nishikawa, I Yasuda, Y Watanabe, T Seto. Studies on the components of Atractylodes. II. New polyacetylenic compounds in the rhizome of *Atractylodes lancea* De Candolle var. chinensis Kitamura. *Yakugaku Zasshi*. 1976, **96**(11): 1322-1326

[28] 李霞，王金辉，李铣，梁大连. 北苍术化学成分的研究I. 沈阳药科大学学报. 2002, **19**(3): 178-180

[29] 李霞，王金辉，孟大利，李铣. 麸炒北苍术的化学成分. 沈阳药科大学学报. 2003, **20**(3): 173-175

[30] 王玉玺，李汉保，周继红. 苍术的质量研究-茅苍术根和根茎中挥发油的比较. 中国中药杂志. 1991, **16**(7): 393-394

菊 科

白术 Baizhu ^{CP, VP}

Atractylodes macrocephala Koidz.
Largehead Atractylodes

概述

菊科 (Asteraceae) 植物白术 *Atractylodes macrocephala* Koidz., 其干燥根茎入药。中药名：白术。

苍术属 (*Atractylodes*) 植物全世界约有 7 种，主要分布于亚洲东部地区。中国约有 5 种，本属现供药用者约 5 种。本种在中国中部和南方各省区多有野生或栽培。

"术"药用之名，始载于《神农本草经》，列为上品，但无白术、苍术之分。《本草经集注》按其形态及药材性状，将术分为白、赤两种，此两种与现今白术、苍术相吻合，但功用未分开。至《本草衍义》才明确将白术、苍术加以区分。中国从古至今作中药白术入药者均为本种。《中国药典》(2005 年版) 收载本种为中药白术的法定原植物来源种。白术野生种已少见，现中国各地多有栽培。主产于浙江、安徽、湖南一带，其中以浙江栽培数量较大。

苍术属植物的地下部分含有以倍半萜为主的挥发油成分。白术中所含的芹烷二烯酮为白术区别于苍术属其他药用植物的特征性成分。《中国药典》以药材性状、显微特征、薄层色谱鉴别等来控制药材的质量。

药理研究表明，白术具有利尿、双向调节胃肠系统功能、抗炎、抗肿瘤等作用。

中医理论认为白术具有健脾益气，燥湿利水等功效。

白术 *Atractylodes macrocephala* Koidz.

药材白术 Rhizoma Atractylodis Macrocephalae

1cm

化学成分

白术根茎主含挥发油，主要成分为α-及β-葎草烯 (humulene)、α-姜黄烯(α-curcumene)、β-榄香油醇 (β-elemol)、苍术酮 (atractylone)、3β-乙酰氧基苍术酮 (3β-acetoxyatractylone)、芹子二烯酮 [selina-4(14),7(11)-dien-8-one]、苍术醇(hinesol)、苍术素 (atractylodin)[1]。近年又在挥发油中分离到1,7,7-三甲基双环[2.2.1]庚-5-烯-2-醇、2,3,5,5,8,8-六甲基-环辛-1,3,6三烯等[2]。另含倍半萜内酯化合物白术内酯I、II、III、IV (atractylenolides I-IV)[3]、atractylenolactam[4]、beishulenolide A、peroxiatractylenolide III[5]等和一种类型较为罕见的完全对称的双倍半萜化合物双表白术内酯 (biepiasterolide)[6]。还含有白术多糖 AMP-1等[7]。

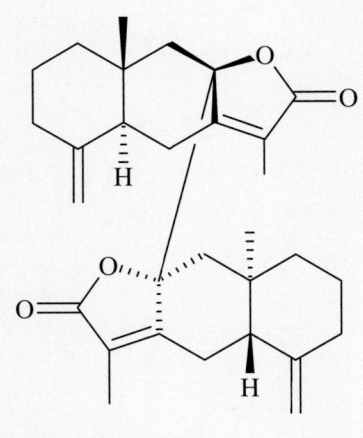
biepiasterolide

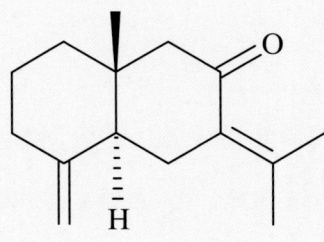
selina-4(14),7(11)-dien-8-one

药理作用

1. **对消化系统的影响**

   白术对胃肠系统有双向调节作用，白术煎剂灌胃能明显促进小鼠胃排空及小肠的推进功能[8]，但白术丙酮提取物能抑制大鼠胃排空，对小鼠小肠输送功能有促进作用[9]；白术醋酸乙酯提取物能促进胆汁分泌；白术挥发油、丙酮提取物和有效成分苍术酮能抑制大鼠应激性胃溃疡。

2. **利尿**

   白术水煎剂和流浸膏给大鼠、兔、犬等灌服或静脉注射，均有明显且持久的利尿作用，并能促进钠的排出。它不影响神经垂体后叶激素的抗利尿作用，而是通过减少电解质的再吸收和氨的排出，提高 pH 值产生利尿作用。

3. **抗肿瘤**

   白术挥发油灌胃对小鼠移植性肿瘤肝癌 H22 及肉瘤 S_{180} 有显著抑制作用[10]，可能是通过调控肿瘤凋亡，抑制基因 bcl-2 的表达而实现抑瘤作用[11]。白术甲醇提取物还能诱导人淋巴瘤细胞 Jurkat T、白血病细胞 U937 和 HL-60 凋亡[12]。白术能降低瘤细胞的增殖率，减低瘤组织的侵袭性，提高机体抗肿瘤反应能力，并对瘤细胞有细胞毒作用[13]。其中所含的白术内酯 I 可显著降低细胞因子白介素1 (IL-1)、肿瘤坏死因子α(TNF-α)以及尿中蛋白水解诱导因子 (PIF) 的水平[14]。此外，白术多糖 AMP-1 也具有抗肿瘤活性[7]。

4. **解痉**

   白术挥发油中倍半萜内酯能明显降低大鼠离体子宫收缩及离体回肠自发运动，使收缩力降低，能抑制乙酰胆碱 (Ach)、组胺、$CaCl_2$、新斯的明 (neostigmine) 所致大鼠离体回肠痉挛，其作用机理与胆碱受体及 Ca^{2+} 的抑制有关[15-16]。

菊 科

白术 Baizhu

5. 抗衰老、抗氧化

白术水煎剂灌服多日可明显增强老龄大鼠心肌 Na^+, K^+ - ATP 酶的活性，其机理可能与血清总抗氧化能力 (TAA) 的提高有关[17]。白术水煎剂和白术多糖灌胃能显著提高小鼠脑和肝的超氧化物歧化酶 (SOD) 活力，降低脑及肝中丙二醛 (MDA) 和脑中脂褐素 (LPF) 的含量，提示白术多糖是白术抗氧化作用的主要成分[18]。

6. 调节腹膜孔开放

以扫描电镜和电脑图像处理观察结果表明，白术水煎液腹腔注射能显著扩张小鼠腹膜孔，并使腹膜孔开放数目增加，平均分布密度明显增高，这可能是白术消除腹水的机理[19-20]。

7. 其他

白术还有增强机体免疫功能[21]、降血糖、降血脂[22]、抗炎[23]、抗白色念珠菌[24]等作用。

应用

本品为中医临床用药。功能：补气健脾，燥湿利水，止汗，安胎。主治：①脾胃气虚，运化无力，食少便溏，脘腹胀满，肢软神疲等证；②脾虚水停，而为痰饮，水肿，小便不利；③脾虚气弱，肌表不固而汗多；④脾虚气弱，胎动不安。

现代临床还用于肠易激综合征、妊娠呕吐、风湿性关节炎等病的治疗。

评注

中国古今作中药白术用的原植物均为本种。但日本和朝鲜历来将其本土生长的关苍术 *Atractylodes japonica* Koidz. ex Kitam. 的根茎作白术药用。白术与关白术植物形态相近，主要化学成分及药理作用也较为接近，关苍术资源在中国较为丰富。白术在中、朝、日之间的用药习惯不同，值得做进一步的比较研究。

参考文献

[1] 张强，李章万．白术挥发油成分的分析．华西药学杂志．1997，**12**(2)：119-120

[2] 邱琴，崔兆杰，刘廷礼，张善东．白术挥发油化学成分的GC-MS研究．中草药．2002，**33**(11)：980-981，1001

[3] 黄宝山，孙建枢，陈仲良．白术内酯IV的分离鉴定．植物学报．1992，**34**(8)：614-617

[4] ZL Chen, WY Cao, GX Zhou, M Wichtl. A sesquiterpene lactam from *Artractylodes macrocephala*. *Phytochemistry*. 1997, **45**(4): 765-767

[5] QF Zhang, SD Luo, HY Wang. Two new sesquiterpenes from *Atractylodes macrocephala*. *Chinese Chemical Letters*. 1998, **9**(12): 1097-1100

[6] 王保德，余也华，滕宁宁，蒋山好，朱大元．双表白术内酯的结构鉴定．化学学报．1999，**57**：1022-1025

[7] JJ Shan, W Ke, JE Deng, GY Tian. Structural elucidation and antitumor activity of polysaccharide AMP-1 from *Atractylodes macrocephala* K. *Chinese Journal of Chemistry*. 2003, **21**(1): 87-90

[8] 李岩，孙思予，周卓．白术对小鼠胃排空及小肠推进功能影响的实验研究．辽宁医学杂志．1996，**10**(4)：186

[9] 李育浩，梁颂名，山原条二，谷口久美子．白术对胃肠功能的影响．中药材．1991，**14**(9)：38-40

[10] 王翕，刘玉瑛，史天良，张鸿翔，杨广文．白术挥发油抗实体瘤的作用研究．中国药物与临床．2002，**2**(4)：239-240

[11] 郑广娟．白术对小鼠S180肉瘤的抑瘤作用及肿瘤凋亡相关基因bcl-2表达的影响．生物医学工程研究．2003，**22**(3)：48-50

[12] HL Huang, CC Chen, CY Yeh, Huang RL. Reactive oxygen species mediation of Baizhu-induced apoptosis in human leukemia cells. *Journal of Ethnopharmacology*. 2005, **97**(1): 21-29

[13] 刘思贞，邵玉芹，祝希娴．白术药理研究新进展．时珍国医国药．1999，**10**(8)：634-635

[14] 刘映，叶峰，邱根全，章梅，王锐，何群英，蔡云．白术内酯I对肿瘤恶病质患者细胞因子和肿瘤代谢因子的影响．第一军医大学学报．2005，**25**(10)：1308-1311

[15] YQ Zhang, SB Xu, YC Lin, Q Li, X Zhang, YR Lai. Antagonistic effects of 3 sesquiterpene lactones from *Atractylodes macrocephala* Koidz on rat uterine contraction in vitro. *Acta Pharmacologica Sinica*. 2000, **21**(1): 91-96

[16] 张弈强,许实波,林永成. 白术内酯系列物的胃肠抑制作用. 中药材. 1999, **22**(12): 636-640

[17] 欧芹,江旭东,王桂杰,魏晓东,白晶. 白术水煎剂灌服对老龄大鼠心肌Na$^+$, K$^+$-ATPase和血清TAA的影响. 黑龙江医药科学. 2001, **24**(2): 1, 3

[18] 徐丽珊,金晓玲,邵邻相. 白术及白术多糖对小鼠学习记忆和抗氧化作用的影响. 科技通报. 2003, **19**(6): 513-515

[19] 李继承,吕志连,石元和,沈毅,陈一芳. 腹膜孔的药物调节和计算机图像处理. 中国医学科学院学报. 1996, **18**(3): 219-223

[20] 吕志连,李继承,石元和,陈汉民. 白术党参黄芪对小鼠腹膜孔调控作用的实验观察. 中医杂志. 1996, **37**(9): 560-561

[21] 彭新国,邱世翠,李彩玉,张群. 白术对小鼠免疫功能影响的实验研究. 时珍国医国药. 2001, **12**(5): 396-397

[22] 许长照,张瑜瑶. 祁白术治疗脾虚证小鼠对消化器官组化和超微结构的影响. 中国中西医结合消化杂志. 2001, **9**(5): 268-271

[23] JM Prieto, MC Recio, RM Giner, S Manez, EM Giner-Larza, JL Rios. Influence of traditional Chinese anti-inflammatory medicinal plants on leukocyte and platelet functions. *Journal of Pharmacy and Pharmacology*. 2003, **55**(9): 1275-1282

[24] 焦新生,刘朝奇,韩莉,万福珠. 黄芪和白术对感染白色念珠菌的荷瘤鼠作用的实验研究. 上海免疫学杂志. 1995, **15**(5): 313

菊科

木香 Muxiang CP, JP, KHP

Aucklandia lappa Decne.
Common Aucklandia

概述

菊科 (Asteraceae) 植物木香 *Aucklandia lappa* Decne. [*Saussurea lappa* (Decne.) C.B. Clarke]，其干燥根入药。中药名：木香。

风毛菊属 (*Saussurea*) 植物全世界约 400 种，分布于欧洲和亚洲。中国有约 264 种及众多变种，遍布全国各地。中国本属已供药用者约 39 种。本种原产于印度、喀什米尔等地，在中国四川、云南、广西、贵州、陕西、甘肃、湖南、广东、西藏各省区均有栽培。

"木香"药用之名，始载于《神农本草经》，列为上品。历代本草多有著录。因本种自古以来多经广州进口，故有"广木香"之称，后在云南大量引种，故又称之为"云木香"。现时保存在日本正仓院的唐代木香，即为此种。《中国药典》（2005 年版）收载本种作为中药木香的法定原植物来源种。主要栽培于中国云南丽江、迪庆、大理，四川涪陵等地。此外，湖南、湖北等地也产。

木香主要活性成分为倍半萜、倍半萜内酯类成分。《中国药典》采用高效液相色谱法进行含量测定，规定木香烯内酯和去氢木香内酯的总量不得少于 1.8%，以控制药材质量。

药理研究表明，木香具有健胃、利胆、解痉、降血压、抗菌等作用。

中医理论认为木香具有行气止痛，调中导滞等功效。

木香 *Aucklandia lappa* Decne.

药材木香 Radix Aucklandiae

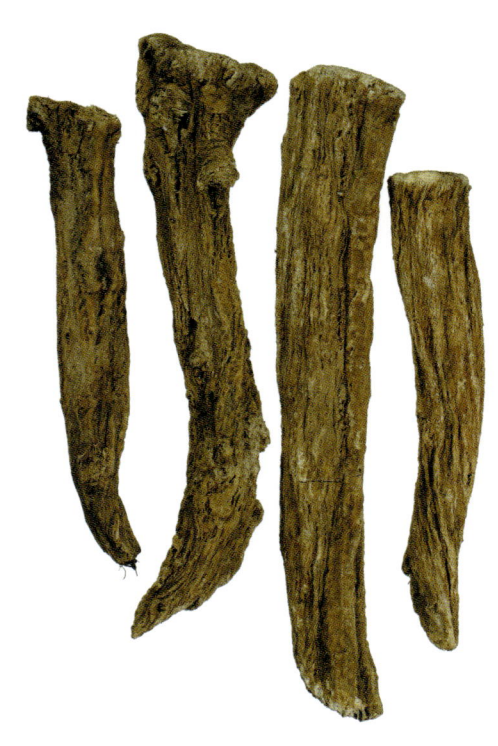

1cm

化学成分

木香的根含挥发油,油中主要成分为倍半萜内酯类成分:木香烯内酯(costunolide)、去氢木香内酯(dehydrocostuslactone)、二氢木香内酯(dihydrocostuslactone)、α-环木香烯内酯(α-cyclocostunolide)、β-环木香烯内酯(β-cyclocostunolide)、土木香内酯(alantolactone)、异土木香内酯(isoalantolactone)[1]、氢化去氢木香内酯(hydrodehydrocostuslactone)[2]、11,13-环氧去氢木香内酯(11,13-epoxydehydrocostuslactone)、11,13-环氧-3-氧代去氢木香内酯(11,13-epoxy-3-ketodehydrocostuslactone)、11,13-环氧异中美菊素(11,13-epoxyisozaluzanin C)[3]、4β-甲氧基去氢木香内酯(4β-methoxydehydrocostuslactone)[4]、珊塔玛内酯(santamarine)、瑞诺木素(reynosin)、木兰内酯(magnolialide)、矮艾素A(arbusculin A)[5]、二氢去氢木香内酯(dihydrodehydrocostuslactone)[6]等;还含有倍半萜类成分:木香酸(costic acid)、异木香酸(isocostic acid)[5]、一氧代丁香烯(caryophyllene monooxide)[2]、桉叶烯(selinene)、木香醇(costol)、costal、芳姜黄烯(ar-curcumene)[7]、吉马烯A(germacrene A)[8];三萜类成分:木栓酮(friedelin)[2]、白桦脂醇(betulin)[9];苯丙醇苷类成分:紫丁香苷(syringin)[10]。另含单紫杉烯(aplotaxene)[6]、氯原酸(chlorogenic acid)[10]、孕甾烯醇酮(pregnenolone)[11]、云木香胺A、B(saussureamines A-B)[12]等成分。

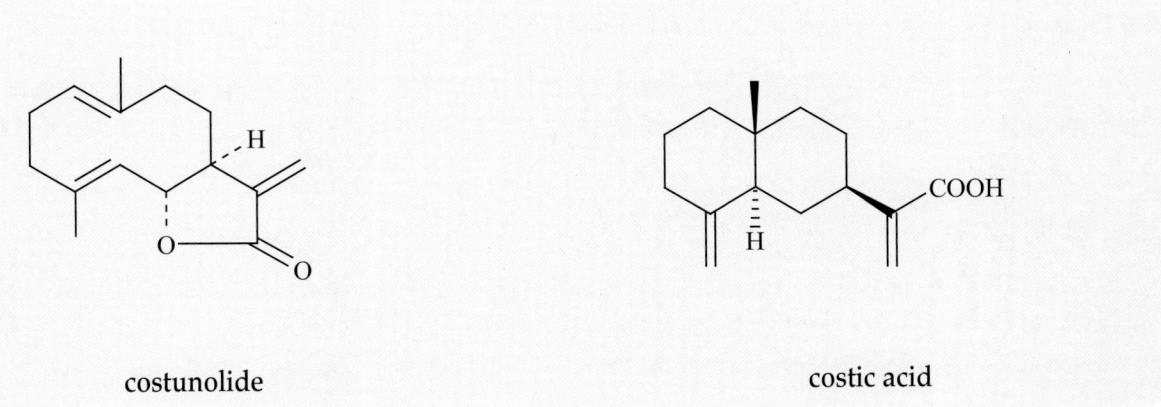

costunolide   costic acid

药理作用

1. **健胃**
   木香水煎液灌胃可明显增强正常小鼠的胃排空作用,改善大鼠左旋精氨酸(L-Arg)所致的胃排空障碍[13];此外,木香水煎液灌胃还可促进犬生长抑素的分泌,有益于消化性溃疡的治疗[14]。木香丙酮提取物灌胃对盐酸-乙醇所致的大鼠急性胃黏膜损伤有显著的拮抗作用[15]。

2. **利胆**
   犬在服用木香水煎液后,胆囊可出现明显的收缩[16];木香醇提物给大鼠灌胃后,胆汁流量增加,利胆作用显著[17],其主要活性成分为木香烯内酯和去氢木香内酯[18]。

3. **抗炎**
   木香醇提取物给小鼠灌胃对巴豆油所致的耳廓炎性肿胀以及角叉菜胶所致的足趾肿胀均有较好的抑制作用[17]。

4. **抗菌**
   体外实验表明木香对串珠链孢菌、茄病镰孢菌、黄曲霉菌等角膜致病菌有良好的抗菌作用[19],主要是通过破坏真菌的细胞壁、线粒体等细胞器来破坏菌丝细胞,达到抗菌效果[20]。

5. 抗氧化

木香提取物可显著降低二苯代苦味酰肼 (DPPH) 自由基的含量，减少脂质过氧化反应，抑制超氧自由基和一氧化氮 (NO) 的形成，其抗氧化作用可能与所含的绿原酸有关[21]。木香甲醇提取物所含的木香烯内酯、去氢木香内酯和云木香胺 A、B 对脂多糖活化的小鼠腹膜巨噬细胞中诱生型一氧化氮合酶以及与热休克蛋白 72 (HSP72) 诱导相关的核因子 B (NF－κB) 活性均有抑制作用[12]。

应用

本品为中医临床用药。功能：行气，止痛，消胀。主治：①脾胃气滞；②泻痢里急后重；③腹痛胁痛，黄疸。

现代临床还用于腹胀肠鸣、食欲不振、腹痛、痢疾、肝胆疼痛等病的治疗。

评注

中药木香的拉丁学名，在《中国药典》、《中华本草》等中药专著文献均使用 *Aucklandia lappa* Decne.，并将 *Saussurea lappa* (Decne.) C. B. Clarke 作为异名。《中国植物志》第七十八卷第二分册（1999 年）将其合并归入风毛菊属 (*Saussurea*) 中，以 *S. costus* (Falc.) Lipsch. 作为拉丁学名。

迄今为止，对木香的开发利用主要是药用和香料两个方面。在药用方面，多以根茎直接用作药材；在香料方面，主要生产木香油和浸膏，或以原材料直接出口。木香在中国产量大，且所含化学成分丰富，具有较广泛的生物活性。

参考文献

[1] SV Govindan, SC Bhattacharyya. Alantolides and cyclocostunolides from *Saussurea lappa* Clarke (costus root). *Indian Journal of Chemistry, Section B: Organic Chemistry Including Medicinal Chemistry*. 1977, **15B**(10): 956-957

[2] SB Mathur. Composition of Punjab costus root oil. *Phytochemistry*. 1972, **11**(1): 449-450

[3] BR Chhabra, S Gupta, M Jain, PS Kalsi. Sesquiterpene lactones from *Saussurea lappa*. *Phytochemistry*. 1998, **49**(3): 801-804

[4] IP Singh, KK Talwar, JK Arora, BR Chhabra, PS Kalsi. A biologically active guaianolide from *Saussurea lappa*. *Phytochemistry*. 1992, **31**(7): 2529-2531

[5] 杨辉，谢金伦，孙汉董. 云木香化学成分研究I. 云南植物研究. 1997, **19**(1): 85-91

[6] 祝璇，徐国钧，金蓉鸾，徐珞珊，李兆琳，薛敦渊，陈宁. 闪蒸—毛细管气相色谱—质谱法鉴定中药木香类的成分. 中国药科大学学报. 1990, **21**(3): 159-162

[7] B Maurer, A Grieder. Sesquiterpenoids from costus root oil (*Saussurea lappa* Clarke). *Helvetica Chimica Acta*. 1977, **60**(7): 2177-2190

[8] JW de Kraker, MC Franssen, A de Groot, T Shibata, HJ Bouwmeester. Germacrenes from fresh costus roots. *Phytochemistry*. 2001, **58**(3): 481-487

[9] 尹宏权，齐秀兰，华会明，裴月湖. 云木香化学成分研究. 中国药物化学杂志. 2005, **15**(4): 217-220

[10] 李硕，胡立宏，楼凤昌. 云木香化学成分研究. 中国天然药物. 2004, **2**(1): 62-64

[11] 杨辉，谢金伦，孙汉董. 云木香化学成分研究II. 云南植物研究. 1997, **1**(1): 92-96

[12] H Matsuda, I Toguchida, K Ninomiya, T Kageura, T Morikawa, M Yoshikawa. Effects of sesquiterpenes and amino acid-sesquiterpene conjugates from the roots of *Saussurea lappa* on inducible nitric oxide synthase and heat shock protein in lipopolysaccharide-activated macrophages. *Bioorganic & Medicinal Chemistry*. 2003, **11**(5): 709-715

[13] 张国华，王贺玲. 木香对胃肠运动作用的影响及机制研究. 中国现代实用医学杂志. 2004, **3**(13): 24-26

[14] 陈少夫，潘丽丽，李岩，孙素云，李宇权，富永明. 木香对犬的胃酸及血清胃泌素、血浆生长抑素浓度的影响. 中医药研究. 1998, **14**(5): 46-48

[15] 应军，罗小萍. 木香对大鼠急性胃黏膜损伤的拮抗作用. 中药材. 1999, **22**(10): 526-527

[16] 刘敬军，郑长青，周卓，牛富玉．广金钱草、木香对犬胆囊运动及血浆CKK含量影响的实验研究．中华医学研究杂志．2003，3(5)：404-405

[17] 邵芸，黄芳，王强，窦昌贵．木香醇提取物的抗炎利胆作用．江苏药学与临床研究．2005，13(4)：5-6

[18] 王永兵，王强，毛富林，张玉凤，黄芳，窦昌贵．木香的药效学研究．中国药科大学学报．2001，32(2)：146-148

[19] 刘翠青，陈联群，张荣梅，王锦，王桂荣，杨福江．木香等中药乙醚提取物抗角膜真菌作用研究．中华实用中西医杂志．2005，18(8)：1216-1217

[20] 刘翠青，陈联群，张荣梅，王锦，田新利．木香乙醚提取部分抗角膜真菌的电镜观察．中华实用中西医杂志．2005，18(19)：1162-1163

[21] MM Pandey, R Govindarajan, AKS Rawat, P Pushpangadan. Free radical scavenging potential of *Saussurea costus*. India Acta Pharmaceutica. 2005，55(3)：297-304

木耳 Mu'er

Auricularia auricula (L. ex Hook.) Underw.
Jew's Ear

概述

木耳科 (Auriculariaceae) 真菌木耳 *Auricularia auricula* (L. ex Hook.) Underw.，其干燥子实体入药。中药名：木耳。

"木耳"药用之名，始载于《神农本草经》。木耳主产于中国四川和福建，中国大部分地区均产。

木耳的主要活性成分为多糖类化合物，其他还含麦角甾醇、卵磷脂、脑磷脂等[1]。木耳是营养价值很高的保健食用菌。

药理研究表明，木耳具有抗凝血、抗血栓、提高机体免疫功能、降血脂、抗衰老等作用。

中医理论认为木耳具有补气养血，润肺止咳，止血，降血压，抗癌等功效。

木耳 *Auricularia auricula* (L. ex Hook.) Underw.

毛木耳 A. polytricha (Mont.) Sacc.

药材木耳 Fructificatio Auriculariae Auriculae

1cm

化学成分

木耳子实体含多糖类成分，为木耳的主要活性成分，包括：木耳多糖 (auricularia auricula polysaccharide)、黑木耳酸性多糖 (FII) [acidic polysaccharide (FII)][2]、WEA II[3]、D-葡聚糖A、C、E (D-glucans A, C, E)、酸性杂多糖B、D (acidic heteropolysaccharides B, D)[4]；还含麦角甾醇 (ergosterol)、原维生素D_2 (provitamin D_2)、黑刺菌素 (ustilaginoidin)、卵磷脂 (lecithin)、脑磷脂 (cephalin)[1]等；尚含氨基酸 (amino acids)、蛋白质 (protein)、多种维生素等营养成分。木耳菌丝体还含外多糖 (exopolysaccharide)[5]。

药理作用

1. **抗衰老**
   木耳多糖给小鼠腹腔注射，可延长小鼠的平均游泳时间，增强小鼠的抗疲劳能力，能明显抑制小鼠离体脑中单胺氧化酶 B (MAO-B) 活性；还能增加果蝇的飞翔能力，明显延长果蝇的平均寿命[6]。

2. **升高白细胞**
   木耳酸性杂多糖给小鼠腹腔注射，有明显促进白细胞增加的作用[7]；此外，木耳多糖腹腔注射对环磷酰胺引起的小鼠白细胞下降也有很好的抑制作用[8]。

3. **促进免疫及抗肿瘤**
   木耳冲剂灌胃能明显提高小鼠的特异性抗体形成细胞数量和高脂血症家兔免疫球蛋白 G (IgG) 含量，对动物的体液免疫有明显的促进作用[9]。木耳多糖腹腔注射还能提高荷瘤小鼠淋巴细胞的增殖、白介素 2 (IL-2) 的产生和淋巴细胞内钙离子浓度，全面提高其细胞免疫功能，使小鼠生存时间延长，通过调节机体免疫产生抗肿瘤作用[10]。

4. **抗凝血**

   木耳煎剂给大鼠灌胃，能延长白陶土部分凝血酶时间，提高血浆抗凝血酶 III (AT-III) 活性，有明显的抗凝血作用[11]。木耳多糖静脉注射、腹腔注射或灌胃，均可明显延长小鼠的凝血时间[12]。

5. **抗血小板聚集**

   木耳酸性多糖大鼠口服给药可显著抑制阿司匹林引起的血小板聚集[13]。木耳菌丝体醇提取物在体外可显著抑制二磷酸腺苷 (ADP) 诱导大鼠的血小板聚集，且呈剂量依赖性；木耳菌丝体醇提取物给大鼠灌胃或于腿内侧静脉注射同样具有抑制 ADP 诱导血小板聚集的作用[14]。

6. **抗血栓形成**

   木耳多糖给兔灌胃，可明显延长特异性血栓及纤维蛋白血栓的形成时间，缩短血栓长度，减轻血栓湿重和乾重，减少血小板数量，降低血小板黏附率和血液黏度，还可明显缩短豚鼠优球蛋白溶解时间，降低血浆纤维蛋白元含量，升高纤溶酶活性，具有明显的抗血栓作用[15]。

7. **降血脂及抗动脉粥样硬化**

   木耳多糖经口给药能明显降低高胆固醇兔血中血清总胆固醇 (TC)、三酰甘油 (TG) 和低密度脂蛋白 (LDL) 的含量，升高高密度脂蛋白 (HDL) 含量，减少脂质过氧化产物丙二醛含量，同时提高超氧化物歧化酶 (SOD) 的活力，缩小已形成的动脉粥样硬化斑块。表明木耳多糖有降低血脂、降低胆固醇、抗脂质过氧化、预防动脉粥样硬化形成及消退已形成的动脉粥样硬化斑块的作用[16-17]。

8. **强心**

   离体家兔心脏、离体豚鼠心脏以及在体大鼠心脏实验表明，木耳多糖能增强心脏收缩力，增加心输出量但不加快心率，对 Na^+, K^+-ATP 酶有明显的抑制作用[13]。

9. **其他**

   木耳多糖还有抗肝炎、抗突变[19]、抗生育[20]、降血糖[21-24]、抗氧化[25]、抗辐射、抗炎、抗溃疡、抗菌等作用。

应用

本品为中医临床用药。功能：补气养血，润肺止咳，止血。主治：①气虚血亏；②肺虚久咳；③多种出血证如咳血、衄血、血痢、痔疮出血、妇女崩漏等。

现代临床还用于高血压、眼底出血、子宫颈癌、阴道癌、跌打损伤等病的治疗。

评注

除木耳外，同属植物毛木耳 Auricularia polytricha (Mont.) Sacc. 和皱木耳 A. delicata (Fr.) P. Henn. 的干燥子实体也作木耳食用和药用。毛木耳和皱木耳与木耳具有类似的药理作用，其化学成分也大致相同，主要含多糖类化合物。本品可药食两用。木耳含有丰富的营养成分，被誉为"素中之肉"，是营养价值很高的保健食用菌，而且对防治心血管疾病方面也有良好作用。

木耳药源丰富，价格低廉，栽培技术容易掌握，用现代生物发酵技术制得菌丝体已获得成功，为深入研究木耳的医药应用提供了规模化生产的物质基础。

参考文献

[1] 张才擎. 黑木耳药用研究的进展. 中国中医药科技. 2001, 8(5): 339-340

[2] 陈和生，李汉东，王晓林. 黑木耳酸性多糖 (F II) 的分离、纯化及相对分子质量测定. 中国医院药学杂志. 2002, 22(6): 348-349

[3] 沈业寿，李能树，吴东儒．黑木耳子实体水溶性多糖的分离纯化及其部分理化性质和生物效用．安徽大学学报（自然科学版）．1992，**16**(2)：82-86

[4] L Zhang, LQ Yang, Q Ding, XF Chen. Studies on molecular weights of polysaccharides of *Auricularia auricula-judae*. *Carbohydrate Research*. 1995, **270**(1): 1-10

[5] V Cavazzoni, A Adami. Exopolysaccharides produced by mycelial edible mushrooms. *Italian Journal of Food Science*. 1992, **4**(1): 9-15

[6] 陈依军，夏尔宁，王淑如，陈琼华．黑木耳、银耳及银耳孢子多糖延缓衰老作用．现代应用药学．1989，**6**(2)：9-10

[7] 张俐娜，陈和生，李翔．黑木耳多糖酸性杂多糖构效关系的研究．高等学校化学学报．1994，**15**(8)：1231-1234

[8] 夏尔宁，陈琼华．木耳多糖、银耳多糖和银耳孢子多糖生物活性的比较．南京药学院学报．1984，**3**：53-53

[9] 徐淑玲，关崇芬，张永祥，赵东，王笑虹，李爽姿，王淑支．木耳冲剂的功能研究．中国实验临床免疫学杂志．1993，**5**(6)：41-43

[10] 张秀娟，于慧茹，耿丹，邹翔，汲晨锋．黑木耳多糖对荷瘤小鼠细胞免疫功能的影响研究．中成药．2005，**27**(6)：691-693

[11] 汪培清，林建著，吴作干，汪碧萍，冯亚，阮景绰．木耳抗凝降脂的动物实验．福建中医学院学报．1993，**3**(4)：230-231

[12] 申建和，陈琼华．黑木耳多糖、银耳多糖、银耳孢子多糖的抗凝血作用．中国药科大学学报．1987，**18**(2)：137-140

[13] SJ Yoon, MA Yu, YR Pyun, JK Hwang, DC Chu, LR Juneja, PAS Mourao. The nontoxic mushroom *Auricularia auricular* contains a polysaccharide with anticoagulant activity mediated by antithrombin. *Thrombosis Research*. 2003, **112**(3): 151-158

[14] 曾雪瑜，李友娣，何飞，陈力力，林明德．木耳菌丝体及其醇提物的药理作用．中国中药杂志．1994，**19**(7)：430-432

[15] 申建和，陈琼华．木耳多糖、银耳多糖和银耳孢子多糖对实验性血栓形成的影响．中国药科大学学报．1990，**21**(1)：39-42

[16] 郭素芬，曾光，李志强，韩亚岩．木耳多糖对实验性动脉粥样硬化斑块消退作用的影响．牡丹江医学院学报．2004，**25**(1)：1-4

[17] 蔡小玲，章佩芬，何有明，邝旭，殷隆发．黑木耳多糖、红菇多糖的降胆固醇作用研究．深圳中西医结合杂志．2002，**12**(3)：137-139

[18] 申建和，陈琼华．木耳多糖、银耳多糖和银耳孢子多糖的强心作用．生化药物杂志．1990，**4**：20-23

[19] 周慧萍，殷霞，高红霞，王淑如，陈琼华．银耳多糖和黑木耳多糖的抗肝炎和抗突变作用．中国药科大学学报．1989，**20**(1)：51-53

[20] 何冰芳，陈琼华．黑木耳多糖对小鼠的抗生育作用．中国药科大学学报．1991，**22**(1)：48-49

[21] 薛惟建，鞠彪，王淑如，陈琼华．银耳多糖和木耳多糖对四氧嘧啶糖尿病小鼠高血糖的防治作用．中国药科大学学报．1989，**20**(3)：181-183

[22] ZM Yuan, PM He, JH Cui, H Takeuchi. Hypoglycemic effect of water-soluble polysaccharide from *Auricularia auricula-judae* Quel. on genetically diabetic KK-Ay mice. *Bioscience, Biotechnology, and Biochemistry*. 1998, **62**(10): 1898-1903

[23] ZM Yuan, PM He, H Takeuchi. Ameliorating effects of *Auricularia auricula-judae* Quel on blood glucose level and insulin secretion in streptozotocin-induced diabetic rats. *Nippon Eiyo, Shokuryo Gakkaishi*. 1998, **51**(3), 129-133

[24] H Takeujchi. P He, LY Mooi. Reductive effect of hot-water extracts from woody ear (*Auricularia auricula-judae* Quel.) on food intake and blood glucose concentration in genetically diabetic KK-Ay mice. *Journal of Nutritional Science and Vitaminology*. 2004, **50**(4): 300-304

[25] K Acharya, K Samui, M Rai, BB Dutta, R Acharya. Antioxidant and nitric oxide synthase activation properties of *Auricularia auricula*. *Indian Journal of Experimental Biology*. 2004, **42**(5): 538-540

射干 Shegan CP, KHP

Belamcanda chinensis (L.) DC.
Blackberrylily

概述

鸢尾科 (Iridaceae) 植物射干 *Belamcanda chinensis* (L.) DC.。其干燥根茎入药。中药名：射干。

射干属 (*Belamcanda*) 植物全世界约有 2 种，分布于亚洲东部及非洲。中国产 1 种。本种分布于中国大部分地区。

"射干"药用之名，始载于《神农本草经》。《中国药典》（2005 年版）收载本种为中药射干的法定原植物来源种。主产于中国湖北、河南、江苏、安徽；此外湖南、陕西、浙江、贵州、云南等地有野生。湖北产品质好。

射干主要成分为异黄酮类和三萜类化合物[1]。近代研究指出：射干中普遍存在的异黄酮类化合物具明显的抗炎作用，其他一些成分如酚类、醌类等也具有独特的功效。《中国药典》采用高效液相色谱法测定，规定射干含次野鸢尾黄素不得少于 0.10%，以控制药材质量。

药理研究表明，射干具有抗菌、抗炎、抗病毒等作用。

中医理论认为射干具有清热解毒，祛痰，利咽等功效。

射干 *Belamcanda chinensis* (L.) DC.

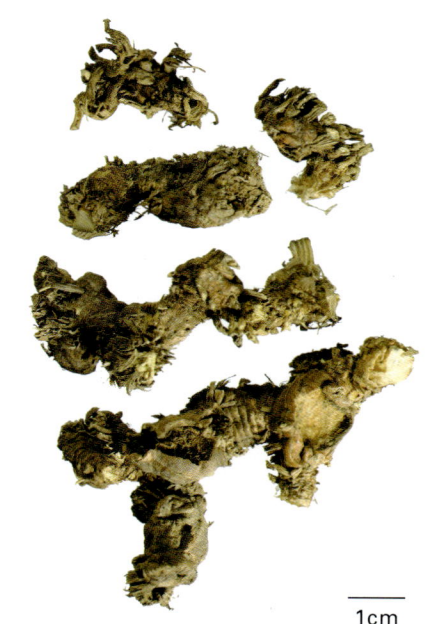

药材射干 Rhizoma Belamcandae

1cm

化学成分

射干的根茎含异黄酮及其苷类化合物：鸢尾苷 (tectoridin)、野鸢尾苷 (iridin)、鸢尾黄素 (tectorigenin)、野鸢尾苷元 (irigenin)、射干异黄酮 (belamcanidin)[2]、次野鸢尾黄素(irisflorentin)、二甲基鸢尾黄酮 (dimethyltectorigenin)、明宁京 (muningin)[3]、5 - hydroxy - 6,7 - methylenedioxy - 3',4',5' - trimethoxyisoflavone (noririsflorentin)[4]、白射干素 (dichotomitin)、3',4',5,7 - 四羟基 - 8 - 甲氧基 - 异黄酮 (3',4',5,7 - tetrahydroxy - 8 - methoxy - isoflavone)[5]、德鸢尾素 (irilone)、染料木素 (genistein)[6]、粗毛豚草素 (hispidulin)[7]、茶叶花宁(apocynin)；还分得苯丙醇苷类化合物射干素C (shegansu C)[8]；鸢尾醛型三萜化合物iridotectorals A、B和iridobelamal A[9]及3 - O - decanoyl - 16 - O - acetylisoiridogermanal、belachinal、anhydrobelachinal、epianhydrobelachinal、isoanhydrobelachinal[10]；二环三萜类化合物射干醛 (belamcandal)、16 - O - acetyl iso - iridogermanal等[11]；根茎还含有二苯乙烯类化合物，主要有异丹叶大黄素(isorhapotigenin)、白藜芦醇 (resveratrol)[12]、射干素 B (shegansu B)[13]等；尚含1,4 - 苯醌 (1,4 - benzoquinone)。

种子含烯二酮类化合物belamcandones A、B、C、D[14]，酚类化合物射干酚A、B (belamcandols A - B)[15]。花和叶均含芒果苷 (mangiferin)。

irisflorentin

isorhapotigenin

药理作用

1. **抗菌**

   射干的乙醚提取物在体外对红色毛癣菌、须癣毛癣菌、犬小孢子菌、石膏样小孢子菌和絮状表皮癣菌等 5 种常见皮肤癣菌有显著抑制作用，且呈量效关系；射干中极性小的亲脂性成分是其抗皮肤癣菌的有效成分[16]。射干水煎剂在体外对绿脓杆菌有较强的抑制作用[17]。射干对多重耐药菌株绿脓杆菌 P_{29} 也有较强的抑制作用，同时对 P_{29} 株所携带的R质粒（耐药性质粒）也有消除作用[18]。在对 17 种真菌和 6 种细菌的抗菌实验中，鸢尾黄酮也显示了较强的活性[19]。

2. **抗病毒**

   射干具有很强的抗病毒作用，1:20 射干煎剂可抑制或延缓腺病毒、埃可$_{11}$ ($ECHO_{11}$) 病毒、疱疹病毒等所致细胞病变；1:10 浓度可抑制流感病毒在鸡胚的生长[20]。

3. **抗炎**

   射干对炎症早期和晚期均有显著的抑制作用，射干主要成分鸢尾苷及鸢尾黄素，还有芒果苷、1,4 - 苯醌、白藜芦醇和茶叶花宁、异丹叶大黄素等均具有抗炎作用[21]。在小鼠腹膜巨噬细胞中，鸢尾黄素 (IC_{50}: 3 μm) 对前列腺素 E_2 (PGE_2) 的抑制作用比鸢尾苷 (IC_{50}: 30μm) 强[22]，其作用机理为鸢尾苷及鸢尾黄素能抑制炎症细胞的环氧化酶 - 2 (COX - 2) 的诱导作用，从而抑制 PGE_2 的产生[23]。

鸢尾科

射干 Shegan

4. 抗过敏

以射干中鸢尾黄素为主要成分的颗粒剂可以抑制卵清蛋白诱导的大鼠被动皮肤过敏反应[24]。

5. 其他

射干中的异黄酮类成分有清除自由基[25]、抗氧化、保肝作用[26]和抑制肿瘤细胞增殖的活性[27]。射干酚 A 和 B 及烯二酮类成分能增进神经细胞的存活和生长,并能增强胆碱乙酰基转移酶的活性[28]。由射干提取物制成的细胞激活剂可防止皮肤老化、改善皮肤的状态及促进伤口愈合[29-31]。

应用

本品为中医临床用药。功能:清热解毒,祛痰利咽。主治:①咽喉肿痛;②痰盛咳喘。

现代临床还用于咽喉炎、腮腺炎、急性扁桃腺炎、气管炎和哮喘等病的治疗。

评注

射干古今均有异物同名品存在。除本种外,同科鸢尾属植物鸢尾 *Iris tectorum* Maxim. 的根茎称川射干,在中国四川广泛使用已有较长的历史,而且在本草书中也有记载。《中国药典》已将川射干分立条目。川射干功能为消积,破瘀,行水,解毒,可用于治疗食滞胀满、癥瘕、积聚、臌胀、肿毒、痔瘘、跌打损伤等,其疗效与射干不同,不可充射干用。

射干除了供药用外。因射干具发达的根系,对固定地表土壤、防止洪水冲刷、保持水土、固定流动沙土有重要作用。此外,射干叶形、花形美丽,色泽鲜艳,也是很好的观赏植物。

参考文献

[1] 吉文亮,秦民坚,王峥涛. 中药射干的化学与药理研究进展. 国外医药: 植物药分册. 2000, **15**(2): 57-60

[2] M Yamaki, T Kato, M Kashihara, S Takagi. Isoflavones of *Belamcanda chinensis*. *Planta Medica*. 1990, **56**(3): 335

[3] GH Eu, WS Woo, HS Chung, EH Woo. Isoflavonoids of *Belamcanda chinensis*. (II). *Saengyak Hakhoechi*. 1991, **22**(1): 13-17

[4] WS Woo, EH Woo. An isoflavone noririsflorentin from *Belamcanda chinensis*. *Phytochemistry*. 1993, **33**(4): 939-940

[5] 周立新,林茂,赫兰峰. 射干的化学成分研究(I). 中草药. 1996, **27**(1): 8-10, 59

[6] 吉文亮,秦民坚,王铮涛. 射干的化学成分研究(I). 中国药科大学学报. 2001, **32**(3): 197-199

[7] 秦民坚,吉文亮,王峥涛. 射干的化学成分研究(II). 中草药. 2004, **35**(5): 487-489

[8] M Lin, LX Zhou, WY He, GF Cheng. Shegansu C, a novel phenylpropanoid ester of sucrose from *Belamcanda chinensis*. *Journal of Asian Natural Products Research*. 1998, **1**(1): 67-75

[9] K Takahashi, Y Hoshino, S Suzuki, Y Hano, T Nomura. Iridals from Iris tectorum and *Belamcanda chinensis*. *Phytochemistry*. 2000, **53**(8): 925-929

[10] H Ito, S Onoue, Y Miyake, T Yoshida. Iridal-type triterpenoids with ichthyotoxic activity from *Belamcanda chinensis*. *Journal of Natural Products*. 1999, **62**(1): 89-93

[11] F Abe, RF Chen, T Yamauchi. Iridals from *Belamcanda chinensis* and Iris japonica. *Phytochemistry*. 1991, **30**(10): 3379-3382

[12] LX Zhou, M Lin. Studies on chemical constituents of *Belamcanda chinensis* (L.) DC. II. *Chinese Chemical Letters*. 1997, **8**(2): 133-134

[13] LX Zhou, M Lin. A new stilbene dimer—shegansu B from *Belamcanda chinensis*. *Journal of Asian Natural Products Research*. 2000, **2**(3): 169-175

[14] K Seki, K Haga, R Kaneko. Belamcandones A-D, dioxotetrahydrodibenzofurans from *Belamcanda chinensis*. *Phytochemistry*. 1995, **38**(3), 703-709

[15] Y Fukuyama, J Okino, M Kodama. Structures of belamcandols A and B isolated from the seed of *Belamcanda chinensis*. *Chemical & Pharmaceutical Bulletin*. 1991, **39**(7): 1877-1879

[16] 刘春平,王凤荣,南国荣,四荣联,王刚生,郭文友. 中药射干提取物对皮肤癣菌抑菌作用研究. 中华皮肤科杂志. 1998, **31**(5): 310-311

[17] 于军, 徐丽华, 王云, 肖洋, 于红. 射干和马齿苋对46株绿脓杆菌体外抑菌试验的研究. 白求恩医科大学学报. 2001, 27(2): 130-131

[18] 王云, 于军, 于红. 射干提取液对绿脓杆菌P29株R质粒体内外消除作用研究. 长春中医学院学报. 1999, 15(3): 64

[19] KB Oh, H Kang, H Matsuoka. Detection of antifungal activity in *Belamcanda chinensis* by a single-cell bioassay method and isolation of its active compound, tectorigenin. *Bioscience, Biotechnology, and Biochemistry*. 2001, 65(4): 939-942

[20] 王本祥. 现代中药药理学. 天津: 天津科学技术出版社. 1997: 238-240

[21] 钟鸣, 关旭俊, 黄炳生, 邱苑娴. 中药射干现代研究进展. 中药材. 2001, 24(12): 904-907

[22] KH Shin, YP Kim, SS Lim, S Lee, N Ryu, M Yamada, K Ohuchi. Inhibition of prostaglandin E2 production by the isoflavones tectorigenin and tectoridin isolated from the rhizomes of *Belamcanda chinensis*. *Planta Medica*.1999, 65(8): 776-777

[23] YP Kim, M Yamada, SS Lim ; SH Lee, N Ryu, KH Shin, K Ohuchi. Inhibition by tectorigenin and tectoridin of prostaglandin E2 production and cyclooxygenase-2 induction in rat peritoneal macrophages. *Biochimica et Biophysica Acta*. 1999, **1438**(3): 399-407

[24] H Tsuchiya, Y Iketani, H Tsucha, Y Komatsu. Allergy inhibitors containing 3-phenyl-4H-1-benzopyran-4-one derivatives. *Japan Kokai Tokkyo Koho*. 1988: 8

[25] 秦民坚, 吉文亮, 刘峻, 赵俊, 余国奠. 射干中异黄酮成分清除自由基的作用. 中草药. 2003, 34(7): 640-641

[26] SH Jung, YS Lee, SS Lim, S Lee, KH Shin, YS Kim. Antioxidant activities of isoflavones from the rhizomes of *Belamcanda chinensis* on carbon tetrachloride-induced hepatic injury in rats. *Archives of Pharmacal Research*. 2004, 27(2): 184-188

[27] SH Jung, YS Lee, S Lee, SS Lim, YS Kim, K Ohuchi, KH Shin. Anti-angiogenic and anti-tumor activities of isoflavonoids from the rhizomes of *Belamcanda chinensis*. *Planta Medica*. 2003, 69(7): 617-622

[28] Y Fukuyama, M Kodama. 2-O-Tricyclo[6.3.1.02'5]dodecan-1-yl-2,2'-biphenol, 3-(pentadec-10-enyl)anisole, benzofuran, benzopyran, and benzoyloxybicyclo [4.3.0]nonane derivatives having nerve cell-repairing activity from plants. *Japan Kokai Tokkyo Koho*. 1992: 13

[29] N Kawai, M Hori, Y Ko, H Ando. Cell activator containing *Belamcanda chinensis* extracts and α-hydroxy acids and their uses for cosmetics. *Japan Kokai Tokkyo Koho*. 1997: 13

[30] H Tsukada, S Nishiyama. Rough skin-preventing and antiaging cosmetics. *Japan Kokai Tokkyo Koho*. 1998: 6

[31] H Tsukata, S Nishiyama. Skin moisturizers containing Belamcanda extracts and tocopherols. *Japan Kokai Tokkyo Koho*. 1998: 7

射干种植基地

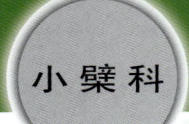

细叶小檗 Xiyexiaobo

Berberis poiretii Schneid.
Poiret Barberry

概 述

小檗科 (Berberidaceae) 植物细叶小檗 *Berberis poiretii* Schneid.，其干燥根、茎和树皮入药。中药名：三棵针。

小檗属 (*Berberis*) 植物全世界约 500 种，为小檗科中的一个大属，广泛分布于欧洲、亚洲、南美洲和非洲。中国产约250种，现已有 20 多种可供药用。

小檗之名始载于《新修本草》。"三棵针"药用之名，始载于《分类草药性》。由于小檗属植物多具有三分叉的针刺，民间常将多种小檗属植物统称"三棵针"。主产于中国吉林、辽宁、内蒙古、河北、山西等省区，一般作为提取小檗碱的原料。

小檗属植物主要活性成分为生物碱类化合物，文献报道多以小檗胺 (berbamine) 和小檗碱 (berberine) 为主要的指标成分用于评价药材质量。

药理研究表明，小檗胺和小檗碱具有抗心律失常、降血脂、降血糖、拮抗钙调蛋白、抗肿瘤、抗自由基、抑制免疫反应和抗焦虑等作用。

中医理论认为三棵针具有清热，燥湿，泻火解毒等功效。

细叶小檗 *Berberis poiretii* Schneid.

药材三棵针 Radix seu Cortex et Ramulus Berberidis Poiretii

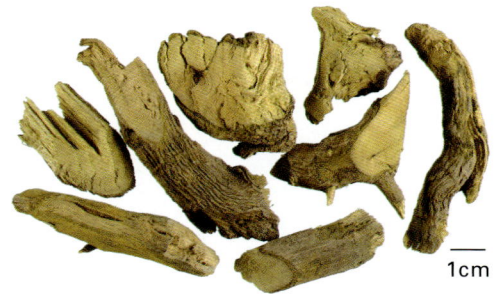

1cm

化学成分

细叶小檗的根皮主要含生物碱类：小檗胺 (berbamine)、小檗碱 (berberine)、巴马亭 (palmatine)、药根碱 (jatrorrhizine)[1]、非洲防己碱 (columbamine)、异汉防己碱 (isotetrandrine)[2]。

果实含有花青苷类色素成分，其苷元为天竺葵苷元(pelargonidin) 和矢车菊苷元 (cyanidin)[3]。生物碱含量以根皮最高，茎皮次之，然后是根木部、茎木部，地下部分高于地上部分[4]。

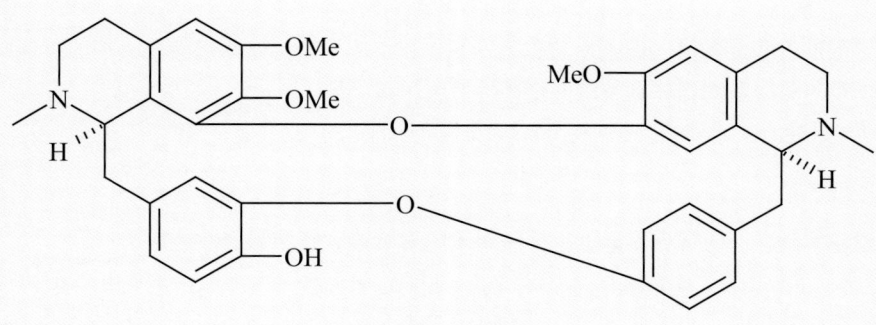

berbamine

药理作用

1. **对心血管系统的影响**
   (1) 对心脏的作用　体内和体外心室肌肉实验证实小檗碱能通过抑制迟后除极化而防止缺血性心室的快速心律不齐[5]；离体小鼠胸大动脉实验表明小檗碱能通过抑制血管紧张素转化酶的活性和血管中 NO/cGMP 的释放产生降血压作用[6]；口服小檗碱能抑制小鼠实验性心脏肥大，降低血浆中去甲肾上腺素和肾上腺素水平及左心室组织中肾上腺素水平，显示小檗碱可调节交感神经活性，同时小檗碱能增强不正常心脏功能和防止压力过大造成左心室肥大[7-8]；离体豚鼠左心房和气管条实验表明小檗碱对钾通道也具有阻滞作用[9]；DNA 合成和细胞增殖分析显示小檗碱呈剂量依赖性抑制小鼠大动脉血管平滑肌细胞生长，其机理是灭活外细胞信号调节酶而阻断早期生长反应基因信号传递[10]。
   (2) 降血脂、降血糖　应用肝癌细胞研究发现小檗碱能通过激活内质网酶而上调低密度脂蛋白受体表达，显示小檗碱是不同于斯达汀作用机理的新降血脂药物，进一步研究还发现小檗碱能通过激活一磷酸腺苷 (AMP) 活性蛋白酶而抑制脂质合成[11-12]；在 Caco-2 细胞株中发现小檗碱能抑制 α-葡萄糖酶和减少肠上皮细胞的葡萄糖转运，产生降血糖作用[13]；小檗碱还可明显降低高血脂大鼠的高胰岛素血症，改善长期高脂饮食导致的胰岛素抵抗和内脏肥胖，提高胰岛素敏感性，这种作用与促进胰岛素的分泌和调节脂质代谢有关[14-16]。

2. **拮抗钙调蛋白**
   小檗胺能显著抑制家兔回肠平滑肌自律性及乙酰胆碱、组织胺诱导的收缩反应，并呈剂量依赖性[17]；对正常牛胚肾细胞的增殖有抑制作用，并能降低此细胞内的钙调蛋白水平[18]；对大鼠心肌细胞靠电压依赖性和受体操纵性钙通道而升高的钙离子有拮抗作用，但不影响钙离子的释放[19]；能降低三磷酸腺苷 (ATP) 升高的胞内钙[20]；同时还能抑制氯化钾、去甲肾上腺素和凯西霉素 (calcimycin) 引起的钙浓度升高[21]。

3. **抗肿瘤**
   盐酸小檗碱灌胃实验性胃癌前病变大鼠，发现其癌前病变的发生率明显降低，其机理与提高细胞凋亡率和调控基因表达有关[22]；盐酸小檗碱呈剂量依赖性抑制结肠癌细胞的生长、增殖，其机理可能是通过抑制细胞内钙离子浓度进而通过某些途径抑制环氧化酶-2 mRNA 水平和蛋白的表达，同时也抑制环氧化酶-2 活性而抑制前列腺素 E_2 的生成[23]；此外，小檗碱对人宫颈癌细胞 HeLa、白血病细胞 L1210 和 HL-60、前列腺癌细胞、艾氏腹水癌细胞和胃癌细胞 SNU-5 均有抑制作用，小檗碱抗肿瘤机理与诱导细胞周期停止、调节 caspase-3 依赖路径、激活 caspase-3 活性、抗癌细胞转移和抑制 β-连环蛋白 (β-catenin) 调控的信号转导有关，也通过抑制血管内皮细胞的增殖并促进血管内皮细胞凋亡，从而抑制肿瘤血管形成[24-31]，小檗胺及其衍生物O-4-乙氧基丁基小檗胺对人宫颈癌细胞[32, 34]、恶性黑色素瘤细胞[33]、肺巨细胞癌[34]和白血病细胞K_{562}的生长、增殖有明显抑制作用，对K_{562}细胞可快速诱导其凋亡[35]。小檗胺及其衍生物抑制细胞增殖的作用可能与其降低细胞内钙调素(calmodulin)水平有关[34, 36]。

4. 抗自由基

小檗胺能清除氧自由基，对白内障的发生、发展有明显的预防作用[37]；小檗胺还可减少自由基对缺血脑组织[38]和肾组织的损害作用[39]。

5. 其他

小檗胺对迟发型过敏反应和混合淋巴细胞反应具有抑制作用，能明显延长动物移植组织的存活时间[40]；小檗碱还具有抗焦虑作用[41]以及对兔阴茎海绵体具有浓度依赖性舒张作用[42-43]。

应用

本品为提取小檗碱的植物原料之一。现代临床上小檗碱用于肠道感染、腹泻等病的治疗。

评注

细叶小檗分布广，资源丰富，同属多种植物也含有相似的化学成分。工业上，细叶小檗被用作为提取小檗碱的原料。小檗胺在细叶小檗中含量也很高，且也具很好的药理活性。随着小檗碱和小檗胺药理活性研究的不断深入和疗效的扩大，应重视对细叶小檗资源的综合利用，积极开发相关产品。

细叶小檗果实酸甜可食，富有营养，也含有天然花青苷类色素成分，可开发为天然色素添加剂，应用于糖果、饮料等食品工业。

参考文献

[1] 潘竞先，尹辅明，沈传勇，鲁纯素，韩桂秋. 三颗针活性成分的研究. 天然产物研究与开发. 1989, **1**(2): 23-26

[2] 吕光华，陈建民，肖培根. 改变检测波长HPLC法测定小檗属植物根中的生物碱. 药学学报. 1995, **30**(4): 280-285

[3] 于凤兰，王华亭，吴承顺. 细叶小檗果色素成分研究. 天然产物研究与开发. 1992, **4**(4): 23-26

[4] 吕光华，王立为，陈建民，肖培根. 小檗属植物中的生物碱成分测定及资源利用. 中草药. 1999, **30**(6): 428-430

[5] YX Wang, XY Yao, YH Tan. Effects of berberine on delayed after depolarizations in ventricular muscles in vitro and in vivo. *Journal of Cardiovascular Pharmacology*. 1994, **23**(5): 716-722

[6] DG Kang, EJ Sohn, EK Kwon, JH Han, H Oh, HS Lee. Effects of berberine on angiotensin-converting enzyme and NO/cGMP system in vessels. *Vascular Pharmacology*. 2002, **39**(6): 281-286

[7] Y Hong, SS Hui, BT Chan, J Hou. Effect of berberine on catecholamine levels in rats with experimental cardiac hypertrophy. *Life Science*. 2003, **72**(22): 2499-2507

[8] Y Hong, SC Hui, TY Chan, JY Hou. Effect of berberine on regression of pressure-overload induced cardiac hypertrophy in rats. *The American Journal of Chinese Medicine*. 2002, **30**(4): 589-599

[9] 戴长蓉，罗来源. 小檗碱对豚鼠左心房和气管的作用. 中国临床药理学与治疗学. 2005, **10**(5): 567-569

[10] KW Liang, CT Ting, SC Yin, YT Chen, SJ Lin, JK Liao, SL Hsu. Berberine suppresses MEK/ERK-dependent Egr-1 signaling pathway and inhibits vascular smooth muscle cell regrowth after in vitro mechanical injury. *Biochemical Pharmacology*. 2006, **71**(6): 806-817

[11] WJ Kong, J Wei, P Abidi, MH Lin, S Inaba, C Li, YL Wang, ZZ Wang, SY Si, HN Pan, SK Wang, JD Wu, Y Wang, ZR Li, JW Liu, JD Jiang. Berberine is a novel cholesterol-lowing drug working through a unique mechanism distinct from statins. *Nature Medicine*. 2004, **10**: 1344-1351

[12] JM Brusq, N Ancellin, P Grondin, R Guillard, S Martin, Y Saintillan, M Issandou. Inhibition of lipid synthesis through activation of AMP-kinase: an additional mechanism for the hypolipidemic effects of Berberine. *Journal of Lipid Research*. 200[6]

[13] GY Pan, ZJ Huang, GJ Wang, JP Fawcett, XD Liu, XC Zhao, JG Sun, YY Xie. The antihyperglycaemic activity of berberine arises from a decrease of glucose absorption. *Planta Medica*. 2003, **69**(7): 632-636

[14] 周丽斌，杨颖，尚文斌，李凤英，唐金凤，王晓，刘尚全，袁国跃，陈名道. 小檗碱改善高脂饮食大鼠的胰岛素抵抗. 放射免疫学杂

志. 2005, **18**(3): 198-200

[15] 崔琳琳, 赵晓华, 李丽, 安刚. 小檗碱对高脂膳食大鼠胰岛素抵抗的早期干预实验研究. 中西医结合心脑血管病杂志. 2005, **3**(3): 230-231

[16] SH Leng, FE Lu, LJ Xu. Therapeutic effects of berberine in impaired glucose tolerance rats and its influence on insulin secretion. *Acta Pharmacologica Sinica*. 2004, **25**(4):496-502

[17] 李乐, 庄斐尔, 赵东科, 李西宽. 小檗胺松弛家兔离体回肠的作用. 西安医科大学学报. 1994, **15**(3): 264-266

[18] 张金红, 耿朝晖, 段江燕, 陈家童, 贺宏, 黄建英. 钙调蛋白拮抗剂-小檗胺及其衍生物对正常牛胚肾细胞毒性的影响. 细胞生物学杂志. 1997, **19**(2): 76-79

[19] 乔国芬, 周宏, 李柏岩, 李文汉. 小檗胺对高钾、去甲肾上腺素及咖啡因引起大鼠心肌细胞内钙动员的拮抗作用. 中国药理学报. 1999, **20**(4): 292-296

[20] 李柏岩, 乔国芬, 赵艳玲, 周宏, 李文汉. 小檗胺对ATP诱导的培养平滑肌及心肌细胞内游离钙动员的影响. 中国药理学报. 1999, **20**(8): 705-708

[21] 李柏岩, 付兵, 赵艳玲, 李文汉. 小檗胺对培养的HeLa细胞内游离钙浓度的作用. 中国药理学报. 1999, **20**(11): 1011-1014

[22] 姚保泰, 吴敏, 王博. 盐酸小檗碱抗大鼠胃癌前病变及其作用机制. 中国中西医结合消化杂志. 2005, **13**(2): 81-84

[23] 台卫平, 田耕, 黄业斌, 周俊, 张泰昌, 罗和生. 盐酸小檗碱抑制结肠癌细胞环氧化酶-2/钙离子途径. 中国药理学通报. 2005, **21**(8): 950-953

[24] S Jantova, L Cipak, M Cernakova, D Kost, alova. Effect of berberine on proliferation, cell cycle and apoptosis in HeLa and L1210 cells. *The Journal of Pharmacy and Pharmacology*. 2003, **55**(8): 1143-1149

[25] CC Lin, ST Kao, GW Chen, HC Ho, JG Chung. Apoptosis of human leukemia HL-60 cells and murine leukemia WEHI-3 cells induced by berberine through the activation of caspase-3. *Anticancer Research*. 2006, **26**(1A): 227-242

[26] SK Mantena, SD Sharma, SK Katiyar. Berberine, a natural product, induces G1-phase cell cycle arrest and caspase-3-dependent apoptosis in human prostate carcinoma cells. *Molecular Cancer Therapeutics*. 2006, **5**(2): 296-308

[27] S Letasiova, S Jantova, M Miko, R Ovadekova, M Horvathova. Effect of berberine on proliferation, biosynthesis of macromolecules, cell cycle and induction of intercalation with DNA, dsDNA damage and apoptosis in Ehrlich ascites carcinoma cells. *The Journal of Pharmacy and Pharmacology*. 2006, **58**(2): 263-270

[28] JP Lin, JS Yang, JH Lee, WT Hsieh, JG Chung. Berberine induces cell cycle arrest and apoptosis in human gastric carcinoma SNU-5 cell line. *World Journal of Gastroenterology*. 2006, **12**(1): 21-28

[29] PL Peng, YS Hsieh, CJ Wang, JL Hsu, FP Chou. Inhibitory effect of berberine on the invasion of human lung cancer cells via decreased productions of urokinase-plasminogen activator and matrix metalloproteinase-2. *Toxicology and Applied Pharmacology*. 2006, **214**(1): 8-15

[30] 郝钰, 徐泊文, 郑宏, 杭小同, 邱全瑛, 黄启福. 小檗碱对人脐静脉内皮细胞增殖与凋亡的作用. 中国病理生理杂志. 2005, **21**(6): 1124-1127

[31] 何百成, 康全, 杨俊卿, 尚京川, 何通川, 周岐新. 小檗碱抗肿瘤作用与Wnt/β-catenin信号转导关系. 中国药理学通报. 2005, **21**(9): 1108-1111

[32] 张金红, 耿朝晖, 段江燕, 陈家童, 梁学, 俞耀庭. 小檗胺及其衍生物的结构对宫颈癌(HeLa)细胞生长增殖的影响. 南开大学学报 (自然科学). 1996, **29**(2): 89-94

[33] 张金红, 段江燕, 耿朝晖, 陈家童, 黄建英, 李希. 小檗胺及其衍生物对恶性黑色素瘤细胞增殖的影响. 中草药. 1997, **28**(8): 483-485

[34] 张金红, 许乃寒, 徐畅, 陈家童, 刘惠君. 小檗胺衍生物(EBB)体外抑制肺癌细胞增殖机制的初探. 细胞生物学杂志. 2001, **23**(4): 218-223

[35] 徐磊, 赵小英, 徐荣臻, 吴东. 钙调素拮抗剂小檗胺诱导K562细胞凋亡及其机制的研究. 中华血液学杂志. 2003, **24**(5): 261-262

[36] 段江燕, 张金红. 小檗胺类化合物对黑色瘤细胞内钙调蛋白水平的影响. 中草药. 2002, **33**(1): 59-61

[37] 何浩, 张家萍, 张昌颖. 小檗胺对糖尿病性白内障的预防及SOD、CAT和GSH-Px酶活性变化研究. 中国生物化学与分子生物学报. 1998, **14**(8): 304-308

[38] 周虹, 王玲, 郝晓敏, 高云瑞, 李文汉. 小檗胺及喜得镇对实验性脑缺血保护作用的研究. 中国药理学通报. 1998, **14**(2): 165-166

[39] 邱波, 吴红赤, 王杰, 王守仁. 小檗胺对大鼠肾缺血再灌注损伤保护作用的研究. 哈尔滨医科大学学报. 1999, **33**(3): 189-191

[40] CN Luo, X Lin, WK Li, F Pu, LW Wang, SS Xie, PG Xiao. Effect of berbamine on T-cell mediated immunity and the prevention of rejection on skin transplants in mice. *Journal of Ethnopharmacology*. 1998, **59**(3): 211-215

[41] WH Peng, CR Wu, CS Chen, CF Chen, ZC Leu, MT Hsieh. Anxiolytic effect of berberine on exploratory activity of the mouse in two experimental anxiety models: interaction with drugs acting at 5-HT receptors. *Life Science*. 2004, **75**(20): 2451-2462

[42] 谭艳, 汤强, 胡本容, 向继洲. 小檗碱对兔阴茎海绵体的舒张效应及作用机制. 华中科技大学学报(医学版). 2005, **34**(2): 145-148

[43] 谭艳, 汤强, 胡本容, 向继洲. 小檗碱对离体阴茎海绵体NO-cGMP信号通路的调控. 中国药理学通报. 2005, **21**(4): 435-440

菊 科

鬼针草 Guizhencao
Bidens bipinnata L.
Spanishneedles

概 述

菊科 (Asteraceae) 植物鬼针草 *Bidens bipinnata* L.，其干燥全草入药。中药名：鬼针草。

鬼针草属 (*Bidens*) 全世界约 230 种，广布于全世界热带及温带各地。中国有 9 种、2 变种，本属现供药用者约 10 种。本种分布于中国东北、华北、华中、华东、华南、西南及陕西、甘肃等地；美洲，亚洲，欧洲及非洲东部也有分布。

"鬼针草"药用之名，始载于《本草拾遗》。全国大部分地区均产。

鬼针草属植物主要含黄酮类和多炔类[1]。

药理研究表明，鬼针草具有降血脂、抗血栓、抗菌、消炎、降血压、镇痛等作用。

中医理论认为鬼针草具有清热解毒，祛风除湿，活血消肿等功效。

鬼针草 *Bidens bipinnata* L.

三叶鬼针草 *B. pilosa* L.

化学成分

鬼针草的叶含黄酮类成分:金丝桃苷 (hyperoside)、异奥卡宁-7-O-葡萄糖苷 (isookanin-7-O-β-D-glucopyranoside)、奥卡宁 (okanin)、海生菊苷 (maritimetin)[2];多炔类成分:鬼针聚炔苷 (bipinnatpolyacetyloside)[3, 7]。

地上部分含黄酮类成分:bidenosides A、B[4]、C、D[6]、F、G、iso-okanin 7-O-(4",6"-diacetyl)-β-D-glucopyranoside[5]。烯烃类成分:9,12,13-三羟基-10,15-十八碳酸二烯酸 (9,12,13-trihydroxy-10,15-octadecadienoic acid)、9,12,13-三羟基-10-十八烯酸 (9,12,13-trihydroxy-10-octadecaenoic acid)[8]。还含有苯乙基-O-β-D-吡喃葡萄糖苷 (benzen ethyl-O-β-D-glucopyranoside)、苄基-O-β-D-吡喃葡萄糖苷 (benzyl-O-β-D-glucopyranoside)、丁香酚苷 (eugenyl-O-β-D-glucopyranoside) 等化合物[8]。

全草含酚酸类成分:水杨酸 (salicylic acid)、原儿茶酸 (protocatechuic acid)、没食子酸 (gallic acid)[9]。

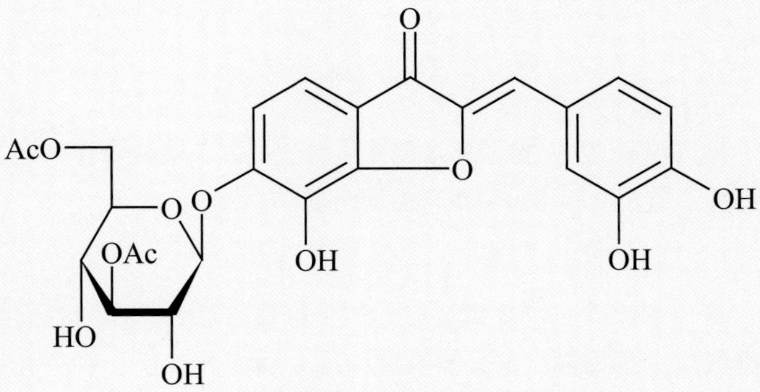

bidenoside A

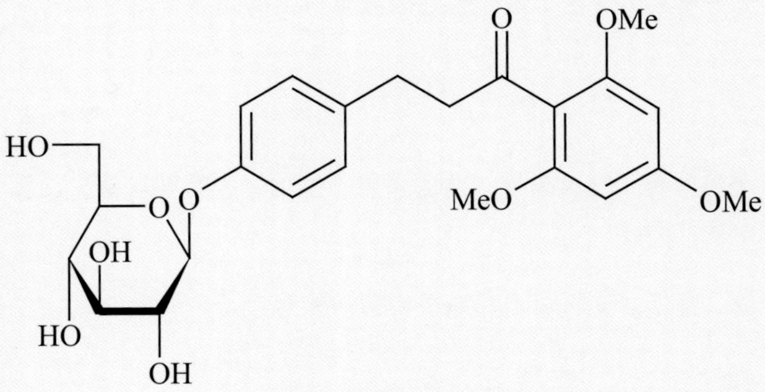

bidenoside B

药理作用

1. 消炎
   鬼针草中的鬼针聚炔苷和黄酮混晶灌胃给药、腹腔注射给药以及外涂给药均能明显抑制巴豆油诱发的小鼠耳廓肿胀及蛋清所致足趾肿胀;鬼针聚炔苷灌胃给药与腹腔注射给药还能显著抑制小鼠毛细血管通透性;鬼针聚炔苷和黄酮混晶灌胃给药均可降低大鼠棉球肉芽肿重量;鬼针聚炔苷灌胃给药能抑制醋酸致炎大鼠的白细胞游走[10]。

2. 对中枢神经系统的影响
   鬼针草注射液腹腔注射能显著延长小鼠的戊巴比妥钠睡眠时间,明显减少小鼠自发活动次数,并与氯丙嗪有协同作用,与苯丙胺有拮抗作用,但不能对抗士的宁引起的惊厥,提示鬼针草有较好的中枢抑制作用[9]。

3. 降血脂

鬼针草煎剂灌胃给药可显著降低高血脂大鼠血清总胆固醇 (TC)、三酰甘油 (TG) 和低密度脂蛋白 (LDL) 的含量，升高高密度脂蛋白在血清胆固醇中的比例 (HDL/TC)，使血液黏度（比）显著下降，血栓形成量显著减少[11]。

4. 降血压

鬼针草颗粒剂可明显降低高血压患者的收缩压和舒张压，其降血压作用与阻断 α‑及 β‑肾上腺素受体以及耗竭儿茶酚胺类递质均无关，推测为直接扩张血管产生降血压作用[12-15]。

5. 降血糖

鬼针草乙醇提取物灌胃具有降低四氧嘧啶所致高血糖小鼠血糖的作用，提取物的醋酸乙酯与正丁醇萃取部分灌胃能刺激胰岛素分泌或影响糖代谢，降低正常小鼠的血糖[16]。

6. 对心脏的影响

经主动脉插管注射，鬼针草水提取液能使兔离体心脏出现心率减慢，心肌收缩力减弱，1 分钟后心率恢复正常，心肌收缩力增强[9]。

7. 抑制血小板聚集

体外实验表明，鬼针草和小花鬼针草 (7:3) 提取物水浸膏可明显抑制二磷酸腺苷 (ADP)、胶原诱导的大白鼠血小板聚集反应，且呈剂量依赖关系，延长胶原引起聚集前的潜伏期[17]。

8. 抗肿瘤

采用 MTT 活细胞检测法，探讨鬼针草 5 种提取成分对体外培养的 2 种不同白血病细胞——人早幼粒白血病细胞 HL‑60 和人组织淋巴瘤细胞 V_{937} 的抑制，结果表明鬼针草 5 种成分对这 2 种白血病细胞均有不同程度的抑制作用，以聚炔苷混晶和鬼针聚炔苷抑制活性最强[18]。

9. 其他

扭体法和热板法均证实，鬼针草注射液给小鼠腹腔注射具有一定的镇痛作用[9]。

应用

本品为中医临床用药。功能：清热解毒，祛风除湿，活血消肿。主治：①咽喉肿痛；②泻泄，痢疾，黄疸，肠痈，疔疖肿毒，蛇虫咬伤；③风湿痹痛，跌打损伤。

现代临床还用于前列腺炎、肝炎、肾炎、支气管炎和糖尿病等病的治疗。

评注

同属植物三叶鬼针草 *Bidens pilosa* L. 在中国民间与鬼针草等同入药。

鬼针草在中国分布极广，多为荒野杂草，资源十分丰富。已开发出鬼针草的多种制剂，用于治疗肝炎、肾炎、糖尿病和支气管炎，具良好的抗炎、抑制致癌促进剂和抗糖尿病作用。鬼针草是非洲广泛应用的传统草药。在墨西哥、夏威夷等地，鬼针草属多种植物为治疗糖尿病、虚弱、喉涌、胃功能紊乱及哮喘等的传统药。

研究发现，鬼针草中黄酮类成分、鬼针聚炔苷已被证明为该植物的抗炎有效成分，这对该成分进一步开发研制抗炎新药提供了依据。聚炔苷类成分还在抗肿瘤方面体现出显著的活性，具有开发成为价格低廉抗肿瘤药物的潜力。

参考文献

[1] 张新，钟磊，王志伟. 鬼针草属药用植物化学成分与药理作用研究概况. 国外医药：植物药分册. 1999, 14(5): 195-198

[2] 王建平，惠秋莎，秦红岩，朱继军，石井永，原山尚. 鬼针草化学成分的研究（Ⅰ）. 中草药. 1992, 23(5): 229-231

[3] JP Wang, H Ishii, T Harayama, YM Gao, QS Hui, HY Zhang, JX Chen. Study on the chemical constituents of *Bidens bipinnata* a new polyacetylene glycoside. *Chinese Chemical Letters*. 1992, 3(4): 287-288

[4] S Li, HX Kuang, Y Okada, T Okuyama. A new aurone glucoside and a new chalcone glucoside from *Bidens bipinnata* linne. *Heterocycles*. 2003, 61: 557-561

[5] S Li, HX Kuang, Y Okada, T Okuyama. New flavanone and chalcone glucosides from *Bidens bipinnata* Linn. *Journal of Asian Natural Products Research*. 2005, 7(1): 67-70

[6] S Li, HX Kuang, Y Okada, T Okuyama. New acetylenic glucosides from *Bidens bipinnata* Linne. *Chemical & Pharmaceutical Bulletin*. 2004, 52(4): 439-440

[7] 马明，王建平，徐凌川. 婆婆针化学成分的研究. 中草药. 2005, 36(1): 7-9

[8] 李帅，匡海学，冈田嘉仁，奥山彻. 鬼针草化学成分的研究（Ⅰ）. 中草药. 2003, 34(9): 782-785

[9] 陈礼明，徐维平. 鬼针草化学成分与药理作用概述. 基层中药杂志. 1997, 11(1): 50-51

[10] 王建平，张惠云，秦红岩，高玉敏，周生海，王名洲. 鬼针草抗炎新成分的药理作用. 中草药. 1997, 28(11): 665-668

[11] 冯向东，朱晓英，高光伟. 鬼针草煎剂对高脂大鼠的药理作用. 基层中药杂志. 2000, 14(5): 3-4

[12] 陈晓虎，唐蜀华，李燕，蒋卫民. 鬼针草颗粒剂治疗高血压病、高胰岛素血症的临床研究. 南京中医药大学学报. 1998, 14(1): 19-20

[13] 李玲，刘旭杰，郝洪. 鬼针草降压作用与肾上腺素受体的关系. 第四军医大学学报. 2004, 25(23): 2

[14] 刘旭杰，郝洪，李玲. 鬼针草对血管平滑肌的作用. 第四军医大学学报. 2004, 25(19): 1767

[15] 刘旭杰，李玲，郝海鸥. 鬼针草对递质耗竭影响的药理研究. 医药论坛杂志. 2003, 24(18): 51

[16] 李帅，匡海学，毕明刚，肖洪彬. 鬼针草提取物对Ⅱ型糖尿病小鼠降血糖作用的研究. 中医药学报. 2003, 31(5): 37-38

[17] 张建新，吴树勋，杨纯，李兰芳，赵淑云. 鬼针草提取物对血小板聚集功能的影响. 河北医药. 1989, 11(4): 241-242

[18] 王建平，秦红岩，张惠云，王名洲，张玲，王芸，郭鸣，毛海婷. 鬼针草提取成分对白血病细胞的体外抑制作用. 中药材. 1997, 20(5): 247-249

兰科

白及 Baiji CP, KHP

Bletilla striata (Thunb.) Reichb. f.
Common Bletilla

概述

兰科 (Orchidaceae) 植物白及 *Bletilla striata* (Thunb.) Reichb. f.，其干燥块茎入药。中药名：白及。

白及属 (*Bletilla*) 植物全世界约有 6 种，分布于亚洲的缅甸北部经中国至日本。中国产有 4 种。本属现供药用者约 4 种。本种分布于中国陕西、甘肃、江苏、安徽、浙江、江西、福建、湖北、湖南、广东、广西、四川和贵州；朝鲜半岛和日本也有分布。

"白及"药用之名，始载于《神农本草经》，列为下品。历代本草多有著录，古今药用品种一致。《中国药典》(2005 年版) 收载本种为中药白及的法定原植物来源种。主产于中国贵州、四川、湖北、湖南、安徽、河南、浙江、陕西。

白及的主要化学成分为芪类和菲类化合物。《中国药典》以药材性状、薄层色谱鉴别、水分、总灰分、酸不溶性灰分检查来控制药材质量。

药理研究表明，白及具有止血、保护黏膜、抗菌、抗氧化和抗肿瘤等作用。

中医理论认为白及具有收敛止血，消肿生肌的功效。

白及 *Bletilla striata* (Thunb.) Reichb. f.

药材白及 Rhizoma Bletillae

1cm

化学成分

白及块茎含有芪类化合物：山药素Ⅲ (batatasin Ⅲ)、3'-O-甲基山药素 (3'-O-methylbatatasin Ⅲ)[1]、3',3,5-三甲氧基联苄 (3',3,5-trimethoxybibenzyl)、3,5-二甲氧基联苄 (3,5-dimethoxybibenzyl)[2]、3',3-二羟基-2',6'-双（对羟苄基）-5-甲氧基联苄 [3',3-dihydroxy-2',6'-bis(p-hydroxybenzyl)-5-methoxy bibenzyl]、3',3-二羟基-5-甲氧基联苄 [3',3-dihydroxy-5-methoxybibenzyl][3]、2,6-双（对羟苄基）-3',5-二甲氧基-3-羟基联苄 [2,6-bis(p-hydroxybenzyl)3',5-dimethoxy-3-hydroxy bibenzyl][4]、militarine、3'-羟基-5-甲氧基联苄-3-O-β-D-吡喃葡萄糖苷 (3'-hydroxy-5-methoxybibenzyl-3-O-β-D-glucopyranoside)[5]、5-羟基-4-（对羟基苄基）-3',3-二甲氧基联苯 [5-hydroxy-4-(p-hydroxybenzyl)-3',3-dimethoxybibenzyl][6]；还含有菲类化合物，包括有联菲类及二氢联菲类成分：白及联菲A、B、C (blestriarenes A-C)[1]、白及联菲醇A、B、C (blestrianol A-C)[7]；双菲醚类成分：白及双菲醚A、B、C、D (blestrins A-D)[8-9]；双氢菲并吡喃类：白及苄醚A、B、C (bletilols A-C)[10]；菲类及二氢菲类成分：2,7-二羟基-4-甲氧基菲-2-O-葡萄糖苷 (2,7-dihydroxy-4-methoxyphenanthrene-2-O-glucoside)[11]、2,4,7-三甲氧基菲 (2,4,7-trimethoxyphenanthrene)[2]、1,8-双(4-羟苄基)-2,7-二羟基-4-甲氧基菲 [1,8-bis(4-hydroxybenzyl)-4-methoxyphenanthrene-2,7-diol]、1-对羟苄基-2,7-二羟基-4-甲氧基菲 (1-p-hydroxybenzyl-4-methoxyphenanthrene-2,7-diol)、4,7-二羟基-2-甲氧基-9,10-二氢菲 (4,7-dihydroxy-2-methoxy-9,10-dihydrophenanthrene)、4,7-二羟基-1-对羟苄基-2-甲氧基-9,10-二氢菲 (4,7-dihydroxy-1-p-hydroxybenzyl-2-methoxy-9,10-dihydrophenanthrene)[4]、2,7-二羟基-3,4-二甲氧基菲 (2,7-dihydroxy-3,4-dimethoxyphenanthrene)、3,7-二羟基-2,4-二甲氧基菲 (3,7-dihydroxy-2,4-dimethoxyphenanthrene)[3]；菲螺内酯类成分：白及菲螺内酯 (blespirol)[12]。此外，还含大黄素甲醚 (physcion)、环巴拉甾醇 (cyclobalanol)[13]、丁香树脂酚 (syringaresinol)和咖啡酸 (caffeic acid)等[14]。

batatasin III: R=H
3'-O-methylbatatasin III: R=CH$_3$

blestriarene A

药理作用

1. **止血**

   白及甘露聚糖对狗实验性肝损伤有止血作用，能显著缩短止血时间，减少出血量[15]。白及液注入蛙下腔静脉后，可使末梢血管内红细胞凝集形成人工血栓，从而有修补血管壁损伤的作用，且对较大血管内血流的流通没有阻塞作用[16]。将犬肝叶或脾大部分切除，兔大腿肌肉做横行切断，再以白及水浸出物覆盖创面，可自行黏着，出血立即停止；白及的止血作用与其所含胶状成分有关[16]。白及正丁醇提取部位和水溶性部位可显著提高二磷酸腺苷 (ADP) 诱导的血小板最大聚集率，提示白及止血作用与促进血小板聚集有关[17]。

2. 保护胃黏膜

白及煎剂灌胃可明显减轻由盐酸、无水乙醇、幽门结扎和乙酸所致的大鼠胃黏膜损伤[18-19]。

3. 抗菌

白及对革兰阳性菌和人型结核杆菌有抑制作用[16]。白及水浸剂对奥杜盎小芽孢癣菌也有抑制作用[16]。体外实验证明，3,3′-二羟基-2′,6′-双（对羟苄基）-5-甲氧基联苄和3,3′-二羟基-5-甲氧基-2,5′,6-三（对羟苄基）联苄对革兰阳性菌金黄色葡萄球菌、枯草杆菌、蜡样芽孢杆菌和加得那诺卡菌有抑制作用。白及联菲A-C对革兰阳性菌金黄色葡萄球菌以及突变链球菌有抑制作用。

4. 抗氧化

白及中性多糖在体外能显著清除羟自由基，抑制 H_2O_2 诱导的红细胞溶血；对 D-半乳糖所致小鼠体重减轻和超氧化物歧化酶 (SOD) 活性下降也有显著抑制作用[20]。

5. 抗肿瘤

白及提取物可抑制肿瘤血管内皮生长因子与其受体的结合，从而抑制肿瘤血管生成[21]。白及作为肝动脉栓塞剂，结合化疗药和肝动脉结扎术能显著抑制肝细胞癌的生长[22]。

6. 其他

白及还能促进角质形成细胞游走，这种作用可能对治疗皮肤创伤，促进早期愈合有重要影响[23]。白及多糖在体外有促进内皮细胞生长的作用[24]。

应用

本品为中医临床用药。功能：收敛止血，消肿生肌。主治：①内外诸出血证，如咯血，吐血，衄血，便血及外伤出血；②痈肿，烫伤及手足皲裂，肛裂。

现代临床还应用于肺结核咳血、上消化道出血、胃及十二指肠溃疡或内脏出血、外伤出血及扭挫伤等病的治疗。

评注

由于白及种子萌发时，需要与相适应的真菌共生，且萌发率极低，自然繁殖困难，所以白及的野生资源已相当稀少，已被中国列为珍稀濒危植物。目前白及已有少量的人工栽培，包括有性繁殖和无性繁殖。

白及甘露聚糖又名白及胶，除有显著止血作用外，它还可为阿拉伯胶和黄芪胶的代用品，用作制剂工业中的赋形剂、黏合剂和乳化剂，还可作为医用超声波偶合剂和代血浆，用途广泛[25]。

参考文献

[1] M Yamaki, L Bai, K Inoue, S Takagi. Biphenanthrenes from *Bletilla striata*. Phytochemistry. 1989, 28(12): 3503-3505

[2] M Yamaki, T Kato, L Bai, K Inoue, S Takagi. Nonpolar constituents from *Bletilla striata*. Part 5. Methylated stilbenoids from *Bletilla striata*. Phytochemistry. 1991, 30(8): 2759-2760

[3] 韩广轩，王立新，张卫东，杨志，李廷钊，姜涛，刘文庸. 中药白及的化学成分研究(I). 第二军医大学学报. 2002, 23(4): 443-445

[4] S Takagi, M Yamaki, K Inoue. Antimicrobial agents from *Bletilla striata*. Phytochemistry. 1983, 22(4): 1011-1015

[5] 韩广轩，王立新，张卫东，王麦莉，刘洪涛，肖建华. 中药白及化学成分研究(II). 第二军医大学学报. 2002, 23(9): 1029-1031

[6] 韩广轩，王立新，顾正兵，张卫东. 中药白及中一新的联苄化合物. 药学学报. 2002, 37(3): 194-195

[7] L Bai, T Kato, K Inoue, M Yamakai, S Takagi. Nonpolar constituents from *Bletilla striata*. Part 6. Blestrianol A, B and C, biphenanthrenes from *Bletilla striata*. Phytochemistry. 1991, 30(8): 2733-2735

[8] L Bai, M Yamaki, K Inoue, S Takagi. Blestrin A and B, bis (dihydrophenanthrene) ethers from *Bletilla striata*. Phytochemistry. 1990,

29(4): 1259-1260

[9] M Yamaki, L Bai, T Kato, K Inoue, S Takagi, Y Yamagata, K Tomita. Bisphenanthrene ethers from *Bletilla striata*. Part 7. *Phytochemistry*. 1992, **31**(11): 3985-3987

[10] M Yamaki, L Bai, T Kato, K Inoue, S Takagi. Constituents of *Bletilla striata*. Part 8. Three dihydrophenanthropyrans from *Bletilla striata*. *Phytochemistry*. 1993, **32**(2): 427-430

[11] M Yamaki, T Kato, L Bai, K Inoue, S Takagi. Constituents of *Bletilla striata*. 9. Phenanthrene glucosides from *Bletilla striata*. *Phytochemistry*. 1993, **34**(2): 535-537

[12] M Yamaki, L Bai, T Kato, K Inoue, S Takagi, Y Yamagata, K Tomita. Blespirol, a phenanthrene with a spirolactone ring from *Bletilla striata*. *Phytochemistry*. 1993, **33**(6): 1497-1498

[13] 王立新, 韩广轩, 舒莹, 刘文庸, 张卫东. 中药白及化学成分的研究. 中国中药杂志. 2001, **26**(10): 690-691

[14] 韩广轩, 王立新, 王麦莉, 张卫东, 李廷钊, 刘文庸, 陈海生. 中药白及化学成分的研究. 药学实践杂志. 2001, **19**(6): 360-361

[15] 悦随士, 田河林, 李丽鸣, 张延霞, 王新华, 刘现军. 白及甘露聚糖对狗实验性肝损伤的止血作用. 中华医学杂志. 1995, **75**(10): 632-633

[16] 王本祥. 现代中药药理学. 天津科学技术出版社. 1999: 802-807

[17] 陆波, 徐亚敏, 张汉明, 李铁军, 丘彦. 白及不同提取部位对家兔血小板聚集的影响. 解放军药学学报. 2005, **21**(5): 330-332

[18] 耿志国, 郑世玲, 王遵琼. 白及对盐酸引起的大鼠胃黏膜损伤的保护作用. 中草药. 1990, **31**(2): 24-25

[19] 刘海鹏, 陈向涛, 汪惠丽. 党参、白及、制大黄及其配伍抗大鼠实验性胃溃疡作用. 中国临床药理学与治疗学杂志. 1997, **2**(2): 92-94

[20] 芮海云, 吴国荣, 陈景耀, 章浩, 陆长梅. 白及中性多糖抗氧化作用的实验研究. 南京师大学报(自然科学版). 2003, **26**(4): 94-98

[21] 冯敢生, 李欣, 郑传胜, 周承凯, 柳曦, 吴汉平. 中药白及提取物抑制肿瘤血管生成机制的实验研究. 中华医学杂志. 2003, **83**(5): 412-416

[22] 钱骏, 郑传胜, 吴汉平, V Daryusch, O Elsie, T Vogl, 冯敢生. 白及应用于大鼠实验性肝细胞癌介入治疗的研究. 中国医院药学杂志. 2005, **25**(5): 391-394

[23] 陈德利, 施伟民, 徐倩, 高青云, 朴英兰, 沈亮亮. 中药白及促进角质形成细胞的游走. 中华皮肤科杂志. 1999, **32**(3): 161-162

[24] 孙剑涛, 王春明, 张峻峰. 白及多糖对人脐静脉内皮细胞黏附生长的影响. 中药材. 2005, **28**(11): 1006-1007

[25] 曹建国. 白及胶研究概况. 江西中医学院学报. 1996, **8**(2): 44-45

白及种植基地

桑 科

构树 Goushu ^{CP, KHP}

Broussonetia papyrifera (L.) Vent.
Common Papermulberry

概 述

桑科 (Moraceae) 植物构树 *Broussonetia papyrifera* (L.) Vent.，其干燥成熟果实入药。中药名：楮实子。

构属 (*Broussonetia*) 植物全世界约 4 种，分布于亚洲东部和太平洋岛屿。中国约有 3 种，现供药用者仅有 1 种，本种分布于中国华北、华东、西南等地；朝鲜半岛、日本、越南、印度也有分布。

构树以"壳实"药用之名，始载于《名医别录》，列为上品。《中国药典》（2005 年版）收载本种为中药楮实子的法定原植物来源种。主产于中国湖北、湖南、山西、甘肃等地。

构树主要活性成分为黄酮类化合物。

药理研究表明，构树的果实具有抗老年痴呆或延缓老年痴呆、抗血小板凝聚、抗氧化、抗菌等作用。

中医药理论认为楮实子具有滋肾，清肝，明目等功效[1]。

构树 *Broussonetia papyrifera* (L.) Vent.（花枝）

构树 B. papyrifera (L.) Vent.（果枝）

药材楮实子 Fructus Broussoentiae

化学成分

构树的果实含皂苷、维生素B、油酸等。种子油中含非皂化物、饱和脂肪酸、油酸 (oleinic acid) 和亚油酸 (linoleic acid) 等。构树的树干皮含楮树黄酮醇 A、B (broussoflavonols A‐B)、楮树查尔酮 A、B (broussochalcones A‐B)[2]、构树醇 A、B (kazinols A‐B)[3]。

根皮含楮树黄酮醇 C、D、E[4]、F[5]、G[6] (broussoflavonols C‐G)、papyriflavonol A[7]、broussoaurone A、broussoflavan A[6]。

树干中含芫花素 (genkwanin)、异紫花前胡内酯(marmesin)、白桦脂酸 (betulinic acid)[8]。

枝皮含构树宁 C、D、E、F (broussonins C‐F)、broussinol、demethylbroussin[9]、螺楮树宁 A、B (spirobroussonins A‐B)[10]。另外还含有构树宁 A、B (broussonins A‐B)[11]等化合物。

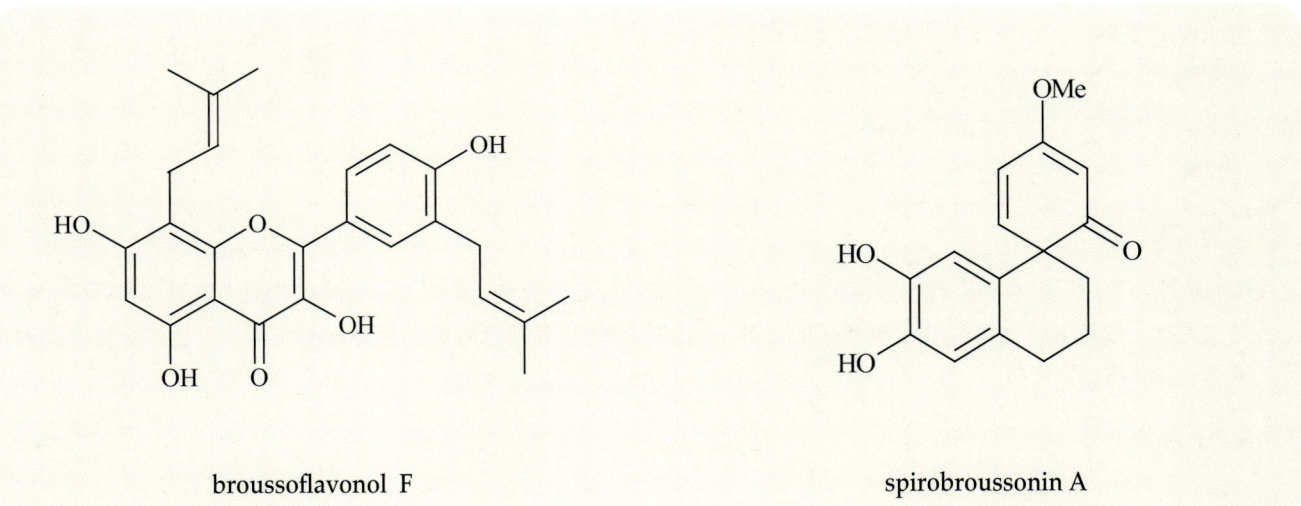

broussoflavonol F

spirobroussonin A

药理作用

1. **对心血管系统的影响**

   构叶煎剂及醇提物对麻醉犬及羊有显著的降血压作用，以构叶提取的总黄酮苷灌注兔和大鼠离体心脏，能显著抑制心肌收缩力,这种抑制收缩力能被氯化钙部分拮抗。在抑制心肌收缩力的同时,伴有心率减慢,并引起心房、心室多发性心律失常,对冠脉流量无明显影响。醇提取物和总黄酮苷对兔和豚鼠离体心房也有相似的作用,但对心房收缩频率无明显影响。以总黄酮苷灌注离体兔耳,显著增加血管流出量,呈血管扩张作用[12]。

2. **抗菌**
体外实验表明构树素、构树宁 B 对粉红镰孢菌、桑砖红镰孢菌、腐皮镰孢菌、间座壳菌、桑小点霉菌、李氏禾双极菌及褐间坐座壳菌均具有一定抑菌作用[13]。

3. **抗氧化**
楮实子油和楮实子黄酮有显著的抗氧化和清除自由基作用,它们的氧自由基抑制率分别为 43.85% 和 24.56%[14]。

4. **抑制类脂氧化和血管平滑肌增殖**
楮树黄酮醇A在鼠脑匀浆中抑制由 Fe^{2+} 引起的硫巴比妥酸反应物质生成的 IC_{50} 值为 $1.0\mu mol/L$。同时还有抑制大鼠血管平滑肌细胞增殖活性,使由胎牛血清、二磷酸腺苷 (ADP) 和 5－HT 三物刺激 [3H]－胸腺嘧啶核苷与 DNA 结合百分率分别降为:0、0.4%和0[5]。

5. **促进记忆**
楮实液对正常小鼠的空间辨别学习、记忆获得有促进作用;可拮抗东莨菪碱造成的记忆获得障碍;改善氯霉素和亚硝酸钠造成的记忆巩固不良;改善 30% 乙醇引起的记忆再现缺损,并对亚硝酸钠中毒缺氧有明显的改善作用[15]。

6. **抗血小板凝聚**
构树根皮中分离得到的黄酮化合物楮树查尔酮 A、构树醇 A 等对人体富集血小板的血浆和野兔血小板悬浮液由花生四烯酸或凝血酶引起的血小板凝聚有强烈的抑制作用[12]。

7. **其他**
构树根皮中分离得到的构树宁 A 等化合物能不同程度抑制芳香化酶的活性,显示了治疗乳腺癌、前列腺癌的作用;楮树查尔酮 A 等具有抑制蛋白酪氨酸磷酸酶 1B 的作用,为开发治疗II型糖尿病的新药提供了参考[12]。

应 用

本品为中医临床用药。功能:滋肾养阴,清肝明目,健脾利水。主治:①肾虚腰膝痠软,阳痿;②目昏、目翳;③水肿,尿少[16]。

现代临床还用于腹水、白内障等病的治疗。

评 注

近几年的药理和临床研究表明,构树的果实楮实子具有一定的抗老年痴呆或延缓老年痴呆的作用,如对其进行相关的深入研究,具有开发成为治疗老年性疾病新药的潜力。构树的浸出物有较强的酪氨酸酶抑制作用,以及清除自由基的作用,可用于美容祛斑及增白。

除果实外,构树的其他部分也供药用。

楮树白皮

本品为中医临床用药。功能:利水,止血。主治:①小便不利,水肿胀满;②便血,崩漏。

现代临床还用于慢性气管炎等病的治疗。

楮树根

本品为中医临床用药。功能：活血散瘀，清热利湿。主治：①咳嗽吐血，崩漏；②水肿；③跌打损伤。

现代临床还用于支气管炎、肺脓肿、细菌性痢疾等病的治疗。

楮叶

本品为中医临床用药。功能：凉血止血，利尿，解毒。主治：①吐血衄血，崩漏，金疮出血；②水肿，疝气；③毒疮。

现代临床还用于神经性皮炎、瘘管、外伤出血、细菌性痢疾、肠炎、消化不良性腹泻、慢性风湿性关节炎、坐骨神经痛等病的治疗。

构树适应性广，萌芽力强，易繁殖，是绿化与防堤护岸的重要树种；树皮是优质造纸及纺织原料；根皮及果实药用，有利尿、补肾、明目、健胃的功效；构树叶蛋白质含量丰富，蛋白质含量达24%，且完全无毒，属优良的蛋白质饲料，也可为保健食品添加剂之用。

参考文献

[1] 赵家军，胡支农，戴新民．中药楮实的本草记载和现代研究进展．解放军药学学报．2000，16(4)：197-200

[2] J Matsumoto, T Fujimoto, C Takino, M Saitoh, Y Hano, T Fukai, T Nomura. Components of *Broussonetia papyrifera* (L.) Vent. I. Structures of two new isoprenylated flavonols and two chalcone derivatives. *Chemical & Pharmaceutical Bulletin*. 1985, 33(8): 3250-3256

[3] J Ikuta, Y Hano, T Nomura. Constituents of the cultivated mulberry tree. Part XXXI. Components of *Broussonetia papyrifera* (L.) Vent. 2. Structures of two new isoprenylated flavans, kazinols A and B. *Heterocycles*. 1985, 23(11): 2835-2842

[4] T Fukai, T Nomura. Constituents of the Moraceae plants. Part 5. Revised structures of broussoflavonols C and D, and the structure of broussoflavonol E. *Heterocycles*. 1989, 29(12): 2379-2390

[5] SC Fang, BJ Shieh, RR Wu, CN Lin. Isoprenylated flavonols of formosan *Broussonetia papyrifera*. *Phytochemistry*. 1995, 38(2): 535-537

[6] HH Ko, SM Yu, FN Ko, CM Teng, CN Lin. Bioactive constituents of Morus australis and *Broussonetia papyrifera*. *Journal of Natural Products*. 1997, 60(10): 1008-1011

[7] KH Son, SJ Kwon, HW Chang, HP Kim, SS Kang. Papyriflavonol A, a new prenylated flavonol from *Broussonetia papyrifera*. *Fitoterapia*. 2001, 72(4): 456-458

[8] PW Liang, CC Chen, YP Chen, HY Hsu. Constituents of *Broussonetia papyrifera* Vent. *Huaxue*. 1986, 44(4): 152-154

[9] M Takasugi, N Niino, S Nagao, M Anetai, T Masamune, A Shirata, K Takahashi. Studies on the phytoalexins of the Moraceae. 13. Eight minor phytoalexins from diseased paper mulberry. *Chemistry Letters*. 1984, 5: 689-692

[10] M Takasugi, N Niino, M Anetai, T Masamune, A Shirata, K Takahashi. Studies on phytoalexins of the Moraceae. 14. Structure of two stress metabolites, spirobroussonin A and B, from diseased paper mulberry. *Chemistry Letters*. 1984, 5: 693-694

[11] PA De Almeida, SVJ Fraiz, R Braz-Filho. Synthesis and structural confirmation of natural 1,3-diarylpropanes. *Journal of the Brazilian Chemical Society*. 1999, 10(5): 347-353

[12] 渠桂荣，张倩，李彩丽．构树的药理与临床作用研究述略．中医药学刊．2003，21(11)：1810-1811

[13] Y Iida, H Yonemura, KB Oh, M Saito, H Matsuoka. Sensitive screening of antifungal compounds from acetone extracts of medicinal plants with a bio-cell tracer. *Yakugaku Zasshi*. 1999, 119(12): 964-971

[14] 袁晓，袁萍．楮实子油及楮实子黄酮成分的抗氧化清除自由基作用的研究．天然产物研究与开发．2005，17(suppl.)：23-26

[15] 戴新民，张尊祥，傅中先，张奋奋，杨然，胡支农．楮实对小鼠学习和记忆的促进作用．中药药理与临床．1997，13(5)：27-29

[16] 黄宝康，秦路平，张朝晖，郑汉臣．中药楮实子的临床应用．时珍国医国药．2002，13(7)：434-435

密蒙花 Mimenghua CP, KHP

Buddleja officinalis Maxim.
Pale Butterflybush

 概述

马钱科 (Loganiaceae) 植物密蒙花 *Buddleja officinalis* Maxim.，其干燥花蕾及花序入药。中药名：密蒙花。

醉鱼草属 (*Buddleja*) 植物全世界约有 100 种，分布于美洲、非洲和亚洲的热带至温带地区。中国约产 29 种、4 变种，大部分省区均有分布。本属现供药用者约 6 种。本种广布全中国，不丹、缅甸、越南也有分布。

"密蒙花"药用之名，始载于《开宝本草》。历代本草多有著录，古今药用品种一致。《中国药典》(2005 年版) 收载本种为中药密蒙花的法定原植物来源种。主产于中国湖北、四川、河南、陕西、云南、湖北、四川等地产量较大。

密蒙花主要含有黄酮苷、苯乙醇苷、三萜及三萜皂苷等成分。《中国药典》采用高效液相色谱法进行测定，规定密蒙花中蒙花苷的含量不得少于 0.50%，以控制药材质量。

药理研究表明，密蒙花具有抗菌、抗炎、抗氧化等作用。

中医理论认为密蒙花具有祛风清热，润肝明目，退翳等功效。

密蒙花 *Buddleja officinalis* Maxim.

药材密蒙花 Flos Buddlejae

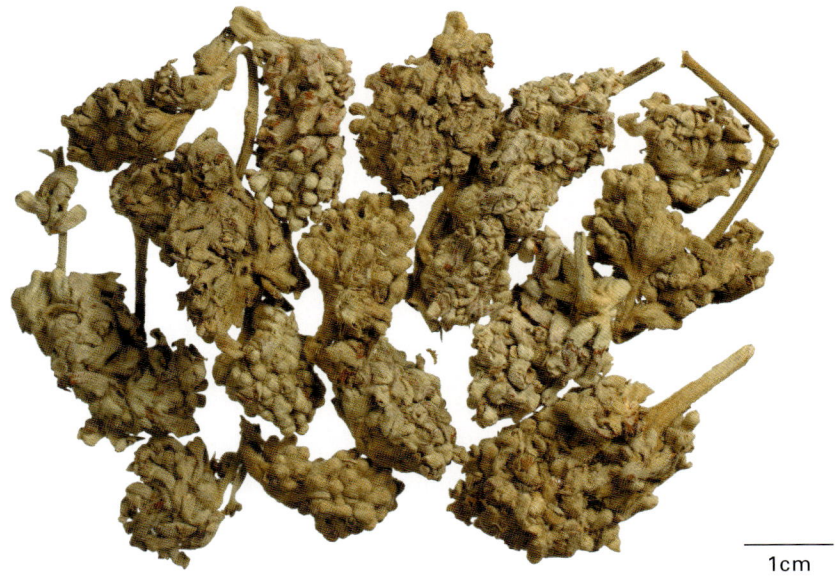

linarin

acteoside

密蒙花　Mimenghua

密蒙花 Mimenghua

马钱科

化学成分

密蒙花的花蕾及花序中含有黄酮及黄酮苷类成分：醉鱼草素乙 (buddleoside) 即蒙花苷 (linarin)、芹菜素 (apigenin)、木犀草素 (luteolin)、密蒙花新苷 (neobudofficide)、秋英苷 (cosmosiin)、木犀草素-7-O-葡萄糖苷 (luteolin-7-O-glucopyranoside)、木犀草素-7-O-芸香糖苷 [luteolin-7-O-α-L-rhamnopyranosyl-(1→6)-O-β-D-glucopyranoside][1]、金合欢素 (acacetin)[2]等；三萜及三萜皂苷类成分：密蒙皂苷 A、B、C、D、E、F、G (mimengosides A-G)[3-4]、齐墩果-13(18)-烯-3-酮 [olean-13(18)-ene-3-one]、δ-香树脂醇 (δ-amyrin)、大戟烷-8,24-二烯-3-醇乙酸酯 (euph-8,24-diene-3-yl acetate)[5]、songaroside A[6]等；苯乙醇苷类成分：毛蕊花糖苷 (verbascoside) 即洋丁香酚苷 (acteoside)、异毛蕊花糖苷 (isoacteroside)、角胡麻苷 F (cistanoside F)、紫葳新苷 II (campneoside II)[6]、荷包花苷 (calceolarioside)、松果菊苷 (echinacoside)、连翘酯苷 B (forsythoside B)、安哥罗苷 A (angoroside A)[2]、毛柳苷 (salidroside)[7]、密蒙花新苷 B (neobudofficide B)[8]、6β-羟基毛蕊花糖苷 (6β-hydroxyacteoside)、poliumoside、地黄苷 (martynoside)[9]等。

密蒙花的叶中含羽扇豆醇乙酸酯 (lupeol acetate)、环桉烯醇 (cycloeucalenol)等三萜类化合物；苯乙醇苷类成分：毛蕊花糖苷、6β-羟基毛蕊花糖苷、poliumoside、松果菊苷和角胡麻苷 F[10]。

药理作用

1. **抗菌**
密蒙花水提物及其黄酮单体成分体外对金黄色葡萄球菌和乙型溶血性链球菌等具有抑制作用[11]；密蒙花中的毛蕊花糖苷体外也具有抗真菌活性[8]。

2. **抗炎**
密蒙花氯仿提取物及甲醇提取物体外可抑制环氧酶及 5-脂氧合酶的活性，具有抗炎作用[8]。

3. **抗白内障**
密蒙花甲醇提取物及木犀草素等黄酮及黄酮苷类成分体外还可抑制大鼠晶状体醛糖还原酶活性，显示其具有抗白内障作用[12]。

4. **对肝脏的影响（细胞的保护作用）**
密蒙花中的黄酮类及苯乙醇苷类成分对培养的肝细胞有保护作用，抑制诱导的细胞毒性[13]。

5. **抗肿瘤**
密蒙花中的毛蕊花糖苷等苯乙醇苷类成分体外具有抗肿瘤活性[8-9]。密蒙花中三萜皂苷类成分体外还可抑制 HL-60 白血病细胞的生长[4]。

6. **抗氧化**
密蒙花中分离出的木犀草素及毛蕊花糖苷体外具有抗氧化活性[14]，毛蕊花糖苷对 1-甲基-4-苯基-吡啶盐 (MPP^+) 诱导的 PC12 神经细胞凋亡有明显的抑制作用，显示其对神经退化性疾病如帕金森症有治疗作用[15]。

7. **免疫调节**
密蒙花水煎液灌胃，对环磷酰胺造成的小鼠免疫功能受损有拮抗作用[16]。

8. **其他**
含密蒙花的大鼠血清体外可抑制人脐静脉血管内皮细胞的增生[17]，密蒙花还具有利尿、解痉及松弛平滑肌等作用。

应用

本品为中医临床用药。功能：清热养肝，明目退翳。主治：目赤翳障。

现代临床还用于眼结合膜炎、夜盲症、白内障、高血压所致之头晕眼花等病的治疗。

评注

密蒙花为中医治疗眼疾用药，现代药理研究初步证明其有良好的抗菌、抗炎及保肝活性，有关其药理作用及机理尚待进一步深入研究。

密蒙花黄色素作为一种安全、稳定的天然食用色素，在医药、食品及化妆品中有广阔的开发应用前景[18-19]。

参考文献

[1] 李教社，赵玉英，王邠，李秀兰，马立斌．密蒙花黄酮类化合物的分离和鉴定．药学学报．1996, **31**(1): 849-854

[2] YH Liao, PJ Houghton, JRS Hoult. Novel and known constituents from *Buddleja* species and their activity against leukocyte eicosanoid generation. *Journal of Natural Products*. 1999, **62**(9): 1241-1245

[3] N Ding, S Yahara, T Nohara. Structure of mimengoside A and B, new triterpenoid glycosides from Buddlejae Flos produced in China. *Chemical & Pharmaceutical Bulletin*. 1992, **40**(3): 780-782

[4] HZ Guo, K Koike, W Li, T Satou, D Guo, T Nikaido. Saponins from the flower buds of *Buddleja officinalis*. *Journal of Natural Products*. 2004, **67**(1): 10-13

[5] 王邠，李教社，赵玉英，胡长风．密蒙花三萜等成分的研究．北京医科大学学报．1996, **28**(6): 473-477

[6] 韩澎，崔亚君，郭洪祝，果德安．密蒙花化学成分及其活性研究．中草药．2004, **35**(10): 1086-1091

[7] 李教社，赵玉英，王邠．密蒙花中苯乙醇苷的分离和鉴定．中国中药杂志．1997, **22**(10): 613-615

[8] 李教社，赵玉英，马立斌．密蒙花中的新苯乙醇苷．中国药学．1997, **6**(4): 178-181

[9] 张虎翼，潘竞先．密蒙花中的苯丙素酚甙和黄酮苷研究．中国药学．1996, **5**(2): 105-110

[10] 余冬蕾，张青，张虎翼，潘竞先．羊耳朵叶化学成分的研究．天然产物研究与开发．1997, **9**(4): 14-18

[11] 李秀兰，孙光洁，戴树培，李教社，张海军，赵玉英．密蒙花/结香有效成分的抑菌作用．西北药学杂志．1996, **11**(4): 165-166

[12] H Matsuda, H Cai, M Kubo, H Tosa, M Iinuma. Study on anti-cataract drugs from natural sources. II. Effects of buddlejae flos on *in vitro* aldose reductase activity. *Biological & Pharmaceutical Bulletin*. 1995, **18**(3): 463-466

[13] PJ Houghton, H Hikino. Anti-hepatotoxic activity of extracts and constituents of *Buddleja* species. *Planta Medica*. 1989, **55**(2): 123-126

[14] MS Piao, MR Kim, DG Lee, Y Park, KS Hahm, YH Moon, ER Woo. Antioxidative constituents from *Buddleia officinalis*. *Archives of Pharmacal Research*. 2003, **26**(6): 453-457

[15] GQ Sheng, JR Zhang, XP Pu, J Ma, CL Li. Protective effect of verbascoside on 1-methyl-4-phenylpyridinium ion-induced neurotoxicity in PC12 cells. *European Journal of Pharmacology*. 2002, **451**(2): 119-124

[16] 吴克枫，刘佳，俞红．密蒙花对正常及免疫低下小鼠的免疫调节作用．贵阳医学院学报．1977, **22**(4): 359-360

[17] 接传红，高健生．中药密蒙花抗血管内皮细胞增生作用的研究．眼科．2004, **13**(6): 348-350

[18] 俞红，吴克枫．食用天然色素密蒙黄稳定性分析研究．广东微量元素科学．2001, **8**(1): 57-59

[19] 殷彩霞，李聪．密蒙花黄色素性能研究．化学世界．2000, **41**(1): 33-37

伞形科

柴胡 Chaihu CP

Bupleurum chinense DC.
Chinese Thorowax

概述

伞形科 (Apiaceae) 植物柴胡 *Bupleurum chinense* DC.，其干燥根入药。中药名：柴胡。因其多产在中国北方，故也称北柴胡。

柴胡属 (*Bupleurum*) 植物全世界约有 100 种，主要分布在北半球的温带、亚热带地区。中国产约 40 种、20 余变种及变型，多产于西北及西南高原地区。本属现供药用者约有 20 种。本种分布于中国东北、华北、西北、华东和华中等地区。

"柴胡"药用之名，始载于《神农本草经》，列为上品。历代本草均有著录。《中国药典》(2005 年版) 收载本种为中药柴胡的法定原植物来源种之一。主产于中国河北、辽宁、吉林、黑龙江、河南、陕西及朝鲜半岛。

柴胡属植物主要活性成分为三萜皂苷类化合物。《中国药典》以性状、薄层鉴别、总灰分和浸出物控制药材质量，采用柴胡皂苷 a、d 作为薄层鉴别的指标性成分。柴胡皂苷 a、d 也是文献报道作为评价中药柴胡质量的常用指标性成分。

药理研究表明，柴胡具有解热、抗炎、镇静、镇痛、镇咳、保肝利胆和抗病毒等作用。

中医理论认为柴胡具有疏风退热，疏肝解郁等功效。

柴胡 *Bupleurum chinense* DC.

药材柴胡 Radix Bupleuri Chinensis

1cm

柴胡　Chaihu

化学成分

柴胡的根含皂苷类成分：柴胡皂苷a、b_2、b_3、c、d、f、t、1、v、q-1、v-1、v-2[1-5] (saikosaponins a, b_2, b_3, c, d, f, t, l, v, q-1, v-1, v-2)、2"-O-乙酰柴胡皂苷b_2 (2"-O-acetyl-saikosaponin b_2)、2"-O-乙酰柴胡皂苷a (2"-O-acetyl-saikosaponin a)[2]、3"-O-乙酰柴胡皂苷b_2 (3"-O-acetyl-saikosaponin b_2)、3"-O-乙酰柴胡皂苷d (3"-O-acetyl-saikosaponin d)[3]、6"-O-乙酰柴胡皂苷b_2 (6"-O-acetyl-saikosaponin b_2)、6"-O-乙酰柴胡皂苷d (6"-O-acetyl-saikosaponin d)[4]；含挥发油：2-甲基环戊酮 (2-methylcyclopentanone)、柠檬烯 (limonene)、月桂烯 (myrcene)等[6]；还含黄酮类成分：柴胡色原酮葡萄糖苷A (saikochromoside A)[7]、柴胡色原酮酸 (saikochromic acid)、芦丁 (rutin)、槲皮素 (quercetin)、异鼠李素 (isorhamnetin)等[8]；此外还含有 α-菠甾醇 (α-spinasterol)、木糖醇 (xylitol)、水仙苷 (narcissin)等成分[9-10]。

saikosaponin a: R_1= β-OH, R_2=OH, R_3= β-D-glc(1→3)-β-D-fuc-

saikosaponin c: R_1= β-OH, R_2=H, R_3= β-D-glc(1→6)-[α-L-rha-(1→4)]-β-D-glc-

saikosaponin d: R_1= α-OH, R_2=OH, R_3= β-D-glc(1→3)-β-D-fuc-

药理作用

1. 解热

皮下注射柴胡醇浸膏的 5% 水溶液对大肠杆菌引起的发热具有明显的解热作用；柴胡水煎剂对过期伤寒混合菌苗所致家兔发热也有明显解热作用；将柴胡根或茎叶的水煎液分别给家兔灌胃，可使肌内注射发酵牛奶致热明显下降，其中柴胡根水煎剂的降温作用更为明显；口服柴胡皂苷可使伤寒和副伤寒混合菌苗致热及正常大鼠体温下降；柴胡挥发油对于 2,4-二硝基苯酚和酵母致热家兔及啤酒酵母混悬液致热大鼠具有解热作用[11]；此外柴胡皂苷元a也具有显著解热作用。

2. 抗炎

腹腔注射柴胡皂苷和柴胡挥发油对角叉菜胶所致大鼠足趾肿胀具有明显的抑制作用；柴胡皂苷a和d均具有抗渗出和抗棉球肉芽肿作用。此外，柴胡皂苷d具有抗肾炎作用，与促进糖皮质激素分泌有关[12-13]。

3. 镇静、镇痛

小鼠攀登实验和大鼠条件性回避反应证明口服柴胡皂苷、柴胡皂苷元a有明显的运动抑制和安定作用；小鼠口服总皂苷及腹腔注射皂苷元a可明显延长环己巴比妥钠引起的睡眠时间，后者还能拮抗甲基苯丙胺、去氧麻黄碱和咖啡因对小鼠的兴奋作用；小鼠压尾法、醋酸扭体法和电刺激鼠尾法均证明柴胡皂苷能使痛阈明显增高，具有镇痛作用；柴胡粗皂苷元a与糖浆状残余物腹腔注射均能抑制小鼠醋酸扭体反应，糖浆状残余物对压迫法所致疼痛也有明显镇痛作用。

4. 镇咳

机械刺激致咳法证明豚鼠腹腔注射柴胡总皂苷和柴胡皂苷元a具有镇咳作用，且柴胡皂苷元a的镇咳作用与剂量有关。

伞形科

柴胡 Chaihu

5. **抗病毒**

   柴胡皂苷 a、d 体外实验对流感病毒具有抑制作用；柴胡注射液对流行性出血热病毒具有一定的抑制作用。

6. **保肝、利胆**

   柴胡对伤寒菌苗、乙醇、四氯化碳、D-半乳糖胺等所致的肝损害具有明显的抗损伤和促进胆汁分泌的活性；柴胡皂苷及柴胡皂苷 a、b_1、b_2、c、d 对实验性肝损害有显著抑制作用，其中柴胡皂苷 d 对四氯化碳造成的慢性肝炎也具有显著效果；柴胡皂苷可促进原代培养肝细胞内 DNA 含量增加，并抑制细胞外基质的合成，可防治肝损伤、肝纤维化[14-15]。

7. **免疫调节功能**

   柴胡皂苷 d 在低浓度时可提高 T 细胞增殖活性，高浓度则可抑制其过度增殖，并能提高白介素-2（IL-2）的生成及促有丝分裂原刺激引起的受体表达[16]。柴胡皂苷能通过激活巨噬细胞和淋巴细胞功能，增强机体非特异性和特异性免疫反应而产生免疫调节作用[17]。

8. **抗肿瘤**

   柴胡皂苷 d 可抑制人白血病细胞 HL-60 和 K_{562} 细胞增殖，有时间和剂量依赖关系[18]，与其诱导细胞凋亡[19]和使癌基因 Bcl-2 表达下降[20-21]有关。

9. **其他**

   柴胡水提取物中的多酚类物质具有促进细胞有丝分裂活性的作用[22-23]。

应用

本品为中医临床用药。功能：疏风退热，疏肝解郁，升阳举陷。主治：①寒热往来，感冒发热；②肝郁气滞，月经不调；③气虚下陷，久泻脱肛；④退热截疟。

现代临床还用于病毒性肝炎、胰腺炎、流行性腮腺炎、单疱病毒性角膜炎、口疮、多形红斑、高脂血症等病的治疗。

评注

《中国药典》还收载狭叶柴胡 *Bupleurum scorzonerifolium* Willd. 作为中药柴胡的法定原植物来源种，《日本药局方》（第十五版）收载柴胡来源为三岛柴胡 *B. falcatum* L.。同属植物大叶柴胡 *B. longiradiatum* Turcz. 具有毒性。以上各种柴胡所含柴胡皂苷 a、d 的量并不一致，且相差较大[24]。

柴胡分布虽广，但入药部位为根及根茎，其资源蕴藏量并不大，且柴胡种子发芽率低，药用资源明显不足，需加强栽培技术研究。

本草考证显示发汗解表，升举清阳，疏肝胆之气解肝郁为带根全草狭叶柴胡的功效特征[25]。在中国江苏、安徽广泛使用春季采集狭叶柴胡的带根全草，称为"春柴胡"。目前的化学研究发现根部主要含皂苷类化合物，地上部分主要含黄酮、木脂素和挥发油类成分。因此结合传统中医用途，明确狭叶柴胡的药理活性部位和药用部位十分重要。

参考文献

[1] 梁鸿，赵玉英，邱海蕴，黄颉，张如意. 北柴胡中新皂苷的结构鉴定. 药学学报. 1998, 33(1): 37-41

[2] 梁鸿，赵玉英，白焱晶，张如意，涂光忠. 柴胡皂苷v的结构鉴定. 药学学报. 1998, 33(4): 282-285

[3] 梁鸿，韩紫岩，赵玉英，王邠，崔育新，杨文修，余奕. 新化合物柴胡皂苷q-1的结构鉴定. 植物学报. 2001, 43(2): 198-200

[4] QX Liu, H Liang, YY Zhao, B Wang, WX Yang, Y Yu. Saikosaponin v-1 from roots of *Bupleurum chinense* DC. *Journal of Asian Natural Products Research*. 2001, 3(2): 139-144

[5] H Liang, YJ Cui, YY Zhao, B Wang, WX Yang, Y Yu. Saikosaponin v-2 from *Bupleurum chinense*. Chinese Chemical Letters. 2001, **12**(4): 331-332

[6] 郭济贤，潘胜利，李颖，洪筱坤，王智华．中国柴胡属19种植物挥发油化学成分的研究．上海医科大学学报．1990，**17**(4)：278-282

[7] H Liang, YY Zhao, RY Zhang. A new chromone glycoside from *Bupleurum chinense*. Chinese Chemical Letters. 1998, **9**(1): 69-70

[8] 梁鸿，赵玉英，崔艳君，刘沁舡．北柴胡中黄酮类化合物的分离鉴定．北京医科大学学报．2000，**32**(3)：223-225

[9] 李青翠，梁鸿，赵玉英，张如意，张礼和．北柴胡根化学成分的研究．中国药学．1997，**6**(3)：165-167

[10] 梁鸿，白焱晶，赵玉英，张如意．北柴胡化学成分研究．中国药学．1998，**7**(2)：98-99

[11] 张青叶，胡聪，丛月珠．三岛柴胡与北柴胡解热作用比较．中药材．1997，**20**(3)：147-149

[12] 徐安平，崔若兰．柴胡皂苷d对实验性膜性肾炎疗效及作用机理研究．肾脏病与透析肾移植杂志．1995，**4**(3)：215-217

[13] 梁云，崔若兰．柴胡皂苷d治疗抗肾小球基膜型肾炎的实验研究．第二军医大学学报．1999，**20**(7)：416-419

[14] 陈爽，贲长恩，杨美娟，于世瀛，赵丽云，赵福建．柴胡皂苷对FSC激活及合成细胞外基质的实验研究．北京中医药大学学报．1999，**22**(1)：31-34

[15] 陈爽，贲长恩，杨美娟，于世瀛，赵丽云，赵福建．柴胡皂苷对肝细胞增殖及基质合成的实验研究．中国中医基础医学杂志．1999，**5**(5)：21-25

[16] M Kato, MY Pu, K Isobe, T Iwamoto, F Nagase, T Lwin, YH Zhang, T Hattori, N Yanagita, I Nakashima. Characterization of the immunoregulatory action of saikosaponin-d. Cell Immunology.1994, **159**(1): 15-25

[17] 梁云，崔若兰．柴胡皂苷及其同系物抗炎和免疫功能的研究进展．中国中西医结合杂志．1998，**18**(7)：446-448

[18] 陈静波，夏薇，崔清潭．柴胡皂苷d(SSd)对HL-60细胞增殖的抑制作用．北华大学学报（自然科学版）．2001，**2**(6)：486-488

[19] 步世忠，许金廉，孙继虎，陈宜张，商权．柴胡皂苷d上调HL-60细胞糖皮质激素受体mRNA并诱导细胞凋亡．中华血液学杂志．1999，**20**(7)：354-356

[20] 夏薇，崔新羽，陈静波．柴胡皂苷d(SSd)对K_{562}细胞凋亡及基因表达影响的研究．中国现代医学杂志．2002，**12**(10)：21-23

[21] 夏薇，崔新羽，崔清潭．柴胡皂苷d(SSd)对K_{562}细胞增殖的抑制作用．北华大学学报（自然科学版）．2002，**3**(2)：113-115

[22] S Izumi, N Ohno, T Kawakita, K Nomoto, T Yadomae. Wide range of molecular weight distribution of mitogenic substance(s) in the hot water extract of a Chinese herbal medicine, *Bupleurum chinense*. Biological & Pharmaceutical Bulletin. 1997, **20**(7) : 759-764

[23] S Ohtsu, S Izumi, S Iwanaga, N Ohno, T Yadomae. Analysis of mitogenic substances in *Bupleurum chinense* by ESR spectroscopy. Biological & Pharmaceutical Bulletin. 1997, **20**(1): 97-100

[24] 茅仁刚，林东昊，王智华，洪筱坤，潘胜利．HPLC法测定不同品种柴胡中的柴胡皂苷a、c、d含量．中草药．2002，**33**(5)：412-414

[25] 马亚民，杨长江，王林凤．柴胡本草考证．陕西中医学院学报．2001，**24**(2)：42-43

伞形科

三岛柴胡 Sandaochaihu [JP]

Bupleurum falcatum L.
Hare's Ear

 概述

伞形科 (Apiaceae) 植物三岛柴胡 *Bupleurum falcatum* L., 其干燥根入药。日本汉方药名：柴胡。

柴胡属 (*Bupleurum*) 植物全世界约有100种，主要分布在北半球的温带、亚热带地区。中国产40种、20余变种及变型，多产于西北及西南高原地区。本属植物现供药用有20多种。本种主要分布于日本、朝鲜半岛；中国近年部分地区有引种栽培。

《日本药局方》（第十五版）收载本种[1]。柴胡皂苷a、c、d及柴胡总皂苷是评价其药材质量的主要指标性成分[2]。

三岛柴胡含有三萜皂苷、多糖、聚乙炔等化合物以及挥发油。

三岛柴胡在日本被广泛用于感冒和肝炎的防治。药理研究表明，三岛柴胡的果胶多糖成分具有抗溃疡和增强免疫功能的作用。

三岛柴胡 *Bupleurum falcatum* L.

药材三岛柴胡 Radix Bupleuri Falcati

1cm

化学成分

三岛柴胡的根含三萜皂苷类成分：柴胡皂苷a、b_1、b_2、b_4、c、d、e、f[3-4] (saikosaponins a, b_1, b_2, b_4, c-f)、羟基柴胡皂苷a、c、d (hydroxysaikosaponins a, c, d)、4"-O-乙酰柴胡皂苷d (4"-O-acetylsaikosaponin d)[4]、丙二酰柴胡皂苷a、d (malonylsaikosaponins a, d)[5]、柴胡皂苷元d、f、g (saikogenins d, f, g)[6]、多糖类成分：bupleuran 2IIb、2IIc[7-9]；聚乙炔类成分：saikodiynes A、B、C、2Z-9Z-pentadecadiene-4,5-diyn-1-ol[10]以及柴胡色原酮A (saikochromone A)[6]。

果实含phenethyl alcohol 8-O-β-D-glucopyranosyl-(1→2)-O-β-D-apiofuranosyl-(1→6)-β-D-glucopyranoside、phenethyl alcohol 8-O-β-D-glucopyranosyl-(1→2)-β-D-glucopyranoside、isopentenol 1-O-β-D-apiofuranosyl-(1→6)-β-D-glucopyranoside, icariside D_1, icariside F_2、柴胡皂苷a、c、d (saikosaponins a, c, d)[11]。

种子含柴胡皂苷c、d (saikosaponins c, d)、6"-O-乙酰柴胡皂苷d (6"-O-acetylsaikosaponin d)[12]。

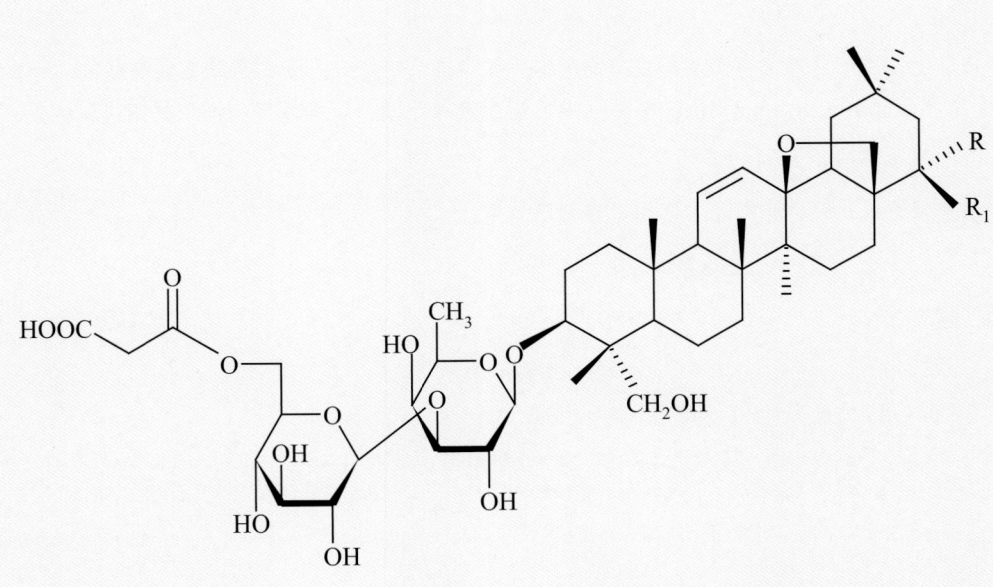

malonylsaikosaponin a: R=H, R_1=OH
malonylsaikosaponin d: R=OH, R_1=H

药理作用

1. **抗溃疡**

   三岛柴胡多糖口服给药对盐酸-乙醇、乙醇和水浸应激性大鼠胃溃疡及幽门结扎引起的小鼠胃溃疡有对抗作用，但不影响胃液中前列腺素 E_2 (PGE_2) 的含量[7, 13-14]，三岛柴胡多糖 bupleuran 2IIc 给小鼠静脉注射，24 小时后主要在肝脏中被检出[15]，其结构中的半乳糖基是其抗溃疡活性的重要基团[16]。

2. **免疫调节功能**

   三岛柴胡多糖 bupleuran 2IIb 能通过增加巨噬细胞表面Fc受体而增强其吞噬活性[8]。小鼠连续 7 天口服三岛柴胡多糖 bupleuran 2IIc，脾细胞的增殖能力显著增强；体外研究证明 bupleuran 2IIc 能通过调节细胞周期调控因子的表达而促进 B 淋巴细胞增殖，并促进 B 淋巴细胞释放白介素 6 (IL-6)[17-20]；体外实验还发现 bupleuran 2IIc

能与正常人血浆和初乳中的抗体 IgM、IgG 和 IgA 有不同程度的结合[21]。此外，柴胡皂苷 d 能通过调节 PKC θ、JNK 和 NF-κB 转录因子而抑制小鼠 T 淋巴细胞活性[22]。总之，三岛柴胡多糖 bupleuran 2IIb 及 bupleuran 2IIc 可分别增强非特异性免疫及体液免疫，而柴胡皂苷 d 可抑制细胞免疫。

3. 其他

从三岛柴胡中分离得到的柴胡皂苷能抑制 Na^+, K^+-ATP酶[23]；柴胡皂苷 a、d 和 e 具有较强的抗细胞黏附和溶血作用[24]；柴胡皂苷 d 有促进细胞凋亡作用，机理可能与增加 c-Myc 及 p53 的 mRNA 水平有关[25]；柴胡皂苷 a 对实验性过敏哮喘具有抑制作用[26]。

应用

《日本药局方》（第十五版）记载三岛柴胡为日本汉方处方用药，用于精神抑郁、消炎排脓、痔疾、保健强壮等治疗作用的处方中，如柴朴汤、柴胡桂枝汤、小柴胡汤、加味逍遥散等。

评注

三岛柴胡在日本被广泛使用于各种含有柴胡的汉方制剂中。在中国，中医处方使用柴胡主要是柴胡 *Bupleurum chinense* DC. 和狭叶柴胡 *B. scorzonerifolium* Willd. 两种。中日柴胡来源不同，现临床与制剂产品常等同入药，二者之间的对比研究有待深入。

三岛柴胡植物野生资源不足，现各种产品中使用者以栽培为主。

参考文献

[1] 日本公定书协会．日本药局方．十五版．东京：广川书店．2006: 3561-3563

[2] 原田正敏．繁用生药の成分定量-天然药物分析デ-夕集．1989: 161

[3] H Ishii, M Nakamura, S Seo, K Tori, T Tozyo, Y Yoshimura. Isolation, characterization, and nuclear magnetic resonance spectra of new saponins from the roots of *Bupleurum falcatum* L. Chemical & Pharmaceutical Bulletin. 1980, 28(8): 2367-2373

[4] N Ebata, K Nakajima, K Hayashi, M Okada, M Maruno. Saponins from the root of *Bupleurum falcatum*. Phytochemistry. 1996, 41(3): 895-901

[5] N Ebata, K Nakajima, H Taguchi, H Mitsuhashi. Isolation of new saponins from the root of *Bupleurum falcatum* L. Chemical & Pharmaceutical Bulletin. 1990, 38(5): 1432-1434

[6] M Kobayashi, T Tawara, T Tsuchida, H Mitsuhashi. Studies on the constituents of Umbelliferae plants. XVIII. Minor constituents of Bupleuri radix: occurrence of saikogenins, polyhydroxysterols, a trihydroxy C18 fatty acid, a lignan and a new chromone. Chemical & Pharmaceutical Bulletin. 1990, 38(11): 3169-3171

[7] H Yamada, XB Sun, T Matsumoto, KS Ra, M Hirano, H Kiyohara. Purification of anti-ulcer polysaccharides from the roots of *Bupleurum falcatum*. Planta Medica. 1991, 57(6): 555-559

[8] T Matsumoto, JC Cyong, H Kiyohara, H Matsui, A Abe, M Hirano, H Danbara, H Yamada. The pectic polysaccharide from *Bupleurum falcatum* L. enhances immune-complexes binding to peritoneal macrophages through Fc receptor expression. International Journal of Immunopharmacology. 1993, 15(6): 683-693

[9] H Yamada. Structure and pharmacological activity of pectic polysaccharides from the roots of *Bupleurum falcatum* L. Nippon Yakurigaku Zasshi. 1995, 106(3): 229-237

[10] M Morita, K Nakajima, Y Ikeya, H Mitsuhashi. Polyacetylenes from roots of *Bupleurum falcatum*. Phytochemistry. 1991, 30(5): 1543-1545

[11] M Ono, A Yoshida, Y Ito, T Nohara. Phenethyl alcohol glycosides and isopentenol glycoside from fruit of *Bupleurum falcatum*. Phytochemistry. 1999, 51(6): 819-823

[12] 刘绣华，何建英，范兴涛，陈伯森，汪汉卿．三岛柴胡中的柴胡皂苷．化学研究．2000，11(1): 8-11

[13] XB Sun, T Matsumoto, H Yamada. Effects of a polysaccharide fraction from the roots of *Bupleurum falcatum* L. on experimental gastric ulcer models in rats and mice. *The Journal of Pharmacy and Pharmacology*. 1991, **43**(10): 699-70[4]

[14] T Matsumoto, XB Sun, T Hanawa, H Kodaira, K Ishii, H Yamada. Effect of the antiulcer polysaccharide fraction from *Bupleurum falcatum* L. on the healing of gastric ulcer induced by acetic acid in rats. *Phytotherapy Research*. 2002, **16**(1): 91-93

[15] MH Sakurai, T Matsumoto, H Kiyohara, H Yamada. Detection and tissue distribution of anti-ulcer pectic polysaccharides from *Bupleurum falcatum* by polyclonal antibody. *Planta Medica*. 1996, **62**(4): 341-346

[16] MH Sakurai, H Kiyohara, T Matsumoto, Y Tsumuraya, Y Hashimoto, H Yamada. Characterization of antigenic epitopes in anti-ulcer pectic polysaccharides from *Bupleurum falcatum* L. using several carbohydrases. *Carbohydrate Research*. 1998, **311**(4): 219-229

[17] MH Sakurai, T Matsumoto, H Kiyohara, H Yamada. B-cell proliferation activity of pectic polysaccharide from a medicinal herb, the roots of *Bupleurum falcatum* L. and its structural requirement. *Immunology*. 1999, **97**(3): 540-547

[18] Y Guo, T Matsumoto, Y Kikuchi, T Ikejima, B Wang, H Yamada. Effects of a pectic polysaccharide from a medicinal herb, the roots of *Bupleurum falcatum* L. on interleukin 6 production of murine B cells and B cell lines. *Immunopharmacology*. 2000, **49**(3): 307-316

[19] T Matsumoto, YJ Guo, T Ikejima, H Yamada. Induction of cell cycle regulatory proteins by murine B cell proliferating pectic polysaccharide from the roots of *Bupleurum falcatum* L. *Immunology Letters*. 2003, **89**(2-3): 111-118

[20] T Matsumoto, K Hosono-Nishiyama, YJ Guo, T Ikejima, H Yamada. A possible signal transduction pathway for cyclin D2 expression by a pectic polysaccharide from the roots of *bupleurum falcatum* L. in murine B cell. *International Immunopharmacology*. 2005, **5**(9): 1373-1386

[21] H Kiyohara, T Matsumoto, T Nagai, SJ Kim, H Yamada. The presence of natural human antibodies reactive against pharmacologically active pectic polysaccharides from herbal medicines. *Phytomedicine*. 2006, **18**: 1-7

[22] CY Leung, L Liu, RN Wong, YY Zeng, M Li, H Zhou. Saikosaponin-d inhibits T cell activation through the modulation of PKCtheta, JNK, and NF-kappaB transcription factor. *Biochemical and Biophysical Research Communications*. 2005, **338**(4): 1920-1927

[23] T Ehata, M Morita, Y Okui, H Mihashi. Isolation of saponins from roots of *Bupleurum falcatum* L. as Na^+, K^+-ATPase inhibitors. *Japan Kokai Tokkyo Koho*. 1992

[24] BZ Ahn, YD Yoon, YH Lee, BH Kim, DE Sok. Inhibitory effect of bupleuri radix saponins on adhesion of some solid tumor cells and relation to hemolytic action: screening of 232 herbal drugs for anti-cell adhesion. *Planta Medica*. 1998, **64**(3): 220-224

[25] MJ Hsu, JS Cheng, HC Huang. Effect of saikosaponin, a triterpene saponin, on apoptosis in lymphocytes: association with c-myc, p53, and bcl-2 mRNA. *British Journal of Pharmacology*. 2000, **131**(7): 1285-1293

[26] KH Park, J Park, D Koh, Y Lim. Effect of saikosaponin-A, a triterpenoid glycoside, isolated from *Bupleurum falcatum* on experimental allergic asthma. *Phytotherapy Research*. 2002, **16**(4): 359-36[3]

紫葳科

凌霄 Lingxiao ^{CP, KHP}

Campsis grandiflora (Thunb.) K. Schum.
Chinese Trumpetcreeper

概述

紫葳科 (Bignoniaceae) 植物凌霄 *Campsis grandiflora* (Thunb.) K. Schum.，其干燥花入药。中药名：凌霄花。

凌霄属 (*Campsis*) 植物全世界有2种，一种为凌霄，产于中国和日本，另一种为美洲凌霄 *Campsis radicans* (L.) Seem.，原产北美洲，现中国已引种栽培。两种均可供药用。本种产中国长江流域，以及华北、华南和台湾等地。日本也有分布，越南、印度、巴基斯坦等国均有栽培。

凌霄以"紫葳"药用之名，始载于《神农本草经》，列为中品。凌霄花之名始见于《新修本草》。古今药用品种一致。《中国药典》(2005 年版) 收载本种为中药凌霄花的法定原植物来源之一。主产于中国江苏、浙江、安徽、山东、山西及北京等地。

凌霄化学成分主要为黄酮类化合物，此外，还含有环烯醚萜苷、三萜类成分。《中国药典》采用性状和薄层色谱法来控制药材质量。

药理研究表明，凌霄花具有抗菌、抗血栓形成、抗肿瘤等作用。

中医理论认为凌霄花具有凉血，化瘀，祛风等功效。

凌霄 *Campsis grandiflora* (Thunb.) K. Schum.

药材凌霄花 Flos Campsis

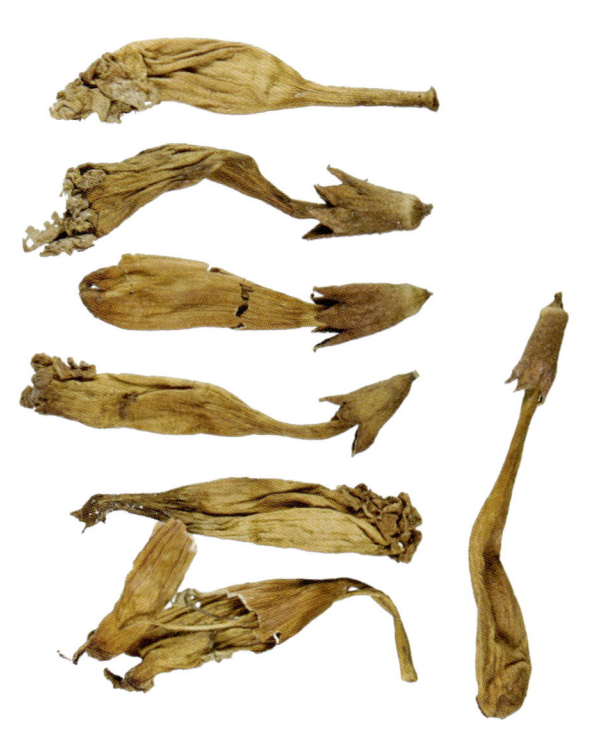

1cm

凌霄　Lingxiao

紫葳科

美洲凌霄 *Campsis radicans* (L.) Seem

化学成分

凌霄的花含黄酮类成分：芹菜素 (apigenin)[1]；环烯醚萜苷类成分：8-羟基紫葳苷 (campsiside)、5,8-二羟基紫葳苷 (pondraneoside)[2]；三萜类化合物：齐墩果酸 (oleanolic acid)、熊果酸 (ursolic acid)、科罗索酸 (corosolic acid)、山楂酸 (maslinic acid)、23-羟基熊果酸 (23-hydroxyursolic acid)、阿江榄仁酸 (arjunolic acid)[3]；此外，还含有草苁蓉醛 (boschniakine)[2]、熊果醛 (ursolic aldehyde)[3]、楝木苷 (cornoside)[4]、胡萝卜甾醇 (daucosterol)[5]等。花中尚含挥发油[6]。

campenoside

凌霄 Lingxiao

紫葳科

凌霄 Lingxiao

凌霄的叶含黄酮类成分：槲皮素-7-O-α-L-鼠李糖苷(1→4)-鼠李糖苷[quercetin-7-O-α-L-rhamnosyl(1→4)-rhamnoside]、二氢山柰酚-3-O-α-L-鼠李糖-5-O-β-D-葡萄糖苷(dihydrokaempferol-3-O-α-L-rhamnoside-5-O-β-D-glucoside)[7]；环烯醚萜苷类成分：紫葳苷(campenoside)、5-羟基紫葳苷(5-hydroxy campenoside)[8]、凌霄苷I、III、IV、V (cachinesides I, III-V)[9-10]、凌霄醇(cachinol)、1-O-甲基凌霄醇(1-O-methyl cachinol)[11]。

药理作用

1. **抗菌**
   平板挖沟法实验证明，凌霄花和叶煎剂对福氏痢疾杆菌和伤寒杆菌有抑制作用。

2. **抗血栓形成**
   凌霄花水煎液具有明显的抗血栓形成作用；凌霄花能加快红细胞电泳，增加红细胞电泳率，使血液红细胞处于分散状态[13]。凌霄叶所含的有机酸和凌霄醇等成分对胶原蛋白或肾上腺素引起的血小板凝集有一定的抑制作用[11-12]。

3. **抗肿瘤**
   凌霄花的花萼提取物对牛脑中提取的蛋白激酶C有抑制作用，在体外对皮肤癌细胞M14有一定的细胞毒性[13]。

4. **对血管平滑肌的影响**
   凌霄花水煎液对离体猪冠状动脉条具有舒张作用，可显著抑制其收缩[14]。

5. **对子宫平滑肌的影响**
   凌霄花水煎液能显著抑制离体未孕小鼠子宫收缩，显著降低子宫的收缩强度，减慢收缩频率，降低收缩活性。而对离体已孕小鼠子宫，凌霄花水煎液则能增加收缩频率及收缩强度，并增强收缩活性[14]。凌霄花的醋酸乙酯、丙酮、甲醇、丙酮:甲醇(1:1)等提取部位也能显著增强离体已孕小鼠子宫肌条的收缩强度[1]。

6. **其他**
   凌霄花提取物有抗氧化体外和抗炎作用[15-16]；其甲醇提取物可抑制胰淀粉酶[17]；所含的三萜类有机酸对人胆固醇脂酰基转移酶(hACAT-1)有显著的抑制作用[3]；所含的胡萝卜甾醇对蛋白金合欢酯转移酶的活性也有抑制作用[5]。

应用

本品为中医临床用药。功能：破瘀通经，凉血祛风。主治：①血瘀经闭，癥瘕以及跌打损伤等；②周身瘙痒，风疹等。

现代临床还用于原发性肝癌、胃肠道息肉、红斑狼疮、荨麻疹[18]等病的治疗。

评注

《中国药典》尚收载美洲凌霄花 *Campsis radicans* (L.) Seem 作为凌霄花的法定原植物来源种。

美洲凌霄花除了无抑制血栓形成作用外，其他作用均与凌霄花相似。值得注意的是，美洲凌霄花对离体孕子宫作用具特殊性，它能使离体孕子宫呈节律性的兴奋和抑制作用。据此，美洲凌霄花可以作为引产药进一步研究开发。此外，美洲凌霄花与凌霄花化学成分有所不同，二者药理作用对比研究，有待深入。

参考文献

[1] 郭谦，廖矛川，郭济贤. 凌霄花的化学成分与抗生育活性. 天然产物研究与开发. 2002, **14**(3): 1-6

[2] Y Imakura, S Kobayashi, Y Yamahara, M Kihara, M Tagawa, F Murai. Studies on constituents of Bignoniaceae plants. IV. Isolation and structure of a new iridoid glucoside, campsiside, from *Campsis chinensis*. *Chemical & Pharmaceutical Bulletin*. 1985, **33**(6): 2220-2227

[3] DH Kim, KM Han, IS Chung, DK Kim, SH Kim, BM Kwon, TS Jeong, MH Park, EM Ahn, NI Baek. Triterpenoids from the flower of *Campsis grandiflora* K.Schum. as human acyl-CoA: cholesterol acyltransferase inhibitors. *Archives of Pharmacal Research*. 2005, **28**(5): 550-556

[4] DH Kim, YJ Oh, KM Han, IS Chung, DK Kim, SH Kim, BM Kwon, MH Park, NI Baek. Development of biologically active compounds from edible plant sources XIV. Cyclohexylethanoids from the flower of *Campsis grandiflora* K.Schum. *Agricultural Chemistry and Biotechnology*. 2005, **48**(1): 35-37

[5] DH Kim, MC Song, KM Han, MH Bang, BM Kwon, SH Kim, DK Kim, IS Chung, MH Park, NI Baek. Development of biologically active compounds from edible plant sources. X. Isolation of lipids from the flower of *Campsis grandiflora* K.Schum. and their inhibitory effect on FPTase. *Han, guk Eungyong Sangmyong Hwahakhoeji*. 2004, **47**(3): 357-360

[6] Y Ueyama, S Hashimoto, K Furukawa, H Nii. The essential oil from the flower of *Campsis grandiflora* (Thumb.) K.Schum. from China. *Flavour and Fragrance Journal*. 1989, **4**(3): 103-107

[7] M Ahmad, N Jain, M Kamil, M Ilyas. Isolation and characterization of two new flavanone disaccharides from the leaves of *Tecoma grandiflora* Bignoniaceae. *Journal of Chemical Research, Synopses*. 1991, **5**: 109

[8] S Kobayashi, Y Imakura, Y Yamahara, T Shingu. New iridoid glucosides, campenoside and 5-hydroxycampenoside, from *Campsis chinensis* Voss. *Heterocycles*. 1981, **16**(9): 1475-1478

[9] Y Imakura, S Kobayashi, K Kida, M Kido. Iridoid glucosides from *Campsis chinensis*. *Phytochemistry*. 1984, **23**(10): 2263-2269

[10] Y Imakura, S Kobayashi. Structures of cachineside III, IV and V, iridoid glucosides from *Campsis chinensis* Voss. *Heterocycles*. 1986, **24**(9): 2593-2601

[11] JL Jin, SL Lee, YY Lee, JE Heo, JM Kim, HS Yun-Choi. Two new non-glycosidic iridoids from the leaves of *Campsis grandiflora*. *Planta Medica*. 2005, **71**(6): 578-580

[12] JL Jin, YY Lee, JE Heo, L See, JM Kim, HS Yun-Choi. Anti-platelet pentacyclic triterpenoids from leaves of *Campsis grandiflora*. *Archives of Pharmacal Research*. 2004, **27**(4): 376-380

[13] HS Lee, MS Park, WK Oh, SC Ahn, BY Kim, HM Kim, GT Oh, TI Mheen, JS Ahn. Isolation and biological activity of verbascoside, a potent inhibitor of protein kinase C from the calyx of *Campsis grandiflora*. *Yakhak Hoechi*. 1993, **37**(6): 598-604

[14] 沈琴，郭济贤，邵以德. 中药凌霄花的药理学考察. 天然产物研究与开发. 1995, **7**(2): 6-11

[15] XY Cui, JH Kim, X Zhao, BQ Chen, BC Lee, HB Pyo, YP Yun, YH Zhang. Antioxidative and acute anti-inflammatory effects of *Campsis grandiflora* flower. *Journal of Ethnopharmacology*. 2006, **103**(2): 223-228

[16] HS Kang, HY Chung, KH Son, SS Kang, JS Choi. Scavenging effect of Korean medicinal plants on the peroxynitrite and total ROS. *Natural Product Sciences*. 2003, **9**(2): 73-79

[17] SH Kim, CS Kwon, JS Lee, KH Son, JK Lim, JS Kim. Inhibition of carbohydrate-digesting enzymes and amelioration of glucose tolerance by Korean medicinal herbs. *Journal of Food Science and Nutrition*. 2002, **7**(1): 62-66

[18] 黄梅生. 凌霄花合剂治疗荨麻疹95例. 广西中医药. 1994, **17**(3): 7

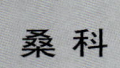

桑科

大麻 Dama CP, IP, JP, KHP

Cannabis sativa L.
Hemp

概述

桑科 (Moraceae) 植物大麻 *Cannabis sativa* L., 其干燥成熟果实入药。中药名：火麻仁。

大麻属 (*Cannabis*) 植物全世界仅有 1 种, 原产于印度及中东地区。现已广布世界温带和热带地区, 普遍栽培。本种广布于中国东北、华北、华东、中南等地。

"火麻仁"药用之名, 始载于《神农本草经》, 列为上品。历代本草多有著录。《中国药典》（2005 年版）收载本种为中药火麻仁的法定原植物来源种。中国各地均产。

大麻的活性成分主要为大麻素类化合物, 此外还含挥发油类。其中大麻酚是其主要生理活性成分之一, 具有镇静、止痛、安眠及一定的麻醉作用, 有欣快感及容易上瘾。国际上以四氢大麻酚 (THC)、大麻酚 (CBN) 和大麻二酚 (CBD) 之比值作为划分毒品型大麻和纤维型大麻的依据[1]。

药理研究表明, 大麻具有抗肿瘤、治疗青光眼、镇静、止痛、抗痉挛、止吐等作用[2]。

中医理论认为火麻仁具有润肠通便的功效。

大麻 *Cannabis sativa* L.

药材火麻仁 Fructus Cannabis

1cm

化学成分

大麻含大麻素类成分：Δ^9-四氢大麻酚 (Δ^9-tetrahydrocannabinol)、大麻酚 (cannabinal)、大麻二酚 (cannabidid)[3]、大麻萜酚 (cannabigerol)、次大麻二酚 (cannabidivarin)[2]、次大麻酚 (cannabivarin)、大麻环酚 (cannabicyclol)[1]等。挥发油类成分：β-丁香烯 (β-caryophyllene)、α-芹子烯 (α-selinene)、β-檀香烯 (β-santalene)、γ-松油烯 (γ-terpinene) 等成分[2]；酰胺类成分：果实中含有大麻酰胺甲[4]、乙、丙、丁[5]、戊、己、庚[6] (cannabisins A-G)、大海米酰胺 (grossamide)、N-反式咖啡酰酪胺 (N-trans-caffeoyltyramine)、N-反式阿魏酰酪胺 (N-trans-feruloyltyramine)[4]等。

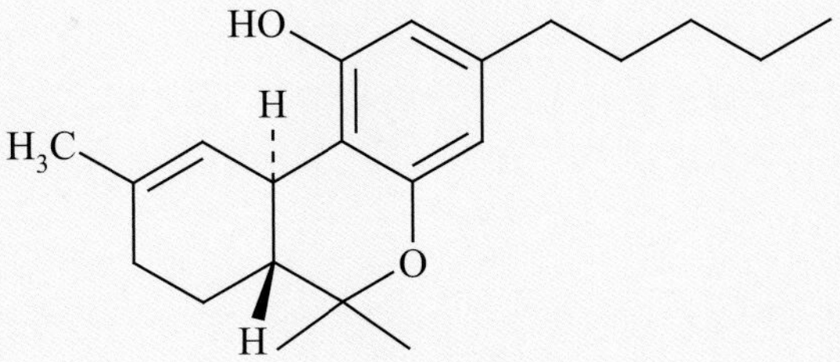

Δ^9-tetrahydrocannabinol

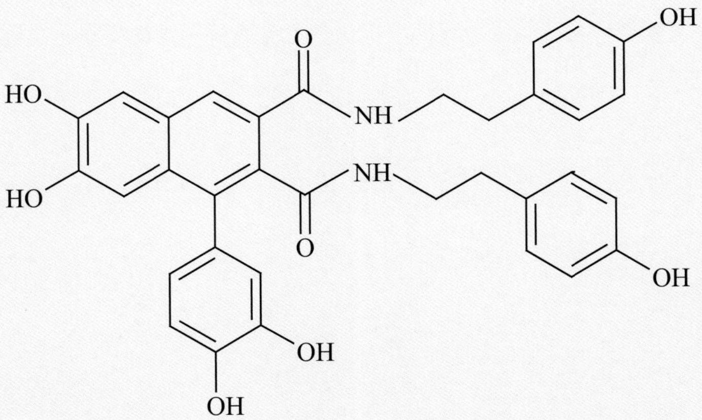

cannabisin A

药理作用

1. **镇痛**

   静脉注射四氢大麻酚在大鼠、小鼠的甩尾法或热极法上都显示镇痛作用，并使吸入或静脉全麻药增效[7]。研究表明，全身性使用大麻在各种疼痛动物模型中具有抗伤害性刺激和抗痛觉过敏的作用，并且在外周、脊髓、大脑水平均具有镇痛作用[8]。

2. **行为效应**

   腹腔注射四氢大麻酚使大鼠和小鼠出现自发运动先增加、后减少的现象；显著改变恒河猴条件性逃避反射，抑制大鼠穿梭箱的回避反应；口服四氢大麻酚可降低黑猩猩和恒河猴对时间、距离和刺激的鉴别能力[9]。

大麻 Dama

3. **神经药理效应**

   给兔静脉注射四氢大麻酚，在引起活动增多和不安的同时，伴随脑电图的变化，皮层神经元和中脑组织的兴奋性增加；给麻醉狗静脉注射四氢大麻酚，能抑制电刺激舌神经的向心端引起的舌颚反射[9]。

4. **对心血管系统的影响**

   实验证明对麻醉后的动物，四氢大麻酚在心率恒定情况下能减少静脉回流，从而减少心脏血的输出量，有降血压和减慢心率的作用；对不麻醉的动物和人，四氢大麻酚缺乏降血压作用[9]。

5. **抗惊厥**

   四氢大麻酚有保护大鼠和小鼠电休克时惊厥作用，降低小鼠听源性惊厥的敏感性，对抗电刺激大鼠杏仁核诱发的惊厥[3]。

6. **抗肿瘤**

   患晚期肺癌的大鼠在连续注射四氢大麻酚后有 1/3 癌肿体积缩小，平均存活期比其他对照鼠延长。此外，体外试验表明，人乳癌细胞对四氢大麻酚也十分敏感[10]。

7. **对免疫系统的影响**

   大麻主要影响继发性免疫，通过抑制免疫细胞功能和改变细胞因子产生而降低机体抗感染能力，感染军团菌的小鼠静脉注射四氢大麻酚后死亡率明显升高[11]。

应用

本品为中医临床用药。功能：润肠通便。主治：肠燥便秘。

现代临床还用于治疗尿道炎、习惯性便秘、神经系统疾病[12]、抗帕金森病和运动疾病、止吐、刺激食欲[13]等。

大麻种植基地

评注

火麻仁是中国卫生部规定的药食同源品种之一。在欧洲民间大麻常用作止痛剂，欧洲人还用于治疗哮喘、青光眼和癫痫等症[14]。2002年10月英国GW Pharmaceutical公司指出大麻制品可以缓解多发硬化症、脊髓损伤等患者的难治性疼痛，还可以改善人们的睡眠问题[15]。另外大麻中的四氢大麻酚具有抑瘤作用，有望成为一种新型抗肿瘤药物。

大麻是一种古老的栽培植物，有重要的农用及药用价值，其茎用作造纸原料，果实富含油脂而用来榨油。

大麻中含有的大麻脂、大麻酚等成分具有麻醉作用，可作用于中枢神经，引起情绪突变及妄想狂型精神症状，经常使用可成瘾，对身体有严重的危害。大麻是国际主要查禁毒品之一，因此在使用时要多加注意。

参考文献

[1] 何洪源，王聪慧，郭继森，韩伟．GC/MS分析新疆大麻烟中的大麻类物质．分析试验室．2003，22(3)：34-37

[2] 张凤英，何萍雯．GC和GC/MS对新疆不同产地大麻成分的分析研究．质谱学报．1992，13(3)：1-6

[3] 王琪．大麻的药理及其临床应用．疼痛．2001，9(3)：125-126

[4] I Sakakibara, T Katsuhara, Y Ikeya, K Hayashi, H Mitsuhashi. Cannabisin A, an arylnaphthalene lignanamide from fruits of *Cannabis sativa*. *Phytochemistry*. 1991, 30(9): 3013-3016

[5] I Sakakibara, Y Ikeya, K Hayashi, H Mitsuhashi. Three phenyldihydronaphthalene lignanamides from fruits of *Cannabis sativa*. *Phytochemistry*. 1992, 31(9): 3219-3223

[6] I Sakakibara, Y Ikeya, K Hayashi, M Okada, M Maruno. Three acyclic bis-phenylpropane lignanamides from fruits of *Cannabis sativa*. *Phytochemistry*. 1995, 38(4): 1003-1007

[7] 黄显奋，严泓渠，姜建伟，刘忠英，何晓平，曹小定．Δ^9-四氢大麻酚加强电针镇痛的实验研究．上海医科大学学报．1992，19(1)：13-16

[8] 毛应启梁，吴根诚．大麻的疼痛调制作用及其机制．国外医学：生理、病理科学与临床分册．2003，23(1)：79-81

[9] 张开镐．大麻的药理学效应．中国临床药理学杂志．1990，6(2)：111-114

[10] 徐铮奎．大麻药理作用研究与临床应用新进展．中国医药情报．2004，10(2)：31-32

[11] 严明山，连幕兰，黄晋生．大麻和大麻受体与免疫应答．生理科学进展．2000，31(3)：261-264

[12] P Consroe. Brain cannabinoid systems as targets for the therapy of neurological disorders. *Neurobiology of Disease*. 1998, 5: 534-551

[13] L Whitfield. Stimulating your appetite. *Positively Aware: The Monthly Journal of the Test Positive Aware Network*. 1998, 9(2): 27

[14] 徐铮奎．大麻作为药用植物为期不远．中国制药信息．1999，15(4)：25

[15] 希雨．英GW公司大麻药品临床试验新进展．国外医药：植物药分册．2003，18(1)：40

豆科

决明 Jueming ^{CP, JP}

Cassia obtusifolia L.
Sicklepod

概述

豆科 (Fabaceae) 植物决明 *Cassia obtusifolia* L., 其干燥成熟种子入药。中药名: 决明子。

决明属 (*Cassia*) 植物全世界约有 600 种, 分布于世界热带和亚热带地区, 少数分布至温带地区。中国原产 10 余种, 另加引种栽培者的共 20 余种。本属已供药用者近20种。本种中国各省均有栽培。

"决明子"药用之名, 始载于《神农本草经》, 列为上品。中国从古至今作中药决明子入药者系该属多种植物。《中国药典》(2005 年版) 收载本种为中药决明子的法定原植物来源种之一。主产于中国江苏、安徽、四川等地, 产量较大。

决明属植物主要活性成分为蒽醌类衍生物。《中国药典》采用高效液相色谱法测定, 规定决明子中大黄酚含量不得少于0.080%, 以控制药材质量。

药理研究表明, 决明的种子具有降血压、调血脂、保肝、调节免疫等作用。

中医理论认为决明子具有清肝益肾, 明目, 利水通便等功效。

决明 *Cassia obtusifolia* L.

药材决明子 Semen Cassiae Obtusifoliae

1cm

化学成分

决明种子含蒽醌类化合物：大黄酚 (chrysophanol)、大黄素甲醚 (physcion)、大黄素甲醚-8-O-β-D-葡萄糖苷 (physcion 8-O-β-D-glucoside)、大黄素 (emodin)、芦荟大黄素 (aloe-emodin)、橙黄决明素 (aurantio-obtusin)[1]、决明素 (obtusin)、大黄酸 (rhein)[2]、美决明子素 (obtusifolin)[3]、黄决明素 (chryso-obtusin)[4]、葡萄糖基美决明子素 (gluco-obtusifolin)、葡萄糖基黄决明素 (gluco-chryso-obtusin)、葡萄糖基橙黄决明素 (gluco-aurantio-obtusin)[5]、意大利鼠李蒽醌-1-O-β-D-葡萄糖苷 (alaternin-1-O-β-D-glucopyranoside)、黄决明素-2-O-β-D-葡萄糖苷 (chrysoobtusin-2-O-β-D-glucopyranoside)[6]、大黄酚-9-蒽酮(chrysophanol-9-anthrone)[7]、1-去甲基决明素 (1-desmethylobtusin)、1-去甲基橙黄决明素 (1-desmethylchryso-obtusin)、1-去甲基黄决明素 (1-desmethylaurantio-obtusin)[8]、大黄素-1-O-β-龙胆双糖苷 (emodin-1-O-β-gentiobioside)[9]等。还含萘并-γ-吡酮类成分，如决明子苷A、B、C、B_2、C_2 (cassiasides A-C, B_2, C_2)[10-12]、红镰玫素-6-O-龙胆双糖苷 (rubrofusarin-6-O-gentiobioside)[11]等。

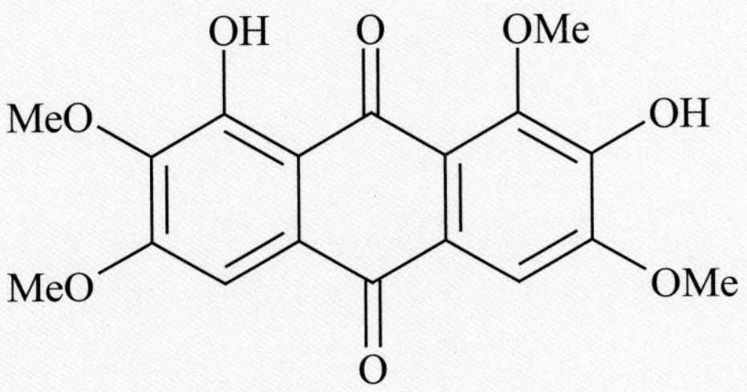

obtusin

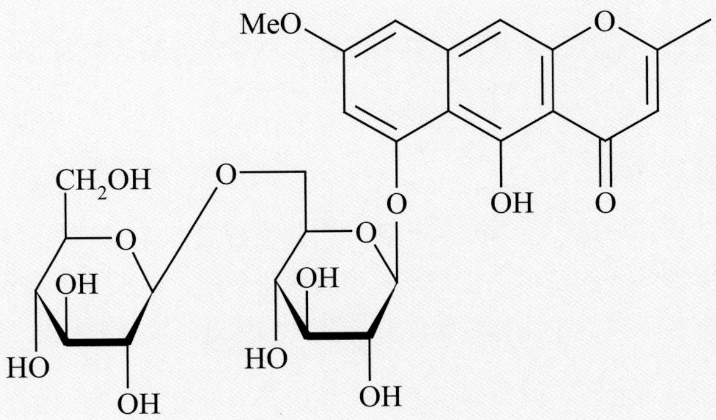

rubrofusarin-6-O-gentiobioside

药理作用

1. **降血压**
   决明种子的水浸液、醇水浸出液和乙醇浸出液灌胃对麻醉犬、猫、兔及大鼠均有降血压作用，可使自发性遗传性高血压大鼠的收缩压及舒张压同时降低，其降压有效物质可能是蒽醌苷及低聚糖[13]。

2. **调节血脂**
   决明种子粉、乙酸乙酯提取物、正丁醇提取物和水提取物灌胃均可使高脂血症大鼠的总胆固醇 (TC) 明显降低，高密度脂蛋白 (HDL) 水平显著升高，其主要有效成分可能是苷类、蛋白质和多糖等[14]。体外实验表明，决明种子浸膏对胆固醇的合成有一定的抑制作用[15]。

3. **抗菌**
   体外实验表明，决明种子醚提取液及醋酸乙酯提取液对金黄色葡萄球菌、大肠杆菌、枯草芽孢杆菌、产气杆菌等均有较强的抑制作用[16]。

4. **保肝**
   决明种子水提取物对四氯化碳引起的大鼠肝损伤和D-半乳糖或脂多糖引起的小鼠肝损伤均有显著的保护作用[17]。

豆科

决明 Jueming

5. 免疫调节功能

决明种子水煎醇沉剂皮下注射可使小鼠胸腺明显萎缩，外周血淋巴细胞醋酸萘酯酶 (ANAE) 染色阳性率显著降低，使 2,4-二硝基氯苯 (DNCB) 所致小鼠皮肤迟发型超敏反应受抑制，但对血清溶血素的形成无明显影响。另外决明种子水煎醇沉剂可使小鼠腹腔巨噬细胞吞噬鸡红细胞百分率和吞噬指数明显提高，溶菌酶水平也显著增加。由此可见决明种子对血球免疫功能有抑制作用，对体液免疫功能无明显影响，但对巨噬细胞吞噬功能有增强作用[18]。

6. 抗血小板聚集

决明种子中葡萄糖基美决明子素、葡萄糖基黄决明素及葡萄糖基橙黄决明素对由二磷酸腺苷 (ADP)、花生四烯酸 (AA) 或胶原诱导的血小板聚集有强烈的抑制作用[5]。

7. 其他

决明种子还有润肠通便[19]、明目[20]、抑制幽门螺旋杆菌[21]等作用。

应用

本品为中医临床用药。功能：清肝明目，润肠通便。清热祛风，平肝明目。主治：①目赤目暗；②肠燥便秘。

现代临床还用于角膜炎[12]、高血压、心律不齐及高脂血症等病的治疗。

评注

决明子是中国卫生部规定的药食同源品种之一。《中国药典》除本种外，还收载同属植物小决明 Cassia tora L. 作为中药材决明子的法定原植物来源种。决明子的化学成分研究表明，决明和小决明两个品种之间差异较大，因此有必要在平行条件下对两个品种化学成分与药效方面进行深入对比研究。

决明子分布广，来源易，具有广泛的药用价值，尤其对高血压、高胆固醇、习惯性便秘等疗效较好，目前治疗这些疾病尚无特效药物，因此决明子具有很好的开发应用前景。此外，决明子含有丰富的人体必需营养素及多种功能因子，是一种良好的药食同源保健食品原料。决明子经烘烤后有浓郁的咖啡香气，且其乳化性和加工性都较好，因此有可能将其制成各种形式的保健食品。

参考文献

[1] 郝延军, 桑育黎, 赵余庆. 决明子蒽醌类化学成分研究. 中草药. 2003, 34(1): 18-19

[2] 兰红梅, 于超, 王宇, 李建军. 高效液相色谱法同时测定决明子中六个蒽醌类化合物的含量. 重庆中草药研究. 2001, 43: 45-48

[3] M Takido. Studies on the constituents of the seeds of Cassia obtusifolia L. I. the structure of obtusifolin. Chemical & Pharmaceutical Bulletin. 1958, 6(4): 397-400

[4] M Takido. Constituents of the seeds of Cassia obtusifolia II. The structures of obtusin, chryso-obtusin, and aurantio-obtusin. Chemical & Pharmaceutical Bulletin. 1960, 8: 246-251

[5] HS Yun-Choi, JH Kim, M Takido. Potential inhibitors of platelet aggregation from plant sources, V. Anthraquinones from seeds of Cassia obtusifolia and related compounds. Journal of Natural Products. 1990, 53(3): 630-633

[6] S Kitanaka, F Kimura, M Takido. Studies on the constituents of purgative crude drugs. XVII. Studies on the constituents of the seeds of Cassia obtusifolia Linn. The structures of two new anthraquinone glycosides. Chemical & Pharmaceutical Bulletin. 1985, 33(3): 1274-1276

[7] DC Lewis, T Shibamoto. Analysis of toxic anthraquinones and related compounds with a fused silica capillary column. Resolution Chromatography and Chromatography Communications. 1985, 8(6): 280-282

[8] S Kitanaka, M Takido. Studies on the constituents of purgative crude drugs. Part XIV. Studies on the constituents of the seeds of Cassia obtusifolia Linn. The structures of three new anthraquinones. Chemical & Pharmaceutical Bulletin. 1984, 32(3): 860-864

[9] CH Li, XY Wei, XE Li, P Wu, BJ Guo. A new anthraquinone glycoside from the seeds of *Cassia obtusifolia*. *Chinese Chemical Letters*. 2004, **15**(12): 1448-1450

[10] 刘松青, 高振同, 杨大坚, 代青, 孔令冰. HPLC测定决明子中决明子苷A, B含量. 中国药学杂志. 1999, **34**(4): 267-269

[11] S Kitanaka, M Takido. Studies on the constituents of purgative crude drugs. XXI. Studies on the constituents of the seeds of *Cassia obtusifolia* L. The structures of two naphthopyrone glycosides. *Chemical & Pharmaceutical Bulletin*. 1988, **36**(10): 3980-3984

[12] S Kitanaka, T Nakayama, T Shibano, E Ohkoshi, M Takido. Antiallergic agent from natural sources. Structures and inhibitory effect of histamine release of naphthopyrone glycosides from seeds of *Cassia obtusifolia* L. *Chemical & Pharmaceutical Bulletin*. 1998, **46**(10): 1650-1652

[13] 李续娥, 郭宝江, 曾志. 决明子蛋白质、低聚糖及蒽醌苷降压作用的实验研究. 中草药. 2003, **34**(9): 842-843

[14] 李楚华, 李续娥, 郭宝江. 决明子提取物降脂作用的研究. 华南师范大学学报（自然科学版）. 2002, **4**: 29-32

[15] 何菊英, 刘松青, 彭永富, 陈泽莲. 决明子降血脂作用机制研究. 中国药房. 2003, **14**(4): 202-204

[16] 熊卫东, 马庆一. 含蒽醌的中草药———一类潜在的天然抑菌防腐剂初探. 天津中医药. 2004, **21**(2): 158-160

[17] K Hase, S Kadota, P Basnet, T Namba, T Takahashi. Hepatoprotective effects of traditional medicines. Isolation of the active constituent from seeds of *Celosia argentea*. *Phytotherapy Research*. 1996, **10**(5): 387-392

[18] 南景一, 王忠, 沈玉清, 杨正娟, 李民飞, 康丽. 决明子对小鼠免疫功能影响的实验研究. 辽宁中医杂志. 1989, **13**(5): 43-44

[19] 张加雄, 万丽, 胡轶娟, 何晓燕, 朱军. 决明子提取物泻下作用研究. 时珍国医国药. 2005, **16**(6): 467-468

[20] 韩昌志. 决明子的明目作用. 中国医院药学杂志. 1993, **13**(5): 200-201

[21] Y Li, C Xu, Q Zhang, JY Liu, RX Tan. In vitro anti-Helicobacter pylori action of 30 Chinese herbal medicines used to treat ulcer diseases. *Journal of Ethnopharmacology*. 2005, **98**(3): 329-333

青葙 Qingxiang ^{CP, KHP}

苋科

Celosia argentea L.
Feather Cockscomb

概 述

苋科 (Amaranthaceae) 植物青葙 *Celosia argentea* L.，其干燥成熟种子入药。中药名：青葙子。

青葙属 (*Celosia*) 植物全世界约有 60 种，分布于亚洲、美洲及非洲的亚热带和温带地区。中国产约有 3 种。本属现供药用者约 3 种。本种分布于中国各省区，野生、栽培均有；朝鲜半岛、日本、印度、越南、缅甸、泰国、菲律宾、马来西亚及非洲热带地区均有分布。

"青葙子"药用之名，始载于《神农本草经》，列为下品。《中国药典》(2005 年版) 收载本种为中药青葙子的法定原植物来源种。中国大部分地区均产。

青葙的地上部分主要含黄酮类化合物。

药理研究表明，青葙的种子具有降眼压、降血压、抗菌等作用。

中医理论认为青葙子具有祛风热，清肝火，明目退翳等功效。青葙子煎剂在印度民间用于治疗糖尿病[1]。

青葙 *Celosia argentea* L.

药材青葙子 Semen Celosiae

1cm

化学成分

青葙的地上部分含有黄酮类成分：血苋黄素 (tlatlancuayin)、betavulgarin[2]。

种子含肽类成分：celogenamide A[3]、celogentins A、B、C[4]、D、E、F、G、H、J[5]、K[6]、moroidin[7]；氨基酸类成分：天冬氨酸、苏氨酸、谷氨酸、甘氨酸等[8]。

叶含苷类化合物：枸橼苦素C (citrusin C)、吲哚苷 (indican)、(3Z) - 己烯基 - 1 - O -（6 - O - α - 吡喃鼠李糖基 - β - 吡喃葡萄糖基）[(3Z) - hexenyl - 1 - O - (6 - O - α - rhamnopyranosyl - β - glucopyranoside)]、(7E) - 6,9 - dihydromegastigma - 7 - ene - 3 - one - 9 - O - β - glucopyranoside等[9]。此外还含甜菜红碱 (betalain)、多巴胺 (dopamine)、3 - 甲氧酪胺 (3 - methoxytyramine)、2 - descarboxy - betanidin和青葙子酸性多糖(celosian)等[10]。

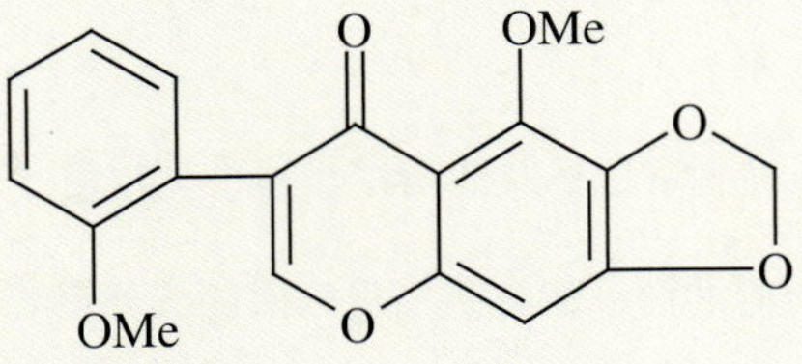

tlatlancuayin

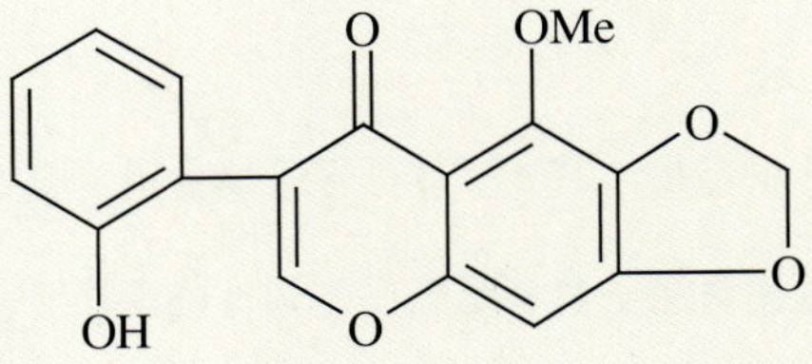

betavulgarin

药理作用

1. **对眼睛的作用**

   青葙子水煎剂灌胃，对正常兔的眼内压有降低的作用[11]。体外实验表明，青葙子水煎剂能提高大鼠晶状体抗氧化能力并抑制晶状体上皮细胞凋亡[12]。

2. **保肝**

   青葙子酸性多糖对 CCl_4 肝损伤的大鼠及半乳糖胺/脂多糖 (D - Gal/LPS) 肝损伤的小鼠都有明显的保护作用[13]。它

能抑制 CCl_4 诱导的肝损伤小鼠血清酶谷丙转氨酶 (GPT)、谷草转氨酶 (GOT) 和乳酸脱氢酶 (LDH) 以及胆红质浓度的提高[14]。

3. 抗糖尿病

青葙乙醇提取物能显著降低由四氧嘧啶诱导的糖尿病大鼠的血糖浓度，同时又抑制糖尿病大鼠体重的减失[1]。

4. 抗菌

青葙叶的甲醇提取物具有广谱抗菌作用[15]，青葙叶的乙醇提取物对从烧伤感染的病人身上提取的所有病原体均具有较强的抑制作用[16]。

5. 其他

动物实验证明青葙子有降血压作用；moroidin 具有抑制微管蛋白的聚合作用[17]；青葙子乙醇提取物还有促进创伤组织愈合作用[18]；青葙子提取物具有免疫刺激活性[19-20]，能诱导小鼠体内肿瘤坏死因子α(TNF-α)的产生[21]。

应用

青葙子

本品为中医临床用药。功能：清泄肝火，明目退翳。主治：目赤翳障。

现代临床还用于夜盲症、虹膜睫状体炎、月经过多、高血压等病的治疗。

青葙（全草）

本品为中医临床用药。功能：燥湿清热，杀虫止痒，凉血止血。主治：①湿热带下，小便不利，尿浊，泻泄；②阴痒，疮疥，风瘙身痒；③痔疮，衄血，创伤出血。

青葙花

本品为中医临床用药。功能：凉血止血，清肝除湿，明目。主治：①诸出血证如吐血、衄血、崩漏、赤痢、血淋；②热淋，白带；③目赤肿痛，目生翳障。

现代临床还用于月经不调、月经过多、视网膜出血等病的治疗。

评注

青葙的种子供药用，嫩叶、枝可作蔬菜食用；全株可作饲料。叶的提取物有增白护肤的作用，用于化妆品[22]。

药理研究表明青葙子具有降眼压作用，临床用于青光眼、白内障等疾病的治疗，作为防治白内障的天然药物具有广阔的前景。

参考文献

[1] T Vetrichelvan, M Jegadeesan, BAU Devi. Anti-diabetic activity of alcoholic extract of *Celosia argentea* Linn. seeds in rats. *Biological & Pharmaceutical Bulletin*. 2002, 25(4): 526-528

[2] TT Jong, CC Hwang. Two rare isoflavones from *Celosia argentea*. *Planta Medica*. 1995, 61(6): 584-585

[3] H Morita, H Suzuki, J Kobayashi. Celogenamide A, a new cyclic peptide from the seeds of *Celosia argentea*. *Journal of Natural Products*. 2004, 67(9): 1628-1630

[4] J Kobayashi, H Suzuki, K Shimbo, K Takeya, H Morita. Celogentins A-C, new antimitotic bicyclic peptides from the seeds of *Celosia argentea*. *Journal of Organic Chemistry*. 2001, 66(20): 6626-6633

[5] H Suzuki, H Morita, S Iwasaki, J Kobayashi. New antimitotic bicyclic peptides, celogentins D-H, and J, from the seeds of *Celosia argentea*. *Tetrahedron*. 2003, 59(28): 5307-5315

[6] H Suzuki, H Morita, M Shiro, J Kobayashi. Celogentin K, a new cyclic peptide from the seeds of *Celosia argentea* and X-ray structure of moroidin. *Tetrahedron*. 2004, **60**(11): 2489-2495

[7] H Morita; K Shimbo; H Shigemori; J Kobayashi. Antimitotic activity of moroidin, a bicyclic peptide from the seeds of *Celosia argentea*. *Bioorganic & Medicinal Chemistry Letters*. 2000, **10**(5): 469-471

[8] 郑庆华，崔熙，周平，李松林．青葙子和鸡冠子中氨基酸和无机元素的比较研究．中药材．1996，**19**(2)：86-87

[9] A Sawabe, T Obata, Y Nochika, M Morita, N Yamashita, Y Matsubara, T Okamoto. Glycosides in the leaves of African *Celosia argentea* L. *Nihon Yukagakkaishi*. 1998, **47**(1): 25-30

[10] W Schliemann, Y Cai, T Degenkolb, J Schmidt, H Corke. Betalains of *Celosia argentea*. *Phytochemistry*. 2001, **58**(1): 159-165

[11] 淤泽溥，李文明，蒋家雄．青葙子对家兔瞳孔和眼内压的影响．云南中医杂志．1990，**11**(1)：30-31

[12] 黄秀榕，祁明信，汪朝阳，王勇．4种归肝经明目中药对晶状体上皮细胞凋亡相关基因Bcl-2和Bax的调控．中国临床药理学与治疗学．2004，**9**(3)：322-325

[13] 胡润生．抗肝炎植物药研究进展．国外医药：植物药分册．1998，**13**(2)：65-67

[14] K Hase, S Kadota, P Basnet, T Takahashi, T Namba. Protective effect of celosian, an acidic polysaccharide, on chemically and immunologically induced liver injuries. *Biological & Pharmaceutical Bulletin*. 1996, **19**(4): 567-572

[15] C Wiart, S Mogana, S Khalifah, M Mahan, S Ismail, M Buckle, AK Narayana, M Sulaiman. Antimicrobial screening of plants used for traditional medicine in the state of Perak, Peninsular Malaysia. *Fitoterapia*. 2004, **75**(1):68-73

[16] A Gnanamani, KS Priya, N Radhakrishnan, M Babu. Antibacterial activity of two plant extracts on eight burn pathogens. *Journal of Ethnopharmacology*. 2003, **86**(1): 59-61

[17] H Morita, K Shimbo, H Shigemori, J Kobayashi. Antimitotic activity of moroidin, a bicyclic peptide from the seeds of *Celosia argentea*. *Bioorganic & Medicinal Chemistry Letters*. 2000, **10**(5): 469-471

[18] KS Priya, G Arumugam, B Rathinam, A Wells, M Babu. *Celosia argentea* Linn. leaf extract improves wound healing in a rat burn wound model. *European Tissue Repair Society*. 2004, **12**(6): 618-625

[19] Y Hayakawa, H Fujii, K Hase, Y Ohishi, R Sakukawa, S Kadota, T Namba, I Saiki. Anti-metastatic and immunomodulating properties of the water extract from *Celosia argentea* seeds. *Biological & Pharmaceutical Bulletin*. 1998, **21**(11): 1154-1159

[20] K Imaoka, H Ushijima, S Inouye, T Takahashi, Y Kojima. Effects of *Celosia argentea* and *Cucurbita moschata* extracts on anti-DNP IgE antibody production in mice. *Arerugi*. 1994, **43**(5): 652-659

[21] K Hase, P Basnet, S Kadota, T Namba. Immunostimulating activity of Celosian, an antihepatotoxic polysaccharide isolated from *Celosia argentea*. *Planta Medica*. 1997, **63**(3): 216-219

[22] A Sawab, Y Matsubara, M Iwasaki, T Okamoto, M Morita, T Tada, F Hattori, S Shiohara, K Shimomura, K Nishimura, Y Fujihara, M Nomura. Extraction of chemical constituents from *Celosia argentea* leaves and skin-lightening cosmetics containing the chemical constituents. *Tennen Yuki Kagobutsu Toronkai Koen Yoshishu*. 1999, **41**: 559-564

鸡冠花 Jiguanhua CP

Celosia cristata L.
Common Cockscomb

概 述

苋科 (Amaranthaceae) 植物鸡冠花 *Celosia cristata* L.，其干燥花序入药。中药名：鸡冠花。

青葙属 (*Celosia*) 植物全世界约有 60 种，分布于亚洲、美洲及非洲的亚热带和温带区。中国产约有 3 种。本属现供药用者约 3 种。本种分布于中国南北各地；全球温暖地区均有。

"鸡冠花"药用之名，始载于《嘉祐本草》。历代本草多有著录。《中国药典》(2005年版) 收载本种为中药鸡冠花的法定原植物来源种。中国各地均产。

鸡冠花主要活性成分为甜菜拉因类成分，也含有无机元素。《中国药典》采用薄层色谱法鉴别，以控制药材质量。

药理研究表明，鸡冠花具有止血、抗疲劳、降血脂等作用。

中医理论认为鸡冠花具有收敛，止血，止滞，止痢等功效。

鸡冠花 *Celosia cristata* L.

药材鸡冠花 Flos Celosiae Cristatae

1cm

化学成分

鸡冠花的花序含甜菜拉因类成分：苋菜红素(amaranthin)、甜菜红素(betacyanin)、甜菜黄素(betaxanthins)、异苋菜红素(isoamaranthin)、鸡冠花素(celosianin)、异鸡冠花素(isocelosianin)。甾醇类成分：24-乙基-22-脱氢-7-烯胆烷醇(24-ethyl-22-dehydrolathosterol)、24-甲基-22-脱氢-7-烯胆烷醇(24-methyl-22-dehydrolathosterol)等[1]。茎、叶、花序及种子中含18种氨基酸和多种无机元素[2]。还含黄酮类化合物山柰苷(kaempferitrin)。

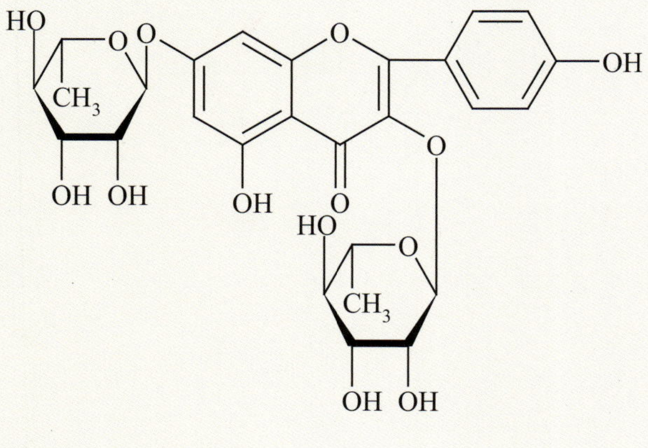

kaempferitrin

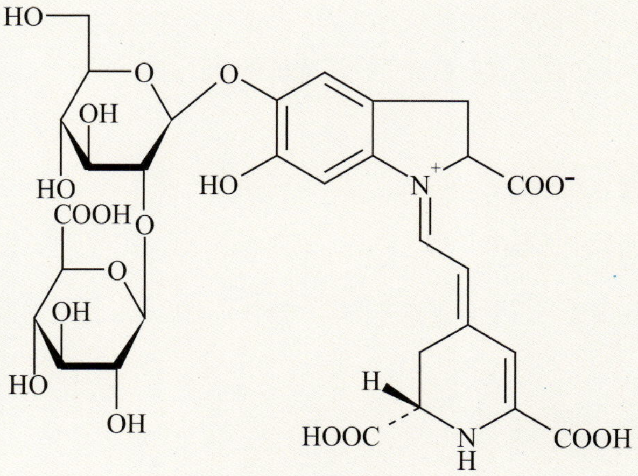

amaranthin

药理作用

1. **止血**

   鸡冠花水煎液给小鼠灌胃，使小鼠断尾出血时间明显缩短；给家兔灌胃，使家兔凝血时间、凝血酶原时间、血浆复钙时间缩短，优球蛋白溶解时间明显延长[3]，血中维生素 C 和钙浓度明显增高[4]。

鸡冠花 Jiguanhua

2. 抑瘤和增强免疫功能

鸡冠花水煎液给 S_{180} 荷瘤鼠灌胃，小鼠荷瘤重量明显降低，胸腺和脾脏重量明显增加，表明鸡冠花可抑制 S_{180} 肿瘤细胞的生长，并能增加免疫器官的重量[5]。鸡冠花水提液给小鼠灌胃还可以拮抗环磷酰胺的作用，使环磷酰胺所致的免疫损伤小鼠恢复各项免疫指标，正常小鼠的免疫功能和巨噬细胞吞噬能力增强[6]。鸡冠花黄酮类化合物给小鼠灌胃，使链脲霉 (STZ) 所致的糖尿病小鼠体重升高，脾重指数降低，单核巨噬细胞对鸡红细胞的吞噬率及吞噬指数有所降低，表明鸡冠花黄酮类化合物可调节糖尿病动物巨噬细胞的吞噬作用，减少巨噬细胞激活所引起的免疫病理损伤[7]。

3. 抗衰老

新鲜鸡冠花液给 D-半乳糖造型的衰老小鼠灌胃，使小鼠血清超氧化物歧化酶 (SOD)、谷胱甘肽过氧化物酶 (GSH-Px) 活性，总抗氧化能力 (T-AOC) 明显升高，丙二醛 (MDA) 和肝脏脂褐质 (LF) 含量减少，说明鸡冠花具有拮抗 D-半乳糖致衰老的作用[8]。

4. 杀虫

玻片法体外实验表明，鸡冠花煎剂对人阴道毛滴虫有杀灭作用。试管法证明，鸡冠花煎剂和等量滴虫培养液混合，30分钟后虫体变圆，活动力减弱，60 分钟后大部分虫体消失[9]。

5. 降血脂

鸡冠花乙醇提取物给大鼠灌胃，可降低高血脂大鼠血清总胆固醇 (TC)，升高血清高密度脂蛋白 (HDL-C)，并使高血脂大鼠血清和肝脏锌升高，血清和肝脏铜下降，提示鸡冠花乙醇提取物可调节高血脂大鼠体内锌、铜、铁、钙代谢，影响血脂水平[10]。肝脏切片镜下观脂肪空泡减少，肉眼观肝脏明显缩小，肝/体比值明显减少[11]。

6. 预防骨质疏松

体外实验表明，鸡冠花黄酮类化合物可以促进大鼠成骨细胞的增殖和分化、$TGFβ_1$ 的分泌，新生大鼠成骨细胞钙化和 IGF-1 的表达，预防骨质疏松的发生[12-13]。以鸡冠花乙醇提取物为添加物喂养大鼠，可预防和治疗大鼠氟中毒所引起的骨代谢紊乱，抵抗骨密度降低，促进骨形成，降低骨钙吸收[14]。

7. 其他

新鲜鸡冠花液给小鼠灌胃，可延长小鼠的游泳时间以及在缺氧或高温下的存活时间，增加小鼠肌糖原、肝糖原的储备，提示其有抗疲劳、增强机体耐受力的作用[15]。

应用

本品为中医临床用药。功能：凉血止血，止带，止泻。主治：①诸出血证；②带下；③泻泄，痢疾。

现代临床还用于月经过多、非功能性子宫出血、细菌性痢疾、泌尿道感染、痔疮等病的治疗。

评注

鸡冠花含有丰富的蛋白质、不饱和脂肪酸、β-胡萝卜素、维生素 B_1、B_2、C 及铜、铁、锌、钙等人体必需的多种营养素和黄酮类生物活性物质，具有较高的食用价值，并具有止血、降血脂等药理功能和抗疲劳等保健功能。鸡冠花又是抗污染植物，抗二氧化硫、氯化氢等有毒气体能力很强，同时又具有很高的观赏价值。

现代药理研究表明鸡冠花具有抗衰老、增强机体耐受力、增强免疫功能等作用，因此深入研究有望将其开发成为抗衰老保健食品。

参考文献

[1] M Behari, V Shri. Rare occurrence of 7-sterols in *Celosia cristata* Linn. *Indian Journal of Chemistry, Section B: Organic Chemistry Including Medicinal Chemistry*. 1986, **25B**(7): 750-751

[2] 翁德宝, 管笪, 徐颖洁, 汪勤. 鸡冠花的营养成分分析. 营养学报. 1995, **17**(1): 59-62

[3] 郭立玮, 殷飞, 王天山, 马国祥, 潘杨. 鸡冠花止血作用及其作用机制的初步研究. 南京中医药大学学报. 1996, **12**(3): 24-26

[4] 陈静, 姜秀梅, 李坦, 陈万宇. 鸡冠花止血作用机制研究. 北华大学学报(自然科学版). 2001, **2**(1): 39-40

[5] 姜秀梅, 郭虹, 孙维琦, 佟冬青, 耿艳. 鸡冠花提高S180荷瘤鼠免疫功能及抑瘤作用的研究. 北华大学学报(自然科学版). 2003, **4**(2): 123-124

[6] 陈静, 吴凤兰, 张明珠, 范存欣. 鸡冠花对小鼠免疫功能的影响. 中国公共卫生. 2003, **19**(10): 1225

[7] 郭晓玲, 李万里, 尉辉杰, 张霞, 李喜龙. 鸡冠花黄酮化合物对糖尿病小鼠脾脏及巨噬细胞吞噬功能的影响. 新乡医学院学报. 2005, **22**(4): 324-325, 330

[8] 陈静, 刘巨森, 吴凤兰, 范存欣, 张明珠, 朱建强, 李坦, 于敬红. 鸡冠花对D-半乳糖致小鼠衰老作用的研究. 中国老年学杂志. 2003, **23**(10): 687-688

[9] 阴健. 中药现代研究与临床应用(3). 上海: 上海人民出版社. 1997: 143

[10] 田玉慧, 李万里, 薛迎春, 贾文英, 暴秀梅, 田红召. 鸡冠花乙醇提取物对饲高脂大鼠锌铜铁钙的影响. 现代康复. 1998, **2**: 92-93

[11] 李万里, 张志生, 周云芝, 田玉慧, 暴秀梅, 李素琴. 牛磺酸和鸡冠花乙醇提取物对大鼠血脂及脂质过氧化物的影响. 新乡医学院学报. 1996, **13**(4): 338-341

[12] 李万里, 田玉慧, 沈关心, 杨瑞, 杨献军. 鸡冠花黄酮类对成骨细胞增殖和TGFβ1的作用. 中国公共卫生. 2003, **19**(9): 1059-1060

[13] 李万里, 田玉慧, 沈关心. 鸡冠花黄酮类对成骨细胞矿化和IGF-1的作用. 中国公共卫生. 2003, **19**(11): 1392-1393

[14] 李万里, 王萍, 王守英, 田玉慧, 刘晓丽. 钙与鸡冠花提取物对氟中毒大鼠骨代谢的影响. 新乡医学院学报. 1999, **16**(4): 289-291

[15] 陈静, 李坦, 姜秀梅, 韩冬. 鸡冠花对小鼠耐力影响的实验研究. 预防医学文献资讯. 2000, **6**(2): 109-110

蔷薇科

贴梗海棠 Tiegenghaitang CP

Chaenomeles speciosa (Sweet) Nakai
Common Floweringqince

概 述

蔷薇科 (Rosaceae) 植物贴梗海棠 *Chaenomeles speciosa* (Sweet) Nakai，其干燥近成熟果实入药。中药名：皱皮木瓜。

木瓜属 (*Chaenomeles*) 植物全世界约 5 种，分布于亚洲东部，世界各地均有栽培。中国产约 5 种，本属现供药用者约 4 种。本种产于中国陕西、甘肃、贵州、四川、云南和广东等省区；缅甸也有分布。

贴梗海棠以"木瓜实"药用之名，始载于《名医别录》，列为中品。《中国药典》(2005 年版) 收载本种为中药皱皮木瓜的法定原植物来源种。主产于中国安徽、浙江、湖北和四川等地。

贴梗海棠主要含有机酸和三萜类化合物。《中国药典》以药材性状、粉末鉴别、薄层色谱法及醇浸出物不得少于 15%，以控制药材质量。

药理研究表明，贴梗海棠的果实具有保肝、抗炎、抗菌和免疫抑制等作用。

中医理论认为皱皮木瓜具有平肝舒筋，和胃化湿等功效。

贴梗海棠 *Chaenomeles speciosa* (Sweet) Nakai（花枝）

贴梗海棠 C. *speciosa* (Sweet) Nakai（果枝）

药材皱皮木瓜 Fructus Chaenomelis

化学成分

贴梗海棠果实主要含有机酸类成分：苹果酸 (malic acid)、柠苹酸 (citramalic acid)[1]、酒石酸 (tartaric acid)、原儿茶酸 (protocatechuic acid)、咖啡酸 (caffeic acid)、绿原酸 (chlorogenic acid)、5-O-对香豆酰奎尼酸 (5-O-p-coumaroylquinic acid)、抗坏血酸 (ascorbic acid)[2]、反丁烯二酸 (fumaric acid)、苯甲酸 (benzoic acid)、对甲氧基苯甲酸 (draconic acid)、苯基丙烯酸 (phenylacrylic acid)[1]、莽草酸 (shikimic acid)、奎尼酸 (quinic acid)[3]、三萜类化合物：齐墩果酸 (oleanolic acid)、熊果酸 (ursolic acid)[4]、3-O-乙酰熊果酸 (3-O-acetyl ursolic acid)、3-O-乙酰坡模醇酸 (3-O-acetyl pomolic acid)、桦木酸 (betulinic acid)[2]；苷类化合物：trachelosperoside A-1、chaenomeloside A[4]，还含有5-O-对香豆酰奎尼酸丁酯 (butyl 5-O-p-coumaroylquinate)[5]。

从贴梗海棠的花瓣中还分离到花青素类化合物：花葵素 (pelargonidin) 和矢车菊素 (cyanidin) 的双糖苷 (diglycoside)[6]。

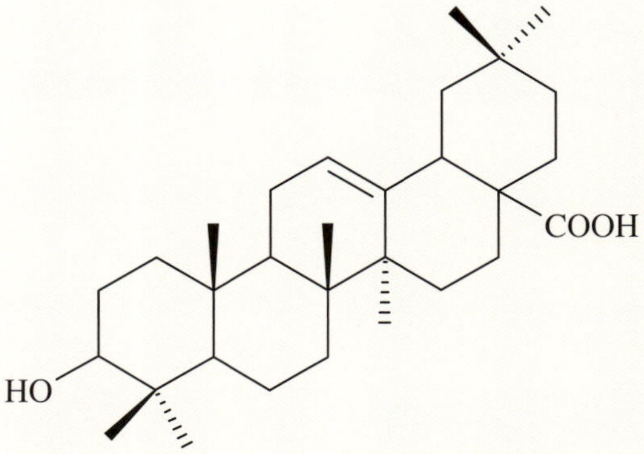

oleanolic acid

蔷薇科

贴梗海棠 Tiegenghaitang

药理作用

1. 保肝
皱皮木瓜冲剂能减轻大鼠急性肝损伤模型的肝细胞肿胀和气球样变，促进肝细胞修复，显著降低血清谷丙转氨酶 (SGPT) [7]。贴梗海棠中的齐墩果酸对体外培养的乙型肝炎病毒 (HBV) 的表面抗原 (HBsAg)、E 抗原 (HBeAg) 有较强抑制作用[8]。

2. 抗炎、镇痛
贴梗海棠果实煎剂对蛋清所致小鼠关节炎有抑制作用；贴梗海棠中的皂苷成分灌胃可抑制弗氏佐剂和胶原所致的大鼠关节炎，减轻继发性足肿胀和炎性疼痛，改善滑膜细胞的形态和功能，降低白介素-1 (IL-1)、肿瘤坏死因子-α (TNF-α) 和前列腺素 E_2 (PGE_2) 含量，对醋酸所致的小鼠扭体反应和甲醛第二相反应也有抑制作用[9-11]。

3. 免疫抑制
贴梗海棠果实煎剂给小鼠灌胃，能明显抑制脾指数；其果实提取液腹腔注射，能显著降低小鼠腹腔巨噬细胞吞噬力和吞噬指数。

4. 抗过敏
贴梗海棠中的皂苷成分灌胃对环磷酰胺 (Cy) 增强的小鼠接触性超敏反应有明显的抑制作用，可有效地调节小鼠胸腺 CD_4^+/CD_8^+ 和 Th 淋巴细胞亚群及细胞因子产生平衡[12]。

5. 抗菌
贴梗海棠在体外对多种肠道菌、葡萄球菌、肺炎球菌和结核杆菌有不同程度的抑制作用；对恙虫病立克次氏体也有抑制作用。

6. 其他
体外实验表明，贴梗海棠中的 5-O-对香豆酰奎尼酸丁酯能抑制化合物 48/80 诱导的大鼠肥大细胞释放组胺[5]。贴梗海棠果实水浸液还有抗肿瘤作用。

应用

本品为中医临床用药。功能：舒筋活络，除湿和胃，消食。主治：①风湿痹痛，筋脉拘挛，脚气肿痛；②吐泻转筋；③消化不良。

现代临床还用于肝炎、风湿性关节炎和急性细菌性痢疾等病的治疗。

评注

木瓜（皱皮木瓜）是中国卫生部规定的药食同源品种之一。贴梗海棠是具有食用、药用和观赏价值的植物，其果实营养丰富，已被开发为木瓜饮料、木瓜醋、木瓜果脯等食品，由于木瓜富含齐墩果酸，有改善胃肠道功能和保护肝脏的作用，更可作为保健食品进行开发利用。

参考文献

[1] 高诚伟，康勇，雷泽模，段志红，李蕾．皱皮木瓜中有机酸的研究．云南大学学报（自然科学版）．1999，**21**(4): 319-321

[2] 郭学敏，章玲，全山丛，洪永福，孙连娜，刘明珠．皱皮木瓜中三萜化合物的分离鉴定．中国中药杂志．1998，**23**(9): 546-547

[3] 陈洪超，丁立生，彭树林，廖循．皱皮木瓜化学成分的研究．中草药．2005，**36**(1): 30-31

[4] 赵宇新．木瓜果实中具有体外组织因子抑制活性的新三萜类化合物．国外医学：中医中药分册．2005，**27**(1): 53-54

[5] 张贵峰．木瓜中新的奎尼酸衍生物．国外医学：中医中药分册．2003，**25**(2): 77

[6] CF Timberlake, P Bridle. Anthocyanins in petals of *Chaenomeles speciosa*. *Phytochemistry*. 1971, **10**(9): 2265-2267

[7] 田奇伟. 木瓜舒肝冲剂治疗急性黄疸型肝炎的临床疗效观察. 中草药. 1989, **20**(2): 4, 48

[8] 刘厚佳, 胡晋红, 孙莲娜, 蔡溱, 石晶, 刘涛. 木瓜中齐墩果酸抗乙型肝炎病毒研究. 解放军药学学报. 2002, **18**(5): 272-274

[9] M Dai, W Wei, YX Shen, YQ Zheng. Glucosides of *Chaenomeles speciosa* remit rat adjuvant arthritis by inhibiting synoviocyte activities. *Acta Pharmacologica Sinica*. 2003, **24**(11): 1161-1166

[10] Q Chen, W Wei. Effects and mechanisms of glucosides of *chaenomeles speciosa* on collagen-induced arthritis in rats. *International Immunopharmacology*. 2003, **3**(4): 593-608

[11] 汪倪萍, 戴敏, 王华, 张玲玲, 魏伟. 木瓜苷的镇痛作用. 中国药理学与毒理学杂志. 2005, **19**(3): 169-174

[12] 郑咏秋, 魏伟, 汪倪萍. 木瓜苷对环磷酰胺增强的小鼠接触性超敏反应的影响. 中国药理学与毒理学杂志. 2004, **18**(6): 415-420

野菊 Yeju   CP, JP, KHP

Chrysanthemum indicum L.
Wild Chrysanthemum

概 述

菊科 (Asteraceae) 植物野菊 *Chrysanthemum indicum* L. [*Dendranthema indicum* (L.) Des Moul.]，其干燥头状花序入药。中药名：野菊花。

菊属 (*Chrysanthemum*) 全世界约 30 种，分布于中国、日本、朝鲜半岛、俄罗斯等地。中国约有17种，本属现供药用者约有4种。本种在中国各地均有分布。

野菊以"苦薏"药用之名，始载于《本草经集注》，在《本草拾遗》中名"野菊"。野菊是一个多型性种，有许多生态的、地理的或生态地理的居群，表现出体态、叶型、叶序、伞形花序式样，以及茎叶毛被性状等诸多特征上的多样性。这从历代本草的记述中也得到反映。《中国药典》(2005 年版) 收载本种为中药野菊花的法定原植物来源种。中国各地均产，主产于湖北、安徽、江苏、江西等省[1]。

野菊花主要含挥发油、黄酮、萜类（倍半萜和三萜）等成分。《中国药典》采用高效液相色谱法测定，规定蒙花苷的含量不得少于 0.80%，以控制药材质量。

药理研究表明，野菊的花序具有抗菌、抗病毒、抗炎、解热、镇痛、提高机体免疫功能等作用。

中医理论认为野菊花具有疏风清热，解毒消肿等功效。

野菊 *Chrysanthemum indicum* L.

药材野菊花 Flos Chrysanthemi Indici

1cm

化学成分

野菊地上部分含挥发油：龙脑 (borneol)、菊酮 (chrysanthenone)、醋酸龙脑酯 (bornyl acetate)[2]、吉马烯 D (germacrene D)、樟脑 (camphor)、α-侧柏酮 (α-thujone)、α-蒎烯 (α-pinene)、α-杜松醇 (α-cadinol)、樟烯 (camphene)、β-蒎烯 (β-pinene)、姜烯 (zingiberene)、cis-chrysanthenol、胡椒酮 (piperitone)、1,8-桉叶素 (1,8-cineole)[3]等；倍半萜内酯类成分：当归酰豚草素 B (angeloylcumambrin B)、苏格兰蒿素 A (arteglasin A)、当归酰亚菊素 (angeloylajadin)[4]等。

花含挥发油[2, 5]，其质和量受产地和提取方法的影响较大[6-7]。倍半萜类成分：野菊花内酯 (handelin chrysanthelide)[8]、野菊花醇 (chrysanthemol)、野菊花三醇 (chrysanthetriol)[9]、chrysantherol[10]、kikkanol A、B、C、D、E、F[11-12]等；三萜类成分：α-香树脂素 (α-amyrin)、β-香树脂素 (β-amyrin)、羽扇豆醇 (lupeol)[13] 等；黄酮类成分：蒙花苷 (buddleoside)、木犀草素 (luteolin)、菊苷 (chrysanthemin)、刺槐素7-O-β-D-吡喃半乳糖苷(acacetin7-O-β-D-galactopyranoside)[14]、芹菜素7-O-β-D-吡喃葡糖苷 (apigetrin)、香叶木素7-O-β-D-吡喃葡糖苷 (diosmetin 7-O-β-D-glucopyranoside)、槲皮素3,7-二-O-β-D-吡喃葡糖苷 (quercetin 3,7-di-O-β-D-glucopyranoside)、(2S)/(2R)-圣草素-7-O-β-D-吡喃葡萄糖苷糖醛酸 [(2S)/(2R)-eriodictyol-7-O-β-D-glucopyranosiduronic acid][15]、5-羟基-6,7,3',4'-四甲氧基黄酮 (5-hydroxy-6,7,3',4'-tetramethoxyflavone)[16]等。还分得 (1R,9S,10S)-10-hydroxyl-8(2',4'-diynehexylidene)-9-isovaleryloxy-2,7-dioxaspiro decane[17]。

野菊的根还含有生物碱类成分[18]。

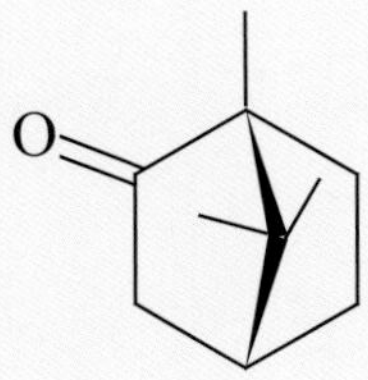

camphor

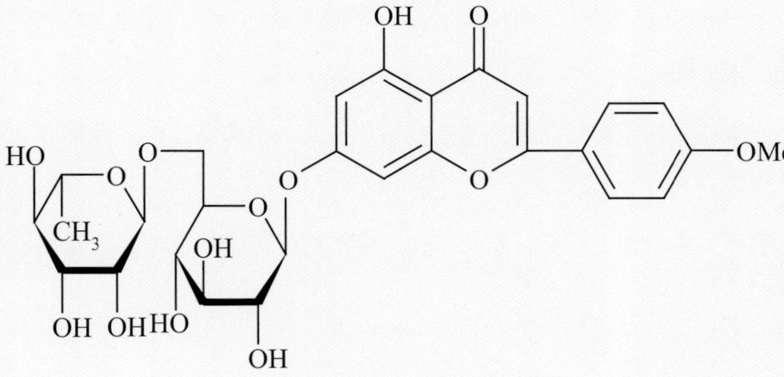

buddleoside

药理作用

1. **抗病原微生物**

   野菊花水提物和挥发油体外均有显著的抗菌和抗病毒作用，对金黄色葡萄球菌、大肠杆菌[19]、绿脓假单胞菌、福氏志贺菌和病毒的抑制作用，水提物强于挥发油；对肺炎链球菌的作用则相反[20]。对异烟肼、链霉素、对氨基水杨酸耐药菌株、卡介菌、钩端螺旋体等真菌也均有抑制作用[21]。

2. **抗炎、免疫调节**

   野菊花挥发油灌胃能显著抑制二甲苯所致的小鼠耳廓肿胀，水提物灌胃能显著抑制蛋清所致的大鼠足趾肿胀[22]；野菊花总黄酮灌胃，能显著抑制二甲苯所致的小鼠耳廓肿胀，角叉菜胶所致的大鼠足趾肿胀及大鼠棉球肉芽肿，并浓

菊 科

野菊 Yeju

度依赖性地抑制大鼠腹腔巨噬细胞产生前列腺素 E_2(PGE2) 和白三烯 B_4[23]。野菊花正丁醇提取物口服能显著提高小鼠脾细胞生成抗体的水平及绵羊红细胞免疫小鼠的血清中免疫球蛋白 G (IgG) 和免疫球蛋 M (IgM) 水平；增强单核－巨噬细胞的吞噬功能，提高免疫功能低下小鼠的体液免疫及细胞免疫功能[24]。野菊花水煎剂灌胃对家兔 III 型变态反应有调节作用[25]。

3. 解热、镇痛

野菊花注射液（水提醇沉法制备）静脉注射对三联菌苗所致的家兔发热有显著的解热作用；野菊花还有显著的镇痛作用，镇痛活性成分为顺螺烯醇醚 (cis‐spiroenol‐ether) 等[21]。

4. 对心血管系统的影响

野菊花注射液静脉注射能明显增加麻醉猫冠脉血流量，降低心肌耗氧量；对犬实验性心肌缺血也有明显保护作用。野菊花乙醇流浸膏水溶液腹腔注射或灌胃，对不麻醉大鼠、麻醉猫和麻醉犬均有明显的降血压作用，降压活性成分存在于脂溶性部分[26]。

5. 对血小板聚集的影响

野菊花醋酸乙酯提取物体外能显著抑制二磷酸腺苷 (ADP) 诱导的血小板聚集，活性成分为黄酮类化合物[27]。

6. 抗氧化

野菊花多糖体外有显著的清除活性氧自由基的能力[28]；野菊花水提液体外能抑制大鼠心、脑、肝、肾组织自动脂质过氧化和过氧化氢引发的红细胞脂质过氧化及溶血；水提液灌胃能显著升高小鼠全血谷胱甘肽过氧化物酶 (GSH‐Px)、过氧化氢酶 (CAT) 活力[29]。

7. 抗肿瘤

野菊花注射液体外可抑制人前列腺癌细胞 PC3 和人髓原细胞白血病细胞 HL60 的增殖[30]。

应用

本品为中医临床用药。功能：清热解毒。主治：①痈疽疔疖，丹毒；②热毒上攻之咽喉肿痛，风火赤眼等证；③湿疹等皮肤瘙痒。

现代临床还用于淋巴结核、盆腔结核、慢性盆腔炎、急性痢疾、慢性前列腺炎、多种恶性肿瘤、高血压、冠心病等病的治疗。

评注

野菊在中国各地均有野生，除头状花序外，野菊的根、茎、叶也可入药。

野菊花临床疗效确切，是常用的清热解毒类中药。其色泽金黄，芳香宜人，富含营养保健成分，是四季皆宜的健康饮品；所含的黄色素也可作为食品添加剂。

参考文献

[1] 王惠清. 中药材产销. 成都：四川科学技术出版社. 2004: 494-495

[2] B Stoianova-Ivanova, H Budzikiewicz, B Koumanova, A Tsoutsoulova, K Mladenova, A Brauner. Essential oil of *Chrysanthemum indicum*. Planta Medica. 1983, 49(4): 236-239

[3] CU Hong. Essential oil composition of Chrysanthemum boreale and *Chrysanthemum indicum*. Han, guk Nonghwa Hakhoechi. 2002, 45(2):108-113

[4] K Mladenova, E Tsankova, B Stoianova-Ivanova. Sesquiterpene lactones from *Chrysanthemum indicum*. *Planta Medica*. 1985, 3: 284-285

[5] SY Zhu, Y Yang, HD Yu, Y Yue, GL Zou. Chemical composition and antimicrobial activity of the essential oils of *Chrysanthemum indicum*. *Journal of Ethnopharmacology*. 2005, 96(1-2): 151-158

[6] 张永明，黄亚非，陶玲，黄际薇. 不同产地野菊花挥发油化学成分比较研究. 中国中药杂志. 2002, 27(4): 265-267

[7] 周欣，莫彬彬，赵超，杨小生. 野菊花二氧化碳超临界萃取物的化学成分研究. 中国药学杂志. 2002, 37(3): 170-172

[8] 陈泽乃，徐佩娟. 野菊花内酯的结构鉴定. 药学学报. 1987, 22(1): 67-69

[9] 于德泉，谢风指，贺文义，梁晓天. 用二维核磁共振技术研究野菊花三醇的结构. 药学学报. 1992, 27(3): 191-196

[10] DQ Yu, FZ Xie. A new sesquiterpene from *Chrysanthemum indicum*. *Chinese Chemical Letters*. 1993, 4(10): 893-894

[11] M Yoshikawa, T Morikawa, T Murakami, I Toguchida, S Harima, H Matsuda. Medicinal flowers. I. Aldose reductase inhibitors and three new eudesmane-type sesquiterpenes, kikkanols A, B and C, from the flowers of *Chrysanthemum indicum* L. *Chemical & Pharmaceutical Bulletin*. 1999, 47(3): 340-345

[12] M Yoshikawa, T Morikawa, I Toguchida, S Harima, H Matsuda. Medicinal flowers. II. Inhibitors of nitric oxide production and absolute stereostructures of five new germacrane-type sesquiterpenes, kikkanols D, D monoacetate, E, F, and F monoacetate from the flowers of *Chrysanthemum indicum* L. *Chemical & Pharmaceutical Bulletin*. 2000, 48(5): 651-656

[13] K Mladenova, R Mikhailova, A Tsutsulova, K Beremliiski, B Stoianova-lvanova. Triterpene alcohols and sterols in *Chrysanthemum indicum* absolute. *Doklady Bolgarskoi Akademii Nauk*. 1989, 42(9): 39-41

[14] A Chatterjee, S Sarkar, SK Saha. Acacetin 7-O-β-D-galactopyranoside from *Chrysanthemum indicum*. *Phytochemistry*. 1981, 20(7): 1760-1761

[15] H Matsuda, T Morikawa, I Toguchida, S Harima, M Yoshikawa. Medicinal flowers. VI. Absolute stereostructures of two new flavanone glycosides and a phenylbutanoid glycoside from the flowers of *Chrysanthemum indicum* L.: their inhibitory activities for rat lens aldose reductase. *Chemical & Pharmaceutical Bulletin*. 2002, 50(7): 972-975

[16] YJ Nam, HS Lee, SW Lee, MY Chung, ES Yoo, MC Rho, YK Kim. Effect of kikkanol F monoacetate and 5-hydroxy-6,7,3′,4′-tetramethoxyflavone isolated from *Chrysanthemum indicum* L. on IL-6 production. *Saengyak Hakhoechi*. 2005, 36(3): 186-190

[17] WM Cheng, TP You, J Li. A new compound from the bud of *Chrysanthemum indicum* L. *Chinese Chemical Letters*. 2005, 16(10): 1341-1342

[18] HA Al-Najar, J Sadiq. Effects of *Chrysanthemum indicum* alkaloids on carrageenin induced edema and abdominal constriction response. *Alexandria Journal of Pharmaceutical Sciences*. 1996, 10(2): 152-155

[19] BC Aridogan, H Baydar, S Kaya, M Demirci, D Ozbasar, E Mumcu. Antimicrobial activity and chemical composition of some essential oils. *Archives of Pharmacal Research*. 2002, 25(6): 860-864

[20] 任爱农，王志刚，卢振初，王礼文，吴也伦. 野菊花抑菌和抗病毒作用实验研究. 药物生物技术. 1999, 6(4): 241-244

[21] 王本祥. 现代中药药理学. 天津：天津科学技术出版社. 1997: 260-264

[22] 彭敬红. 中药苦参、野菊花对浅部真菌的抑菌作用观察. 郧阳医学院学报. 1998, 17(4): 225-226

[23] 王志刚，任爱农，许立，孙晓进，华兴邦. 野菊花抗炎和免疫作用的实验研究. 中国中医药科技. 2000, 7(2): 92-93

[24] 张骏艳，张磊，金涌，程文明，过林，邹宇宏，彭磊，张茜，李俊. 野菊花总黄酮抗炎作用及部分机制. 安徽医科大学学报. 2005, 40(5): 405-408

[25] 程文明，李俊，胡成穆. 野菊花提取物的抗炎及免疫调节作用. 中国药理通讯. 2005, 22(3): 49

[26] 张淑萍，李雅玲，郑芳. 中药野菊花对家兔模型SIL-2R、IL-6、TNF-α的影响. 天津中医. 2000, 17(2): 34-36

[27] 陈日炎，关雄泰，江黎明，梁念慈. 野菊花抗血小板聚集有效成分的筛选. 广东医学院学报. 1993, 11(3): 101-103

[28] 李贵荣. 野菊花多糖的提取及其对活性氧自由基的清除作用. 中国公共卫生. 2002, 18(3): 269-270

[29] 严也慈，娄小娥，蒋惠娣. 野菊花水提液抗氧化作用的实验研究. 中国现代应用药学杂志. 1999, 16(6): 16-18

[30] 金沈锐，祝彼得，秦旭华. 野菊花注射液对人肿瘤细胞SMMC7721、PC3、HL60增殖的影响. 中药药理与临床. 2005, 21(3): 39-40

菊 JU ^{CP, JP, KHP}

菊科

Chrysanthemum morifolium Ramat.
Chrysanthemum

概　述

菊科 (Asteraceae) 植物菊 *Chrysanthemum morifolium* Ramat. [*Dendranthema morifolium* (Ramat.) Tzvel.]，其干燥头状花序入药。中药名：菊花。

菊属 (*Chrysanthemum*) 全世界约 30 种，分布于中国、日本、朝鲜半岛、俄罗斯等地。中国约有 17 种，本属现供药用者约 4 种，各省均产。本种也广布于中国各省区。

菊花以"鞠华"药用之名，始载于《神农本草经》，列为上品。历代本草多有著录，其原植物均为菊及其栽培变化种类[1]。中国历代在"艺菊"和"药菊"的栽培种植业上是平行发展的。《中国药典》(2005 年版) 收载本种为中药菊花的法定原植物来源种。主产于中国陕西、甘肃、河南、安徽、浙江、江西等省。

菊花主要含挥发油、黄酮、倍半萜、三萜等成分。《中国药典》采用高效液相色谱法测定，规定绿原酸含量不得少于 0.20%，以控制药材质量。

药理研究表明，菊的花序具有解热、抗炎、抗菌、抗病毒、抗氧化等作用。

中医理论认为菊花有散风清热，平肝明目等功效。

菊 *Chrysanthemum morifolium* Ramat.

药材菊花 Flos Chrysanthemi

1cm

化学成分

菊花含挥发油,其质和量因品种及加工方法不同而有较大差异,挥发油中主要成分为龙脑 (borneol)、醋酸龙脑酯 (bornyl acetate)、菊油环酮 (chrysanthenone)、樟脑 (camphor)[2]等;黄酮类成分:芹菜素 (apigenin)[3]、刺槐素 (acacetin)、木犀草素 (luteolin)[4]、槲皮素 (quercetin)、香叶木素 (diosmetin)[5]、刺槐素7-O-β-D-吡喃半乳糖苷(acacetin7-O-β-D-galactopyranoside)[6-7]、刺槐素-7-O-β-D-葡萄糖苷 (acacetin-7-O-β-D-glucoside)、木犀草素-7-O-β-D-葡萄糖苷 (luteolin-7-O-β-D-glucoside)[8]、香叶木素-7-O-β-D-葡萄糖苷 (diosmetin-7-O-β-D-glucoside)[5]、芹菜素-7-O-β-D-葡萄糖苷(apigenin-7-O-β-D-glucoside)、芹菜素-7-O-β-D-(4'-咖啡酰)葡糖醛酸苷 [apigenin7-O-β-D-(4'-caffeoyl) glucuronide]、芹菜素-7-O-β-D-葡糖醛酸苷 [apigenin-7-O-β-D-glucuronide][9-10]等;倍半萜类成分:野菊花二醇 A (chrysanthediol A)、野菊花二醇乙酸酯 B、C (chrysanthediacetates B-C)[11]等;三萜类成分:蒲公英甾醇 (taraxasterol)、款冬二醇 (faradiol)[12]、(24S)-25-甲氧基环木菠萝烷-3β,24-二醇 [(24S)-25-methoxycycloartane-3β,24-diol]、(24S)-25-甲氧基环木菠萝烷-3β,24,28-三醇 [(24S)-25-methoxycycloartane-3β,24,28-triol]、22α-甲氧基款冬二醇 (22α-methoxyfaradiol)[13]、向日葵三醇A_1、B_0、B_2、C (heliantriols A_1、B_0、B_2、C)、款冬二醇 α-环氧化物 (faradiol α-epoxide)、马尼拉二醇(manilladiol)、高根二醇 (erythrodiol)、龙吉苷元 (longispinogenin)、熊果醇 (uvaol)、金盏二醇 (calenduladiol)[14-15]、棕榈酸16β,22α-二羟基假蒲公英甾醇酯 (16β,22α-dihydroxypseudotaraxasterol-3β-O-palmitate)、棕榈酸16β,28-二羟基羽扇醇酯 (lup-16β,28-dihydroxy-3β-O-palmitate)、假蒲公英甾醇(pseudotaraxasterol)[16]等;尚含异丁基酰胺类 (isobutylamides)[17]等成分。

叶含绿原酸 (chlorogenic acid)、3,5-O-二咖啡酰奎宁酸 (3,5-O-dicaffeoyl quinic acid)、3',4',5-三羟基二氢黄酮-7-O-葡糖醛酸苷 (3',4',5-trihydroxyflavanone-7-O-glucuronide)[18]等成分。

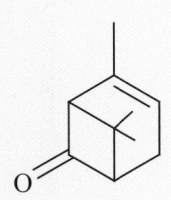

chrysanthenone

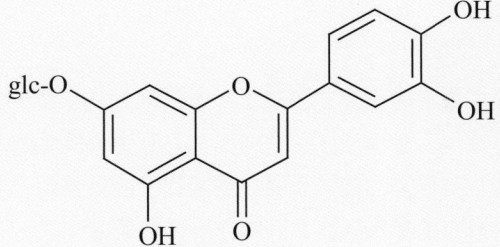

luteolin-7-O-β-D-glucoside

药理作用

1. **解热**

   菊花浸膏腹腔注射对发热的家兔有解热作用[2]。

2. **抗炎**

   菊花提取物给小鼠腹腔注射,能对抗由皮内注射组胺所致的毛细血管的通透性增强[2]。从菊花中分离得到的蒲公英甾醇、款冬二醇、向日葵三醇等三萜醇类化合物对12-O-十四酰大戟二萜醇-13-酯 (TPA) 诱导的小鼠炎症有显著的抑制作用[12-13,19]。

3. **抗病原微生物**

   菊花所含的三萜类成分对黑曲霉菌、绿脓杆菌等有抑制作用[15];菊花所含的芹菜素-7-O-β-D-(4'-咖啡酰)葡糖醛酸苷、刺槐素7-O-β-D-吡喃半乳糖苷等黄酮类化合物有抗人类免疫缺陷病毒 (HIV) 的作用[6-7,9]。菊花乙醇提取物腹腔注射能显著抑制小鼠接种疟原虫的生长发育;氯仿提取物腹腔注射对大鼠接种疟原虫红外期有显著抑制作用[20-21]。

4. 对心血管系统的影响

　　菊花水提液能显著对抗缺血再灌注引起的离体大鼠心肌收缩功能及冠脉流量下降，对心肌缺血或缺氧有明显保护作用[22-23]。菊花醋酸乙酯提取物（主要含芹菜素-7-O-β-D-葡萄糖苷和木犀草素-7-O-β-D-葡萄糖苷）浓度依赖性地抑制苯肾上腺素 (PE) 引起的离体大鼠的血管收缩，具有显著的舒血管作用[24]。菊花醇提液体外浓度依赖性地抑制小牛血管平滑肌细胞凋亡[25]。

5. 抗氧化、抗衰老

　　菊花水提物、菊花黄酮有显著的抗氧化活性[26-29]。水煎液灌胃能显著增强小鼠血中谷胱甘肽过氧化物酶 (GSH－Px) 活性，显著抑制 D-半乳糖所致的脂质过氧化，增强机体对自由基的清除作用，延缓衰老[30-31]。

6. 抗肿瘤、抗诱变

　　菊花中分离得到的三萜类化合物对12-O-十四酰大戟二萜醇-13-酯 (TPA) 引起的小鼠皮肤肿瘤有显著抑制作用，对人癌细胞株有细胞毒活性[12, 14]；菊花甲醇提取物（主要含黄酮类）有抗诱变作用[4]。

7. 其他

　　菊花乙醇提取物（主要含黄酮类）灌胃对大鼠肝细胞色素 P_{450} 有显著抑制作用[32]。

应用

本品为中医临床用药。功能：疏散风热，平肝明目，清热解毒。主治：①风热感冒，发热头痛；②目赤昏花；③眩晕惊风；④疔疮肿毒。

现代临床还用于眼结膜炎、高血压、冠心病、心绞痛等病的治疗。

评注

菊花是中国卫生部规定的药食同源品种之一，除了花序入药之外，其茎、叶、根也可入药。在两千余年的栽培过程中，根据其产地、生境及加工方法不同，分为八大主流商品。如浙江桐乡和海宁的为杭菊、安徽亳县的为亳菊、河北安国的为祁菊、安徽滁县的为滁菊、河南武陟的为怀菊、安徽歙县的为贡菊、浙江的为黄菊、山东济宁的为济菊。其中产量和销售量最大的主流商品为药茶并举的杭菊。

近年来各国对菊花的化学成分研究较多，但不同品种的菊花在产地、形态、采收等方面有所不同。它们的成分、药用功效是否一致，尚待进一步研究。

菊花乙醇和氯仿提取物具有抗疟原虫作用，可否开发成为治疗疟疾的新药，值得关注。

参考文献

[1] 林慧彬, 钟方晓, 王学荣, 林建强, 林建群. 菊花的本草考证. 中医研究. 2005, 18(1): 27-29

[2] 王本祥. 现代中药药理学. 天津: 天津科学技术出版社. 1997: 161-164

[3] S Sinha, RK Khanna, SN Srivastava, A Singh. Occurrence of apigenin and its glucoside in the flowers of *Chrysanthemum morifolium*. Himalayan Chemical and Pharmaceutical Bulletin. 1986, 3: 8-9

[4] M Miyazawa, M Hisama. Antimutagenic activity of flavonoids from *Chrysanthemum morifolium*. Bioscience, Biotechnology, and Biochemistry. 2003, 67(10): 2091-2099

[5] 贾凌云, 孙启时, 黄顺旺. 滁菊花中黄酮类化学成分的分离与鉴定. 中国药物化学杂志. 2003, 13(3): 159-161

[6] CQ Hu, K Chen, Q Shi, RE Kilkuskie, YC Cheng, KH Lee. Anti-aids agents, 10. `cacetin-7-O-β-D-galactopyranoside, an anti-HIV principle from *Chrysanthemum morifolium* and a structure-activity correlation with some related flavonoids. *Journal of National Products*. 1994, 57(1): 42-51

[7] HK Wang, Y Xia, ZY Yang, SL Natschke, KH Lee. Recent advances in the discovery and development of flavonoids and their analogues as antitumor and anti-HIV agents. *Advances in Experimental Medicine and Biology*. 1998, **439**: 191-225

[8] 刘金旗, 沈其权, 刘劲松, 吴德林, 王举涛. 贡菊化学成分的研究. 中国中药杂志. 2001, **26**(8): 547-548

[9] JS Lee, HJ Kim, YS Lee. A new anti-HIV flavonoid glucuronide from *Chrysanthemum morifolium*. *Planta Medica*. 2003, **69**(9): 859-861

[10] KH Lee, WH Yoon, CH Cho. Anti-ulcer effect of apigenin-7-O-β-D-glucuronide isolated from *Chrysanthemum morifolium* ramataelle. *Saengyak Hakhoechi*. 2005, **36**(3): 171-176

[11] LH Hu, ZL Chen. Sesquiterpenoid alcohols from *Chrysanthemum morifolium*. *Phytochemistry*. 1997, **44**(7): 1287-1290

[12] K Yasukawa, T Akihisa, H Oinuma, T Kaminaga, H Kanno, Y Kasahara, T Tamura, K Kamaki, S Yamanouchi. Inhibitory effect of taraxastane-type triterpenes on tumor promotion by 12-O-tetradecanoylphorbol-13-acetate in two-stage carcinogenesis in mouse skin. *Oncology*. 1996, **53**(4): 341-344

[13] M Ukiya, T Akihisa, K Yasukawa, Y Kasahara, Y Kimura, K Koike, T Nikaido, M Takido. Constituents of compositae plants. 2. Triterpene diols, triols, and their 3-O-fatty acid esters from edible chrysanthemum flower extract and their anti-inflammatory effects. *Journal of Agricultural and Food Chemistry*. 2001, **49**(7): 3187-3197

[14] M Ukiya, T Akihisa, H Tokuda, H Suzuki, T Mukainaka, E Ichiishi, K Yasukawa, Y Kasahara, H Nishino. Constituents of Compositae plants III. Anti-tumor promoting effects and cytotoxic activity against human cancer cell lines of triterpene diols and triols from edible chrysanthemum flowers. *Cancer Letters*. 2002, **177**(1): 7-12

[15] CY Ragasa, F Tiu, JA Rideout. Triterpenoids from *Chrysanthemum morifolium*. *ACGC Chemical Research Communications*. 2005, **18**: 11-17

[16] 胡立宏, 陈仲良. 杭白菊的化学成分研究: 两个新三萜酯的结构测定. 植物学报. 1997, **39**(1): 85-90

[17] R Tsao, AB Attygalle, FC Schroeder, CH Marvin, BD McGarvey. Isobutylamides of unsaturated fatty acids from *Chrysanthemum morifolium* associated with host-plant resistance against the western flower thrips. *Journal of Natural Products*. 2003, **66**(9): 1229-1231

[18] CW Beninger, MM Abou-Zaid, ALE Kistner, RH Hallett, MJ Iqbal, B Grodzinski, JC Hall. A flavanone and two phenolic acids from *Chrysanthemum morifolium* with phytotoxic and insect growth regulating activity. *Journal of Chemical Ecology*. 2004, **30**(3): 589-606

[19] K Yasukawa, T Akihisa, Y Kasahara, M Ukiya, K Kumaki, T Tamura, S Yamanouchi, M Takido. Inhibitory effect of heliantriol C. A component of edible Chrysanthemum, on tumor promotion by 12-O-tetradecanoylphorbol-13-acetate in 2-stage carcinogenesis in mouse skin. *Phytomedicine*. 1998, **5**(3): 215-218

[20] 赵灿熙, 雷颖, 吴艳, 阮和球. 菊花乙醇提取物抗疟效应实验研究（一）——对红细胞内期约氏疟原虫的效应. 华中医学杂志. 1997, **21**(1): 26-27

[21] 赵灿熙, 阮和球, 吴艳, 雷颖. 菊花抗疟效应实验研究（二）——对约氏疟原虫红外期的效应. 华中医学杂志. 1997, **21**(2): 77-78

[22] 徐万红, 曹春梅, 夏强, 蒋惠娣, 叶治国. 杭白菊提取液对抗缺血再灌注引起的离体大鼠心肌收缩功能下降. 中国病理生理杂志. 2004, **20**(5): 822-826

[23] HD Jiang, Q Xia, WH Xu, M Zheng. *Chrysanthemum morifolium* attenuated the reduction of contraction of isolated rat heart and cardiomyocytes induced by ischemia/reperfusion. *Pharmazie*. 2004, **59**(7): 565-567

[24] 蒋惠娣, 王玲飞, 周新妹, 夏强. 杭白菊乙酸乙酯提取物的舒血管作用及相关机制. 中国病理生理杂志. 2005, **21**(2): 334-338

[25] 方雪玲, 胡晓彤, 王琦, 陈齐兴, 方向明. 杭白菊萃取液对小牛血管平滑肌细胞凋亡影响的实验研究. 浙江医学. 2002, **24**(9): 526-527, 530

[26] 孔琪, 吴春. 菊花黄酮的提取及抗氧化活性研究. 中草药. 2004, **35**(9): 1001-1002

[27] PD Duh, YY Tu, GC Yen. Antioxidant activity of water extract of harng jyur (*Chrysanthemum morifolium* Ramat). *Lebensmittel-Wissenschaft und-Technologie*. 1999, **32**(5): 269-277

[28] PD Duh, GC Yen. Antioxidative activity of three herbal water extracts. *Food Chemistry*. 1997, **60**(4): 639-645

[29] PD Duh. Antioxidant activity of water extract of four harng jyur (*Chrysanthemum morifolium* Ramat) varieties in soybean oil emulsion. *Food Chemistry*. 1999, **66**(4): 471-476

[30] 刘世昌, 李献平, 刘敏, 倪允孚, 曹凯, 李素婷. 四大怀药对小鼠血液中谷胱甘肽过氧化物酶活性和过氧化脂质含量的影响. 中药材. 1991, **14**(4): 39-40

[31] 林久茂, 庄秀华, 王瑞国. 菊花对D-半乳糖衰老抗氧化作用实验研究. 福建中医药. 2002, **33**(5): 31

[32] 侯佩玲, 乔晋萍, 张瑞萍, 崔立杰, 再帕尔·阿不力孜, 李亚伟. 菊花提取物对大鼠肝微粒细胞色素P450的影响. 中医药学报. 2003, **31**(3): 47-48

菊科

菊苣 Juju[CP]

Cichorium intybus L.
Chicory

概述

菊科 (Asteraceae) 植物菊苣 *Cichorium intybus* L.，其干燥地上部分或根入药。维吾尔族习用药材名：菊苣。

菊苣属 (*Cichorium*) 植物全世界约有 6 种，分布于欧洲、亚洲、北非，主要分布于地中海和西南亚地区。中国有 3 种，分布于东北、华北、西北及山东、江西、新疆等地区，现供药用者有 2 种。菊苣分布于中国北京、黑龙江、辽宁、陕西、山西、新疆、江西等地区。

菊苣是维吾尔族习用民族药，记载于《维吾尔药志》《中国民族药志》等。《中国药典》(2005 年版) 收载本种为维吾尔族习用药菊苣的法定原植物来源种之一。菊苣主产于中国辽宁、吉林、山东、江西和新疆等地。新疆是中国野生菊苣的主要分布区，中国西南、华南等许多地区已有人工栽培[1]。

菊苣主要含倍半萜、三萜、黄酮、有机酸等成分。《中国药典》规定，菊苣的醇溶性浸出物含量不得少于 10%，以控制药材质量。

药理研究表明，菊苣具有保肝、抗胃溃疡、降血脂、降血糖、降血尿酸、抗病原微生物、抗氧化等作用。

民族医药理论认为菊苣具有清肝利胆，健胃消食，利尿消肿等功效。

菊苣 *Cichorium intybus* L.

药材菊苣 Radix Cichorii

1cm

化学成分

菊苣全草含倍半萜内酯类成分：8-去氧山莴苣素 (8-deoxylactucin)、山莴苣素 (lactucin)、山莴苣苦素 (lactupicrin, lactucopicrin)[2]、菊苣内酯A (cichoriolide A)、菊苣萜苷A、B、C (cichoriosides A‒C)[3]、magnolialide、artesin[4]、11β,13-dihydrolactupicrin、intybulide A[5]、3,4-二氢莴苣苦素 (3,4-dihydrolactucin)[6]、desacetylmatricarin[7]等；黄酮类成分：山柰酚 (kaempferol)、异灯盏乙素 (isoscutellarin)、槲皮素 (quercetin)[6-7]；香豆素类成分：野莴苣苷 (cichoriin)、伞形花内酯 (umbelliferone)、七叶内酯 (esculetin)、cichoriin-6′-p-hydroxyphenyl acetate[6-8]等；有机酸类成分：咖啡酸 (caffeic acid)、菊苣酸 (chicoric acid)[7,9]等。

根含倍半萜内酯类成分：magnolialide、artesin[10]、莴苣苦素、山莴苣苦素[11]、8-去氧山莴苣素、11β,13-dihydrolactucin[12]、菊苣萜苷B、C[13]等；三萜类成分：蒲公英萜酮 (taraxerone)[13]、α-香树脂素 (α-amyrin)[14]等。

此外，花还含花色素苷 (anthocyanins)[15]，种子含cichosterol[16]等。

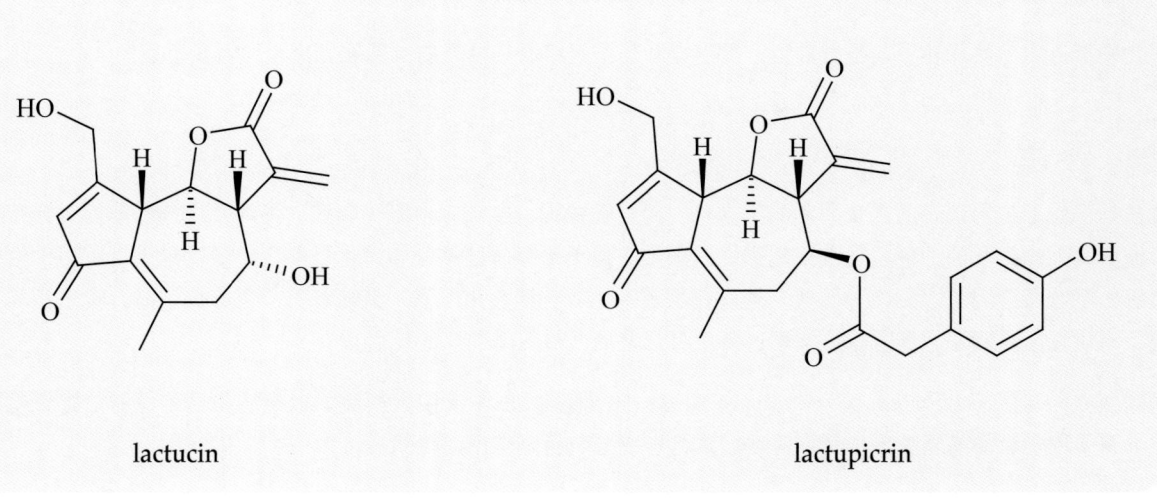

lactucin　　　　　　　　　lactupicrin

药理作用

1. **保肝**
   菊苣种子的醇提物能显著降低扑热息痛 (acetaminophen) 引起的大鼠血清碱性磷酸酶 (ALP)、谷草转氨酶 (GOT) 和谷丙转氨酶 (GPT) 水平的升高；醇提物和酚性成分 AB-IV 对四氯化碳引起的大鼠肝损伤也有明显的保护作用[17-18]。

2. **抗胃溃疡**
   菊苣根的水提物或甲醇提取物口服能显著对抗乙醇所致的大鼠胃溃疡[19]。

3. **对心血管系统的影响**
   菊苣酸对离体大鼠主动脉血管平滑肌有松弛作用[9]；菊苣有效部位（α-香树脂素）灌胃或体外直接给药，均可对抗高糖高脂对家兔主动脉平滑肌细胞膜流动性损伤，对抗脂质过氧化，保护主动脉平滑肌细胞的生物功能[20]。

4. **降血脂、降血糖、降血尿酸**
   菊苣根饲喂能显著降低大鼠血浆胆固醇和三酰甘油水平[21]；菊苣提取物饲喂能显著降低高糖复合高血脂模型兔血浆 vW 因子 (von Willebrand factor)、内皮素 (endothelin)、血栓素 A_2 (TXA_2) 含量，升高前列环素 (PGI_2) 含量[22]；对高脂高糖高盐饲料诱发的高尿酸、高三酰甘油并高血糖血症的大鼠，菊苣提取物灌胃可显著降低血清尿酸、三酰甘油和血糖的含量[23]。

菊科

菊苣 Juju

5. **抗病原微生物**

   菊苣的石油醚提取物对分支孢子菌[24]，醋酸乙酯提取物对放射形土壤杆菌、绿脓杆菌等有显著抑制作用[25]，菊苣种子的石油醚提取物也有抗真菌作用[26]。菊苣根的水提物有抗疟原虫作用，抗疟活性成分为莴苣苦素和山莴苣苦素[11]。

6. **抗胆碱酯酶**

   从菊苣根的二氯甲烷提取物中分离得到的 8-去氧山莴苣素和山莴苣苦素，体外能剂量依赖性地显著抑制乙酰胆碱酯酶的活性[27]。

7. **其他**

   菊苣还有抑制肿瘤细胞的生长[4]、抗氧化[28-29]等作用。

应用

本品为新疆维吾尔族习用民族药。功能：清肝利胆，健胃消食，利尿消肿。

现代临床还用于治疗非甲非乙型肝炎、黄疸型肝炎、胆结石、糖尿病、急性肾炎、气管炎等症。

评注

菊苣是中国卫生部规定的药食同源品种之一。菊苣在中国、欧洲、中东、非洲、美洲、澳洲等地均有分布，药用和食用价值颇高。作为草药，菊苣在欧美国家民间医学中用于治疗食欲不振和消化不良；印度传统医学还用于治疗头痛、皮肤过敏、呕吐和腹泻等[30]。作为蔬菜，菊苣在欧洲等地有长期食用习惯，其味鲜美，营养价值高，食法多样，近年来在中国上市后也很受欢迎。作为优质饲草，菊苣有产量高、适用范围广的特点。

同属植物毛菊苣 *Cichorium glandulosum* Boiss. et Huet. 也为《中国药典》收载为中药菊苣的法定原植物来源种。主要分布于中国新疆的阿克苏、且末等地。其化学成分与药理作用尚待研究。

参考文献

[1] 张霞，王绍明，惠俊爱，张玲. 新疆野生菊苣生物学特性的初步研究. 石河子大学学报（自然科学版）. 2003，**7**(1): 55-58

[2] J St. Pyrek. Terpenes of Compositae plants. Part 13. Sesquiterpene lactones of *Cichorium intybus* and *Leontodon autumnalis*. *Phytochemistry*. 1985, **24**(1):186-188

[3] M Seto, T Miyase, K Umehara, A Ueno, Y Hirano, N Otani. Sesquiterpene lactones from *Cichorium endivia* L. and *C. intybus* L. and cytotoxic activity. *Chemical & Pharmaceutical Bulletin*. 1988, **36**(7): 2423-2429

[4] KT Lee, JI Kim, HJ Park, KO Yoo, YN Han, KI Miyamoto. Differentiation-inducing effect of magnolialide, a 1-hydroxyeudesmanolide isolated from *Cichorium intybus*, on human leukemia cells. *Biological & Pharmaceutical Bulletin*. 2000, **23**(8): 1005-1007

[5] YH Deng, L Scott, D Swanson, JK Snyder, N Sari, H Dogan. Guaianolide sesquiterpene lactones from *Cichorium intybus* (Asteraceae). *Zeitschrift fuer Naturforschung, B: Chemical Sciences*. 2001, **56**(8): 787-796

[6] AM El-Lakany, MA Aboul-Ela, MM Abdul-Ghani, H Mekky. Chemical constituents and biological activities of *Cichorium intybus* L. *Natural Product Sciences*. 2004, **10**(2): 69-73

[7] MA Aboul-Ela, MM Abdul-Ghani, FK El-Fiky, AM El-Lakany, HM Mekky, NM Ghazy. Chemical constituents of *Cirsium syriacum* and *Cichorium intybus* (Asteraceae) growing in Egypt. *Alexandria Journal of Pharmaceutical Sciences*. 2002, **16**(2): 152-156

[8] W Kisiel, K Michalska. A new coumarin glucoside ester from *Cichorium intybus*. *Fitoterapia*. 2002, **73**(6): 544-546

[9] N Sakurai, T Iizuka, S Nakayama, H Funayama, M Noguchi, M Nagai. Vasorelaxant activities of caffeic acid derivatives from *Cichorium intybus* and *Equisetum arvense*. *Yakugaku Zasshi*. 2003, **123**(7): 593-598

[10] HJ Park, SH Kwon, KO Yoo, WT Jung, KT Lee, JI Kim, YN Han. Isolation of magnolialide and artesin from *Cichorium intybus*: revised structures of sesquiterpene lactones. *Natural Product Sciences*. 2000, **6**(2): 86-90

[11] TA Bischoff, CJ Kelley, Y Karchesy, M Laurantos, P Nguyen-Dinh, AG Arefi. Antimalarial activity of lactucin and lactucopicrin: sesquiterpene lactones isolated from *Cichorium intybus* L. *Journal of Ethnopharmacology*. 2004, **95**(2-3): 455-457

[12] D Mares, C Romagnoli, B Tosi, E Andreotti, G Chillemi, F Poli. Chicory extracts from *Cichorium intybus* L. as potential antifungals. *Mycopathologia*. 2005, **160**(1): 85-91

[13] 何轶，郭亚健，高云艳．菊苣根化学成分研究．中国中药杂志．2002，**27**(3)：209-210

[14] 杜海燕，原思通，江佩芬．菊苣的化学成分研究．中国中药杂志．1998，**23**(11)：682-683

[15] R Norbaek, K Nielsen, T Kondo. Anthocyanins from flowers of *Cichorium intybus*. *Phytochemistry*. 2002, **60**(4): 357-359

[16] B Ahmad, S Bawa, AB Siddiqui, T Alam, SA Khan. Components from seeds of *Cichorium intybus* Linn. *Indian Journal of Chemistry, Section B: Organic Chemistry Including Medicinal Chemistry*. 2002, **41B**(12): 2701-2705

[17] AH Gilani, KH Janbaz. Evaluation of the liver protective potential of *Cichorium intybus* seed extract on acetaminophen and CCl_4-induced damage. *Phytomedicine*. 1994, **1**(3): 193-197

[18] B Ahmed, TA Al-Howiriny, AB Siddiqui. Antihepatotoxic activity of seeds of *Cichorium intybus*. *Journal of Ethnopharmacology*. 2003, **87**(2-3): 237-240

[19] I Gurbuz, O Ustun, E Yesilada, E Sezik, N Akyurek. *In vivo* gastroprotective effects of five Turkish folk remedies against ethanol-induced lesions. *Journal of Ethnopharmacology*. 2002, **83**(3): 241-244

[20] 张冰，刘小青，胡京红，江佩芬．菊苣提取物amyrin对家兔主动脉平滑肌细胞膜微黏度的影响．中国药理学通报．1999，**15**(2)：170-172

[21] N Kaur, AK Gupta, SK Uberoi. Cholesterol lowering effect of chicory (*Cichorium intybus*) root in caffeine-fed rats. *Medical Science Research*. 1991, **19**(19): 643

[22] 张冰，刘小青，胡京红，高云艳，李云谷，何轶．菊苣提取物对高糖复合高血脂模型兔血浆vWF、ET及PGI2/TXA2含量的影响．北京中医药大学学报．2000，**23**(6)：48-50

[23] 孔悦，张冰，刘小青，丁正磊，王莹．菊苣提取物对高甘油三酯、高尿酸并高血糖血症大鼠影响的实验研究．中华中医药杂志．2005，**20**(6)：379-380

[24] Y Abou-Jawdah, H Sobh, A Salameh. Antimycotic activities of selected plant flora, growing wild in Lebanon, against phytopathogenic fungi. *Journal of Agricultural and Food Chemistry*. 2002, **50**(11): 3208-3213

[25] J Petrovic, A Stanojkovic, L Comic, S Curcic. Antibacterial activity of *Cichorium intybus*. *Fitoterapia*. 2004, **75**(7-8): 737-739

[26] SK Gupta, PK Sharma, SH Ansari. Antimicrobial activity of the seeds of *Cichorium intybus* Linn. *Asian Journal of Chemistry*. 2005, **17**(4): 2839-2840

[27] JM Rollinger, P Mock, C Zidorn, EP Ellmerer, T Langer, H Stuppner. Application of the in combo screening approach for the discovery of non-alkaloid acetylcholinesterase inhibitors from *Cichorium intybus*. *Current Drug Discovery Technologies*. 2005, **2**(3): 185-193

[28] TW Kim, KS Yang. Antioxidative effects of *Cichorium intybus* root extract on LDL (low density lipoprotein) oxidation. *Archives of Pharmacal Research*. 2001, **24**(5): 431-436

[29] SN El, S Karakaya. Radical scavenging and iron-chelating activities of some greens used as traditional dishes in Mediterranean diet. *International Journal of Food Sciences and Nutrition*. 2004, **55**(1): 67-74

[30] J Gruenwald, T Brendler, C Jaenicke. PDR for Herbal Medicine, 3rd edition. Montvale: Thomson PDR. 2004: 191-192

毛茛科

升麻 Shengma ^{CP, JP, VP}

Cimicifuga foetida L.
Largetrifoliolious Bugbane

  概 述

毛茛科 (Ranunculaceae) 植物升麻 *Cimicifuga foetida* L., 其干燥根茎入药。中药名：升麻。

升麻属 (*Cimicifuga*) 植物全世界约有 18 种，分布于北温带。中国产约有 8 种、3 变种、3 变型，现已供药用者约有 6 种。本种分布于中国陕西、山西、河南、甘肃、四川、青海、云南、西藏等地；蒙古、俄罗斯西伯利亚地区也有分布。

"升麻"药用之名，始载于《神农本草经》，列为上品。历代本草多有著录。《中国药典》(2005 年版) 收载本种为中药升麻的法定原植物来源种之一。主产于中国四川、西藏、云南、青海、甘肃、陕西、河南西部和山西等地。

升麻根茎的主要活性成分为三萜皂苷类化合物，尚有香豆素及酚酸类化合物。《中国药典》采用高效液相色谱法测定，规定升麻中异阿魏酸的含量不得少于 0.10%，以控制药材质量。

药理研究表明，升麻具有抗菌和抗炎等作用。

中医理论认为升麻具有发表透疹，清热解毒，升举阳气等功效。

升麻 *Cimicifuga foetida* L.

兴安升麻 Cimicifuga dahurica (Turcz.) Maxim.

药材升麻 Rhizoma Cimicifuage

1cm

化学成分

升麻根茎含三萜及三萜皂苷化合物：阿梯因 (actein)、27-脱氧阿梯因 (27-deoxyactein)、2'-O-acetylactein、2'-O-acetyl-27-deoxyactein、升麻苷A、B、C、D、E、F (cimisides A-F)、升麻醇-3-O-β-D-吡喃木糖苷 [(23R,24S)-cimigenol-3-O-β-D-xylopyranoside]、25-乙酰氨基升麻醇-3-O-β-D-吡喃木糖苷[(23R,24S)-25-O-acetylcimigenol-3-O-β-D-xylopyranoside]、升麻醇木质糖苷(cimigenol xyloside)、25-O-乙酰升麻环氧醇苷 (25-O-acetylcimigenoside)、cimicidanol-3-O-arabinoside、cimicidanol、cimicifugosides H-1、H-2、H-4、H-6、cimicifol、15α-hydroxycimicidol-3-O-β-D-xyloside、foetidinol、27-deoxyacetylacteol、acetylacteol-3-O-arabinoside、7,8-二脱氢-27-脱氧升麻亭 (7,8-didehydro-27-deoxyactein)、(23R,24R) 24-O-乙酰升麻醇-3-O-β-D-木糖苷[(23R,24R)-24-O-acetylshengmanol-3-O-β-D-xylopyranoside]、升麻醇 (cimigenol)、升麻醇-3-O-β-D-木

actein

cimicifugin

毛茛科

升麻 Shengma

糖苷 (cimigenol－3－O－β－D－xylopyranoside)[1-7]；酚酸类化合物：升麻酸 (cimicifugic acid)、咖啡酸 (caffeic acid)、阿魏酸 (ferulic acid)、异阿魏酸 (isoferulic acid)、芥子酸 (sinapic acid)、4－O－乙酰基－咖啡酸 (4－O－acetyl－caffeic acid)[8-9]；香豆素类成分：马栗树皮素(esculetin)、升麻素 (cimicifugin)、norcimicifugin、升麻素葡萄糖苷 (cimifugin glucoside)[8-10]。

升麻地上部分含三萜皂苷类成分：西麻苷I、II、III (cimifoetisides I－III)、升麻醇半乳糖苷 (cimigenol－3－O－β－D－galactopyranoside)、12β－羟基升麻醇木糖苷(12β－hydroxycimigenol－3－O－β－D－xylopyranoside)、12β－羟基升麻醇阿拉伯糖苷(12β－hydroxycimigenol－3－O－α－L－arabinopyranoside)、25－O－乙酰升麻醇半乳糖苷(25－O－acetyl－cimigenol galactopyranoside)、7β－羟基升麻醇木糖苷(7β－hydroxycimigenol xylopyranoside)、升麻醇－3－O－β－D－木糖苷、升麻醇－3－O－α－L－阿拉伯糖苷 (cimigenol－3－O－α－L－arabinopyranoside)、25－脱水升麻醇－3－O－β－D－木糖苷 (25－anhydrocimigenol－3－O－β－D－xylopyranoside)、cimifoetisides IV、V[11-14]。

药理作用

1. **抗菌**
   升麻在试管中能抑制结核杆菌的生长，对金黄色葡萄球菌、乙型链球菌、白喉杆菌、伤寒杆菌、绿脓杆菌、炭疽杆菌、大肠杆菌和痢疾杆菌均有不同程度的抑制作用[15]。体外实验升麻素对白色念珠菌、石膏样毛癣菌、红色毛癣菌、铁锈色小芽孢癣菌、发癣毛癣菌、絮状表皮癣菌等皮肤真菌均有不同程度的抑制作用[16]。

2. **镇痛、抗炎**
   异阿魏酸和阿魏酸可以明显抑制醋酸引起的小鼠扭体反应，还可以降低流感病毒侵染小鼠支气管肺泡灌洗液中白介素－8 的水平，异阿魏酸的作用比阿魏酸强[17]。Norcimifugin 对角叉菜胶引起的鼠足趾肿胀有抑制作用[10]。

3. **抗骨质疏松**
   升麻中的三萜类成分对甲状旁腺激素 (PTH) 诱导的卵巢切除大鼠的骨质疏松具有抑制作用，其甲醇提取物对培养骨组织由 PTH 所致的骨质疏松具有抑制作用[17]。

4. **抑制核苷运转**
   升麻根茎分离的三萜类化合物能抑制植物血凝素 (PHA) 刺激的淋巴细胞对胸腺嘧啶核苷的转运，其中升麻苷的抑制活性最强[17]。

5. **抗肿瘤**
   升麻水提物在体外对人子宫颈癌细胞 JTC－26 的抑制率为 90% 以上[15]。

6. **抗溃疡**
   升麻甲醇提取物对醋酸所致的大鼠直肠溃疡有抑制作用[17]。

7. **其他**
   升麻还有解除平滑肌痉挛、降血压和降血脂等作用[15]。

应用

本品为中医临床用药。功能：解表散风，通窍，止痛，燥湿止带，消肿排脓。主治：①外感风寒，头痛，鼻塞；②阳明头痛，齿痛，鼻渊，风湿痹痛；③带下过多；④疮痈肿毒；⑤皮肤风湿瘙痒，毒蛇咬伤。

现代临床还用于消化性溃疡、阑尾炎、月经不调、痛经、盆腔炎、关节囊积水、睾丸鞘膜积液、肝硬化腹水、白内障、烧烫伤、痤疮、黄褐斑、银屑病、白癜风、脱发等病的治疗。此外，还被用于化妆品、香味剂等方面[19-20]。

评注

同属植物兴安升麻 Cimicifuga dahurica (Turcz.) Maxim. 和大三叶升麻 C. heracleifolia Kom.，同为《中国药典》收载作为中药升麻的法定原植物来源种。

兴安升麻根茎含升麻醇 (cimigenol)、24－表－7,8－去氢升麻醇3－O－β－D－吡喃木糖苷、7,8－去氢升麻醇 3－O－β－D－吡喃木糖苷、25－O－乙酰基－7,8－去氢升麻醇3－O－β－D－吡喃木糖苷、3－aradinosyl－24－O－acetylhydroshengmanol－15－glucoside、异阿魏酸、(E)－3－(3'－甲基－2'－亚丁烯基)－2－吲哚酮、豆甾醇葡萄糖苷、升麻酰胺、异升麻酰胺、北升麻瑞 (cimidahurine) 和北升麻宁 (cimidahurinine) 等成分[18-20]。兴安升麻药理作用与升麻相似，还有抗突变、提高肝抗氧化酶及解毒酶和抑制猴免疫缺陷病毒 (SIV) 的作用[21-23]。升麻属的药理作用正在不断扩展，并已成为国际上研究的热点之一。

香港应用的升麻药材为菊科植物华麻花头 Serratula chinensis S. Moore. 的干燥根，俗称广升麻[24]。广升麻为岭南地区惯用品种，但来源与升麻相去甚远，二者的化学成分、药理作用和临床疗效的对比研究有待深入。

参考文献

[1] 李从军，李英和，陈顺峰，肖培根. 升麻中的三萜类成分. 药学学报. 1994, 29(6): 449-453

[2] 李从军，陈迪华，肖培根. 中药升麻的化学成分III. 升麻苷C和升麻苷D的化学结构. 化学学报. 1994, 52: 722-726

[3] 李从军，李英和，肖培根. 升麻苷F的分离和结构. 药学学报. 1994, 29(12): 934-936

[4] 鞠建华，杨峻山. 升麻族植物三萜皂苷的研究进展. 中国中药杂志. 1999, 24(9): 517-521

[5] JX Li, S Kadota, XF Pu, T Namba. Foetidinol, a new trinor-triterpenoid with a novel carbon skeleton, from a Chinese crude drug "Shengma" (*Cimicifuga foetida* L.). *Tetrahedron Letters*. 1994, 35(26): 4575-4576

[6] 赵晓宏，陈迪华，斯建勇，潘瑞乐，沈连钢，陈铎. 升麻中新三萜皂苷类成分研究. 中国中药杂志. 2003, 28(2): 135-138

[7] NQ Zhu, Y Jiang, MF Wang, CT Ho. Cycloartane triterpene saponins from the roots of *Cimicifuga foetida*. *Journal of Natural Products*. 2001, 64(5): 627-629

[8] 赵晓宏，陈迪华，斯建勇，潘瑞乐，沈连钢. 中药升麻酚酸类化学成分研究. 药学学报. 2002, 37(7): 535-538

[9] 李从军，陈迪华，肖培根. 中药升麻的化学成分（V）. 中草药. 1995, 26(6): 288-289, 318

[10] B Lal, VK Kansal, R Singh, C Sankar, AS Kulkarni, VG. Gund. An antiinflammatory active furochromone, norcimifugin from *Cimicifuga foetida*: isolation, characterization, total synthesis and antiinflammatory activity of its analogs. *Indian Journal of Chemistry, Section B: Organic Chemistry Including Medicinal Chemistry*. 1998, 37B(9): 881-893

[11] 潘瑞乐，陈迪华，斯建勇，赵晓宏，沈连钢. 升麻地上部分化学成分研究. 药学学报. 2003, 38(4): 272-275

[12] 潘瑞乐，陈迪华，斯建勇，赵晓宏，沈连钢. 升麻地上部分新的三萜皂苷类成分. 中国中药杂志. 2003, 28(3): 230-232

[13] 潘瑞乐，陈迪华，斯建勇，赵晓宏，沈连钢. 升麻地上部分皂苷类成分研究. 药学学报. 2002, 37(2): 117-120

[14] RL Pan, DH Chen, JY Si, XH Zhao, LG Shen. Two new cyclolanostanol glycosides from the aerial parts of *Cimicifuga foetida*. *Journal of Asian Natural Products Research*. 2004, 6(1): 63-67

[15] 王本祥. 现代中药药理学. 天津科学技术出版社. 1997: 155-158

[16] 常志青，刘方洲，梁力，张致中，程倞绯，苏霄汉，李长录. 中药升麻中抗真菌成分的实验研究. 中医研究. 1990, 3(3): 26-28

[17] 刘勇，陈迪华，陈雪松. 升麻属植物的化学、药理与临床研究. 国外医药：植物药分册. 2001, 16(2): 55-58

[18] 张庆文，叶文才，赵守训，车镇涛. 兴安升麻的化学成分研究. 中草药. 2002, 33(8): 683-685

[19] 李从军，陈迪华，肖培根. 兴安升麻酚性苷成分的研究. 药学学报. 1994, 29(2): 195-199

[20] 李从军，陈迪华，肖培根，洪少良，马立斌. 中药升麻的化学成分 II. 升麻酰胺的化学结构. 化学学报. 1994, 52(3): 296-300

[21] 林新，蔡有余，李文魁，肖培根. 兴安升麻总皂苷对大鼠肝微粒体抗氧化酶和解毒酶谷胱甘肽转硫酶活性的影响. 中国实验动物学报. 1994, 2(1): 8-12

[22] 林新，蔡有余，肖培根. 兴安升麻总皂苷对丝裂霉素C诱发人外周血淋巴细胞SCE频率的影响. 癌变. 畸变. 突变. 1994, 6(6): 30-33

[23] 林新，蔡有余，肖培根. 兴安升麻皂苷体外SIV抑制作用及其机制. 华西药学杂志. 1994, 9(4): 221-224

[24] 杨成梓，艾松军，杨思沅，车苏容. 香港和内地中药品种与应用的异同考辨. 福建中医学院学报. 2003, 13(4): 31-33

蓟 Ji CP, KHP

Cirsium japonicum Fisch. ex DC.
Japanese Thistle

菊科

概述

菊科 (Asteraceae) 植物蓟 *Cirsium japonicum* Fisch. ex DC.，其干燥地上部分及根入药。中药名：大蓟。

蓟属 (*Cirsium*) 植物全世界有 250～300 种，广布于欧、亚、北非、北美和中美洲大陆。产约 50 种。中国本属现供药用者约有 11 种。本种分布于中国华东、中南地区及河北、陕西、湖北、湖南、四川、贵州、云南等地。

"大蓟"药用之名，始载于《名医别录》，与"小蓟"合条，列为中品。明代以前的本草典籍多将"大蓟"和"小蓟"同时记述，《本草纲目》、《植物名实图考》所载均与本种相符。《中国药典》（2005 年版）收载本种为中药大蓟的法定原植物来源种。中国大部分地区均产。

大蓟主要活性成分为黄酮类化合物。《中国药典》采用高效液相色谱法进行测定，规定止血成分柳穿鱼叶苷的含量不得少于 0.20%，以控制药材质量。

药理研究表明，蓟具有凝血、止血、抗菌等功能。

中医理论认为大蓟具有止血，消痈痛等功效。

蓟 *Cirsium japonicum* Fisch. ex DC.

药材大蓟 Herba Cirsii Japonici

1cm

药材大蓟 Radix Cirsii Japonici

1cm

化学成分

大蓟地上部分含有黄酮类化合物柳穿鱼叶苷 (pectolinarin)[1]、蒙花苷 (linarin)[2]、5,7－二羟基－4',6二甲氧基黄酮 (5,7－dihydroxy－4',6－dimethoxyflavone)[3]。

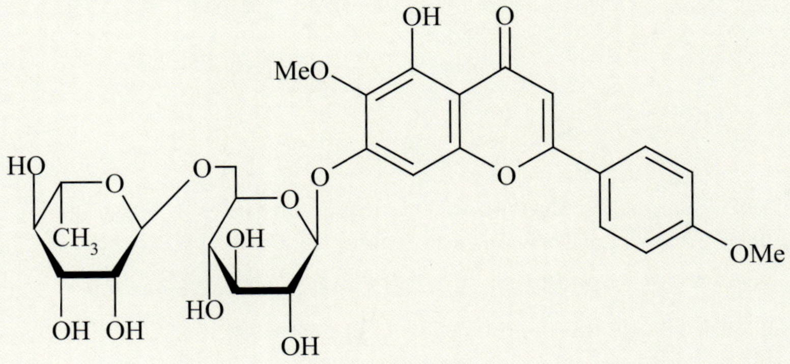

根含有黄酮苷类化合物4',5,7,－三羟基－6－甲氧基黄酮－7－O－α－L－吡喃鼠李糖－(1→2)－β－D－吡喃葡萄糖苷[4',5,7,－trihydroxy－6－methoxyflavone－7－O－α－L－rhamnopyranosyl－(1→2)－β－D－glucopyranoside]，另含蒙花苷、紫丁香苷 (syringin)、芥子醛－4－O－β－D－吡喃葡萄糖苷 (sinapylaldehyde－4－β－D－glucopyranoside)、阿魏醛－4－O－β－D－吡喃葡萄糖苷 (ferulaldehyde－4－O－β－D－glucopyranoside)、1,5－二氧咖啡酰奎宁酸 (1,5－di－O－caffeoylquinic acid)、大蓟苷 (tachioside)[4]等。含有挥发油，主要成分为单紫杉烯 (aplotaxene)、二氢单紫杉烯 (dihydroaplotaxene)、四氢单紫杉烯 (tetrahydroaplotaxene)、六氢单紫杉烯 (hexahydroaplotaxene) 等[5]。根中还含有长链炔烯醇类化合物，如顺式－8,9－氧桥－十七碳－1－烯－11,13－双炔－10－醇 (cis－8,9－epoxyheptadeca－1－en－11,13－diyn－10－ol)[6]、ciryneols A、B、C、G、H、ciryneone F、8,9,10－triacetoxy－heptadeca－1－ene－11,13－diyne[7-8]。

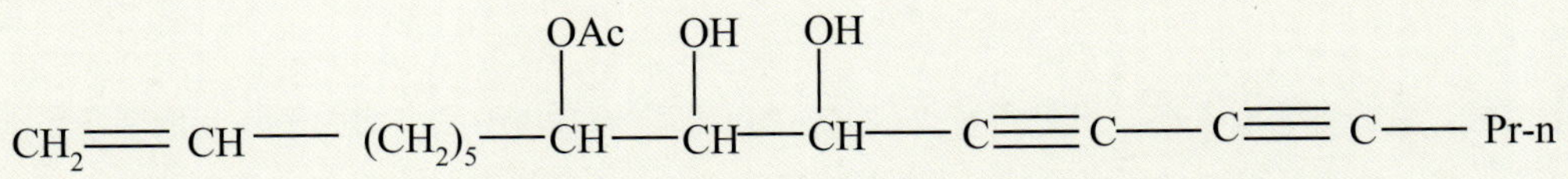

药理作用

1. **止血**
   小鼠口服柳穿鱼叶苷，可缩短凝血时间，止血能力明显强于止血药氨甲环酸 (tranexamic acid)[9]。

2. **抗菌**
   大蓟全草及总黄酮在体外对金黄色葡萄球菌抑制较强，根煎剂或全草蒸馏液 (1:4000) 对人型结合杆菌有抑制作用。此外，对绿脓杆菌、变形杆菌、单纯带状疱疹病毒等也有明显抑制作用。

3. **对心血管系统的影响**
   (1) 抑制心脏　大蓟水煎液对离体蛙心有明显的抑制作用，使心缩幅度减少，心率减慢，继而出现不同程度的房室传导阻滞。离体兔心灌流表明，大蓟水煎液对心率及心收缩振幅有显著抑制作用。犬在体实验表明，大蓟水煎液静脉注射可使犬血压、心收缩振幅、心率明显下降[10]。
   (2) 降血压　大蓟水煎液静脉注射可显著降低犬血压，并持续 20 分钟，但反复给药可产生快速耐受性。另外，大蓟水煎液静脉注射对闭塞颈总动脉加压反射具有抑制作用[10]。

4. 抗肿瘤

大蓟水提物灌胃可直接抑制肝癌 (Hep) 荷瘤小鼠肿瘤细胞增殖或破坏肿瘤细胞膜结构，致使瘤体坏死，还能提高小鼠碳粒廓清指数，增加免疫器官的重量，提高血清溶血素值，显示出较强的抗肿瘤作用[11]。

5. 其他

大蓟提取物还具有促进脂肪代谢[12]、杀线虫作用[13]；大蓟中的亲脂性成分对小鼠的大脑记忆损伤也有改善作用[14]。

应用

本品为中医临床用药。功能：凉血止血，散瘀解毒消痈。主治：①血热所致的出血证，尤多用于吐血、咯血及崩漏；②热毒痈肿。

现代临床还用于肝炎、高血压、非功能性子宫出血等病的治疗。

评注

古代大蓟入药多用根，茎叶虽也有入药，但应用较少。近代各地区习惯有所不同。如中国华北地区多用地上部分，华东地区多用地上部分及根，中南及西南地区多用根。《中国药典》自 2005 年版起将大蓟的药用部位改为地上部分，主要从经济利用药源考虑，因为只割取地上部分，保留根部，来年可再发芽生长，大蓟地上与地下部分的对比研究有待深入。

大蓟作为炭药应用于临床历史悠久，疗效确切。但其作用机理目前仍不清楚。大蓟炭的化学成分与药理作用之间的关系有待深入探讨。

参考文献

[1] H Ishida, T Umino, K Tsuji, T Kosuge. Studies on antihemorrhagic substances in herbs classified as hemostatics in Chinese medicine. VII. On the antihemorrhagic principle in *Cirsium japonicum* DC. *Chemical & Pharmaceutical Bulletin*. 1987, 35(2): 861-864

[2] 周文序，田珍. 中药大小蓟的黄酮类成分的分离和鉴定. 北京医科大学学报. 1994, 26(4): 309

[3] 顾玉诚，屠呦呦. 大蓟化学成分的研究. 中国中药杂志. 1992, 17(8): 489-490

[4] Y Miyaichi, M Matsuura, T Tomimori. Phenolic compound from the roots of *Cirsium japonicum* DC. *Natural Medicines*. 1995, 49(1): 92-94

[5] K Yano. Hydrocarbons from *Cirsium japonicum*. *Phytochemistry*. 1977, 16(2): 263-264

[6] K Yano. A new acetylenic alcohol from *Cirsium japonicum*. *Phytochemistry*. 1980, 19(8): 1864-1866

[7] Y Takaishi, T Okuyama, A Masuda, K Nakano, K Murakami, T Tomimatsu. Acetylenes from *Cirsium japonicum*. *Phytochemistry*. 1990, 29(12): 3849-3852

[8] 植飞，孔令义，彭司勋. 大蓟化学成分的研究. 药学学报. 2003, 38(6): 442-447

[9] T Kosuge, K Ishida, Y Ito, H Kato. Pectolinarin as hemostatic. *Japan Kokai Tokkyo Koho*. 1987: 3

[10] 马峰峻，赵玉珍，张建华，王艳，安应林，徐志敏. 大蓟对动物血压的影响. 佳木斯医学院学报. 1991, 14(1): 10-11

[11] 赵鹏，雷晓梅，连秀珍，俞发荣. 甘肃大蓟提取物对Hep细胞毒性作用研究. 甘肃科技纵横. 2005, 34(4): 214

[12] S Mori, J Ichii, H Yorozu, S Kanazawa, Y Nishizawa. Cephalonoplos extracts and compositions containing the extracts to promote fat metabolism for obesity control. *Japan Kokai Tokkyo Koho*. 1996: 9

[13] K Kawazu, Y Nishii, S Nakajima. Studies on naturally occurring nematicidal substances. Part 2. Two nematical substances from roots of *Cirsium japonicum*. *Agricultural and Biological Chemistry*. 1980, 44(4): 903-906

[14] M Yamazaki, K Hirakura, Y Miyaichi, K Imakura, M Kita, K Chiba, T Mohri. Effect of polyacetylenes on the neurite outgrowth of neuronal culture cells and scopolamine-induced memory impairment in mice. *Biological & Pharmaceutical Bulletin*. 2001, 24(12):1434-1436

刺儿菜 Ci'ercai CP

Cirsium setosum (Willd.) MB.
Setose Thistle

菊 科

概述

菊科 (Asteraceae) 植物刺儿菜 *Cirsium setosum* (Willd.) MB.，其干燥地上部分入药。中药名：小蓟。

蓟属 (*Cirsium*) 植物全世界约有 250～300 种，广布于欧、亚、北非、北美和中美洲大陆。中国产约 50 种。中国本属现供药用者约 11 种。本种分布于中国东北、华北、西北、华东、西南及中南部分地区。欧洲东部、中部、俄罗斯东部、西西伯利亚及远东、蒙古、朝鲜半岛、日本也有分布。

"小蓟"药用之名，始载于《名医别录》，与"大蓟"同条，列为中品。历代本草多有著录[1]。《中国药典》(2005年版) 收载本种为中药小蓟的法定原植物来源种。主产于中国大部分地区。

小蓟的主要活性成分为黄酮类、有机酸等。《中国药典》采用薄层色谱法以芦丁为定性对照品控制药材的质量。

药理研究表明，小蓟具有止血、抗菌等作用。

中医理论认为小蓟具有凉血止血，清热消肿的功效。

刺儿菜 *Cirsium setosum* (Willd.) MB.

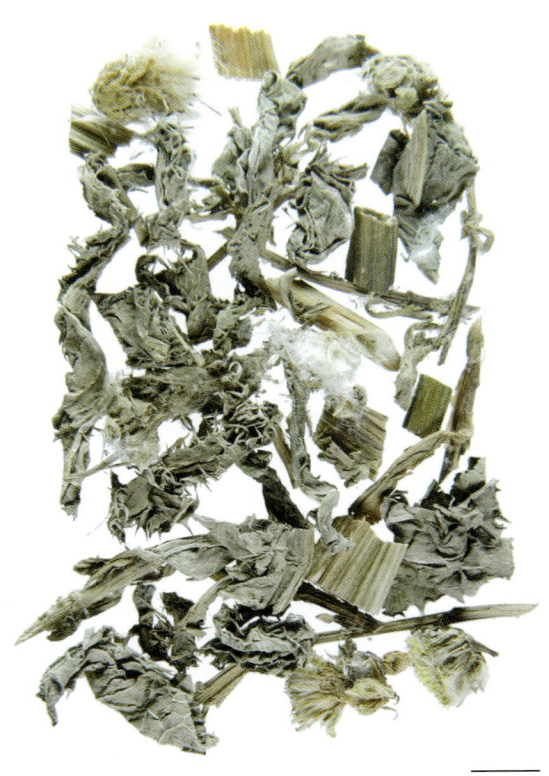

药材小蓟 Herba Cirsii

1cm

菊 科

刺儿菜 Ci'ercai

化学成分

刺儿菜的叶含黄酮类化合物：刺槐素 (acacetin)[2]、蒙花苷 (linarin)[3]。地上部分含黄酮类化合物：金丝桃苷 (hyperin)、异山奈素 (isokaempferide)、quercetin-3-O-β-D-glucopyranoside[4]、芹菜素 (apigenin)、黄芪苷 (astragalin)[5]、芦丁 (rutin)[6]；甾醇类化合物：Ψ-乙酰蒲公英甾醇 (Ψ-taraxasterol acetate)、蒲公英甾醇 (taraxasterol)、β-谷甾醇 (β-sitosterol) 和豆甾醇 (stigmasterol) 等[7]；有机酸类化合物原儿茶酸 (protocatechuic acid)、绿原酸 (chlorogenic acid)、咖啡酸 (caffeic acid)[8]；此外，还含 2-(3,4-dihydroxyphenyl)-ethyl-β-D-glucopyranoside、丁香苷 (syringin)[7]、酪胺 (tyramine) 等以及生物碱和皂苷[9]。

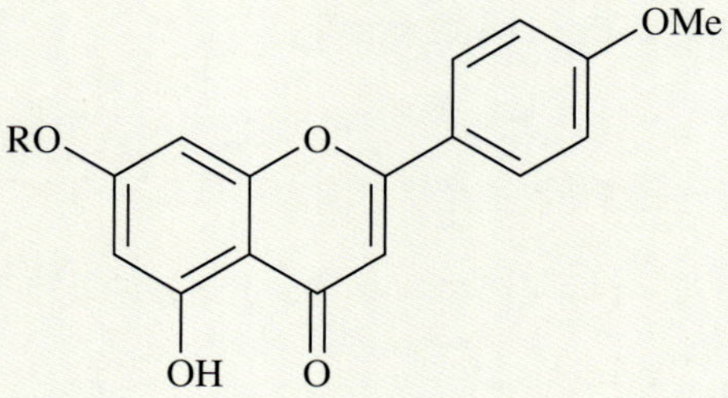

linarin:　R=rha-glc-
acacetin:　R=H

药理作用

1. **止血**

   刺儿菜水煎液灌胃能缩短小鼠凝血时间，明显促进血液凝固，其止血有效成分是绿原酸及咖啡酸。其机理为通过收缩局部血管，抑制纤溶而发挥其止血作用[8, 10]。

2. **对心血管系统的影响**

   刺儿菜中的有效成分酪胺对大鼠有显著升血压作用。全草煎剂或乙醇提取物对离体兔心、豚鼠心房肌有增强收缩力和收缩频率的作用，对兔耳血管和大鼠下肢灌流有显著的收缩作用[9, 11]。

3. **抗菌**

   刺儿菜水煎剂在试管内对溶血性链球菌、肺炎链球菌、白喉杆菌及绿脓杆菌有一定抑制作用，乙醇浸剂对人型结核杆菌也有抑制作用[9]。

4. **其他**

   刺儿菜还有镇静、促进免疫等作用。

应用

本品为中医临床用药。功能：凉血止血，散瘀解毒消痈。主治与大蓟同，常配伍同用。本品兼有利尿之功，以治尿血，血淋尤宜。但其散瘀消痈之功则略逊于大蓟。

现代临床还用于产后子宫收缩不全、高血压等病的治疗。

评注

关于小蓟的原植物分类，学术界稍存争论。早期曾有学者将小蓟归入刺儿菜属 (Cephalanoplos)，并分为两个种，即刺儿菜 Cephalanoplos segetum (Bge.) Kitam. (又称小刺儿菜) 和刻叶刺儿菜 C. setosum (MB.) Kitam. (又称大刺儿菜)。《中国药典》(1985 年版) 也采用了上述分类方法。但也有学者发表文章认为刺儿菜应合并入蓟属 (Cirsium)，刺儿菜与刻叶刺儿菜是一种植物，学名为 C. setosum (Willd.) MB.，异名为 C. segetum Bge.。1990 年以后的各版《中国药典》均采用了这种分类方法。近年来，更多的文献报道认为 Cirsium setosum (Willd.) MB. 与 C. segetum Bge. 在形态[12]、过氧化物同工酶酶谱[13]、染色体核型[14]和叶中黄酮类化合物层析谱[15]上均存在较大差异，支持将两者作为独立的品种来对待。

小蓟是中国卫生部规定的药食同源品种之一。

参考文献

[1] 金延明，李胜华，楼之岑. 大蓟与小蓟品种的本草考证. 中药材. 1995, 18(3): 152-154

[2] TD Rendyuk, BA Krivut, VI Glyzin. Spectrophotometric method for determining acacetin in the leaves of Cirsium setosum (Willd.). Farmatsiya. 1978, 27(2): 68

[3] TD Rendyuk, VI Glyzin, AI Shreter. Phytochemical study of Cirsium setosum (Wild.). Acta Pharmaceutica Jugoslavica. 1977, 27(3): 135-138

[4] AI Syrchina, YA Kostyro, IA Ushakov, AA Semenov. Flavonoids of Cirsium setosum (Willd). Bess. Rastitel, nye Resursy. 1999, 35(4): 38-40

[5] AI Syrchina, AA Semenov, SV Zinchenko. Investigation of chemical composition of Cirsium setosum (Willd) Bess. Rastitel, nye Resursy. 1998, 34(2): 47-49

[6] 胡建平，刘翔. 大蓟与小蓟化学成分的鉴别. 中药研究与信息. 2003, 11(5): 36-38

[7] 顾玉成，屠呦呦. 小蓟化学成分研究. 中国中药杂志. 1992, 17(9): 547-548

[8] 陈毓，丁安伟，杨星昊，张丽. 小蓟化学成分、药理作用及临床应用研究述要. 中医药学刊. 2005, 23(4): 614-615

[9] 李郁，王国栋. 大、小蓟的比较区别. 新疆中医药. 2003, 21(4): 44-45

[10] 王淑英. 黑木耳和小蓟止血作用的比较. 中华临床医药. 2002, 3(5): 85

[11] 魏彦，邱乃英，欧阳青. 大蓟、小蓟的鉴别与临床应用. 北京中医杂志. 2002, 21(5): 296-297

[12] 孙稚颖，李法曾. 刺儿菜复合体的形态学研究. 植物研究. 1999, 19(2): 143-147

[13] 鄢本厚，尹祖棠. 蓟属二种植物过氧化物同工酶的酶谱式样及其分类学意义. 西北植物学报. 1995, 15(3): 184-188

[14] 鄢本厚，尹祖棠. 蓟属两种植物的染色体研究. 广西植物. 1995, 15(2): 172-175

[15] 鄢本厚，尹祖棠. 大刺儿菜和小刺儿菜的植物化学分类学研究. 广西植物. 1995, 15(4): 325-326

肉苁蓉 Roucongrong CP, KHP

Cistanche deserticola Y. C. Ma
Desertliving Cistanche

列当科

概 述

列当科 (Orobanchaceae) 植物肉苁蓉 *Cistanche deserticola* Y. C. Ma，其干燥带鳞叶的肉质茎入药。中药名：肉苁蓉。

肉苁蓉属 (*Cistanche*) 植物全世界约有 20 种，分布于欧、亚洲温暖的干燥地区，自欧洲的伊比利亚半岛，经非洲北部、亚洲的阿拉伯半岛、伊朗、阿富汗、巴基斯坦、印度北部，到中国西北部、俄罗斯中亚地区和蒙古。中国产约有 5 种，主要分布于内蒙古、宁夏、甘肃、青海以及新疆等地。本属现供药用者约 4 种。本种产于中国内蒙古、宁夏、甘肃及新疆。

"肉苁蓉"药用之名，始载于《神农本草经》，列为上品。历代本草多有著录。中国从古至今作中药材肉苁蓉入药者均系肉苁蓉属多种植物。《中国药典》(2005 年版) 收载本种为中药肉苁蓉的法定原植物来源种之一。主产于中国内蒙古、宁夏、甘肃、新疆等地，以内蒙古、甘肃质量佳，新疆产量大。

肉苁蓉属植物主要活性成分为苯乙醇苷类、环烯醚萜及其苷类，尚有苯丙醇苷类等。《中国药典》采用高效液相色谱法测定，规定肉苁蓉含松果菊苷和毛蕊花糖苷的总量不得少于 0.30%，以控制药材质量。

药理研究表明，肉苁蓉具有调节神经内分泌系统、免疫调节、抗氧化、增强体力、抗衰老、抗肝炎等作用。

中医理论认为肉苁蓉具有补肾阳，益精血，润肠道等功效。

肉苁蓉 *Cistanche deserticola* Y. C. Ma

药材肉苁蓉 Herba Cistanches

1cm

化学成分

肉苁蓉带鳞叶的肉质茎主要含苯乙醇苷类化合物：肉苁蓉苷 A、B、C、F、H[1-2] (cistanosides A - C, F, H)、异肉苁蓉苷 C (isocistanoside C)、松果菊苷 (echinacoside)、毛蕊花糖苷 (acteoside)、异毛蕊花糖苷 (isoacteoside)、2'-乙酰基毛蕊花糖苷 (2'-O-acetylacteoside)、管花肉苁蓉苷 B (tubuloside B)、osmanthuside B[2]、红景天苷 (salidroside)[3]；环烯醚萜类成分：8-表马钱子酸 (8-epiloganic acid)、6-去氧梓醇 (6-deoxycatalpol)[2]、梓醇 (catalpol)、苁蓉素 (cistanin)[3]；苯丙醇苷类成分：丁香苷 (syringin)[3]、丁香苷 A-3'-α-L-吡喃鼠李糖苷 (syringalide A-3'-α-L-rhamnopyranoside)、异丁香苷-3'-α-L-吡喃鼠李糖苷 (isosyringalide-3'-α-L-rhamnopyranoside)[2]等；此外还含有鹅掌楸苷 (liriodendrin)、甜菜碱 (betaine)[1]及半乳糖醇 (galactitol)[4]和多糖类成分[5]。

肉苁蓉的新鲜花序中含6-去氧梓醇 (6-deoxycatalpol)、鹅掌楸苷 (liriodendrin)、8-表马钱子酸 (8-epiloganic acid)、半乳糖醇 (galactitol)[6]等。

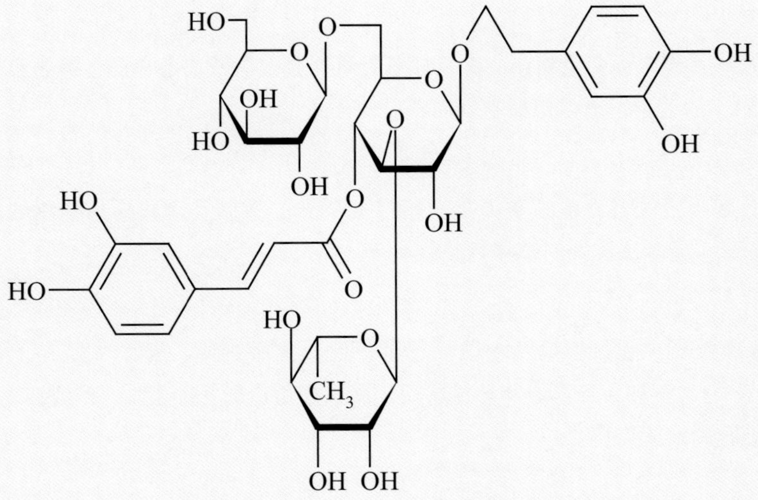

echinacoside

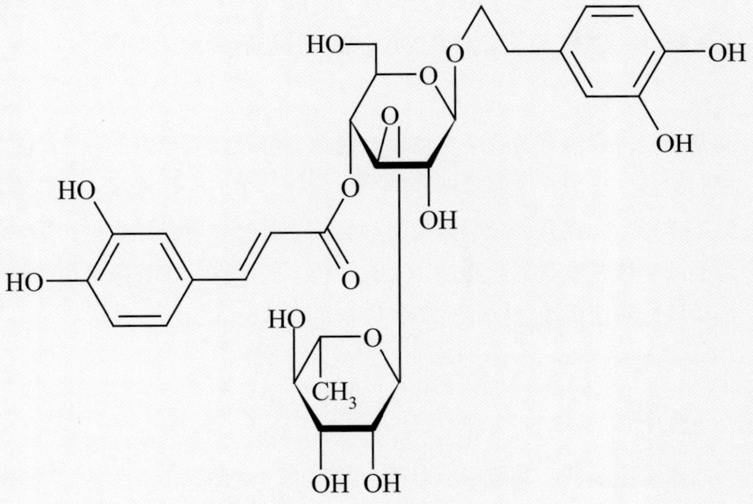

acteoside

药理作用

1. **雄激素样作用**

   肉苁蓉水煎液灌胃可明显增加氢化可的松引起的"肾阳虚"小鼠的体重，明显延长其耐寒时间，显示出一定的壮阳作用[7]。肉苁蓉醇提物灌胃可防止小鼠长期使用皮质激素引起的肾上腺皮质萎缩，对肾功能有保护作用[8]。肉苁蓉生品和炮制品水煎物醇溶部分灌胃可显著增加去势幼龄大鼠的精囊前列腺重量，使正常小鼠和大鼠的睾丸、精囊前列腺增重，具有雄激素样作用[9]，其活性成分可能是毛蕊花糖苷和甜菜碱[10]。

2. **对免疫系统的影响**

    肉苁蓉苷类化合物口服给药可明显增加小鼠血中巨噬细胞的吞噬能力及免疫器官的重量[11]。肉苁蓉总苷给小鼠灌胃能增强受 $^{60}Co-\gamma$ 照射后小鼠的迟发型超敏反应，增加胸腺指数，增加 T 淋巴细胞增殖反应和提升白介素－2 (IL－2) 的活性[12]。体外实验表明，肉苁蓉多糖可促进细胞进入分裂期，对小鼠胸腺细胞增殖有促进作用，其机理与促进胸腺淋巴细胞内钙释放有关[13]。

3. **延缓衰老**

    肉苁蓉苷类化合物能强烈抑制体外活性氧自由基；口服给药对大鼠糖尿病肾病引起的自由基损伤具有预防和修复作用[10]。肉苁蓉多糖灌胃可防止臭氧造成衰老小鼠大脑神经元单胺氧化酶 (MAO－B)、乳酸脱氢酶 (LDH) 活性升高，降低脂褐素的形成，从而降低臭氧对大脑神经元的结构损伤，延缓细胞衰老[14]。肉苁蓉总苷灌胃可明显提高 D－半乳糖所致的亚急性衰老小鼠超氧化物歧化酶 (SOD) 的活性，显著降低脑、肝中的脂质过氧化物的含量，具有抗氧化及延缓衰老作用[15]。肉苁蓉水煎液还能延长果蝇的平均寿命[16]。

4. **保护缺血心肌**

    大鼠静脉注射肉苁蓉总苷后 5 分钟再结扎冠脉，与未给药组相比，肉苁蓉总苷可明显改善缺血心电图，减小心肌梗死面积，提高心肌组织中磷酸肌酸激酶 (CPK) 的活力，显示出保护缺血心肌的作用[17]。

5. **镇痛抗炎**

    肉苁蓉 50% 乙醇提取物的正丁醇洗脱部分和水洗脱部分能显著对抗小鼠醋酸所致的扭体反应和福马林所致的疼痛，还能有效地减轻角叉菜胶所致的足趾肿胀，显示出较好的镇痛抗炎作用[18]。

6. **对中枢神经系统的影响**

    肉苁蓉乙醇提取物及其水溶性部分具有镇静作用，能显著延长小鼠环己烯巴比妥睡眠时间，减少大鼠自发性活动[19]。肉苁蓉苯乙醇苷可通过抑制 caspase－3（一种天冬氨酸特异性酶切半胱氨酸蛋白酶）的活性，起到抗 1－甲基－4－苯基吡啶离子 (MPP^+) 致中脑神经细胞凋亡的作用[20]。

7. **其他**

    肉苁蓉提取物灌胃对感染性休克大鼠急性肺损伤有较好的保护作用[21]；静脉注射肉苁蓉清膏可显著降低大鼠膀胱排尿时的最大压力，改善排尿功能[22]；此外，体内实验表明，肉苁蓉所含的毛蕊花糖苷对氯仿引起的肝损伤有显著的保护作用[23]。肉苁蓉总苷灌胃可明显缩小局灶性脑缺血大鼠小脑梗死范围，改善神经症状，升高脑组织超氧化物歧化酶和谷胱甘肽过氧化物酶 (GSH－Px) 的活性，显著降低丙二醛 (MDA) 含量，具有神经保护作用[24]，此外对清醒小鼠脑缺血再灌注损伤也有保护作用[25]。

应用

本品为中医临床用药。功能：补肾阳，益精血，润肠通便。主治：①肾阳不足，精血亏虚的阳痿，不孕，腰膝酸痛，筋骨无力；②肠燥便秘。

现代临床还用于破伤风、乳糜尿、慢性中耳炎等病的治疗。

评注

《中国药典》除肉苁蓉外，还收载管花肉苁蓉 Cistanche tubulosa (Schrenk) Wight 作为中药肉苁蓉的法定原植物来源种。管花肉苁蓉的资源数量大，与肉苁蓉具有类似的药理作用，其化学成分也大致相同，主要含苯乙醇苷类、多糖和氨基酸类化合物。与肉苁蓉相比，管花肉苁蓉不含肉苁蓉苷和甜菜碱，另含管花肉苁蓉苷 A、B、C、D、E (tubulosides A－E)、圆齿列当苷 (crenatoside)、五福花苷酸 (adoxosidic acid)、京尼平苷酸 (geniposidic acid)、玉叶金花苷酸

(mussaenosidic acid)、8-羟基香叶醇 (8-hydroxygeraniol) 等[26-29]。

肉苁蓉主要分布在海拔 1200 米以下的沙丘,以藜科植物梭梭 *Haloxylon ammodendron* (C. A. Mey.) Bge. 及白梭梭 *H. persicum* Bge. ex Boiss. 为寄主;管花肉苁蓉主要分布在海拔 1200 米以上水分较充足的柽柳丛中及沙丘地,寄主为柽柳科柽柳属 (*Tamarix*) 植物。

肉苁蓉是重要的补益中药,特产中国西北沙漠地区,有"沙漠人参"之称。肉苁蓉资源已濒临枯竭,引种栽培肉苁蓉与管花肉苁蓉将是保障药源的可靠途径。

参考文献

[1] 徐文豪,邱声祥,赵继红,胥云,苑可武,阎泉香,纪传永,秦红. 肉苁蓉化学成分的研究. 中草药. 1994, 25(10): 509-513
[2] K Hayashi. Studies on the constituents of Cistanchis Herba. *Natural Medicines*. 2004, 58(6): 307-310
[3] 徐朝晖,杨峻山,吕瑞绵,杨松松. 肉苁蓉化学成分的研究. 中草药. 1999, 30(4): 244-246
[4] 张百舜,陈双厚,赵学文,刘瑞华. 肉苁蓉提取物半乳糖醇通便作用的量效研究. 中国中医药信息杂志. 2003, 10(12): 28-29
[5] 陈妙华,刘凤山,许建萍. 补肾壮阳中药肉苁蓉的化学成分研究. 中国中药杂志. 1993, 18(7): 424-426
[6] 屠鹏飞,何燕萍,楼之岑. 肉苁蓉花序的化学成分研究. 中草药. 1994, 25(9): 451-452
[7] 古历努尔·木特列夫,刘明菊,卢景芬. 肉苁蓉苷类化合物对氧化应激和免疫功能的影响. 中国药学. 2001, 10(3): 157-160
[8] 邬利娅·伊明,王晓雯,阿斯亚·拜山伯,蒋晓燕. 肉苁蓉总苷对^{60}Co照射损伤小鼠T淋巴细胞功能的影响. 新疆医科大学学报. 2003, 26(6): 558-560
[9] 曾群力,郑一凡,吕志良. 肉苁蓉多糖的免疫活性作用及机制. 浙江大学学报(医学版). 2002, 31(4): 284-287
[10] 吴波,顾少菊,傅玉梅,雅来. 肉苁蓉和管花肉苁蓉通便与补肾壮阳药理作用的研究. 中医药学刊. 2003, 21(4): 539, 548
[11] 潘玉荣,闵凡印. 肉苁蓉醇提物对阳虚动物模型肾脏、肾上腺的影响. 实用中医药杂志. 2004, 20(7): 357
[12] 何伟,舒小奋,宗桂珍,师明朗,熊玉兰,陈妙华. 肉苁蓉炮制前后补肾壮阳作用的研究. 中国中药杂志. 1996, 21(9): 534-537
[13] 何伟,宗桂珍,武桂兰,陈妙华. 肉苁蓉中雄性激素样作用活性成分的初探. 中国中药杂志. 1996, 21(9): 564-565
[14] 王德俊,孙红亚,邓扬梅,盛树青. 肉苁蓉多糖对衰老小鼠大脑神经元影响的形态学研究. 实用医药杂志. 2001, 14(1): 1-3
[15] 吴波,傅玉梅. 肉苁蓉总苷对亚急性衰老小鼠抗脂质过氧化作用的研究. 中国药理学通报. 2005, 21(5): 639
[16] 塞冬. 淫羊藿、肉苁蓉、巴戟天对果蝇寿命影响的研究. 老年医学与保健. 2004, 10(3): 140-141
[17] 毛新民,王晓雯,李琳琳,王雪飞. 肉苁蓉总苷对大鼠心肌缺血的保护作用. 中草药. 1999, 30(2): 118-120
[18] LW Lin, MT Hsieh, FH Tsai, WH Wang, CR Wu. Anti-nociceptive and anti-inflammatory activity caused by *Cistanche deserticola* in rodents. *Journal of Ethnopharmacology*. 2002, 83(3): 177-182
[19] MC Lu. Studies on the sedative effect of *Cistanche deserticola*. *Journal of Ethnopharmacology*. 1998, 59(3): 161-165
[20] 蒲小平,李燕云. 肉苁蓉苯乙醇苷抗中脑神经元凋亡机制的研究. 中国药理通讯. 2002, 19(4): 50-51
[21] 尹刚,王志强,黄美蓉. 肉苁蓉对感染性休克大鼠急性肺损伤的影响. 中医药学报. 2004, 32(3): 62-64
[22] 沈连忠,仲晓燕,王淑仙. 肉苁蓉对大鼠排尿过程的影响. 中药新药与临床药理. 1999, 10(2): 82-83
[23] QB Xiong, K Hase, Y Tezuka, T Tani, T Namba, S kadota. Hepatoprotective activity of phenylethanoids from *Cistanche deserticola*. *Planta Medica*. 1998, 64(2): 120-125
[24] 蒋晓燕,王晓雯,王雪飞,刘凤霞,孟新珍,朱伟江. 肉苁蓉总苷对大鼠局灶性脑缺血损伤的影响. 中草药. 2004, 35(6): 660-662
[25] 孟新珍,王晓雯,蒋晓燕,刘凤霞,帕尔哈提·克里木. 肉苁蓉总苷对清醒小鼠脑缺血再灌注损伤的保护作用. 中国临床神经科学. 2003, 11(3): 239-242
[26] H Kobayashi, H Oguchi, N Takiwa, T Miyase, A Ueno, K Usmanghani, M Ahmad. New phenylethanoid glycosides from *Cistanche tubulosa* (Schrenk) Hook. f. I. *Chemical & Pharmaceutical Bulletin*. 1987, 35(8): 3309-3314
[27] F Yoshizawa, T Deyama, N Takizawa, K Usmanghani, M Ahmad. The constituents of *Cistanche tubulosa* (Schrenk) Hook. f. II. Isolation and structures of a new phenylethanoid glycoside and a new neolignan glycoside. *Chemical & Pharmaceutical Bulletin*. 1990, 38(7): 1927-1930
[28] 宋志宏,屠鹏飞,赵玉英,郑俊华. 管花肉苁蓉的苯乙醇苷类成分. 中草药. 2000, 31(11): 808-810
[29] 宋志宏,莫少红,陈燕,屠鹏飞,赵玉英,郑俊华. 管花肉苁蓉化学成分的研究. 中国中药杂志. 2000, 25(12): 728-730

佛手 Foshou CP

Citrus medica L. var. *sarcodactylis* (Noot.) Swingle
Fleshfingered Citron

概述

芸香科 (Rutaceae) 植物佛手 *Citrus medica* L. var. *sarcodactylis* (Noot.) Swingle，其干燥果实入药。中药名：佛手。

柑橘属 (*Citrus*) 植物全世界约有 20 种，原产亚洲东南部及南部，现热带及亚热带地区常有栽培。中国产约有 15 种，其中多数为栽培种。本属植物现供药用者约有 10 种、3 变种及多个栽培种。本种广泛栽培于中国浙江、江西、福建、广东、广西、四川、云南等省区。

佛手以"枸橼"药用之名，始载于《本草图经》。《中国药典》(2005 年版) 收载本种为中药佛手的法定原植物来源种。主产于中国广东、广西、福建、四川、浙江等省区；产四川者，称：川佛手；产广东、广西者，称：广佛手。

佛手含挥发油、黄酮、香豆精等成分。《中国药典》以显微鉴别、对照药材薄层色谱鉴别、水分和浸出物为指标，以控制药材质量。

药理研究表明，佛手具有祛痰平喘、增强免疫等作用。

中医理论认为佛手具有行气止痛，舒肝和胃，化痰等功效。

佛手 *Citrus medica* L. var. *sarcodactylis* (Noot.) Swingle

佛手 C. medica L. var. sarcodactylis (Noot.) Swingle

药材佛手 Fructus Citri Sarcodactylis

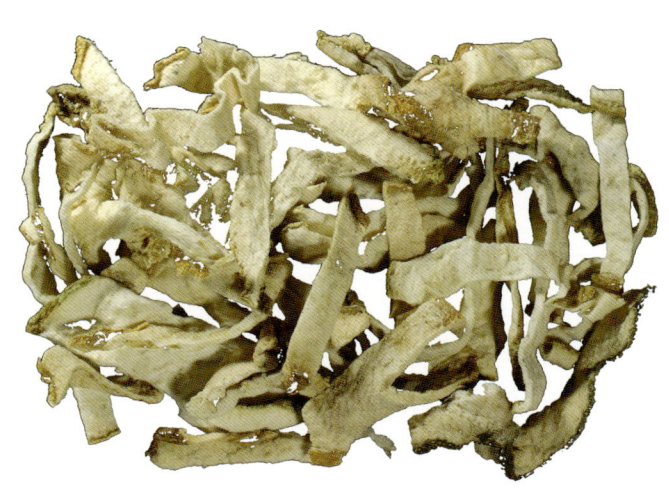

1cm

化学成分

佛手果实含挥发油：柠檬烯(limonene)、1-甲基-2-(1-甲乙基)-苯[1-methyl-2-(1-methylethyl-benzene)]、γ-松油烯(γ-terpinene)、α-蒎烯(α-pinene)、β-蒎烯(β-pinene)、香茅醛(citronellal)、香茅醇(citronellol)、芳樟醇(linalool)、p-百里香素(p-cymene)、香叶醛(geranial)、香茅酸(citronellic acid)、α-松油醇(α-terpineol)、橙花醇(neral)[1-4]；还含黄酮类成分：3,5,6-三羟基-4',7-二甲氧基黄酮(3,5,6-trihydroxy-4',7-dimethoxyflavone)、3,5,6-三羟基-3',4',7-三甲氧基黄酮(3,5,6-trihydroxy-3',4',7-trimethoxyflavone)[5]、香叶木苷(diosmin)、陈皮苷3,5,8-三羟基-4',7-二甲氧基黄酮；二萜类成分：柠檬苦素(limonin)、闹米林(nomilin)[6]；香豆素类成分：柠檬油素(citropten，又名limettin)、6,7-二甲氧基香豆素(6,7-dimethoxycoumarin)、顺式头-尾-3,3',4,4'-柠檬油素二聚体和顺式头-头-3,3',4,4'-柠檬油素二聚体。

3,5,6-trihydroxy-4',7-dimethoxyflavone: R=H
3,5,6-trihydroxy-3',4',7-trimethoxyflavone: R=OMe

芸香科

佛手 Foshou

药理作用

1. **祛痰、止咳、平喘**
   佛手醇提取液灌胃给药能显著减少氨水所致小鼠的咳嗽次数，增加呼吸道分泌量，明显延长由雾化组胺所引起的哮喘潜伏期和延长咳嗽潜伏期，且呈量效关系，还能提高小鼠的抗应激能力。

2. **增强免疫**
   佛手多糖可明显提高环磷酰胺所致免疫功能低下小鼠腹腔巨噬细胞吞噬百分率和吞噬指数，促进溶血素和溶血空斑的形成以及淋巴细胞转化，并明显提高外周血 T 淋巴细胞比率[8]。佛手多糖还可提高巨噬细胞外低下的 IL－6 水平[9]。

3. **抗肿瘤**
   佛手多糖小鼠灌胃，对移植性肿瘤 HAC22 有较好的抑制作用，且给药后小鼠体重明显增加[10]。

4. **营养皮肤和毛发**
   佛手提取物能显著提高小鼠皮肤中超氧化物歧化酶 (SOD) 的活性，增加皮肤中胶原蛋白的含量，减少脂质过氧化物丙二醛 (MDA) 的含量，促进毛发的生长[11]。

5. **其他**
   佛手还有缓解胃肠平滑肌痉挛、增加冠脉血流量和降血压等作用。

应用

本品为中医临床用药。功能：疏肝解郁，理气和中，燥湿化痰。主治：①肝郁胸胁胀痛，肝胃气痛；②脾胃气滞证；③久咳痰多，胸闷胁痛。

现代临床还用于食欲不振、痛经、月经不调等病的治疗。

评注

佛手是中国卫生部规定的药食同源品种之一。佛手花为佛手的花和花蕾，也作药用，早晨日出前疏花时采摘，功效疏肝理气，和胃快膈。主治肝胃气痛，食欲不振。

佛手常见的易混淆品为一种食用蔬菜，葫芦科植物佛手瓜 *Sechium edule* (Jacq.) Swartz 的干燥果实。

佛手果实营养丰富，维生素C和钙离子含量丰富，可作为保健食品原料开发利用。此外，佛手富含挥发油，且香气浓郁，世界有些国家已将佛手油作为一种天然香料广泛用于各类化妆品及食品中，佛手油用途广泛，需求量大，极具经济价值。

参考文献

[1] G Singh, IPS Kapoor, OP Singh, PA Leclercq, N Klinkby. Studies on essential oils. Part 26: Chemical constituents of peel and leaf essential oils of *Citrus medica* L. *Journal of Essential Oil-Bearing Plants*. 1999, **2**(3): 119-125

[2] 王俊华，符红．广佛手挥发油化学成分的GC-MS分析．中药材．1999, **22**(10)：516-517

[3] 金晓玲，徐丽珊，郑孝华．佛手挥发油的化学成分分析．分析测试学报．2000, **19**(4)：70-72

[4] 金晓玲，徐丽珊．佛手挥发性成分的GC-MS分析．中草药．2001, **32**(4)：304-305

[5] 何海音，凌罗庆．中药广佛手的化学研究．药学学报．1985, **20**(6)：433-435

[6] 何海音，凌罗庆，史国萍，张宁，毛泉明．中药广佛手的化学成分研究．中国中药杂志．1988, **13**(6)：352-354

[7] 金晓玲, 徐丽珊, 何新霞. 佛手醇提取液的药理作用研究. 中国中药杂志. 2002, 27(8): 604-606

[8] 黄玲, 张敏. 佛手多糖对小鼠免疫功能影响. 时珍国医国药. 1999, 10(5): 324-325

[9] 黄玲, 邝枣园, 张敏. 佛手多糖对免疫低下小鼠细胞因子的影响. 现代中西医结合杂志. 2000, 9(10): 871-872

[10] 黄玲, 邝枣园. 佛手多糖对小鼠移植性肝肿瘤HAC22的抑制作用. 江西中医学院学报. 2000, 12(1): 41, 47

[11] 邵邻相. 佛手和枸杞提取物对小鼠皮肤胶原蛋白、SOD含量及毛发生长的影响. 中国中药杂志. 2003, 28(8): 766-769

芸香科

橘 JU ^{CP, JP}

Citrus reticulata Blanco
Tangerine

概 述

芸香科 (Rutaceae) 植物橘 *Citrus reticulata* Blanco，其干燥成熟果皮入药，中药名：陈皮；其干燥幼果或未成熟果实的果皮入药，中药名：青皮。

柑橘属 (*Citrus*) 植物全世界约有 20 种，原产亚洲东南部及南部，现热带、亚热带地区均有栽培。中国约有 15 种，其中多数为栽培种，均可入药。橘主要分布于中国南部地区。

陈皮以"橘皮"药用之名，始载于《神农本草经》，列为上品；"青皮"药用之名始载于《珍珠囊》。中国从古至今作中药材陈皮、青皮入药者均为橘及其栽培变种。《中国药典》（2005 年版）收载橘及其栽培变种作为中药陈皮、青皮的法定原植物来源种。主产于中国江苏、安徽、浙江、广东、四川、湖北、湖南、福建、台湾等省。

柑橘属植物主要含有挥发油及黄酮类成分。该属植物中普遍存在具活性的橙皮苷是其特征性成分。《中国药典》采用高效液相色谱法测定，规定陈皮药材含橙皮苷不得少于 3.5%；青皮药材含橙皮苷不得少于 5.0%。

药理研究表明，陈皮具有促胃肠动力、抗胃溃疡等作用，青皮具有抑制胃肠平滑肌、抗胃溃疡、使心血管系统兴奋等作用。

中医理论认为陈皮具有理气健脾，燥湿化痰等功效；青皮具有疏肝破气，消积化滞等功效。

橘 *Citrus reticulata* Blanco

药材陈皮 Pericarpium Citri Reticulatae

1cm

化学成分

橘果皮含挥发油，主要成分为：D-柠檬烯 (D-limonene)、β-松油烯 (β-terpinene)、β-月桂烯 (β-myrcene)、间-伞花烃 (m-cymene)、β-松油醇 (β-terpineol)、β-蒎烯 (β-pinene)[1-2]等；黄酮及其苷类成分：橙皮苷 (hesperidin)、新橙皮苷 (neohesperidin)、红橘素 (tangeretin)、米橘素 (citromitin)、5-O-去甲米橘素 (5-O-demethylcitromitin)、甜橙素 (sinensetin)、川陈皮素 (nobiletin)[3-4]、柚皮苷 (naringin)、柚皮芸香苷 (narirutin)、natsudaidain[5-6]等；尚含有对羟福林 (synephrine)[7]、阿魏酸 (ferulic acid)、柠檬苦素 (limonin) 等成分[4, 8]。

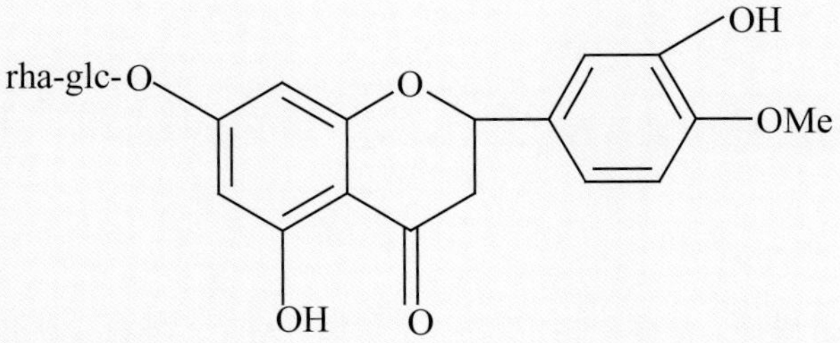

hesperidin

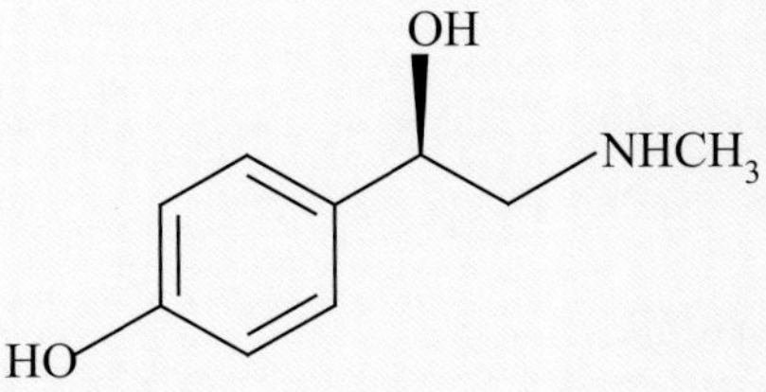

synephrine

药理作用

陈皮

1. **祛痰、平喘、止咳**
   陈皮挥发油及柠檬烯有刺激性祛痰作用，陈皮醇提物可完全拮抗组胺所致豚鼠离体气管的收缩。陈皮水煎剂灌胃能显著增加小鼠气管段酚红排泌量[9]。

2. **调节胃肠运动**
   陈皮水煎剂灌服能拮抗新斯的明引起的小鼠胃排空、小肠推进亢进，加强阿托品、肾上腺素对小鼠胃排空抑制作用，对胃肠为抑制性作用[10]；陈皮水煎剂灌服也能促进小鼠胃排空，促进小肠推进，拮抗阿托品导致的肠推进抑制[11]。

3. **对平滑肌的影响**
   陈皮水煎剂能减小大鼠离体结肠平滑肌条的收缩幅度和频率[12]，也可提高兔离体主动脉平滑肌条张力，且呈浓度依赖关系[13]。

4. **升血压**
   陈皮水溶性生物碱能明显升高大鼠血压，且在一定剂量范围内量效、时效呈线性相关[14]。

5. **清除自由基、抗氧化**
   陈皮75%醇提取物、陈皮乙醇提取物、挥发油有显著的自由基清除和抗氧化活性[15-18]。

6. **抗肿瘤**
   陈皮提取物（主要成分为川陈皮素）体外对人肺癌细胞、人直肠癌细胞和肾癌细胞均有显著生长抑制作用；灌胃能明显抑制小鼠移植性肿瘤-肉瘤180 (S_{180}) 和肝癌 (Heps) 的生长，同时具有促使癌细胞凋亡的作用[19-20]。

7. **其他**

橘汁可抑制大鼠动脉粥样硬化，降低胆固醇和三酰甘油含量[21]；橘根的乙醇提取物能显著对抗小鼠肝脏的曼氏血吸虫感染[22]。

青皮

1. **调节胃肠运动**

   青皮及其醋制品水煎剂能明显抑制离体大鼠十二指肠的自发活动，显著拮抗乙酰胆碱导致的肠道收缩痉挛，使小肠松弛[23]。

2. **对平滑肌的影响**

   青皮和陈皮均可明显减小大鼠离体小肠纵行肌条的收缩波平均振幅，青皮的作用强于陈皮[24]。青皮水煎剂剂量依赖性抑制大鼠离体子宫平滑肌的收缩活动[25]。

3. **升血压**

   青皮注射液（水提醇沉法制备）腹腔滴注能明显升高局灶性脑缺血再灌注大鼠的血压，缩小梗死灶体积，减轻脑水肿，有明显的脑保护作用[26]。

4. **保肝利胆**

   青皮水煎剂十二指肠给药可使正常大鼠的胆汁流量明显增加，促进 CCl_4 损伤大鼠的胆汁分泌，并有保护肝细胞功能的作用[27]。

5. **镇痛**

   青皮及其炮制品水煎剂灌服能显著减少醋酸引起的小鼠扭体反应，对热刺激引起的疼痛能明显提高痛阈值，以醋制品镇痛作用最为显著[28]。

应用

本品为中医临床用药。

陈皮

功能：理气健脾，燥湿化痰。主治：①脾胃气滞证；②湿痰，寒痰咳嗽。

现代临床还用于治疗急性乳腺炎等病的治疗。陈皮提取物（升压灵，主要有效成分为对羟福林）可用于治疗感染性休克和流行性出血热低血压。

青皮

功能：疏肝破气，消积化滞。主治：①肝气郁滞诸证；②食积腹痛；③气滞血瘀之癥瘕积腹、久疟癖块等。

现代临床还用于休克的治疗，如出血热低血压休克、感染性休克、心源性休克、过敏性休克和神经源性休克。

评注

橘的干燥外层果皮入药，中药名：橘红；其干燥成熟种子入药，中药名：橘核。橘红具有散寒、燥湿、利气、消痰等功效；橘核具有理气、散结、止痛等的功效。

橘在中国广泛栽培，橘叶也可药用，其果实则主要供食用，含有丰富的维生素和其他对人体有用的物质，因此橘是一种药用价值和经济价值都很高的植物。

参考文献

[1] 龚范, 梁逸曾, 宋又群, 彭源贵, 崔卉. 陈皮挥发油的气相色谱/质谱分析. 分析化学. 2000, **28**(7): 860-864

[2] VS Mahalwal, M Ali. Volatile constituents of the fruit peels of *Citrus reticulata* Blanco. *Journal of Essential Oil-Bearing Plants*. 2001, **4**(2-3): 45-49

[3] BP Chaliha, GP Sastry, PR Rao. Chemical investigation of *Citrus reticulata*. *Indian Journal of Chemistry*. 1967, **5**(6): 239-241

[4] M Iinuma, S Matsuura, K Kurogochi, T Tanaka. Studies on the constituents of useful plants. V. Multisubstituted flavones in the fruit peel of *Citrus reticulata* and their examination by gas-liquid chromatography. *Chemical & Pharmaceutical Bulletin*. 1980, **28**(3): 717-722

[5] S Tosa, S Ishihara, M Toyota, S Yosida, H Nakazawa, T Tomimatsu. Studies of flavonoids in Citrus. Analysis of flavanone glycosides in the peel of Citrus by high-performance liquid chromatography. *Shoyakugaku Zasshi*. 1988, **42**(1): 41-47

[6] 钱士辉, 陈廉. 陈皮中黄酮类成分的研究. 中药材. 1998, **21**(6): 301-302

[7] FQ Chen, L Hou. Determination of synephrine in citrus plants. *Yaowu Fenxi Zazhi*. 1984, **4**(3): 169-171

[8] M Saleem, N Afza, M Aijaz Anwar, MS Ali. Aromatic constituents from fruit peels of *Citrus reticulata*. *Natural Product Research*. 2005, **19**(6): 633-638

[9] 杨锡仓, 王晓莉, 王雨灵, 邓雳玲. 不同贮存年限的陈皮药效比较. 中华实用中西医杂志. 2003, **3**(16): 1032

[10] 官福兰, 王汝俊, 王建华. 陈皮及橙皮甙对小鼠胃排空、小肠推进功能的影响. 中药药理与临床. 2002, **18**(3): 7-9

[11] 李伟, 郑天珍, 瞿颂义, 田治峰, 邱小青, 丁光辉, 卫玉玲. 陈皮对小鼠胃排空及肠推进的影响. 中药药理与临床. 2002, **18**(2): 22-23

[12] 李红芳, 李丹明, 瞿颂义, 郑天珍, 李伟, 丁永辉, 卫玉玲. 枳实和陈皮对兔离体主动脉平滑肌条作用机理探讨. 中成药. 2001, **23**(9): 658-660

[13] 刘克敬, 谢冬萍, 李伟, 瞿颂义, 郑天珍, 杨颖丽. 陈皮、党参等中药对大鼠结肠肌条收缩活动的影响. 山东大学学报 (医学版). 2003, **41**(1): 34-35

[14] 沈明勤, 叶其正, 常复蓉. 陈皮水溶性总生物碱的升血压作用量-效关系及药动学研究. 中国药学杂志. 1997, **32**(2): 97-100

[15] 王姝梅, 何春美. 陈皮提取物清除氧自由基和抗脂质过氧化作用. 中国药科大学学报. 1998, **29**(6): 462-465

[16] 苏丹, 秦德安. 陈皮提取液抗氧化及延缓衰老作用的研究. 华东师范大学学报 (自然科学版). 1999, **1**: 110-112

[17] AH El-Ghorab, KF El-Massry, AF Mansour. Chemical composition, antifungal and radical scavenging activities of Egyptian mandarin petitgrain essential oil. *Bulletin of the National Research Centre*. 2003, **28**(5): 535-549

[18] AM Rincon, VA Marina, FC Padilla. Chemical composition and bioactive compounds of flour of orange (*Citrus sinensis*), tangerine (*Citrus reticulata*) and grapefruit (*Citrus paradisi*) peels cultivated in Venezuela. *Archivos Latinoamericanos de Nutricion*. 2005, **55**(3): 305-310

[19] 钱士辉, 王俏先, 亢寿海, 杨念云, 袁丽红. 陈皮提取物体外抗肿瘤作用的研究. 中药材. 2003, **26**(10): 744-745

[20] 钱士辉, 王俏先, 亢寿海, 杨念云, 袁丽红. 陈皮提取物体内抗肿瘤作用及其对癌细胞增值周期的影响. 中国中药杂志. 2003, **28**(12): 1167-1170

[21] JA Vinson, X Liang, J Proch, BA Hontz, J Dancel, N Sandone. Polyphenol antioxidants in citrus juices: *in vitro* and *in vivo* studies relevant to heart disease. *Advances in Experimental Medicine and Biology*. 2002, **505**: 113-122

[22] MA Hamed, MH Hetta. Efficacy of citrus reticulata and mirazid in treatment of schistosoma mansoni. *Memorias do Instituto Oswaldo Cruz*. 2005, **100**(7): 771-778

[23] 黄华, 曾春华, 毛淑杰, 梁日欣. 青皮及醋制青皮对离体肠管运动的影响. 江西中医学院学报. 2005, **17**(2): 52-53

[24] 杨颖丽, 郑天珍, 瞿颂义, 李伟, 谢冬萍, 丁永辉, 卫玉玲. 青皮和陈皮对大鼠小肠纵行肌条运动的影响. 兰州大学学报 (自然科学版). 2001, **37**(5): 94-97

[25] 刘恒, 马永明, 瞿颂义, 丁永辉, 卫玉玲. 青皮对大鼠离体子宫平滑肌运动的影响. 中草药. 2000, **31**(3): 203-205

[26] 刘传玉, 李承晏, 曾庆杏. 青皮注射液联合亚低温治疗局灶脑缺血再灌注损伤的实验研究. 武汉大学学报 (医学版). 2004, **25**(1): 65-68

[27] 隋艳华, 赵加泉, 崔世奎, 孙学惠. 香附、青皮、刺梨、茵陈、西南獐牙菜对大鼠胆汁分泌作用的比较. 河南中医. 1993, **13**(1): 19-20, 44

[28] 张先洪, 毛春芹. 炮制对青皮镇痛作用影响. 时珍国医国药. 2000, **11**(5): 413-144

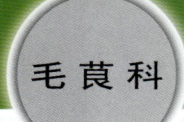

威灵仙 Weilingxian CP, JP

Clematis chinensis Osbeck
Chinese Clematis

毛茛科

概 述

毛茛科 (Ranunculaceae) 植物威灵仙 *Clematis chinensis* Osbeck，其干燥根及根茎入药。中药名：威灵仙。

铁线莲属 (*Clematis*) 植物全世界约有 300 种，分布于各大洲，主要分布在热带及亚热带，寒带地区也有。中国约有108 种、1 亚种、47 变种，本属现供药用者约 70 种。本种分布于中国华东地区，陕西、河南、湖北、湖南、广东、广西、四川、贵州、云南等省区；越南也有分布。

"威灵仙"药用之名，始载于《开宝本草》。中国从古至今作中药威灵仙入药者系该属多种植物。《中国药典》(2005年版) 收载本种为中药威灵仙的法定原植物来源种之一。主产于中国江苏、浙江、江西、湖南、湖北、四川等省。

铁线莲属主要含皂苷、香豆素、黄酮、花色苷、生物碱等化合物，以皂苷类化合物含量最高。《中国药典》以药材性状、显微鉴别、薄层色谱鉴别、浸出物为指标，以控制药材质量。

药理研究表明，威灵仙具有抗菌、促进胆汁分泌、抗疟、抗肿瘤等作用。

中医理论认为威灵仙仅具有祛风湿，通经，镇痛等功效。

威灵仙 *Clematis chinensis* Osbeck

药材威灵仙 Radix et Rhizoma Clematidis

1cm

棉团铁线莲 C. hexapetala Pall.

毛柱铁线莲 C. meyeniana Walp.

化学成分

威灵仙根含原白头翁素 (protoanemonin)、白头翁素 (anemonin)[1]；主要含齐墩果烷型三萜皂苷类化合物，其苷元常为齐墩果酸 (oleanolic acid) 和常春藤皂苷元 (hederagenin)[2-3]，如：威灵仙皂苷0 (CP_0，即hederagenin 23-O-α-L-arabinopyranoside)、威灵仙皂苷1、2、2b、3、3b、4、5、6、7、8、9、10 (CP_1-CP_2, CP_{2b}, CP_3, CP_{3b}, CP_4-CP_{10})[4-7]、胡中糖苷 (huzhongoside B)、铁线莲糖苷A、B、C (clematichinenosides A–C)[2, 8]；此外，还含威灵仙糖苷A (clemochinenoside A)[9]、clemaphenol A和二氢-4-羟基-5-羟甲基-2(3H)-呋喃酮[dihydro-4-hydroxy-5-hyroxymethy-2(3H)-furanone]、异阿魏酸 (isoferulic acid)、5-羟甲基呋喃甲醛 (5-hydroxymethyl-2-furancarboxaldehyde)、5-羟基乙酰丙酸 (5-hydroxy-4-oxo-pentanoic acid) 等[1]。

威灵仙地上部分含原白头翁素 (protoanemonin)、白头翁素 (anemonin)；又含香豆素类成分clematichinenol；还含丁香树脂醇 [(+)-syringaresinol]、丁香树脂醇-4'-O-β-D-葡萄糖 [(-)-syringaresinol-4'-O-β-D-glucoside]、金合欢素7-α-L-吡喃鼠李糖基-(1-6)-β-D-吡喃葡萄糖苷 [acacetin 7-α-L-rhamnopyranosyl-(1-6)-β-D-glucopyranoside] [10]。

hederagenin: R_1=H, R_2=CH_2OH
oleanolic acid: R_1=H, R_2=CH_3
CP_1: R_1=3-O-α-ara, R_2=CH_2OH

protoanemonin

威灵仙 Weilingxian

药理作用

1. 抗菌

体外实验表明威灵仙所含的原白头翁素具有抗菌、抗病毒活性[11],对多种革兰阴性杆菌和阳性球菌有抑制作用[12]。

2. 抗炎

威灵仙注射液肌肉注射能显著抑制二甲苯引起的小鼠耳廓肿胀,抑制纸片引起的大鼠肉芽组织生长[13]。威灵仙水提液腹腔注射对小鼠耳廓肿胀及大鼠足趾肿胀均有显著抑制作用,能降低毛细血管的通透性,显著抑制醋酸所致的小鼠腹腔炎症渗出[14]。威灵仙注射剂膝关节腔内注射可延缓木瓜蛋白酶所致的大鼠骨关节炎的发展。其机理可能为通过保护软骨细胞来延缓关节软骨的退变,而对正常关节无明显影响[15]。

3. 镇痛

威灵仙注射液肌肉注射能极显著地减少小鼠扭体反应的次数,延长潜伏期[13]。威灵仙水提液腹腔注射能明显延长热板法所致的小鼠舔后肢的时间,减少小鼠扭体反应的次数[14]。

4. 解痉

威灵仙注射液能松弛离体豚鼠回肠,并能对抗组胺和乙酰胆碱引起的回肠收缩反应[13]。

5. 抗肿瘤

威灵仙总皂苷对体外培养的艾氏腹水癌 (EAC)、肉瘤腹水型 S_{180} 和肝癌腹水细胞 Hep A 均有显著的抑制作用;威灵仙总皂苷灌胃能有效抑制 S_{180} 荷瘤小鼠的瘤块的生长[16]。威灵仙总皂苷对体外培养的前髓细胞性白血病细胞 HL-60 也有抑制作用[2]。

6. 促进胆汁分泌

威灵仙水煎剂灌胃能明显预防金黄地鼠胆结石的形成,其效果与服用熊去氧胆酸相似,威灵仙大剂量组还可降低血清胆固醇的水平[17]。

7. 抗疟

威灵仙提取液灌胃能抑制接种疟原虫的小鼠红细胞疟原虫感染率,其中60%乙醇威灵仙块根提取液效果最好,抑制率达 78.0%[18]。

8. 其他

威灵仙还有降血压、保肝和免疫抑制等作用[19-21]。

应用

本品为中医临床用药。功能:祛风湿,通经络,消骨哽。主治:①风湿痹痛;②诸骨哽咽。

现代临床还用于腰肌劳损、风湿性关节炎、慢性胆囊炎等病的治疗,外涂尚治咽喉炎、牙痛及足跟痛。

评注

同属植物棉团铁线莲 Clematis hexapetala Pall. 和东北铁线莲 C. mandshurica Rupr. 的根和根茎也为《中国药典》收载的威灵仙药材法定原植物来源种。棉团铁线莲和东北铁线莲与威灵仙具有类似的药理作用,其化学成分也大致相同,主要含原白头翁素、白头翁素和齐墩果酸型三萜皂苷类化合物。与威灵仙相比,棉团铁线莲不含威灵仙皂苷,另含铁线莲苷 B (clematoside B)[22-25];东北铁线莲不含威灵仙皂苷,另含铁线莲苷 A、B、C、A' (clematosides A-C, A')[26-29]等。棉团铁线莲与威灵仙相比另具有保护心肌缺血和抗利尿的药理作用[30]。毛柱铁线莲 C. meyeniana Walp. 为岭南地区广泛分布种,民间也作药用。

威灵仙分布于中国华东地区;棉团铁线莲分布于中国东北等北方地区,南方长江流域几乎没有分布;东北铁线莲在中国东北地区野生资源极为丰富。

参考文献

[1] 何明，张静华，胡昌奇．威灵仙化学成分研究．中国药学杂志．2001，10(4)：180-182

[2] Y Mimaki, A Yokosuka, M Hamanaka, C Sakuma, T Yamori, Y Sashida. Triterpene saponins from the roots of *Clematis chinensis*. *Journal of Natural Products*. 2004, **67**(9): 1511-1516

[3] BP Shao, GW Qin, RS Xu, HM Wu, K Ma. Triterpene saponins from *Clematis chinensis*. *Phytochemistry*. 1995, **38**(6): 1473-1479

[4] H Kizu, T Tomimori. Studies on the constituents of Clematis species. V. On the saponins of the root of *Clematis chinensis* Osbeck. *Chemical & Pharmaceutical Bulletin*. 1982, **30**(9): 3340-3346

[5] H Kizu, T Tomimori. Studies on the constituents of Clematis species. III. On the saponins of the root of *Clematis chinensis* Osbeck. *Chemical & Pharmaceutical Bulletin*. 1980, **28**(12): 3555-3560

[6] H Kizu, T Tomimori. Studies on the constituents of Clematis species. II. On the saponins of the root of *Clematis chinensis* Osbeck. *Chemical & Pharmaceutical Bulletin*. 1980, **28**(9): 2827-2830

[7] H Kizu, T Tomimori. Studies on the constituents of Clematis species. I. On the saponins of the root of *Clematis chinensis* Osbeck. *Chemical & Pharmaceutical Bulletin*. 1979, **27**(10): 2388-2393

[8] BP Shao, GW Qin, RS Xu. Saponins from *Clematis chinensis*. *Phytochemistry*. 1996, **42**(3): 821-825

[9] CQ Song, RS Xu. Clemochinenoside A, a macrocyclic compound from *Clematis chinensis*. *Chinese Chemical Letters*. 1992, **3**(2): 119-120

[10] BP Shao, P Wang, GW Qin, RS Xu. Phenolics from *Clematis chinensis*. *Natural Product Letters*. 1996, **8**(2): 127-132

[11] A Toshkov, V Ivanov, V Sobeva, T Gancheva, S Rangelova, V Toneva. Antibacterial, antiviral, antitoxic and cytopathogenic properties of protoanemonin and anemonin. *Antibiotiki*. 1961, **6**: 918-924

[12] N Didry, L Dubreuil M Pinkas. Antibacterial activity of protoanemonin vapor. *Pharmazie*. 1991, **46**(7): 546-547

[13] 章蕴毅，张宏伟，李佩芬，陈滨凌，冯晶．威灵仙的解痉抗炎镇痛作用．中成药．2001，**23**(11)：808-811

[14] 周效思，易德保．威灵仙镇痛抗炎药效研究．中华临床医药．2003，**4**(15)：12-13

[15] 华英汇，顾湘杰，陈世益，曹俊，鲍根喜，李云霞，朱文辉．威灵仙注射液对骨关节炎影响的实验研究．中国运动医学杂志．2003，**22**(4)：420-422

[16] 邱光清，张敏，杨燕军．威灵仙总皂甙的抗肿瘤作用．中药材．1999，**22**(7)：351-353

[17] 徐继红，耿宝琴，雍定国．威灵仙预防胆结石的实验研究．浙江医科大学学报．1996，**25**(4)：160-161

[18] 黄双路，蒋智清．威灵仙提取方法与抗疟作用研究．海峡药学．2001，**13**(4)：22-24

[19] CS Ho, YH Wong, KW Chiu. The hypotensive action of Desmodium styracifolium and *Clematis chinensis*. *American Journal of Chinese Medicine*. 1989, **17**(3-4): 189-202

[20] HF Chiu, CC Lin, CC Yang, F Yang. The pharmacological and pathological studies on several hepatic protective crude drugs from Taiwan (I). *American Journal of Chinese Medicine*. 1988, **16**(3-4): 127-137

[21] 宋跃．威灵仙、棉团铁线莲、黏鱼须影响免疫器官质量的比较研究．现代中西医结合杂志．2002，**11**(14)：1316

[22] 金洙哲，李相来，李钟一．长白山若干抗癌植物的药理评价及应用．延边大学农学学报．2004，**26**(1)：27-31

[23] 江滨，廖心荣，贾向云，叶晓雯，丁靖垲，喻学俭，吴玉．威灵仙和显脉旋复花挥发油成分的研究和比较．中国中药杂志．1990，**15**(8)：40-42

[24] 王晓丹，宗希明，李海达．黑龙江产14种中草药中8种元素含量测定．微量元素与健康研究．1998，**15**(2)：42-43

[25] LA Udal'tsova, SA Minina, ZI Chernysheva. Phytochemical study of the six-petal clematis-*Clematis hexapetala*. *Trudy Leningradskogo Khimiko-Farmatsevticheskogo Instituta*. 1968, **26**: 195-199

[26] 孙付军，李晓晶．东北铁线莲及其挥发油急性毒性试验研究．现代中药研究与实践．2005，**19**(1)：41-42

[27] KH Il, RK Il, CI Guk. The behavior of protoanemonin in distilled *Clematis mandshurica* liquid. *Choson Minjujuui Inmin Konghwaguk Kwahagwon Tongbo*. 2004, **5**: 48-50

[28] AY Khorlin, VY Chirva, NK Kochetkov. Triterpene saponins. XV. Clematoside C, a triterpene from the roots of *Clematis manshurica*. *Izvestiya Akademii Nauk SSSR, Seriya Khimicheskaya*. 1965, **5**: 811-818

[29] 典灵辉．中药材威灵仙的研究进展．西北药学杂志．2004，**19**(5)：231-232

[30] 宋志宏，赵玉英，段京莉，王璇．铁线莲属植物的化学成分及药理作用研究概况．天然产物研究与开发．1995，**7**(2)：66-72

绣球藤 Xiuqiuteng CP

Clematis montana Buch. -Ham.
Anemone Clematis

概 述

毛茛科 (Ranunculaceae) 植物绣球藤 *Clematis montana* Buch.-Ham.，其干燥藤茎入药。中药名：川木通。

铁线莲属 (*Clematis*) 植物全世界约有 300 种，分布于全球各大洲，主要分布在热带、亚热带及寒带地区。中国产约有 108 种、1 亚种、47 变种，本属现供药用约 70 种。本种在中国主要分布于西南、西北、东部和南方各省；从喜马拉雅山区西部到尼泊尔、斯里兰卡、印度北部均有分布。

"绣球藤"药用之名，始载于《植物名实图考》。《中国药典》(2005 年版) 收载本种为中药川木通的法定原植物来源种之一。主产于中国四川、西藏、云南、贵州、台湾等地。

铁线莲属主要含三萜皂苷类等化合物，以皂苷类化合物含量最高。《中国药典》以外观性状、对照品薄层色谱法为指标，来控制药材质量。

药理研究表明，绣球藤具有利尿作用。

中医理论认为川木通具有清热利尿，通经下乳等功效。

绣球藤 *Clematis montana* Buch. -Ham.

药材川木通 Caulis Clematidis Montanae

5cm

小木通 C. armandii Franch.

化学成分

绣球藤藤茎部分含有齐墩果烷型三萜皂苷类化合物：绣红藤苷C (clemontanoside C)[1]、常春藤皂苷元-(3-O-β-吡喃核糖)(1→3)-α-吡喃鼠李糖(1→2)-α-吡喃阿拉伯糖-28-O-α-L-吡喃鼠李糖-(1→4)-β-D-吡喃葡萄糖(1→6)-β-D-吡喃葡萄糖苷[hederagenin-(3-O-β-ribopyranosyl)(1→3)-α-rhamnopyranosyl(1→2)-α-arabinopyranosido-28-O-α-L-rhamnopyranosyl(1→4)-β-D-glucopyranosyl(1→6)-β-D-glucopyranoside]、常春藤皂苷元(3-O-β-吡喃核糖)(1→3)-α-吡喃鼠李糖-(1→2)-α-吡喃阿拉伯糖苷[hederagenin-(3-O-β-ribopyranosyl)(1→3)-α-rhamnopyranosyl-(1→2)-α-arabinopyranoside][2]；还含有齐墩果酸(oleanolic acid)、β-香树脂素(β-amyrin)、β-谷甾醇(β-sitosterol)、β-谷甾醇-β-D-葡萄糖苷(β-sitosterol-β-D-glucoside)[3]。

绣球藤叶含三萜皂苷类成分：绣红藤苷A、B (clemontanosides A-B)[4-5]。

绣球藤根含：绣红藤苷E、F (clemontanosides E-F)[6-7]。

绣球藤 Xiuqiuteng

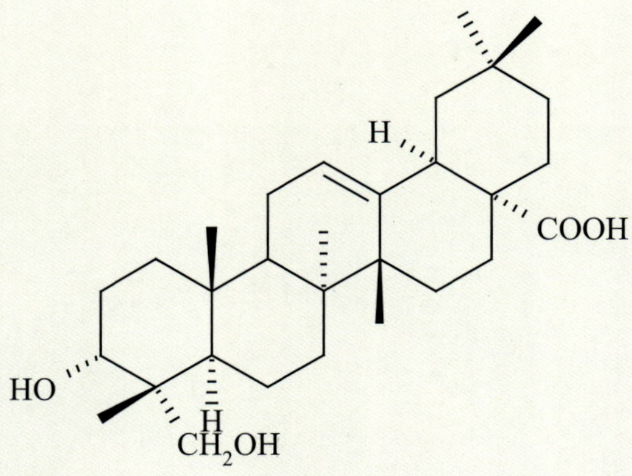

hederagenin

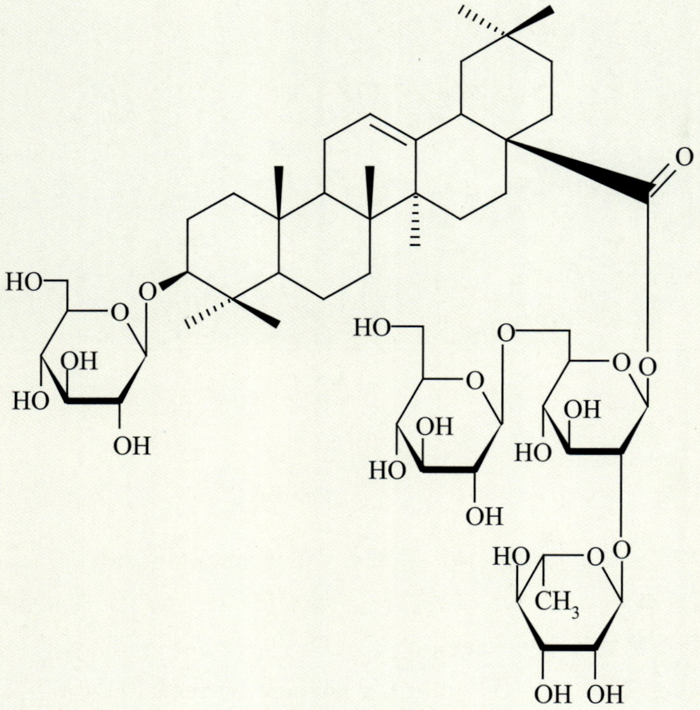

clemontanoside A

药理作用

1. 利尿

绣球藤水煎剂给大鼠灌胃，收集给药后 24 小时尿液，其平均排尿百分率为 167.32%±4.91%，呈明显的利尿作用。川木通水提醇沉剂给兔静脉注射，给药后 1 小时尿量为 24±1mL/h，呈显著利尿作用，同时增加钾、钠、氯离子的排出。

应用

本品为中医临床用药。功能：利尿通淋，通经下乳。主治：①热淋涩痛，心烦尿赤，水肿脚气；②经闭乳少，湿热痹痛。

现代临床还用于泌尿系结石、尿路感染、肾炎水肿、前列腺肥大、乳房胀痛等病的治疗。

评注

《中国药典》还收载同属植物小木通 *Clematis armandii* Franch. 作为中药川木通的法定来源。川木通主产于四川省，故而得名。

在中国北方地区出产一度广为使用的药材关木通，为马兜铃科植物东北马兜铃 *Aristolochia manshuriensis* Kom. 的干燥藤茎。关木通与川木通名称相似，但关木通含马兜铃酸，对肾脏有很大的毒副作用[8]，故《中国药典》自 2005 年版已将关木通删除。

参考文献

[1] RP Thapliyal, RP Bahuguna. Clemontanoside-C, a saponin from *Clematis montana*. *Phytochemistry*. 1993, **33**(3): 671-673

[2] RP Bahuguna, RP Thapliyal, N Murakami, T Tanase, T Kaiya, J Sakakibara. Saponins from *Clematis montana*. *International Journal of Crude Drug Research*. 1990, **28**(2): 125-127

[3] RP Thapliyal, RP Bahuguna. Constituents of *Clematis montana*. *Fitoterapia*. 1993, **64**(5): 472

[4] RP Bahuguna, JS Jangwan, T Kaiya, J Sakakibara. Clemontanoside A, a bisglycoside from *Clematis montana*. *Phytochemistry*. 1989, **28**(9): 2511-2513

[5] JS Jangwan, RP Bahuguna. Clemontanoside B, a new saponin from *Clematis montana*. *International Journal of Crude Drug Research*. 1990, **28**(1): 39-42

[6] RP Thapliyal, RP Bahuguna. Clemontanoside-E, a new saponin from *Clematis montana*. *International Journal of Pharmacognosy*. 1994, **32**(4): 373-377

[7] RP Thapliyal, RP Bahuguna. An oleanolic acid based bisglycoside from *Clematis montana* roots. *Phytochemistry*. 1993, **34**(3): 861-862

[8] A Tanaka, S Shinkai, K Kasuno, K Maeda, M Murata, K Seta, J Okuda, A Sugawara, T Yoshida, R Nishida, T Kuwahara. Chinese herbs nephropathy in the Kansai area: a warning report. *Nippon Jinzo Gakkai Shi*. 1997, **39**(4): 438-440

伞形科

蛇床 Shechuang ^{CP, JP, KHP}

Cnidium monnieri (L.) Cuss.
Common Cnidium

 概 述

伞形科 (Umbelliferae) 植物蛇床 *Cnidium monnieri* (L.) Cuss.，其干燥成熟果实入药。中药名：蛇床子。

蛇床属 (*Cnidium*) 植物全世界约有20种，主产欧洲和亚洲。中国有4种、1变种，分布遍及全中国。本属现供药用者仅1种。

"蛇床子"药用之名，始载于《神农本草经》，列为上品。历代本草多有著录。《中国药典》(2005年版)收载本种为中药蛇床子的法定原植物来源种。主产于中国河北、浙江、江苏、四川等地，此外内蒙古、陕西、山西等地也产。

蛇床子的主要活性成分为香豆素类，还含有挥发油。蛇床子素作为指标性成分，以控制药材的质量。《中国药典》采用高效液相色谱法测定，规定蛇床子中蛇床子素含量不得少于1.0%，以控制药材质量。

药理研究表明，蛇床的果实具有抗病毒、抗滴虫、延缓衰老、抗组织胺、抗真菌、抗变态反应、抗肿瘤等作用[1-3]。

中医理论认为蛇床子具有温肾壮阳，燥湿杀虫，驱风止痒等功效。

蛇床 *Cnidium monnieri* (L.) Cuss.

药材蛇床子 Fructus Cnidii

1cm

化学成分

蛇床的果实主要含香豆素类成分：蛇床子素 (osthol)、蛇床定 (cnidiadin)、欧芹素乙 (imperatorin)、auraptenol、哥伦比亚内酯 (columbianadin)、isogosferol、demethylauraptenol、佛手柑内酯 (bergapten)、元当归素 (archangelich)、花椒毒素 (xanthotoxin)、花椒毒酚 (xanthotoxol)、O－邻异戊酰咖伦亭 (O‐isovalerylcolumbianetin)、白芷素 (angelicin)、二氢山芹醇乙酸酯 (O‐acetylcolumbianetin)、异虎耳草素 (isopimpinellin)、哥伦比亚苷元 (columbianetin)、欧山芹素 (oroselone)、cnidimol B、cnidimarin、cnidinonal 等成分[1,4-5]。其中蛇床子素含量最高，约占总香豆素的60%。此外还含挥发油1.3%，油中含月桂烯 (myrcene)、异龙脑 (isoborneol)、醋酸龙脑酯 (bornyl acetate) 等成分[6]。

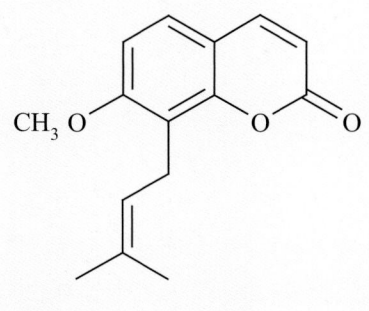

osthol

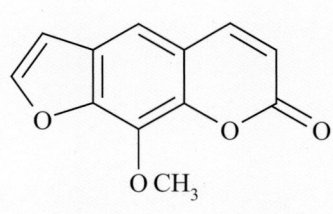

xanthotoxin

药理作用

1. **抗微生物**
   体外实验显示蛇床子水煎液对阴道滴虫有杀灭作用[7]。

2. **性激素样作用**
   皮下注射蛇床子乙醇提取液可延长小鼠动情期，缩短动情间期，并能使去势鼠出现动情期。此外，蛇床子浸膏可使小鼠前列腺、精囊、提肛肌、卵巢和子宫的重量增加[4]。

3. **对心血管的影响**
   蛇床子水提物腹腔注射对氯仿诱发的小鼠室颤有预防作用，静脉注射对氯化钙诱发的大鼠室颤及乌头碱诱发的大鼠心率失常有明显的预防和治疗效果[8]。给麻醉犬静脉注射蛇床子素可降低总外周血管阻力和血压，抑制心脏功能，并可延长心电图的 P－R 间期[9]。蛇床子素对离体豚鼠心房的实验表明，蛇床子素能抑制胞外钙内流[10]。

4. **对呼吸系统的影响**
   离体实验表明，蛇床子总香豆素能直接扩张豚鼠支气管平滑肌，并能拮抗由组胺引起的支气管平滑肌收缩[11]。蛇床子素能较强地抑制小鼠被动皮肤过敏反应，对组胺引起的豚鼠喘息有保护作用[2]。

5. **抗骨质疏松**
   高剂量的蛇床子总香豆素灌胃，能显著提高去卵巢大鼠血清雌二醇的含量，促进子宫发育，抑制骨吸收，降低血清中磷的含量，提高血清中骨钙素的含量，显著提高骨密度[12]。以新生大鼠颅盖骨成骨细胞为模型，发现蛇床子总香豆素的抗骨质疏松作用与其抑制成骨细胞产生 NO、白介素 1 (IL－1) 和 IL－6 而调节成骨细胞的功能有关[13]。

6. 改善学习记忆

蛇床子素皮下注射能改善雌性大鼠由乙酰胆碱拮抗剂东莨菪碱或卵巢切除后水迷宫空间操作能力障碍的现象，其改善学习记忆的作用机制与提升雌性激素及活化中枢乙酰胆碱神经系统有关[14]。

7. 抗人类免疫缺陷病毒 (HIV) 活性

蛇床子的甲醇提取物具有抗 HIV 活性，经活性筛选，已初步确定提取物中的活性成分有欧芹素乙[3]。

8. 其他

蛇床子素和欧芹素乙等具有较强的抗诱变活性，对癌细胞 HeLa–S3 生长有抑制作用[2]。

应用

本品为中医临床用药。功能：杀虫止痒，温肾壮阳，散寒祛风燥湿。主治：①阴部湿痒，湿疹，疥癣等；②阳痿，不孕等证；③寒湿带下、湿痹腰痛等证。

现代临床还用于阴道滴虫、皮肤溃疡等病的治疗。

评注

蛇床子是临床常用中药。目前临床上多取其燥湿、祛风、杀虫作用，外用治疗外科、妇科及皮肤科诸疾。早期的文献记载及现在诸多药理研究都表明蛇床子具有补虚作用。蛇床子的资源丰富，价格低廉，是一种很有开发潜力的补肾壮阳及智能增进药。

鉴于蛇床子的药物作用及抗肿瘤和抗诱变性能的发现，今后在配合癌症化疗药物的治疗方面，中药的组方及作为防癌用途的添加剂等方面，可能展现新的前景。

参考文献

[1] 张新勇，向仁德．蛇床子化学成分的研究．中草药．1997，**28**(10)：588-590

[2] 沈丽霞，张丹参，张力．蛇床子化学成分药理作用与应用的研究．医学综述．2003，**9**(9)：565-567

[3] 田部井由纪子．和汉药抗HIV作用的研究(2)：生药提取物与欧芹属素乙的抗HIV作用．国外医学：中医中药分册．1997，**19**(6)：45

[4] 姜涛，李慧梁．中药蛇床子的研究进展．中草药．2001，**32**(2)：181-183

[5] JN Cai, P Basnet, ZT Wang, K Komatsu, LS Xu, T Tani. Coumarins from the fruits of *Cnidium monnieri*. *Journal of Natural Products*. 2000, **63**(4): 485-488

[6] 秦路平，吴焕，王腾蛟，苏中武，李承祜．蛇床子和兴安蛇床果实挥发油的成分分析．中草药．1992，**23**(6)：330

[7] 孙启祥，聂红霞，胡红梅．常用中草药对阴道滴虫作用的测定．中华腹部疾病杂志．2004，**4**(9)：688

[8] 连其深，张志祖，曾靖，上官珠．蛇床子水提取物的抗心律失常作用．中国中药杂志．1992，**17**(5)：306-307

[9] 李乐，庄斐尔，赵更生，赵东科．蛇床子素对麻醉开胸犬心电图和血流动力学的影响．中国药理学与毒理学杂志．1994，**8**(2)：119-121

[10] 李乐，庄斐尔，杨琳，张彩玲，赵更生，赵东科．蛇床子素对离体豚鼠心房的作用．中国药理学报．1995，**16**(3)：251-254

[11] 陈志春，段晓波．蛇床子总香豆素止喘作用机理探讨．中国中药杂志．1990，**15**(5)：48-50

[12] 张巧艳，秦路平，黄宝康，郑汉臣，王寅，王昊，陈磊．蛇床子总香豆素对去卵巢大鼠骨质疏松的作用．中国药学杂志．2003，**38**(2)：101-103

[13] 张巧艳，秦路平，田野苹，郑汉臣，黄宝康，刘祖德，黄矛．蛇床子总香豆素对成骨细胞产生NO IL-1及IL-6的影响．中国药学杂志．2003，**38**(5)：345-348

[14] MT Hsieh, CL Hsieh, WH Wang, CS Chen, CJ Lin, CR Wu. Osthole improves aspects of spatial performance in ovariectomized rats. *The American Journal of Chinese Medicines*. 2004, **32**(1): 11-20

党参 Dangshen ^{CP, KHP}

Codonopsis pilosula (Franch.) Nannf.
Bellflower

桔梗科

概述

桔梗科 (Campanulaceae) 植物党参 *Codonopsis pilosula* (Franch.) Nannf.，其干燥根入药。中药名：党参。

党参属 (*Codonopsis*) 植物全世界约 40 种，分布于亚洲东部和中部。中国产约 39 种，主产西南部地区。本属绝大多数种的根可供药用。本种分布于中国西藏、四川、云南、甘肃、陕西、宁夏、青海、河南、山西、河北、内蒙古、黑龙江、辽宁、吉林等省区；朝鲜半岛、蒙古和俄罗斯远东地区也有分布。除野生外，还有大量栽培。

"党参"药用之名，始载于《本草从新》。最初是指山西上党所产的五加科人参 *Panax gensing* C. A. Mey，由于过度采收和环境破坏，上党的人参逐渐减少以至消亡，其他形态类似人参的植物逐渐被充作"上党人参"。清代医家认识到这种药材的功效与人参不同，遂以党参名之。目前作为中药党参入药者系党参属多种植物。《中国药典》(2005 年版) 收载本种为中药党参的法定原植物来源种之一。党参根据产地被分东党、潞党和西党。东党为野生品，主产于黑龙江、吉林、辽宁等省。潞党为栽培品，主产于山西、河南、内蒙古、河北等省区。西党主产甘肃、四川等省。

党参属植物主要活性成分为糖类和苷类成分。《中国药典》用醇溶性浸出物为指标，规定 45% 乙醇的浸出物不得少于 55%，以控制药材质量。

药理研究表明，党参具有促进造血机能、调节胃肠收缩、抗溃疡、增强机体免疫等作用。

中医理论认为党参具有补中益气，健脾益肺等功效。

党参 *Codonopsis pilosula* (Franch.) Nannf.

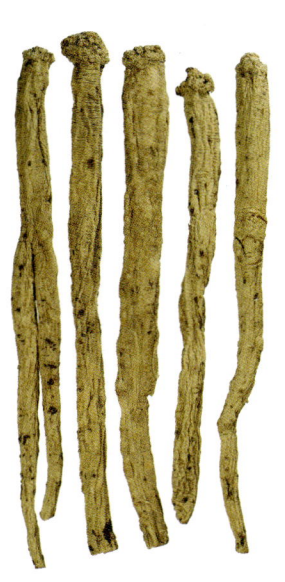

药材党参 Radix Codonopsis

5cm

党参 Dangshen

化学成分

党参的根含大量糖类成分，主要有果糖、菊糖以及 4 种杂多糖 CP I、II、III、IV；含挥发油，油中主要成分为脂肪烃类，少数为单萜或倍半萜[1]，如：党参内酯 (codonolactone)[2]、白术内酯 II、III (atractylenolides II－III)[3]、8β－hydroxyasterolide[4]。另含苷类成分党参苷 I (tangshenoside I)[5]、丁香苷 (syringin)、正己基-β-D-吡喃葡萄糖苷 (n-hexyl-β-D-glucopyranoside)[3]；甾醇类成分：δ-菠甾醇 (δ-spinasterol)、Δ^7-豆甾烯醇 (Δ^7-stigmastenol) 及其葡萄糖苷；三萜类成分：蒲公英萜醇 (taraxerol)、乙酰蒲公英萜醇 (taraxeryl acetate)[6]；香豆素类成分：白芷内酯 (angelicin)、补骨脂内酯 (psoralen)[7]；聚多炔类成分：tetradeca-4E,12E-diene-8,10-diyne-1,6,7-triol-6-O-β-D-glucoside 和 tertradeca-4E,12E-diene-8,10-diyne-1,6,7,-triol[8]、党参炔苷 (lobetyolin)[9]；有机酸类成分：党参酸 (codopiloic acid)[2]、香草酸 (vanillic acid)、2-呋喃羧酸 (2-furancarboxylic acid)[3]。

此外，尚含有丁香醛 (syringaldehyde)、5-羟基-2-吡啶甲醇 (pyridinemethanol)[3]、黑麦草碱 (perlolyrine)[4]、5-羟甲基糠醛 (5-hydroxymethyl-2-furaldehyde)、bis-(2-ethylhexyl)-phthalate[10]、党参碱 (codonopsine)[7]等。

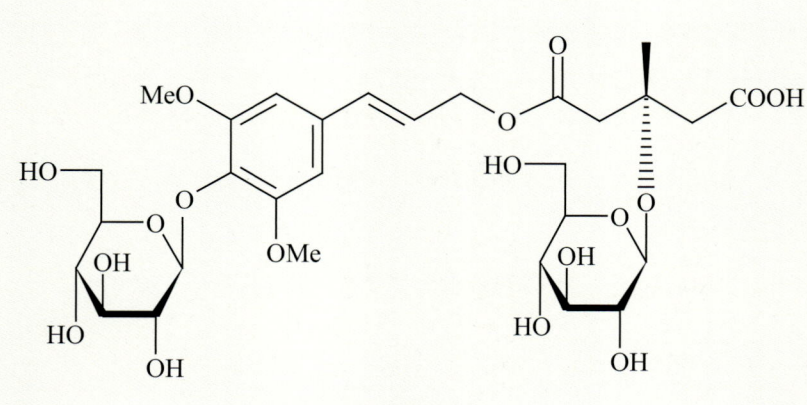

tangshenoside I

药理作用

1. **对消化系统的影响**

    (1) **增加肌张力** 党参水煎液可增加大鼠离体胃底纵行肌张力，增大胃体、胃窦环行肌收缩波平均振幅及幽门环行肌运动指数，对离体肌条呈兴奋作用[11]。

    (2) **调节胃肠运动** 党参水煎醇沉液灌胃，具有调整大鼠胃电节律紊乱和抑制胃运动亢进作用。党参正丁醇提取物还能延缓应激引起的大鼠胃排空加速[12]。党参水煎液可明显加快在体小鼠小肠的推进运动，并可对抗阿托品和去甲肾上腺素对肠推进的抑制作用，表明党参有促进肠动力的作用[13]。

    (3) **抗胃溃疡** 党参提取物对小鼠、大鼠、兔等多种动物模型的应激性、醋酸型、氢氧化钠型、幽门结扎及吲哚美辛型胃溃疡均有明显的治疗作用[14]。

    (4) **保护受伤肠道** 党参水煎液灌胃能显著提高严重烫伤豚鼠血中胃泌素 (GAS) 和胃动素 (MTL) 浓度，减少肿瘤坏死因子 (TNF) 的分泌，调整烧、烫伤后紊乱的胃肠功能，防治肠源性感染[15]。

2. **增强机体免疫**

    体外实验表明，党参水提液能明显增强鼠 J774 巨噬细胞的吞噬活性[16]；党参多糖灌胃能提高 2,4-二硝基氟苯 (DNFB) 诱发环磷酰胺 (Cy) 所致免疫抑制小鼠的迟发型超敏反应 (DTH)，还能提高免疫抑制小鼠血清溶血素抗体生成水平，对体液免疫有较强的促进作用[17]。

3. 对血液和造血系统的影响
   (1) 加强造血功能　党参多糖灌胃能显著升高溶血性血虚模型小鼠外周血血红蛋白 (Hb) 含量，促进 ^{60}Co-γ 射线照射后小鼠脾结节生成，从而促进脾脏代偿性造血功能[17]。
   (2) 降血脂　党参总皂苷灌胃能显著降低高脂血症大鼠血清总胆固醇 (TC)、三酰甘油 (TG)、低密度脂蛋白胆固醇 (LDL-C) 含量，升高一氧化氮 (NO) 和高密度脂蛋白胆固醇 (HDL-C) 含量，并使 HDL-C/TC 比值升高[18]。

4. 对心脑血管系统的作用
   (1) 抗心脑缺血　党参水提物腹腔注射能减轻垂体后叶素 (Pit) 所致实验性心肌缺血大鼠心电图 T 波抬高，并减慢心率，对心肌缺血有明显的保护作用[19]。党参浸膏灌胃可显著提高大鼠缺血再灌注后脑组织中 ATP 的含量，增加 Na^+, K^+-ATP 酶的活性，减轻脑组织的损伤程度，达到脑保护作用[20]。
   (2) 降血压　党参水煎液可抑制去甲肾上腺素 (NE) 引起的内皮完整的离体主动脉肌条预收缩作用，其舒张离体血管肌条的作用可能是通过内皮细胞释放 NO 而产生的[21]。

5. 中枢神经系统的作用
   (1) 镇静催眠　党参水提物腹腔注射，能显著延长戊巴比妥和乙醚引起的睡眠时间[22]。
   (2) 改善记忆　党参水提物腹腔注射能明显改善东莨菪碱所致的小鼠学习记忆障碍[22]，党参水煎剂灌胃可对抗苯异丙基腺苷 (PIA) 妨碍小鼠学习记忆行为的作用[23]。

6. 保肝
   党参乙醇提取物灌胃对四氯化碳所致的小鼠肝损伤有良好的保护作用[24]。

应用

本品为中医临床用药。功能：补中益气，健脾益肺，养血。主治：①中气不足的体虚倦怠，食少便溏等；②气津两伤的气短口渴，及气血双亏的面色萎黄，头晕心悸等。

现代临床还用于贫血、白血病和血小板减少、原发性再生障碍性贫血、地中海贫血、神经官能症等病的治疗。

评注

《中国药典》还收载同属植物素花党参 *Codonopsis pilosula* Nannf. var. *modesta* (Nannf.) L. T. Shen 及川党参 *C. tangshen* Oliv. 作为中药党参的法定原植物来源种。由于药用党参的来源多，分布区域广，药材商品规格多，质量各异。使用时应特别注意产地和质量问题。商品中以山西潞党、甘肃纹党、四川晶党、陕西凤党最著名，为道地药材。山西省陵川县目前已建立了党参的规范化种植基地。

参考文献

[1] 谭龙泉，李瑜，贾忠建. 党参挥发油成分的研究. 兰州大学学报(自然科学版). 1991, 27(1): 45-49

[2] 王惠康，何侃，毛泉明. 党参的化学成分研究Ⅱ. 党参内酯及党参酸的分离和结构测定. 中草药. 1991, 22(5): 195-197

[3] ZT Wang, GJ Xu, M Hattori, T Namba. Constituents of the roots of *Codonopsis pilosula*. Shoyakugaku Zasshi. 1988, 42(4): 339-342

[4] T Liu, WZ Liang, GS Tu. Separation and determination of 8β-hydroxyasterolid and perlolyrine in *Codonopsis pilosula* by reversed-phase high-performance liquid chromatography. Journal of Chromatography. 1989, 477(2): 458-462

[5] 韩桂茹，贺秀芬，杨建红，汤田真道，笠井良次，大谷和弘，田中冶. 党参化学成分的研究. 中国中药杂志. 1990, 15(2): 41-42

[6] MP Wong, TC Chiang, HM Chang. Chemical studies on Dangshen, the root of *Codonopsis pilosula*. Planta Medica. 1983, 49(1): 60

[7] 朱恩圆，贺庆，王峥涛，徐珞珊，徐国钧. 党参化学成分研究. 中国药科大学学报. 2001, 32(2): 94-95

[8] H Noerr, H Wagner. New constituents from *Codonopsis pilosula*. Planta Medica. 1994, 60(5): 494-495

[9] 贺庆，朱恩圆，王峥涛，徐珞珊，胡之璧．党参中党参炔苷HPLC分析．中国药学杂志．2005，40(1)：56-58

[10] TT Trinh, VS Tran, L Wessjohann. Chemical constituents of the roots of *Codonopsis pilosula*. *Tap Chi Hoa Hoc*. 2003, **41**(4): 119-123

[11] 李伟，郑天珍，张英福，瞿颂义，丁永辉，卫玉玲．党参、枳实对大鼠胃肌条收缩运动的影响．中国中医基础医学杂志．2001，7(10)：31-33

[12] 侯家玉，姜泽伟，何正正，姜名瑛．党参对应激型胃溃疡大鼠胃电、胃运动和胃排空的影响．中西医结合杂志．1989，9(1)：31-32

[13] 郑天珍，李伟，张英福，瞿颂义，丁永辉，卫玉玲．党参对动物小肠推进运动的实验研究．甘肃中医学院学报．2001，18(1)：19-20

[14] ZT Wang, Q Du, GJ Xu, RJ Wang, DZ Fu, TB Ng. Investigations on the protective action of *Codonopsis pilosula* (Dangshen) extract on experimentally-induced gastric ulcer in rats. *General Pharmacology*. 1997, **28**(3): 469-473

[15] 王少根，徐慧芹，陈侠英．党参对严重烫伤豚鼠肠道的保护作用．中国中西医结合急救杂志．2005，12(3)：144-145

[16] 贾泰元，BHS Lau．党参对鼠J744巨噬细胞吞噬活性的增强效应．时珍国医国药．2000，11(9)：769-770

[17] 张晓君，祝晨蒨，胡黎，赖小平，莫建霞．党参多糖对小鼠免疫和造血功能的影响．中药新药与临床药理．2003，14(3)：174-176

[18] 聂松柳，徐先祥，夏伦祝．党参总皂苷对实验性高脂血大鼠血脂和NO含量的影响．安徽中医学院学报．2002，21(4)：40-42

[19] 张晓丹，佟欣，刘琳，朱英淑．党参、黄芪对实验性心肌缺血大鼠心电图影响的比较．中草药．2003，34(11)：1018-1020

[20] 陈健，胡长林．党参对大鼠脑缺血再灌注损伤的保护作用．中国老年学杂志．2003，23(5)：298-300

[21] 李丹明，李红芳，李伟，郑天珍，张英福，瞿颂义，丁永辉，卫玉玲．党参和丹参对兔离体主动脉平滑肌运动的影响．甘肃中医学院学报．2000，17(2)：15-17

[22] 张晓丹，刘琳，佟欣．党参、黄芪对中枢神经系统作用的比较研究．中草药．2003，34(9)：822-823

[23] 姚娴，王丽娟，刘干中．党参对苯异丙基腺苷所致小鼠学习记忆障碍的影响．中药药理与临床．2001，17(1)：16-17

[24] 崔兴日，南极星，吕慧子，姜英子．党参提取物对急性肝损伤小鼠肝脏的保护作用．延边大学医学学报．2004，27(4)：262-264

薏苡 Yiyi CP, JP

Coix lacryma-jobi L. var. *mayuen* (Roman.) Stapf
Jobstears

禾本科

概述

禾本科 (Graminae) 植物薏苡 *Coix lacryma-jobi* L. var. *mayuen* (Roman.) Stapf，其干燥成熟种仁入药。中药名：薏苡仁。

薏苡属 (*Coix*) 植物全世界约有10种，主要分布于亚洲热带。中国约有 6 种，现供药用者仅有 1 种。本种广布于中国南北方各地，世界热带、亚热带有栽培或野生。

"薏苡"药用之名，始载于《神农本草经》，列为上品。历代本草多有著录。中国产的薏苡有多个变种，《中国药典》(2005年版)收载本种为中药薏苡仁的法定原植物来源种。主产于中国福建、江苏、河北、辽宁等省，四川、江西、湖南、湖北、广东、广西、贵州、云南、陕西、浙江等省区也有栽培。

薏苡仁主要活性成分为甘油酯类成分和多糖。《中国药典》采用高效液相色谱法测定，规定薏苡仁中三酰甘油含量不得少于0.50%，以控制药材质量。

药理研究表明，薏苡具有抗肿瘤、提高机体免疫力、镇痛、解热抗炎、降血糖等作用。

中医理论认为薏苡仁具有健脾利湿，清热排脓等功效。

薏苡 *Coix lacryma-jobi* L. var *mayuen* (Roman.) Stapf

药材薏苡仁 Semen Coicis

1cm

薏苡 Yiyi

薏苡 C. *lacryma-jobi* L. var *mayuen* (Roman.) Stapf

化学成分

薏苡的果实及种仁含多糖类成分coixans A、B、C[1]；苯丙素类成分：4-ketopinoresinol、threo-1-C-syringylglycerol、erythro-1-C-syringylglycerol[2]、1-C-(4-hydroxyphenyl)-glycerol、1,2-bis-(4-hydroxy-3-methoxyphenyl)-1,3-propanediol、dehydrodiconiferyl alcohol、4-hydroxycinnamic acid；苯并噁唑酮类成分：2-(2-hydroxy-4,7-dimethoxy-1,4-2H-benzoxazin-3-one)-β-D-glucopyranoside[3]、薏苡素(coixol)；此外，还含有2,6-dimethoxy-p-hydroquinone-1-O-β-D-glucopyranoside[2]、4-hydroxybenzaldehyde[4]、chlorzoxazone[5]、mayuenolide[6]及腺苷(adenosine)[2]等，薏苡种仁含2%～8%脂类成分，其中三酰甘油占61%～64%，薏苡油含丰富不饱和脂肪酸[7]。

薏苡的根含有与种子相似的苯并恶唑酮类成分薏苡素[8]、6-methoxybenzoxazolinone、2-hydroxy-7-methoxy-1,4(2H)-benzoxazin-3-one、2-O-glucosyl-7-methoxy-1,4(2H)-benzoxazin-3-one[9]、2-O-β-D-glucopyranosyl-7-methoxy1,4(2H)-benzoxazin-3-one[10]和benzoxazinoids I、II[11]等成分。

4-ketopinoresinol

coixol

药理作用

1. **免疫增强功能**

   薏苡仁多糖可显著提高环磷酰胺致免疫低下小鼠腹腔巨噬细胞吞噬百分率和吞噬指数，促进溶血素及溶血空斑形成和淋巴细胞转化[12]；薏苡仁酯可显著降低 S_{180}、EAC、L615 荷瘤小鼠红细胞膜 Na^+, K^+ - ATP 酶活性，其作用呈量效相关[13]，并可提高荷瘤小鼠的红细胞 C_{3b} 受体花环率 (RBC - C_{3b}RR) 和红细胞 C_{3b} 受体花环促进率 (RFER)，降低红细胞免疫复合物花环率 (RBC - ICRR)、红细胞C_{3b}受体花环抑制率 (RFIR)[14]。

2. **降血糖**

   薏苡仁多糖腹腔注射，可降低正常小鼠、四氧嘧啶糖尿病小鼠和肾上腺素高血糖小鼠的血糖水平[15]，薏苡仁多糖能改善链脲霉素致 2 型糖尿病大鼠糖耐量异常，增加肝糖原量和肝葡萄糖激酶活性[16]，降低大鼠血清脂质过氧化物 (LPO) 水平，显著提高红细胞和胰腺的 SOD 活性[17]。

3. **抗肿瘤**

   薏苡仁油对小鼠 S_{180} 肉瘤和 HAC 肝癌移植瘤有明显的抑制效果[18]，薏苡仁注射液可抑制无血清培养大鼠主动脉的血管生成[19]，对小鼠 S_{180} 移植瘤的血管生成也有显著抑制作用[20]；薏苡仁提取物可诱导小鼠 SGC - 7901 胃癌移植瘤的细胞凋亡[21]，体外可诱导肝癌 p53 基因表达增加，细胞凋亡[22]，薏苡仁酯体外能引起喉癌 Hep - 2 细胞的 DNA 损伤，明显抑制其增殖[23]，能阻滞大宫颈癌 HeLa 细胞分裂于 G_2 期，增加 Fas 基因表达，诱导 HeLa 细胞凋亡[24]。薏苡仁酯能量效依赖性地抑制人鼻咽癌CNE - 2Z裸鼠移植瘤生长，选择性杀伤肿瘤细胞[25]，小剂量、短时间使用薏苡仁酯可使 CNE - 2Z 细胞周期阻滞于 S 期，大剂量长时间则阻滞于G_2/M期[26]，并可以选择性地加强^{60}Co 射线对 CNE - 2Z 的杀伤作用[27]。薏苡仁提取液体外可诱导人胰腺癌 PaTu - 8988 的凋亡，并具有剂量和时间依赖性[28]。

4. **抗炎**

   薏苡仁的甲醇提取物能剂量依赖性地抑制 γ - 干扰素-脂多糖诱导 RAW264.7 细胞产生 NO，显著抑制 NO 合成酶 mRNA 的表达和大戟醇酯诱导产生超氧阴离子[29]。

5. **其他**

   薏苡素还有镇静、解热、镇痛作用；薏苡仁油有抑制骨骼肌收缩作用。

应用

本品为中医临床用药。功能：利水渗湿，健脾，除痹，清热排脓。主治：①小便不利，水肿，脚气，脾虚泻泄等；②湿痹拘挛；③肺痈，肠痈。

现代临床还用于多种癌症、糖尿病、扁平疣、传染性软疣、关节炎及坐骨结节滑囊炎等病的治疗。

评注

薏苡仁是中国卫生部规定的药食同源品种之一，但孕妇禁用。中国有薏苡属多种植物分布，除薏苡 *Coix lacryma-jobi* L. var *ma-yuen* (Roman.) Stapf 外，还有窄果薏苡 *C. stenocarpa* Balansa、薏米 *C. chinensis* Tod.、薏苡 *C. lacryma-jobi* L.、念珠薏苡 *C. lacryma-jobi* L. var. *maxima* Makino、台湾薏苡 *C. chinensis* Tod. var. *formosana* (Ohwi) L. Liu 等类群，但大都未得到开发利用。上述几种（变种）植物中窄果薏苡的种子油含量最高，薏米的总多糖含量最高[7]。薏苡属的种子油和多糖各有不同的食用和药用价值，应在进一步研究的基础上对薏苡属植物资源进行开发利用。

中药薏苡的传统药用部位为种仁，薏苡的根中也含有苯并恶唑酮类等活性成分，也是值得开发利用的资源。

薏苡资源丰富，在中国被广泛种植，浙江泰顺县已建立了薏苡的规范化种植基地。

薏苡 Yiyi

参考文献

[1] M Takahashi, C Konno, H Hikino. Isolation and hypoglycemic activity of coixans A, B and C, glycans of *Coix lachryma-jobi* var. *ma-yuen* seeds. *Planta Medica*. 1986, 1: 64-65

[2] H Otsuka, M Takeuchi, S Inoshiri, T Sato, KYamasaki. Phenolic compounds from *Coix lachryma-jobi* var. *ma-yuen*. *Phytochemistry*. 1989, 28(3): 883-886

[3] J Katakawa, T Tetsumi, S Kamei, T Iida, M Katai. Phenolic compounds of fruit of *Coix lachryma-jobi* L. *Natural Medicines*. 2000, 54(5): 257-260

[4] J Hofman, O Hofmanova, V Hanus. 1,4-Benzoxazine derivatives in plants. New Type of glucoside from Zea mays. *Tetrahedron Letters*. 1970, 37: 3213-3214

[5] Y Gomita, Y Ichimaru, M Moriyama, K Fukamachi, A Uchikado, Y Araki, T Fukuda, T Koyama. Behavioral and EEG effects of coixol (6-methoxybenzoxazolone), one of the components in *Coix Lachryma-Jobi* L. var. *ma-yuen* Stapf. *Nippon Yakurigaku Zasshi*. 1981, 77(3): 245-259

[6] CC Kuo, WC Chiang, GP Liu, YL Chien, JY Chang, CK Lee, JM Lo, SL Huang, MC Shih, YH Kuo. 2,2′-Diphenyl-1-picrylhydrazyl radical-scavenging active components from Adlay (*Coix lachryma-jobi* L. var. *ma-yuen* Stapf) Hulls. *Journal of Agricultural and Food Chemistry*. 2002, 50(21): 5850-5855

[7] 董云发，潘泽惠，庄体德，刘心恬，冯煦．中国薏苡属植物种仁油脂及多糖成分分析．植物资源与环境学报．2000, 9(1): 57-58

[8] T Koyama, M Yamato. Constituents of Coix species. I. Constituents of the root of *Coix lachryma-jobi*. *Yakugaku Zasshi*. 1955, 75: 699-701

[9] N Shigematsu, I Kouno, N Kawano. The root constituents of *Coix lachryma-jobi* L. *Yakugaku Zasshi*. 1981, 101(12): 1156-1158

[10] T Nagao, H Otsuka, H Kohda, T Sato, K Yamasaki. Benzoxazinones from *Coix lachryma-jobi* var. *ma-yuen*. *Phytochemistry*. 1985, 24(12): 2959-2962

[11] H Otsuka, Y Hirai, T Nagao, K Yamasaki. Anti-inflammatory activity of benzoxazinoids form roots of *Coix lachryma-jobi* var. *ma-yuen*. *Journal of Natural Products*. 1988, 51(1): 74-79

[12] 苗明三．薏苡仁多糖对环磷酰胺致免疫抑制小鼠免疫功能的影响．中医药学报．2002, 30(5): 49-50

[13] 张闯，李常国，张旗军．薏苡仁酯对荷瘤小鼠Na^+、K^+-ATPase活性的影响．黑龙江医药．2000, 13(2): 89-91

[14] 杨生，王英杰，张闯．薏苡仁酯对荷瘤小鼠红细胞免疫功能的影响．黑龙江医药．1999, 12(6): 343-345

[15] 徐梓辉，周世文，黄林清．薏苡仁多糖的分离提取及其降血糖作用的研究．第三军医大学学报．2000, 22(6): 578-581

[16] 徐梓辉，周世文，黄林清，黄文权，袁林贵．薏苡仁多糖对实验性2型糖尿病大鼠胰岛素抵抗的影响．中国糖尿病杂志．2002, 10(1): 44-48

[17] 徐梓辉，周世文，黄林清．薏苡仁多糖对实验性糖尿病大鼠LPO水平、SOD活性变化的影响．成都中医药大学学报．2002, 25(1): 38, 43

[18] 范伟忠，章荣华，傅剑云．薏苡仁油对小鼠移植性肿瘤的影响．上海预防医学杂志．2000, 12(5): 210-211, 217

[19] 姜晓玲，张良，徐卓玉，郭成浩．薏苡仁注射液对血管生成的影响．肿瘤．2000, 20(4): 313-314

[20] 冯刚，孔庆志，黄冬生，黄涛，卢宏达，费雁，冯觉平．薏苡仁注射液对小鼠S_{180}肉瘤血管形成抑制的作用．肿瘤防治研究．2004, 31(4): 229-230, 248

[21] 郑世营，李德春，张志德，沈振亚，匡玉庭．薏苡仁提取物诱导胃癌细胞SGC-7901凋亡和抑制增殖的体内实验．肿瘤．2000, 20(6): 460-461

[22] 韦长元，李挺，唐宗平，埃高莫·比佐，刘剑仑，杨南武．薏苡仁提取物对人肝癌细胞增殖、凋亡及p53表达的影响．广西医科大学学报．2001, 18(6): 793-795

[23] 肖立峰，张天虹，刘江涛，杨红，李玉春．中药薏苡仁酯作用喉癌Hep-2细胞的体外研究．哈尔滨医科大学学报．2004, 38(3): 252-253, 262

[24] 韩苏夏，朱青，杜蓓茹，杜兰．薏苡仁酯诱导人宫颈癌HeLa细胞凋亡的实验研究．肿瘤．2002, 22(6): 481-482

[25] 李毓，胡笑克，吴棣华，熊带水．薏苡仁酯对人鼻咽癌细胞裸鼠移植瘤的治疗作用．肿瘤防治研究．2001, 28(5): 356-358

[26] 李毓，胡祖光，胡笑克．薏苡仁酯对人鼻咽癌细胞周期的影响．华夏医学．2004, 17(2): 131-132

[27] 陈宁，熊带水，冯惠强，李毓．薏苡仁酯对辐射诱导的人鼻咽癌细胞凋亡的促进作用．华夏医学．2001, 14(3): 257-259

[28] 鲍英，夏璐，姜华，章永平，乔敏敏，张学军，袁耀宗．薏苡仁提取液对人胰腺癌细胞凋亡和超微结构的影响．胃肠医学．2005, 10(2): 75-78

[29] WG Seo, HO Pae, KY Chai, YG Yun, TH Kwon, HT Chung. Inhibitory effects of methanol extract of seeds of Job's Tears (*Coix lachryma-jobi* L. var. *ma-yuen*) on nitric oxide and superoxide production in RAW 264.7 macrophages. *Immunopharmacology and Immunotoxicology*. 2000, 22(3): 545-554

[30] 范伟忠，章荣华，傅剑云．薏苡仁油的毒性研究及安全性评价．上海预防医学杂志．2000, 12(4): 178-179

鸭跖草 Yazhicao^{CP}

鸭跖草科

Commelina communis L.
Common Dayflower

概 述

鸭跖草科 (Commelinaceae) 植物鸭跖草 *Commelina communis* L.，其干燥地上部分入药。中药名：鸭跖草。

鸭跖草属 (*Commelina*) 植物约有100种，广布于全世界，主产于热带、亚热带地区。中国南部各省区有7种，本属现供药用约有4种。本种分布于中国云南、四川、甘肃以东的南北各省区；朝鲜半岛、日本、越南、俄罗斯远东地区以及北美也有分布。

"鸭跖草"药用之名，始载于《本草拾遗》。历代本草多有著录。《中国药典》(2005年版) 收载本种为中药鸭跖草的法定原植物来源种。主产于中国东南部地区。

鸭跖草全草含黄酮苷和生物碱等成分。《中国药典》以药材性状、组织粉末特征，控制药材质量。

药理研究表明，鸭跖草具有抗菌、抗炎、止咳、保肝等作用。

中医理论认为鸭跖草具有清热解毒，利水消肿等功效。

鸭跖草 *Commelina communis* L.

鸭跖草 Yazhicao

化学成分

鸭跖草全草含：木栓酮 (friedelin)、左旋黑麦草内酯 (loliolide)、β-谷甾醇 (β-sitosterol)、胡萝卜苷 (daucosterol)、正三十烷醇 (n-triacontanol)、对-羟基桂皮酸 (p-hydroxycinnamic acid)、D-甘露醇 (D-mannitol)[1]。

鸭跖草地上部分含生物碱：1-carbomethoxy-β-carboline、哈尔满 (harman)、去甲哈尔满 (norharman)[2]、2,5-二羟甲基-3,4-二羟基吡咯烷 (2,5-dihydroxymethyl-3,4-dihydroxypyrrolidine)、1-deoxymannojirimycin、去氧野尻霉素 (1-deoxynojirimycin)、α-高野尻霉素 (α-homonojirimycin)、7-O-β-D-吡喃葡萄糖α-高野尻霉素 (7-O-β-D-glucopyranosyl α-homonojirimycin)[3]。

花瓣含黄酮类成分：鸭跖黄酮苷 (flavocommelin)、鸭跖草素 (commelinin)[4]、鸭跖黄素 (flavocommelitin)[5]，花色苷类成分：丙二酸单酰基对香豆酰飞燕草苷 (malonylawobanin)[6]。

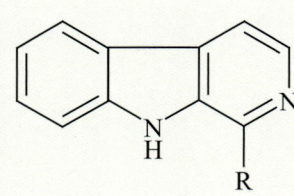

1-carbomethoxy-β-carboline: R=COOCH₃
harman: R=CH₃
norharman: R=H

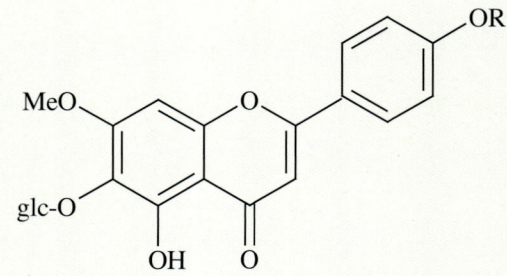

flavocommelin: R=D-glc
flavocommelitin: R=H

药理作用

1. **抗菌**
体外实验表明鸭跖草水煎液对金黄色葡萄球菌、白色葡萄球菌、溶血性链球菌、志贺氏痢疾杆菌、大肠杆菌和枯草杆菌等均有抑制作用[7-8]；其醋酸乙酯提取液对金黄色葡萄球菌、白色葡萄球菌、大肠杆菌和伤寒杆菌有抑菌作用，经分离后得出的对羟基桂皮酸抑菌效价更高[1]。鸭跖草地上部分甲醇提取液对龋齿细菌、变形链球菌也有较好的抗菌作用[2]。

2. **止咳**
鸭跖草石油醚和甲醇提取物对喷氨水气雾造成的小白鼠咳嗽反应有抑制作用，经分离后得出的D-甘露醇被证实为有效成分[1]。

3. **镇痛**
鸭跖草水煎液灌胃，对醋酸扭体法和热板法实验小鼠有明显的镇痛作用[7]。

4. **抗炎**
鸭跖草水煎液小鼠灌胃，对二甲苯所致耳廓肿胀有明显的抑制作用[7]。

5. **保肝**
鸭跖草水提液灌胃给药能显著降低四氯化碳和乙醇所致肝损伤小鼠血清谷丙转氨酶和谷草转氨酶活性的升高[9]。

6. 其他

鸭跖草及其变种的提取物有降血糖作用[3, 10]；此外，鸭跖草在体外还有抗细菌内毒素作用[7]。

应用

本品为中医临床用药。功能：清热解毒，利水消肿。主治：①风热感冒，热病发热，咽喉肿痛；②痈肿疔毒；③水肿，小便热淋涩痛。

现代临床还用于上呼吸道感染、高热、水痘、流行性腮腺炎、急性病毒性肝炎、高血压、麦粒肿等病的治疗。

评注

鸭跖草分布在云南、甘肃以东的南、北各省区，一般被认作杂草，主要为害小麦、大豆、玉米、蔬菜等农作物。鸭跖草分布广，产量大，还可作为天然的蓝色染料，对多种热证均有良好效果，近来研究发现其有很好的降血糖作用，有望开展进一步的研究，拓展其应用范围。

参考文献

[1] 唐祥怡，周茉华，张执候，张有斌．鸭跖草的有效成分研究．中国中药杂志．1994，**19**(5)：297-298

[2] K Bae, W Seo, T Kwon, S Baek, S Lee, K Jin. Anticariogenic β-carboline alkaloids from *Commelina communis*. Archives of Pharmacal Research. 1992, **15**(3): 220-223

[3] HS Kim, YH Kim, YS Hong, NS Paek, HS Lee, TH Kim, KW Kim, JJ Lee. alpha-Glucosidase inhibitors from *Commelina communis*. Planta Medica. 1999, **65**(5): 437-439

[4] KI Oyama, T Kondo. Total synthesis of flavocommelin, a component of the blue supramolecular pigment from *Commelina communis*, on the basis of direct 6-C-glycosylation of flavan. Journal of Organic Chemistry. 2004, **69**(16): 5240-5246

[5] K Takeda, S Mitsui, K Hayashi. Anthocyanins. LIV. Structure of a new flavonoid in the blue complex molecule of commelinin. *Shokubutsugaku Zasshi*. 1966, **79**(10-11): 578-587

[6] T Goto, T Kondo, H Tamura, S Takase. Structure of malonylawobanin, the real anthocyanin present in blue-colored flower petals of *Commelina communis*. Tetrahedron Letters. 1983, **24**(44): 4863-4866

[7] 吕贻胜，李素琴，丁瑞梅．鸭跖草药理学研究．安徽医科大学学报．1995，**30**(3)：244-245

[8] 万京华，章晓联，辛善禄．鸭跖草的抑菌作用研究．公共卫生与预防医学．2005，**16**(1)：25-27

[9] 张善玉，张艺莲，金在久，方海玉，权文杰．鸭跖草对四氯化碳和乙醇所致肝损伤的保护作用．延边大学医学学报．2001，**24**(2)：98-100

[10] M Shibano, D Tsukamoto, Y Tanaka, A Masuda, S Orihara, M Yasuda, G Kusano. Determination of 1-deoxynojirimycin and 2,5-dihydroxymethyl 3,4-dihydroxypyrrolidine contents of *Commelina communis* var. *hortensis* and the antihyperglycemic activity. Natural Medicines. 2001, **55**(5): 251-254

毛茛科

黄连 Huanglian CP, JP

Coptis chinensis Franch.
Coptis

概述

毛茛科 (Ranunculaceae) 植物黄连 *Coptis chinensis* Franch.，其干燥根茎入药。中药名：黄连（商品名习称味连或鸡爪连）。

黄连属 (*Coptis*) 植物全世界约有16种，分布于北温带，多数分布于亚洲东部。中国产约有 6 种，分布于西南、中南、华东，均可药用。本种产于中国四川、重庆、贵州、湖南、湖北、陕西南部。

"黄连"药用之名，始载于《神农本草经》，列为上品。历代本草多有著录。中国自古以来作药用者为本属多种植物。《中国药典》（2005年版）收载本种为中药黄连的法定原植物来源种之一。主产于中国四川、重庆、湖北、湖南、陕西、甘肃等地，以重庆石柱和南川、湖北来凤和恩施产量大。

黄连的主要活性成分为生物碱类化合物，其中原小檗碱型生物碱为黄连的特征性成分。《中国药典》采用薄层色谱法测定，规定黄连中盐酸小檗碱含量不得少于3.6%，以控制药材质量。

药理研究表明，黄连具有抑菌、抗炎等作用。

中医理论认为黄连具有清热燥湿，泻火解毒等功效。

黄连 *Coptis chinensis* Franch.

云连 *C. teeta* Wall.

三角叶黄连 *C. deltoidea* C.Y. Cheng et Hsiao

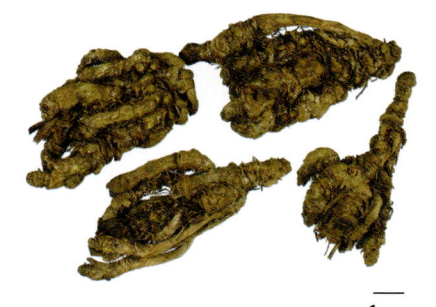
药材黄连——味连

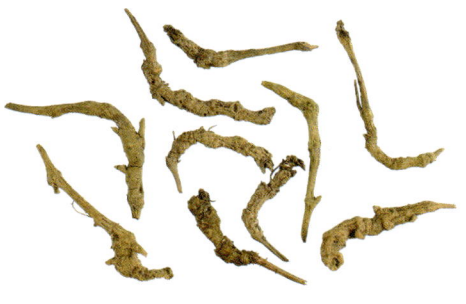
药材黄连——云连

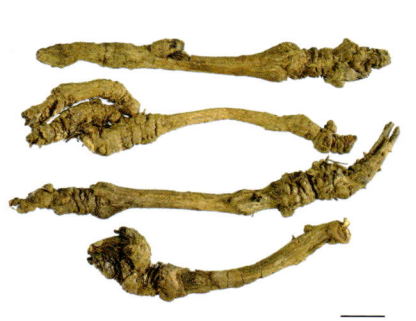
药材黄连——雅连

化学成分

黄连根茎主要含生物碱类化合物：小檗碱 (berberine)、黄连碱 (coptisine)、甲基黄连碱 (worenine)、巴马亭 (palmatine)、药根碱 (jatrorrhizine)、表小檗碱 (epiberberine)、木兰花碱 (magnoflorine)、非洲防己碱 (columbamine)、黄连次碱 (coptine)[1-2]。

此外，黄连中还含阿魏酸 (ferulic acid)、落叶松脂素 (lariciresinol) 和反式阿魏酸对羟基苯乙酯 (p-phydroxyphenothyl trans-feruloyl ester)[1]。

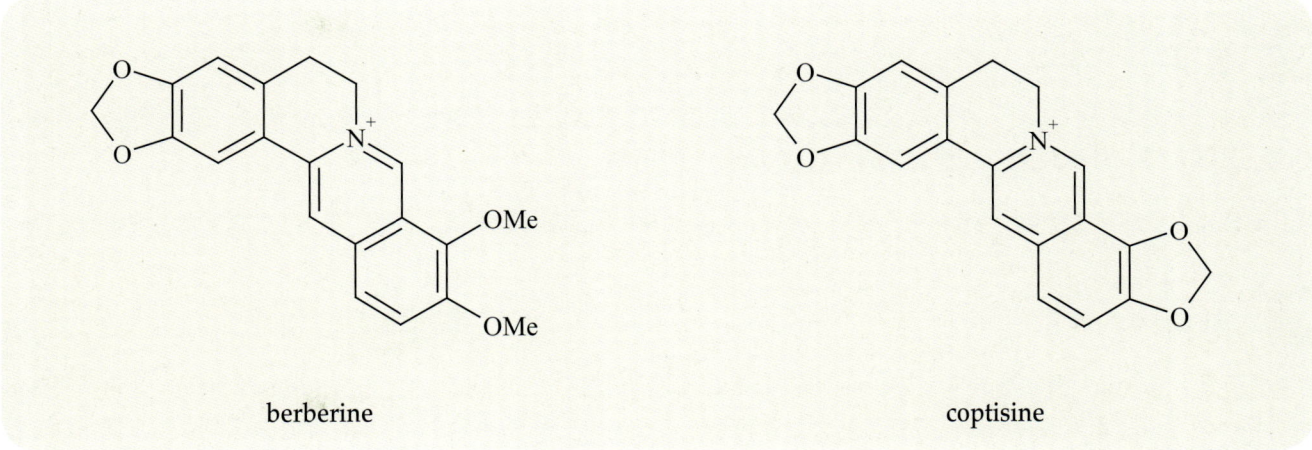

berberine

coptisine

药理作用

1. **抗病原微生物**

   体外实验表明黄连水提液对大肠杆菌、金黄色葡萄球菌、绿脓杆菌、沙门菌、幽门螺旋杆菌、肺炎球菌、痢疾杆菌、溶血性链球菌、伤寒杆菌、淋球菌及阴沟杆菌等均有明显抑菌作用[3-7]；黄连水煎液对流感病毒、柯萨奇 B 组 3 型病毒及解脲支原体等均有杀伤或抑制作用[8-10]。

2. **抗炎**

   小檗碱能明显抑制趋化因子酵母聚糖激活血浆 (ZAP) 诱导的中性粒细胞趋化和多形核白细胞酵母多糖诱导发光，抑制磷酸酯酶-A_2 (PLA_2) 活性，还可降低大鼠炎性组织前列腺素 E_2 (PGE_2) 的含量[11]。

黄连 Huanglian

3. 降血糖

小檗碱灌胃对正常小鼠、注射葡萄糖所致高血糖小鼠和链脲霉素所致糖尿病大鼠均有降血糖作用，在降血糖同时还能对糖尿病性神经病变有治疗作用，明显提高神经传导速度，使胰岛素水平上升，血清生长激素含量降低，生长抑素含量升高[12-13]。

4. 对心血管系统的作用

小檗碱对 Langendorff 逆行灌流大鼠离体完整心脏心衰模型具有能量保存作用，在一定程度上能使心衰发生时心肌的高能磷酸化合物贮存量增加[14-15]。小檗碱对氯化钙、乌头碱、氯化钡、肾上腺素、氯化钙胆碱诱发的小鼠室性心律失常均有对抗作用。同时小檗碱对离体豚鼠还具有降血压、增强心肌收缩力和负性频率作用[16]。

5. 抗肿瘤

体外实验表明，小檗碱对艾氏腹水瘤、淋巴瘤NK/LY、肝细胞瘤细胞 HepG2 和人早幼粒白血病细胞 HL-60 的增殖分裂均有明显抑制作用；小檗碱和 BCNU [1, 3 - bis(2 - chloroethyl) - 1 - nitrosourea] 合用对人脑胶质瘤细胞和大鼠 9L 脑肿瘤细胞均有细胞毒作用[17]。黄连煎剂对宫颈癌裸鼠移植瘤、人鼻咽癌细胞 HNE_1 和 HNE_3 有杀伤作用[17-19]。

6. 抗氧化

黄连水煎液灌胃对四氧嘧啶 (alloxan) 所致大鼠脂质过氧化有抑制作用，能降低胰和肝脏中的丙二醛 (MDA) 含量；黄连水提液在体外还能降低大鼠脑匀浆脂质过氧化物 MDA 的生成。黄连生品、清炒和酒炙品水提物与醇提物在体外均可清除次黄嘌呤-黄嘌呤氧化酶系统所产生的超氧阴离子和 Fenton 反应生成的羟自由基，并能抑制羟自由基诱导的小鼠肝脏匀浆脂质过氧化作用[20-21]。

7. 其他

黄连还有调节免疫、利胆、镇静、解痉、抗溃疡和兴奋子宫平滑肌等作用[1, 6, 22]。

应用

本品为中医临床用药。功能：清热燥湿，泻火解毒。主治：①胃肠湿热，泻痢呕吐；②热盛火炽，高热烦躁；③痈疽疔毒，皮肤湿疮，耳目肿痛；④肝火犯胃，胁肋疼痛、呕吐吞酸。

现代临床还用于细菌性痢疾、局部化脓性感染、烧伤、心律失常、高血压、糖尿病、胃炎、胃及十二指肠溃疡等病的治疗。

评注

《中国药典》还收载同属植物云连 Coptis teeta Wall. 和三角叶黄连 C. deltoidea C. Y. Cheng et Hsiao 为中药黄连的另外两个法定原植物来源种，商品分别习称为云连和雅连。云连和三角叶黄连与黄连具有类似的药理作用，其化学成分也大致相同，主要含生物碱类成分。

黄连药效广泛，在全世界许多地方均作药用，其抗癌和降血糖的药效，尤其引起人们的重视。特别是最近证明了小檗碱具有与他汀类药物不同途径的降血脂作用，引起国际上的关注[23]。黄连除根茎外，其须根、叶均含生物碱，可用于制取小檗碱、黄连碱、甲基黄连碱等生物碱；从黄连中还可分离出具有广谱抗菌作用的天然色素[24-25]。

现今四川峨嵋、洪雅、大邑、重庆石柱已分别建立了黄连的规范化种植基地。

参考文献

[1] 兰进, 杨世林, 郑玉权, 邵家斌, 李勇. 黄连的研究进展. 中草药. 2001, 32(12): 1139-1141

[2] G Schramn, WD Tang. Pharmacognosy of coptis, Chinese pharmacopeia 1953. Pharmazie. 1959, 14: 405-408

[3] 张莉萍, 周蓓, 袁文俊. 黄连水浸出液与盐酸小檗碱水溶液抑菌效果对比研究. 苏州医学院学报. 1999, 19(3): 271

[4] 陈波华, 邢洪君, 张影, 罗荣, 吕亚滨, 闫灿霞. 浅述黄连等中药抑制幽门螺杆菌生长的试验研究. 黑龙江医药. 1996, 9(2): 115-116

[5] 贾海骅, 王仑, 胡海翔. 中药复方及黄连对肺炎球菌DNA合成的抑制作用. 中国中医基础医学杂志. 1999, 5(10): 33-34

[6] 陈淑清, 陈淑杰, 刘卫建, 周群英, 方忻平, 帅红, 谢成科. 不同产地黄连的体外抑菌活性与镇静作用. 华西药学杂志. 1990, 5(3): 168-170

[7] 盛丽, 高农, 张晓非. 19味中药对淋球菌流行株的敏感性研究. 中国中医药信息杂志. 2003, 10(4): 48-49

[8] 吴强, 任中原. 几种中药的抗病毒研究. 天津医学院学报. 1990, 14(1): 51-54

[9] 马伏英. 黄连等中药抗柯萨奇B3病毒性心肌炎的实验研究. 武警医学. 1997, 8(4): 193-195

[10] 张赛娟, 翁华. 苦参、黄连和黄芩对体外解脲支原体的作用. 宁波医学. 1996, 8(6): 336

[11] 蒋激扬, 耿东升, 吐尔逊江·托卡依, 刘发. 黄连素的抗炎作用及其机制. 中国药理学通报. 1998, 14(5): 434-437

[12] 刘衍兴, 郭辉. 小檗碱及其脂质体降血糖作用实验研究. 基层中药杂志. 1999, 13(1): 18-19

[13] 华卫国, 宋菊敏, 廖菌, 李永方, 莫启忠. 黄连素对糖尿病性神经病变大鼠神经传导速度的影响及激素的调节. 标记免疫分析与临床. 2001, 8(4): 212-214

[14] 周祖玉, 孙爱民, 徐建国, 蓝庭剑. 黄连素对离体灌流心脏的能量保存作用. 华西医科大学学报. 2002, 33(3): 431-433

[15] 周祖玉, 徐建国, 蓝庭剑. 黄连素对灌流心脏发生心衰的保护作用. 华西医科大学学报. 2001, 32(3): 417-418

[16] 邢翔飞, 陈贤琴. 小檗碱抗心律失常作用. 新医学. 1990, 21(4): 206-207

[17] 周本杰. 黄连及黄连素抗肿瘤研究概况. 中药材. 1998, 21(10): 536-537

[18] 田道法, 陶正德, 于南平. 黄连与抗瘤药对HNE3细胞rDNA活性的抑制作用比较. 湖南中医学院学报. 1990, 10(3): 152-154

[19] 田道法, 唐发清. 黄连及其复方对鼻咽癌荷瘤裸鼠的治疗作用. 湖南中医学院学报. 1996, 16(1): 43-45

[20] 宋鲁成, 陈克忠, 朱家雁. 黄连对大鼠脂质过氧化及抗氧化酶活性的影响. 中国中西医结合杂志. 1992, 12(7): 421-423

[21] 杨澄, 仇熙, 孔令东. 黄连炮制品清除氧自由基和抗脂质过氧化作用. 南京大学学报（自然科学）. 2001, 37(5): 659-663

[22] 鲁彦, 秦晓民, 徐敬东, 李德红. 黄连水煎剂对未孕大鼠子宫平滑肌电活动的作用及其机制研究. 中成药. 2002, 24(6): 444-446

[23] W Kong, J Wei, P Abidi, M Lin, S lnada, C Li, Y Wang, Z Wang, S Si, H Pan, S Wang, J Wu, Y Wang, Z Li, J Liu, JD Jiang, Berberine is a novel cholesterol-lowering drug working through a unique mechanism distinet from statins. *Nature Medicine*. 2004, 10(12): 1344-1351

[24] 陈建英, 吴永尧. 黄连综合利用研究. 湖北民族学院学报（自然科学版）. 1996, 14(2): 90-91

[25] 方忻平, 王天志, 张浩, 谢成科. 黄连属植物根茎、根及叶生物碱的研究. 中药材. 1989, 12(3): 33-35

黄连种植基地

毛茛科

日本黄连 Ribenhuanglian JP

Coptis japonica Makino
Japanese Coptis

 概述

毛茛科 (Ranunculaceae) 植物日本黄连 *Coptis japonica* Makino，其干燥根茎入药。药材名：日本黄连。

黄连属 (*Coptis*) 植物全世界约有 16 种，分布于北温带，多数分布于亚洲东部。中国产约有6种，分布于西南、中南、华东，均可供药用。本种主要分布在日本。

日本从奈良时代 (A.D. 707-793) 就开始使用中国的黄连，但自江户时代开始有日本黄连的栽培，产品向中国出口，至今日本黄连在日本出口的生药中占首位，主要出口东南亚地区[1]。《日本药局方》(第十五版)已收载本种[2]。主产日本的福井、鸟取、新泻、石川、兵库、高知等县，市场上的商品根据产地分为加贺黄连、越前黄连、丹波黄连等[3]。

日本黄连主要含生物碱和木脂素类化合物。研究报道指出本种所含生物碱具有很好的药理活性，是主要的有效成分和质量评价指标性成分[3]。《日本药局方》(第十五版)规定含小檗碱不得少于 4.2%[2]，以控制药材质量。

药理研究表明，日本黄连具有抗炎、抗菌、抗肿瘤、抗氧化等药理活性。在日本主要用于止泻和健胃。

日本黄连 *Coptis japonica* Makino

药材日本黄连 Rhizoma Coptidis

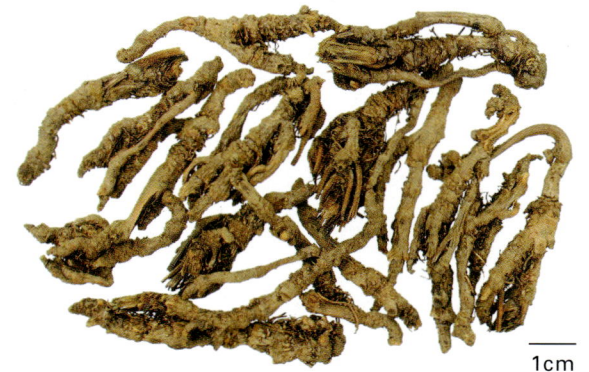

1cm

化学成分

日本黄连的根茎含生物碱类成分：小檗碱 (berberine)、巴马亭 (palmatine)、药根碱 (jateorrhizine)、黄连碱 (coptisine)、甲基黄连碱 (worenine)、木兰花碱 (magnoflorine)[3]；木脂素类成分：woorenosides I、II、III、IV、V[4]、异落叶松脂素[(+) - isolariciresinol]、(+) - lariciresinol glycoside、松脂醇 [(+) - pinoresinol]、松脂醇苷 [(+) - pinoresinol glycoside]、丁香脂素糖苷 [(+) - syringaresinol glycoside][5]。种子还含有秦皮苷 (fraxin)、阿魏酰奎宁酸 (feruloyl quinic acid)等[6]。

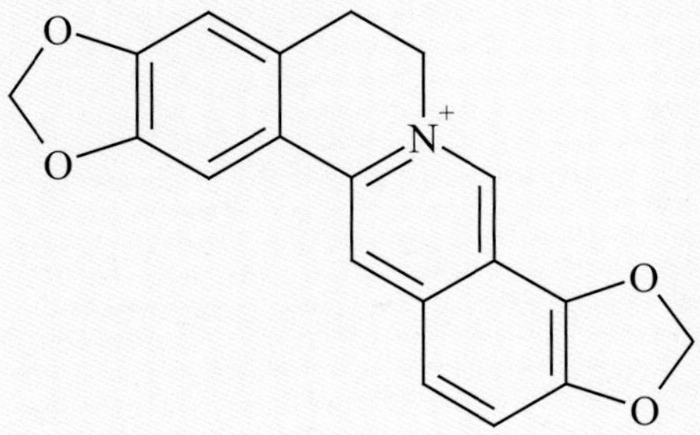

coptisine

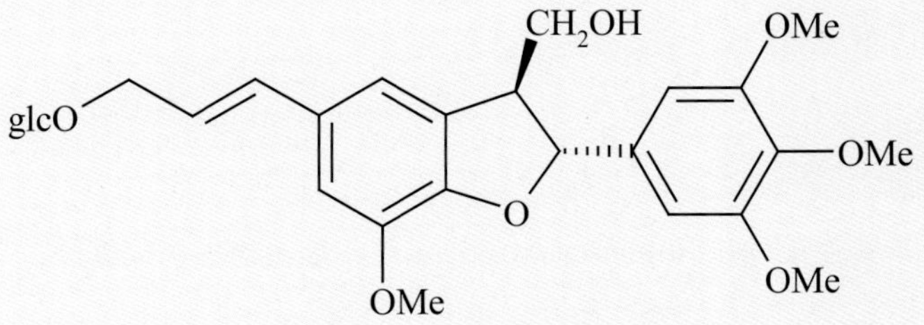

woorenoside I: R= β -D-glc

药理作用

1. **抗菌**

   日本黄连提取物对真菌轮纹病菌 (*Botryosphaeria berengeriana*)、炭疽病菌 (*Glomerella cingulata*) 和扩展青霉菌 (*Penicillium expansum*) 具有强的抑制作用[7]。采用浸渍纸盘方法检测发现小檗碱氯化物、巴马亭碘化物对双歧杆菌 (*Bifidobacterium longum*)、两歧双歧杆菌 (*Bifidobacterium bifidum*)、产气荚膜梭状芽孢杆菌 (*Clostridium perfringens*)、副腐化梭状芽孢杆菌 (*Clostridium paraputrificum*) 具有强烈抑制作用[8]。

2. **抗炎**

   从日本黄连中分离得到的 woorenosides I、II、III、IV、V、松脂醇、异落叶松脂素能抑制 TNF - α 的产生，丁香脂素糖苷可强烈抑制淋巴细胞增生[4-5]。以小檗碱预处理诱导巨噬细胞和树突细胞，发现能显著增加 IL - 12 的产生，增强 CD_4^+ T 细胞中诱导 γ - 干扰素的能力，但降低诱导 IL - 4 的能力[9]。进一步的机理研究发现小檗碱在体外和体内实验均能呈剂量依赖性减少外源性前列腺素 E_2(PGE_2) 和环氧化酶 - 2 蛋白的产生，从而产生抗炎作用[10]。

3. **对心血管系统的影响**

   口服小檗碱观测其对肾上腺腹部主动脉结扎诱导的小鼠心脏肥大作用，发现小檗碱能提高不正常心脏的功能和阻止压力过大诱导的左心室肥大[11]；进一步研究发现小檗碱可以降低血浆中肾上腺素和去甲肾上腺素水平，并降低左心室组织中肾上腺素水平[12]。

4. **抗肿瘤**

   结合高效液相色谱和PCR技术发现小檗碱呈剂量依赖性抑制脑癌细胞 G9T/VGH 和 GBM8401 中 N - 乙酰转移酶的活性[13]；小檗碱对体外宫颈癌细胞 HeLa 和白血病细胞 L1210 均有细胞毒活性，光学显微镜检测发现小檗碱能诱导 DNA 拓扑异构酶中毒从而导致细胞凋亡[14-15]；小檗碱能诱导 KB 细胞株凋亡，但可被 PGE_2 部分逆转，机理研究发现小檗碱能呈剂量相关性抑制环氧化酶 - 2 和蛋白质 Mcl - 1 的表达[16]。

5. **抗氧化**

   体外实验表明日本黄连提取物能有效清除过氧亚硝基阴离子 [$ONOO^-$] 及其前体 NO 和超氧阴离子；体内实验也

发现该提取物可显著抑制[ONOO⁻]的产生，活性追踪发现含有小檗碱、巴马亭、黄连碱的生物碱部位活性最强[17]。

6. 其他

小檗碱和巴马亭具有抑制多巴胺生物合成的活性[18]；富含小檗碱、巴马亭、黄连碱的生物碱部位可显著抑制单胺氧化酶活性[19]；小檗碱还具有显著抗焦虑活性[20]及降低胆固醇作用[21]；日本黄连甲醇提取液还可以增强神经生长因子诱导的神经突生长[22]。

应用

日本黄连为日本汉方及其制剂中常用药，主要作用为止泻和苦味健胃药。主治：胃弱，食欲不振，胃部、腹部膨胀，消化不良，痢疾。

评注

日本黄连 *Coptis japonica* Makino 与中国黄连，为同属不同种的药用植物，在相同的古方当中常被等同使用。二者之间的化学、药理、临床的对比研究有待深入。

近年对小檗碱的药理研究发现了很多新的活性，如抗焦虑、抗肿瘤、降低胆固醇等，应重视对日本黄连的资源开发和利用。

参考文献

[1] 何三民，刘宝玲．日本商品黄连的简况与鉴别．中国中药杂志．2003，**28**(6)：578-579

[2] 日本公定书协会．日本药局方．十五版．东京：广川书店．2006：3477-3479

[3] 日本公定书协会．日本药局方解说书．十五版．东京：广川书店．2006：1187-1188

[4] JY Cho, KU Baik, ES Yoo, K Yoshikawa, MH Park. In vitro antiinflammatory effects of neolignan woorenosides from the rhizomes of *Coptis japonica*. *Journal of Natural Products*. 2000, **63**(9): 1205-1209

[5] JY Cho, AR Kim, MH Park. Lignans from the rhizomes of *Coptis japonica* differentially act as anti-inflammatory principles. *Planta Medica*. 2001, **67**(4): 312-316

[6] M Mizuno, H Kojima, M Iinuma, T Tanaka. Chemical constituents and their variations among *Coptis* species in Japan. *Shoyakugaku Zasshi*. 1992, **46**(1): 42-48

[7] IM Chung, SB Paik. Isolation and activity test of antifungal substance from *Coptis japonica* extract. *Analytical Science & Technology*. 1997, **10**(2):153-159

[8] SH Chae, IH Jeong, DH Choi, JW Oh, YJ Ahn. Growth-inhibiting effects of *Coptis japonica* root-derived isoquinoline alkaloids on human intestinal bacteria. *Journal of Agricultural and Food Chemistry*. 1999, **47**(3): 934-938

[9] TS Kim , BY Kang , D Cho , SH Kim . Induction of interleukin-12 production in mouse macrophages by berberine, a benzodioxoloquinolizine alkaloid, deviates CD_4^+ T cells from a Th2 to a Th1 response. *Immunology*. 2003, **109**(3): 407-414

[10] CL Kuo , CW Chi , TY Liu . The anti-inflammatory potential of berberine *in vitro* and *in vivo*. *Cancer Letter*. 2004, **203**(2):127-137

[11] Y Hong, SC Hui, TY Chan, JY Hou. Effect of berberine on regression of pressure-overload induced cardiac hypertrophy in rats. *The American Journal of Chinese Medicine*. 2002, **30**(4): 589-599

[12] Y Hong, SS Hui, BT Chan, J Hou. Effect of berberine on catecholamine levels in rats with experimental cardiac hypertrophy. *Life Science*. 2003, **72**(22): 2499-2507

[13] DY Wang, CC Yeh, JH Lee, CF Hung, JG Chung. Berberine inhibited arylamine N-acetyltransferase activity and gene expression and DNA adduct formation in human malignant astrocytoma (G9T/VGH) and brain glioblastoma multiforms (GBM 8401) cells. *Neurochemical Research*. 2002, **27**(9): 883-839

[14] S Jantova, L Cipak, M Cernakova, D Kost'alova. Effect of berberine on proliferation, cell cycle and apoptosis in HeLa and L_{1210} cells. *The Journal of Pharmacy and Pharmacology*. 2003, **55**(8):1143-1149

[15] V Kettmann, D Kosfalova, S Jantova, M Cernakova, J Drimal. In vitro cytotoxicity of berberine against HeLa and L_{1210} cancer cell lines. *Pharmazie*. 2004, **59**(7): 548-551

[16] CL Kuo, CW Chi, TY Liu. Modulation of apoptosis by berberine through inhibition of cyclooxygenase-2 and Mcl-1 expression in oral cancer cells. *In Vivo*. 2005, **19**(1): 247-252

[17] T Yokozawa, A Ishida, Y Kashiwada, EJ Cho, HY Kim, Y Ikeshiro. Coptidis Rhizoma: protective effects against peroxynitrite-induced oxidative damage and elucidation of its active components. *The Journal of Pharmacy and Pharmacology*. 2004, **56**(4): 547-556

[18] MK Lee, HS Kim. Inhibitory effects of protoberberine alkaloids from the roots of *Coptis japonica* on catecholamine biosynthesis in PC12 cells. *Planta Medica*. 1996, **62**(1): 31-34

[19] MK Lee, SS Lee, JS Ro, KS Lee, HS Kim. Inhibitory effects of bioactive fractions containing protoberberine alkaloids from the roots of *Coptis japonica* on monoamine oxidase activity. *Natural Product Sciences*. 1999, **5**(4):159-161

[20] WH Peng, CR Wu, CS Chen, CF Chen, ZC Leu, MT Hsieh. Anxiolytic effect of berberine on exploratory activity of the mouse in two experimental anxiety models: interaction with drugs acting at 5-HT receptors. *Life Science*. 2004, **75**(20): 2451-2462

[21] WJ Kong, J Wei, P Abidi, MH Lin, S Inaba, C Li, YL Wang, ZZ Wang, SY Si, HN Pan, SK Wang, JD Wu, Y Wang, ZR Li, JW Liu, JD Jiang. Berberine is a novel cholesterol-lowing drug working through a unique mechanism distinct from statins. *Nature Medicine*. 2004, **10**: 1344-1351

[22] K Shigeta, K Ootaki, H Tatemoto, T Nakanishi, A Inada, N Muto. Potentiation of nerve growth factor-induced neurite outgrowth in PC12 cells by a Coptidis Rhizoma Extract and Protoberberine Alkaloids. *Bioscience, Biotechnology, and Biochemistry*. 2002, **66**(11): 2491-2494

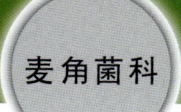

冬虫夏草 Dongchongxiacao CP, KHP

Cordyceps sinensis (Berk.) Sacc.
Chinese Caterpillar Fungus

概 述

麦角菌科 (Clavicipitaceae) 真菌冬虫夏草菌 *Cordyceps sinensis* (Berk.) Sacc. 的子座及其寄主蝙蝠蛾科昆虫虫草蝙蝠蛾 *Hepialus armoricanus* Oberthür 等幼虫体的复合体，其干燥品入药。中药名：冬虫夏草。

虫草属 (*Cordyceps*) 真菌全世界约有 300 种，主要分布于欧亚大陆，如爪哇、斯里兰卡、塔斯马尼亚岛、日本列岛、中国、澳大利亚等地较多。中国产约 60 种，现已正式报道的虫草菌有30多种，供药用者约 5 种。冬虫夏草菌为药用种之一[1-4]。

"冬虫夏草"药用之名，始载于《本草备要》，为中国特产名贵滋补强壮药。《中国药典》（2005 年版）收载本种为中药冬虫夏草的法定原植物来源种。主产于中国四川、西藏、青海、贵州、云南等省区，以四川省产量最大，而传统认为西藏虫草质量最佳[2]。

冬虫夏草中所含成分比较复杂，有效成分尚不十分明确。主要含有核苷类、甾醇类、多糖类、氨基酸及多种微量元素等。《中国药典》采用高效液相色谱法进行测定，规定腺苷含量不得少于 0.010%，以控制药材质量。

药理研究表明，冬虫夏草具有增强免疫作用、促进 T 淋巴细胞转化、促进巨噬细胞吞噬的功能及增强人体对多种疾病的抵抗力；同时还可抑制结核杆菌、链球菌、葡萄球菌、肺炎球菌等病菌。目前人工发酵虫草菌丝体也逐渐开始供药用。

中医理论认为冬虫夏草菌具有益肾壮阳，补肺平喘等功效。

冬虫夏草菌 *Cordyceps sinensis* (Berk.) Sacc.

药材冬虫夏草 Cordyceps

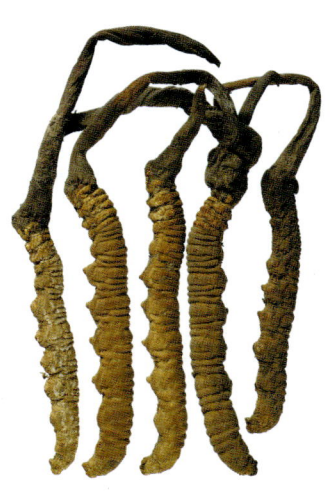

0.5cm

化学成分

冬虫夏草中主要含有核苷类成分：腺苷 (adenosine)、腺嘌呤 (adenine)、次黄嘌呤核苷 (hypoxanthinine nucleoside)、尿嘧啶 (uracil)、胸腺嘧啶 (thymine)、尿苷 (uridine)、鸟嘌呤 (guanidine)、胸腺嘧啶脱氧核苷 (thymidine)及3′-去氧腺苷（3′-deoxyadenosine，即虫草素cordycepin）等；甾醇类化合物：麦角甾醇过氧化物 (ergosterol peroxide)、胆甾醇棕榈酸酯 (cholesteryl palmitate)、麦角甾醇 (ergosterol)等；多糖类成分：半乳甘露聚糖 (galactomannan)；醇类成分：D-甘露醇（D-mannitol，也称虫草酸cordycepic acid）；另含大量粗蛋白、人体所需的氨基酸、多种微量元素以及一些维生素等[5]。此外，也有报道从冬虫夏草中分离出两种活性成分H1-A[6]和(24R)-麦角甾-7,22-二烯-3β,5α,6β-三醇 [(24R)-ergosta-7,22-dien-3β,5α,6β-triol][7]可改善肾病患者的肾功能。

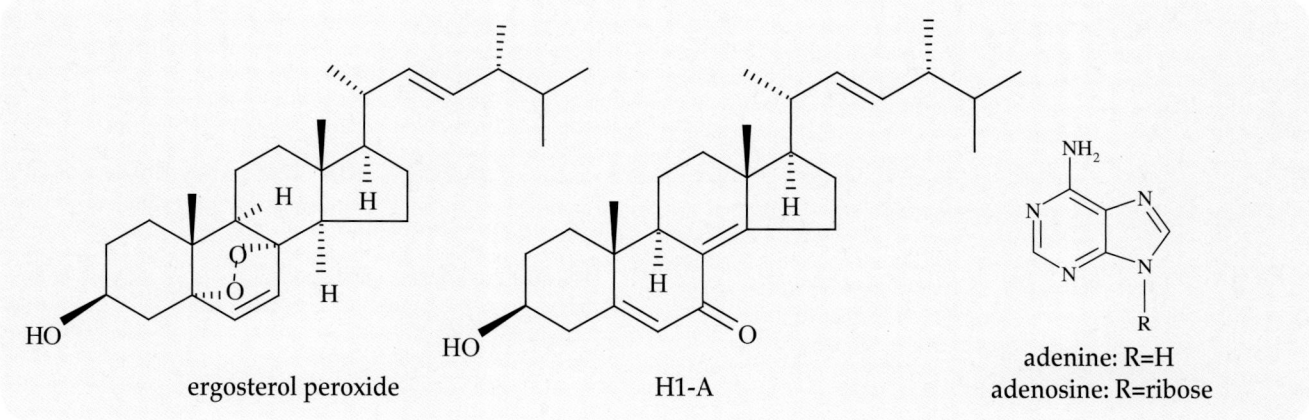

药理作用

1. **对免疫系统的影响**

   冬虫夏草水煎液体外可激活自然杀伤 (NK) 细胞，提高NK细胞与K_{562}细胞的结合率，增强NK细胞的杀伤活性[8]；冬虫夏草菌丝培养物水煎液口服，可激活小鼠巨噬细胞，增强造血因子分泌[9]；冬虫夏草菌粉培养物水提液腹腔注射，可激活小鼠腹腔巨噬细胞的吞噬功能，明显提高淋巴细胞的E-玫瑰花环形成率[10]。冬虫夏草水煎液灌胃，可使H22肝癌化疗后小鼠NK细胞活性及IL-2水平明显增高，淋巴细胞转化指数明显增高[11]。

2. **对呼吸系统的影响**

   人工培育冬虫夏草菌粉水溶液饲喂慢性阻塞性肺疾病 (COPD) 大鼠，可减轻 COPD 炎症的程度，并通过防止白介素2 (IL-2) 进一步下降而干预COPD大鼠Th1/Th2类细胞因子平衡[12]；冬虫夏草醇提物体外也可通过抑制支气管肺泡灌洗液 (BALF) 中白介素1β (IL-1β)、白介素6、肿瘤坏死因子α (TNF-α) 及白介素8等指标，调节支气管系统 Th1/Th2 类细胞因子平衡[13]。

3. **对中枢神经系统作用**

   冬虫夏草发酵液灌胃给药，可抑制小鼠的自发活动，缩短小鼠入睡潜伏期，延长小鼠戊巴比妥钠睡眠持续时间，对中枢神经系统有一定抑制作用[14]；其醇提物可对抗烟碱及戊四唑惊厥所致小鼠惊厥，使超常体温明显下降。

4. **对心血管系统的影响**

   人工培育冬虫夏草菌粉醇提物给大鼠非循环式离体心脏灌流，可改善心肌能量代谢，减少缺血再灌注损伤[15]；冬虫夏草醇提物给大鼠非循环式离体心脏灌流，对阿霉素引起的心肌损伤具有明显保护作用[16]；冬虫夏草醇提物灌胃给药，可诱导柯萨奇病毒所致病毒性心肌炎小鼠外周血IDN-γ产生，减轻心肌损害，增加存活率[17]；冬虫夏草煎剂灌胃，可明显降低肾性高血压大鼠血压，并能逆转肾性高血压时所发生的心肌肥大[17]；人工虫草菌丝体石油醚提取物灌胃，可明显对抗乌头碱所致的大鼠心律失常，延长心律失常的诱发时间，降低心律失常持续时间及严重程度，对氯化钡所致心律失常也有一定对抗作用[19]，还可对抗哇巴因的心脏毒性，提高机体的抗氧化能力[20]。

麦角菌科

冬虫夏草 Dongchongxiacao

5. 抗肿瘤

虫草素口服，可明显抑制皮下接种 B16－BL6 黑色素瘤小鼠瘤细胞的生长[21]；人工培养冬虫夏草菌丝多糖提取物腹腔注射，可抑制 B16 黑色素瘤小鼠肿瘤生长[22]；冬虫夏草水提物体外可诱导 B16 黑色素瘤细胞凋亡，与甲氨蝶呤 (MTX) 联合静脉注射，可延长荷瘤小鼠存活时间[23]；冬虫夏草悬浊液口服，可减轻 CCl_4 诱发的大鼠肝损伤，抑制肝的纤维化[24]；虫草菌丝悬浊液灌胃，可促进 CCl_4 及乙醇诱导的大鼠肝纤维化形成时期肝细胞再生，延缓慢性肝炎向肝硬化阶段发展的进程[25]；冬虫夏草水提液灌胃，对雌性未成年小鼠腹水型肝癌皮下移植瘤的生长具有明显抑制作用，对雄性小鼠则呈现促进作用[26]；虫草多糖在体外可明显抑制大鼠肝星状细胞 (HSC) 的增殖，并在一定范围内对 HSC 的抑制作用呈药物剂量依赖性[27]。

6. 其他

冬虫夏草及其提取物还有激素样作用[28-29]，以及降血糖[30]、抗衰老[31]、抗疲劳和抗应激[32]等作用。

应用

本品为中医临床用药。功能：益肾壮阳，补肺平喘，止血化痰。主治：①肾虚腰痛，阳痿遗精；②肺虚或肺肾两虚之久咳虚喘，劳嗽痰血；③病后体虚不复，自汗畏寒等。

现代临床还用于肾功能衰竭、性功能低下、冠心病、心律失常、高脂血症、高血压、变态反应性鼻炎、乙型肝炎及更年期综合征等病的治疗。

评注

自古以来，不同地区存在着将冬虫夏草属多种真菌共用的现象，如：亚香棒虫草 *Cordyceps hawkesii* Gray、香棒虫草 *C. barnesii* Thwaites ex Berk et Br.、凉山虫草 *C. liangshanensis* Zang, Liu et Hu、蛹虫草 *C. militaris* (L.) Link 等，对冬虫夏草同属资源的开发与利用将会成为今后弥补冬虫夏草来源紧缺的重要途径[33-35]。

天然冬虫夏草资源已濒临灭绝，目前人工栽培冬虫夏草技术仍处于试验研究阶段，尚未见可推广至大面积生产的报道，以人工发酵培养虫草菌丝体及半人工栽培冬虫夏草技术已获成功，并投入市场批量生产[1-2]。

随着人们对冬虫夏草药用价值的不断认识，需求量也不断增加，但由于其资源有限市场上虫夏混淆品也时有出现，已有对冬虫夏草与其常见混伪品鉴别方法的报道[36]。

参考文献

[1] 王国栋．冬虫夏草类生态培植应用．北京：科学技术文献出版社．1995：4-6

[2] 徐锦堂．中国药用真菌学．北京：北京医科大学、中国协和医科大学联合出版社．1997：354-385

[3] 云南植物研究所．云南植物志．第七卷．北京：科学出版社．1997：455

[4] 应建浙，卯晓岚，马启明，宗毓艳，文华安．中国药典真菌图鉴．北京：科学出版社．1987：21

[5] 徐文豪，薛智，马建民．冬虫夏草的水溶性成分-核苷类化合物．中药通报．1988，**13**(4)：226-228

[6] LY Yang, A Chen, YC Kuo, CY Lin. Efficacy of a pure compound H1-A extracted from *Cordyceps sinensis* on autoimmune deisease of MRL lpr/lpr mice. *The Journal of Laboratory and Clinical Medicine*. 1999, **134**(5): 492-500

[7] CY Lin. (24R)-Ergosta-7,22-dien-3b,5a,6b-triol from *Cordyceps sinensis* for improving kidney function in renal diseases. *Japan Kokai Tokkyo Koho*. 2002: 17

[8] 盛秀胜，方爱仙．冬虫夏草对人体免疫细胞作用的体外实验研究．中国肿瘤．2005，**14**(8)：558-560

[9] JH Koh, KW Yu, HJ Suh, YM Choi, TS Ahn. Activation of macrophages and the intestinal immune system by an orally administered decoction from cultured mycelia of *Cordyceps sinensis*. *Bioscience, Biotechnology, and Biochemistry*. 2002, **66**(2): 407-411

[10] 陈爱葵，龙晓凤，张树地，曹晓春．冬虫夏草精粉对小白鼠免疫功能的影响研究．中医药学刊．2004，22(9)：1756-1757

[11] 孙艳，官杰，王琪．冬虫夏草对H22肝癌小鼠化疗后免疫功能的影响．中国基层医药．2002，9(2)：127-128

[12] 刘进，童旭峰，管彩虹，沈华浩，吕庆华．冬虫夏草对慢性阻塞性肺疾病大鼠Th1/Th2类细胞因子平衡的干预作用．中华结核和呼吸杂志．2003，26(3)：191-192

[13] YC Kuo, WJ Tsai, JY Wang, SC Chang, CY Lin, MS Shiao. Regulation of bronchoalveolar lavage fluids cell function by the immunomodulatory agents from *Cordyceps sinensis*. *Life sciences*. 2001, **68**(9): 1067-1082

[14] 曹曦，明亮，李静，黄茸茸，丁婷．冬虫夏草发酵液的镇静催眠作用．安徽医科大学学报．2005，40(4)：314-315

[15] 刘凤芝，李延平，黄明莉，姜杰玲，谢振华，赵雅君，孙金圣，王孝铭．冬虫夏草醇提取物对大鼠缺血再灌注过程心肌保护作用研究．中国病理生理杂志．1999，15(3)：240-241

[16] 许宏远，郑昕，徐长庆，赵亚君，刘凤芝．冬虫夏草对阿霉素心肌损伤的保护作用．中医药学报．2000，3：64

[17] 朱照静，李峰，饶邦复，高兴玉．冬虫夏草增强病毒性心肌炎小鼠免疫反应．中药药理与临床．2002，18(6)：22-24

[18] 吴秀香，马克玲，李淑云，安鼎伟，夏桂兰．冬虫夏草降压作用实验研究．锦州医学院学报．2001，22(2)：10-11

[19] 龚晓健，季晖，曹祺，李绍平，李萍．人工虫草提取物抗心律失常作用的研究．中国药科大学学报．2001，32(3)：221-223

[20] 季晖，龚晓健，卢顺高，曹祺，李绍平，李萍．人工虫草菌丝体提取物抗哇巴因所致心脏毒性作用的研究．中国药科大学学报．2000，31(2)：118-120

[21] N Yoshikawa, K Nakamura, Y Yamaguchi, S Kagota, K Shinozuka, M Kunitomo. Antitumour activity of cordycepin in mice. *Clinical and Experimental Pharmacology & Physiology*. 2004, **31**(suppl 2): S51-53

[22] JY Yang, WY Zhang, PH Shi, JP Chen, XD Han, Y Wang. Effects of exopolysaccharide fraction (EPSF) from a cultivated *Cordyceps sinensis* fungus on c-Myc, c-Fos, and VEGF expression in B16 melanoma-bearing mice. *Pathology-Research and Practice*. 2005, **201**(11): 745-750

[23] K Nakamura, K Konoha, Y Yamaguchi, S Kagota, K Shinozuka, M Kunitomo. Combined effects of *Cordyceps sinensis* and methotrexate on hematogenic lung metastasis in mice. *Receptors and Channels*. 2003, **9**(5): 329-334

[24] X Zhang, YK Liu, W Shen, DM Shen. Dynamical influence of *Cordyceps sinensis* on the activity of hepatic insulinase of experimental liver cirrhosis. *Hepatobiliary & Pancreatic Diseases International*. 2004, **3**(1): 99-101

[25] 刘玉佩，沈薇．虫草菌丝对大鼠实验性肝纤维化肝细胞增生的影响．世界华人消化杂志．2002，10(4)：388-391

[26] 刘名光，陶立新，梁新强，岳惠芬，邝国乾．冬虫夏草对未成年小鼠腹水型肝癌移植瘤生长影响的性别差异分析．广西医科大学学报．2001，18(1)：21-23

[27] 颜吉丽，李华，范钰，张锦生，黄富春．虫草多糖对大鼠肝星状细胞核因子-κB活性和肿瘤坏死因子-α表达的影响．复旦学报（医学版）．2003，30(1)：27-29

[28] CC Hsu, YL Huang, SJ Tsai, CC Sheu, BM Huang. *In vivo* and *in vitro* stimulatory effects of *Cordyceps sinensis* on testosterone production in mouse Leydig cells. *Life Sciences*. 2003, **73**(16): 2127-2136

[29] BM Huang, CC Hsu, SJ Tsai, CC Sheu, SF Leu. Effects of *Cordyceps sinensis* on testosterone production in normal mouse Leydig cells. *Life Sciences*. 2001, **69**(22): 2593-2602

[30] 黄志江，季晖，李萍，谢林，赵小辰．人工虫草多糖降血糖作用及其机制研究．中国药科大学学报．2002，33(1)：51-54

[31] 王玉华，叶加，李长龄，蔡少青，石崎雅敏，片田顺规．冬虫夏草提取物延缓衰老实验研究．中国中药杂志．2004，29(8)：773-776

[32] JH Koh, KM Kim, JM Kim, JC Song, HJ Suh. Antifatigue and antistress effect of the hot-water fraction from mycelia of *Cordyceps sinensis*. *Biological & Pharmaceutical Bulletin*. 2003, **26**(5): 691-694

[33] YC Kuo, SC Weng, CJ Chou, TT Chang, WJ Tsai. Activation and proliferation signals in primary human T lymphocytes inhibited by ergosterol peroxide isolated from *Cordyceps cicadae*. Pharmacol *British Journal of Pharmacology*. 2003, **140**(5): 895-906

[34] KM Kim, YG Kwon, HT Chung, YG Yun, HO Pae, JA Han, KS Ha, TW Kim, YM Kim. Methanol extract of *Cordyceps pruinosa* inhibits *in vitro* and *in vivo* inflammatory mediators by suppressing NF-kappa B activation. *Toxicology and Applied Pharmacology*. 2003, **190**(1): 1-8

[35] H Lee, YJ Kim, HW Kim, DH Lee, MK Sung, T Park. Induction of apoptosis by *Cordyceps militaris* through activation of caspase-3 in leukemia HL-60 cells. *Biological & Pharmaceutical Bulletin*. 2006, **29**(4): 670-674

[36] YN Hu, TG Kang, ZZ Zhao. Studies on microscopic identification of animal drugs' remnant hair (1): Identification of *Cordyceps sinensis* and its counterfeits. *Natural Medicines*. 2003, **57**(5): 163-171

山茱萸 Shanzhuyu CP, JP, VP

Cornus officinalis Sieb. et Zucc.
Asiatic Cornelian Cherry

概 述

山茱萸科 (Cornaceae) 植物山茱萸 *Cornus officinalis* Sieb. et Zucc.，其干燥成熟果肉入药。中药名：山茱萸。

山茱萸属 (*Cornus*) 植物全世界有 4 种，主要分布于欧洲中部及南部、亚洲东部及北美东部。中国有 2 种，均可供药用。本种分布于中国山西、陕西、甘肃、山东、江苏、浙江、安徽、江西、河南、湖南等地；朝鲜半岛和日本也有分布。

"山茱萸"药用之名，始载于《神农本草经》。《中国药典》(2005 年版)收载本种为中药山茱萸的法定原植物来源种。主产于中国浙江、河南、安徽、陕西、山西及四川。

山茱萸的主要化学成分为环烯醚萜苷类和可水解鞣质类成分。《中国药典》采用高效液相色谱法测定，规定马钱苷的含量不得低于0.60%，以控制药材质量。

药理研究表明，山茱萸具有调节免疫、强心、抗休克、抑制血小板聚集、抗血栓形成及抗炎等作用。

中医理论认为山茱萸具有补益肝肾，涩精固脱等功效。

山茱萸 *Cornus officinalis* Sieb. et Zucc.

药材山茱萸 Fructus Corni

1cm

化学成分

山茱萸的果肉中含有环烯醚萜类成分：马钱素 (loganin)、莫诺苷 (morroniside)、7-O-甲基莫诺苷 (7-O-methyl morroniside)、7-O-乙基莫诺苷 (7-O-ethyl morroniside)、7-脱氢马钱素 (7-dehydrologanin)、脱水莫诺苷元 (dehydromorroniaglycone)[1-2]、山茱萸苷 (cornin)、山茱萸新苷 (cornuside)、獐牙菜苷 (sweroside)，三萜类化合物：熊果酸 (ursolic acid)、齐墩果酸 (oleanolic acid)[1]；鞣质类成分：异呵子素 (isoterchebin)、山茱萸鞣质Ⅰ-Ⅱ (tellimagrandins Ⅰ-Ⅱ)、2,3-二-O-没食子酰基-D-葡萄糖 (2,3-di-O-galloyl-D-glucose)、1,2,3-三-O-没食子酰基-β-D-葡萄糖 (1,2,3-tri-O-galloyl-β-D-glucose)、1,2,3,6-四-O-没食子酰基-β-D-葡萄糖 (1,2,3,6-tetra-O-galloyl-β-D-glucose)、路边青鞣质D (gemin D)、喜树鞣质A、B (camptothins A-B)[3]、梾木鞣质A、B、C、D、E、F、G (cornusiins A-G)[3, 4]、1-O-没食子酰基-4,6-O-六羟基苯二甲酰-β-D-葡萄糖 (1-O-galloyl-4,6-HHDP-β-D-glucose)、1,2,3,4,5-五-O-没食子酰基-β-D-葡萄糖 (1,2,3,4,5-penta-O-galloyl-β-D-glucose)[1]；有机酸类成分：酒石酸 (tartaric acid)、苹果酸 (malic acid)、柠檬酸 (citric acid)、琥珀酸 (amber acid)、没食子酸 (galic acid)[5]；其他还含山茱萸多糖[6]、dimethyltetrahydrofuran cis-2,5-dicarboxylate[7]等化学成分。

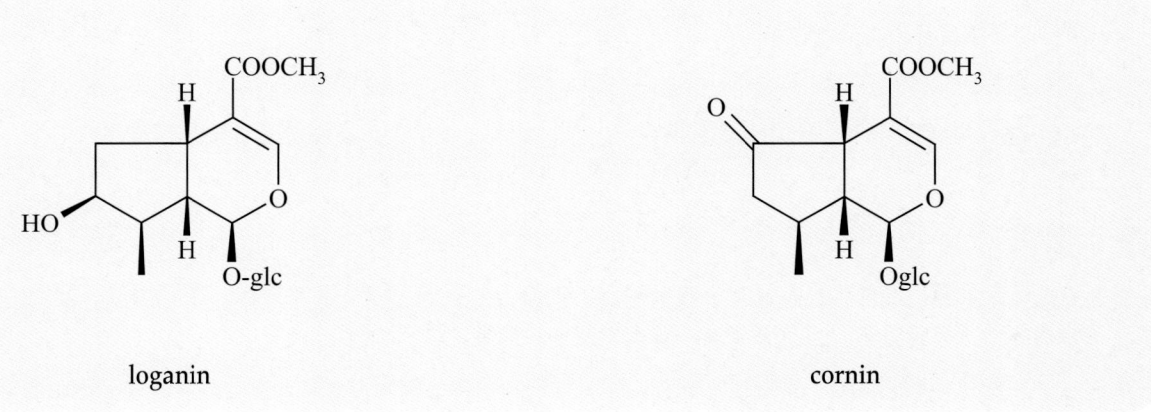

loganin　　　　　　　　　cornin

药理作用

1. **强心、抗休克**
   给猫静脉滴注山茱萸注射剂（水提醇沉液），能增强心肌收缩，扩张外周血管，升高血压；给失血性休克兔静脉滴注可迅速回升血压，增加心搏振幅，也可使失血性大鼠延长血压下降和生存时间[8]。

2. **免疫调节功能**
   山茱萸水煎剂腹腔给药使小鼠胸腺明显萎缩，减慢网状内皮细胞对碳粒的廓清率，可抑制绵羊红细胞 (SRBC) 或2,4-二硝基氯苯 (DNCB) 所致小鼠迟发性超敏反应和减轻 DNCB 所致接触性皮炎，但它也能升高小鼠血清溶血素抗体含量及血清抗免疫球蛋白 G (IgG) 含量，显示出免疫调节作用[9]。深入研究表明，熊果酸在体外能快速有效地杀死培养细胞，使培养的淋巴细胞几乎完全失去淋转、白介素2 (IL-2) 生成和淋巴因子激活的杀伤细胞 (LAK) 产生的能力，但小鼠腹腔注射熊果酸时，上述三种免疫指标却明显提高；山茱萸总苷在体外能明显抑制小鼠淋巴细胞转化和 LAK 细胞生成；体内服可抑制 IL-2 的产生，有免疫抑制作用。马钱子苷对免疫反应有双向调节作用，能促进 IL-2 的产生[10]。

3. **抑制血小板聚集及抗血栓形成**
   山茱萸注射剂体外给药，对二磷酸腺苷 (ADP)、胶原或花生四烯酸 (arachidonic acid) 诱导的兔血小板聚集有明显抑制作用；注射剂还能抑制大鼠颈总动脉-颈外静脉侧支循环的血栓形成[9]。

山茱萸 Shanzhuyu

4. **抗心律失常**

   山茱萸水提醇沉液能明显延长乌头碱诱发大鼠心律失常的潜伏期，降低氯化钙所致大鼠室颤的发生率和死亡率，明显提高乌头碱诱发大鼠离体左室乳头肌节律失常的阈剂量，且能明显逆转由乌头碱和氯化钙诱发的大鼠左室乳头肌收缩节律失常[11]。

5. **降血糖**

   山茱萸煎剂能降低四氧嘧啶糖尿病大鼠的血糖水平，且能增加肝糖元含量[12]。山茱萸的环烯醚萜类成分能降低链脲霉素糖尿病大鼠血糖水平，对糖尿病导致的心脏和肾病变还有保护作用[13-14]。

6. **抗炎**

   山茱萸水煎剂对醋酸引起的小鼠腹腔毛细血管通透性增高、大鼠棉球肉芽组织增生、二甲苯所致的小鼠耳廓肿胀以及蛋清引起的大鼠足趾肿胀等炎症有抑制作用，还能降低大鼠肾上腺内抗坏血酸的含量[15]。体内实验证明，山茱萸总苷有良好的抗炎作用[16]。山茱萸总苷能抑制角叉菜胶所致的大、小鼠足趾肿胀，对弗氏完全佐剂诱导的大鼠关节炎也有显著抑制作用[16]。

7. **抗菌**

   体外实验证明，山茱萸煎剂对金黄色葡萄球菌、志贺氏痢疾杆菌及堇色毛癣菌等真菌有抑制作用；山茱萸鲜果肉对伤寒杆菌和痢疾杆菌有抑制作用[10]。

8. **其他**

   山茱萸多糖有抗氧化活性[17]；山茱萸还有保肝、抗肿瘤和抗人类免疫缺陷病毒 (HIV) 等作用[9]。

应用

本品为中医临床用药。功能：补益肝肾，收敛固涩。主治：①肝肾亏虚，头晕目眩，腰膝痠软，阳痿，遗精，遗尿等证；②崩漏下血，月经过多；③大汗不止，体虚欲脱证，消渴证。

现代临床还可用于失血性休克、I型糖尿病、升高化疗、放疗后白细胞、肩周炎及复发性口腔溃疡等病的治疗。

评注

毒理学实验研究表明，山茱萸属于实际无毒物质，对动物体无遗传毒性及蓄积毒性，具有食用安全性，可药食两用[18]。山茱萸具有很高的营养价值，用作保健品或食品的开发具有广阔的前景。

山茱萸的药用部位为果肉，目前产地加工后的果核部分均弃之不用，研究发现山茱萸核有抗菌和抗氧化作用，其综合利用研究值得深入探讨[19-20]。目前，中国河南西峡、南阳、浙江临安、陕西佛坪均已建立了山茱萸的规范化种植基地。

参考文献

[1] 杨晋，陈随清，冀春茹，刘延泽. 山茱萸化学成分的分离鉴定. 中草药. 2005, 36(12): 1780-1782

[2] 徐丽珍，李慧颖，田磊，李克明，李斌，钱天秀，孙南君. 山茱萸化学成分的研究. 中草药. 1995, 26(2): 62-65

[3] T Hatano, N Ogawa, R Kira, T Yasuhara, T Okuda. Tannins of cornaceous plants. I. Cornusiins A, B and C, dimeric monomeric and trimeric hydrolyzable tannins from *Cornus officinalis*, and orientation of valoneoyl group in related tannins. *Chemical & Pharmaceutical Bulletin*. 1989, 37(8): 2083-2090

[4] T Hatano, T Yasuhara, R Abe, T Okuda. Tannins of cornaceous plants plants. Part 3. A galloylated monoterpene glucoside and a dimeric hydrolyzable tannin from *Cornus officinalis. Phytochemistry*. 1990, 29(9): 2975-2978

[5] 周兆祥，杨更生. 山茱萸果实中有机酸、糖、维生素和微量元素的研究. 林产化学与工业. 1989, 9(2): 57-65

[6] 杨云，刘翠平，王浴铭，刘建鑫，张智军. 山茱萸多糖的化学研究. 中国中药杂志. 1999, 24(10): 614-616

[7] DK Kim, JH Kwak. A furan derivative from *Cornus officinalis*. *Archives of Pharmacal Research*. 1998, **21**(6): 787-789
[8] 刘洪，许惠琴．山茱萸及其主要成分的药理学研究进展．南京中医药大学学报．2003，**19**(4)：254-256
[9] 戴岳，杭秉茜，黄朝林，李佩珍．山茱萸对小鼠免疫系统的影响．中国药科大学学报．1990，**21**(4)：226-228
[10] 赵武述，张玉琴，李洁，呼怀民，赵世萍，薛智．山茱萸成分的免疫活性研究．中草药．1990，**21**(3)：17-20
[11] 闫润红，任晋斌，刘必旺，王世民．山茱萸抗心律失常作用的实验研究．山西中医．2001，**17**(5)：52-54
[12] 舒思洁，庞鸿志，明章银，郑敏，李立中．山茱萸抗糖尿病作用的实验研究．咸宁医学院学报．1997，**11**(4)：148-150
[13] 时艳，许惠琴．山茱萸环烯醚萜总苷对实验性糖尿病心脏病变的保护作用．南京中医药大学学报．2006，**22**(1)：35-37
[14] HQ Xu, HP Hao. Effects of iridoid total glycoside from *Cornus officinalis* on prevention of glomerular overexpression of transforming growth factor beta 1 and matrixes in an experimental diabetes model. *Biological & Pharmaceutical Bulletin*. 2004, **27**(7): 1014-1018
[15] 戴岳，杭秉茜，黄朝林．山茱萸对炎症反应的抑制作用．中国中药杂志．1992，**17**(5)：307-309
[16] 赵世萍，陈玉武，郭景珍，付桂香，龚海洋，李克明．山茱萸总苷的抗炎免疫抑制作用．中日友好医院学报．1996，**10**(4)：294-298
[17] 李平，王艳辉，马润宇．山茱萸多糖 PFCA III 的理化性质及生物活性研究．中国药学杂志．2003，**38**(8)：583-586
[18] 张兰桐，袁志芳，杜英峰，王春英．山茱萸的研究近况及开发前景．中草药．2004，**35**(8)：952-955
[19] 尚遂存，关宏良，李向书，雷玉萍．山茱萸肉核抑菌作用的对照试验．河南中医药学刊．1994，**9**(6)：21-22
[20] 尚遂存，刘亚竟，肖学风，孙志云，张金英，田淑艳，江行本．山茱萸果核提取物抗氧作用的研究．林产化学与工业．1990，**10**(4)：217-221

延胡索 Yanhusuo CP, JP

Corydalis yanhusuo W. T. Wang
Yanhusuo

 概 述

罂粟科 (Papaveraceae) 延胡索 *Corydalis yanhusuo* W. T. Wang，其干燥块茎入药。中药名：延胡索，又名：元胡。

紫堇属 (*Corydalis*) 植物全世界约有 428 种，主要广布于北温带地区，南可到北非至印度沙漠区的边缘，个别种类分布在东非的草原区。中国约 288 种，南北各地均有分布，以西南地区为多，尤其在亚高山针叶林带最为集中。本属已供药用者 34 种、5 变型。本种分布于中国安徽、江苏、浙江、湖北、河南等地。

"延胡索"药用之名，始载于《本草拾遗》。《中国药典》(2005 年版) 收载本种为中药延胡索的法定原植物来源种。主产于中国浙江，并引种到湖北、湖南、江苏等省；野生资源稀缺，多为栽培品，以浙江东阳产者质优而被作为道地药材[1-2]。

延胡索主要含有多种生物碱，为其主要活性成分。《中国药典》规定，以高效液相色谱法测定本品含延胡索乙素不得少于 0.050%，以控制药材质量。

药理研究表明，延胡索具有镇痛镇静、扩张冠状动脉、抗心率失常、抗溃疡等作用。

中医理论认为延胡索具有活血散瘀，理气止痛等功效。

延胡索 *Corydalis yanhusuo* W. T. Wang

药材延胡索 Rhizoma Corydalis

1cm

化学成分

延胡索块茎中含有多种类型生物碱成分：(+)-紫堇碱[(+)-corydaline]、(±)-四氢巴马亭[(±)-tetrahydropalmatine, THP]、(-)-四氢黄连碱[(-)-tetrahydrocoptisine]、四氢非洲防己胺[(-)-tetrahydrocolumbamine]、(+)-紫堇球碱[(+)-corybulbine]、去氢紫堇碱(dehydrocorydaline DHC)、(+)-海罂粟碱[(+)-glaucine]、原阿片碱(protopine)、α-别隐品碱[α-allocryptopine]、(-)-四氢小檗碱[(-)-tetrahydroberberine]、巴马亭(palmatine)、非洲防己碱(columbamine)、(+)-N-甲基樟苍碱[(+)-N-methyllaurotetanine]、去氢海罂粟碱(dehydroglaucine)、元胡宁(yuanhunine)[3]、异紫堇球碱(isocorybulbine)、saulatine[4]、狮足草碱(leonticine)、二氢血根碱(dihydrosanguinarine)、小檗碱(berberine)、去氢南天宁碱(dehydronantenine)、黄连碱(coptisine)、延胡索胺碱(corydalmine)、去氢延胡索胺碱(dehydrocorydalmine)等。

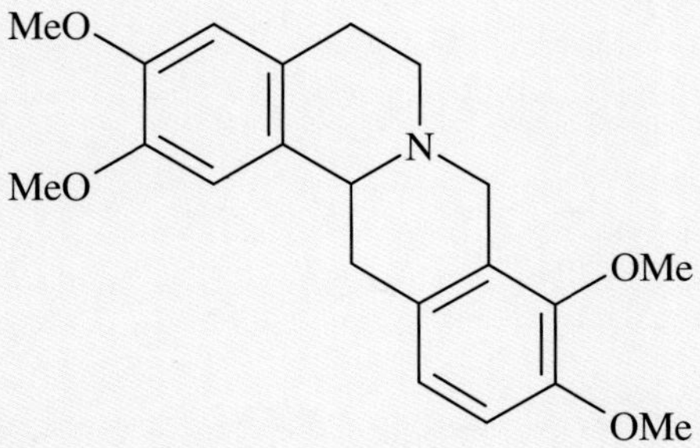

tetrahydropalmatine

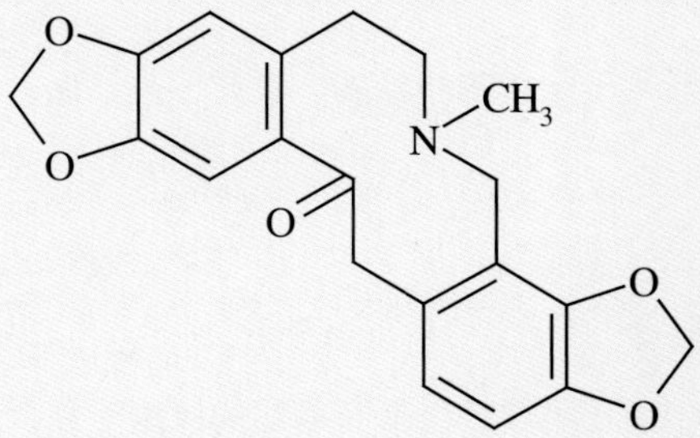

protopine

药理作用

1. **镇痛、镇静**

    延胡索水提液灌胃，小鼠甩尾法、热板法测定有显著镇痛作用，延胡索总生物碱、延胡索乙素(THP)、紫堇碱均有较强镇痛活性，而未发现有成瘾性[5]，延胡索口服对冷冻引发的疼痛也有较好的缓解作用[6]。较大剂量THP皮下注射对犬有镇静催眠作用；四氢小檗碱也具有镇静作用，延胡索和延胡索乙素通过阻断脑内多巴胺(dopamine)受体，发挥镇静催眠作用[7-8]。

2. **保护心脏、抗心律失常、降血压**

    去氢紫堇碱(DHC)腹腔注射可明显提高小鼠常压和减压耐缺氧能力；DHC静脉注射可扩张麻醉猫冠脉，增加冠脉血流量，减慢心率，腹腔注射对垂体后叶素(pit)致大鼠心电图(ECG) T波改变和心律失常有保护作用[9]。延胡索生物碱静脉注射，明显降低大鼠冠状动脉结扎急性心肌梗的红细胞聚集指数，降低血黏度，减少N-BT染色所显示的心肌梗塞范围，降低血清磷酸肌酸激酶(CPK)、丙氨酸转氨酶(ALT)、α-丁酮酸脱氢酶(HBDH)等心肌酶活性[10]。THP腹腔注射对pit致大鼠急性心肌缺血有保护作用，能对抗异丙肾上腺素致ECG ST段升高，抑制心肌组织CPK和乳酸脱氢酶(LDH)释放，降低血清CPK、LDH水平，增强心肌组织超氧化物歧化酶(SOD)活性，减少丙二醛(MDA)生成，降低血清游离脂肪酸(FAA)水平，减少心肌坏死面积[11-12]，延胡索总碱也有相似作用[13]。延胡索总碱静脉注射对乌头碱诱发的大鼠心律失常、对异丙肾上腺素诱发的大鼠心肌缺血，均有明显的保护作用[14]。THP体外可明显延迟豚鼠心肌细胞整流钾电流(IK)和内向整流钾电流(IK1)，使动作电位时程(APD)和有效不应期(ERP)延长[15]。THP能降低血压作用系由于阻断脑内多巴胺受体，及减少下视丘5-色羟胺释放有关[16-17]。

3. **抗溃疡**

    THP可明显抑制离体大鼠胃黏膜基础胃酸分泌，对组胺(His)诱导的大鼠胃酸分泌有非竞争性抑制作用[18]，对大鼠

罂粟科

延胡索 Yanhusuo

幽门结扎和阿司匹林诱发的胃溃疡有保护作用[8]。

4. **抗甲状腺机能过高**

THP 有抑制甲状腺机能过高作用，其作用机理不是抑制甲状腺细胞而是抑制促甲状腺激素 (TSH)[19]。

5. **其他**

THP 静脉注射对大鼠非开颅局灶性脑缺血再灌注损伤有保护作用[20]。延胡索水提液灌胃有增强小鼠免疫力，提高学习能力和抗氧化作用[21]。延胡索酸二甲酯 (DMF) 对大鼠醌还原酶 (QR) 和谷胱甘肽-S-转移酶 (GSTs) 的活性有诱导作用[22]。延胡索生物碱体外可抑制人类免疫缺陷病毒-1 (HIV-1) 逆转录酶的活性[23]。延胡索提取物体外能有效逆转乳腺癌细胞 MCF-7/VCR 的耐药性[24]。

应 用

本品为中医临床用药。功能：活血，行气，止痛。主治：气血瘀滞诸痛证。

现代临床还用于一般的神经痛、腰痛、关节痛、经痛、肿疡疼痛、慢性腰腿痛等多种痛症及消化性溃疡、浅表性胃炎等病的治疗。

评 注

延胡索为中药止痛要药，具有确切的镇痛活性，止痛作用显著，作用部位广泛，延胡索乙素作为其主要的镇痛有效成分已被开发为镇痛药并在临床上应用多年，是中药创新研究开发的重要范例。

临床有因内服大量及长期使用延胡索引起急性中毒、神经系统不良反应的报道[25]。中医传统经验认为孕妇忌用本品。

参考文献

[1] 徐国钧，何宏贤，徐珞珊，金蓉鸾．中国药材学．北京：中国医药科技出版社．1996：542-547

[2] 许翔鸿，余国奠，王峥涛．野生延胡索种质资源现状及其质量评价．中国中药杂志．2004，**29**(5)：399-401

[3] 傅小勇，梁文藻，涂国士．东阳元胡块茎中的生物碱的化学研究．药学学报．1986，**21**(6)：447-453

[4] 许翔鸿，王铮涛，余国奠，阮碧芳，李军．延胡索中生物碱成分的研究．中国药科大学学报．2002，**33**(6)：483-48[6]

[5] 徐婷，金昔陆，曹惠明．延胡索乙素药理作用的研究进展．中国临床药学杂志．2001，**10**(1)：58-60

[6] CS Yuan, SR Mehendale, CZ Wang, HH Aung, TL Jiang, XF Guan, Y Shoyama. Effects of *Corydalis yanhusuo* and *Angelicae dahuricae* on cold pressor-induced pain in humans: A controlled trial. Journal of Clinical Pharmacology. 2004, **44**(11): 1323-1327

[7] 许守玺，陈嬿，金国章．四氢原小檗碱同类物对脑内多巴胺受体的亲和力比较．科学通报．1985，**6**：468-471

[8] 王本祥．现代中药药理学．天津：天津科学出版社．1997：894-897

[9] 蒋燮荣，吴庆仙，施化莲，陈卫平，常思勤，赵树仪，田秀英，周连发，果淑敏，李元静．脱氢紫堇碱对心血管系统的药理作用．药学学报．1982，**17**(1)：61-65

[10] 刘剑刚，刘立新，马晓斌，王杨慧，戴梅芳．延胡索碱注射液对大鼠实验性急性心肌梗塞和红细胞流变性的作用．中药新药与临床药理．2000，**11**(2)：76-79

[11] 闵清，舒思洁，吴基良，刘超，刘彤云．延胡索乙素对大鼠实验性心肌缺血的保护作用．中国基层医药．2001，**8**(5)：430-431

[12] 闵清，白育庭，舒思洁，吴基良，刘彤云．延胡索乙素对异丙肾上腺素所致心肌坏死的保护作用．中医药学报．2001，**29**(4)：44-45

[13] 邱蓉丽，李祥，陈建伟，李璘．延胡索总生物碱抗心肌缺血作用的实验研究．中国中医药科技．2001，**8**(4)：265

[14] 马胜兴，陈可冀，马玉玲，包晓峰．延胡索抗心律失常作用的初步试验．中药通报．1985，**10**(11)：41-42

[15] 刘玉梅，周宇宏，单宏丽，冯铁明，乔国芬，杨宝峰．延胡索乙素对豚鼠单个心室肌细胞钾离子通道的影响．中国药理学通报．2005，**21**(5)：599-601

[16] FY Chueh, MT Hsieh, CF Chen, MT Lin. DL-tetrahydropalmatine-produced hypotension and bradycardia in rats through the inhibition of central nervous dopaminergic mechanisms. *Pharmacology*. 1995, **51**(4): 237-244

[17] FY Chueh, MT Hsieh, CF Chen, MT Lin. Hypotensive and bradycardic effects of dl-tetrahydropalmatine mediated by decrease in hypothalamic serotonin release in the rat. *The Japanese Journal of Pharmacology*. 1995, **69**(2): 177-180

[18] 李毓, 王建华, 劳绍贤, 陈蔚文. 延胡索乙素对离体大鼠胃酸分泌的抑制作用. 中国药理学通报. 1993, **9**(1): 44-47

[19] MT Hsieh, LY Wu. Inhibitory effects of (+/-)-tetrahydropalmatine on thyrotropin-stimulating hormone concentration in hyperthyroid rats. *Journal of Pharmacy and Pharmacology*. 1996, **48**(9):959-961

[20] 梁健, 王富强, 郑平香, 梁京生. 延胡索乙素抗脂质过氧化作用与对脑缺血再灌注大鼠行为及病理改变的保护. 中国药理学通报. 1999, **15**(2): 167-169

[21] 徐丽珊, 韩建标, 楼芸萍. 延胡索对小鼠学习能力及抗氧化作用的影响. 浙江师大学报(自然科学版). 2001, **24**(4): 374-376

[22] 王立新, 林三仁. 延胡索酸二甲酯对大鼠醌还原酶和谷胱甘肽-S-转移酶的诱导作用. 中华预防医学杂志. 1999, **33**(6): 366-368

[23] HX Wang, TB Ng. Examination of lectins, polysaccharopeptide, polysaccharide, alkaloid, coumarin and trypsin inhibitors for inhibitory activity against human immunodeficiency virus reverse transcriptase and glycohydrolases. *Planta Medica*. 2001, **67**(7): 669-67[2]

[24] 谭成, 俞惠新, 林秀峰, 陈波, 张荣军, 蔡刚明, 肖晔, 曹国宪. 中药逆转乳腺癌细胞多药耐药性的实验研究. 中药药理与临床. 2005, **21**(3): 32-34

[25] 陈江平. 急性延胡索中毒的急救. 急诊医学. 1999, **8**(5): 361

延胡索种植地

蔷薇科

山楂 Shanzha^{CP}

Crataegus pinnatifida Bge.

Chinese Hawthorn

 概述

蔷薇科 (Rosaceae) 植物山楂 *Crataegus pinnatifida* Bge.，以干燥成熟果实入药。中药名：山楂。

山楂属 (*Crataegus*) 植物全世界约有 1000 多种，广泛分布于北半球，以北美种类最多。中国产约有 17 种、2 变种。本属现供药用者约 8 种。本种主要分布于中国黑龙江、吉林、辽宁、内蒙古、河北、河南、山东、山西、陕西和江苏等地。

山楂为《新修本草》赤爪木的果实，《本草纲目》中明确赤爪木即为山楂，中国古本草有关山楂的记述系指该属多种植物。《中国药典》(2005 年版) 收载本种为中药山楂的法定原植物来源种之一。主产中国河北、山东、辽宁、河南等省。

山楂属植物主要含有机酸和黄酮类化合物，尚有鞣质、氨基酸及微量元素等。山楂中的黄酮类化合物是防治心血管疾病及降血脂的有效成分，而有机酸是消食化滞的主要有效成分。《中国药典》规定按干燥品计算，含有机酸以枸橼酸计不得少于5.0%，以控制药材质量。

药理研究表明，山楂具有促进消化、降血脂、保护血管内皮细胞、保护心肌细胞、抗氧化、降血压及促进免疫等作用。

中医理论认为山楂具有消食化积，行气散瘀等功效。

山楂 *Crataegus pinnatifida* Bge.

山里红 *C. pinnatifida* Bge. var. *major* N. E. Br.

化学成分

山楂的果实含黄酮类成分：3-O-α-L-吡喃鼠李糖 (1→6)-β-D-吡喃葡萄糖槲皮素(quercetin-3-O-α-L-rhamnopyranosyl(1→6)-β-D-glucopyranoside)、3-O-β-D-吡喃半乳糖槲皮素 (quercetin-3-O-β-D-galactopyranoside)、槲皮素 (quercetin)[1]、金丝桃苷 (hyperoside)；三萜类成分：熊果醇 (uvaol)、熊果酸 (ursolic acid)、3-oxoursolic acid[2]；有机酸类成分：咖啡酸 (caffeic acid)、原儿茶酸 (protocatechuic acid)、phloroglucinol、焦性没食子酸 (pyrogallol)[3]、绿原酸 (chlorogenic acid)；此外还有表儿茶精 [(-)-epicatechin]、黄烷聚合物 (flavan polymers) 等。

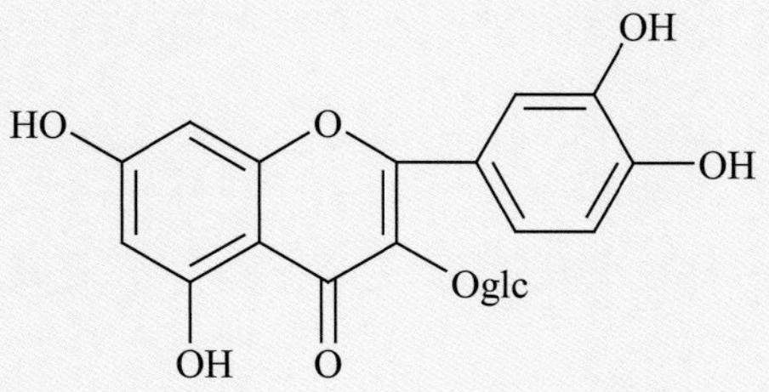

hyperoside

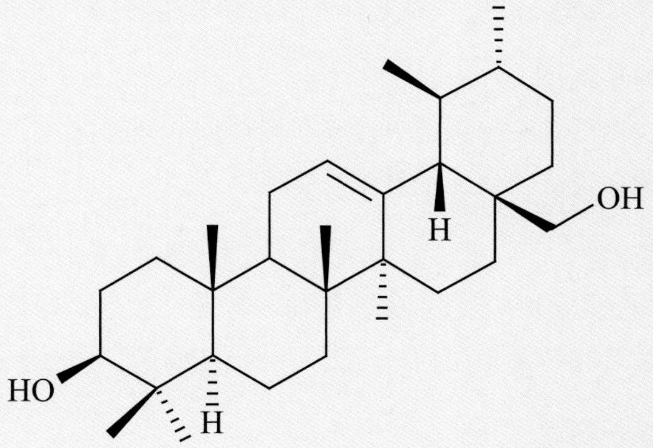

uvaol

药理作用

1. **促进消化**

   山楂所含的脂肪酶能促进脂肪消化，并增加胃消化酶的分泌，促进消化，同时对胃肠功能具有一定的调节作用，可抑制活动亢进的兔十二指肠平滑肌，对松弛的大鼠胃平滑肌则有轻度增强收缩作用；山楂醇提取液及水溶液可明显抑制乙酰胆碱及钡离子引起兔、鼠离体胃肠平滑肌收缩，对大鼠松弛状态下的胃平滑肌则具有促收缩作用。

2. **对心血管系统的影响**

   (1)对心脏的影响　山楂叶提取物灌胃给药能显著降低结扎冠脉大鼠的血清肌酸磷酸激酶活性和心肌梗死面积，具有明显的心肌保护作用[10]；山楂叶总黄酮对大鼠心肌缺血再灌注及乳鼠缺血缺氧损伤的心肌细胞有明显保护作用，这可能与清除自由基，抑制脂质过氧化反应有关或与热休克蛋白70 (Hsp 70) 表达增强有关[4-6]；此外，山楂叶总黄酮对大鼠心肌缺血再灌注引起的心功能减弱有明显的保护作用，其机理可能与改善能量代谢障碍和抑制自由基生成或清除氧自由基作用有关[7]。山楂提取物能增强在体、离体蟾蜍心收缩力，山楂酸对疲劳衰弱的蟾蜍心脏停搏具恢复心跳作用，并能改善冠脉循环起强心作用；山楂浸膏以及总黄酮苷给犬静脉注射，可增加冠脉血流量；给狗饲喂山楂 (含原矢菊苷元低聚物) 后，可增加其左心室血流量；给猫静脉注射原矢菊苷元低聚物，也呈剂量依赖性增加其心脏血流量。

   (2)**血管内皮细胞保护作用**　山楂总黄酮可以有效抑制氧化型低密度脂蛋白诱导的血管内皮细胞损伤[8]；山楂叶总黄酮能通过抗氧化途径对溶血磷脂酰胆碱与黄嘌呤和黄嘌呤氧化酶所致血管内皮细胞的氧化损伤起保护作用[9]。

   (3)**降血压**　山楂乙醇浸出物静脉给药可缓慢下降麻醉兔血压；山楂总黄酮静注可使猫血压下降，其总提取物对兔、猫也有明显的中枢降血压作用；山楂黄酮、三萜酸及水解物静注、腹腔注射及十二脂肠给药，对麻醉猫的血压均有不同程度的降血压作用。

   (4) **降血脂**　山楂及山楂黄酮能显著抑制喂高脂高胆固醇饲料的大鼠血清总胆固醇、低密度脂蛋白胆固醇、载脂蛋白 B 浓度，并显著升高高密度脂蛋白胆固醇和载脂蛋白 AI 浓度，但对三酰甘油影响不大；还能显著升高大鼠肝脏低密度脂蛋白受体 mRNA 水平、蛋白水平和数目[10]；从山楂中分离得到的金丝桃苷、熊果酸均显著降低小鼠血清总胆固醇和升高高密度脂蛋白与胆固醇的比值[11]；山楂黄酮和山楂汁能使高脂血症大鼠血清、肝脏的三酰甘油和肝脏胆固醇明显降低[12]；山楂水浸膏也能降低大鼠血清三酰甘油的含量[13]。

(5) **抗氧化**　山楂及山楂黄酮能显著降低血清和肝脏丙二醛含量，增强红细胞和肝脏超氧化物歧化酶 (SOD) 的活性，同时增强全血谷胱甘肽过氧化物酶 (GSH-Px) 活性[10]；山楂水提取液具有体外清除氧自由基的作用，可使大鼠体内 SOD 活性增强，丙二醛含量降低[14]；山楂原花色素有明显的清除羟自由基和抗脂质过氧化作用[15]；山楂水煎液还可提高小鼠血清硫代乙酰胺、红细胞内 SOD 活性及红细胞膜 Na^+, K^+-ATP 酶的活性，并能降低脑组织 Ca^{2+} 和丙二醛的含量，增强机体抗氧化能力[16]；此外，山楂水提取液还能抑制低密度脂蛋白氧化[17]。

(6) **其他**　山楂叶提取物体内或体外给药均可显著抑制家兔血小板聚集[18]。

3. **促进免疫**

山楂煎剂和水提醇沉液对小鼠胸腺和脾重量、T 淋巴细胞转化率及 T 淋巴细胞酸性 α-醋酸萘酯酶细胞百分率均有明显增高作用，促进细胞免疫[19, 20]。

4. **抗菌**

山楂对痢疾杆菌、金黄色葡萄杆菌、乙型链球菌、大肠杆菌、变形杆菌、炭疽杆菌、白喉杆菌、伤寒杆菌、绿脓杆菌等有抗菌作用；一般对革兰阳性细菌作用强于革兰阴性细菌。

5. **保护肝脏**

口服山楂叶和桑叶两者的 30% 甲醇提取物对四氯化碳诱导肝损害小鼠具有保护作用[21]；体外试验显示山楂果实所含的黄酮类成分能减少类脂多糖诱导的巨噬细胞 RAW264.7 中前列腺素 E_2 (PGE_2) 和 NO 的释放，体内试验显示还能降低血清中丙氨酸和天冬氨酸氨基转移酶水平，减少肝损害，同时也减少类脂多糖诱导的肝脏 iNOS 和 COX-2 的表达[22]。

6. **其他**

山楂还具有防癌、细胞毒[2]、抑制精子畸变[23]等作用。

应用

本品为中医临床用药。功能：消食化积，行气散瘀。主治：①肉食积滞证；②泻痢腹痛，疝气痛；③瘀阻胸腹痛，痛经。

现代临床还用于消化不良、高脂血症、冠心病、高血压、克山病、急性肠炎、细菌性痢疾、肾盂肾炎、乳糜尿、冻疮、痛经、闭经、产后腹痛、恶露不尽、疝气或睾丸肿痛等病的治疗。

评注

山楂是中国卫生部规定的药食同源品种之一。《中国药典》除山楂外，还收载山里红 *Crataegus pinnatifida* Bge. var. *major* N. E. Br. 作为中药山楂的法定原植物来源种。山里红资源丰富，有机酸含量高，可鲜食或加工成各种食品、饮料及果酒等，在天然食品或饮品中也具有很好的开发价值。

临床使用和开发主要集中在山楂果实部位。据报道，山楂核、叶部位也含有不同量的黄酮成分[24]，且用山楂叶、花提取物治疗充血性心衰安全有效[25]，同时《中国药典》也收载了山楂叶，因此应加强山楂资源的综合利用研究。

现代药理研究显示山楂在心血管方面具有很好的活性。德国山楂制剂用于增强心肌收缩力，增加冠脉流量，已载入《德国药典》。

参考文献

[1] SS Hong, JS Hwang, SA Lee, XH Han, JS Ro, KS Lee. Inhibitors of monoamine oxidase activity from the fruits of *Crataegus pinnatifida* Bunge. *Saengyak Hakhoechi*. 2002, 33(4): 285-290

[2] BS Min, YH Kim, SM Lee, HJ Jung, JS Lee, MK Na, CO Lee, JP Lee, KH Bae. Cytotoxic triterpenes from *Crataegus pinnatifida*. *Archives of Pharmacal Research*. 2000, 23(2): 155-158

[3] JS Kim, GD Lee, JH Kwon, HS Yoon. Identification of phenolic antioxidative components in *Crataegus pinnatifida* Bunge. *Han'guk Nonghwa Hakhoechi*. 1993, 36(3): 154-157

[4] 林秋实, 陈吉棣. 山楂及山楂黄酮预防大鼠脂质代谢紊乱的分子机制研究. 营养学报. 2000, 22(2): 131-136

[5] 李贵海, 孙敬勇, 张希林, 杨振宁, 周超, 杨书斌. 山楂降血脂有效成分的实验研究. 中草药. 2002, 33(1): 50-52

[6] 高莹, 肖颖. 山楂及山楂黄酮提取物调节大鼠血脂的效果研究. 中国食品卫生杂志. 2002, 14(3): 14-16

[7] 李廷利, 刘中申, 梁德年. 山里红水浸膏对SHR大鼠实验性高脂血症治疗作用的研究. 中医药学报. 1989, 2: 45-47

[8] 常翠青, 陈吉棣. 山楂总黄酮对人血管内皮细胞的作用. 中国公共卫生. 2002, 18(4): 390-392

[9] 叶希韵, 王耀发. 山楂叶总黄酮对血管内皮细胞氧化损伤的保护作用. 中国现代应用药学杂志. 2002, 19(4): 265-268

[10] 杨利平, 王春霖, 王永利, 李蕴山, 傅绍萱. 山楂叶提取物对家兔血小板聚集和大鼠实验性心肌缺血的影响. 中草药. 1993, 24(9): 482-483

[11] 闵清, 白育庭, 舒思洁, 吴基良, 刘彤云. 山楂叶总黄酮对大鼠心肌缺血再灌注损伤的保护作用. 中药药理与临床. 2005, 21(2): 19-21

[12] 叶希韵, 张隆, 张静, 王燿发. 山楂叶总黄酮对乳鼠心肌细胞缺血缺氧损伤的实验研究. 中国现代应用药学杂志. 2005, 22(3): 202-204

[13] 闫波. 山楂总黄酮TFC对心肌缺血大鼠热休克蛋白70表达的影响. 中华中西医学杂志. 2005, 3(7): 7-9

[14] 闵清, 白育庭, 吴基良, 舒思洁, 刘彤云. 山楂叶总黄酮对心肌缺血再灌注损伤大鼠心功能的影响. 中国药学杂志. 2005, 40(7): 515-517

[15] 王文. 山楂提取液对大鼠血清SOD、MDA的影响. 赣南医学院学报. 2003, 23(4): 136-138

[16] 王继峰, 王石泉, 汤国枝, 张鹤云, 张太平, 袁达文, 金以丰. 山楂原花色素的抗氧化作用研究. 天然产物研究与开发. 2001, 13(2): 46-49

[17] 王建光, 杨新宇, 叶辉, 张涛, 杨晶, 白书阁. 山楂对D-半乳糖致衰小鼠抗氧化系统及钙稳态影响的实验研究. 中国老年学杂志. 2003, 23: 609-610

[18] CY Chu, MJ Lee, CL Liao, WL Lin, YF Yin, TH Tseng. Inhibitory Effect of Hot-Water Extract from Dried Fruit of *Crataegus pinnatifida* on Low-Density Lipoprotein (LDL) Oxidation in Cell and Cell-Free Systems. *Journal of Agricultural and Food Chemistry*. 2003, 51(26): 7583-7588

[19] 常江, 金治萃, 高光, 王陆一, 李雪莲. 山楂煎剂对小鼠细胞免疫的影响. 包头医学院学报. 1996, 12(4): 10-11

[20] 金治萃, 高光, 常江, 贾彦彬, 王陆一. 山楂注射液对小鼠免疫功能的影响. 包头医学院学报. 1997, 13(1): 6-7

[21] HJ Kim, JK Kim, WK Whang, IH Ham, SH Kwon, S Hwang-Bo, HJ Kim. Effects of Mori folium and *crataegus pinnatifida* leave extracts on CCl_4-induced hepatotoxicity in rats. *Yakhak Hoechi*. 2003, 47(4): 206-211

[22] Kao ES, Wang CJ, Lin WL, Yin YF, Wang CP, Tseng TH. Anti-inflammatory potential of flavonoid contents from dried fruit of *Crataegus pinnatifida in vitro* and *in vivo*. *Journal of Agricultural and Food Chemistry*. 2005, 53(2): 430-436

[23] 崔太昌, 刘秀卿, 徐厚铨, 武国娟, 张忠彬. 山楂提取物对环磷酰胺致小鼠精子畸变的抑制作用. 中国公共卫生. 2002, 18(3): 266-267

[24] 陈坚, 陈代鸿. 山楂果肉、核、叶中总黄酮的含量测定与比较. 基层中药杂志. 1999, 13(4): 8-9

[25] JG Zapfe. Clinical efficacy of crataegus extracts WS 1442 in congestive heart failure NYHA class II. *Phytomedicine*. 2001, 8(4): 262-266

巴豆 Badou CP, IP

大戟科

Croton tiglium L.
Croton

概 述

大戟科 (Euphorbiaceae) 植物巴豆 *Croton tiglium* L.，其干燥成熟果实入药。中药名：巴豆。巴豆种子粉碎炮制除去部分油脂后入药，中药名：巴豆霜。

巴豆属 (*Croton*) 植物全世界约有 800 种；广布于全世界热带、亚热带地区，以热带美洲地区最为丰富。中国约有 21 种。本属现供药用者约有 5 种。本种分布于中国浙江、福建、江西、湖南、广东、海南、广西、贵州、四川、云南等省区；亚洲南部、东南亚也有分布。

"巴豆"药用之名，始载于《神农本草经》，列为下品。历代本草多有著录。《中国药典》(2005 年版) 收载本种为中药巴豆的法定原植物来源种。主产于中国四川、云南、广西、贵州、湖北等地，以四川产量最大；此外，广东、福建、浙江等省也产。

巴豆种仁含巴豆油，其特异成分为巴豆酸等脂肪酸的甘油酯。油中尚含巴豆树脂 (croton resin)、巴豆醇 (phorbol) 与甲酸、丁酸及巴豆油酸 (crotonic acid) 结合成的酯。种仁含巴豆毒素 (crotin)、巴豆苷 (crotonoside) 及异鸟嘌呤 (isoguanine) 等。《中国药典》规定巴豆含脂肪油不得少于 22%，巴豆霜含脂肪油应为 18%～20%，以控制药材质量。

药理研究表明，巴豆具有泻下、抗病原微生物、抗肿瘤等作用。

中医理论认为巴豆具有泻下寒积，祛痰利咽等功效。

巴豆 *Croton tiglium* L.

药材巴豆 Fructus Crotonis

1cm

化学成分

巴豆种子含巴豆油 34%～57%，蛋白质约 18%。巴豆油中含巴豆油酸 (crotonic acid)、巴豆酸 (tiglic acid) 及由巴豆油酸、巴豆酸、棕榈酸、硬脂酸、油酸等有机酸组成的甘油酯、巴豆醇 (phorbol)、4-去氧-4α-巴豆醇 (4-deoxy-4α-phorbol) 的衍生物。巴豆种仁还含有毒性球蛋白巴豆毒素 I、II (crotins I-II)、另含致癌剂 C-3 (cocarcinogen C-3)[1]、巴豆苷 (crotonoside)、异鸟嘌呤 (isoguanine)[2]等。

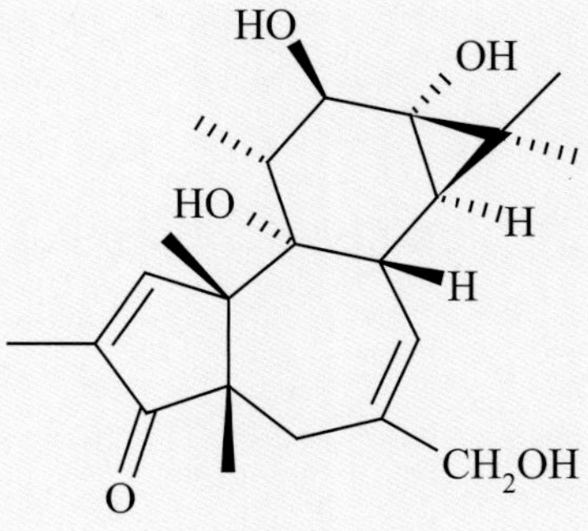

phorbol

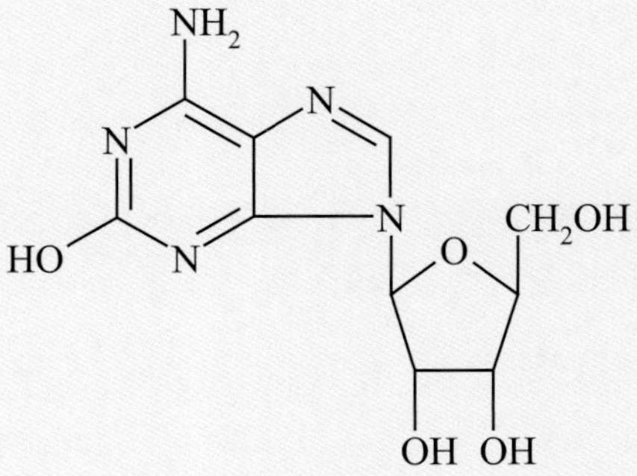

crotonoside

药理作用

1. **致泻**
   巴豆醇提物可改变大鼠肠道上皮细胞的 Na^+、Cl^- 离子转运而致泻[3]；巴豆霜灌胃可明显增强小鼠胃肠推进运动，促进肠套叠的还纳；低浓度巴豆霜可显著增加离体兔回肠收缩幅度[4]；巴豆油灌胃可诱导小鼠小肠组织中的蛋白质表达差异[5]，诱发狗胃肠肌电活动改变和呕吐[6]；巴豆油酸灌胃可引起动物肠蠕动增加、肠黏膜充血、肠坏疽。

2. **抗菌**
   巴豆油体外对金黄色葡萄球菌、流感杆菌、白喉杆菌、绿脓杆菌、人结核分枝杆菌 H37RV[7]等有抑菌作用，对耐利福平 (RFP)、雷米封 (INH) 双重耐药菌株也有杀灭作用[8]。

3. **对肿瘤的影响**
   巴豆提取物对小鼠肉瘤 S_{180}、小鼠宫颈癌 U14、艾氏腹水癌有明显的抑制作用；巴豆生物碱能降低碱性磷酸酶 (ALP) 和乳酸脱氢酶 (LDH) 活性，诱导细胞分化[9]；大鼠移植性皮肤癌癌内注射巴豆油乳剂能引起瘤体退化，延缓皮肤癌的发展；巴豆总生物碱给腹水性肝癌小鼠灌胃，可使癌细胞质膜刀豆球蛋白 A (Con A) 受体侧向扩散速度明显增加，胞浆基质结构改变[10]。巴豆油有弱致癌性，并能增强某些致癌物质的致癌作用。巴豆油中的 12-O-十四烷酰巴豆醇-13-醋酸酯 (12-O-tetradecanoylphorbol-13-acetate, TPA) 为促癌主要活性成分。小鼠口服巴豆油30周后可引起前胃部乳头状瘤及癌；巴豆油可使致癌物甲基胆蒽致小鼠胃肿瘤发生率由15%增至55%，使阈下浓度甲基胆蒽引起小鼠皮肤乳头瘤发生率达 70%；7,12-二甲基苯蒽 (7,12-dimethylbenz[a]anthracene) 诱导小鼠皮肤癌同时给予巴豆油及巴豆提取物，12～380天后，40%～60%发生恶化[11]；人巨细胞病毒 (HCMV) AD169 株接种诱发宫颈癌小鼠宫颈给予巴豆油有促癌作用[12]；巴豆油腹腔注射可致大鼠肝 α_1 抑制因子 3 (α_1-I_3) RNA 水平下降，诱导癌基因 ODC 和 c-fos RNA 增加[13]；巴豆提取物体外可诱导细胞增殖加快，异倍体DNA含量增加，促使细胞发生恶性转化，使正常人肠上皮细胞生长延缓或死亡[14]。

4. **致炎和免疫抑制**
   巴豆油外涂可致小鼠耳廓急性水肿[15]，涂于大鼠皮肤可引起局部组胺释放；巴豆霜及其制剂显著抑制小鼠腹腔巨噬细胞的吞噬活性[16]。

5. 抗病毒

巴豆种子中的大戟醇二酯显著抑制 I 型人类免疫缺陷病毒 (HIV-1) 和 HIV-1 诱导的 MT-4 细胞病理学改变，增强蛋白激酶 C 活性[17-18]；TPA 等可诱导淋巴干细胞产生人类疱疹病毒第四型 (EBV) 早期壳体抗原[19]；巴豆油皮下注射可使流行性乙型脑炎病毒感染小鼠死亡率降低，生存时间延长。

6. 其他

巴豆水剂耳静脉给药能增加胆瘘兔的胆汁和胰液的分泌；巴豆浸出液可灭杀钉螺，以仁最强，内壳次之，外壳无效。

应用

本品为中医临床用药。功能：峻下冷积，逐水退肿，祛痰利咽，蚀疮。主治：①寒积便秘；②腹水臌胀；③喉痹痰阻；④痈肿成脓未溃，疥癣恶疮。

现代临床还用于肠梗阻、白喉小儿鹅口疮、乳癖、急性阑尾炎等病的治疗。

评注

生巴豆被列入香港常见毒剧中药 31 种名单。中医理论中，巴豆与牵牛子为配伍禁忌的"十九畏"之一；一般不能配合使用。现代研究也证明，巴豆与牵牛子合用较单用巴豆霜对小鼠的泻下作用、降低免疫作用增加，抗炎作用减弱，对理化刺激的反应降低，对胃黏膜损伤增加，巴豆霜单用能缩短小鼠凝血时间，体重减轻但未见死亡，与牵牛子合用后凝血时间有延长趋势，体重减轻并出现死亡[20]。

巴豆除成熟种子作药用外，其他部分也可药用。巴豆壳功能温中消积，解毒杀虫；主治泄泻，痢疾，腹部胀痛，瘰疬痰核等。巴豆叶功能祛风活血，解毒杀虫；主治风湿痹痛，跌打肿痛，带状疱疹等。巴豆树根功能：温中散寒，祛风止痛；主治胃痛，寒湿痹痛，牙痛，外伤肿痛，痈疽疔疮等。

巴豆既有抗癌活性，也有促癌活性，根据现有的研究资料，其抗癌的主要活性成分为生物碱类，促癌的活性成分为二萜酯类，而二萜酯类又是巴豆泻下作用的主要有效成分；此外，巴豆还含有毒性蛋白。巴豆的活性和毒性成分及其机理值得深入研究。

参考文献

[1] ER Arroyo, J Holcomb. Structural studies of an active principle from *Croton tiglium*. Journal of Medicinal Chemistry. 1965, 8(5): 672-675.

[2] JH Kim, SJ Lee, YB Han, JJ Moon, JB Kim. Isolation of isoguanosine from *Croton tiglium* and its antitumor activity. Archives of Pharmacal Research. 1994, 17(2): 115-118

[3] JC Tsai, SL Tsai, WC Chang. Effect of ethanol extracts of three Chinese medicinal plants with laxative properties on ion transport of the rat intestinal epithelia. Biological & Pharmaceutical Bulletin. 2004, 27(2): 162-16[5]

[4] 孙颂三，赵燕洁，周佩卿，夏运峰. 巴豆霜对泻下和免疫功能的影响. 中草药. 1993, 24(5): 251-252, 259

[5] 王新，张宗友，时永金，兰梅，韩全力，吴汉平，金建平，樊代明. 巴豆提取物诱导小鼠小肠组织中蛋白质差异表达的初步研究. 胃肠病学和肝病学杂志. 2000, 9(2): 103-106

[6] 许继德，樊雪萍，张经济，胡国庆. 巴豆油所致的呕吐过程中狗胃肠道电活动的改变. 现代中西医结合杂志. 2003, 12(6): 577-578

[7] 赵中夫，刘明社，武延隽，贾晋太. 巴豆油体外抗结核分枝杆菌作用实验研究. 长治医学院学报. 2004, 18(1): 1-3

[8] 赵中夫，刘明社，武延隽. 巴豆油抗多重耐药结核分枝杆菌作用实验研究. 长治医学院学报. 2004, 18(4): 241-243

[9] 赵凤鸣，许冬青，王明艳，顾海，耿洁. 巴豆生物碱对人胃癌细胞SGC-7901的诱导分化作用研究. 中医药学刊. 2005, 23(1): 134, 184

[10] 刘秀德，隋在云．巴豆总生物碱对癌细胞质膜流动性及胞浆基质结构的影响．山东中医学院学报．1995，19(3)：192-194

[11] BL Van Duuren, L Langseth, A Sivak, L Orris. Tumor-enhancing principles of *Croton tiglium*. II. A comparative study. *Cancer Research*. 1966, 26(8): 1729-1733

[12] 鲁德银，左丹，郭淑芳，邓培，王志洁，孙瑜．巴豆油对人巨细胞病毒诱发小鼠宫颈癌的促进作用．湖北医科大学学报．1997，18(1)：1-4

[13] 赵玫，赵清正，张春燕，侯充，郭金利，王萍，刘立新，姚红芸，于树玉．致癌剂DEN、促癌剂巴豆油对大鼠肝 α_1 抑制因子3基因表达的影响．生物化学杂志．1992，8(6)：730-734

[14] 兰梅，王新，吴汉平，樊代明．巴豆提取物对人肠上皮细胞生物学特性的影响．世界华人消化杂志．2001，9(4)：396-400

[15] 张静修，王毅．生、熟巴豆对比实验．中药材．1992，15(9)：29-30

[16] 柯岩，赵文明．疗毒丸对小鼠巨噬细胞活性抑制作用的观察．首都医学院学报．1993，14(1)：16-18

[17] S El-Mekkawy, MR Meselhy, N Nakamura, M Hattori, T Kawahata, T Otake. 12-O-acetylphorbol-13-decanoate potently inhibits cytopathic effects of human immunodeficiency virus type 1 (HIV-1), without activation of protein kinase C. *Chemical & Pharmaceutical Bulletin*. 1999, 47(9): 1346-1347

[18] S El-Mekkawy, MR Meselhy, N Nakamura, M Hattori, T Kawahata, T Otake. Anti-HIV-1 phorbol esters from the seeds of Croton tiglium. *Phytochemistry*. 2000, 53(4): 457-464

[19] Y Ito, M Kawanishi, T Harayama, S Takabayashi. Combined effect of the extracts from *Croton tiglium, Euphorbia lathyris* or *Euphorbia tirucalli* and n-butyrate on Epstein-Barr virus expression in human lymphoblastoid P3HR-1 and Raji cells. *Cancer Letters*. 1981, 12(3): 175-180

[20] 肖庆慈，曾昌银，毛小平，毛晓健．巴豆牵牛子配伍的研究．云南中医学院学报．1998，21(2)：1-5，13

石蒜科

仙茅 Xianmao ^{CP, KHP}

Curculigo orchioides Gaertn.
Curculigo

概述

石蒜科 (Amaryllidaceae) 植物仙茅 *Curculigo orchioides* Gaertn.，其干燥根茎入药。中药名：仙茅。

仙茅属 (*Curculigo*) 植物全世界约有 20 种，分布于亚洲、非洲和大洋洲的热带与亚热带地区。中国有 7 种。本属现供药用者约有 3 种。本种分布于中国江苏、浙江、江西、福建、台湾、湖南、广东、广西、四川、贵州、云南等省区；日本及东南亚各国也有分布。

"仙茅"药用之名，始载于《雷公炮炙论》。历代本草多有著录。《中国药典》(2005 年版) 收载本种为中药仙茅的法定原植物来源种。主产于中国四川；此外，广东、广西、云南、贵州等地也产。

仙茅主要含多种环木菠萝烷型三萜及其糖苷、甲基苯酚和氯代甲基苯酚的多糖苷类化合物。《中国药典》采用高效液相色谱法测定，规定仙茅苷的含量不得低于0.10%以控制药材质量。

药理研究表明，仙茅具有镇静、抗惊厥、抗衰老等作用。

中医理论认为仙茅具有补肾阳，强筋骨，祛寒湿等功效。

仙茅 *Curculigo orchioides* Gaertn.

仙茅 *Curculigo orchioides* Gaertn.

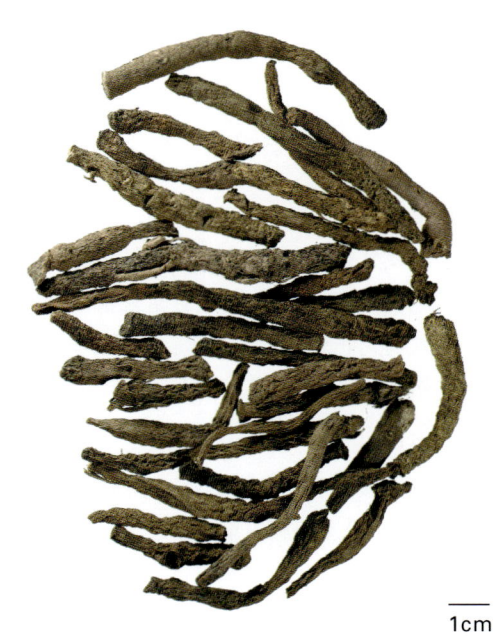

药材仙茅 Rhizoma Curculiginis

1cm

化学成分

仙茅根茎含环木菠萝烷型三萜及其糖苷类化合物：仙茅皂苷元A、B、C(curculigenins A－C)[1-2]、仙茅皂苷A、B、C、D、E、F、G、H、I、J、K、L (curculigosaponins A－L)[1-4]、仙茅醇 (curculigol)[5]；还含甲基苯酚和氯代甲基苯酚的糖苷类化合物：仙茅苷 (curculigoside)、地衣二醇葡萄糖苷 (orcinol glucoside)、仙茅素A、B、C (curculigines A－C)、仙茅苷B (curculigoside B)[6]、corchioside[7]；还含环阿尔廷醇型三萜皂苷成分：3β,11α,16β－三羟基环阿尔廷烷－24－酮－3－O－[β－D－吡喃葡萄糖(1→3)－β－D－吡喃葡萄糖(1→2)－β－D－吡喃葡萄糖]－16－O－α－L－阿拉伯糖苷｛3β,11α,16β－trihydroxycycloartane－24－one－3－O－[β－D－glucopyranosyl(1→3)－β－D－glucopyranosyl (1→2)－β－D－glucopyranosyl]－16－O－α－L－arabinopyranoside｝和(24S)－3β,11α,16β,24－四羟基环阿尔廷烷－3－O－[β－D－吡喃葡萄糖(1→3)－β－D－吡喃葡萄糖(1→2)－β－D－吡喃葡萄糖]－24－O－β－D－吡喃葡萄糖苷｛(24S)－3β,11α,16β,24－tetrahydroxycycloartane－3－O－[β－D－glucopyranosyl(1→3)－β－D－glucopyranosyl (1→2)－β－D－glucopyranosyl]－24－O－β－D－glucopyranoside｝[8]。

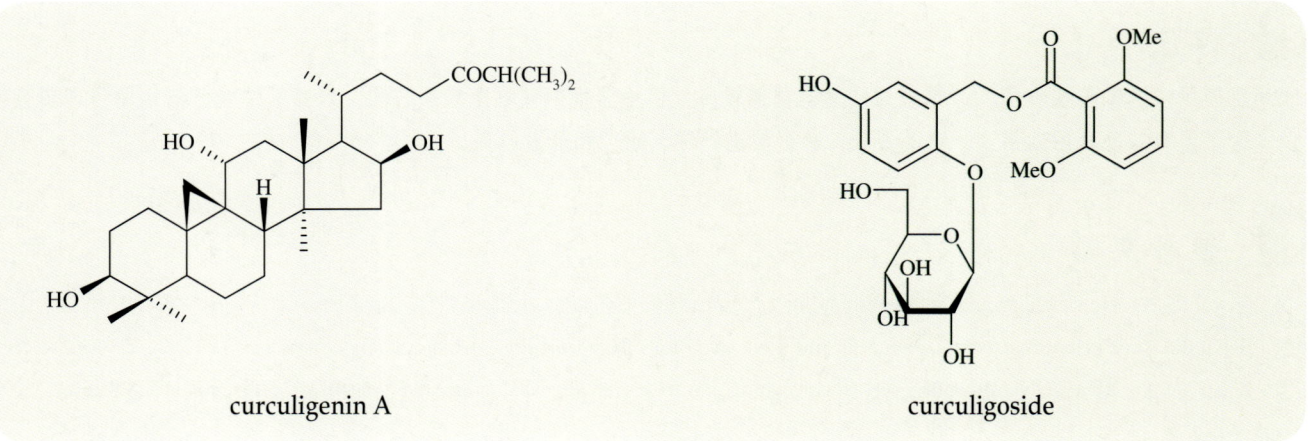

curculigenin A

curculigoside

仙茅 Xianmao

石蒜科

药理作用

1. 适应原样作用

仙茅醇浸剂给小鼠灌服，可明显延长小鼠耐氧存活时间。仙茅醇浸剂给小鼠腹腔注射有抗高温作用[9]。

2. 抗衰老

仙茅可明显延长家蚕幼虫期、成虫期、总寿龄。还可延长小鼠存活数及平均存活时间，并可明显降低心、脑的脂褐质含量。

3. 免疫增强功能

仙茅多糖体外单独能刺激小鼠脾淋巴细胞增殖。在刀豆素A (ConA)存在条件下对胸腺细胞增殖有协同作用，体外对尼龙毛柱分离小鼠脾T细胞富含部分有明显刺激增殖作用；体外对由氢化可的松 (HC)抑制的ConA诱导脾T细胞增殖有对抗作用。对HC诱导免疫受抑小鼠胸腺及脾脏重量降低，胸腺细胞及脾脏T、B细胞增殖降低，有明显对抗作用[10]。

4. 抗骨质疏松

仙茅的醇提取物和成骨样细胞UMR106共同体外培养，以3－（4,5－二甲基噻唑－2）－2,5－二苯基－四唑氢溴酸盐 (MTT)法检测细胞的增殖，证明仙茅对成骨样细胞的增殖有明显的促进作用[11]。

5. 镇静、抗惊厥

仙茅醇浸剂有明显的镇静作用。仙茅醇浸剂小鼠腹腔注射能明显延长戊巴比妥钠引起的睡眠时间；也能明显延缓印防己毒素引起的小鼠阵挛性惊厥出现时间[9]。

6. 抗炎

腹腔注射仙茅醇浸剂对巴豆油所致小鼠耳廓肿胀有明显抑制作用[9]。

7. 其他

仙茅水煎剂可显著提高Na^+, K^+－ATP酶活性；还有扩张冠状动脉、强心、加快心率等作用，可增加嘌呤系统转化酶活性，并促进胆囊收缩素释放[12]。

应用

本品为中医临床用药。功能：温肾壮阳，强筋骨，祛寒湿。主治：①肾阳不足，命门火衰的阳痿精冷、遗尿尿频；②肾虚腰膝痿软，筋骨冷痛，寒湿久痹；③脾肾阳虚的脘腹冷痛，泻泄等。

现代临床还用于男性更年期综合征[14]、不孕症、闭经、非功能性子宫出血、乳腺增生[13]、外科痈肿疼痛症等病的治疗。

评注

仙茅是应用广泛的传统中药。近年来对仙茅的报道较多，但主要集中在临床应用方面，对其活性成分与作用机理研究较少。为了更有效地利用仙茅这一中药资源，有必要进行深入研究和开发利用。

参考文献

[1] JP Xu, RS Xu, New cycloartane sapogenin and its saponins from *Curculigo orchioides*. Chinese Chemical Letters. 1991, 2(3): 227-230

[2] JP Xu, RS Xu. Cycloartane-type sapogenins and their glycosides from *Curculigo orchioides*. Phytochemistry. 1992, 31(7): 2455-2458

[3] JP Xu, RS Xu, XY Li. Glycosides of a cycloartane sapogenin from *Curculigo orchioides*. Phytochemistry. 1991, 31(1): 233-236

[4] JP Xu, RS Xu, XY Li. Four new cycloartane saponins from Curculigo orchioides. *Planta Medica*. 1992, **58**(2): 208-210

[5] TN Misra, RS Singh, DM Tripathi, SC Sharma. Curculigol, a cycloartane triterpene alcohol from *Curculigo orchioides*. *Phytochemistry*. 1990, **29**(3): 929-931

[6] 徐俊平，徐任生. 仙茅的酚性苷成分研究. 药学学报. 1992, **27**(5): 353-357

[7] TN Misra, RS Singh, DM Tripathi. Aliphatic compounds from *Curculigo orchioides* rhizomes. *Phytochemistry*. 1984, **23**(10): 2369-2371

[8] 李宁，贾爱群，刘玉青，周俊. 仙茅中两个新的环阿尔廷醇型三萜皂苷. 云南植物研究. 2003, **25**(2): 241-244

[9] 陈泉生，陈万群，杨士琰. 仙茅的药理研究. 中国中药杂志. 1989, **14**(10): 42-44

[10] 周勇，张丽，赵离原，张桂燕，马学清，葛东宇，汪传江，严宣佐. 仙茅多糖对小鼠免疫功能调节作用实验研究. 上海免疫学杂志. 1996, **16**(6): 336-338

[11] 高晓燕，杜晓鹃，赵春颖. 补肾中药对成骨样细胞UMR106增殖的影响（Ⅰ）. 承德医学院学报. 2001, **18**(4): 283-285

[12] 黄有霖. 仙茅的研究进展. 中药材. 2003, **26**(3): 225-228

[13] 曹建西，陈剑. 仙茅乳瘤消汤治疗乳腺增生病202例疗效观察. 河南中医药学刊. 2001, **16**(1): 15

[14] 杨晓勇. 仙茅汤加味治疗男性更年期综合症48例. 湖南中医杂志. 2002, **18**(5): 32

姜科

温郁金 Wenyujin^{CP}

Curcuma wenyujin Y. H. Chen et C. Ling
Zhejiang Curcuma

概 述

姜科 (Zingiberaceae) 植物温郁金 *Curcuma wenyujin* Y. H. Chen et C. Ling，其干燥根茎入药，中药名：莪术（温莪术）；干燥根茎纵切片入药，中药名：片姜黄；其干燥块根入药，中药名：郁金。

姜黄属 (*Curcuma*) 植物全世界约有 50 种，主要分布于东南亚至澳洲北部。中国产约有 7 种，均可供药用。温郁金分布于中国浙江。

"莪术"和"郁金"药用之名，始载于《药性论》；"片（子）姜黄"药用之名，始见于《本草纲目》。《中国药典》(2005年版)收载本种为莪术和郁金的法定原植物来源种之一，也是片姜黄的法定原植物来源种。主产于中国浙江。

姜黄属植物主要活性成分为挥发油和姜黄素类化合物。《中国药典》规定中药莪术的挥发油含量不得低于 1.5% (mL/g)，中药片姜黄的挥发油含量不得低于 1.0% (mL/g)。

药理研究表明，温郁金具有舒张血管、镇痛、保肝、抗肿瘤等作用。

中医理论认为莪术具有破血行气，消积止痛等功效；郁金具有活血止痛，行气解郁的功效；片姜黄具有活血行气，通经止痛等功效。

温郁金 *Curcuma wenyujin* Y. H. Chen et C. Ling

药材郁金（块根）Radix Cucumae Wenyujin

1cm

药材莪术（根茎）Rhizome Cucumae Wenyujin

药材片姜黄（根茎）Rhizoma Wenyujin Concisum

化学成分

温郁金根茎富含挥发油，其主要成分为莪术二酮 (curdione)、莪术醇 (curcumol)、β,δ,γ－榄香烯 (β,δ,γ-elemene)、吉马酮 (germacrone)、吉马烯 (germacrene)、樟脑 (camphor)、莪术螺内酯 (curcumalactone)、新莪术二酮 (neocurdione)、wenjine、莪术呋喃二烯 (furanodiene)、莪术双环烯酮 (curcumenone)[1-4]等。

根或根茎还含有姜黄素类化合物：姜黄素 (curcumin)、去甲氧基姜黄素 (demethoxycurcumin)、双去甲氧基姜黄素 (bisdemethoxycurcumin)[5]等。

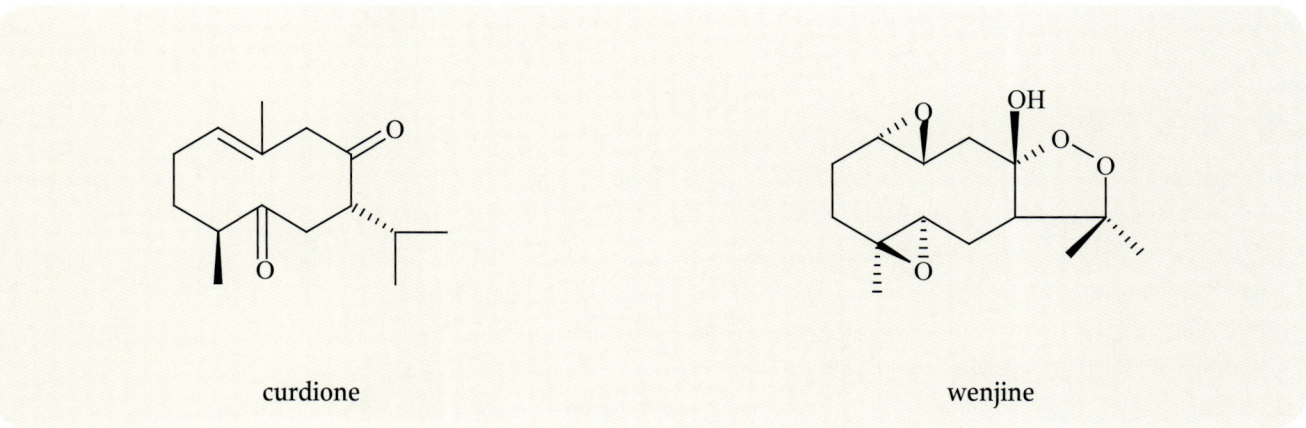

curdione

wenjine

药理作用

1. **舒张血管**
   温郁金根茎甲醇提取物及所含姜黄素及倍半萜烯成分对离体大鼠动脉血管具有松弛作用[6]。

2. **镇痛**
   温郁金块根的生品和炮制品（醋炙）的水煎剂灌服可减少小鼠醋酸扭体反应次数，提高小鼠对热刺激引起疼痛反应的痛阈值，以醋制品作用最强且持久[7]。

3. **保肝**
   温郁金注射液（主要含挥发油）体外对 $^{14}CCl_4$ 代谢物与肝微粒体脂质和蛋白质共价结合具有强烈抑制作用；腹腔注射可使 CCl_4 所致中毒性肝炎大鼠脾细胞的空斑形成细胞 (PFC) 减少，也具有去脂和抑制肝纤维化作用[8-9]。

温郁金 Wenyujin

4. 抗肿瘤

温郁金块根水蒸气蒸馏液灌胃对人胃癌裸鼠移植瘤的生长具有明显抑制作用，可下调瘤灶中血管内皮生长因子 (VEGF) 的表达，减少肿瘤灶内微血管密度 (MVD)[10]；温郁金根茎超临界 CO_2 萃取所得挥发油，体外对肺腺癌细胞 SPC－A－1 具有显著抑制作用[11]。温郁金块根水提物、醚提物和醇提物灌胃能提高小鼠胃组织和血浆的生长抑素水平[12]。

5. 抗氧化

温郁金块根水蒸气蒸馏液灌胃可明显降低小鼠辐射所致过氧化脂质 (LPO) 含量增高，提高超氧化物歧化酶 (SOD) 活性和谷胱甘肽过氧物酶 (GSH－Px) 活力应激性，其机理可能是通过保护或提高抗氧化酶活力，减少脂类过氧化物的产生[13-14]。

应用

本品为中医临床用药。功能：活血，凉血行气止痛，解郁清心，利胆退黄。主治：①气滞血瘀之胸、胁、腹痛；②热病神昏，癫痫痰闭之证；③肝胆湿热证；④气火上逆之出血证如吐血、衄血及妇女倒经等。

现代临床还用于痛经、闭经、血脂增高、中风（脑血栓）恢复期之半身不遂、及跌打损伤等病的治疗。

评注

目前，姜科姜黄属 (Curcuma) 植物在应用上存在容易混淆的情况。温郁金的不同部位与不同加工方法在《中国药典》中分别出现三条目入药。块根为中药郁金的来源之一；根茎为中药莪术来源之一；根茎纵切为中药片姜黄的唯一来源。此种"一药多用"的习惯之合理性，尚有待深入探讨。

温郁金临床应用广泛，但温郁金的化学成分、药理作用的研究报道相对较少，还需做进一步深入研究。

参考文献

[1] T Ohkura, J Gao, T Nishishita, K Harimaya, T Kawamata, S Inayama. Identification of sesquiterpenoid constituents in the essential oil of *Curcuma wenyujin* by capillary gas chromatographic mass spectrometry. *Shoyakugaku Zasshi*. 1987, 41(2): 102-107

[2] J Gao, J Xie, Y Iitaka, S Inayama. The stereostructure of wenjine and related (1S,10S),(4S,5S)-germacrone-1(10),4-diepoxide isolated from *Curcuma wenyujin*. *Chemical & Pharmaceutical Bulletin*. 1989, 37(1): 233-236

[3] T Ohkura, JF Gao, JH Xie, S Inayama. A GC/MS (gas chromatographic-mass spectrometric) study on constituents isolated from *Curcuma wenyujin*. *Shoyakugaku Zasshi*. 1990, 44(3): 171-175

[4] 李爱群，胡学军，邓远辉，姚崇舜，王淑君，陈济民. 温莪术挥发油的成分. 中草药. 2001, 32(9): 782-783

[5] 陈健民，陈毓亨，余竟光. 姜黄属根茎和块根中姜黄素类化合物的含量测定. 中草药. 1983, 14(2): 59-62

[6] Y Sasaki, H Goto, C Tohda, F Hatanaka, N Shibahara, Y Shimada, K Terasawa, K Komatsu. Effects of Curcuma drugs on vasomotion in isolated rat aorta. *Biological & Pharmaceutical Bulletin*. 2003, 26(8): 1135-1143

[7] 邱鲁婴. 炮制对郁金镇痛作用影响的研究. 时珍国医国药. 2001, 12(6): 501

[8] 张伟荣. 温郁金注射液对^{14}CC1$_4$代谢物与肝微粒体脂质和蛋白质共价结合的抑制作用研究. 中医药学报. 1990, 2: 46-48

[9] 俞彩珍，王德敏，李宗梅. 中药温郁金对病毒性肝炎治疗作用的研究. 黑龙江中医药. 1992, 5: 44-45

[10] 王佳林，吕宾，倪桂宝，麻林爱，徐毅. 温郁金对VEGF和MVD在人胃癌裸小鼠移植瘤中表达的研究. 肿瘤. 2005, 25(1): 55-57

[11] 聂小华，敖宗华，尹光耀，陶文沂. 提取技术对温莪术挥发油化学成分及其体外抗肿瘤活性的影响. 药物生物技术. 2003, 10(3): 152-154

[12] 徐毅，吕宾，项柏康，丁志山. 温郁金对鼠血浆和胃组织生长抑素水平的影响. 中国中西医结合消化杂志. 2004, 12(4): 222-224

[13] 王滨，曹军. 温郁金提取液抗自由基损伤的实验研究. 中国中医药科技. 1996, 3(1): 21-22

[14] 王滨，周丽，牛淑冬，曹军，陈晓冬. 温郁金提取液在辐射损伤过程中对抗氧化酶活力的影响. 中医药学报. 2000, 28(2): 74-75

菟丝子 Tusizi CP, KHP

旋花科

Cuscuta chinensis Lam.
Chinese Dodder

概述

旋花科 (Convolvulaceae) 植物菟丝子 *Cuscuta chinensis* Lam.，其干燥成熟种子入药。中药名：菟丝子。

菟丝子属 (*Cuscuta*) 植物全世界约有 170 种，广泛分布于全世界暖温带，主产美洲，中国约有 9 种。本属植物现供药用者约有 4 种。菟丝子全国各地均有分布，以北方各省区为主。

"菟丝子" 药用之名，始载于《神农本草经》，列为上品。历代本草多有著录。《中国药典》(2005 年版) 收载本种为中药菟丝子的法定原植物来源种。主产于中国山东、河北、山西、陕西、江苏等省区。

菟丝子主要含有黄酮类化合物，尚有木脂素、香豆素等成分。黄酮类成分为其主要活性成分。多数对菟丝子的研究均采用黄酮类成分槲皮素和山柰酚作为控制药材质量的指标性成分。

药理研究表明，菟丝子具有增强性能力、促进精子运动、调节免疫功能、保肝、抗衰老、明目等作用。

中医理论认为菟丝子具有补肝肾，明目，益精，安胎等功效。

菟丝子 *Cuscuta chinensis* Lam.

旋花科

菟丝子 Tusizi

金灯藤 C. japonica Choisy

华南菟丝子 C. australis R. Br.

药材菟丝子 Semen Cuscutae

1cm

药材大菟丝子 Semen Cuscutae Japonicae

1cm

化学成分

菟丝子种子含有黄酮类成分：槲皮素 (quercetin)、紫云英苷 (astragalin)、金丝桃苷 (hyperin)、槲皮素－3－O－β－D－半乳糖－7－O－β－D－葡萄糖苷 (quercetin－3－O－β－D－galactoside－7－O－β－D－glucoside)[1]、山奈酚 (kaempferol)、4',4,6－三羟基橙酮 (4',4,6－trihydroxyaurone)[2]、异鼠李素 (isorhamnetin)[3]等；木脂素类成分：新芝麻脂素 (neo－sesamin)[2]、d－芝麻素 (d－sesamin)[3]、cuscutosides A、B[4]、neocuscutosides A、B、C[5]等；生物碱类成分：cuscutamine[4]等。还含有卵磷脂 (lecithin)及脑磷脂 (cephalin)[6]。近年从种子中还分离得到两种酸性多糖H_2、H_3和两种中性杂多糖H_6、H_8[7-9]。

从菟丝子全草中分得d－芝麻脂素 (d－sesamin)、9(R)－羟基－d－芝麻素[9(R)－hydroxy－d－sesamin]、d－松脂素 (d－pinoresinol)等成分[10]。

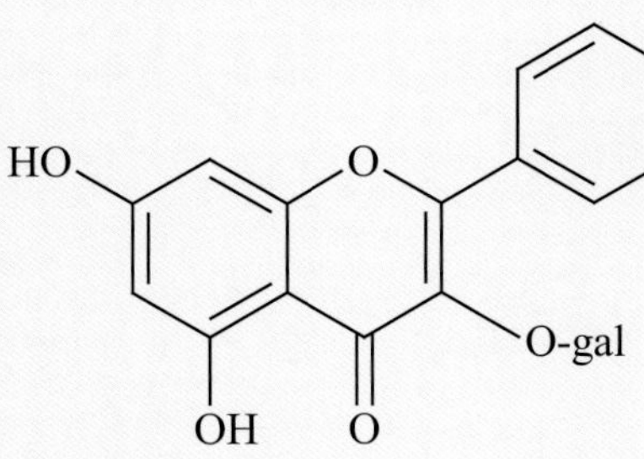

hyperin

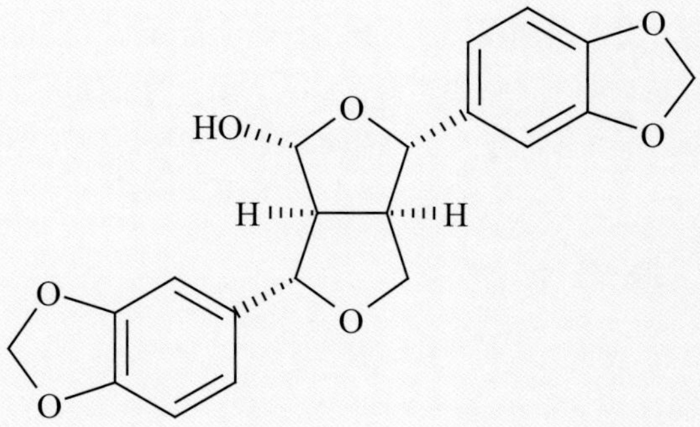

neo-sesamin

药理作用

1. **对生殖系统的作用**

   菟丝子水煎剂可增强果蝇性活力；促进人体外精子运动[11-12]。菟丝子黄酮灌胃可使成年大鼠腺垂体、卵巢、子宫重量增加，增强卵巢人绒毛促性腺激素 (hCG)/黄体生成素 (LH) 受体功能及垂体对促性腺激素释放激素 (LRH) 的反应性；增加未成年雄性小鼠睾丸、附睾重量。促进离体培养人早孕绒毛组织 hCG 分泌，以及离体培养大鼠睾丸间质细胞睾酮的分泌[13-14]。菟丝子黄酮灌胃能下调心理应激大鼠下丘脑神经递质 β－肾上腺素，上调腺垂体 LH 水平，可能是菟丝子黄酮调节下丘脑-垂体-性腺轴功能的机理之一[15]。

2. **免疫调节功能**

   菟丝子有效成分金丝桃苷腹腔注射，中剂量组（300mg/kg 和 150mg/kg）对小鼠胸腺重量、腹腔巨噬细胞吞噬功能和脾脏 T、B 淋巴细胞增殖均具有明显的抑制作用；小剂量组（50mg/kg）能显著增强小鼠脾脏 T、B 淋巴细胞的增殖反应和腹腔巨噬细胞的吞噬功能。体外试验也发现，适宜浓度的金丝桃苷能显著增强免疫细胞功能[16]。

3. **抗衰老**

   菟丝子水煎剂灌胃能提高 D－半乳糖所致衰老模型小鼠红细胞 C_{3b} 受体花环率（RBC－C_{3b}RR），降低小鼠免疫复合物花环率（RBC－ICR），明显增强衰老模型小鼠的红细胞免疫功能，具有延缓衰老作用[17]。

4. **保肝**

   对 CCl_4 所致的小鼠肝损伤，菟丝子水提液灌胃后能降低血清谷丙转氨酶 (sGPT)、血液乳酸和丙酮酸水平、提高肝糖元和肾上腺抗坏血酸水平，表明菟丝子具有保肝活性[18]。

5. **明目**

   菟丝子灌胃能延缓饲喂半乳糖所致大鼠白内障形成，其机理是降低醛糖还原酶活性，增强多元醇脱氢酶、己糖激酶及 6－磷酸葡萄糖脱氢酶的活性，还可抑制及纠正白内障大鼠晶状体中酶的异常变化[19]。

6. **其他**

   小鼠游泳及常压耐缺氧实验表明，菟丝子水煎剂灌胃可增强非特异性抵抗力[11]。

应用

本品为中医临床用药。功能：补肾固精，养肝明目，止泻，安胎。主治：①肾虚腰痛，阳痿遗精，尿频，带下等证；②肝肾不足，目失所养而致目昏目暗，视力减退之证；③脾肾虚泻；④肝肾不足的胎动不安；⑤肾虚消渴。

现代临床还用于精子畸形、先兆流产、慢性前列腺炎[19]等病的治疗。

旋花科

菟丝子 Tusizi

评注

除菟丝子外，同属植物金灯藤 Cuscuta japonica Choisy（日本菟丝子，又名大菟丝子）、南方菟丝子 C. australis R. Br. 在中国的大部分地区也作为菟丝子入药，特别是南方菟丝子已成为菟丝子药材的主流品种之一。有研究证明，南方菟丝子与菟丝子主要化学成分和功效接近，加强研究开发有利扩大菟丝子的药用资源。

参考文献

[1] 金晓，李家实，阎文玫．菟丝子黄酮类成分的研究．中国中药杂志．1992，17(5)：292-294

[2] 王展，何直升．菟丝子化学成分的研究．中草药．1998，29(9)：577-579

[3] 叶敏，阎玉凝，乔梁，倪雪梅．中药菟丝子化学成分研究．中国中药杂志．2002，27(2)：115-117

[4] S Yahara, H Domoto, C Sugimura, T Nohara, Y Niiho, Y Nakajima, H Ito. An alkaloid and two lignans from Cuscuta chinensis. Phytochemistry. 1994, 37(6): 1755-1757

[5] SX Xiang, ZS He, Y Ye. Furofuran lignans from Cuscuta chinensis. Chinese Journal of Chemistry. 2001, 19(3): 282-285

[6] 许益民，王永珍，郭戎，于涟，姜小平．五子衍宗丸及其组成中药磷脂成分的分析．中草药．1989，20(7)：15-17

[7] 王展，方积年．具有抗氧化活性的酸性菟丝子多糖H2的研究．植物学报．2001，43(3)：243-248

[8] 王展，方积年．菟丝子多糖H3的研究．药学学报．2001，36(3)：192-195

[9] 王展，鲍幸峰，方积年．菟丝子中两个中性杂多糖的化学结构研究．中草药．2001，32(8)：675-678

[10] 叶敏，阎玉凝，倪雪梅，乔梁．菟丝子全草化学成分的研究．中药材．2001，24(5)：339-341

[11] 宓鹤鸣，郭澄，宋洪涛，郭良君，乔智胜，张芝玉，苏中武，郑汉臣，李承祜．三种菟丝子补肾壮阳作用的比较．中草药．1991，22(12)：547-550

[12] 彭守静，陆仁康，俞丽华，王福楠．菟丝子、仙茅、巴戟天对人精子体外运动和膜功能影响的研究．中国中西医结合杂志．1997，17(3)：145-147

[13] 秦达念，佘白蓉，佘运初．菟丝子黄酮对实验动物及人绒毛组织生殖功能的影响．中药新药与临床药理．2001，11(11)：349-351

[14] 王建红，王敏璋，伍庆华，闵建新，陈晓凡，欧阳栋．菟丝子黄酮对应激大鼠卵巢内分泌的影响．中草药．2002，33(12)：1099-1101

[15] 王建红，王敏璋，欧阳栋，伍庆华．菟丝子黄酮对心理应激雌性大鼠下丘脑β-EP与腺垂体FSH、LH的影响．中药材．2002，25(12)：886-888

[16] 顾立刚，叶敏，阎玉凝，贾翎，赵建晴．菟丝子金丝桃苷体内外对小鼠免疫细胞功能的影响．中国中医药信息杂志．2001，11(8)：42-44

[17] 王昭，朴金花，张凤梅，李晶，白大芳，杨晶．菟丝子对D-半乳糖所致衰老模型小鼠红细胞免疫功能的影响．黑龙江医药科学．2003，12(26)：16-17

[18] 郭澄，苏中武，李承祜，张芝玉，郑汉臣．中药菟丝子保肝活性的研究．时珍国药研究．1992，3(2)：62-64

[19] 王本祥．现代中药药理学．天津：天津科学技术出版社．1997：1248-1250

川牛膝 Chuanniuxi CP

苋 科

Cyathula officinalis Kuan
Medicinal Cyathula

 概 述

苋科 (Amaranthaceae) 植物川牛膝 *Cyathula officinalis* Kuan，其干燥根入药。中药名：川牛膝。

杯苋属 (*Cyathula*) 植物全世界约有 27 种，分布于亚洲、大洋洲、非洲及美洲。中国产约有 4 种。本属现供药用者约有 3 种。本种分布于中国四川、云南、贵州等地。

"川牛膝"药用之名，始见于《滇南本草》。川牛膝分布和用药均以中国西南地区为最多。《中国药典》(2005 年版) 收载本种为中药川牛膝的法定原植物来源种。川牛膝以主产四川天全县而得名，故又名：天全牛膝。

川牛膝主要活性成分为甾酮类化合物，尚有多糖等。《中国药典》采用性状鉴别、显微鉴别、水分、总灰分以及水溶性浸出物含量测定等项目为指标，以控制其药材质量。

药理研究表明，川牛膝具有抗肿瘤、抗炎、增强免疫功能等作用。

中医理论认为川牛膝具有活血通经，通利关节等功效。

川牛膝 *Cyathula officinalis* Kuan

川牛膝 Chuanniuxi

药材川牛膝 Radix Cyathulae

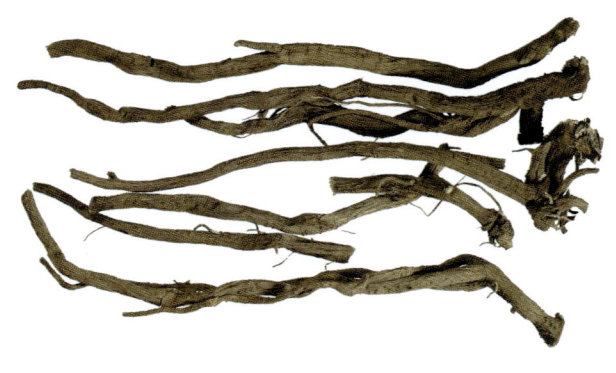

1cm

化学成分

川牛膝根含甾酮类成分：杯苋甾酮 (cyasterone)、异杯苋甾酮 (isocyasterone)、头花杯苋甾酮 (capitasterone)[1-3]、苋菜甾酮A、B (amarasterones A－B)、前杯苋甾酮 (precyasterone)、羟基杯苋甾酮 (sengosterone)[4-6]、后甾酮 (post－sterone)、表杯苋甾酮 (epicyasterone)[7-8]等；多糖类成分：川牛膝多糖RCP、果聚糖CoPS3[9-10]等。

新近从川牛膝根中分得两种杯苋甾酮的立体异构体28－表－杯苋甾酮(28－epi－cyasterone)及25－表－28－表－杯苋甾酮 (25－epi－28－epi－cyasterone)[11]；还分得2,3－isopropylidene cyasterone、24－hydroxycyasterone及2,3－isopropylidene isocyasterone[12]等化合物。

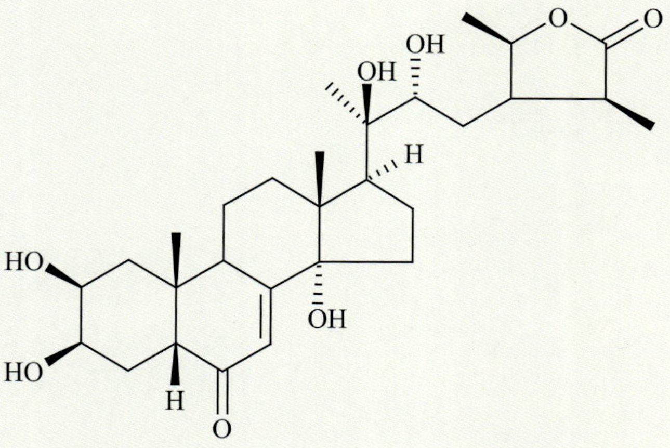

cyasterone

药理作用

1. **抗炎、镇痛**

   川牛膝水煎液灌胃能明显减轻二甲苯所致小鼠耳廓肿胀；水煎液灌胃或皮下注射均能显著抑制角叉菜胶所致的小鼠足趾肿胀；水煎液灌胃能显著抑制大鼠蛋清性足趾肿胀，减少小鼠醋酸扭体次数。

2. 对血液流变学的影响

   川牛膝水煎液灌胃能显著降低血瘀大鼠的血浆黏度，增强红细胞变形能力，改善由肾上腺素引起的小鼠肠系膜微循环障碍[13]。

3. 增强免疫

   川牛膝多糖灌胃能增强小鼠网状内皮系统 (RES) 吞噬功能及溶血空斑形成细胞 (PFC) 反应能力，提高小鼠 C_3b 受体花环率，降低 IC 花环率，提高自然杀伤细胞 (NK) 杀伤活性[14-15]。

4. 抗肿瘤

   川牛膝多糖灌胃能抑制小鼠 S_{180} 腹水型肉瘤及肝癌 H22 细胞的增长，对环磷酰胺所致正常或荷瘤小鼠白细胞减少有显著回升作用[16-17]。

5. 抗病毒

   川牛膝多糖硫酸酯体外能强烈抑制Ⅱ型单纯性疱疹病毒引起的细胞病变[18]。

6. 抗生育

   小鼠灌胃川牛膝的苯、醋酸乙酯和乙醇提取物均产生抗生育、抗着床作用，其中苯提取物的作用最强[19]。

7. 其他

   川牛膝水煎液灌胃能促进小鼠血清、肝、肾组织中蛋白质和 RNA 的合成，水煎液能抑制离体大鼠子宫收缩；川牛膝水提取物能强烈抑制 Trp－P－1 所致细胞诱变[20]。

应 用

本品为中医临床用药。功能：活血祛瘀，祛风利湿，逐水通经，通利关节，利尿通淋的作用。主治：①血瘀经闭，痛经，难产，胞衣不下，产后瘀血腹痛；②热淋，石淋；③风湿腰膝瘘痛，跌打损伤。

现代临床还用于牙龈肿痛、小儿麻痹后遗症等病的治疗。

评 注

牛膝和川牛膝原植物分属于苋科 (Amaranthaceae) 牛膝属 (Achyranthes)和杯苋属 (Cyathula)，两者的化学成分有显著的差异。中医药理论认为两者功效基本相同，但牛膝偏于补肝肾强筋骨，川牛膝偏于活血化瘀。目前学术界对此评价存在分歧，有待今后对两者功效主治的异同进行全面系统的对比研究。四川目前已建立了川牛膝的种植基地。

参考文献

[1] H Hikino, Y Hikino, K Nomoto, T Takemoto. Steroids. I. Cyasterone, an insect metamorphosing substance from *Cyathula capitata*: structure. *Tetrahedron*. 1968, **24**(13): 4895-4906

[2] H Hikino, K Normoto, T Takemoto. Steroids. XII. Isocyasterone, an insect metamorphosing substance from *Cyathula capitata*. *Phytochemistry*. 1971, **10**(12): 3173-3178

[3] T Takemoto, K Nomoto, Y Hikino, H Hikino. Structure of capitasterone, a novel C29 insect-molting substance from *Cyathula capitata*. *Tetrahedron Letters*. 1968, **47**: 4929-4932

[4] T Takemoto, K Nomoto, H Hikino. Structure of amarasterone A and B, novel C29 insect-molting substances from *Cyathula capitata*. *Tetrahedron Letters*. 1968, **48**: 4953-4956

[5] H Hikino, K Nomoto, R Ino, T Takemoto. Structure of precyasterone, a novel C29 insect-moulting substance from *Cyathula capitata*. *Chemical & Pharmaceutical Bulletin*. 1970, **18**(5): 1078-1080

[6] H Hikino, K Nomoto, T Takemoto. Steroids. IX. Sengosterone, an insect metamorphosing substance from *Cyathula capitata*: structure. *Tetrahedron*. 1970, **26**(3): 887-898

[7] H Hikino, K Nomoto, T Takemoto. Poststerone, a metabolite of insect metamorphosing substances from *Cyathula capitata*. *Steroids*. 1970, **16**(4): 393-400

[8] H Hikino, K Nomoto, T Takemoto. Structure of isocyasterone and epicyasterone, novel C29 insect-moulting substances from *Cyathula capitata*. *Chemical & Pharmaceutical Bulletin*. 1971, **19**(2): 433-435

[9] 刘颖华，何开泽，张军峰，蒙义文．川牛膝多糖的分离、纯化及单糖组成．应用与环境生物学报．2003，**9**(2)：141-145

[10] XM Chen, GY Tian. Structural elucidation and antitumor activity of a fructan from *Cyathula officinalis* Kuan. *Carbohydrate Research*. 2003, **338**(11): 1235-1241

[11] K Okuzumi, N Hara, H Uekusa, Y Fujimoto. Structure elucidation of cyasterone stereoisomers isolated from *Cyathula officinalis*. *Organic & Biomolecular Chemistry*. 2005, **3**(7): 1227-1232

[12] R Zhou, BG Li, GL Zhang. Chemical study on *Cyathula officinalis* Kuan. *Journal of Asian Natural Products Research*. 2005, **7**(3): 245-252

[13] 陈红，石圣洪．中药川、怀牛膝对小鼠微循环及大鼠血液流变学的影响．中国微循环．1998，**2**(3)：182-184

[14] 李祖伦，石圣洪，陈红，刘友平．川牛膝多糖的免疫活性研究．中药材．1998，**21**(2)：90-92

[15] 李祖伦，石圣洪，陈红，刘友平．川牛膝多糖促红细胞免疫功能研究．中药药理与临床．1999，**15**(4)：26-27

[16] 陈红，刘友平．川牛膝多糖抗肿瘤作用初探．成都中医药大学学报．2001，**24**(1)：49-50

[17] 宋军，杨金蓉，李祖伦，陈红，刘友平．川牛膝多糖对小鼠肝癌细胞H22抑制作用研究．中药药理与临床．2001，**17**(3)：19

[18] 刘颖华，何开泽，杨敏，蒲蔷，张军峰．川牛膝多糖硫酸酯的体外抗单纯疱疹病毒2型活性．应用与环境生物学报．2004，**10**(1)：46-50

[19] 李乾五，葛玲，李生正，丁东宁．川牛膝提取物抗生育作用的实验研究．西安医科大学学报．1990，**11**(1)：27-29

[20] M Niikawa, AF Wu, T Sato, H Nagase, H Kito. Effects of Chinese medicinal plant extracts on mutagenicity of Trp-P-1. *Natural Medicines*. 1995, **49**(3): 329-331

白薇 Baiwei CP, KHP

Cynanchum atratum Bge.
Blackend Swallowwort

萝藦科

概 述

萝藦科 (Asclepiadaceae) 植物白薇 *Cynanchum atratum* Bge.，其干燥根及根茎入药。中药名：白薇。

鹅绒藤属 (*Cynanchum*) 植物全世界约 200 种，分布于非洲东部、地中海地区及欧亚大陆的热带、亚热带及温带地区。中国产 53 种、12 变种。中国本属现供药用者约有 25 种。本种分布于中国东北、华北、华东及西南等地；朝鲜半岛，日本也有分布。

"白薇"药用之名，始载于《神农本草经》，列为中品。历代本草多有著录。古今药用品种一致。《中国药典》(2005年版) 收载本种为中药白薇的法定原植物来源种之一。主产于中国安徽、河北、辽宁、吉林及黑龙江等地。

白薇主要成分为 C_{21} 甾体苷类化合物。《中国药典》采用薄层色谱法来控制药材的质量。

药理研究表明，白薇水提取物中糖和水溶性皂苷均具有退热、抗炎等作用。

中医理论认为白薇具有清热凉血，利尿通淋，通毒疗疮等功效。

白薇 *Cynanchum atratum* Bge.

药材白薇 Radix et Rhizoma Cynanchi Atrati

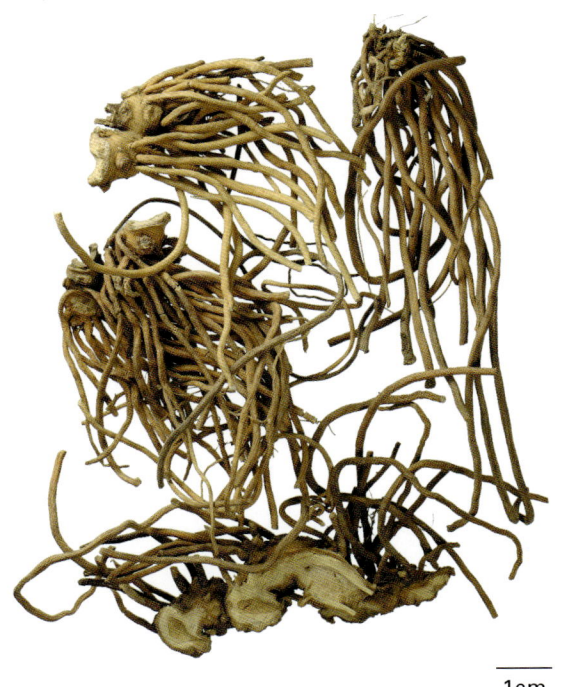

1cm

白薇 Baiwei

化学成分

白薇根主要含C_{21}甾体苷类化合物,如直立白薇苷A、B、C、D、E[1]、F[2] (cynatratosides A - F)、芫花叶白前苷C、D、H (glaucosides C - D, H)[2-3]、cynanosides A、B、C、D、E、F、G、H、I、J[4]、新直立白薇苷A、B、C、D (atratosides A - D)[5]、atratoglaucosides A、B[6]、cynascyroside D[3];另含C_{21}甾体苷元成分,如直立白薇苷元A、B (atratogenins A - B)[5]、芫花叶白前苷元A、C (glaucogenins A, C)[2, 6]、7 - desoxyneocynapanogenin A[6]等。还含多种有机酸类成分:丁香酸 (syringic acid)、杜鹃花酸 (azelaic acid)、软木酸 (suberic acid)、琥珀酸 (succinic acid)[3]等。

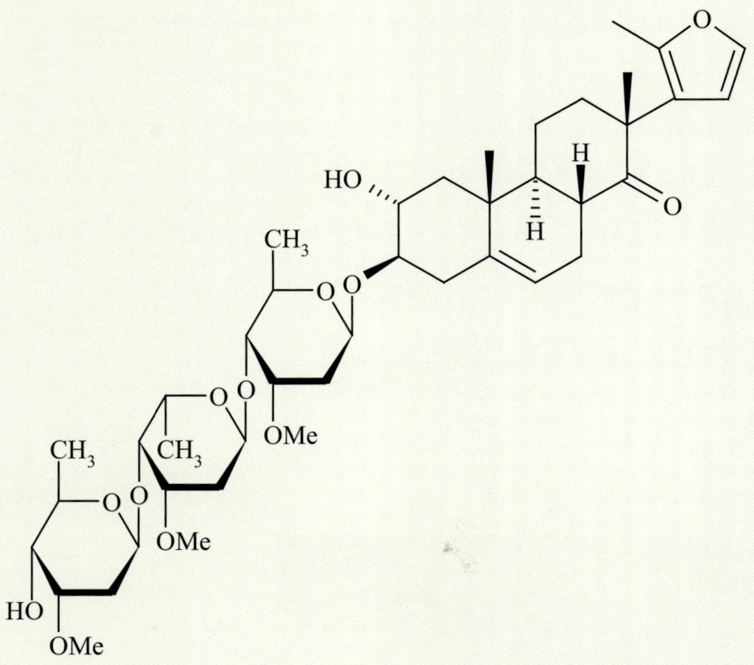

atratoside A

药理作用

1. **解热**
   白薇水提取物腹腔注射对酵母诱发的大鼠体温升高有明显的退热作用[7]。

2. **抗炎**
   白薇水提取物腹腔注射对巴豆油所致的小鼠耳廓急性渗出性炎症有非常显著的抑制作用[7]。

3. **强心**
   白薇所含甾体多糖苷类成分能增强心肌收缩力,使心率变慢。

4. **抗肿瘤**
   体外实验表明白薇所含的 atratoglaucosides A、B 等化合物对小鼠巨噬细胞样细胞 RAW 264.7 产生的肿瘤坏死因子α (TNF - α) 和小胶质神经细胞N9均有抑制作用[6]。

5. **改善记忆**
   白薇所含的 cynatroside B 等 C_{21}甾体苷类化合物具有抗乙酰胆碱酯酶的活性;在被动回避试验和水迷宫试验中,cynatroside B 腹腔注射还可明显改善东莨菪碱所致的小鼠记忆缺失[8]。

6. 其他

白薇水提物灌胃对小鼠有一定的祛痰作用[9]。

应用

本品为中医临床用药。功能：清热凉血，利尿通淋，解毒疗疮。主治：①邪热入营，阴虚发热，产后虚热；②热淋血淋；③血热毒盛的疮痈肿毒，咽喉肿痛；④肺热咳嗽，阴虚外感。

现代临床还用于血管抑制性晕厥、脑梗死后遗症、红斑性肢痛等病的治疗。

评注

《中国药典》除白薇外，还收载蔓生白薇 *Cynanchum versicolor* Bge. 作为中药白薇的法定原植物来源种。蔓生白薇与白薇具有类似的药理作用，其化学成分也大致相同，主要含C_{21}甾体苷类化合物。与白薇相比，蔓生白薇不含直立白薇苷和新直立白薇苷等，另含蔓生白薇苷 A、B、C、D、E (cynanversicosides A－E)、白薇新苷 (neocynaversicoside) 和细叶白前苷 (thevetoside)等[10-12]。有药理研究表明：白薇水提物有一定的祛痰作用，但无镇咳与平喘作用；而蔓生白薇水提物有一定的平喘作用，但无镇咳和祛痰作用[9]。

近年研究发现，白薇主要成分C_{21}甾体苷类化合物在改善记忆缺陷方面有一定的活性，可供治疗早老性老年痴呆的药物筛选参考。

参考文献

[1] ZX Zhang, J Zhou, K Hayashi, H Mitsuhashi. Studies on the constituents of asclepiadaceae plants. LVIII. The structures of five glycosides, cynatratosides -A, -B, -C, -D and -E, from the Chinese drug "pai-wei", *Cynanchum atratum* Bunge. *Chemical & Pharmaceutical Bulletin*. 1985, **33**(4): 1507-1514

[2] ZX Zhang, J Zhou, K Hayashi, H Mitsuhashi. Studies on the constituents of Asclepiadaceae plants. LXI. The structure of cynatratosides-F from the Chinese drug "Pai-wei", dried root of *Cynanchum atratum* Bunge. *Chemical & Pharmaceutical Bulletin*. 1985, **33**(10): 4188-4192

[3] KY Lee, H Sung, YC Kim. New acetylcholinesterase-inhibitory pregnane glycosides of *Cynanchum atratum* roots. *Helvetica Chimica Acta*. 2003, **86**(2): 474-483

[4] H Bai, W Li, K Koike, T Satou, YJ Chen, T Nikaido. Cynanosides A-J, ten novel pregnane glycosides of *Cynanchum atratum*. *Tetrahedron*. 2005, **61**(24): 5797-5811

[5] ZX Zhang, J Zhou, K Hayashi, K Kaneko. Studies on the constituents of Asclepiadaceae plants. Part 68. Atratosides A, B, C and D, steroid glycosides from the root of *Cynanchum atratum*. *Phytochemistry*. 1988, **27**(9): 2935-2941

[6] SH Day, JP Wang, SJ Won, CN Lin. Bioactive constituents of the roots of *Cynanchum atratum*. *Journal of Natural Products*. 2001, **64**(5): 608-611

[7] 薛宝云，梁爱华，杨庆，傅梅红，王玠．直立白薇退热抗炎作用．中国中药杂志．1995, **20**(12): 751-752

[8] KY Lee, JS Yoon, ES Kim, SY Kang, YC Kim. Anti-acetylcholinesterase and anti-amnesic activities of a pregnane glycosides, cynatroside B, from Cynanchum atratum. *Planta Medica*. 2005, **71**(1): 7-11

[9] 梁爱华，薛宝云，杨庆，李泽琳，王玠，傅梅红．白前与白薇的部分药理作用比较研究．中国中药杂志．1996, **21**(10): 622-625

[10] SX Qiu, ZX Zhang, L Yong, J Zhou. Two new glycosides from the roots of Cynanchum versicolor. *Planta Medica*. 1991, **57**(5): 454-456

[11] SX Qiu, ZX Zhang, J Zhou. Steroidal glycosides from the root of Cynanchum versicolor. *Phytochemistry*. 1989, **28**(11): 3175-3178

[12] 邱声祥，张壮鑫，周俊．蔓生白薇中白薇新苷的分离和结构鉴定．药学学报．1990, **25**(6): 473-476

柳叶白前 Liuyebaiqian CP, KHP

萝藦科

Cynanchum stauntonii (Decne.) Schltr. ex Lévl.
Willowleaf Swallowwort

概述

萝藦科 (Asclepiadaceae) 植物柳叶白前 *Cynanchum stauntonii* (Decne.) Schltr. ex Lévl，其干燥根茎及根入药。中药名：白前。

鹅绒藤属 (*Cynanchum*) 植物全世界约有 200 种。分布于非洲东部、地中海地区，欧亚大陆的热带、亚热带及温带地区。中国约有 53 种、12 变种。中国本属现供药用者约 25 种。本种分布于中国甘肃、安徽、江苏、浙江、湖南、广东、广西和贵州等省区。

"白前"药用之名，始载于《名医别录》，列为中品。历代本草多有著录。中国自古以来作中药材白前入药者系指本种和芫花叶白前 *C. glaucescens* (Decne.) Hand.-Mazz.。《中国药典》（2005 年版）收载本种为中药白前的法定原植物来源种之一。主产于中国浙江、安徽、福建、江西、湖北、湖南、广西等地。

柳叶白前的主要化学成分为 C_{21} 甾体化合物。《中国药典》从药材性状、理化鉴别等方面来控制药材质量。

药理研究表明，柳叶白前具有较好的镇咳、祛痰、平喘和抗炎等作用。

中医理论认为白前具有降气，消痰，止咳等功效。

柳叶白前 *Cynanchum stauntonii* (Decne.) Schltr. ex Lévl

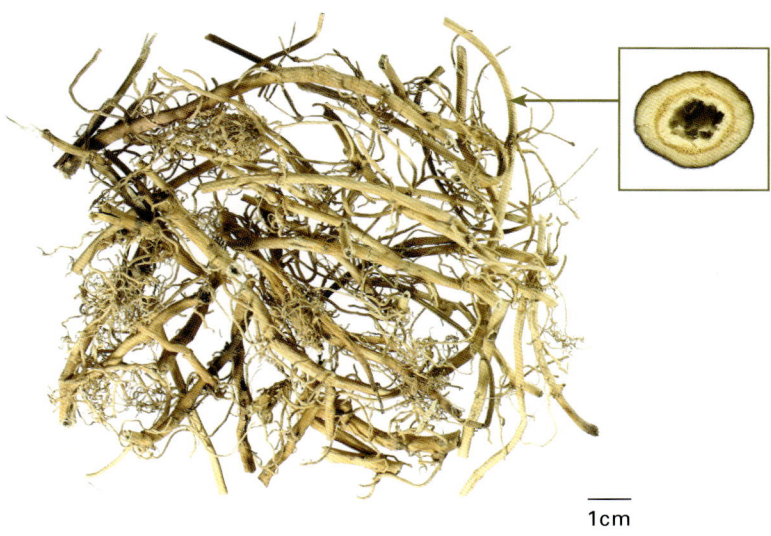

药材白前 Rhizoma et Radix Cynanchi Stauntonii

1cm

化学成分

柳叶白前的根中分离得到C_{21}甾体类化合物：stauntosides A、B[1]；三萜类化合物：华北白前醇 (hancockinol)[2]；类固醇类化合物：stauntonine、脱水何拉得苷元 (anhydrohirundigenin)、脱水何拉得苷元黄花夹竹桃单糖苷 (anhydrohirundigenin monothevetoside)、芫花叶白前苷元C–黄花夹竹桃单糖苷 (glaucogenin–C mono–D–thevetoside)[3]及挥发油[4]。

stauntoside A

柳叶白前 Liuyebaiqian

药理作用

1. 镇咳

柳叶白前的醇提物和石油醚提取物灌胃对浓氨水引起的小鼠咳嗽有明显的抑制作用，能减少咳嗽次数，延长咳嗽潜伏期。醇提物的镇咳作用呈良好的量效关系[5]。

2. 祛痰

酚红排泌法实验证明，柳叶白前的水提物、醇提物和石油醚提取物灌胃对小鼠均有显著的祛痰作用，其中醇提物的作用最强[5]。

3. 抗炎

柳叶白前的水提物腹腔注射能明显对抗巴豆油所致的小鼠耳廓急性渗出性炎症[5]；醇提物灌胃能抑制小鼠二甲苯引起的耳廓肿胀和角叉菜胶引起的足趾肿胀[6]。

4. 镇痛

小鼠热痛刺激和醋酸扭体实验证明，柳叶白前的醇提物灌胃有明显的镇痛作用[6]。

5. 抗血栓

柳叶白前的醇提物能显著延长大鼠动脉内血栓形成时间和凝血时间[6]。

6. 抗流感病毒

体内和体外实验均证明，柳叶白前的挥发油有抗流感病毒的作用[4]。

7. 对消化系统的影响

柳叶白前醇提物灌胃能显著抑制小鼠水浸应激性溃疡、盐酸性溃疡和吲哚美辛–乙醇性胃溃疡的形成，减少番泻叶和蓖麻油引起的小鼠腹泻次数及发生率，还能短暂地增加麻醉大鼠的胆汁分泌[7]。

应用

本品为中医临床用药。功能：降气化痰。主治：咳嗽痰多，胸满喘急。

现代临床还用于感冒咳嗽痰多、哮喘、气管炎、百日咳、肝炎、水肿、脾肿大、胃痛等病的治疗。

评注

《中国药典》除柳叶白前外，还收载同属芫花叶白前 Cynanchum glaucescens (Decne.) Hand. – Mazz 作为中药白前的法定原植物来源种。芫花叶白前与柳叶白前具有类似的药理作用，但其平喘作用明显强于柳叶白前[4, 8]。其化学成分也大致相同。与柳叶白前相比，芫花叶白前不含华北白前醇，另含白前皂苷 A、B、C、D、E、F、G、H、I、J (glaucosides A – J)[9-11]，并含白前皂苷元 A、B (glaucogenins A – B)[12]。

柳叶白前目前是白前的主流商品，已在湖北省和江西省实施规模化种植，湖北省产量居中国首位[13]。

参考文献

[1] N Zhu, M Wang, H Kikuzaki, N Nakatani, CT Ho. Two C_{21}-steroidal glycosides isolated from *Cynanchum stauntoi*. *Phytochemistry*. 1999, **52**(7): 1351-1355

[2] 邱声祥. 柳叶白前化学成分研究. 中国中药杂志. 1994, **19**(8): 488-489

[3] P Wang, HL Qin, L Zhang, ZH Li, YH Wang, HB Zhu. Steroids from the roots of *Cynanchum stauntonii*. *Planta Medica*. 2004, **70**(11): 1075-1079

[4] ZC Yang, BC Wang, XS Yang, Q Wang. Chemical composition of the volatile oil from *Cynanchum stauntonii* and its activities of anti-influenza virus. *Colloids and Surfaces. B, Biointerfaces*. 2005, **43**(3-4): 198-202

[5] 梁爱华，薛宝云，杨庆，傅梅红，王丐. 柳叶白前的镇咳、祛痰及抗炎作用. 中国中药杂志. 1996，**21**(3)：173-175

[6] 沈雅琴，张明发，朱自平，王红武. 白前的镇痛、抗炎和抗血栓形成作用. 中国药房. 2001，**12**(1)：15-16

[7] 沈雅琴，张明发，朱自平，王红武. 白前的消化系统药理研究. 中药药理与临床. 1996，**12**(6)：18-21

[8] 梁爱华，薛宝云，杨庆，李泽林. 芫花叶白前的镇咳、祛痰及平喘作用. 中国中药杂志. 1995，**20**(3)：176-178

[9] T Nakagawa, K Hayashi, K Wada, H Mitsuhashi. Studies on the constituents of Asclepiadaceae plants-LII. The structures of five glycosides glaucoside A, B, C, D, and E from Chinese drug "Pai-ch'ien" *Cyanchum glaucescens* Hand-Mazz. *Tetrahedron*. 1983, **39**(4): 607-612

[10] T Nakagawa, K Hayashi, H Mitsuhashi. Studies on the constituents of Asclepiadaceae plants-LIV. The structures of glaucoside-F and -G from the Chinese drug "Pai-ch'ien" *Cynanchum glaucescens* Hand-Mazz. *Chemical & Pharmaceutical Bulletin*. 1983, **31**(3): 879-882

[11] T Nakagawa, K Hayashi, H Mitsuhashi. Studies on the constituents of Asclepiadaceae plants. LV. The structures of three new glycosides glaucoside-H, -I, and -J from the Chinese drug "Pai-ch'ien", *Cynanchum glaucescens* Hand-Mazz. *Chemical & Pharmaceutical Bulletin*. 1983, **31**(7): 2244-2253

[12] T Nakagawa, K Hayashi, H Mitsuhashi. Studies on the constituents of Asclepiadaceae plants. LIII. The structures of glaucogenin-A, -B, and –C mono-D thevetoside from the Chinese drug "Pai-ch'ien", *Cynanchum glaucescens* Hand-Mazz. *Chemical & Pharmaceutical Bulletin*. 1983, **31**(3): 870-878

[13] 玛依拉，傅梅红，方婧. 中药白前及其同属植物近10年研究概况. 中国民族民间医药杂志. 2003，**6**(6)：318-322

锁阳科

锁阳 Suoyang　CP, KHP

Cynomorium songaricum Rupr.
Songaria Cynomorium

概 述

锁阳科 (Cynomoriaceae) 植物锁阳 *Cynomorium songaricum* Rupr.，其干燥肉质茎入药。中药名：锁阳。

锁阳科仅有1属2种，分布于地中海沿岸、北非、中亚及中国西北、北部沙漠地带。中国本属仅有1种可供药用。分布于中国新疆、青海、甘肃、宁夏、内蒙古、陕西等省区，多寄生在白刺属 (*Nitraria*) 和红沙属 (*Reaumuria*) 等植物的根上。中亚地区、伊朗、蒙古等地也有分布。

"锁阳"药用之名，始载于《本草衍义补遗》。历代本草多有著录。《中国药典》（2005年版）收载本种为中药锁阳的法定原植物来源种。主产于中国内蒙古、宁夏、甘肃、青海。

锁阳的主要活性成分为三萜类化合物。此外，还含有挥发油、鞣质等成分。《中国药典》以药材性状、薄层色谱鉴别、杂质、水分、总灰分、酸不溶性灰分、醇浸出物检查来控制药材质量。

药理研究表明，锁阳具有增强免疫、促进性成熟、润肠通便、抗衰老、抗氧化等作用。

中医理论认为锁阳具有补肾阳，益精血，润肠通便等功效。

锁阳 *Cynomorium songaricum* Rupr.

药材锁阳 Herba Cynomorii

5cm

化学成分

锁阳含三萜类化合物：锁阳萜 (cynoterpene)、熊果酸 (ursolic acid)、乙酰熊果酸 (acetyl ursolic acid)、乌苏烷-12-烯-28酸,3β-丙二酸单酯 (urs-12-ene-28-oic acid, 3β-propanedioic acid monoester)[1]、齐墩果酸丙二酸半酯 (malonyl oleanolic hemiester)[2]；还含糖苷类成分：根皮苷 (phloridzin)、芦丁 (rutin)、(-)-异落叶松脂素4-O-β-D-吡喃葡萄糖苷 [(-)-isolariciresinol 4-O-β-D-glucopyranoside]、(7S,8R)-脱氢双松柏醇-9'-β-吡喃葡萄糖苷 [(7S,8R)-dehydrodiconiferyl alcohol-9'-β-glucopyranoside]、姜油酮葡萄糖苷(zingerone-4-O-β-glucopyranoside)、柑橘素-4'-O-吡喃葡萄糖苷(naringenin-4'-O-glucopyranoside)[2-4]；还含挥发油成分：主要有棕榈酸 (palmitic acid)、油酸 (oleic acid)和呋喃甲醇 (2-furancarbinol)等[5]；此外，还含有nicoloside、没食子酸 (gallic acid)、甲基原儿茶酯 (methyl protocatechuicate)、对羟基苯甲酸 (p-hydroxy benzoic acid)、(-)-儿茶酚 [(-)-catechin][3]、琥珀酸 (amber acid)[4]、鞣质[6]、甾体[7]、活性多糖[8]等化学成分。

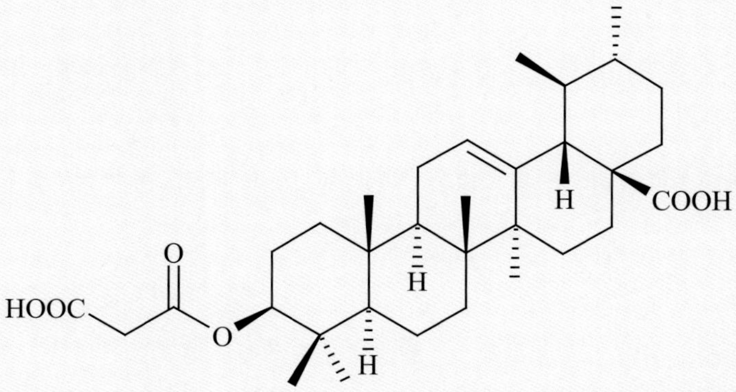

cynoterpene

药理作用

1. **对性功能的影响**
   盐制锁阳水提物对正常和阳虚小鼠睾丸、附睾和包皮腺的功能有明显促进作用；未经炮制的锁阳却呈抑制作用[9]。锁阳醇提物可提高幼年雄性大鼠血浆睾酮含量，有促进性成熟作用[10]。

2. **增强免疫**
   锁阳煎剂对阳虚及正常小鼠的体液免疫有明显促进作用，其机理与增加脾脏淋巴细胞数目和脾脏重量有关；锁阳还可升高阳虚小鼠减少的中性粒细胞数，从而增强机体的防御功能[11]。锁阳醇提物可恢复免疫抑制小鼠的腹腔巨噬细胞吞噬功能和脾脏淋巴细胞转化功能，并增加正常小鼠脾脏直接溶血空斑形成细胞数目[10]。

3. **润肠通便**
   锁阳水煎剂能明显增强小鼠肠蠕动，缩短排便时间。其有效组分为无机物，其机理可能为无机离子在水溶液中形成盐类泻药如硫酸镁、硫酸钠等，从而起到润肠通便的作用[12]。

4. **抗衰老、抗氧化**
   锁阳能延长果蝇寿命，增强小鼠超氧化物歧化酶 (SOD) 活性，减少丙二醛 (MDA) 含量；还能显著阻止白酒损伤造成的小鼠SOD活性降低和过氧化脂质(LPO)水平升高[13-14]。体外试验结果表明锁阳鞣质具有直接清除羟自由基的作用[14]。

5. **抗缺氧**

   锁阳中提取的锁阳总糖、总苷类（含少量鞣质）和总甾体类（含少量三萜）能延长小鼠常压耐缺氧、硫酸异丙肾上腺素所致缺氧的存活时间；延长小鼠静脉注射空气的存活时间，并可增加断头小鼠张口持续时间和张口次数[15]。

6. **抑制血小板聚集**

   锁阳中提取的锁阳总糖、总苷类（含少量鞣质）和总甾体类（含少量三萜）对二磷酸腺苷(ADP)诱导的大鼠血小板聚集均有抑制作用，并呈良好量效关系[15]。

7. **其他**

   锁阳还有抗癫痫[16]、抗溃疡[17]、改善记忆力[18]、抗人类免疫缺陷病毒(HIV)[19]和诱导髓样白血病细胞HL-60凋亡[20]的作用。

应用

本品为中医临床用药。功能：补肾阳，益精血，润肠通便。主治：①肾阳虚衰的阳痿、不孕、腰膝痠软等症；②精血津液亏耗的肠燥便秘。

现代临床还用于原发性血小板减少性紫癜、阳痿、哮喘、胃溃疡、小儿麻痹后遗症、子宫下垂等病的治疗。

评注

锁阳不仅是中药，还是常用蒙药，名为"乌兰高腰"，蒙医学认为其有止泻健胃的功效，主治肠热、胃炎、消化不良、痢疾等[21]。目前锁阳的研究主要是根据中医认识开展的，对其止泻健胃的研究尚未见报道，有待深入研究。

锁阳营养价值较高，可开发为系列保健品。

由于锁阳生于沙漠地带，对稳定生态环境具有重要意义，在开发锁阳植物资源的同时，应注重发展人工栽培，组织培养等技术，确保这种天然的沙生药用植物资源的永续利用。

参考文献

[1] 马超美，贾世山，孙韬，张义文. 锁阳中三萜及甾体成分的研究. 药学学报. 1993, 28(2): 152-155

[2] 马超美，中村宪夫，服部征雄，蔡少青. 锁阳的抗艾滋病毒蛋白酶活性成分(2) - 齐墩果酸丙二酸半酯的分离和鉴定. 中国药学杂志. 2002, 37(5): 336-338

[3] ZH Jiang, T Tanaka, M Sakamoto, T Jiang, I Kouno. Studies on a medicinal parasitic plant: lignans from the stems of *Cynomorium songaricum*. Chemical & Pharmaceutical Bulletin. 2001, 49(8): 1036-1038

[4] 陶晶，屠鹏飞. 锁阳茎的化学成分及其药理活性研究. 中国中药杂志. 1999, 24(5): 292-294

[5] 张思巨，张淑运. 常用中药锁阳的挥发性成分研究. 中国中药杂志. 1990, 15(2): 39-41

[6] 张百舜，张润珍，李川. 络合量法测定锁阳鞣质含量. 中草药. 1992, 23(11): 577-578

[7] 徐秀芝，张承忠，李冲. 锁阳化学成分的研究. 中国中药杂志. 1996, 21(11): 676-677

[8] 张思巨，张淑运，扈继萍. 锁阳多糖的研究. 中国中药杂志. 2001, 26(6): 409-411

[9] 丘桐，延自强，李萍，杨斌武. 盐锁阳与锁阳对小鼠睾丸、附睾和包皮腺组织学的比较研究. 中药药理与临床. 1994, 5: 22-25

[10] 石刚刚，屠国瑞，王金华，熊玉兰，宗桂珍，张思巨，张淑运，师明朗. 锁阳对小鼠免疫机能及大鼠血浆睾酮水平的影响. 中国医药学报. 1989, 4(3): 27-28

[11] 郑云霞，孙启祥，延自强. 锁阳对小鼠免疫功能的影响. 甘肃中医学院学报. 1991, 8(4): 28-30

[12] 张百舜，鲁学书，张润珍，顾丽贞．锁阳通便有效组分的研究．中药材．1990，**13**(10)：36-38

[13] 盛惟，刘炳茹，徐东升，其木格，图雅．天然锁阳与栽培锁阳抗衰老作用的比较．中国民族医药杂志．2000，**6**(4)：39-40

[14] 张百舜，李向红，秦林，鲁学书，阎月，李玲慧，刁伟珍，段绍瑾．锁阳清除自由基的作用．中药材．1993，**16**(10)：32-35

[15] 俞腾飞，田向东，朱惠珍．锁阳三种总成分耐缺氧及对血小板聚集功能的影响．中国中药杂志．1994，**19**(4)：244-246

[16] 胡艳丽，王志祥，肖文礼．锁阳的抗缺氧效应及抗实验性癫痫的研究．石河子大学学报．2005，**23**(3)：302-303

[17] 那生桑，苏喜格达来，吴恩．锁阳煎剂对动物实验性胃溃疡的作用．北京中医药大学学报．1994，**17**(6)：32-33

[18] 赵永青，王振武，景玉宏．锁阳对痴呆病模型鼠记忆相关脑区超微结构的影响．中国临床康复．2002，**6**(15)：2220-2221

[19] N Nakamura. Inhibitory effects of some traditional medicines on proliferation of HIV-1 and its protease. *Yakugaku Zasshi*. 2004, **124**(8): 519-529

[20] S Nishida, S Kikuichi, S Yoshioka, M Tsubaki, Y Fujii, H Matsuda, M Kubo, K Irimajiri. Induction of apoptosis in HL-60 cells treated with medicinal herbs. *American Journal of Chinese Medicine*. 2003, **31**(4): 551-562

[21] 韩多红，孟红梅，张勇．"沙漠人参"锁阳植物资源的研究和开发利用．中国野生植物资源．2003，**22**(4)：42-46

毛曼陀罗 Maomantuoluo

Datura innoxia Mill.
Hairy Datura

概 述

茄科 (Solanaceae) 植物毛曼陀罗 *Datura innoxia* Mill.，其干燥花入药。中药名：北洋金花。

曼陀罗属 (*Datura*) 植物全世界约有 16 种，多数分布于热带和亚热带地区，少数分布于温带。中国分布约有 4 种，均可作药用。中国新疆（阿尔泰地区）、河北、山东、河南、湖北、江苏等省区有野生，许多城市有栽培；欧亚大陆及南北美洲也有分布。

"洋金花"药用之名，始载于《本草纲目》，是指曼陀罗属植物。毛曼陀罗含有与白花曼陀罗（洋金花）*Datura metel* L. 类似成分，在中国北方地区作"洋金花"应用，故商品名又称：北洋金花。主产于中国辽宁、新疆阿尔泰地区、河北、浙江、河南、江苏等省区。

毛曼陀罗主要含生物碱类成分，尚含甾体内酯类成分等。曼陀罗属植物中普遍存在的莨菪碱和东莨菪碱是该属的主要活性成分。

药理研究表明，毛曼陀罗具有麻醉、镇痛、抗菌、抗氧化等作用。

中医理论认为北洋金花具有平喘止咳，麻醉止痛，解痉止痛等功效。

毛曼陀罗 *Datura innoxia* Mill.

药材北洋金花
Flos Daturae Innoxiae

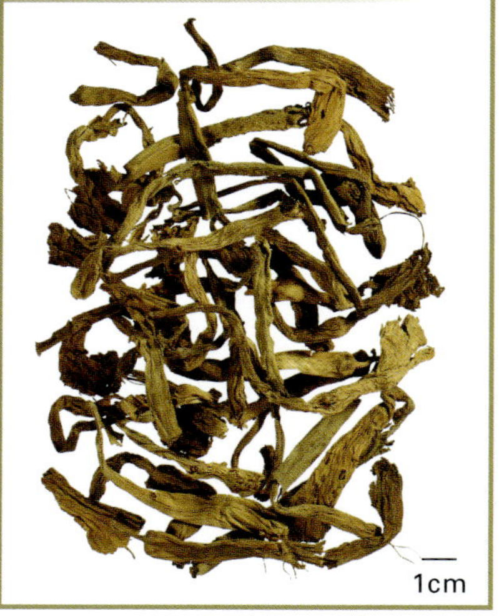

1cm

白花曼陀罗 Datura metel L.

曼陀罗 Datura stramonium L.

木本曼陀罗 D. arborea L.

化学成分

毛曼陀罗花含生物碱成分：东莨菪碱 (scopolamine)、莨菪碱 (hyoscyamine)[1-2]、阿托品 (atropine)[3]、阿朴东莨菪碱 (asposcopolamine) 即阿朴天仙子碱 (apohyoscine)[4]等。

毛曼陀罗种子中含有α-和β-东莨菪宁碱 (α, β-scopodonnine)[5]、莨菪碱 (hyoscyamine)、阿托品 (atropine)[6]、东莨菪碱 (scopolamine)、陀罗碱 (meteloidine)、曼陀罗萜二醇 (daturadiol)、曼陀罗萜醇酮 (daturaolone)[7]、植物凝集素I_1、I_2 (lectins $I_1 - I_2$)[8] 等。

从毛曼陀罗地上部分分离得到甾体内酯类成分：withametelinone[9]、withametelinol A、B[10]、witharifeen、daturalicin、daturacin[11-12]。

scopolamine

atropine

茄 科

毛曼陀罗 Maomantuoluo

药理作用

1. 麻醉作用

毛曼陀罗制剂（主要成分为东莨菪碱）与氯丙嗪(chlorpromazine)合用（静脉滴注），在对马进行麻醉实验中有协同作用，作用可持续2～4小时[13]。

2. 镇痛

洋金花水煎剂灌胃能明显阻止连续应用吗啡出现的镇痛作用耐受性的发展，可恢复小鼠对吗啡镇痛作用的敏感性[14]。

3. 抗菌

毛曼陀罗地上部分甲醇提取物可剂量依赖性地抑制革兰氏阳性菌的生长[15]。

4. 抗氧化

洋金花总生物碱（主要成分为东莨菪碱）能抑制膜脂质过氧化作用，使缺血再灌注兔脑组织的丙二醛(MDA)含量下降，病理形态改变减轻[16]；洋金花总生物碱静脉注射对肠系膜上动脉夹闭所致犬肠缺血模型有保护作用，能显著升高血液中超氧化物歧化酶(SOD)活力，降低血液和小肠组织中的丙二醛(MDA)和血乳酸含量[17]。

5. 其他

洋金花有效成分东莨菪碱和阿托品对中枢神经系统具有先兴奋后抑制作用；东莨菪碱能兴奋呼吸中枢，加快呼吸，并能对抗冬眠灵药物的呼吸抑制作用；阿托品和东莨菪碱能抑制血管痉挛，并有阻断α受体的作用[18]。

应用

本品为中医临床用药。功能：平喘止咳，镇痛止痉。主治：①哮喘咳嗽；②心腹疼痛及风湿痹痛，跌打损伤等；③癫痫及小儿慢惊风等；④麻醉。

现代临床还用于慢性支气管炎、各种休克、呼吸衰竭、病态窦房结综合症、精神病、强直性脊椎炎、类风湿性颈椎综合症、银屑病等病[20-22]的治疗，尚用于全身麻醉、镇痛、戒毒等。

评注

北洋金花（毛曼陀罗），是中国传统的麻醉药，《本草纲目》曾有记载。《中国药典》仅收载了洋金花（白花曼陀罗）为正品药材，用于哮喘咳嗽、风湿痹痛等。洋金花被列入香港常见毒剧中药31种名单。在临床应用时，应特别注意使用剂量。在商品市场和临床应用上，北洋金花在部分地区被同等作为药材洋金花流通和使用。除此两种以外，常见供药用及观赏的还有同属植物曼陀罗 Datura stramonium L.、木本曼陀罗 D. arborea L.。

由于洋金花的生理活性较强，国际市场的需求量较大，根据联合国国际贸易中心所发布的资料，曼陀罗为目前国际市场上生产和流通量最大的八种药用植物之一。

参考文献

[1] PG Xiao, LY He. Ethnopharmacologic investigation on tropane-containing drugs in Chinese solanaceous plants. *Journal of Ethnopharmacology*. 1983, **8**(1): 1-18

[2] 何丽一，肖培根．中药洋金花和天仙子的质量鉴别．中药通报．1982, **6**(3): 8-10

[3] 金斌，金蓉鸾，何宏贤．反相离子对HPLC法测定洋金花类生药中的东莨菪碱和阿托品．中国药科大学学报．1991, **22**(3): 181-183

[4] L Witte, K Muller, HA Arfmann. Investigation of the alkaloid pattern of *Datura innoxia* plants by capillary gas-liquid-chromatography-mass spectrometry. *Planta Medica*. 1987, **53**(2): 192-197

[5] SF Aripov, B Tashkhodzhaev. α- and β-scopodonnines from seeds of *Datura inoxia*. *Khimiya Prirodnykh Soedinenii*. 1991, **4**: 532-537

[6] SR Zielinska, K Szepczynska. Alkaloids occurring during development of *Datura innoxia* plants. *Pharmaceuticae et Pharmacologicae*. 1972, 24(3): 307-311

[7] F Pagani. Phytoconstituents of the Burundi drug Rwiziringa. *Bollettino Chimico Farmaceutico*. 1982, **121**(5): 230-238

[8] SV Levitskaya, SA Asatov, TS Yunusov. Isolation of two lectins from *Datura innoxia* seeds. *Khimiya Prirodnykh Soedinenii*. 1985, 2: 256-9

[9] BS Siddiqui, S Afreen, S Begum. Two new withanolides from the aerial parts of *Datura innoxia*. *Australian Journal of Chemistry*. 1999, **52**(9): 905-907

[10] BS Siddiqui, IA Hashmi, S Begum. Two new withanolides from the aerial parts of *Datura innoxia*. *Heterocycles*. 2002, **57**(4): 715-721

[11] BS Siddiqui, S Arfeen, F Afshan, S Begum. Withanolides from *Datura innoxia*. *Heterocycles*. 2005, **65**(4): 857-863

[12] BS Siddiqui, S Arfeen, S Begum, FA Sattar. Daturacin, a new withanolide from *Datura innoxia*. *Natural Product Research*. 2005, **19**(6): 619-623

[13] 陈金汉, 刘苏玲, 迟国成, 袁萍, 张文. 洋金花制剂麻醉作用的动物实验. 中草药. 1996, **27**(2): 101-102

[14] 刘振明, 陈萍, 衣秀义, 冉玫. 洋金花对吗啡镇痛作用耐受性的影响. 时珍国药研究. 1996, **7**(4): 210-211

[15] F Eftekhar, M Yousefzadi, V Tafakori. Antimicrobial activity of *Datura innoxia* and *Datura stramonium*. *Fitoterapia*. 2005, **76**(1): 118-120

[16] 吴和平, 龙汉珍, 王焱林. 洋金花总生物碱对缺血再灌注脑组织病理形态和丙二醛的影响. 医学新知杂志. 1994, **4**(4): 160-161

[17] 何丽娅, 罗德生, 董加召, 李映红, 周水生, 吴和平. 洋金花总生物碱对动物肠缺血再灌注损伤的防治作用. 医学理论与实践. 1994, **7**(8): 5-7

[18] 李英霞, 彭广芳, 张素芹. 洋金花研究概况. 山东医药工业. 1989, **8**(1): 40-43

[19] 王本祥. 现代中药药理学. 天津: 天津科学技术出版社. 1997: 1050-1056

[20] 郑春雷, 王雷. 洋金花酒治疗类风湿性颈椎综合症的疗效观察. 辽宁中医学院学报. 2001, **3**(2): 115-116

[21] 康秋华, 祝天来, 李军. 洋金花复方制剂内服外敷配合睡眠疗法治疗银屑病. 山东中医杂志. 1999, **18**(10): 453-454

[22] 靳小中, 陈勇伟. 洋金花在戒毒中的作用. 海军医学杂志. 2003, **24**(1): 36-37

毛曼陀罗种植基地

金钗石斛 Jinchaishihu CP, KHP

Dendrobium nobile Lindl.
Noble Dendrobium

概 述

兰科 (Orchidaceae) 植物金钗石斛 *Dendrobium nobile* Lindl.，其新鲜或干燥茎入药。中药名：石斛。

石斛属 (*Dendrobium*) 植物全世界约有 1000 种，广泛分布于亚洲热带和亚热带地区至大洋洲。中国有 74 种、2 变种，本属现供药用者约有 7 种。本种分布于中国台湾、湖北、香港、海南、广西、四川、贵州、云南、西藏等地；印度、尼泊尔、不丹、缅甸、泰国、老挝、越南也有分布。

"石斛"药用之名，始载于《神农本草经》，列为上品。历代本草多有著录。中国从古至今做石斛药用者主要为石斛属多种植物。《中国药典》(2005 年版) 收载本种为中药石斛的法定原植物来源种之一。主产于中国广西、云南和贵州。

金钗石斛的主要化学成分为倍半萜类生物碱和挥发油。《中国药典》以药材性状鉴别和显微鉴别来控制药材质量。

药理研究表明，金钗石斛具有免疫促进、双向调节消化系统等作用。

中医理论认为石斛具有益胃生津，滋阴清热等功效。

金钗石斛 *Dendrobium nobile* Lindl.

铁皮石斛 *D. candidum* Wall. ex Lindl.

药材石斛 Caulis Dendrobii

化学成分

金钗石斛块茎含有倍半萜类生物碱,是石斛的特征性成分,如石斛碱 (dendrobine)[1]、石斛酮碱 (nobiline)[2]、4-羟基石斛醚碱 (4-hydroxydendroxine)[3]、6-羟基石斛醚碱 (6-hydroxydendroxine)[4]、石斛醚碱 (dendroxine)[5]、石斛酯碱 (dendrine)[6]、3-羟基-2-氧代石斛碱 (3-hydroxy-2-oxodendrobine)[7]、金钗石斛碱 A (dendronobiline A)[8];还含季胺生物碱:N-甲基石斛季铵碱碘化物 (N-methyldendrobium iodide)、N-异戊烯基石斛季铵醚碱溴化物 (N-isopentenyldendrobium bromide)、石斛碱N-氧化物 (dendrobine N-oxide)、N-异戊烯基-6-羟基石斛季铵醚碱氯化物 (N-isopentenyl-6-hydroxydendroxium chloride)[9];尚含倍半萜及其苷类化合物:亚甲基金钗石斛素 (nobilomethylene)[3]、金钗石斛菲醌 (denbinobin)[10]、7,12-dihydroxy-5-hydroxymethyl-11-isopropyl-6-methyl-9-oxatricyclo[6.2.1.02,6]undecan-10-one-15-O-β-D-glucopyranoside[11]、石斛苷 A、D、E、F、G (dendrosides A, D-G)[12-13]、金钗石斛苷 A、B (dendronobilosides A-B)[12];此外还含:4,7-二羟基-2-甲氧基-9,10-双氢菲 (4,7-dihydroxy-2-methoxy-9,10-dihydrophenanthrene)[10]、海松二烯 (pimaradiene)[14]、大叶兰酚 (gigantol)[15]。金钗石斛新鲜茎含挥发油,主要成分为泪柏醇 (manool)[16]。

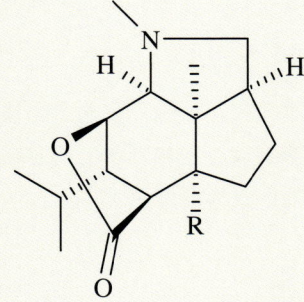

dendrobine: R=H
6-hydroxydendrobine: R=OH

dendroxine: R=H
6-hydroxydendroxine: R=OH

金钗石斛 *Jinchaishihu*

兰科

金钗石斛 Jinchaishihu

药理作用

1. 免疫促进

金钗石斛水煎剂灌胃对小鼠腹腔巨噬细胞的吞噬功能有增强作用，并对氢化可的松造成的免疫功能低下有恢复作用[17]。体外实验表明，石斛苷A和金钗石斛苷A对小鼠T淋巴细胞和B淋巴细胞的增殖反应有促进作用[12]；石斛苷D-G能明显促进刀豆蛋白A（Con A）或脂多糖（LPS）对小鼠脾细胞的增殖反应[13]。

2. 对平滑肌的影响

金钗石斛所含的石斛碱能抑制离体家兔的肠道活动，并引起离体豚鼠子宫收缩[18]。

3. 治疗实验性白内障

金钗石斛水煎剂灌胃对大鼠半乳糖性白内障有延缓和治疗作用[19]，可使晶状体内胆固醇恢复正常，使脂质过氧化物明显降低[20]，还能使白内障晶状体偏高的半乳糖、半乳糖醇和辅酶Ⅱ（NADP）以及偏低的还原型辅酶Ⅱ（NADPH）基本恢复正常[21]，对酶活性异常有抑制或纠正作用[22]。

4. 抗肿瘤

金钗石斛中的菲类成分 4,7-二羟基-2-甲氧基-9,10-双氢菲与金钗石斛菲醌，在体外对肿瘤细胞人体肺癌细胞A549、人体卵巢腺癌细胞SK-OV-3和人体早幼粒细胞白血病细胞HL-60具有显著的细胞毒性作用；4,7-二羟基-2-甲氧基-9,10-双氢菲腹腔注射对小鼠 S_{180} 移植瘤也有抑制作用[10]。

5. 抗菌

金钗石斛的水蒸气蒸馏液在体外能抑制大肠杆菌、枯草杆菌和金黄色葡萄球菌[23]。

6. 其他

金钗石斛水提取液对小鼠破骨细胞的形成有抑制作用[24]。大叶兰酚有抗诱变活性[15]。石斛碱还有升高豚鼠及家兔血糖、降低血压、抑制呼吸及心脏收缩等作用。

应用

本品为中医临床用药。功能：养阴清热，益胃生津，补肾养肝明目。主治：①热病伤津，低热烦渴，口燥咽干，舌红少苔；②胃阴不足，口渴咽干，食少呕逆，胃脘嘈杂，隐痛或灼痛，舌红少苔；③肾虚目暗，肾虚痿痹。

现代临床还用于咽炎、白内障、鼻咽癌、何杰金氏病、淋巴肉瘤等病的治疗。

评注

《中国药典》除金钗石斛外，还收载铁皮石斛 Dendrobium candidum Wall. ex Lindl.、马鞭石斛 D. fimbriatum Hook. var. oculatum Hook. 及其近似种的新鲜或干燥茎作为中药石斛的法定原植物来源种。其他几种石斛与金钗石斛具有类似的药理作用，其化学成分也大致相同，主要含倍半萜类生物碱。

金钗石斛是常用的名贵中药，而且因为其花型奇特、花色鲜艳而具有较高的观赏价值。金钗石斛也是中国目前紧缺的中药材和外贸出口药材，已被中国列为重点保护的药用植物。金钗石斛每年需求量较大，价格昂贵，而目前金钗石斛药材资源仍以野生为主。因此，应加强对金钗石斛人工栽培的研究，加强对原产地的生态环境保护。

参考文献

[1] Y Inubushi, Y Sasaki, Y Tsuda, B Yasui, T Konita, J Matsumoto, E Katarao, J Nakano. Structure of dendrobine. *Tetrahedron*. 1964, **20**(9): 2007-2023

[2] S Yamamura, Y Hirata. Structures of nobiline and dendrobine. *Tetrahedron Letters*. 1964, **2**: 79-87

[3] T Okamoto, M Natsume, T Onaka, F Uchimaru, M Shimizu. Alkaloidal constituents of *Dendrobium nobile* (Orchidaceae). Structure determination of 4-hydroxydendroxine and nobilomethylene. *Chemical & Pharmaceutical Bulletin.* 1972, **20**(2): 418-421

[4] T Okamoto, M Natsume, T Onaka, F Uchimaru, M Shimizu. The structure of dendramine (6-hydroxydendrobine) and 6-hydroxydendroxine, the fourth and fifth alkaloid from *Dendrobium nobile*. *Chemical & Pharmaceutical Bulletin.* 1966, **14**(6): 676-680

[5] T Okamoto, M Natsume, T Onaka, F Uchimaru, M Shimizu. The structure of dendroxine, the third alkaloid from *Dendrobium nobile*. *Chemical & Pharmaceutical Bulletin.* 1966, **14**(6): 672-675

[6] Y Inubushi, J Nakano. Structure of dendrine. *Tetrahedron Letters.* 1965, **31**: 2723-2728

[7] HK Wang, TF Zhao, CT Che. Dendrobine and 3-hydroxy-2-oxodendrobine from *Dendrobium nobile*. *Journal of Natural Products.* 1985, **48**(5): 796-801

[8] QF Liu, WM Zhao. A new dendrobine-type alkaloid from *Dendrobium nobile*. *Chinese Chemical Letters.* 2003, **14**(3): 278-279

[9] K Hedman, K Leander. Orchidaceae alkaloids. XXVII. Quaternary salts of the dendrobine type from *Dendrobium nobile*. *Acta Chemica Scandinavica.* 1972, **26**(8): 3177-3180

[10] YH Lee, JD Park, NI Baek, SI Kim, BZ Ahn. *In vitro* and *in vivo* antitumoral phenanthrenes from the aerial parts of *Dendrobium nobile*. *Planta Medica.* 1995, **61**(2): 178-180

[11] Y Shu, DM Zhang, SX Guo. A new sesquiterpene glycoside from *Dendrobium nobile* lindl. *Journal of Asian Natural Products Research.* 2004, **6**(4): 311-314

[12] WM Zhao, QH Ye, XJ Tan, HL Jiang, XY Li, KX Chen, AD Kinghorn. Three new sesquiterpene glycosides from *Dendrobium nobile* with immunomodulatory activity. *Journal of Natural Products.* 2001, **64**(9): 1196-1200

[13] QH Ye, GW Qin, WM Zhao. Immunomodulatory sesquiterpene glycosides from *Dendrobium nobile*. *Phytochemistry.* 2002, **61**(8): 885-890

[14] 舒莹，郭顺星，陈晓梅，王春兰，杨峻山. 金钗石斛化学成分的研究. 中国药学杂志. 2004, **39**(6): 421-422

[15] M Miyazawa, H Shimamura, S Nakamura, H Kameoka. Antimutagenic activity of gigantol from *Dendrobium nobile*. *Journal of Agricultural and Food Chemistry.* 1997, **45**(8): 2849-2853

[16] 李满飞，徐国钧，吴厚铭，平田义正，丹羽正武. 金钗石斛精油化学成份研究. 有机化学. 1991, **11**(2): 219-224

[17] 施子棣，何季芬，张桂兰，蒋时红. 金钗石斛水煎液对小白鼠腹腔巨噬细胞吞噬功能影响的实验观察. 河南中医. 1989, **2**: 35-36

[18] KK Chen, AL Chen. The pharmacological action of dendrobine, the alkaloid of Chin-shih-hu. *Journal de Pharmacologie.* 1935, **55**: 319-325

[19] 杨涛，梁康，张昌颖. 四种中草药对大鼠半乳糖性白内障防治效用的研究. 北京医科大学学报. 1991, **23**(2): 97-99

[20] 杨涛，梁康，侯纬敏，张昌颖. 四种中草药抗白内障形成中晶状体脂类过氧化水平及脂类含量的变化. 生物化学杂志. 1992, **8**(2): 164-168

[21] 杨涛，梁康，侯纬敏，张昌颖. 四种中草药对大鼠半乳糖性白内障氧化还原物质及糖类含量的影响. 生物化学杂志. 1992, **8**(1): 21-25

[22] 杨涛，梁康，侯纬敏，张昌颖. 四种中草药对大鼠半乳糖性白内障相关酶活性的影响. 生物化学杂志. 1991, **7**(6): 731-736

[23] 郑晓珂，曹新伟，冯卫生，匡海学. 金钗石斛的研究进展. 中国新药杂志. 2005, **14**(7): 826-829

[24] J Yin, Y Tezuka, K Kouda, Q Le Tran, T Miyahara, YJ Chen, S Kadota. Antiosteoporotic activity of the water extract of *Dioscorea spongiosa*. *Biological & Pharmaceutical Bulletin.* 2004, **27**(4): 583-586

瞿麦 Qumai CP, KHP

Dianthus superbus L.
Fringed Pink

概述

石竹科 (Caryophyllaceae) 植物瞿麦 *Dianthus superbus* L.，其干燥地上部分入药。中药名：瞿麦。

石竹属 (*Dianthus*) 植物全世界约有 600 种，广布于北温带，大部分产于欧洲和亚洲，少数产美洲和非洲。中国产约有 16 种、10 变种。本属现供药用者有 8 种。本种分布于中国东北、华北、西北、华东、河南、湖北、四川、贵州、新疆；北欧、中欧、俄罗斯西伯利亚、哈萨克斯坦、蒙古、朝鲜半岛、日本也有分布。

"瞿麦" 药用之名，始载于《神农本草经》，列为中品。历代本草多有著录。《中国药典》（2005 年版）收载本种为中药瞿麦的法定原植物来源种之一。主产于中国河北、河南、陕西、山东、四川、湖北、湖南、浙江、江苏等省区。

瞿麦主要化学成分为环肽、蒽醌、黄酮等。《中国药典》以药材性状鉴别等控制药材质量。

药理作用表明，瞿麦具有利尿、抗生育、兴奋平滑肌等作用。

中医理论认为瞿麦具有利尿通淋，活血通经等功效。

瞿麦 *Dianthus superbus* L.

药材瞿麦 Herba Dianthi

1cm

石竹 D. chinensis L.

化学成分

瞿麦地上部分含环肽成分：dianthins A、B[1]、C、D、E、F[2]；蒽醌类成分：大黄素甲醚 (physcion)、大黄素 (emodin)、大黄素-8-O-葡萄糖苷 (emodin-8-O-glucoside)[3]；黄酮类成分：异红草素 (homoorientin)、红草素 (orientin)[4]；此外还有3,4-二羟基苯甲酸甲酯 (methyl 3,4-dihydroxybenzoate) 和3-(3',4'-二羟基苯基) 丙酸甲酯 (methyl 3',4'-dihydroxyphenyl propionate)[3]等化合物。

dianthin A

orientin

石竹科

瞿麦 Qumai

药理作用

1. 抗利尿

瞿麦乙醇提取物、水煎液均有抗利尿作用；麻醉家兔耳缘静脉恒速滴注生理盐水作为水负荷，瞿麦水煎剂灌胃后家兔泌尿量虽有增加但不显著[5]。

2. 抗生育

从瞿麦中分离得到的3,4-二羟基苯甲酸甲酯能兴奋受孕大鼠子宫肌条，并协同催产素的作用，增强妊娠小鼠在体子宫的自发性收缩强度和幅度[3]；妊娠小鼠抗生育实验、遗传毒理学实验的结果表明瞿麦水煎液对着床期、早期妊娠和中期妊娠均有较显著的致流产、致死胎的作用，且随剂量增加作用增强，但上述作用剂量无遗传毒性作用[6]。

3. 兴奋平滑肌

瞿麦煎剂对离体兔肠、麻醉犬在位肠管、犬慢性肠瘘均有显著兴奋作用，此作用可被苯海拉明、罂粟碱所拮抗；瞿麦乙醇提取物对麻醉兔在体子宫及大鼠离体子宫肌条均有明显兴奋作用。

4. 其他

具有抗菌、抑制心脏、抗泌尿生殖道感染、抗沙眼衣原体[7]、抑制烟花叶病毒(TMV)传染[8]、抗诱变[9]等作用。

应用

本品为中医临床用药。功能：利尿通淋，活血通经。主治：①湿热淋证；②血热瘀阻之经闭或月经不调。

现代临床还用于泌尿系统感染、慢性前列腺炎、闭经、皮肤湿疹等[10]病的治疗。

评注

《中国药典》除瞿麦外，还收载石竹 Dianthus chinensis L. 作为中药瞿麦的法定原植物来源种。与瞿麦相比，石竹的带花全草含石竹皂苷A、B、C、D (dianchinenoside A–D)、瞿麦吡喃酮苷 (dianthoside) 及具抗癌活性的花色苷和黄酮类化合物；花另含丁香油酚 (eugenol)、苯乙醇 (phenylethyl alcohol)、苯甲酸苄酯 (benzyl benzoate) 等[11]；在药理作用方面，石竹的利尿作用比瞿麦强[5]。

参考文献

[1] YC Wang, NH Tan, J Zhou, HM Wu. Cyclopeptides from *Dianthus superbus*. *Phytochemistry*. 1998, **49**(5): 1453-1456

[2] PW Hsieh, FR Chang, CC Wu, KY Wu, CM Li, SL Chen, YC Wu. New cytotoxic cyclic peptides and dianthramide from *Dianthus superbus*. *Journal of Natural Products*. 2004, **67**(9): 1522-1527

[3] 汪向海, 巢启荣, 黄浩, 王霆. 瞿麦化学成分研究. 中草药. 2000, **31**(4): 248-249

[4] LM Seraya, K Birke, SV Khimenko, LI Boguslavskaya. Flavonoid compounds of *Dianthus superbus*. *Khimiya Prirodnykh Soedinenii*. 1978, 6: 802-803

[5] 李定格, 周风琴, 姬广臣, 张增敏, 史仁华. 山东产中药瞿麦利尿作用的研究. 中药材. 1996, **19**(10): 520-522

[6] 李兴广, 高学敏. 瞿麦水煎液对小鼠妊娠影响的实验研究. 北京中医药大学学报. 2000, **23**(6): 40-42

[7] 李建军, 涂裕英, 佟菊贞, 汪培土. 瞿麦等12味利水中药体外抗泌尿生殖道沙眼衣原体活性检测. 中国中药杂志. 2000, **25**(10): 628-630

[8] HJ Cho, SJ Lee, S Kim, BD Kim. Isolation and characterization of cDNAs encoding ribosome inactivating protein from *Dianthus sinensis* L.. *Molecules and Cells*. 2000, **10**(2): 135-141

[9] H Lee, JY Lin. Antimutagenic activity of extracts from anticancer drugs in Chinese medicine. *Mutation Research*. 1988, **204**(2): 229-234

[10] 王本祥. 现代中药药理学. 天津：天津科学技术出版社. 1997: 558-560

[11] HY Li, K Koike, T Ohmoto. Triterpenoid saponins from *Dianthus chinensis*. *Phytochemistry*. 1994, **35**(3): 751-756

常山 Changshan CP, KHP

虎耳草科

Dichroa febrifuga Lour.
Antifebrile Dichroa

概述

虎耳草科 (Saxifragaceae) 植物常山 *Dichroa febrifuga* Lour.，其干燥根入药。中药名：常山。

常山属 (*Dichroa*) 植物全世界约有12种，分布于亚洲东南部的热带和亚热带地区，仅少数分布于太平洋岛屿。中国约有 6 种。中国本属现供药用者仅此1种。本种分布于中国陕西、甘肃、湖北、湖南、西藏等省区，华东及西南地区；印度、越南、缅甸、马来西亚、印度尼西亚、菲律宾、日本等地。

"常山"药用之名，始载于《神农本草经》，列为下品。《中国药典》(2005 年版) 收载本种为中药常山的法定原植物来源种。主产于中国四川、贵州、湖南、广西、湖北等省区。

常山根主要含生物碱类。近代研究结果显示常山中的黄常山碱为抗疟的有效成分。《中国药典》以药材性状和显微鉴别等方面控制药材质量。

药理研究表明，常山具有抗疟、催吐、抗炎、抗肿瘤等作用。

中医理论认为常山具有截疟，祛痰等功效。

常山 *Dichroa febrifuga* Lour.

药材常山 Radix Dichroae

1cm

常山 Changshan

虎耳草科

化学成分

常山根含生物碱约0.10%：常山碱甲（α-dichroine, isofebrifugine）、常山碱乙（β-dichroine），又名退热碱（febrifugine）、常山碱丙（γ-dichroine）、常山次碱（dichroidine）、喹唑酮（quinazolone）；还含伞形花内酯（umbelliferone）、常山素B（dichrin B）和常山酮（halofuginone）[1]。

常山叶含生物碱约0.20%，其中0.14%为常山碱（dichroine），有效成分含量比根高10倍，此外，叶中还含常山碱乙（β-dichroine，即febrifugine）和少量三甲胺（trimethylamine）。

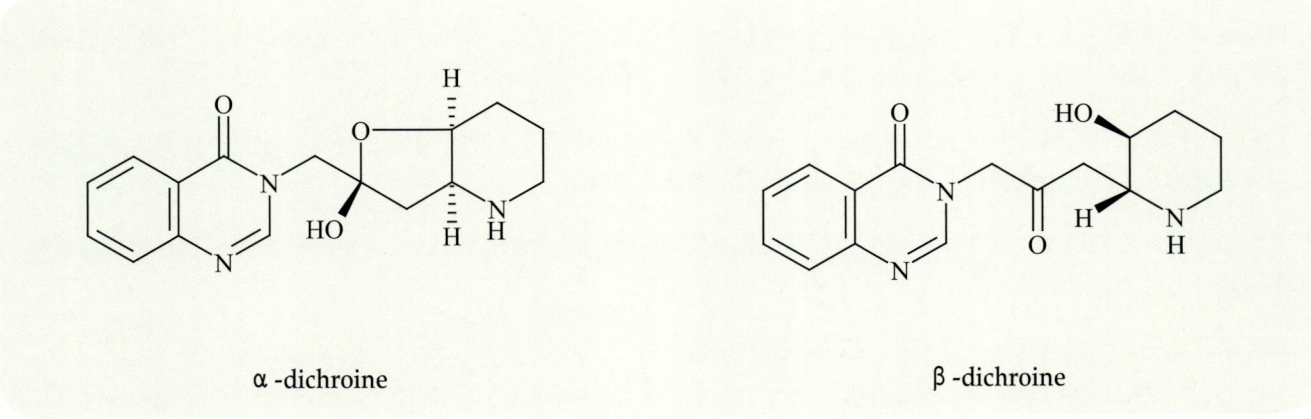

α-dichroine　　　　　　β-dichroine

药理作用

1. **抗疟**
   常山的抗疟成分为常山碱甲、乙、丙，其对鸡疟的效价分别接近于奎宁的1、100和150倍；常山碱乙对鸭疟的效价约为奎宁的100倍。常山碱丙对金丝雀疟、猴疟也均有效。常山总提取物对培养的恶性疟原虫和动物实验性疟疾均有较好疗效。常山碱乙的代谢物和它的合成仿生物有类似的抗疟效价，但毒副作用大大减少[2]。

2. **杀灭滴虫**
   体外实验表明常山水煎液有明显的杀灭滴虫的作用，并且浓度越高和作用时间越长，滴虫的存活率越低[3]。

3. **对平滑肌的影响**
   常山总碱能抑制离体肠平滑肌的自发性收缩及乙酰胆碱引起的收缩；对非妊娠子宫、妊娠早期子宫的自发性收缩以及缩宫素诱发妊娠子宫的收缩，均呈显著舒张作用[4]。

4. **抗炎**
   常山水提液对脂多糖和（或）干扰素所致的小鼠腹腔巨噬细胞产生氧化亚氮（NO）和肿瘤坏死因子α（TNF-α）有抑制作用[5]。常山水提液对脂多糖诱发的大鼠肝脏脓毒症有抑制作用，其抗炎作用与其调控和炎症相关的蛋白质有关[6]。

5. **抗肿瘤**
   常山碱丙体外对大鼠和小鼠艾氏腹水癌细胞有显著抑制作用[7]。

6. **其他**
   常山中的常山酮可以控制伤口愈合和I型胶原合成，防止瘢痕形成[1]。常山还有解热、抗病毒等作用。

应用

本品为中医临床用药。功能：清热解毒，活血止痛。主治：①肠痈腹痛，热毒疮疡；②跌打损伤，风湿痹痛，经闭痛经。

现代临床还用于急性阑尾炎、慢性盆腔炎、结肠炎、病毒性肝炎、高胆红素血症等病的治疗。

评注

土常山为虎耳草科绣球属植物伞花绣球 *Hydrangea umbellate* Rehd.，分布在中国长江流域，代常山使用。从伞花绣球根中已经分离出常山碱甲、乙、丙，并对鸡疟有显著的抗疟作用。

常山为传统中医用治疗疟疾的药物，现代研究也表明其有确切的抗疟作用，但由于常山的副作用较大，所以一直没有大规模使用。但随着疟原虫抗药株的不断出现，常山又成为开发热点。常山除了根可做药用外，其枝梢和叶（古称蜀漆），也有抗疟效力，且枝梢和叶较根易得，应进行深入研究。

参考文献

[1] 张恒术，黄崇本. 中药黄常山中常山酮对伤口愈合和瘢痕形成的作用. 中国临床康复. 2003, 7(23): 3196-3197

[2] S Hirai, H Kikuchi, HS Kim, K Begum, Y Wataya, H Tasaka, Y Miyazawa, K Yamamoto, Y Oshima. Metabolites of febrifugine and its synthetic analogue by mouse liver S9 and their antimalarial activity against plasmodium malaria parasite. *Journal of Medicinal Chemistry*. 2003, 46(20): 4351-4359

[3] 刘永春，郭永和，王冬梅，秦剑. 常山花椒苦参体外抗阴道毛滴虫效果观察. 济宁医学院学报. 1997, 20(3): 45

[4] 赵灿熙. 常山总碱对大白鼠肠及子宫平滑肌的影响. 海南医学. 1991, 2(3): 41-43

[5] YH Kim, WS Ko, MS Ha, CH Lee, BT Choi, HS Kang, HD Kim. The production of nitric oxide and TNF-alpha in peritoneal macrophages is inhibited by *Dichroa febrifuga* Lour. *Journal of Ethnopharmacology*. 2000, 69(1): 35-43

[6] BT Choi, JH Lee, WS Ko, YH Kim, YH Choi, HS Kang, HD Kim. Anti-inflammatory effects of aqueous extract from *Dichroa febrifuga* root in rat liver. *Acta Pharmacologica Sinica*. 2003, 24(2):127-132

[7] EM Vermel, SA Kruglyak-Syrkina. Anticancer activity of the alkaloid febrifugine in animal experiments. *Voprosy Onkologii*. 1960, 6(7): 56-61

芸香科

白鲜 Baixian CP, KHP

Dictamnus dasycarpus Turcz.
Densefruit pittany

概述

芸香科 (Rutaceae) 植物白鲜 *Dictamnus dasycarpus* Turcz.，其干燥根皮入药。中药名：白鲜皮。

白鲜属 (*Dictamnus*) 植物全世界约 5 种，主要分布于欧亚大陆。中国产 1 种，供药用，分布于东北至东南地区。

"白鲜"药用之名，始载于《神农本草经》，列为中品。历代本草多有著录，均系本种。《中国药典》(2005 年版) 收载本种为中药白鲜皮的法定原植物来源种。主产于辽宁、河北及山东等省，此外，江苏、山西、吉林、黑龙江、内蒙古等省区也产。

白鲜皮中主要含有生物碱、黄酮类成分。《中国药典》采用高效液相色谱法进行测定，规定白鲜皮中梣酮的含量不得少于 0.030%，以控制药材质量。

药理研究表明，白鲜的根皮具有抗菌、抗炎、止血、抑制细胞免疫及体液免疫等作用。

中医理论认为白鲜皮具有清热燥湿，祛风止痒，解毒等功效。

白鲜 *Dictamnus dasycarpus* Turcz.

药材白鲜皮 Cortex Dictamni

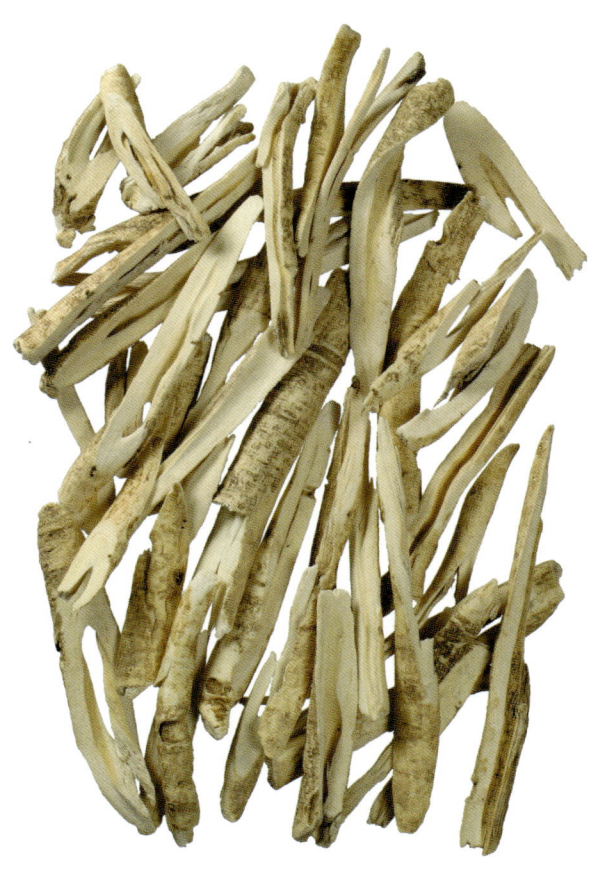

1cm

化学成分

白鲜根皮中含有生物碱类成分：白鲜碱 (dictamnine)、γ-崖椒碱 (γ-fagarine)[1]、前茵芋碱 (preskimmianine)、茵芋碱 (skimmianine)、白鲜明碱 (dasycarpamine)、胡芦巴碱 (trigonelline)、O-乙基降白鲜碱 (O-ethylnordictamnine)、O-乙基降-γ-崖椒碱 (O-ethylnor-γ-fagarine)、O-乙基降茵芋碱 (O-ethylnorskimmianine)、异斑点沸林草碱 (isomaculosidine)；柠檬苦素类成分：吴茱萸苦素 (rutaevin)、黄柏酮 (obacunone)、柠檬苦素 (limonin)[2]、柠檬苦素地噢酚 (limonin disophenol)[3]；甾醇类成分：娠烯醇酮 (pregnenolone)、油菜甾醇 (campesterol)；倍半萜糖苷成分：白鲜苷 A、B、D、F、G、H、I、J、K、L、M (dictamnosides A-B, D, F-M)[4-5]；黄酮类成分：汉黄芩素 (wogonin)[3]；还含有白鲜醇 (dictamnol)、梣酮 (fraxinellone)、6β-羟基梣酮 (6β-hydroxyfraxinellone)[6]、fraxinellonone、kihadinin B、dasycarine[3]；苷类成分：白鲜明苷 A、B (dasycarpusides A-B)、1-O-α-吡喃鼠李糖基-(1"→6')-β-吡喃葡萄糖苷 [1-O-α-rhamnopyranosyl-(1"→6')-β-glucopyranoside]、2-甲氧基-4-乙酰基苯酚-1-O-α-吡喃鼠李糖基-(1"→6')-β-吡喃葡萄糖苷 [2-methoxy-4-acetylphenol-1-O-α-rhamnopyranosyl-(1"→6')-β-glucopyranoside]、2-甲氧基-4-(8-羟乙基-苯酚-1-O-α-吡喃鼠李糖基-(1"→6')-β-吡喃葡萄糖苷 [2-methoxy-4-(8-hydroxyethyl)-phenol-1-O-α-rhamnopyranosyl-(1"→6')-β-glucopyranoside][7]等。

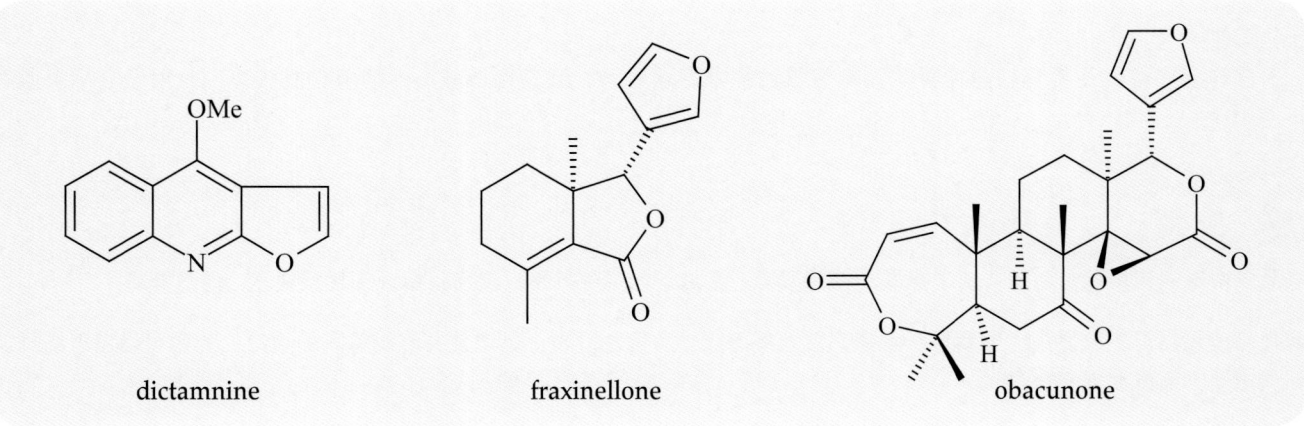

dictamnine　　fraxinellone　　obacunone

药理作用

1. **抗菌**

   白鲜皮水煎液体外对淋球菌有轻微抑制作用[8]。白鲜碱体外对啤酒酵母突变型 (Saccharomyces cerevisiae) GL7 及威克海姆原藻 (Prototheca wickerhamii) 有抗真菌作用，可直接或间接影响真菌细胞遗传物质的正常合成，使之不能完成正常细胞周期，抑制真菌生长甚至导致死亡[9]；白鲜皮水浸液体外对堇色毛癣菌、同心性毛癣菌、许兰氏黄癣菌等多种皮肤真菌也有不同程度抑制作用。白鲜皮热水提取物口服，对感染华支睾吸虫病的家兔有抑制吸虫产卵的作用[10]，对虫体形态则无明显影响[11]。

2. **抗炎**

   白鲜皮水提物、醇提物及酸提物灌胃，可抑制二甲苯所致小鼠耳廓肿胀、滤纸片所致小鼠肉芽肿以及角叉菜胶所致大鼠足趾肿胀[12]；白鲜皮水提物口服，也可抑制蛋清所致小鼠足趾炎症[13]。

3. **免疫调节功能**

   白鲜皮水提物口服，对半抗原 2,4,6-三硝基氯苯 (picryl chloride) 所致小鼠接触性皮炎迟发型变态反应及颗粒抗原羊红细胞所致小鼠足趾迟发型超敏反应 (SRBC-DTH)，在抗原攻击后给药有明显抑制作用；对小鼠抗 SRBC 抗体产生细胞 (PFC) 数和血清溶血素水平也有明显抑制作用，而对脾重无影响，显示其对细胞免疫和体液免疫均有抑制作用[13]。白鲜皮粗多糖灌胃，对小鼠环磷酰胺所致外周血白细胞减少具有明显抑制作用，也可使环磷酰胺作用下的脾脏重量增加[14]。

4. 保肝

白鲜皮粗多糖灌胃,可使 CCl_4 所致肝损伤小鼠血清谷丙转氨酶 (sGPT) 活性显著降低,肝糖元含量显著升高,戊巴比妥钠睡眠时间显著缩短[15];白鲜皮水提物体外也可抑制2,4,6-三硝基氯苯所致迟发型变态反应小鼠肝损伤时肝非实质细胞中浸润的 T 淋巴细胞的功能,从而改善细胞免疫性肝损伤[16]。

5. 止血

白鲜皮醇提物灌胃,能明显降低小鼠断尾后的出血时间和出血量,缩短凝血时间,并明显降低小鼠腹腔毛细血管通透性[17]。

6. 对消化系统的影响

白鲜皮乙醇提取物灌胃,对小鼠番泻叶性腹泻、水浸应激性溃疡、盐酸性溃疡及吲哚美辛-乙醇性溃疡均有明显抑制作用,对小鼠蓖麻油性腹泻有较弱抑制作用,可明显增加大鼠胆汁流量[18]。

7. 抗肿瘤

白鲜明苷 A 体外对人肺腺癌细胞 A-549 有细胞毒作用;从白鲜皮中分得的酚苷类成分对 T 细胞的增殖也有抑制作用[5,7];黄柏酮体外可增强长春新碱 (vincristine) 等抗癌药物对白血病细胞 L1210 等的细胞毒作用[19]。

8. 其他

白鲜皮提取物还具有松弛血管[20],刺激黑色素细胞增殖[21],兴奋离体蛙心,增强心肌张力,收缩子宫平滑肌等作用。

应用

本品为中医临床用药。功能:清热燥湿,祛风解毒。主治:①湿热疮毒,湿疹疥癣;②黄疸尿赤,湿热痹痛。

现代临床还用于皮肤溃疡、荨麻疹、湿疹、皮肤瘙痒症、急慢性肝炎、风湿性关节炎等病的治疗,外用可治淋巴结炎、外伤出血、疥癣等病的治疗。

评注

研究发现,白鲜皮水提物可刺激黑色素细胞的增殖[21],且在紫外光照射下,白鲜碱能与 DNA 双螺旋结构中的嘧啶碱形成加成物,此性质与白癜风和牛皮癣治疗药物8-甲氧补骨脂素相似,因此值得探讨从白鲜皮中开发出白癜风和牛皮癣的治疗药物。另外,白鲜中有效成分梣酮对大鼠有抗生育、抗受精作用,也可作为研制避孕药物的线索。

白鲜皮不仅具有广泛的药用价值,还可用于天然防腐剂[22]、美容增白剂[23]、杀虫剂[24-25]。此外,白鲜可作为园林观赏植物[26]。

参考文献

[1] H Kanamori, I Sakamoto, M Mizuta. Further study on mutagenic furoquinoline alkaloids of Dictamni Radicis Cortex: isolation of skimmianine and high-performance liquid chromatographic analysis. *Chemical & Pharmaceutical Bulletin*. 1986, **34**(4): 1826-1829

[2] 王兆全,许凤鸣,安诗友. 白鲜皮的化学成分研究. 中国中药杂志. 1992, **17**(9): 551-552

[3] 杜程芳,杨欣欣,屠鹏飞. 白鲜皮的化学成分研究. 中国中药杂志. 2005, **30**(21): 1663-1666

[4] WM Zhao, SC Wang, GW Qin, RS Xu, K Hostettmann. Dictamnosides F and G-Two novel sesquiterpene diglycosides with α-configuration glucose units from *Dictamnus dasycarpus*. *Indian Journal of Chemistry, Section B: Organic Chemistry Including Medicinal Chemistry*. 2001, **40B**(8): 748-750

[5] J Chang, LJ Xuan, YM Xu, JS Zhang. Seven new sesquiterpene glycosides from the root bark of *Dictamnus dasycarpus*. *Journal of Natural Products*. 2001, **64**(7): 935-938

[6] WM Zhao, JL Wolfender, K Hostettmann, RS Xu, GW Qin. Antifungal alkaloids and limonoid derivatives from *Dictamnus dasycarpus*. *Phytochemistry*. 1997, **47**(1): 7-11

[7] J Chang, LJ Xuan, YM Xu, JS Zhang. Cytotoxic terpenoid and immunosuppressive phenolic glycosides from the root bark of *Dictamnus dasycarpus*. *Planta Medica*. 2002, **68**(5): 425-429

[8] 盛丽, 高农, 张晓非. 19味中药对淋球菌流行株的敏感性研究. 中国中医药信息杂志. 2003, **10**(4): 48-49

[9] 王理达, 果德安, 袁兰, 何其华, 胡迎庆, 屠鹏飞, 郑俊华. 3种抗真菌生药活性成分对两种真菌细胞遗传物质的影响. 药学学报. 2000, **35**(11): 860-863

[10] JK Rhee, BK Baek, BZ Ahn. Alternations of *Clonorchis sinensis* EPG by administration of herbs in rabbits. *American Journal of Chinese Medicine*. 1985, **13**(1-4): 65-9

[11] JK Rhee, BK Baek, BZ Ahn. Structural investigation on the effects of the herbs on *Clonorchis sinensis* in rabbits. *American Journal of Chinese Medicine*. 1985, **13**(1-4): 119-125

[12] 谭家莉, 谢艳华, 匡威. 白鲜皮抗炎作用的实验研究. 中国新医药. 2004, **3**(8): 35-36

[13] 王蓉, 徐强, 徐丽华, 杭秉茜. 白鲜皮的免疫药理学研究I. 对细胞免疫及体液免疫的影响. 中国药科大学学报. 1992, **23**(4): 234-238

[14] 李岩, 曲绍春, 刘杰, 孙文娟, 罗基花. 白鲜皮粗多糖升白细胞作用的初步研究. 长春中医学院学报. 1995, **11**(3): 48

[15] 高普军, 张大旭, 朴去峰, 睢大员. 白鲜皮粗多糖保肝作用的研究. 长春中医学院学报. 1995, **11**(47): 60-61

[16] 陆朝华, 曹劲松, 凡华, 徐强. 白鲜皮水提物改善迟发型变态反应性肝损伤的作用机理. 中国药科大学学报. 1999, **30**(3): 212-215

[17] 睢大员, 于晓凤, 吕忠智, 李淑慧, 纪跃华. 白鲜皮止血作用的药理研究. 白求恩医科大学学报. 1996, **22**(6): 608

[18] 朱自平, 张明发, 沈雅琴, 王红武. 生甘草和白鲜皮对消化系统的药理实验研究. 中国中西医结合脾胃杂志. 1998, **6**(2): 95-97

[19] H Jung, DE Sok, Y Kim, B Min, J Lee, K Bae. Potentiating effect of obacunone from *Dictamnus dasycarpus* on cytotoxicity of microtuble inhibitors, vincristine, vinblastine and taxol. *Planta Medica*. 2000, **66**(1): 74-76

[20] SM Yu, FN Ko, MJ Su, TS Wu, ML Wang, TF Huang, CM Teng. Vasorelaxing effect in rat thoracic aorta caused by fraxinellone and dictamine isolated from the Chinese herb *Dictamnus dasycarpus* Turcz: comparison with cromakalim and Ca^{2+} channel blockers. *Naunyn-Schmiedeberg's Archives of Pharmacology*. 1992, **345**(3): 349-355

[21] ZX Lin, JRS Hoult, A Raman. Sulphorhodamine B assay for measuring proliferation of a pigmented melanocyte cell line and its application to the evaluation of crude drugs used in the treatment of vitiligo. *Journal of Ethnopharmacology*. 1999, **66**(2): 141-150

[22] 樊宪伟, 张霞, 王绍明. 白鲜属植物的化学成分及药理活性研究概述. 特产研究. 2003, **25**(3): 50-52

[23] 尚靖, 敖秉臣, 刘文丽, 徐建国. 七种增白中药在体外对酪氨酸酶的影响. 中国药学杂志. 1995, **30**(11): 653-655

[24] 巩忠福, 王建华. 19种植物提取物的杀螨活性观察. 中国兽药杂志. 2002, **36**(1): 6-8

[25] ZL Liu, YJ Xu, J Wu, SH Goh, SH Ho. Feeding deterrents from Dictamnus dasycarpus Turcz against two stored-product insects. *Journal of Agricultural and Food Chemistry*. 2002, **50**(6): 1447-1450

[26] 周繇. 长白山野生花卉资源及园林应用（五）. 园林. 2002, **9**: 35

薯蓣科

黄独 Huangdu

Dioscorea bulbifera L.
Airpotato Yam

概述

薯蓣科 (Dioscoreaceae) 植物黄独 *Dioscorea bulbifera* L., 其干燥块茎入药。中药名: 黄药子。

薯蓣属 (*Dioscorea*) 植物全世界约有 600 种, 广布于热带和温带地区。中国约有 55 种、11 变种、1 亚种, 主要分布于西南和东南部省区。本属现供药用者约有 25 种, 此外还有多种可供食用。本种分布于中国华东、中南、西南及陕西、甘肃和台湾等省区; 日本、朝鲜半岛、印度、缅甸及大洋洲、非洲均有分布。

"万州黄药子"最早见于《千金方》。《开宝本草》载有"黄药根"之名。"黄药子"药用之名, 首见于《滇南本草》。主产于中国湖北、湖南、江苏等地, 河南、山东、浙江、安徽、福建、云南、贵州、四川、广西等地也产。

黄药子主要活性成分为甾体皂苷和二萜内酯类化合物。其中, 抗肿瘤作用的有效成分有黄药子素 A、B、C 及薯蓣皂苷等[1]。

药理研究表明, 黄独具有抗甲状腺肿、抗肿瘤、抗病毒等作用。

中医理论认为黄药子具有散结消瘿, 清热解毒, 凉血止血等功效。

黄独 *Dioscorea bulbifera* L.（雄株）

黄独 D. bulbifera L. （雌株）

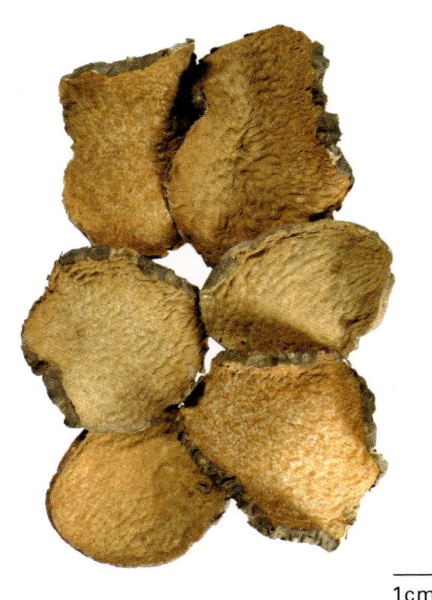
药材黄药子 Rhizoma Dioscoreae Bulbiferae

化学成分

黄独的茎含甾体皂苷类成分：薯蓣次苷甲 (prosapogenin A)、箭根薯皂苷 (taccaoside) 等[2]；还含二萜内酯类成分：黄药子素A、B、C、D、E、F、G、H (diosbulbins A - H)[3-4]、diosbulbinosides D、F[1]、neodiosbulbin、5 - ureidohydautotion[5]、3α - hydroxy - 13β - furan - 11 - keto - apian - 8 - en - (20,6) - olide、13β - furan - 11 - keto - apian - 3(4),8 - dien - (20,6) - olide、7α - methoxy - 13β - uran - 11 - keto - apian - 3(4),8 - dien - (20,6) - olide[6]；又含黄酮类成分：3,7 - 二甲氧基 - 5,4'- 二羟基黄酮 (3,7 - dimethoxy - 5,4'- dihydroxyflavone)、3,7 - 二甲氧基 - 5,3',4'- 三羟基黄酮 (3,7 - dimethoxy - 5,3',4'- trihydroxyflavone)、杨梅树皮素 (myricetin)、金丝桃苷 (hyperin)、杨梅树皮素 - 3 - O - β - D - 半乳糖苷 (myricetin - 3 - O - β - D - galactoside)、杨梅树皮素 - 3 - O - β - D - 葡萄糖苷 (myricetin - 3 - O - β - D - glucoside)[8]、7,3',4'- 三羟基 - 3,5 - 二甲氧基黄酮 (caryatin)、7,4'- 二羟基 - 3,5 - 二甲氧基黄酮 (7,4'- dihydroxy - 3,5 - dimethoxyflavone)[9]、3,5,3'- 三甲氧基槲皮素 (3,5,3'- trimethoxyquercetin)、山柰酚 - 3 - O - β - D - 吡喃半乳糖苷 (kaempferol - 3 - O - β - D - galactopyranoside)[10]等；此外，还含有香草酸 (vanillic acid)、异香草酸 (isovanillic acid)[10]、琥珀酸 (succinic acid)、莽草酸 (shikimic acid)[11]、(+) - 表儿茶素 [(+) - epicatechin][10]、1 - (3 - 丙氨基) - 2 - 甲基呱啶 [1 - (3 - aminopropyl) - 2 - pipecoline][12]等成分。

diosbulbin A

黄独 Huangdu

药理作用

1. **抗甲状腺肿**
   黄独对由缺碘饲料或抗甲状腺药物造成的实验性甲状腺肿有治疗作用，对硫氰酸钾所致轻度甲状腺肿也有效。

2. **抗肿瘤**
   黄独乙醇浸膏对小鼠肝癌 H22、肉瘤 S_{180} 和腹水瘤有抑制作用[13]；黄药子素 A、B、C 以及薯蓣皂苷元等均具有抗肿瘤作用，尤其对甲状腺肿瘤有独特的疗效。黄独油对子宫颈癌、小鼠白血病 615 均有一定的抑制作用[1]。

3. **抗病毒**
   黄独乙醇浸膏不仅能抑制 DNA 病毒，而且还能抑制 RNA 病毒的转录，灭活病毒后的细胞或药物对照细胞仍能继续分裂传代[1]。

4. **抗菌**
   黄独水浸剂于体外，可抑制堇色毛癣菌、同心性毛癣菌、许兰黄癣等皮肤真菌。

5. **抗炎**
   黄独甲醇总提取物对二甲苯所致的小鼠耳廓肿胀部炎症、蛋清和角叉菜胶所致的大鼠足趾肿胀和大鼠棉球肉芽肿有明显的抑制作用[14]。黄药子素 B 为抗炎的活性成分之一[15]。

6. **其他**
   黄独的其中一种多糖可降低小鼠血糖。

应用

本品为中医临床常用药。功能：消痰软坚散结，清热解毒，凉血止血，止咳平喘。主治：①瘿瘤；②疮疡肿毒，咽喉肿痛及毒蛇咬伤等；③血热引起的吐血、衄血、咯血等；④咳嗽，气喘，百日咳。

现代临床还用于甲状腺腺瘤[16]、亚急性甲状腺炎[17]、甲状腺、食道、鼻咽、肺、肝、直肠等多种恶性肿瘤[18-19]、宫颈炎、银屑病等病的治疗。

评注

从植物化学成分与亲缘关系的角度看，黄独的化学成分含甾体皂苷是薯蓣属植物的一个原始特征，该类成分只存在于最原始的根状茎组织中，其他组织中并不存在。黄独组织属于较进化的块茎类群，它与不含甾体皂苷的薯蓣组织、复叶组织等处在同一条进化线上，因此，早期有些研究人员认为黄独中不含甾体皂苷。但 20 世纪 90 年代以来，科研人员陆续从黄独中分离得到了薯蓣皂苷元、薯蓣次苷甲、箭根薯皂苷等甾体皂苷类化合物[2]，从而证实了早期关于黄独中不含甾体皂苷的报道属误报[1]。

黄独中的主要有效成分为薯蓣皂苷、黄药子素等，它们均具有抗肿瘤的作用，但又都是有毒的成分，久服易引起蓄积中毒，故使用时应慎重。从黄独中寻找一种既具有抗肿瘤作用，毒性又小、安全性好的化合物是今后研究的主要方向。

参考文献

[1] 林厚文, 张罡, 赵宏斌, 张纯, 刘皋林. 黄药子的研究进展. 中草药. 2002, 33(2): 175-177

[2] 李石生, 邓京振, 赵守训. 黄独块茎的甾体类成分. 植物资源与环境. 1999, 8(2): 61-62

[3] Y Ida, S Kubo, M Fujita, T Komori, T Kawasaki. Furanoid norditerpenes from Dioscoreaceae plants, V. Structures of the diosbulbins-D, -E, -F, -G, and -H. *Justus Liebigs Annalen der Chemie*. 1978, 5: 818-833

[4] T Kawasaki, T Komori, S Setoguchi. Furanoid norditerpenes from Dioscoreacae plants. I. Diosbulins A, B, and C from *Dioscorea bulbifera* forma spontanea. *Chemical & Pharmaceutical Bulletin*. 1968, **16**(12): 2430-2435

[5] 傅宏征,林文翰,高志宇,小池一男,李巍,二阶堂保. 2DNMR研究新呋喃二萜类化合物的结构. 波谱学杂志. 2002, **19**(1): 49-55

[6] SZ Zheng, Z Guo, T Shen, XD Zhen, XW Shen. Three new apianen lactones from *Dioscorea bulbifera* L. *Indian Journal of Chemistry, Section B: Organic Chemistry Including Medicinal Chemistry*. 2003, **42B**(4): 946-949

[7] 李石生,IA Iliya,邓京振,赵守训. 黄独中的黄酮和蒽醌类化学成分的研究. 中国中药杂志. 2000, **25**(3): 159-160

[8] 高慧媛,吴立军,尹凯,唐婷慧,王玉松. 中药黄独的化学成分研究. 沈阳药科大学学报. 2001, **18**(6): 414-416

[9] 高慧媛,卢熠,吴立军,高栋才. 中药黄独的化学成分研究. 沈阳药科大学学报. 2001, **18**(3): 185-188

[10] 高慧媛,隋安丽,陈艺虹,张晓燕,吴立军. 中药黄独的化学成分. 沈阳药科大学学报. 2003, **20**(3): 178-180

[11] HY Gao, LJ Wu, M Kuroyanagi. Seven compounds from *Dioscorea bulbifera* L. *Natural Medicines*. 2001, **55**(5): 277

[12] 周家容,张焜,黄剑明,黄慧明. 黄药子中抑制MetAP2组分的分离鉴定. 仲恺农业技术学院学报. 2002, **15**(2): 15-19

[13] 陈晓莉,吴少华,赵建斌. 黄药子醇提物对小鼠移植瘤的抑瘤作用. 第四军医大学学报. 1998, **19**(3): 354-355

[14] 李万,阮金兰,黄玉斌. 黄独抗炎作用的实验研究. 实用医药杂志. 1996, **9**(4): 20-22

[15] 谭兴起,阮金兰,陈海生,王菊英,王杰松. 黄药子抗炎活性成分的研究. 第二军医大学学报. 2003, **24**(6): 677-679

[16] 李仁廷. 黄独汤治疗甲状腺腺瘤116例. 四川中医. 2001, **19**(10): 25

[17] 李国进. 黄药子在治疗亚急性甲状腺炎中的作用. 天津中医药. 2003, **20**(2): 9

[18] 刘静,张润莲. 黄药子临床应用新得. 中国民族民间医药杂志. 1996, **3**: 31-32

[19] 唐迎雪. 黄药子古今临床应用研究. 中国中药杂志. 1995, **20**(7): 435-438

薯蓣 Shuyu^{CP}

薯蓣科

Dioscorea opposita Thunb.
Common Yam

概 述

薯蓣科 (Dioscoreaceae) 植物薯蓣 *Dioscorea opposita* Thunb.，其干燥块茎入药。中药名：山药。

薯蓣属 (*Dioscorea*) 植物全世界约有 600 多种，分布于热带及温带地区。中国产约 55 种、11 变种、1 亚种[1]，主要分布于西南和东南部省区。本属现供药用者约有 25 种，此外还有多种可供食用。本种分布于中国东北、华东地区、河北、河南、湖北、湖南、贵州、云南等省；朝鲜半岛、日本也有分布。

山药以"署豫"药用之名，始载于《神农本草经》，列为上品。因文字避讳，自宋代后期本草中出现山药之名。历代本草中记载的山药，大致可分为药用与食用山药两类，药用山药多指人工栽培的本种，而食用山药都称为薯，种类较为复杂，均为薯蓣属内可食种。《中国药典》(2005 年版) 收载本种为中药山药的法定原植物来源种。主产于中国河南新乡地区，多集中在河南沁阳县（旧属怀庆府），故又名怀山药，产量大，质量优。此外，河北、陕西、江苏、浙江、江西、贵州、四川等地也有，但产量较少。

薯蓣属植物主要活性成分为多糖、甾体皂苷类成分。特别是薯蓣属植物根茎中含有的薯蓣皂苷元 (diosgenin) 是合成甾体激素类药物的原料。

药理研究表明，薯蓣具有祛痰、脱敏、降血脂、抗肿瘤等作用。

中医理论认为山药具有补脾养胃，生津益肺，补肾涩精等功效。

薯蓣 *Dioscorea opposita* Thunb.

药材山药 Rhizoma Dioscoreae

1cm

薯蓣科

穿龙薯蓣（雄）*D. nipponica* Makino

穿龙薯蓣（雌）

化学成分

薯蓣的根茎中含有由甘露糖 (mannose)、葡萄糖 (glucose) 和半乳糖 (galactose) 按摩尔比6.45∶1∶1.26构成的山药多糖、甘露多糖 Ia、Ib和Ic (mannan Ia - Ic) [2]、尿囊素 (allantoin)、多巴胺 (dopamine)、盐酸山药碱 (batatasine hydrochloride)[3]、多酚氧化酶 (polyphenoloxidase)[4]、止权素II (abscisin II) [5]。并含有多种甾醇类成分：如胆甾烷醇 (cholestanol)、(24R) - α - 甲基胆甾烷醇 [(24R) - α - methyl cholestanol]、(24S) - β - 甲基胆甾烷醇 [(24S) - β - methyl cholestanol]、胆甾醇 (cholesterol)及它们的衍生物[6]。另外，近年还分离得一新的糖苷3,4,6 - trihydroxyphenanthrene - 3 - O - β - D - glucopyranoside[7]。尚含山药多糖RDRS - 1。

薯蓣的珠芽（零余子）中含5种酚性植物生长调节剂山药素I、II、III、IV、V (batatasins I - V)。

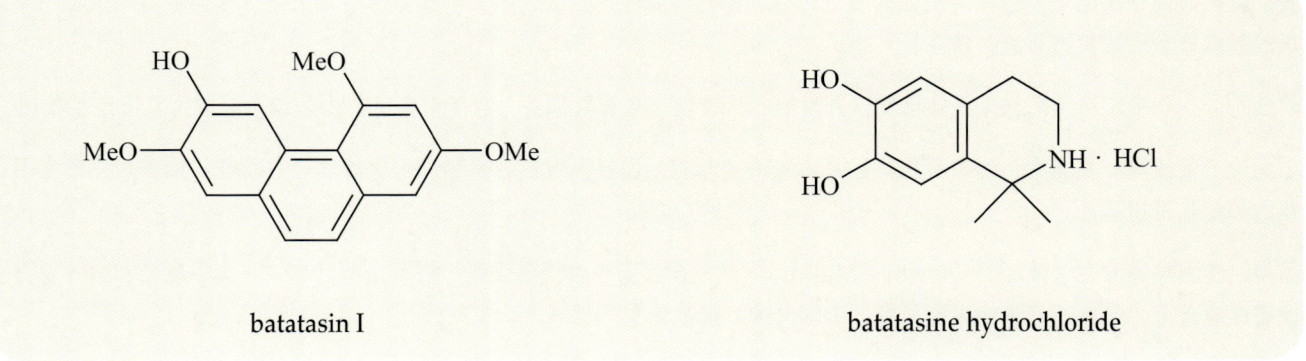

batatasin I

batatasine hydrochloride

薯蓣　Shuyu

薯蓣科

薯蓣 Shuyu

药理作用

1. 调整胃肠运动

薯蓣能抑制胃排空运动，能拮抗乙酰胆碱、氯化钡所致的离体回肠强直性收缩作用，及对新斯的明负荷小鼠胃肠推进运动的增强有抑制作用[8]。

2. 抗氧化、抗衰老

山药多糖能使维生素 C-NADPH 及 Fe^{2+}-半胱氨酸诱发的微粒体过氧化脂质的含量降低，并对黄嘌呤-黄嘌呤氧化酶体系产生的超氧自由基及 Fenton 反应体系产生的羟自由基有清除作用，显示山药多糖具有较好的体外抗氧化活性[9]。薯蓣还能使小鼠体内谷胱甘肽过氧化物酶、过氧化氢酶、超氧化物歧化酶和脑 Na^+, K^+-ATP 酶活性增加，抑制单胺氧化酶 B 的活性及过氧化脂质和脂褐质的形成，表现出良好的抗氧化及抗衰老作用[10-11]。

3. 免疫调节功能

给小鼠灌服山药多糖，可明显提高环磷酰胺所致免疫功能低下小鼠腹腔巨噬细胞的吞噬百分率和吞噬指数，对其溶血素和溶血空斑的形成以及淋巴细胞转化有促进作用，并使外周血 T 淋巴细胞转化率显著上升[12]。山药多糖既能提高特异性细胞免疫和体液的免疫功能，也具有非特异性免疫功能[13]。

4. 降血糖

薯蓣水煎剂给小鼠灌胃，可以降低正常小鼠的血糖，对由四氧嘧啶引起的小鼠糖尿病有预防及治疗作用，对肾上腺素或葡萄糖引起的小鼠血糖升高也有显著的拮抗作用[14]。山药多糖为降血糖作用的有效成分，其作用与增加胰岛素分泌、改善受损的胰岛 β 细胞功能有关[15]。

5. 抗肿瘤

山药多糖 RDPS-1 对移植性小鼠黑色素瘤 B_{16} 和 Lewis 肺癌细胞有明显的抑制作用[16]。

6. 其他

薯蓣水煎剂给小鼠灌服，可增加其前列腺、精囊腺重量，产生雄性激素样作用。薯蓣中的尿囊素具有麻醉镇痛、抗刺激物、促进上皮生长、消炎和抗菌作用[17-18]，山药活性多糖具有体外抗突变作用[19]。

应用

本品为中医临床用药。功能：益气养阴，补脾肺肾，固精止带。主治：①脾胃虚弱证；②肺肾虚弱证；③阴虚内热，口渴多饮，小便频数的消渴证。

现代临床还用于肠易激综合征、哮喘、慢性阻塞性肺病、肺源性心脏病、慢性尿道炎等病的治疗。

评注

山药是中国卫生部规定的药食同源品种之一。薯蓣属较原始的类群如盾叶薯蓣 *Dioscorea zingiberensis* C. H. Wright 等，具有短而横生的地下茎，为根茎；较进化的类群则具有球形、圆柱形、不规则形的地下茎，根据根茎与块茎两个术语的基本概念，此类器官应为块茎。

除药用外，现今山药还可做成美味佳肴，开发成各种饮料、果酱和罐头，近年来更以鲜山药或山药饮片直接泡茶饮用。

山药的产量较高、用量大、出口量稳定，是调整种植结构，发展高效农业有推广价值的理想农作物。河南现已建立了薯蓣的规范化种植基地。

另外，本属植物穿龙薯蓣 *D. nipponica* Makino，以根茎入药，有舒筋活血，祛风止痛的功效。穿龙薯蓣和盾叶薯蓣主含薯蓣皂苷元，是生产皂素的主要原料，中国已建有规范化生产基地。

参考文献

[1] 刘鹏，郭水良，吕洪飞，谢小伟，吴晓渊．中国薯蓣属植物的研究综述．浙江师大学报（自然科学版）．1993，**16**(4)：100-106

[2] K Ohtani, K Murakami. Structure of mannan fractionated from water-soluble mucilage of Nagaimo (*Dioscorea batatas* Dence). *Agricultural and Biological Chemistry*. 1991, **55**(9): 2413-2414

[3] T Tono. Tetrahydroixoquinoline derivative isolated from the acetone extract of *Dioscorea batatas*. *Agricultural and Biological Chemistry*. 1971, **35**(4): 619-621

[4] S Imakawa. Brownig of Chinese yam (*Dioscorea batatas*). *Hokkaido Daigaku Nogakubu Hobun Kiyo*. 1967, **6**(2): 181-192

[5] T Hashimoto, T Ikai, S Tamura. Isolation of (+)-abscisin II from dormant aerial tubers of *Dioscorea batatas*. *Planta*. 1968, **78**(1): 89-92

[6] T Akihisa, N Tanaka, T Yokota, N Tanno, T Tamura. 5α-Cholest-8(14)-en-3β-ol and three 24-alkyl-Δ8(14)-sterols from the bulbils of *Dioscorea batatas*. *Phytochemistry*. 1991, **30**(7): 2369-2372

[7] M Sautour, A Mitaine-Offer, T Miyamoto, H Wagner, M Lacaille-Dubois. A new phenanthrene glycoside and other constituents from *Dioscorea opposita*. *Chemical & Pharmaceutical Bulletin*. 2004, **52**(10): 1235-1237

[8] 李树英，陈家畅，苗利军，梁拥军，王学超．山药健脾胃作用的研究．中药药理与临床．1994，**1**：19-22

[9] 何书英，詹彤，王淑如．山药水溶性多糖的化学及体外抗氧化活性．中国药科大学学报．1994，**25**(6)：369-372

[10] 詹彤，陶靖，王淑如．水溶性山药多糖对小鼠的抗衰老作用．药学进展．1999，**23**(6)：356-360

[11] 苗明三．怀山药多糖抗氧化作用研究．中国医药学报．1997，**12**(2)：22-23

[12] 苗明三．怀山药多糖对小鼠免疫功能的增强作用．中药药理与临床．1997，**13**(3)：25-26

[13] 赵国华，王赟，李志孝，陈宗道．山药多糖的免疫调节作用．营养学报．2002，**24**(2)：187-188

[14] 郝志奇，杭秉茜，王瑛．山药水煎剂对实验性小鼠的降血糖作用．中国药科大学学报．1991，**22**(3)：158-160

[15] 胡国强，杨保华，张忠泉．山药多糖对大鼠血糖及胰岛释放的影响．山东中医杂志．2004，**23**(4)：230-231

[16] 赵国华，李志孝，陈宗道．山药多糖RDPS-I的结构分析及抗肿瘤活性．药学学报．2003，**38**(1)：37-41

[17] 顾文珍，秦万章．尿囊素的作用及其临床应用．新药与临床．1990，**9**(4)：232-234

[18] 聂桂华，周可范，董秀华，张村．山药的研究概况．中草药．1993，**24**(3)：158-160

[19] 阚建全，王雅茜，陈宗道，贺稚非，王光慈．山药活性多糖抗突变作用的体外实验研究．营养学报．2001，**23**(1)：76-78

薯蓣种植基地

川续断 Chuanxuduan CP, KHP

Dipsacus asperoides C. Y. Cheng et T. M. Ai
Asper-like Teasel

概述

川续断科 (Dipsacaceae) 植物川续断 *Dipsacus asperoides* C. Y. Cheng et T. M. Ai，其干燥根入药。中药名：续断。

川续断属 (*Dipsacus*) 植物全世界约有20种，主要分布于欧洲、北非和亚洲。中国有9种、1变种，其中2种为栽培种。川续断属植物的根、叶大多可入药。川续断主要分布于中国江西、湖北、湖南、广西、四川、云南、贵州、西藏等地。

"续断"药用之名，始载于《神农本草经》，列为上品。《植物名实图考》的记述和附图，即指本种。《中国药典》(2005年版)收载本种为中药续断的法定原植物来源种。主产于中国湖北、四川、贵州，云南、湖南、江西等省也产。

川续断属植物的化学成分主要有三萜皂苷、环烯醚萜苷等。《中国药典》采用高效液相色谱法测定，规定续断中川续断皂苷VI含量不得少于2.0%，以控制药材质量。

药理研究表明，川续断具有止血、促进骨损伤愈合、降低子宫收缩等作用。

中医理论认为川续断具有补肝肾，止血安胎，续筋骨等功效。

川续断 *Dipsacus asperoides* C. Y. Cheng et T. M. Ai

药材续断 Radix Dipsaci

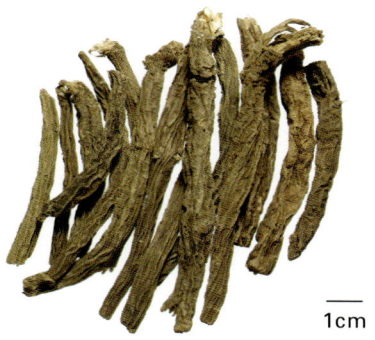

化学成分

川续断根中含有三萜皂苷，目前共分离得22种三萜皂苷类成分，均为齐墩果烷型[1]，如川续断皂苷F和H_1 (asperosaponins F, H_1)[2]、续断皂苷B、C (dipsacus saponins B－C)[3]等。还含环烯醚萜苷类成分：林生续断苷Ⅲ (sylvestroside Ⅲ)[4]、loganic acid－6'－O－β－D－glucoside[5]、当药苷 (sweroside)、马钱子苷 (loganin) 和

asperosaponin F　　　　sylvestroside Ⅲ

茶茱萸苷 (cantleyoside)[6]等；挥发油，油中含量较高的有丙酸乙酯 (ethyl propionate)、4 - 甲基苯酚 (4 - methyl phenol)、3 - 2基 - 5 - 甲基苯酚 (3 - ethyl - 5 - methyl - phenol)、2,4,6 - 三丁基苯酚 (2,4,6 - tributyl - phenol)、carvotanaceton[7]等。此外还含有3,5 - di - O - caffeoyl quinic acid等[8]。

药理作用

1. **促进骨损伤愈合**
   川续断水煎液及其总皂苷粗提物灌胃给药均能明显促进大鼠骨损伤愈合；川续断总皂苷是该作用的活性组分[9]。体外实验表明，川续断水煎液能有效促进大鼠成骨细胞的分化、增殖，防止成骨细胞凋亡，从而起到促进骨折愈合、防止骨质疏松的作用[10]。

2. **抗老年痴呆**
   川续断总提取物给铝诱导的 Alzheimer 病（老年痴呆症）大鼠灌胃，对淀粉样前体蛋白 (β - APP) 在神经元的过度表达有明显的抑制作用[11]。

3. **抗衰老**
   川续断水煎液使家蚕的幼虫期、蛹期、成虫期生存时限延长，身长、体重增加缓慢，食桑量减少，有抗衰老作用[12]。

4. **对免疫系统的影响**
   川续断水煎液灌胃能提高小鼠耐缺氧能力，延长小鼠负重游泳持续时间，促进小鼠巨噬细胞吞噬功能[13]。川续断水提醇沉所得的多糖 (DAP - 1) 具有免疫调节作用，显示出抗补体活性，还能促进淋巴细胞的有丝分裂[14]。

5. **对生殖系统的影响**
   川续断浸膏、总生物碱及挥发油都可显著抑制小鼠未孕或妊娠离体子宫的收缩；浸膏与挥发油能显著抑制妊娠小鼠离体子宫的自发收缩频率；总生物碱及挥发油能显著抑制妊娠大鼠离体子宫的收缩幅度[15]。总生物碱十二指肠给药还能显著抑制妊娠大鼠在体子宫平滑肌的自发收缩活动，对摘除卵巢后导致的流产有对抗作用[16]。

6. **抗炎**
   川续断70%乙醇提取物灌胃给药能显著抑制大鼠蛋清性足趾肿胀、二甲苯所致小鼠耳廓肿胀、醋酸所致小鼠腹腔毛细血管通透性增加以及纸片所致肉芽组织增生，其作用机理可能与抑制变态反应和抗过氧化有关[17]。

7. **其他**
   川续断或其炮制品还有止血、镇痛、消血肿、杀灭阴道毛滴虫等作用[18]。

应用

本品为中医临床常用药。功能：补肝肾，强筋骨，止血安胎，疗伤续折。主治：①肝肾不足，腰痛脚弱，风湿痹痛，及跌扑损伤，骨折，肿痛等；②肝肾虚弱，任冲失调的胎动欲坠或崩漏经多等。

现代临床还用于习惯性流产、非功能性子宫出血、类风湿性关节炎等病的治疗。

评注

历代本草记载的续断品种较混乱。唐宋所用的"土续断"，为唇形科糙苏 *Phlomis umbrosa* Turcz.，应用历史较久，但是疗效不及川续断，现今仅限为地区用药。

参考文献

[1] 王岩, 周莉玲, 李锐. 川续断的研究进展. 时珍国医国药. 2002, 13(4): 233-234

[2] 魏峰, 楼之岑, 刘一民, 缪振春. 用核磁共振新技术测定川续断皂苷F和H1两个新皂苷的结构及光谱规律研究. 药学学报. 1994, 29(7): 511-518

[3] KY Jung, JC Do, KH Son. Triterpene glycosides from the roots of *Dipsacus asper*. *Journal of Natural Products*. 1993, 56(11): 1912-1916

[4] 魏峰, 楼之岑. 川续断中林生续断苷Ⅲ的结构研究. 中草药. 1996, 27(5): 265-266

[5] H Tomita, Y Mouri. An iridoid glucoside from *dipsacus asperoides*. *Phytochemistry*. 1996, 42(1): 239-240

[6] K Isao, T Akiko, N Miho, K Nobusuke. Acylated triterpene glycoside from roots of *Dipsacus asper*. *Phytochemistry*. 1990, 29(1): 338-339

[7] 吴知行, 周胜辉, 杨尚军. 川续断中挥发油的分析. 中国药科大学学报. 1994, 25(4): 202-204

[8] YS Kwon, KO Kim, JH Lee, SJ Son, HM Won, BS Chang, CM Kim. Chemical constituents of *Dipsacus asper* (II). *Saengyak Hakhoechi*. 2003, 34(2): 128-131

[9] 纪顺心, 吴雪琴, 李崇芳. 中药续断对大鼠实验性骨损伤愈合作用的观察. 中草药. 1997, 28(2): 98-99

[10] 程志安, 吴燕峰, 黄智清, 曾志勇, 谢文峰, 罗懿明, 肖劲夫, 刘尚礼. 续断对成骨细胞增殖、分化、凋亡和细胞周期的影响. 中医正骨. 2004, 16(12): 1-3

[11] 钱也华, 胡海涛, 杨杰, 张樟进, 王唯析, 杨广德. 川续断对Alzheimer病模型大鼠海马内淀粉样前体蛋白表达的影响. 中国神经科学杂志. 1999, 15(2): 134-138

[12] 雷志群. 续断等中药抗衰老作用的实验研究. 浙江中医学院学报. 1997, 21(2): 39

[13] 石扣兰, 李丽芬, 李月英, 王树华. 川续断对小鼠免疫功能的影响. 中药药理与临床. 1998, 14(1): 36-37

[14] Y Zhang, H Kiyohara, T Matsumoto, H Yamada. Fractionation and chemical properties of immunomodulating polysaccharides from roots of *Dipsacus asperoides*. *Planta Medica*. 1997, 63(5): 393-399

[15] 龚晓健, 吴知行, 陈真, 刘晓东, 刘国卿. 川续断对离体子宫的作用. 中国药科大学学报. 1995, 26(2): 115-119

[16] 龚晓健, 季晖, 王青, 吴知行, 刘国卿. 川续断总生物碱对妊娠大鼠子宫的抗致痉及抗流产作用. 中国药科大学学报. 1997, 29(6): 459-461

[17] 王一涛, 王家葵, 杨奎, 毛洁. 续断的药理学研究. 中药药理与临床. 1996, 3: 20-23

[18] 辛继兰, 赵雅娟. 续断及其炮制品的药效学研究. 中医药学报. 2002, 30(4): 16-17

扁豆 Biandou CP, JP, KHP

豆科

Dolichos lablab L.

Hyacinth Bean

概 述

豆科 (Fabaceae) 植物扁豆 *Dolichos lablab* L. [*Lablab purpureus* (L.) Sweet]，其干燥种子入药。中药名：白扁豆。

扁豆属 (*Lablab*) 植物全世界约有 1 种、3 亚种，原产印度。现供药用者仅有 1 种。全国各地均有栽培。

扁豆以"藊豆"药用之名，始载于《名医别录》，列为中品。历代本草多有著录。《中国药典》（2005年版）收载本种为中药白扁豆的法定原植物来源种。主产于中国大部分地区。

扁豆主要含三萜皂苷、蛋白质等。《中国药典》以药材的性状和显微鉴别控制药材质量。

药理研究表明，扁豆的种子具有抗菌、抗肿瘤、增强免疫等作用。

中医理论认为白扁豆具有健脾化湿，和中消暑等功效。

扁豆 *Dolichos lablab* L.

药材白扁豆 Semen Lablab Album

1cm

化学成分

扁豆种子含蛋白质、油脂[1]和三萜皂苷：3 - O - [α - L - rhamnopyranosyl - (1→2) - β - D - galactopyranosyl - (1→2) - β - D - glucuronopyranosyl(1→)] - 22 - O - [2,3 - dihydro - 2,5 - dihydroxy - 6 - methyl - 4H - pyran - 4 - one(2'→)] - 3β,22β,24 - trihydroxyolean - 12 - en - 28 - al[2]、lablabosides A、B、C、D、E、F[3]；此外，还含植物凝集素 (phytohemag glutinin)[4]、葫芦巴碱 (trigonelline)、3 - O - β - D - 吡喃葡萄糖基赤霉素A (3 - O - β - D - glucopyranosyl gibberellin A)。

扁豆的花含木犀草素 (luteolin)、大波斯菊苷 (cosmosiin)、木犀草素 - 4' - O - 葡萄糖苷 (luteolin - 4' - O - β - D - glucopyranoside)、木犀草素 - 7 - O - 葡萄糖苷 (luteolin - 7 - O - β - D - glucopyranoside)、野漆树苷 (rhoifolin) 等黄酮类化合物[5]。

药理作用

1. **抗菌**
   平板纸片法实验表明，扁豆水煎剂对痢疾杆菌有抑制作用。

2. **抗肿瘤**
   ^{125}I小扁豆凝集素 (^{125}I - LCA) 对荷移植性人肝细胞癌裸鼠有靶向定位和治疗作用，能明显抑制移植癌细胞生长及令肿瘤坏死和消退[6]。

3. **增强免疫**
   扁豆对体外E - 玫瑰花环反应形成率达 47.50%（正常为38.50%），对 T 淋巴细胞有促进作用，对体外淋巴转换率未见作用。但也有报道称扁豆不仅能提高淋转率，还能提高白介素 2 (IL - 2) 的水平[7]。

4. **降血脂**
   扁豆中的膳食纤维成分能显著地降低血清和肝脏中的低密度脂蛋白胆固醇，提高高密度脂蛋白胆固醇的水平[8]。

5. **红细胞凝集作用**
   扁豆有红细胞凝集作用，可用于人体血型检测[4]。扁豆含凝集素 A 和 B。凝集素A不溶于水，如混于食物中饲养大鼠，可抑制其生长，甚至引起肝脏区域性坏死，加热后则毒性大为减弱。

6. **抗胰蛋白酶**
   扁豆凝集素 B 有抗胰蛋白酶活性的作用[9]。

7. **其他**
   由于扁豆凝集素在体外悬浮培养中能延长造血干细胞原始活性，可以用于基因疗法中的干细胞移植[10]。

扁豆 Biandou

应用

本品为中医临床用药。功能：健脾，化湿，消暑。主治：①脾虚湿盛，运化失常，而见食少便溏或泻泄，及脾虚而湿浊下注，白带过多等证；②暑湿吐泻。

现代临床还用于药物、食物及乙醇等引起的吐泻腹痛、慢性肾炎、贫血、口腔炎等病的治疗。

评注

扁豆花为常用食品和中药，功能解暑化湿，和中健脾。主治夏伤暑湿，发热，泻泄，痢疾，赤白带下，跌打伤肿。

扁豆衣为扁豆的干燥种皮，功能健脾化湿。主治脾虚有湿，暑湿吐泻，脚气浮肿。扁豆叶功能消暑利湿，解毒消肿。主治暑湿吐泻，疮疖肿毒，蛇虫咬伤。扁豆藤功能化湿和中，主治暑湿吐泻不止。扁豆根功能消暑，化湿，止血。主治暑湿泻泄，痢疾，淋浊，带下，便血。

白扁豆和白扁豆花被列入中国卫生部规定的药食同源品种名单。

扁豆种子有白色、黑色、红褐色等数种，入药主要用白扁豆；黑色者（鹊豆）不供药用；红褐色者在广西民间称"红雪豆"，用作清肝、消炎药，治眼生翳膜。

参考文献

[1] OOA El Siddig, AH El Tinay, AWH Abd Alla, AEO Elkhalifa. Proximate composition, minerals, tannins, in vitro protein digestibility and effect of cooking on protein fractions of hyacinth bean (Dolichos lablab). Journal of Food Science and Technology. 2002, 39(2): 111-115

[2] Y Yoshiki, JH Kim, K Okubo, I Nagoya, T Sakabe, N Tamura. A saponin conjugated with 2,3-dihydro-2,5-dihydroxy-6-methyl-4H-pyran-4-one from Dolichos lablab. Phytochemistry. 1995, 38(1): 229-231

[3] H Komatsu, T Murakami, H Matsuda, M Yoshikawa. Medicinal foodstuffs. XIII. Saponin constituents with adjuvant activity from hyacinth bean, the seeds of Dolichos lablab L.: Structures of lablabosides D, E, and F. 1998, 48(4): 703-710

[4] S Mackerle. Phytohemagglutinins in legal-medical practice. Acta Universitatis Palackianae Olomucensis, Facultatis Medicae. 1965, 38: 199-228

[5] 梁侨丽，丁林生. 扁豆花化学成分研究. 中国药科大学学报. 1996, 27(4): 206-207

[6] 张世民，吴孟超，陈汉，徐登仁，潘文舟. [125]I小扁豆凝集素对裸鼠移植性人肝癌靶向定位和治疗的研究. 中华实验外科杂志. 1992, 9(2): 69-70

[7] J Favero, F Miquel, J Dornand, JC Mani. Determination of mitogenic properties and lymphocyte target sites of Dolichos lablab lectin (DLA): comparative study with concanavalin A and galactose oxidase cell surface receptors. Cellular Immunology. 1988, 112(2): 302-314

[8] CF Chau, PCK Cheung. Effects of the physico-chemical properties of three legume fibers on cholesterol absorption in hamsters. Nutrition Research. 1999, 19(2): 257-265

[9] Y Furusawa, Y Kurosawa, I Chuman. Purification and properties of trypsin inhibitor from Hakuhenzu bean (Dolichos lablab). Agricultural and Biological Chemistry. 1974, 38(6): 1157-1164

[10] G Colucci, JG Moore, M Feldman, MJ Chrispeels. cDNA cloning of FRIL, a lectin from Dolichos lablab, that preserves hematopoietic progenitors in suspension culture. Proceedings of the National Academy of Sciences of the United States of America. 1999, 96(2): 646-650

槲蕨 Hujue CP, KHP

Drynaria fortunei (Kunze) J. Sm.
Fortune's Drynaria

水龙骨科

概 述

水龙骨科 (Polypodiaceae) 植物槲蕨 *Drynaria fortunei* (Kunze) J. Sm., 其干燥根茎入药。中药名：骨碎补。

槲蕨属 (*Drynaria*) 植物全世界约有 16 种，主要分布于亚洲至大洋州。中国约有 9 种，现供药用者约有 5 种。本种分布于中国长江以南各省区；越南、老挝、柬埔寨、泰国、印度也有分布。

"骨碎补"药用之名，始载于《药性论》。《中国药典》(2005年版) 收载本种为中药骨碎补的法定原植物来源种。主产于中国湖南、浙江、广西和江西。

骨碎补含有黄酮和三萜类化合物，其中柚皮苷有明显的促进骨损伤愈合作用。《中国药典》采用高效液相色谱法测定，规定骨碎补中柚皮苷的含量不得低于 0.50%，以控制药材质量。

药理研究表明，槲蕨具有促进骨骼生长发育、对抗氨基苷类抗生素毒性、抗炎和降血脂等作用。

中医理论认为骨碎补具有补肾强骨，续伤止痛等功效。

槲蕨 *Drynaria fortunei* (Kunze) J. Sm.

药材骨碎补 Rhizoma Drynariae

槲蕨 Hujue

崖姜蕨 *Pseudodrynaria coronans* (Wall.) Ching

化学成分

槲蕨的根茎含黄酮类化合物：柚皮苷 (naringin)、石莲姜素 [(-)-epiafzelechin-3-O-β-D-allopyranoside]、(-)-表阿夫儿茶精 [(-)-epiafzelechin][1]、骨碎补双氢黄酮苷；还含三萜类化合物：羊齿-9(11)-烯 [fern-9-(11)-ene]、里白烯 (diploptene)、环劳顿醇 (cyclolaudenol)[2]、环木菠萝甾醇醋酸酯 (cycloardenyl acetate)、环水龙骨甾醇烯醋乙酸酯 (cyclomargenyl acetate)、环鸦片甾烯醇乙酸酯 (cyclolaudenyl acetate)、9,10-环羊毛甾-25-烯醇-3β-乙酸酯 (9,10-cyclolanost-25-en-3β-yl acetate)、羊齿-7-烯 (fern-7-ene)、绵马-3-烯 (filic-3-one)、22(29)-何帕烯 [hop-22(29)-ene]、21-何帕-烯 (hop-21-ene)、里白醇 (diplopterol)、环麻根醇 (cyclomargenol)、24-烯-环阿尔廷醇 (24-en-cycloartenol)、环劳顿酮 (cyclolaudenone)、24-烯-环阿尔廷酮 (24-en-cycloartenone)、25-烯-环阿尔廷酮 (25-en-cycloartenone)[3-4]；其他尚含：甲基丁香酚 (methyl eugenol)[5]、新北美圣草苷 (neoeriocitrin)、原儿茶酸 (protocatechuic acid)、丁二酸 (succinic acid)[3-4]；此外，还含挥发油，主要成分有正十七烷 (n-heptadecane)、正十八烷 (n-octadecane)、正十九烷 (n-nonadecane)、正二十烷 (n-eicosane)和六氢金合欢烯丙酮(hexahydrofarnesyla cetone)[6]等。

fern-7-ene

药理作用

1. **对骨骼的影响**
   (1) 促进骨骼生长发育　槲蕨提取液对小鸡的骨骼发育生长有明显促进作用,用药组小鸡股骨湿重和体积、单位长度皮质骨内的钙、磷、羟脯氨酸和氨基己糖均大于对照组[7]。骨碎补注射液能促进培养中的鸡胚骨原基的钙磷沉积,提高培养组织中碱性磷酸酶(ALP)的活性,促进蛋白多糖的合成,并证实了促进蛋白多糖的合成是促进钙化的主要因素[8]。
   (2) 促进骨折愈合　槲蕨煎剂对实验性大鼠后腿股骨损伤有促进愈合的作用,柚皮苷为主要活性成分[9]。槲蕨促进骨折愈合的原理与其能明显提高血钙、磷浓度乘积,提高血清 ALP 活性,增加 TGF－β1 多肽在骨痂组织中的表达有关[10]。
   (3) 抗骨质疏松　槲蕨煎剂对醋酸可的松引起的大鼠骨质丢失有一定抑制作用[11]。对去卵巢引起的大鼠骨质疏松,槲蕨煎剂能增加骨小梁宽度和密度,减少骨小梁间隙,防止骨质疏松的发生[12]。

2. **对抗氨基苷类抗生素毒性**
   槲蕨可减轻链霉素引起的豚鼠耳蜗一回和二回毛细胞损伤[13];还可对抗链霉素引起的小鼠运动平衡失调、体重增长缓慢、肾功能损害等毒性反应[14]。骨碎补与卡那霉素合用时,可降低卡那霉素对豚鼠耳蜗的毒性,解毒机理可能是通过保护肾脏实现的[15]。

3. **抗炎**
   槲蕨总黄酮对二甲苯所致的小鼠耳廓肿胀、蛋清所致的大鼠足趾肿胀及棉球诱发的肉芽肿胀均有抑制作用,对醋酸所致的小鼠腹腔毛细血管扩张和渗透性增高有拮抗作用[16]。

4. **镇痛**
   槲蕨总黄酮能提高痛阈值,对醋酸所致小鼠扭体反应和热板法引起的疼痛有显著抑制作用[17]。

5. **降血脂**
   骨碎补注射液可以降低高脂血症家兔的血脂(胆固醇、三酰甘油),并防止动脉粥样硬化斑块的形成[18]。

6. **抗急性肾功能衰竭**
   槲蕨黄酮类化合物给猪或小鼠肌肉注射,有预防肾毒性、改善肾功能和促进上皮肾小管细胞再生的作用,对急性肾功能衰竭有保护作用[19]。

7. **其他**
   骨碎补双氢黄酮苷有镇静作用[5]。

应用

本品为中医临床用药。功能:活血续伤,补肾强骨。主治:①跌扑闪挫,损伤筋骨,瘀肿疼痛;②肾虚腰痛脚弱,耳鸣耳聋,牙齿松动,牙痛,久泻;③外治斑秃,白癜风。

现代临床还可用于原发性骨质疏松、骨伤、退行性骨关节病、链霉素毒副反应等病的治疗。

评注

在香港和广东地区,骨碎补的地区习惯用药为水龙骨科植物崖姜蕨 *Pseudodrynaria coronans* (Wall.) Ching 的根茎,中药名为大碎补,功效与骨碎补相似,收载于《广东中药志》。

参考文献

[1] EJ Chang, WJ Lee, SH Cho, SW Choi. Proliferative effects of flavan-3-ols and propelargonidins from rhizomes of *Drynaria fortunei* on MCF-7 and osteoblastic cells. *Archives of Pharmacal Research*. 2003, **26**(8): 620-630

[2] 刘振丽, 吕爱平, 张秋海, 张玲. 骨碎补脂溶性成分的研究. 中国中药杂志. 1999, **24**(4): 222-223

[3] 李顺祥, 龙勉, 张志光. 骨碎补的研究进展. 中国中医药资讯杂志. 2002, **9**(11): 75-78

[4] 周铜水, 周荣汉. 槲蕨根茎脂溶性成分的研究. 中草药. 1994, **25**(4): 175-178

[5] 李军, 贾天柱, 张颖, 王振海. 骨碎补的研究概况. 中药材. 1999, **22**(5): 263-266

[6] 刘振丽, 张玲, 张秋海, 丁家欣. 骨碎补挥发油成分分析. 中药材. 1998, **21**(3): 135-136

[7] 马克昌, 高子范, 冯坤, 刘月桂, 张灵菊, 刘万治, 刘鲜茹, 阎会民, 李洪超. 骨碎补提取液对小鸡骨发育的促进作用. 中医正骨. 1990, **2**(4): 7-9

[8] 马克昌, 朱太咏, 刘鲜茹, 刘万智. 骨碎补注射液对培养中鸡胚骨原基钙化的促进作用. 中国中药杂志. 1995, **20**(3): 178-180

[9] 周铜水, 刘晓东, 周荣汉. 骨碎补对大鼠实验性骨损伤愈合的影响. 中草药. 1994, **25**(5): 249-250, 258

[10] 王华松, 黄琼霞, 许申明. 骨碎补对骨折愈合中血生化指标及TGF-β_1表达的影响. 中医正骨. 2001, **13**(5): 6-8

[11] 马克昌, 高子范, 张灵菊, 刘鲜茹, 刘万智, 闫会民, 刘月桂, 冯坤, 李鸿超. 骨碎补对大白鼠骨质疏松模型的影响. 中医正骨. 1992, **4**(4): 3-4

[12] 马中书, 王蕊, 丘明才, 李玉坤, 郑方道, 张鑫. 四种补肾中药对去卵巢大鼠骨质疏松骨形态的作用. 中华妇产科杂志. 1999, **34**(2): 82-85

[13] 戴小牛, 童素琴, 贾淑萍, 陶艳梅. 骨碎补对链霉素耳毒性解毒作用的实验研究. 南京铁道医学院学报. 2000, **19**(4): 248-249

[14] 王淑兰, 薛贵平, 侯大宜, 王玉珍, 王淑强, 左东升. 骨碎补甘草对链霉素毒性反应的对抗作用. 张家口医学院学报. 1993, **10**(3): 19-20, 54

[15] 张桂茹, 王重远, 刘莉, 宋士杰. 中药骨碎补对卡那霉素耳毒性预防效果的实验研究. 白求恩医科大学学报. 1993, **19**(2): 164-165

[16] 刘剑刚, 谢雁鸣, 邓文龙, 徐哲. 骨碎补总黄酮抗炎作用的实验研究. 中国天然药物. 2004, **2**(4): 232-234

[17] 刘剑刚, 谢雁鸣, 赵晋宁, 邓文龙, 徐哲. 骨碎补总黄酮胶囊对实验性骨质疏松症和镇痛作用的影响. 中国实验方剂学杂志. 2004, **10**(5): 31-34

[18] 王本祥. 现代中药药理学. 天津科学技术出版社. 1999: 1269

[19] M Long, D Qiu, F Li, F Johnson, B Luft. Flavonoid of *Drynaria fortunei* protects against acute renal failure. *Phytotherapy Research*. 2005, **19**(5): 422-427

八角莲 Bajiaolian

Dysosma versipellis (Hance) M. Cheng ex Ying
Common Dysosma

小檗科

概述

小檗科 (Berberidaceae) 植物八角莲 *Dysosma versipellis* (Hance) M. Cheng ex Ying，其干燥根及根茎入药。中药名：八角莲。

鬼臼属 (*Podophyllum/Dysosma*) 植物为中国特有属，约有 7 种，分布于中国亚热带常绿阔叶林带的范围内，其中八角莲是中国三级保护植物。本属现供药用者有 5 种。本种主要分布于华中、华东和华南等地区。

八角莲以"鬼臼"药用之名，始载于《神农本草经》，列为下品。中国古代作中药鬼臼入药者系本种和同属植物六角莲 *D. pleiantha* (Hance) Woods。本种主产于中国湖北、四川。

八角莲属植物主要活性成分为木脂素类化合物[1]。近代研究表明：八角莲属植物中普遍存在有具活性的鬼臼毒素类成分。文献常以鬼臼毒素作为评价药材质量的指标性成分[2]。

药理研究表明，八角莲在抗病毒、杀虫和心血管疾病方面具有一定的作用。

中医理论认为八角莲具有化痰散结，祛瘀止痛，清热解毒等功效。

八角莲 *Dysosma versipellis* (Hance) M. Cheng ex Ying

八角莲 Bajiaolian

小檗科

六角莲 *Dysosma pleiantha* (Hance) Woods

药材八角莲 Rhizoma et Radix Dysosmatis Versipellis

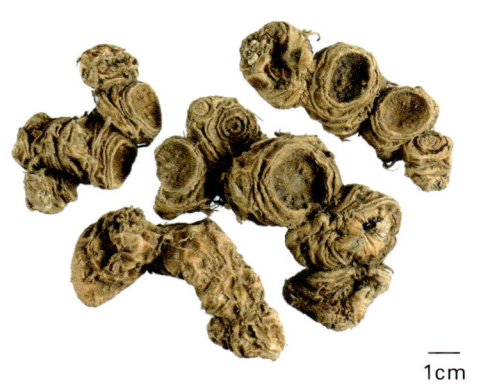

化学成分

八角莲的根茎含木脂素类成分：鬼臼毒素 (podophyllotoxin)[2]、山荷叶素 (diphyllin)、鬼臼苦素 (picropodophyllin)[3]；黄酮类成分：山柰酚 (kaempferol)、槲皮素 (quercetin)、山柰酚-3-O-β-D-吡喃葡萄糖苷 (kaempferol-3-O-β-D-glucopyranoside)、槲皮素-3-O-β-D-呋喃葡萄糖苷 (quercetin-3-O-β-D-glucofuranoside)[3]。

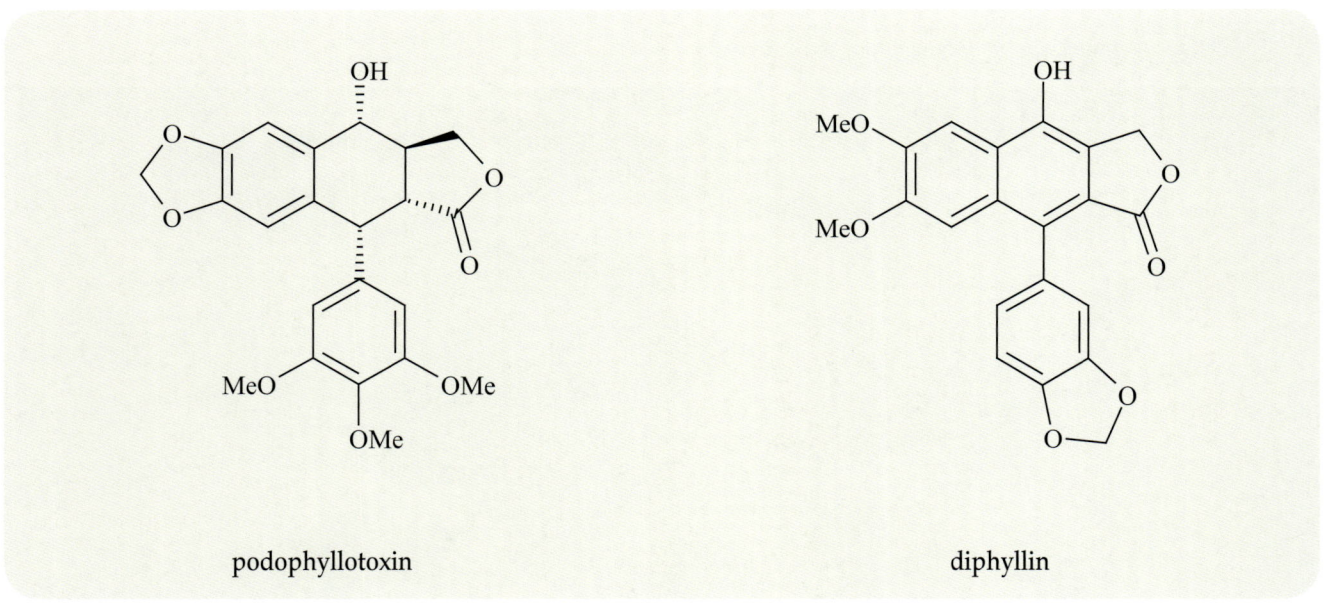

podophyllotoxin

diphyllin

药理作用

1. 抗病毒、杀虫

   八角莲水溶成分山柰酚和苦鬼臼毒素体外对柯萨奇B组病毒 (CB_{1-6}) 和 I 型单纯性疱疹病毒 (HSV-I) 具有显著抑制作用，槲皮素-3-O-β-D-呋喃葡萄糖苷对HSV-I有抑制作用[3]；八角莲的水溶性提取物体外也对 HSV-I 具有较好的抑制作用[4]。

2. 对心血管系统的影响

从八角莲中提取的结晶性成分对离体蛙心有兴奋作用，对兔耳血管有扩张作用，但对蛙后肢血管、家兔小肠及肾血管有轻度收缩作用[5]。

3. 对平滑肌的影响

从八角莲中提取的结晶性成分对兔离体小肠平滑肌有抑制作用，对兔和豚鼠离体子宫则有兴奋作用。

应用

本品为中医临床常用药。功能：清热解毒，化痰散结，祛瘀止痛。主治：①咳嗽，咽喉肿痛；②瘰疬，瘿瘤，痈肿，疔疮，毒蛇咬伤；③痹证，跌打损伤。

现代临床还用于治疗咽喉肿痛、扁桃体炎、淋巴结炎、腮腺炎、乙型脑炎[6-8]、流行性出血热[9]、带状疱疹、单纯性疱疹、胃痛、恶性肿瘤如乳腺癌的治疗。

评注

本种是当前中国药用八角莲商品中的主流品种，主要靠野生供应。中医传统经验认为孕妇和体虚者不宜服用本品。该属植物普遍含有鬼臼毒素，而鬼臼毒素已被证明具有抗癌作用，但毒性太大，临床不宜直接使用。鬼臼毒素是合成抗癌新药重要的前体化合物，八角莲作为重要的资源植物，应加强人工栽培、资源保护与开发利用研究。

同属植物六角莲 *Dysosma pleiantha* (Hance) Woods 也作为中药八角莲的原植物来源种。六角莲与八角莲具有类似的药理作用，其化学成分也大致相同，主要含木脂素类化合物。

八角莲所含的鬼臼毒素对菜青虫具有拒食活性，对淡色库蚊的生长发育也有明显抑制作用，可探讨开发为植物杀虫剂的可能性[10]。

参考文献

[1] 姚莉韵，王丽平，黄文红. 八角莲属药材及南方山荷叶中氨基酸与多种元素分析. 中药材. 1998, 21(7): 351-354

[2] 俞培忠，姚莉韵，王丽平. HPLC法测定4种八角莲中鬼臼毒素的含量. 上海医科大学学报. 1998, 25(6): 452-453

[3] 姚莉韵，王丽平. 八角莲水溶性有效成分的分离与抗病毒活性的测定. 上海第二医科大学学报. 1999, 19(3): 234-237

[4] 张敏，施大文. 八角莲类中药抗单纯疱疹病毒作用的初步研究. 中药材. 1995, 18(6): 306-307

[5] 应春燕，钟成. 八角莲中毒机理探讨. 广东药学. 1997, 3: 43, 33

[6] 冯乃华，柴树荣. 八角莲中毒致死亡1例. 临床荟萃. 2003, 18(4): 226-227

[7] 陆志檬，戴祥章，王耆煌，徐斌，丁长囡，顾祖万. 八角莲治疗乙型脑炎的动物实验. 上海第二医科大学学报. 1992, 12(4): 308-311

[8] 戴祥章，王耆煌，郁仁海，施向程，沈能享，吴雨春. 八角莲治疗乙型脑炎85例. 上海第二医科大学学报. 1993, 13(1): 91-92

[9] 季青，严润民，周幼雯，储峰. 八角莲注射液治疗流行性出血热86例疗效观察. 中国中西医结合杂志. 1996, 16(10): 620-621

[10] 刘艳青，张守刚，程洁，高蓉，肖杭. 几种鬼臼毒素类物质生物活性的研究. 毒理学杂志. 2005, 19(3): 275-276

鳢肠 Lichang CP, KHP

菊科

Eclipta prostrata L.
Yerbadetajo

概述

菊科 (Asteraceae) 植物鳢肠 *Eclipta prostrata* L.，其干燥地上部分入药。中药名：墨旱莲。

鳢肠属 (*Eclipta*) 植物全世界有 4 种，主要分布于南美洲和大洋洲。中国产 1 种，且供药用者。本种在世界热带及亚热带地区广泛分布，中国各省区均产。

"鳢肠"药用之名，始载于《新修本草》，《图经本草》称旱莲草。古今药用品种一致。《中国药典》（2005 年版）收载本种为中药墨旱莲的法定原植物来源种。主产于中国江西、浙江、江苏及湖北等地。

鳢肠主要含三萜皂苷，此外还含噻吩类、黄酮类和挥发油等。《中国药典》以显微鉴别和薄层色谱鉴别等控制药材质量。

药理研究表明，鳢肠具有止血、抗炎、保肝、调节免疫等作用。

中医理论认为墨旱莲具有凉血止血，滋补肝肾等功效。

鳢肠 *Eclipta prostrata* L.

药材墨旱莲 Herba Ecliptae

化学成分

鳢肠主要含三萜皂苷类成分：旱莲苷A、B、C、D (ecliptasaponins A－D)[1-3]、鳢肠皂苷 I、II、III、IV、V、VI、VII、VIII、IX、X、XI、XII (eclalbasaponins I－XII)[4-5]；还含有三萜类成分：刺囊酸 (echinocystic acid)、齐墩果酸 (oleanolic acid)[1]；又含噻吩类化合物：α－三联噻吩 (α－terthienyl)、α－三联噻吩甲醇 (α－terthienylmethanol)、α－甲酰三联噻吩 (α－formylterthienyl)、5－(丁烯－3－炔－1－基) 2, 2'－二联噻吩 [5－(3－buten－1－ynyl)－2,2'－bithienyl][6-7]；香豆素类化合物：蟛蜞菊内酯 (wedelolactone)、去甲基蟛蜞菊内酯 (demethylwedelolactone)、异去甲基蟛蜞菊内酯 (isodemethylwedelolactone)、去甲基蟛蜞菊内酯－7－O－葡萄糖苷 (demethylwedelolactone－7－O－glucoside)[5, 8]；黄酮类成分：槲皮素 (quercetin)、鳢肠素 (ecliptine)、芹菜素 (apigenin)、木犀草素 (luteolin)、芹菜素－7－O－葡萄糖苷 (apigenin－7－O－glucoside)、木犀草素－7－O－葡萄糖苷 (luteolin－7－O－glucoside)[5, 7]；挥发油：δ－愈创木烯 (δ－guaiene)、新二氢香芹醇 (neodihydrocarvenol)、环氧石竹烯 (epoxycaryophyllene)[9]。

echinocystic acid : $R_1=R_2=H$
ecliptasaponin A: $R_1=glc, R_2=H$
ecliptasaponin B: $R_1=glc-(1\rightarrow 4)-glc, R_2=glc$

wedelolactone: $R=CH_3$
demethylwedelolactone: $R=H$

鳢肠 Lichang

药理作用

1. 止血

鳢肠水煎剂灌胃能明显缩短胃出血小鼠凝血酶原时间和部分凝血活酶时间,升高纤维蛋白原含量和血小板数量,减少胃黏膜出血点数,有显著的止血作用[10]。

2. 抗炎

鳢肠水煎剂灌胃对巴豆油所致小鼠耳廓肿胀、角叉菜胶或甲醛所致大鼠足趾肿胀、醋酸引起的小鼠腹腔毛细血管通透性增高、组胺引起的大鼠皮肤毛细血管通透性增高均有显著抑制作用,摘除双侧肾上腺后抗炎作用依然存在;鳢肠水煎剂还能显著抑制大鼠棉球肉芽组织增生,降低角叉菜胶所致胸腔渗出液中白细胞的数量及炎性组织中前列腺素 E_2 (PGE_2) 的含量[11]。

3. 解蛇毒

鳢肠醇提物灌胃给药,对短尾蝮蛇毒、蛇岛蝮蛇毒、白眉蝮蛇毒或尖吻蝮蛇毒所致大鼠足趾肿胀和短尾蝮蛇毒棉球肉芽肿有显著抑制作用;还能对抗马来半岛纹孔蜂蛇、巴西蝰蛇和腹蛇对小鼠的致死作用,抑制这些蛇毒引起的皮下出血。此作用是其能抗蛋白水解和拮抗磷酸酯酶A_2的结果,蟛蜞菊内酯和去甲基蟛蜞菊内酯为作用的主要有效成分[12-14]。

4. 保肝

鳢肠乙醇提取物及醋酸乙酯提取物的水溶物腹腔注射均能显著抑制醋氨酚 (paracetamol) 诱发急性肝损伤小鼠血清丙氨酸转氨酶 (ALT)、天冬氨酸转氨酶 (AST) 的升高,以醋酸乙酯提取物的效果最显著[15];鳢肠乙醇提取物的醋酸乙酯部分灌胃对 CCl_4 诱发的小鼠肝损伤也有明显保护作用[6]。

5. 对免疫功能的影响

鳢肠醋酸乙酯总提物灌胃可显著降低小鼠的碳粒廓清率和脾指数,抑制迟发型超敏反应,降低溶血素水平,显著提高小鼠的胸腺指数;而对环磷酰胺造成免疫功能低下小鼠,鳢肠水煎剂灌胃能显著提高小鼠的迟发型超敏反应和血清溶血素抗体水平,抑制环磷酰胺诱导的小鼠胸腺细胞凋亡[16-18]。

6. 对心血管系统的影响

鳢肠能提高离体豚鼠心脏的冠脉流量,改善心电图 T 波;鳢肠二氯甲烷、甲醇和水提物可阻断或拮抗 α-肾上腺素受体、血管紧张素 II 受体和 HMG 辅酶 A[5,7]。

7. 抗诱变

鳢肠水煎剂灌胃或腹腔注射,对环磷酰胺诱发的小鼠骨髓多染红细胞微核有明显的抑制作用,具抗诱变活性[19]。

8. 其他

鳢肠还有抑菌[7]、激活酪酸酶[20]和升高外周白细胞的作用[7]。

应用

本品为中医临床用药。功能:补益肝肾,凉血止血。主治:①肝肾阴虚之头晕目眩,须发早白,腰膝痠软,遗精耳鸣等;②阴虚火旺、血热妄行所致的各种出血。

现代临床还用于冠心病、急性黄疸型肝炎及上消化道出血、功能性子宫出血等多种出血性疾病的治疗。外用可治稻田皮炎、扁平疣、脂溢性皮炎等病。

评注

鳢肠不仅在中医学中的应用历史悠久，在加勒比海国家特纳尼达和多巴哥 (Trinidad and Tobago) 民间，猎人多用其治疗自身和猎狗的外伤和皮肤病，包括蛇咬伤、蝎螫、外伤和疥癣等[21]。印度传统医学中也有应用，现代研究也发现其有很好抗菌、消炎、止血和抗蛇毒等作用，对多种蛇毒引起的致死和出血等均有良好抑制作用。鳢肠作为蛇毒拮抗剂和健康药浴原料的开发值得探索。

参考文献

[1] 张梅，陈雅妍. 旱莲草化学成分旱莲苷A和旱莲苷B的分离和鉴定. 药学学报. 1996, 31(3): 196-199

[2] 张梅，陈雅妍. 旱莲草化学成分的研究. 中国中药杂志. 1996, 21(8): 480-481

[3] 张梅，陈雅妍，邱晓辉，刘梅. 旱莲草中旱莲苷D的分离和鉴定. 药学学报. 1997, 32(8): 633-634

[4] 赵越平，汤海峰，蒋永培，王忠壮，易杨华，雷其云. 中药墨旱莲中的三萜皂苷. 药学学报. 2001, 36(9): 660-663

[5] 汤海峰，赵越平，蒋永培. 中药墨旱莲的研究概况. 西北药学杂志. 1999, 14(1): 32-33

[6] 韩英，夏超，陈小媛，向仁德，刘桦，闫清，许德义. 墨旱莲化学成分及药理活性的初步研究. 中国中药杂志. 1998, 23(11): 680-682

[7] 王本祥. 现代中药药理学. 天津: 天津科学技术出版社. 1997: 1366-1368

[8] 张金生，郭倩明. 旱莲草化学成分的研究. 药学学报. 2001, 36(1): 34-37

[9] 余建清，于怀东，邹国林. 墨旱莲挥发油化学成分的研究. 中国药学杂志. 2005, 40(12): 895-896

[10] 王建，白秀珍，杨学东. 墨旱莲对热盛胃出血止血作用的研究. 数理医药学杂志. 2005, 18(4): 375-376

[11] 胡慧娟，周德荣，杭秉茜，马嵬. 旱莲草的抗炎作用及机制研究. 中国药科大学学报. 1995, 26(4): 226-229

[12] 陈建济，施东捷，李克华，刘广芬，王晴川. 墨旱莲对4种蝮蛇毒引起的炎症和出血的影响. 蛇志. 2005, 17(2): 65-68

[13] P Pithayanukul, S Laovachirasuwan, R Bavovada, N Pakmanee, R Suttisri. Anti-venom potential of butanolic extract of *Eclipta prostrata* against Malayan pit viper venom. *Journal of Ethnopharmacology*. 2004, 90(2-3): 347-352

[14] PA Melo, MC do Nascimento, WB Mors, G Suarez-Kurtz. Inhibition of the myotoxic and hemorrhagic activities of crotalid venoms by *Eclipta prostrata* (Asteraceae) extracts and constituents. *Toxicon*. 1994, 32(5): 595-603

[15] 李春洋，白秀珍，杨学东. 墨旱莲提取物对肝保护作用的影响. 数理医药学杂志. 2004, 17(3): 249-250

[16] 刘雪英，王庆伟，蒋永培，赵越平，汤海峰. 墨旱莲乙酸乙酯总提物对正常小鼠免疫功能的影响. 中草药. 2002, 33(4): 341-343

[17] 王怡薇，周庆峰，白秀珍. 墨旱莲水煎剂对DTH和血清溶血素抗体的影响. 锦州医学院学报. 2003, 24(6): 28-29

[18] 景辉，白秀珍，刘玉铃，李艳琴. 墨旱莲抗环磷酰胺诱导的胸腺细胞凋亡的实验研究. 锦州医学院学报. 2004, 25(5): 22-24

[19] 翁玉芳，唐政英，陈丽丽，何霜梅. 墨旱莲对环磷酰胺引起染色体损伤的防护作用. 中药材. 1992, 15(12): 40-41

[20] 徐秋，吴可克，陈丽凤，刘建峰，刘伟. 旱莲草对酪氨酸酶激活作用的动力学研究. 大连轻工业学院学报. 2000, 19(1): 25-27

[21] C Lans, T Harper, K Georges, E Bridgewater. Medicinal and ethnoveterinary remedies of hunters in Trinidad. *BMC Complementary and Alternative Medicine*. 2001, 1: 10

草麻黄 Caomahuang CP, JP, VP

Ephedra sinica Stapf

Ephedra

概 述

麻黄科 (Ephedraceae) 植物草麻黄 *Ephedra sinica* Stapf，其草质茎入药。中药名：麻黄。

麻黄属 (*Ephedra*) 植物全世界约有 40 种，广泛分布于亚洲、美洲、欧洲东南部、非洲北部的干旱、荒漠地区。中国有 12 种、4 变种，本属现供药用者约 10 种。本种主要分布于中国辽宁、吉林、内蒙古、河北、陕西、山西、河南等省区。

"麻黄"药用之名，始载于《神农本草经》，列为中品。中国从古至今作中药麻黄入药者系该属多种植物。《中国药典》(2005 年版) 收载本种为中药麻黄的法定原植物来源种之一。主产于中国河北、山西、新疆、内蒙古。

麻黄属植物的有效成分为生物碱、挥发油和黄酮等成分。《中国药典》采用高效液相色谱法进行测定，规定盐酸麻黄碱的含量不得少于 1.0%，以控制药材质量。

药理研究表明，草麻黄具有兴奋中枢神经、诱发出汗、抗过敏、利尿、降血压、抑制流感病毒、解热、镇静等作用。

中医理论认为麻黄具有发汗散寒，宣肺平喘，利水消肿等功效。

草麻黄 *Ephedra sinica* Stapf

药材麻黄 Herba Ephedrae

1cm

中麻黄 E. intermedia Schrenk et C. A. Mey.

木贼麻黄 E. equisetina Bge.

化学成分

草麻黄茎中的主要有效成分为三对立体异构体的生物碱，即：左旋麻黄碱 (l‑ephedrine)、右旋伪麻黄碱(d‑pseudoephedrine)、左旋去甲基麻黄碱 (l‑norephedrine)、右旋去甲基伪麻黄碱 (d‑norpseudoephedrine)、左旋甲基麻黄碱 (l‑methylephedrine) 和右旋甲基伪麻黄碱 (d‑methylpseudoephedrine)[1]，另含有生物碱麻黄恶唑酮 (ephedroxane)[2]。挥发油是麻黄的又一主要有效成分，主要有l‑α‑松油醇 (l‑α‑terpineol)、γ‑桉叶醇 (γ‑eudesmol)[3]，还含有2,3,5,6‑四甲基吡嗪 (2,3,5,6‑tetramethylpyrazine)、α、β‑萜品烯醇 (α, β‑terpineol)、二氢葛缕醇 (dihydrocarveol)[4] 等成分。尚含黄酮类化合物芹菜素 (apigenin)、小麦黄素 (tricin)、山奈酚 (kaempferol)、草棉黄素 (herbacetin)、3‑甲氧基草棉黄素 (3‑methoxyherbacetin)、芹菜素‑5‑鼠李糖苷 (kaempferol‑5‑rhamnoside)[5] 等。

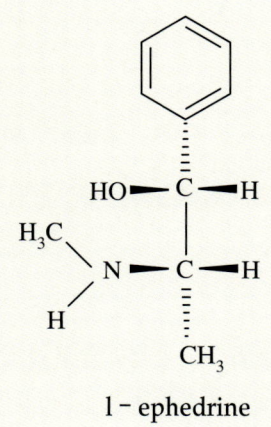

l‑ephedrine

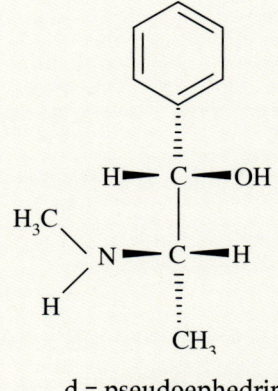

d‑pseudoephedrine

药理作用

1. 发汗

   大鼠口服麻黄碱和左旋甲基麻黄碱可促使足底发汗。

2. 镇痛、抗炎

   麻黄碱灌胃明显减少冰醋酸所致大鼠和小鼠扭体次数，抑制二甲苯所致小鼠耳廓肿胀[6]；伪麻黄碱腹腔注射可抑制小鼠巴豆油所致耳廓肿胀、大鼠角叉菜胶或甲醛所致足趾肿胀和大鼠棉球肉芽肿。麻黄煎剂灌胃可使生理盐水雾化吸入致哮喘豚鼠肺支气管壁及周围肺组织炎性细胞浸润减少，肺泡灌洗液中细胞数和细胞因子白介素5（IL-5）浓度明显降低[7]。

3. 平喘、镇咳、祛痰

离体兔肺支气管灌注麻黄碱和伪麻黄碱可引起支气管扩张，麻黄碱体外可引起离体豚鼠气管平滑肌松弛，对抗氨甲酰胆碱（CCH）引起的气管痉挛[8]；麻黄挥发油腹腔注射能明显延长豚鼠的组胺气雾致喘时间。麻黄水提物对机械刺激所致的咳嗽有明显镇咳作用。麻黄挥发油灌胃可明显提高小鼠气管排泌酚红作用。

4. 利尿

麻醉犬和家兔静脉注射右旋伪麻黄碱有显著利尿作用。

5. 中枢兴奋

麻黄碱、伪麻黄碱腹腔注射能缩短戊巴比妥钠引起的小鼠睡眠时间，大剂量时与阈下剂量戊四氮有协同作用[9]；麻黄碱腹腔注射可使单侧中动脉闭塞（MCAO）大鼠横木行走运动功能改善，缺血周围区生长相关蛋白（GAP-43）和突触素（SYP）表达水平升高[10]；水迷宫法测定表明，盐酸麻黄碱、甲基麻黄碱灌胃对正常小鼠有促进记忆作用，可显著改善东莨菪碱所致记忆障碍、亚硝酸钠所致记忆巩固障碍和乙醇所致记忆再现障碍[11-12]。

6. 对心血管系统的影响

麻黄碱和伪麻黄碱腹腔注射能剂量依赖性地增加离体豚鼠右心房率和左心房收缩力[13]，麻黄碱低浓度预处理可抑制去甲肾上腺素对离体大鼠和兔主动脉环的收缩作用，高浓度时则有增强作用[14]。麻黄果多糖静脉注射可使家兔动脉血压明显下降，使用噻吗酰胺阻断β-受体后给药可使家兔血压迅速下降为零，动物死亡[15]。

7. 其他

麻黄水提物腹腔注射可使正常小鼠血糖一过性升高后持久下降[16]。麻黄生物碱能使链脲霉素（STZ）致高血糖小鼠的血糖显著降低[17]。麻黄醇提物体外可促进脂肪细胞的脂肪合成，抑制去甲肾上腺素的促进脂肪分解作用[18]。麻黄还可抑制流感病毒[19-20]和淀粉酶活性[21]。麻黄根的生物碱具有止汗作用。麻黄生物碱和非碱性成分尾静脉注射对氯化铁局灶性脑缺血大鼠具有相当的溶血栓作用[22]，麻黄果多糖体外具有抗凝血作用[23]。

应用

本品为中医临床常用药。功能：发汗解表，宣肺平喘，利水消肿。主治：①风寒感冒；②咳嗽气喘；③风水水肿。

现代临床还用于哮喘、低血压、因鼻黏膜肿胀引起的鼻塞、肥胖症及伤风、感冒、过敏性鼻炎等上呼吸道疾病等病的治疗。

评注

本种是当前中国药用麻黄商品中的法定主流品种，野生品产量大，商品覆盖面广，生物碱含量较高，质量较好。《中国药典》还收载了同属植物中麻黄 *Ephedra intermedia* Schrenk et C. A. Mey. 和木贼麻黄 *E. equisetina* Bge. 为中药麻黄的法定原植物来源种。不同基源的麻黄生物碱的含量不同，不同品种相差可达一倍以上。因此麻黄在使用时应注意品种和质量问题。

麻黄及其制剂曾被欧美国家广泛用作减肥药，由于效果不确切和副作用较多，已被禁止使用[24]。

麻黄及其制品始终处于供不应求的局面，现已被列入中国第二批《国家重点保护野生植物名录》中。应加强建立质量稳定、可控的麻黄生产基地，保证麻黄资源的可持续利用。

草麻黄、中麻黄和木贼麻黄的根及根茎也可入药，中药名：麻黄根。其固表敛汗的功效与麻黄相反，使用时应多加注意。

参考文献

[1] 张建生, 田珍, 楼之岑. 十二种国产麻黄的品质评价. 药学学报. 1989, 24(11): 865-871

[2] C Konno, T Taguchi, M Tamada, H Hikino. Ephedroxande, anti-inflammatory principle of *Ephedra* herbs. *Phytochemistry*. 1979, 18(4): 697-698

[3] 吉力, 徐植灵, 潘炯光, 杨健. 草麻黄中麻黄和木贼麻黄挥发油化学成分的GC-MS分析. 中国中药杂志. 1997, 22(8): 489-492

[4] 孙静云. 麻黄新的有效成分研究. 中草药. 1983, 14(8): 345-346

[5] O Purev, F Pospisil, O Motl. Flavonoids from Ephedra sinica Stapf. *Collection of Czechoslovak Chemical Communications*. 1988, 53(12): 3193-3196

[6] 戴贵东, 闫林, 余建强, 郑萍, 李汉青. 伪麻黄碱镇痛、抗炎作用的研究. 陕西医学杂志. 2003, 32(7): 641-642

[7] 杨礼腾, 熊瑛, 李国平, 孙兴旺, 程德云. 麻黄调控哮喘豚鼠气道炎症的作用. 中国呼吸与危重监护杂志. 2005, 4(6): 473-474

[8] 许继德, 谢强敏, 陈季强, 卞如濂. 麻黄碱与总皂苷对豚鼠气管平滑肌松弛的协同作用. 中国药理学通报. 2002, 18(4): 394-396

[9] 蒋袁絮, 闫琳, 余建强, 王锐, 金少举, 刘利军. 麻黄碱、伪麻黄碱及其水杨酸衍生物对小鼠中枢神经系统作用的比较. 中草药. 2004, 35(11): 1274-1277

[10] 赵晓科, 肖农, 周江堡, 张晓萍. 麻黄碱对脑缺血大鼠运动功能恢复的影响及分子机制研究. 中国康复医学杂志. 2005, 20(3): 172-175

[11] 常福厚, 刘素珍, 王艳秋, 杨怀江. 甲基麻黄碱对小鼠记忆障碍的影响. 内蒙古医学院学报. 1999, 21(1): 28-30

[12] 常福厚, 刘素珍, 辛忠, 王成. 麻黄碱衍生物对小鼠学习记忆的影响. 内蒙古医学院学报. 2000, 22(4): 252-255

[13] 戴贵东, 李汉青. 伪麻黄碱和麻黄碱对离体豚鼠心房作用的机理研究. 西北药学杂志. 2001, 16(1): 24-25

[14] 戴贵东, 郑萍, 李汉青. 伪麻黄碱和麻黄碱对离体兔和大鼠主动脉环的影响. 宁夏医学院学报. 2001, 23(5): 318-319

[15] 丘丽颖, 吕莉, 王德宝, 焦宏, 王书华, 安芳. 麻黄果多糖对家兔动脉血压的影响机制研究. 张家口医学院学报. 1999, 16(2): 1, 5

[16] 游龙, 王耕. 影响血糖升降的65种中药. 中国中医药信息杂志. 2000, 7(5): 32-33, 37

[17] LM Xiu, AB Miura, K Yamamoto, T Kobayashi, QH Song, H Kitamura, JC Cyong. Pancreatic islet regeneration by ephedrine in mice with streptozotocin-induced diabetes. *American Journal of Chinese Medicine*. 2001, 29(3-4): 493-500

[18] 蒋明, 高久武司, 奥田拓道. 麻黄胰岛素样作用的实验研究. 中国药学杂志. 1997, 32(12): 782

[19] N Mantani, T Andoh, H Kawamata, K Terasawa, H Ochiai. Inhibitory effect of Ephedrae herba, an oriental traditional medicine, on the growth of influenza A/PR/8 virus in MDCK cells. *Antiviral Research*. 1999, 44(3): 193-200

[20] N Mantani, N Imanishi, H Kawamata, K Terasawa, H Ochiai. Inhibitory effect of (+)-catechin on the growth of influenza A/PR/8 virus in MDCK cells. *Planta Medica*. 2001, 67(3): 240-243

[21] K Kobayashi, Y Saito, I Nakazawa, F Yoshizaki. Screening of crude drugs for influence on amylase activity and postprandial blood glucose in mouse plasma. *Biological & Pharmaceutical Bulletin*. 2000, 23(10): 1250-1253

[22] 李姿娇, 杨屹, 丁明玉, 赵中振, 刘德麟. 麻黄成分的分离及其中非麻黄碱部分溶栓作用的研究. 中国药学杂志. 2004, 39(6): 423-425

[23] 丘丽颖, 王书华, 吕莉, 王德宝. 麻黄果多糖的抗凝血机制研究. 张家口医学院学报. 1999, 16(1): 3-4

[24] MH Pittler, E Ernst. Dietary supplements for body-weight reduction: a systematic review. *American Journal of Clinical Nutrition*. 2003, 79(4): 529-536

淫羊藿 Yinyanghuo CP, JP, VP

Epimedium brevicornum Maxim.
Short-horned Epimedium

 概 述

小檗科 (Berberidaceae) 植物淫羊藿 *Epimedium brevicornum* Maxim., 其干燥地上部分入药。中药名: 淫羊藿。

淫羊藿属 (*Epimedium*) 植物全世界约有 50 种, 分布于阿尔及利亚、意大利北部至黑海、西喜马拉雅一带、中国、朝鲜半岛和日本。中国产约有 40 种, 是现代该属植物分布的中心。中国本属现供药用者约 20 种。本种主要分布于中国陕西、甘肃、山西、河南、青海、湖北和四川。

"淫羊藿"药用之名, 始载于《神农本草经》, 列为中品。中国从古至今作中药材淫羊藿入药者系该属多种植物。《中国药典》(2005 年版) 收载本种为中药淫羊藿的法定原植物来源种之一。主产于中国陕西、山西、河南、广西等省区。

淫羊藿属植物主要活性成分为黄酮类化合物, 尚有木脂素、蒽醌类、生物碱、多糖、挥发油等。淫羊藿属植物中普遍存在具活性的 8 位异戊烯基黄酮醇及其苷类化合物, 即淫羊藿苷类, 是该属的特征性成分。《中国药典》采用高效液相色谱法测定, 规定淫羊藿叶含总黄酮以淫羊藿苷计算不得少于5.0%, 含淫羊藿苷不得少于 0.50%, 以控制药材质量。

药理研究表明, 淫羊藿具有促进性腺功能、促进骨形成、改善血液流变学指标、保护心肌缺血、抗肿瘤、免疫调节和抗抑郁等作用。

中医理论认为淫羊藿具有补肾壮阳, 强筋健骨, 祛风湿, 强心力等功效。

淫羊藿 *Epimedium brevicornum* Maxim.

小檗科

箭叶淫羊藿 E. sagittatum (Sieb. et Zucc.) Maxim.

柔毛淫羊藿 E. pubescens Maxim.

朝鲜淫羊藿 E. koreanum Nakai

药材淫羊藿 Herba Epimedii Brevicorni

1cm

icariin

icariside I

淫羊藿　Yinyanghuo　347

淫羊藿 Yinyanghuo

化学成分

淫羊藿的地上部分含黄酮类成分：淫羊藿苷 (icariin)、淫羊藿新苷 (epimedoside A)、淫羊藿次苷I、II (icariside I, II)、2"'-O-鼠李糖基淫羊藿次苷II (2"'-O-rhamnosyl icariside II)、箭藿苷B (sagittatoside B)、大花淫羊藿苷A、C、F (ikarisosides A, C, F)[1-2]、巫山淫羊藿苷 (wushanicariin)、宝藿苷VI (baohuoside VI)、山奈酚-3,7-O-α-L-二鼠李糖苷 (kaempferol-3,7-O-α-L-di-rhamnoside)、hexandraside E[3]、淫羊藿定A、B、C (epimedins A-C)、金丝桃苷 (hyperoside)、β-脱水淫羊藿苷 (β-anhydroicaritin)[4-6]、breviflavon B[7]等。

药理作用

1. **促进性腺功能**

    淫羊藿流浸膏可以改善氢化可的松对雄性大鼠性腺造成的损害，提高睾丸酮的含量，增加雌二醇水平[8]；淫羊藿水提取物的萃取部位呈剂量依赖性使苯肾上腺素或电刺激处理的海绵体平滑肌松弛并增加耐受性，同时增加 L-精氨酸水平和小鼠海绵体组织中环磷鸟苷 (cGMP) 的产生[9]，小鼠海绵体内注射淫羊藿提取物可促进勃起功能，研究显示长期口服淫羊藿苷，可提高勃起功能障碍去势大鼠阴茎海绵体一氧化氮合成酶 mRNA 和蛋白表达，同时淫羊藿苷可呈浓度依赖性增强家兔阴蒂海绵体平滑肌的一氧化氮合成酶活性并增加一氧化氮的生成[10-12]；同时淫羊藿多酚提取物中非极性部位、淫羊藿70%乙醇提取物及化合物 breviflavone B 具有雌激素样作用[7, 13-14]。

2. **促进骨形成**

    淫羊藿总黄酮、乙醇提取物及其正丁醇萃取部位，化合物淫羊藿苷、淫羊藿次苷 I、II 及淫羊藿定 B、C 对体外培养的成骨样细胞具有促进增殖和分化作用，并在体外减少破骨细胞数目和减弱破骨细胞吸收功能[15-18]，淫羊藿总黄酮还抑制卵巢切除小鼠骨细胞吸收，促进骨细胞生长[19]。机理研究显示淫羊藿总黄酮可能通过保护性腺、抑制骨吸收和骨细胞白介素-6 (IL-6) 及肿瘤坏死因子α (TNF-α) 的 mRNA 表达、促进骨形成和骨细胞转化生长因子 β_1 (TGF-β_1) 的 mRNA 表达，从而防止骨质疏松症[20-22]。

3. **对心血管系统影响**

    淫羊藿提取物能降低麻醉犬总外周血管阻力和左室舒张末期压，增加冠状动脉血流量、心输出量、脉搏输出量等[23]，并对离体心脏灌流法、垂体后叶素及结扎冠状动脉所致心肌缺血具有保护作用[24-25]，同时淫羊藿水提取物具有钙拮抗活性[26]；淫羊藿苷对去甲肾上腺素、氯化钾及氯化钙收缩兔主动脉条的量效曲线呈非竞争性拮抗作用，能明显抑制去甲肾上腺素诱导的兔主动脉条依赖于细胞外钙的收缩反应[27]，同时对缺氧的血管内皮细胞和神经元损伤具有保护作用，其作用机理与抗脂质过氧化物产生、提高超氧化物歧化酶 (SOD) 活力以及抗细胞凋亡有关[28-29]。

4. **抗肿瘤**

    淫羊藿苷能体外诱导急性早幼粒白血病细胞 HL-60 凋亡，其机理与抑制细胞端粒酶活性及下调 Bcl-2、c-Myc 基因 mRNA 和蛋白表达水平密切相关[30-33]，还可提高高转移肺癌细胞膜流动性，增加膜表面 HLA-ABC 抗原的表达，增强肿瘤细胞的抗原性[34]。

5. **免疫调节功能**

    淫羊藿总黄酮能显著增加正常小鼠单核巨噬细胞的吞噬功能，提高血清溶血素抗体生成水平，可显著拮抗环磷酰胺所致小鼠单核巨噬细胞吞噬能力、血清溶血素抗体生成水平和迟发型超敏反应强度降低，还可显著降低致敏前给予环磷酰胺所致的迟发型超敏反应增强，这种免疫调节作用与其对 T 辅助细胞/抑制 T 细胞 (T_H/T_S) 比值的调节作用有关[35]；淫羊藿苷呈剂量依赖性协同植物凝集素诱导扁桃体单个核细胞产生 IL-2、3、6，还可提高扁桃体单个核细胞，自然杀伤细胞 (NK)、淋巴因子激活的杀伤细胞 (LAK) 的细胞杀伤活性，机理研究显示淫羊藿苷可促进小鼠脾淋巴细胞 IL-3 mRNA 及 IL-6 mRNA 表达[36-37]。

6. 其他

淫羊藿提取物及淫羊藿苷具有抗抑郁作用[38-39]；淫羊藿总黄酮还具有抗炎作用[40]；淫羊藿苷对氧自由基损伤的大鼠脑线粒体呼吸链具有保护作用[41]。

应用

本品为中医临床用药。功能：温肾壮阳，强筋骨，祛风湿。主治：①肾阳虚之阳痿，不孕及尿频等证；②肝肾不足的筋骨痹痛，风湿拘挛麻木等证。

现代临床还用于冠心病、神经衰弱、慢性气管炎、病毒性心肌炎、白细胞减少症、妇女更年期综合征及高血压等病的治疗。

评注

《中国药典》除淫羊藿外，还收载了朝鲜淫羊藿 *Epimedium koreanum* Nakai、箭叶淫羊藿 *E. sagittatum* (Sieb. et Zucc.) Maxim.、柔毛淫羊藿 *E. pubescens* Maxim.、巫山淫羊藿 *E. wushanense* T. S. Ying，四种同属植物作为中药淫羊藿的法定原植物来源种。五种淫羊藿的主要成分较为一致，但不同种植物所含成分的种类和含量差异较大[42-43]。《中国药典》规定以总黄酮和淫羊藿苷的含量为评价质量标准。

淫羊藿中除淫羊藿苷外，淫羊藿定 B、C 等一些较淫羊藿苷水溶性好、含量也较高的成分及具有免疫刺激样作用的淫羊藿多糖，值得加强研究。中国是全球淫羊藿属药用植物的分布中心，具有资源优势，应将现代药理研究与传统中医药经验结合进行深度开发。

参考文献

[1] 徐绥绪，王志学，吴立军，王乃利，陈英杰. 淫羊藿苷及Epimedoside A的分离与鉴定. 中草药. 1982, 13(5): 9-11

[2] 郭宝林，余竞光，肖培根. 淫羊藿化学成分的研究. 中国中药杂志. 1996, 21(5): 290-292

[3] 阎文玫，符颖，马艳，李严巍，张学著，辛峰. 心叶淫羊藿黄酮类化学成分研究. 中国中药杂志. 1998, 23(12): 735-736

[4] BL Guo, WK Li, JG Yu and PG Xiao. Brevicornin, a flavonol from *Epimedium Brevicornum*. *Phytochemistry*. 1996, 41(3): 991-992

[5] 王明权，彭昕，甘祺锋. 心叶淫羊藿的化学成分研究. 2005, 19(2): 39-42

[6] 李遇伯，孟繁浩，鹿秀梅，李发美. 淫羊藿化学成分的研究. 中国中药杂志. 2005, 30(8): 586-588

[7] SP Yan, P Shen, MS Butler, Y Gong, CJ Loy, EL Yong. New estrogenic prenylflavone from *Epimedium brevicornum* inhibits the growth of breast cancer cells. *Planta Medica*. 2005, 71(2): 114-119

[8] 许青媛. 淫羊藿对大鼠性腺功能的影响. 中药药理与临床. 1996, 2: 22-24

[9] JH Chiu, KK Chen, TM Chien, WF Chiou, CC Chen, JY Wang, WY Lui, CW Wu. *Epimedium brevicornum* Maxim extract relaxes rabbit corpus cavernosum through multitargets on nitric oxide/cyclic guanosine monophosphate signaling pathway. *International Journal of Impotence Research: Official Journal of the International Society for Impotence Research*. 200[6]

[10] KK Chen, JH Chiu. Effect of *Epimedium brevicornum* Maxim extract on elicitation of penile erection in the rat. *Urology*. 2006, 67(3): 631-635

[11] 刘武江，辛钟成，付杰，辛华，袁也铭，田龙，杨新宇，郭应禄. 淫羊藿苷对去势大鼠阴茎海绵体一氧化氮合酶亚型mRNA和蛋白表达的影响. 中国药理学通报. 2003, 19(6): 645-649

[12] 杨春，辛钟成，付杰，袁也铭，丁仪，辛华，汪泽厚. 淫羊藿苷对兔阴蒂海绵体平滑肌细胞NO及NOS活性的影响. 中国男科杂志. 2005, 19(1): 6-10

[13] A De Naeyer, V Pocock, S Milligan, D De Keukeleire. Estrogenic activity of a polyphenolic extract of the leaves of *Epimedium brevicornum*. *Fitoterapia*. 2005, 76(1): 35-40

[14] CZ Zhang, SX Wang, Y Zhang, JP Chen, XM Liang. In vitro estrogenic activities of Chinese medicinal plants traditionally used for the management of menopausal symptoms. *Journal of Ethnopharmacology*. 2005, 98(3): 295-300

[15] 刘思金, 贾桂英, 薛延, 王芊, 刘亚军, 劳为德. 淫羊藿总黄酮对体外培养的人成骨样细胞增殖和骨形成功能的影响. 中国新药杂志. 2003, 12(6): 432-435

[16] 张秀珍, 韩峻峰, 杨黎娟, 钱国锋. 淫羊藿总黄酮对体外培养骨细胞功能的影响. 中国新药与临床杂志. 2004, 23(9): 602-605

[17] FH Meng, YB Li, ZL Xiong, ZM Jiang, FM Li. Osteoblastic proliferative activity of *Epimedium brevicornum* Maxim. *Phytomedicine*. 2005, 12(3): 189-193

[18] 蔡曼玲, 季晖, 李萍, 王明权. 5种淫羊藿黄酮类成分对体外培养成骨细胞的影响. 中国天然药物. 2004, 2(4): 235-238

[19] G Zhang, L Qin, WY Hung, YY Shi, PC Leung, HY Yeung, KS Leung. Flavonoids derived from herbal *Epimedium brevicornum* Maxim prevent OVX-induced osteoporosis in rats independent of its enhancement in intestinal calcium absorption. *Bone*. 200[6]

[20] 马慧萍, 贾正平, 葛欣, 何晓英, 陈克明, 白孟海. 淫羊藿总黄酮抗大鼠实验性骨质疏松作用研究. 华西药学杂志. 2002, 17(3): 163-167

[21] 陈虹, 张秀珍. 淫羊藿苷对大鼠成骨细胞分泌细胞因子的影响. 同济大学学报(医学版). 2005, 26(2): 5-7, 16

[22] 马慧萍, 贾正平, 白孟海, 葛欣, 何晓英, 陈克明. 淫羊藿总黄酮对大鼠实验性骨质疏松生化学指标的影响. 中国药理学通报. 2003, 19(2): 187-190

[23] 岳攀, 王秋娟, 胡哲一, 孔令义. 淫羊藿提取物对犬血流动力学的影响. 中国天然药物. 2004, 2(3): 184-188

[24] 郭英, 谢建平, 曾博程, 莫正纪. 淫羊藿提取物对大鼠急性心肌缺血的影响. 华西药学杂志. 2005, 20(1): 44-45

[25] 黄秀兰, 张雪静, 王伟, 周亚伟. 淫羊藿总黄酮注射液对垂体后叶素致大鼠心肌缺血的影响. 中华中医药杂志. 2005, 20(9): 533-534

[26] 王少峡, 房蓓, 张志国. 淫羊藿提取物对大鼠胸主动脉内Ca^{2+}流量的影响. 天津中医学院学报. 2003, 22(2): 16-18

[27] 关利新, 衣欣, 杨履艳, 吕怡芳. 淫羊藿苷扩血管作用机制的研究. 中国药理学通报. 1996, 12(4): 320-322

[28] 吉瑞瑞, 李付英, 张雪静, 段重高, 周亚伟. 淫羊藿苷对缺氧诱导血管内皮细胞损伤的保护作用. 中国中西医结合杂志. 2005, 25(6): 525-530

[29] 李梨, 吴芹, 蒋青松, 周歧新, 石京山. 淫羊藿苷对原代培养神经元缺氧缺糖损伤的保护作用. 中国脑血管病杂志. 2004, 1(8): 359-361

[30] 赵勇, 张玲, 崔正言, 李淑贞. 淫羊藿苷对HL-60细胞增殖与分化的影响. 中国药理学通报. 1996, 12(1): 52-54

[31] 李贵新, 张玲, 王芸, 毛海婷, 崔正言, 李晓冰. 淫羊藿苷诱导肿瘤细胞凋亡及其机制的研究. 中国肿瘤生物治疗杂志. 1999, 6(2): 131-135

[32] 葛林阜, 董政军, 姜国胜, 黄宁, 唐天华, 王鲁群, 马焕文, 孔凡盛, 周芳, 郭鹏. 淫羊藿苷对急性早幼粒白血病细胞端粒酶活性的影响. 2002, 9(1): 36-38

[33] 张玲, 王芸, 毛海婷, 温培娥, 崔树龄, 李晓冰. 淫羊藿苷抑制肿瘤细胞端粒酶活性及其调节机制的研究. 中国免疫学杂志. 2002, 18(3): 191-194, 196

[34] 毛海婷, 张玲, 王芸, 温培娥, 崔树龄. 淫羊藿苷对人高转移肺癌细胞膜的影响. 中药材. 1999, 22(1): 35-36

[35] 张逸凡, 于庆海. 淫羊藿总黄酮的免疫调节作用. 沈阳药科大学学报. 1999, 16(3): 182-184

[36] 赵勇, 张玲, 王芸, 毛海婷, 崔正言. 淫羊藿苷的体外免疫调节作用研究. 中草药. 1996, 27(11): 669-672

[37] 曹颖瑛, 郑钦岳, 张国庆, 曹尉尉. 淫羊藿苷促进小鼠脾细胞IL-3 mRNA及IL-6 mRNA的表达. 第二军医大学学报. 1998, 19(2): 199-200

[38] 钟海波, 潘颖, 孔令东. 淫羊藿提取物抗抑郁作用研究. 中草药. 2005, 36(10): 1506-1510

[39] Y Pan, L Kong, X Xia, W Zhang, Z Xia, F Jiang. Antidepressant-like effect of icariin and its possible mechanism in mice. *Pharmacology, Biochemistry, and Behavior*. 2005, 82(4): 686-694

[40] 张逸凡, 于庆海. 淫羊藿总黄酮的抗炎作用. 沈阳药科大学学报. 1999, 16(2): 122-124, 133

[41] 李梨, 吴芹, 周歧新, 石京山. 淫羊藿苷对氧自由基所致大鼠脑线粒体损伤的保护作用. 中国药理学与毒理学杂志. 2005, 19(5): 333-337

[42] 郭宝林, 肖培根. 淫羊藿属药用植物的质量评价和资源开发前景. 天然产物研究与开发. 1996, 8(1): 74-78

[43] 郭宝林, 王春兰, 陈建民, 肖培根. 药典内5种淫羊藿中黄酮类成分的反相高效液相色谱分析. 药学学报. 1996, 31(4): 292-295

枇杷 Pipa ^{CP, JP, KHP}

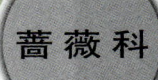
蔷薇科

Eriobotrya japonica (Thunb.) Lindl.
Loquat

概 述

蔷薇科 (Rosaceae) 植物枇杷 *Eriobotrya japonica* (Thunb.) Lindl.，其干燥叶入药。中药名：枇杷叶。

枇杷属 (*Eriobotrya*) 植物全世界约30种，分布于亚洲温带及亚热带。中国产约13种，本属现供药用者约 1 种。本种主要分布于中国甘肃、陕西、河南、江苏、浙江、安徽、江西、福建、台湾、广东、广西、四川、云南等省区，各地广为栽培，四川、湖北有野生。日本、印度、越南、缅甸、泰国、印尼等国也有栽培。

"枇杷叶"药用之名，始载于《名医别录》，列为中品。历代本草多有著录。古今药用品种一致。《中国药典》（2005年版）收载本种为中药枇杷叶的法定原植物来源种。主产于广东、广西、江苏、浙江；江苏产量大，通称"苏杷叶"；广东质量佳，通称"广杷叶"。

枇杷叶主要活性成分为三萜、倍半萜苷类化合物。《中国药典》采用热浸法测定，规定枇杷叶的水溶性浸出物含量不得少于10%，以控制药材质量。

药理研究表明，枇杷叶具有镇咳、祛痰、抗炎等作用。

中医理论认为枇杷叶具有清肺止咳，降逆止呕等功效。

枇杷 *Eriobotrya japonica* (Thunb.) Lindl. （果枝）

蔷薇科

枇杷 Pipa

枇杷 E. japonica (Thunb.) Lindl.（花枝）

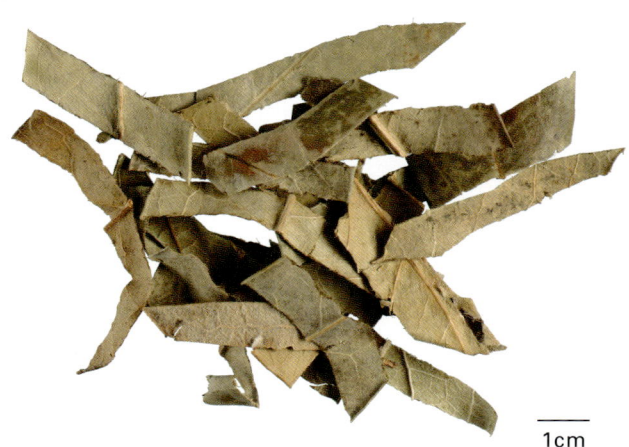
药材枇杷叶 Folium Eriobotryae

1cm

化学成分

新鲜的枇杷叶中含挥发油0.045%～0.11%，其主要成分为橙花叔醇 (nerolidol)、金合欢醇 (farnesol)[1]。

枇杷叶含三萜类化合物：熊果酸 (ursolic acid)、马斯里酸 (maslinic acid)、马斯里酸甲酯 (methyl maslinate)、野鸦椿酸 (euscaphic acid)[2]、2α-羟基熊果酸 (2α-hydroixyursolic acid)[3]、23-反式对香豆酰基委陵菜酸 (23-trans-p-coumaroyltormentic acid)、23-顺式对香豆酰基委陵菜酸 (23-cis-p-coumaroyltormentic acid)、3-O-反式咖啡酰基委陵菜酸 (3-O-trans-caffeoyltormentic acid)、3-O-反式对香豆酰基委陵菜酸 (3-O-trans-p-coumaroylrotundic acid)[4]、3-O-反式阿魏酰基野鸭椿酸 (3-O-trans-feruloyl euscaphic acid)[5]、3α-反式阿魏酰氧基-2α-羟基乌索-12-烯-28-酸 (3α-trans-feruloyloxy-2α-hydroxyurs-12-en-28-oic acid)[6]等；倍半萜苷类化合物：橙花叔醇-3-O-α-L-吡喃鼠李糖基 (1→2)-β-D-吡喃葡萄糖苷 [nerolidol-3-O-α-L-rhamnopyranosyl (1→2)-β-D-glucopyranoside]、橙花叔醇-3-O-α-L-吡喃鼠李糖基 (1→4)-α-L-吡喃鼠李糖基 (1→2)-β-D-吡喃葡萄糖苷 [nerolidol-3-O-α-L-rhamnopyranosyl(1→4)-α-L-rhamnopyranosyl(1→2)-β-D-glucopyranoside]等[7]；黄酮类化合物：(2S)或(2R)-柚皮素8-C-α-L-吡喃鼠李糖基-(1→2)-β-D-吡喃葡萄糖苷[(2S), (2R)-naringenin 8-C-α-L-rhamnopyranosyl-(1→2)-β-D-glucopyranosides]、cinchonain Id-7-O-β-D-glucopyranoside[8]。

此外，叶和种子中还含苦杏仁苷 (amygdalin)[9-10]。

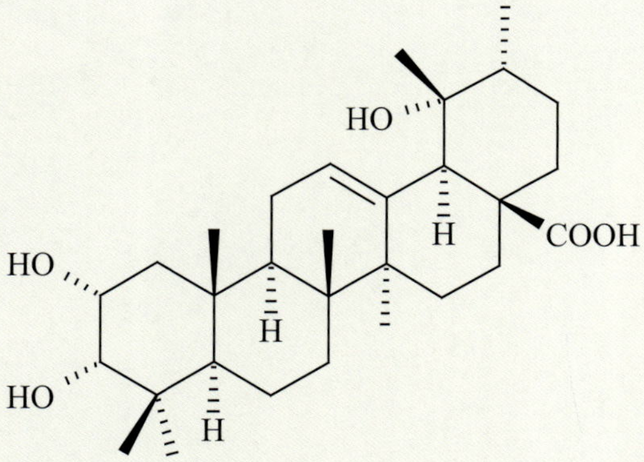

euscaphic acid

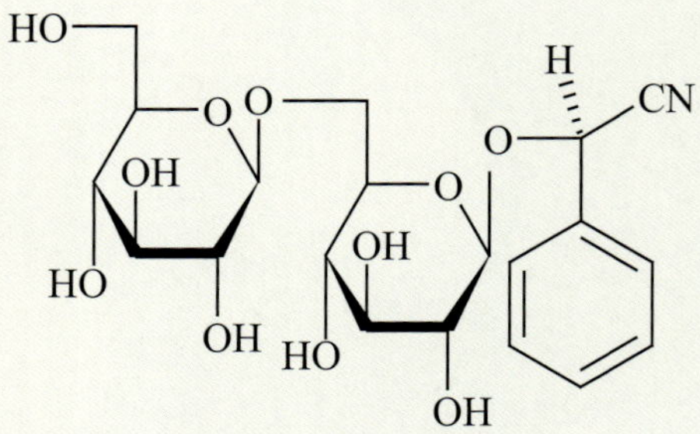

amygdalin

药理作用

1. **平喘、镇咳、祛痰**
   枇杷叶中所含的苦杏仁苷在体内分解产生微量氢氰酸,有平喘镇咳作用[10]。枇杷叶二氯甲烷和醋酸乙酯提取物灌胃能明显延长二氧化硫气体引起的小鼠咳嗽潜伏期;分离得到的枇杷苷I、熊果酸和总三萜酸以及枇杷叶乙醇提取物的正丁醇萃取部位灌胃均能明显延长枸橼酸喷雾所致豚鼠咳嗽的潜伏期、减少咳嗽次数[11-12]。枇杷叶水煎液对小鼠也有明显的止咳、祛痰作用,灌胃给药效果优于腹腔注射[13]。

2. **抗炎**
   枇杷叶二氯甲烷和醋酸乙酯提取物以及乙醇提取物的醋酸乙酯和正丁醇萃取物灌胃对二甲苯所致小鼠耳廓肿胀有明显抑制作用[11-12]。枇杷叶提取物灌胃可减轻佐剂性关节炎 (AA) 大鼠原发性及继发性足肿胀程度,降低多发性关节炎积分等指标;体外给药可增加 AA 大鼠低下的刀豆蛋白 A (ConA)、脂多糖 (LPS) 诱导的脾淋巴细胞增殖反应,提高脾淋巴细胞分泌白介素 2 (IL-2) 的水平,同时抑制腹腔巨噬细胞 IL-1 的过高产生[14]。

3. **降血糖**
   枇杷叶甲醇提取物中的倍半萜葡萄糖苷和多羟基三萜烯苷可显著降低遗传性糖尿病小鼠的尿糖,后者还可降低正常小鼠的血糖[15]。

4. **改善肝功能**
   枇杷子 70% 乙醇和甲醇提取物口服给药可使二甲基亚硝胺诱导的肝病大鼠血中天冬氨酸转氨酶 (AST)、丙氨酸转氨酶 (ALT) 和肝中羟脯氨酸水平下降,肝中类维生素 A 水平升高,表现出抑制肝纤维化进展的作用[16]。

5. **抗肿瘤**
   枇杷叶所含的三萜类化合物能抑制肿瘤促进剂 (TPA) 诱导的 Epstein-Barr 病毒早期抗原性的激活,其中野鸭椿酸在体内能显著抑制由 7,12-二甲基苯并蒽 (DMBA) 合并 TPA 引起的小鼠癌症发展进程[17]。

6. **其他**
   枇杷子70%乙醇提取物给大鼠口服,可减轻抗肿瘤药物阿霉素引起的肾病等副作用[9]。枇杷叶乙醇和水提取物可改善受损肾和肾衰竭的肾功能,水提物对甘油引起的肾衰竭有保护作用[18]。

应用

本品为中医临床用药。功能:清肺化痰止咳,降逆止呕。主治:①肺热咳嗽;②胃热呕吐,哕逆;③热病口渴及消渴。

现代临床还用于百日咳、慢性支气管炎、慢性肾炎、膀胱炎及尿道炎、粉刺等病的治疗。

评注

枇杷全株用途广,除叶可作药用外,枇杷的鲜果是一种优良的水果。它含有丰富的蛋白质、脂肪、维生素 C 和糖、钙、镁、铁等成分,营养价值很高,既可生食,又可制成罐头、果酒和果酱。枇杷的果核也可作药用,有化痰止咳,疏肝行气,利水消肿的功效。枇杷树干木质细韧,可供雕刻。枇杷花是珍贵的蜜源,"枇杷蜜"也为高级滋补品。枇杷现已被引种到亚洲、欧洲、非洲和大洋洲的许多国家。

参考文献

[1] R Suemitsu, S Fujita, T Iguchi. Determination of components of essential oil of *Eriobotrya japonica. Shoyakugaku Zasshi.* 1973, **27**(1): 7-11

[2] M Shimizu, H Fukumura, H Tsuji, S Tanaami, T Hayashi, N Morita. Anti-inflammatory constituents of topically applied crude

drugs. I. Constituents and anti-inflammatory effect of *Eriobotrya japonica* Lindl. *Chemical & Pharmaceutical Bulletin*. 1986, **34**(6): 2614-2617

[3] ZZ Liang, R Aquino, V De Feo, F De Simone, C Pizza. Polyhydroxylated triterpenes from *Eriobotrya japonica*. *Planta Medica*. 1990, **56**(3): 330-332

[4] N De Tommasi, F De Simone, C Pizza, N Mahmood, PS Moore, C Conti, N Orsi, ML Stein. Constituents of *Eriobotrya japonica*. A study of their antiviral properties. *Journal of Natural Products*. 1992, **55**(8): 1067-1073

[5] M Shimizu, N Eumitsu, M Shirota, K Matsumoto, Y Tezuka. A new triterpene ester from *Eriobotrya japonica*. *Chemical & Pharmaceutical Bulletin*. 1996, **44**(11): 2181-2182

[6] H Ito, E Kobayashi, SH Li, T Hatano, D Sugita, N Kubo, S Shimura, Y Itoh, T Yoshida. Megastigmane glycosides and an acylated triterpenoid from *Eriobotrya japonica*. *Journal of Natural Products*. 2001, **64**(6): 737-740

[7] N De Tommasi, F De Simone, R Aquino, C Pizza, ZZ Liang. Plant metabolites. New sesquiterpene glycosides from *Eriobotrya japonica*. *Journal of Natural Products*. 1990, **53**(4): 810-815

[8] H Ito, E Kobayashi, Y Takamatsu, SH Li, T Hatano, H Sakagami, K Kusama, K Satoh, D Sugita, S Shimura, Y Itoh, T Yoshida. Polyphenols from *Eriobotrya japonica* and their cytotoxicity against human oral tumor cell lines. *Chemical & Pharmaceutical Bulletin*. 2000, **48**(5): 687-693

[9] A Hamada, S Yoshioka, D Takuma, J Yokota, T Cui, M Kusunose, M Miyamura, S Kyotani, Y Nishioka. The effect of *Eriobotrya japonica* seed extract on oxidative stress in adriamycin-induced nephropathy in rats. *Biological & Pharmaceutical Bulletin*. 2004, **27**(12): 1961-1964

[10] 庄永峰．高效液相色谱法测定枇杷叶中苦杏仁苷含量．海峡药学．2002，**14**(5)：64-65

[11] 王立为，刘新民，余世春，肖培根，杨峻山．枇杷叶抗炎和止咳作用研究．中草药．2004，**35**(2)：174-175

[12] 鞠建华，周亮，林耕，刘东，王立为，杨峻山．枇杷叶中三萜酸类成分及其抗炎、镇咳活性研究．中国药学杂志．2003，**38**(10)：752-757

[13] 钱萍萍，田菊雯．枇杷叶对小鼠的止咳、祛痰作用．现代中西医结合杂志．2004，**13**(5)：580，663

[14] 葛金芳，李俊，姚宏伟，金涌，高暑，胡成穆，张磊．枇杷叶提取物对佐剂性关节炎的作用及部分机制研究．中国药理通讯．2003，**20**(3)：48

[15] N De Tommasi, F De Simone, G Cirino, C Cicala, C Pizza. Hypoglycemic effects of sesquiterpene glycosides and polyhydroxylated triterpenoids of *Eriobotrya japonica*. *Planta Medica*. 1991, **57**(5): 414-416

[16] Y Nishioka, S Yoshioka, M Kusunose, T Cui, A Hamada, M Ono, M Miyamura, S Kyotani. Effect of extract derived from *Eriobotrya japonica* on liver function improvement in rats. *Biological & Pharmaceutical Bulletin*. 2002, **25**(8): 1053-1057

[17] N Banno, T Akihisa, H Tokuda, K Yasukawa, Y Taguchi, H Akazawa, M Ukiya, Y Kimura, T Suzuki, H Nishino. Anti-inflammatory and antitumor-promoting effects of the triterpene acids from the leaves of *Eriobotrya japonica*. *Biological & Pharmaceutical Bulletin*. 2005, **28**(10): 1995-1999

[18] GA El-Hossary, MM Fathy, HA Kassem, ZA Kandil, HAA El-Latif, GG Shehabb. Cytotoxic trierpenes from the leaves of *Eriobotrya japonica* L. growing in Egypt and the effect of the leaves on renal failure. *Bulletin of the Faculty of Pharmacy*. 2000, **38**(1): 87-97

杜仲 Duzhong CP, JP, VP

Eucommia ulmoides Oliv.
Eucommia

杜仲科

概述

杜仲科 (Eucommiaceae) 植物杜仲 *Eucommia ulmoides* Oliv.，其干燥树皮入药，中药名：杜仲；其干燥叶入药，中药名：杜仲叶。

杜仲属 (*Eucommia*) 植物全世界仅此 1 种，为中国特有种。分布于华中、华西、西南及西北各地。

"杜仲" 药用之名，始载于《神农本草经》，列为上品。历代本草多有著录。《中国药典》（2005 年版）收载本种为中药杜仲和杜仲叶的法定原植物来源种。主产于中国四川、贵州、湖北等地，云南、江西、湖南等地也产，以贵州、四川产量大，质量佳。

杜仲树皮含木脂素类、苯丙素类、环烯醚萜类和杜仲胶等成分。《中国药典》采用高效液相色谱法进行测定，规定杜仲中松脂醇二葡萄糖苷含量不得少于 0.10%，杜仲叶中含绿原酸含量不得少于 0.080%，以控制药材质量。

药理研究表明，杜仲具有调节骨代谢、抗衰老、调节免疫和降血压等作用。

中医理论认为杜仲具有补肝肾，强筋骨，安胎等功效。

杜仲 *Eucommia ulmoides* Oliv.

药材杜仲 Cortex Eucommiae

杜仲 Duzhong

化学成分

杜仲树皮含大量木脂素类成分：松脂醇二葡萄糖苷 (pinoresinol-di-O-β-D-glucopyranoside)、(+)-松脂醇[(+)-pinoresinol]、(+)-表松脂醇 [(+)-epipinoresinol]、丁香脂素(syringaresinol)、丁香脂素双糖苷 (syringaresinol-diglucoside)、(+)-丁香脂素苷[(+)-syringaresinol-O-β-D-glucopyranoside]、(+)-松脂素苷 [(+)-pinoresinol-O-β-D-glucopyranoside]、(+)-1-羟基松香素双糖苷 [(+)-1-hydroxypinoresinol-4',4"-di-O-β-D-glucopyranoside]、(+)-1-羟基松脂素-4"-葡萄糖苷 [(+)-1-hydroxypinoresinol-4"-O-β-D-glucopyranoside]、(+)-1-羟基松脂素-4'-葡萄糖苷[(+)-1-hydroxypinoresinol-4'-O-β-D-glucopyranoside]、(+)-梣皮树脂醇 [(+)-medioresinol]、(+)-梣皮树脂醇二葡萄糖苷 [(+)-medioresinol-di-O-β-D-glucopyranoside]、(+)-1-羟基松脂醇[(+)-1-hydroxypinoresinol]、耳草素双糖苷 (hedyotol C-4",4"'-di-O-β-D-glucopyranoside)、丁香酚基丙三醇-β-丁香树脂酚醚-4",4"'-双葡萄糖苷 (syringylglycerol-β-syringaresinol ether-4",4"'-di-O-β-D-glucopyranoside)、(+)-橄榄脂素 [(+)-olivil]、(-)-橄榄脂素双糖苷 [(-)-olivil-4',4"-di-O-β-D-glucopyranoside]、(-)-橄榄脂素4'-葡萄糖苷 [(-)-olivil-4'-O-β-D-glucopyranoside]、(-)-橄榄脂素4"-葡萄糖苷 [(-)-olivil-4"-O-β-D-glucopyranoside]、(+)-环橄榄脂素 [(+)-cyclo-olivil][1]；环烯醚萜类成分：桃叶珊瑚苷 (aucubin)、京尼平苷 (geniposide)、京尼平苷酸 (geniposidic acid)、京尼平 (genipin)、杜仲醇 (eucommiol)、杜仲醇苷 (eucommioside)[2]；多糖类成分：杜仲糖 A、B (eucommans A-B)[3-4]；肽类蛋白：杜仲抗真菌蛋白1、2 (eucommia antifungal proteins 1-2)[5-6]。还含有杜仲胶 (guttapercha)[7]。

杜仲叶含木脂素类成分：松脂醇二葡萄糖苷、丁香脂醇二葡萄糖苷、橄榄脂素、京尼平苷酸甲酯 (geniposidic acid methye ester)；环烯醚萜类成分：桃叶珊瑚苷、京尼平苷酸、杜仲醇、杜仲醇苷、筋骨草苷 (ajugoside)、哈帕苷乙酸酯 (harpagide acetate)、雷朴妥苷 (reptoside)、脱氧杜仲醇 (1-deoxyeucommiol)、ulmoidosides A、B、C、D[2]；黄酮类成分：槲皮素 (quercetin)、山柰酚 (kaempferol)、紫云英苷 (astragalin)、陆地锦苷 (hirsutin)、芦丁 (rutin)[8]；苯丙素类成分：熊果酸 (ursolic acid)、对香豆酸 (p-coumaric acid)、咖啡酸乙酯 (caffeic acid ethylester)、绿原酸 (chlorogenic acid)、松柏苷 (coniferin)[9]；挥发油：环己巴比妥 (2-hexenal)、1H-异吡唑-2-甲醇(1H-imidazole-2-methanol)、2-呋喃甲醇 (2-furanmethanol)、软脂酸 (hexadecanoic acid)[10]。此外，杜仲叶也含杜仲胶[7]、黑燕麦内酯 (loliolide) 等[11]。

pinoresinol-di-O-β-D-glucopyranoside

药理作用

1. 促骨折愈合、阻断骨质流失

杜仲水煎液灌胃给药，对手术所致日本大耳白兔胫骨中下段 1/3 交界处骨折及骨缺损，能促进骨折断端矿物质的沉积，促进创伤性骨折的愈合[12]。杜仲叶醇提物灌胃能提高糖尿病大鼠、糖尿病合并去势大鼠股骨线密度 (BWD) 和

面密度 (BMD)，提高血清雌二醇 (E_2) 含量，具有类雌激素样作用[13-14]。杜仲叶对体外培养的成骨细胞增殖和培养基中碱性磷酸酶 (ALP) 分泌有明显的促进作用。杜仲叶低极性提取物灌胃还能增加骨质疏松症大鼠的骨密度，减少骨破坏，加强骨稳定[15]。

2. 抗衰老

给 D-半乳糖所致衰老小鼠灌服杜仲水煎液后，用光电显微镜观察小鼠睾丸，发现杜仲水煎液能使生精过程活跃，生精细胞增多[16]；还能提高脑和肝组织中超氧化物歧化酶 (SOD)、一氧化氮合成酶 (NOS) 和谷胱甘肽过氧化物酶 (GSH-Px) 的含量[17]。

3. 免疫调节功能

杜仲水提醇沉液灌胃能抑制正常小鼠的非特异性免疫功能和特异性体液免疫功能；对氢化考的松所致免疫抑制小鼠，杜仲能刺激垂体-肾上腺系统，抑制特异性体液免疫功能[18]。杜仲多糖能兴奋网状内皮系统，增强机体非特异性免疫功能；木脂素类和环烯醚萜类成分还有抗补体结合活性[19]。杜仲叶乙醇提取物腹腔注射能明显增强小鼠脾细胞对刀豆蛋白A (ConA) 刺激的增殖反应及腹腔巨噬细胞的吞噬功能[20]。

4. 适应原样作用

杜仲煎剂灌胃能延长小鼠游泳时间，延长-3℃低温环境生存时间及缺氧条件下存活时间，也能增强对外界刺激的耐受力[21]。

5. 降血压

杜仲水提液灌胃给药，对肾动脉结扎法所致高血压大鼠有明显降血压作用[22]。杜仲中的木脂素类、环烯醚萜类、桃叶珊瑚苷、绿原酸和多糖等均有不同程度的降血压效果，也有研究认为杜仲皮中的微量元素锌和钙较高，对降血压也有作用[23]。杜仲叶浸膏股静脉注射对麻醉猫具有平缓而持久的降血压作用[24]。杜仲降血压的有效成分还有松脂醇二葡萄糖苷和松柏苷，松柏苷为血管紧张素和环腺苷酸 (cAMP) 抑制剂，并能增加冠状动脉的血流量[8]。

6. 镇静

杜仲水提醇沉液灌胃能明显减少小鼠自主活动次数，增加阈下剂量戊巴比妥钠引起的小鼠入睡率，延长睡眠时间，使戊巴比妥钠催眠小鼠入睡潜伏期缩短，促使戊巴比妥钠催眠后转醒小鼠重新入睡，并呈量效关系。此外，杜仲水提醇沉液灌胃能显著降低尼可刹米 (nikethamide) 所致小鼠的死亡率[25]。

7. 保胎

杜仲叶冲剂灌胃给药能显著对抗垂体后叶素所致大鼠子宫平滑肌的强烈收缩，能使垂体后叶素所致的流产动物数显著减少，产仔数相对增加[24]。

8. 其他

杜仲和杜仲叶还有抗菌、抗病毒、促进微循环、抗肿瘤、提高肌肉抗疲劳能力、促进伤口愈合等作用[7-8, 26-27]。

应用

本品为中医临床用药。功能：补肝肾，强筋骨，安胎。主治：①肝肾不足的腰膝痠痛，下肢痿软及阳痿，尿频等证；②肝肾亏虚，下元虚冷的妊娠下血，胎动不安，胎漏等。

现代临床还用于高血压、骨质疏松、习惯性流产、肾炎等病的治疗。

评注

除作药用外，杜仲皮、果实、树叶中所含的杜仲胶为天然高分子材料，它与天然橡胶互为同分异构体，绝缘性强、耐酸碱、耐水湿、热塑性强，还具有形状记忆的特性，为重要的化工和医用功能材料[7]。

杜仲 Duzhong

杜仲科

杜仲是国家二级珍稀树种,杜仲皮从生长至可采收一般需15~20年,20年后生长速度又逐年降低,50年后,树高生长基本停止,植株自然枯萎。

杜仲叶的资源相对丰富,近年来杜仲叶成为研究的热点。杜仲叶与杜仲树皮化学成分与药理作用相似,来源易得,安全性高,已被开发为杜仲保健茶等保健品[8]。

杜仲主要栽培在四川青川,都江堰和彭州也是杜仲的生产基地,贵州遵义也已建成了大面积杜仲种植基地。

参考文献

[1] 赵玉英, 耿权, 程铁民. 杜仲化学成分研究概况. 天然产物研究与开发. 1995, 7(3): 46-52

[2] 王文明, 宠晓萍, 成军, 赵玉英. 杜仲化学成分研究概况 (II). 西北药学杂志. 1998, 13(2): 60-62

[3] R Gonda, M Tomoda, N Shimizu, M Kanari. An acidic polysaccharide having activity on the reticuloendothelial system from the bark of *Eucommia ulmoides*. *Chemical & Pharmaceutical Bulletin*. 1990, 38(7): 1966-1969

[4] M Tomoda, R Gonda, N Shimizu, M Kanari. A reticuloendothelial system-activating glycan from the barks of *Eucommia ulmoides*. *Phytochemistry*. 1990, 29(10): 3091-3094

[5] 刘小烛, 胡忠, 李英, 杨俊波, 李炳钧. 杜仲皮中抗真菌蛋白的分离和特性研究. 云南植物研究. 1994, 16(4): 385-391

[6] RH Huang, Y Xiang, XZ Liu, Y Zhang, Z Hu, DC Wang. Two novel antifungal peptides distinct with a five-disulfide motif from the bark of *Eucommia ulmoides* Oliv. *FEBS Letters*. 2002, 521(1-3): 87-90

[7] 管淑玉, 苏薇薇. 杜仲化学成分与药理研究进展. 中药材. 2003, 26(2): 124-129

[8] 晏媛, 郭丹. 杜仲叶的化学成分及药理活性研究进展. 中成药. 2003, 25(6): 491-492

[9] 成军, 白焱晶, 赵玉英, 王邠, 程铁民. 杜仲叶苯丙素类成分的研究. 中国中药杂志. 2002, 27(1): 38-40

[10] 郭志峰, 刘鹏岩, 安秋荣, 靳伯礼. 杜仲叶挥发油的GC-MS分析. 河北大学学报(自然科学版). 1995, 15(3): 36-39

[11] N Okada, K Shirata, M Niwano, H Koshino, M Uramoto. Immunosuppressive activity of a monoterpene from *Eucommia ulmoides*. *Phytochemistry*. 1994, 37(1): 281-282

[12] 崔永锋, 吕光荣, 王琦. 杜仲对兔骨折端骨密度影响的实验研究. 云南中医学院学报. 2002, 25(3): 16-19

[13] 白立纬, 葛焕琦, 张立, 赵丽娟. 杜仲叶醇对糖尿病大鼠骨密度的影响. 吉林大学学报(医学版). 2003, 29(5): 587-590

[14] 张立, 葛焕琦, 白立纬, 赵丽娟. 杜仲叶醇防治糖尿病合并去势大鼠骨质疏松症的实验研究. 中国老年学杂志. 2003, 24(6): 370-372

[15] 胡金家, 王曼莹. 杜仲叶提取物防治骨质疏松症药效成分及作用研究. 中华临床医药杂志. 2002, 3(3): 52-54

[16] 刘东璞, 齐亚灵, 赵文杰, 刘晓梅, 王景霞, 李文. 杜仲对D-半乳糖所致衰老小鼠睾丸的形态学研究. 中国局解手术学杂志. 2002, 11(3): 245-246

[17] 栗坤, 刘明远, 魏晓东, 赵文杰, 郑福禄. 细辛、杜仲及其合剂对D-半乳糖所致衰老小鼠模型抗氧化系统影响的实验研究. 中药材. 2000, 23(3): 161-163

[18] 周彦钢, 郑高利, 盛清, 任玉翠. 杜仲对小鼠免疫功能的影响作用. 浙江省医学科学院学报. 1999, 10(1): 32-34

[19] 胡世林. 国外研究杜仲的某些进展与动向. 国外医学: 中医中药分册. 1994, 16(5): 13-14

[20] 薛程远, 曲范仙, 刘辉, 白惠卿. 杜仲叶乙醇提取物对小鼠免疫功能的影响. 甘肃中医学院学报. 1998, 15(3): 50-52

[21] 赵娇玲, 胡文淑, 江明性. 杜仲的强壮作用及中枢镇静作用. 同济医科大学学报. 1989, 18(3): 198-200

[22] 黄志新, 岳京丽, 赵凤生, 沙大年, 范小兵, 蓝先德. 槲寄生、杜仲的降血压作用和急性毒性的实验研究. 天然产物研究与开发. 2003, 15(3): 245-248

[23] 胡佳玲. 杜仲研究进展. 中草药. 1999, 30(5): 394-396

[24] 黄武光, 曾庆卓, 潘正兴, 唐继坤. 杜仲叶冲剂主要药效学及急性毒性研究. 贵州医药. 2000, 24(6): 325-326

[25] 郑丽华, 郑高利, 张信岳, 陈珏, 龚维桂. 杜仲对小鼠的中枢镇静作用. 浙江省医学科学院学报. 1999, 10(3): 19-20

[26] 曹力, 张洁, 余润民. 杜仲对小鼠微循环作用的实验研究. 江西中医学院学报. 2001, 13(3): 112-113

[27] 赵辉, 李宗友. 杜仲叶药理作用研究 (II)-抗疲劳及愈伤作用. 国外医学·中医中药分册. 2000, 22(4): 211-215

[28] 姚家祥, 姚家春, 石根勇. 中药杜仲叶致突变试验研究. 苏州医学院学报. 1998, 18(6): 574-575

佩兰 Peilan ᶜᵖ

Eupatorium fortunei Turcz.
Fortune Eupatorium

菊 科

概 述

菊科 (Asteraceae) 植物佩兰 *Eupatorium fortunei* Turcz., 其干燥地上部分入药。中药名：佩兰。

泽兰属 (*Eupatorium*) 植物全世界约 600 种，主要分布于中南美洲的温带及热带地区，欧洲、亚洲、非洲及大洋洲种类很少。中国约有 14 种，除新疆、西藏外，全国均有分布，现已供药用者约 7 种。佩兰分布于中国陕西、山东、江苏、浙江、江西、湖北、湖南、云南、贵州、四川、广东和广西等地区。

从湖南长沙的马王堆汉墓中曾发现有完好的佩兰瘦果和碎叶片。佩兰以"兰草"药用之名，始载于《神农本草经》，列为上品；而"佩兰"之名则始见于《本草再新》。《中国药典》(2005 年版) 收载本种为中药佩兰的法定原植物来源种。主产于中国陕西、山东、江苏、浙江、江西、湖北、湖南等省区，以江苏产量较大。

佩兰主要含单萜、倍半萜、三萜、生物碱等成分。《中国药典》从性状和薄层色谱鉴别等方面控制药材质量。

药理研究表明，佩兰具有祛痰、抗炎、调节胃肠运动等作用。

中医理论认为佩兰具有芳香化湿，醒脾，解暑等功效。

佩兰 *Eupatorium fortunei* Turcz.

药材佩兰 Herba Eupatorii

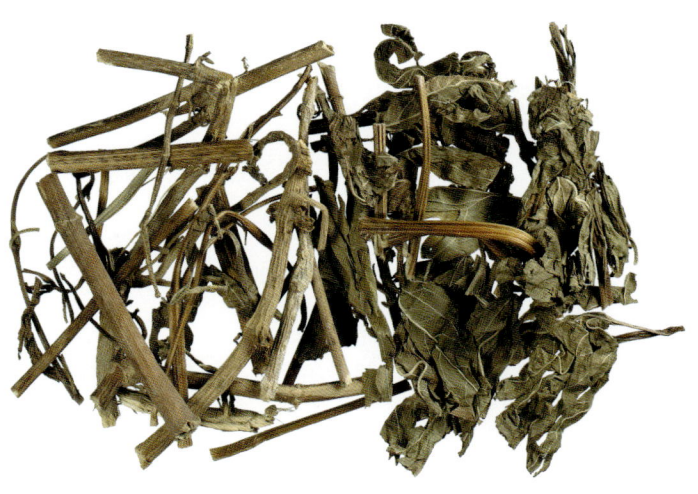

1cm

佩兰 Peilan

化学成分

佩兰地上部分含挥发油,其质和量因鲜品、干品、产地、提取方法不同而有明显差异。油中主成分为冰片烯 (bornylene)、石竹烯 (caryophyllene)、对聚伞花素 (p-cymene)、α-水芹烯 (α-phellandene)、乙酸橙花醇酯 (neryl acetate)、麝香草酚甲醚 (methyl thymyl ether)[1-3]等;麝香草酚衍生物(thymol derivatives): 9-acetoxythymol 3-O-tiglate、8-methoxy-9-hydroxythymol[4]等;单萜类成分: (1R*,2S*,3R*,4R*,6S*)-1,2,3,6-tetrehydroxy-p-menthane、(1S*, 2S*,3S*,4R*,6R*)-1,2,3,6-tetrehydroxy-p-menthane[5];倍半萜类成分: eupafortunin[6];三萜类成分: 蒲公英甾醇棕榈酸酯 (taraxasteryl palmitate)、蒲公英甾醇乙酸酯 (taraxasteryl acetate)、蒲公英甾醇 (taraxasterol)[7]、β-香树脂醇乙酸酯 (β-amyrin acetate)、β-香树脂醇棕榈酸酯 (β-amyrin palmitate)[8]等;生物碱类成分: 仰卧天芥菜碱 (supinine)[11]、rinderine、O-7-acetylrinderine[9]、meso-trihydroxypiperidine、3α,4β,5α-trihydroxypiperidine、3β,4β,5α-trihydroxypiperidine[10]等;有机酸类成分: 延胡索酸 (fumaric acid)、琥珀酸 (succinic acid)、棕榈酸 (palmitic acid)[7-8]等。

根含宁德洛菲碱 (lindelofine)、仰卧天芥菜碱和兰草素 (euparin)[7]。

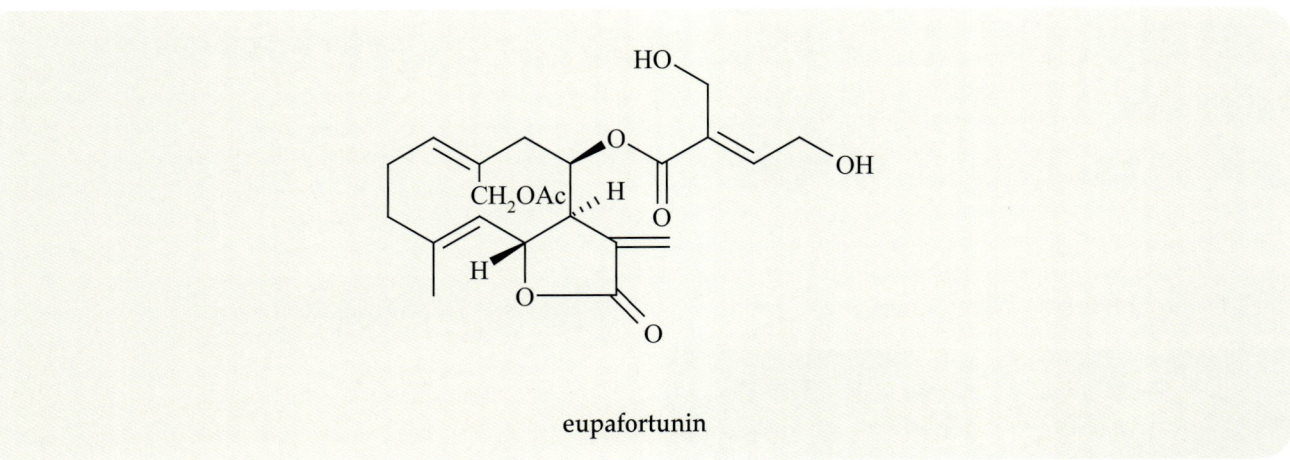

eupafortunin

药理作用

1. **助消化**
   鲜佩兰、干佩兰挥发油体外能显著增强人的唾液淀粉酶活性,鲜品挥发油的作用强于干品[12]。

2. **调节胃肠运动**
   佩兰水煎剂能增高大鼠离体胃平滑肌条(胃底纵、环行肌条和胃体纵行肌条)的张力[13]。

3. **祛痰**
   酚红排泌实验表明,佩兰挥发油、对聚伞花素灌胃,对小鼠有明显祛痰作用。

4. **抗炎**
   鲜佩兰、干佩兰挥发油灌胃对巴豆油所致小鼠耳廓肿胀有明显抑制作用,鲜品挥发油抗炎作用强于干品[12]。

5. **抗肿瘤**
   体内、外实验均显示佩兰总生物碱有抗肿瘤活性。佩兰醋酸乙酯或丙酮提取物体外能抑制小鼠 B16 黑素瘤细胞酪氨酸酶的活性[14]。

6. **钙拮抗作用**
   用 ^{45}Ca 跨膜测量技术,研究了佩兰对大鼠主动脉平滑肌细胞膜 Ca^{2+} 通道的影响,结果表明,佩兰的正己烷提取部分有显著的钙拮抗作用[15-16]。

应用

本品为中医临床用药。功能：化湿，解暑。主治：①湿滞中焦证；②外感暑湿或湿温初起。

现代临床还用于治疗感冒、腹泻、轮状病毒性肠炎、乙型脑炎、血栓性静脉炎、慢性气管炎及蛇咬伤等病的治疗。

评注

中药佩兰与泽兰（唇形科植物毛叶地瓜儿苗 Lycopus lucidus Turcz. var. hirtus Regel 的干燥地上部分）自古以来常相混淆。造成佩兰与泽兰的交叉混用现象的原因之一，是历史上已然存在的混乱问题没有得到及时的澄清。另外，植物分类学上将 Eupatorium 命名为"泽兰属"，忽略了唇形科地笋属 (Lycopus) 植物毛叶地瓜儿苗作为中药正品泽兰的本草学地位。因此，似应将 Eupatorium 命名为"佩兰属"较为妥当。

中药鲜用，是一大特色，等量佩兰药材的挥发油含量，鲜品高于干品近一倍[1]；干、鲜佩兰挥发油在相等剂量下，鲜品的抗炎等作用强于干品[12]。这从挥发油含量及药理活性两方面为鲜品疗效优于干品提供了依据。

参考文献

[1] 韩淑萍，冯毓秀．佩兰及同属3种植物的挥发油化学成分研究．中国中药杂志．1993，18(1)：39-41

[2] 崔兆杰，邱琴，刘廷礼，于萍，李建光．佩兰挥发油化学成分的研究．药物分析杂志．2002，22(2)：117-122

[3] 曾虹燕，李京龙．超临界CO_2和微波辅助萃取佩兰挥发油工艺的研究．食品科学．2004，25(4)：124-128

[4] M Tori, Y Ohara, K Nakashima, M Sono. Thymol derivatives from *Eupatorium fortunei*. *Journal of Natural Products*. 2001, 64(8): 1048-1051

[5] HX Jiang, K Gao. Highly oxygenated monoterpenes from *Eupatorium fortunei*. *Chinese Chemical Letters*. 2005, 16(9): 1217-1219

[6] M Haruna, Y Sakakibara, K Ito. Structure and conformation of eupafortunin, a new germacrane-type sesquiterpene lactone from Eupatorium fortunei Turcz. Chemical & Pharmaceutical Bulletin. 1986, 34(12): 5157-5160

[7] M Yoshizaki, H Suzuki, K Sano, K Kimura, T Namba. Lan-so and Ze-lan. I. Constituents of Eupatorium species. 1. *Yakugaku Zasshi*. 1974, 94(3): 338-342

[8] CF Lai, CH Chen. Studies on the constituents of *Eupatorium fortunei* Turcz. *Taiwan Yaoxue Zazhi*. 1978, 30(2): 103-113

[9] K Liu, E Roeder, HL Chen, XJ Xiu. Pyrrolizidine alkaloids from *Eupatorium fortunei*. Phytochemistry. 1992, 31(7): 2573-2574

[10] T Sekikoa, M Shibano, G Kusano. Three trihydroxypiperidines, glycosidase inhibitiors, from *Eupatorium fortunei* Turcz. *Natural Medicines*. 1995, 49(3): 332-335

[11] T Furuya, M Hikichi. Constituents of crude drugs. IV. Lindelofine and supinine. Pyrrolizidine alkaloids from *Eupatorium stoechadosmum*. Phytochemistry. 1973, 12(1): 225

[12] 孙绍美，宋玉梅，刘俭，于澍仁．佩兰挥发油药理作用的研究．西北药学杂志．1995，10(1)：24-26

[13] 李伟，郑天珍，瞿颂义，张英福，田治峰，丁永辉，卫玉玲．佩兰对大鼠胃肌条运动的作用．兰州医学院学报．2000，26(4)：3-4

[14] K Obayashi, A Iwamoto, H Masaki. Evaluation of plant extracts on depigmentation effect in cultured B16 melanoma cells. Journal of SCCJ. 1996, 30(2): 153-160

[15] 莫尚武，张坐奎，袁鹏飞，杜兴，吴玉荣，丁伟瑛，阮小燕．用^{45}Ca跨膜测量技术研究藿香、佩兰的钙拮抗作用的活性成分．核技术．1999，22(5)：297-300

[16] 杨远友，刘宁，莫尚武，邱明丰，金建南，廖家莉．用^{45}Ca研究中药的钙拮抗作用及机理．同位素．2002，15(2)：69-73

[17] 何灵秀，罗集鹏．泽兰和佩兰的本草考证与紫外光谱法鉴别．中药材．2005，28(7)：549-551

大戟科

甘遂 Gansui CP, KHP

Euphorbia kansui T. N. Liou ex T. P. Wang
Kansui

概 述

大戟科 (Euphorbiaceae) 植物甘遂 *Euphorbia kansui* T. N. Liou ex T. P. Wang，其干燥的块根入药。中药名：甘遂。

大戟属 (*Euphorbia*) 植物全世界约 2000 种，全球广布。中国产约有 80 种，南北均产。本属现供药用者约 30 种。本种中国各地广泛栽培；也为世界性广布种。

"甘遂"药用之名，始载于《神农本草经》，列为下品。历代本草多有著录。《中国药典》（2005 年版）收载本种为中药甘遂的法定原植物来源种。主产于中国陕西、河南、山西、宁夏、甘肃省区。

甘遂的主要活性成分为二萜、三萜类成分[1]。《中国药典》以水分、总灰分、酸不溶性灰分、醇浸出物含量为指标控制药材质量。

药理研究表明，甘遂具有致泻、抗生育、抑制免疫、抗病毒、抗炎等作用。

中医理论认为甘遂具有泻水逐饮，破积通便等功效。

甘遂 *Euphorbia kansui* T. N. Liou ex T. P. Wang

药材甘遂 Radix Euphorbiae Kansui

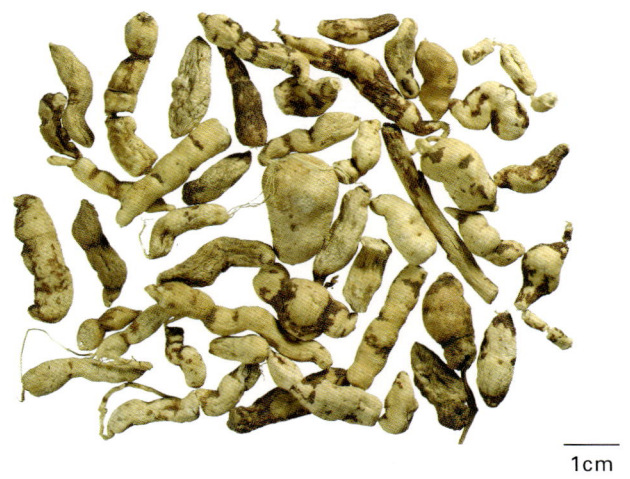

化学成分

甘遂根含二萜类成分：20-去氧巨大戟萜醇-3-苯甲酸酯 (20-deoxyingenol-3-benzoate)、20-去氧巨大戟萜醇 (20-deoxyingenol)、20-去氧巨大戟萜醇-5-苯甲酸酯 (20-deoxyingenol-5-benzoate)、13-氧化巨大戟萜醇-13-十二酸酯-20-己酸酯 (13-oxyingenol-13-dodecanoate-20-hexanoate)、巨大戟萜醇-3-(2,4-癸二烯酸酯)-20-乙酸酯 [ingenol-3-(2,4-decadienoate)-20-acetate]、巨大戟萜醇 (ingenol)、13-氧化巨大戟萜醇 (13-oxyingenol)、甘遂萜酯A、B (kansuinines A~B)、甘遂大戟萜酯A、B、C (kansuiphorins A~C)[1, 5]、kansuinins A、B、D、E、F、G、H[2, 4]、3-O-(2E,4E-decadienoyl)-20-deoxyingenol、3-O-(2,3-dimethylbutanoyl)-13-O-dodecanoyl-20-deoxyingenol、3-O-(2,3-dimethylbutanoyl)-13-O-dodecanoyl-20-O-acetylingenol、3-O-(2E,4Z-decadienoyl)-20-deoxyingenol[3]、20-O-(2'E,4'E-decadienoyl)ingenol、5-O-(2'E,4'E-decadienoyl)-ingenol、20-O-(2'E,4'Z-decadienoyl) ingenol、3-O-(2'E,4'Z-decadienoyl)-5-O-acetylingenol[4]等；三萜类成分：γ-大戟醇 (γ-euphorbol)、α-大戟醇 (α-euphorbol)、甘遂醇 (tirucallol)、11-oxo-kansenonol、kansenonol、kansenone、kansenol、epi-kansenone[6]等。

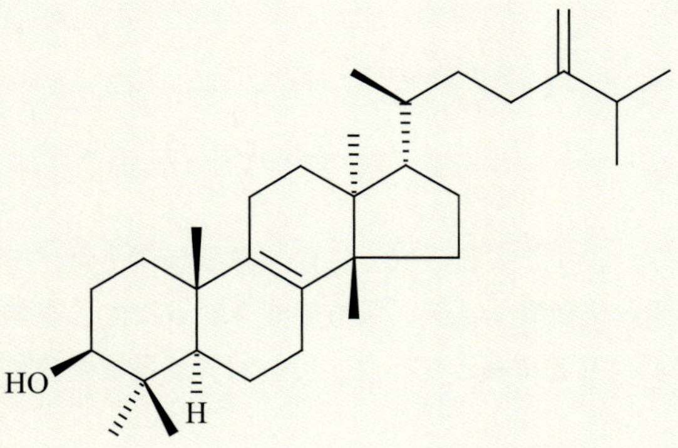

γ-euphorbol

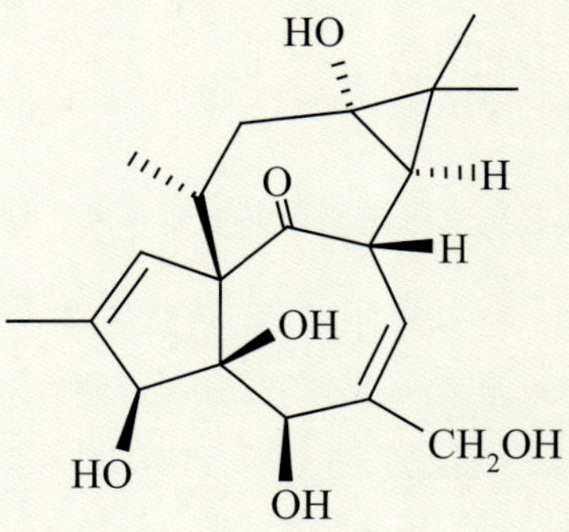

13-oxyingenol

甘遂 Gansui

药理作用

1. **致泻**
   生甘遂或炙甘遂乙醇浸膏小鼠口服后可致泻下。

2. **抗生育**
   甘遂醇提液可终止小鼠和豚鼠妊娠,甘遂制剂宫内给药可导致小鼠、家兔中期妊娠的胚珠死亡[7],甘遂乙醇溶液注射到孕妇羊膜腔内24～48小时可流产;甘遂中期引产的机理可能为甘遂使子宫内前列腺素的合成与释放增加,前列腺素刺激子宫收缩,从而导致流产[8]。

3. **抑制免疫功能**
   腹腔注射甘遂粗制剂,可使绵羊红细胞(SRBC)免疫的$C_{57}BL/6J$小鼠胸腺重量减少、脾脏增重,抑制抗SRBC抗体产生,还可使小鼠脾细胞在体外由植物血凝素(PHA)和刀豆蛋白A(ConA)诱导的淋巴细胞转化受到中度抑制、脂多糖(LPS)诱导的淋巴细胞转化受到轻度抑制并抑制SRBC诱导的迟发性超敏反应。

4. **抗病毒**
   甘遂提取物给流感病毒小鼠适应株(FM1)小鼠灌胃,其极性较大组分对小鼠肺炎有显著抑制作用,低浓度下对小鼠T淋巴细胞有增殖作用;甘遂大戟萜酯A等4种二萜化合物对FM1的抗病毒活性呈剂量效应,对ConA诱导的淋巴细胞增殖有显著增强作用[10-11]。

5. **抗肿瘤**
   甘遂中的kansuiphorins A、B有抗小鼠P338淋巴细胞白血病活性[12];甘遂的三萜醇类成分可抑制二甲基苯并(DMBA)和12-O-十四烷酰佛波醋酸酯-13(TPA)所致小鼠背部肿瘤生长[13]。

6. **抗炎**
   甘遂的三萜醇类成分对TPA所致ICR小鼠耳廓肿胀有显著抑制作用[13]。

7. **其他**
   Kansuinin E可延长产生TrkA受体(神经生长因子的功能性受体)的成纤维细胞存活期[2];生甘遂小剂量可使离体蛙心收缩力增强,大剂量则出现抑制;甘遂萜酯A、B有镇痛作用。3-O-(2'E, 4'Z-decadienoyl)-和3-O-(2,3-dimethylbutyryl)-13-O-n-dodecanoyl-13-hydroxyl ingenol可促进依赖RNA合成调节的巨噬细胞γ-球蛋白Fc受体表达[15]。甘遂乙醚、乙醇提取物对致倦库蚊、白纹伊蚊敏感株III-IV龄幼虫有杀灭作用[16]。

应用

本品为中医临床用药。功能:泻水逐饮,消肿散结。主治:①水肿,臌胀,胸胁停饮;②风痰癫痫;③疮痈肿毒。

现代临床还用于肠梗阻、肠腔积液胀痛、腹水、妊娠中期引产、术后尿潴留、百日咳等病的治疗。

评注

生甘遂被列入香港常见毒剧中药31种名单。临床应用时应予特别注意。

在中医理论中,甘遂与甘草为配伍禁忌的"十八反"药对。早期的一些初步实验研究,甘遂与甘草配伍使用,结果各有不同[17]。最近报道,甘遂与甘草配伍使用,可使Wistar小鼠丙氨酸转氨酶(ALT)、肌酸磷酸激酶(CPK)、乳酸脱氢酶(LDH)和羟丁基脱氢酶(γ-HBDH)、总蛋白水平比使用单味药时显著提高,对心脏、肝脏和肾脏毒性增加[18]。因此传统上甘遂不可与甘草配伍,确有其科学之处。

也有研究发现,甘遂甘草合剂可抑制小鼠S_{180}肉瘤和肝癌HAC生长,促使肿瘤组织坏死[19]。因此,应深入研究甘遂各主要成分的作用机理，才能解释其原因，更合理地用药。

参考文献

[1] WF Zheng, Z Cui, Q Zhu. Cytotoxicity and antiviral activity of the compounds from Euphorbia kansui. *Planta Medica*. 1998, **64**(8): 754-756

[2] Q Pan, FCF Ip, NY Ip, HX Zhu, ZD Min. Activity of macrocyclic jatrophane diterpenes from Euphorbia kansui in a TrkA fibroblast survival assay. *Journal of Natural Products*. 2004, **67**(9): 1548-1551

[3] LY Wang, NL Wang, XS Yao, S Miyata, S Kitanaka. Studies on the bioactive constituents in euphorbiaceae. 3. Diterpenes from the roots of Euphorbia kansui and their in vitro effects on the cell division of Xenopus (part 2). *Chemical & Pharmaceutical Bulletin*. 2003, **51**(8): 935-941

[4] LY Wang, NL Wang, XS Yao, S Miyata, S Kitanaka. Diterpenes from the roots of Euphorbia kansui and their in vitro effects on the cell division of Xenopus. *Journal of Natural Products*. 2002, **65**(9): 1246-1251

[5] 潘勤，闵知大．甘遂中巨大戟萜醇型二萜酯类化学成分的研究．中草药．2003, **34**(6): 489-492

[6] LY Wang, NL Wang, XS Yao, S Miyata, Kitanaka S. Euphane and tirucallane triterpenes from the roots of Euphorbia kansui and their in vitro effects on the cell division of Xenopus. *Journal of Natural Products*. 2003, **66**(5): 630-633

[7] 王秋静，于晓凤，刘宏雁，吕忠智，吕怡芳．复方甘遂制剂宫内给药终止动物中期妊娠及毒性实验．白求恩医科大学学报．1994, **20**(5): 461-463

[8] 石大维，韩向阳，郭静德．甘遂中期妊娠引产妇女血浆及羊水中前列腺素含量的变化．哈尔滨医科大学学报．1990, **24**(3): 166-169

[9] 张杰．甘遂醇液与利凡诺用于中期妊娠引产的对比观察（附1900例）．中华实用医学．2002, **4**(20): 39-40

[10] 郑维发，陈才法，朱爱华，李梦秋．甘遂醇提物抗流感病毒FM1有效部位的筛选．中成药．2002, **24**(5): 362-365

[11] 郑维发．甘遂醇提物中4种二萜类化合物的体内抗病毒活性研究．中草药．2004, **35**(1): 65-68

[12] TS Wu, YM Lin, M Haruna, DJ Pan, T Shingu, YP Chen, HY Hsu, T Nakano, KH Lee. Antitumor agents, 119. Kansuiphorins A and B, two novel antileukemic diterpene esters from Euphorbia kansui. *Journal of Natural Products*. 1991, **54**(3): 823-829

[13] K Yasukawa, T Akihisa, ZY Yoshida, M Takido. Inhibitory effect of euphol, a triterpene alcohol from the roots of Euphorbia kansui, on tumour promotion by 12-O-tetradecanoylphorbol-13-acetate in two-stage carcinogenesis in mouse skin. *The Journal of Pharmacy and Pharmacology*. 2000, **52**(1): 119-124

[14] Y Zeng, JM Zhong, SQ Ye, ZY Ni, XQ Miao, YK Mo, ZL Li. Screening of Epstein-Barr virus early antigen expression inducers from Chinese medicinal herbs and plants. *Biomedical and Environmental Sciences*. 1994, **7**(1): 50-55

[15] T Matsumoto, JC Cyong, H Yamada. Stimulatory effects of ingenols from Euphorbia kansui on the expression of macrophage Fc receptor. *Planta Medica*. 1992, **58**(3): 255-258

[16] 潘实清，王玲，罗海华，郑小英，龙启才，黄炯烈．甘遂和贯众不同提取液对蚊幼虫的杀伤作用．热带医学杂志．2002, **2**(3): 252-254

[17] 吴坤，陈炳卿，张桂荃，任莹，韩向阳，谷正兆．中药甘遂注射液的毒性试验研究．哈尔滨医科大学学报．1990, **24**(6): 484-486

[18] 杨致礼，王佑之，吴成林，陈怀涛，黄有德，王秋蝉，程雪峰．"十八反"中海藻、大戟、甘遂和芫花反甘草组的毒性试验．中国中药杂志．1989, **14**(2): 48-50

[19] WQ Huang, Y Luo. Impact of combining liquorice with kansui root, spurge, seaweed or lilac Daphne flower bud on the functions of heart, liver and kidney in rat. *Chinese Journal of Clinical Rehabilitation*. 2004, **8**(18): 3682-3683

[20] 张腾，陈瑜．甘遂甘草合剂抗肿瘤的实验研究．中医药研究．1999, **15**(3): 41-42

续随子 Xusuizi CP, KHP

Euphorbia lathyris L.
Caper Euphorbia

概 述

大戟科 (Euphorbiacece) 植物续随子 *Euphorbia lathyris* L., 其干燥成熟种子入药。中药名：千金子，又名续随子；种子油入药，中药名：千金子油。

大戟属 (*Euphorbia*) 植物全世界约 2000 种，全球广布。中国产约有 80 种，全中国广布。本属现供药用者约 30 种。本种为世界性广布种，分布于全球热带和温带地区；中国大部分省区均有分布，栽培已久。

"续随子"药用之名，始载于《开宝本草》，《蜀本草》以"千金子"之名收载。历代本草多有著录。《中国药典》(2005 年版) 收载本种为中药千金子和千金子霜的法定原植物来源种。主产于辽宁、吉林、河北、山西、江苏、浙江、福建、河南、四川、云南、台湾等地。

续随子的主要化学成分为二萜、香豆素和黄酮类成分，尚含丰富的脂肪酸，含油可高达 50%。《中国药典》从薄层色谱鉴别等方面来控制药材的质量。

药理研究表明，续随子具有泻下、抗菌、抗肿瘤等作用。

中医理论认为千金子和千金子油具有逐水消肿，破血消瘀等功效。

续随子 *Euphorbia lathyris* L.

药材千金子 Semen Euphorbiae

0.5cm

化学成分

续随子的种子含多种二萜醇酯类成分：6,20-环氧千金藤醇-5,15-二乙酸-3-苯乙酸酯即酯L_1 (6,20-epoxylathyrol-5,15-diacetate-3-phenylacetate)[1]、7-羟基-千金藤醇-二乙酸-二苯甲酸酯即酯L_2 (7-

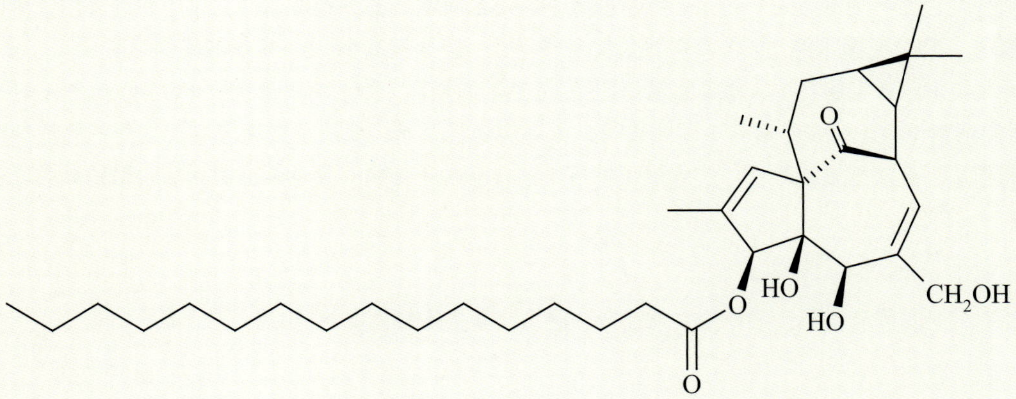

ingenol-3-hexadecanoate

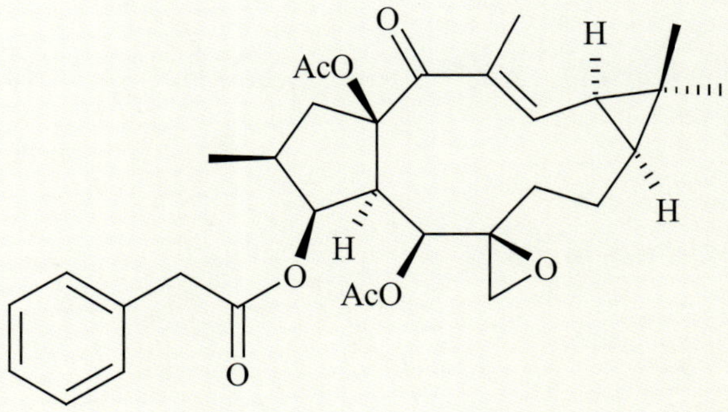

6,20-epoxylathyrol-5,15-diacetate-3-phenylacetate

续随子　Xusuizi

hydroxylathyroldiacetate－dibenzoate)[2]、千金藤醇－3,15－二醋酸－5－苯甲酸酯即酯L_3 (lathyrol－3,15－diacetate－5－benzoate)[3]、巨大戟萜醇－20－棕榈酸酯即酯L_4 (ingenol－20－hexadecanoate)、巨大戟萜醇－3－棕榈酸酯即酯L_5 (ingenol－3－hexadecanoate)[4-5]、巨大戟萜醇－3－十四碳－2,4,6,8,10－五烯酸酯即酯L_6 (ingenol－3－tetradeca－2,4,6,8,10－pentaenoate)[4]、17－羟基岩大戟－15,17－二乙酸－3－O－桂皮酸酯即酯L_{7a} (17－hydroxyjolkinol－15,17－diacetate－3－O－cinnamate)、17－羟基-异千金藤醇－5,15,17－三－O－乙酸－3－O－苯甲酸酯即酯L_{7b} (17－hydroxyisolathyrol－5,15,17－tri－O－acetate－3－O－benzoate)[6]、千金藤醇－3,15－二醋酸－5－烟酸酯即酯L_8 (lathyrol－3,15－diacetate－5－nicotinate)、7－羟基千金藤醇－5,15－二醋酸－3－苯甲酸酯－7－烟酸酯即酯L_9 (7－hydroxylathyrol－5,15－diacetate－3－benzoate－7－nicotinate)[7]、7－羟基千金藤醇－5－乙酸－3,7－二苯甲酸酯即酯L_{11} (7－hydroxylathyrol－5－acetate－3,7－dibenzoate)[8]、巨大戟萜醇－1－H－3,4,5,8,9,13,14－七去氢－3－十四酸酯 (ingenol－1－H－3,4,5,8,9,13,14－hepta－dehydro－3－tetradecanoate)、千金藤醇－3,15－二醋酸－5－苯甲酸酯 (lathyrol－3,15－diacetate－5－benzoate)、巨大戟萜醇－3－棕榈酸酯 (ingenol－3－hexadecanoate)[5]、续随子酸A (lathyranoic acid A)[8]等。种子还含瑞香素 (daphnetin)、七叶苷元 (esculetin)、千金子素 (euphorbetin)及异千金子素 (isoeuphorbetin)、秦皮乙素 (aesculetin)[9]等香豆素类成分。续随子茎中白色乳汁含16－羟基巨大戟萜醇 (16－hydroxy－ingenol) 和巨大戟萜醇长链不饱和脂肪酸酯[4]。

药理作用

1. **抗肿瘤**
   体外实验表明续随子甲醇提取物对人宫颈癌细胞 HeLa、人红白血病细胞 K_{562}、人单核细胞性白血病细胞 U937、人急性淋巴细胞性白血病细胞 HL－60、人肝癌细胞 HepG2 有明显的细胞毒活性；体内实验表明，甲醇提取物灌胃对小鼠肉瘤 S_{180} 和艾氏腹水癌 EAC 有较好的抑制作用[10]，巨大戟萜醇－3－棕榈酸酯为活性成分之一[5]。续随子种子油可诱导人类淋巴母细胞产生人疱疹病毒第四型 (EBV) 的早期 (EA) 和病毒衣壳 (VCA) 抗原，对产生 EA 和 VCA 的鼻咽癌细胞 P3HR－1 作用有协同效果[11]。体外实验还表明，续随子对大鼠原代培养的肺成纤维细胞增殖有明显的抑制作用，且成剂量依赖性[12]。续随子种子中的二萜类化合物对黑色素细胞系瘤小鼠的黑色素生成有抑制作用[13]。

2. **致泻**
   续随子种子油对胃肠黏膜有强烈刺激作用，从而产生腹泻，其强度为蓖麻油的3倍[14]。

3. **镇静、镇痛**
   瑞香素灌胃给药对小鼠醋酸诱发的扭体反应和热板所致的疼痛有较好的镇痛效果[15]。瑞香素腹腔注射对小鼠有镇静催眠作用，与巴比妥类药物有协同作用，可降低给予巴比妥药物的小鼠入睡阈值并延长睡眠时间[16]。

4. **抗炎**
   瑞香素对大鼠蛋清或右旋糖苷诱发的急性实验性关节炎有明显的抑制作用[16]。

5. **抗菌**
   体外实验表明，瑞香素对金黄色葡萄球菌、大肠杆菌、福氏痢疾杆菌及绿脓杆菌的生长有抑制作用[16]，七叶苷元能抑制肠道中的大肠杆菌的存活[17]。

6. **其他**
   续随子种子中的七叶苷元可抑制酪氨酸酶活性[9]。

应用

本品为中医临床用药。功能：泻下逐水，破血消症，攻毒杀虫。主治：①水肿，臌胀；②癥瘕，经闭；③顽癣，恶疮肿毒，疣赘，毒蛇咬伤。

现代临床也用于治疗晚期血吸虫病腹水和毒蛇咬伤等病。

评注

生千金子被列入香港常见毒剧中药 31 种名单。临床应用时应予特别注意。

续随种子含脂肪油 48%～50%，续随子油中主要有油酸 89.2%、棕榈酸 5.5%、亚油酸 0.4%、亚麻酸 0.3%，全草富含烃类，可作为人造石油的原料。经人工培育的油料品种在非洲热带地区已有规模化栽培，是值得进一步开发并进行综合利用的药用植物。

参考文献

[1] W Adolf. *Euphorbia lathyris. Tetrahedron Letters*. 1970, **26**: 2241-2244

[2] P Narayanan, M Roehrl, K Zechmeister, DW Engel, W Hoppe, E Hecker, W Adolf. Structure of 7-hydroxylathyrol, a further diterpene from *Euphorbia lathyris. Tetrahedron Letters*. 1971, **18**: 1325-1328

[3] W Adolf, E Hecker. Further new diterpene esters from the irritant and cocarcinogenic seed oil and latex of the caper spurge (*Euphorbia lathyris* L.). *Experientia*. 1971, **27**(12): 1393-1394

[4] W Adolf, E Hecker. On the active principles of the spurge family. III. Skin irritant and cocarcinogenic factors from the caper spurge. *Zeitschrift fuer Krebsforschung und Klinische Onkologie*. 1975, **84**(3): 325-344

[5] H Itokawa, Y Ichihara, K Watanabe, K Takeya. An antitumor principle from *Euphorbia lathyris. Planta Medica*. 1989, **55**(3): 271-272

[6] W Adolf, I Koehler, E Hecker. Lathyrane type diterpene esters from *Euphorbia lathyris. Phytochemistry*. 1984, **23**(7): 1461-1463

[7] H Itokawa, Y Ichihara, M Yahagi, K Watanabe, K Takeya. Lathyrane diterpene from *Euphorbia lathyris. Phytochemistry*. 1990, **29**(6): 2025-2026

[8] SG Liao, ZJ Zhan, SP Yang, JM Yue. Lathyranoic acid A: first secolathyrane diterpenoid in nature from *Euphorbia lathyris. Organic Letters*. 2005, **7**(7): 1379-1382

[9] Y Masanoto, H Ando, Y Murata, Y Shimoishi, M Tada, K Takahata. Mushroom tyrosinase inhibitory activity of esculetin isolated from seeds of *Euphorbia lathyris* L. *Bioscience, Biotechnology, and Biochemistry*. 2003, **67**(3): 631-634

[10] 黄晓桃，黄光英，薛存宽，孔彩霞，何学斌．千金子甲醇提取物抗肿瘤作用的实验研究．肿瘤防治研究．2004，**31**(9)：556-558

[11] Y Ito, M Kawanishi, T Harayama, S Takabayashi. Combined effect of the extracts from *Croton tiglium, Euphorbia lathyris* or *Euphorbia tirucalli* and n-butyrate on Epstein-Barr virus expression in human lymphoblastoid P3HR-1 and Raji cells. *Cancer Letters*. 1981, **12**(3): 175-180

[12] 杨珺，王世岭，付桂英，郭华，吴坤．千金子提取液对大鼠肺成纤维细胞增殖的影响及细胞毒性作用．中国临床康复．2005，**9**(27)：101-103

[13] CT Kim, MH Jung, HS Kim, HJ Kim, SG Kang, SH Kang. Inhibitors of melanogenesis from *Euphorbia lathyris* semen. *Saengyak Hakhoechi*. 2000, **31**(2): 167-173

[14] CD Dey. Study of the laxative action of *Euphorbia lathyris* seed oil. *Journal of Experimental Medical Sciences*. 1967, **10**(4): 79-81

[15] 叶和杨，熊小琴，邱伟，王中平，肖汉跃，何蔚，刘建新，曾靖．瑞香素对醋酸、热板及电刺激致痛小鼠的镇痛作用．中国临床康复．2005，**9**(22)：174-176

[16] 郑建靖，石森林．瑞香素的药理研究进展．浙江中医学院学报．1999，**23**(4)：50-51

[17] SH Duncan, EC Leitch, KN Stanley, AJ Richardson, RA Laven, HJ Flint, CS Stewart. Effects of esculin and esculetin on the survival of Escherichia coli 0157 in human faecal slurries, continuous-flow simulations of the rumen and colon and in calves. *The British Journal of Nutrition*. 2004, **91**(5): 749-755

大戟科

大戟 Daji CP, KHP

Euphorbia pekinensis Rupr.
Spurge

概 述

大戟科 (Euphorbiaceae) 植物大戟 *Euphorbia pekinensis* Rupr.，其干燥根入药。中药名：京大戟。

大戟属 (*Euphorbia*) 植物全世界约 2000 种，全球广布。中国产约有80种，南北均产。本属现供药用者约 30 种。本种分布于中国东部各省区；朝鲜半岛、日本也有分布。

"大戟"药用之名，始载于《神农本草经》，列为下品。历代本草多有著录。《中国药典》（2005 年版）收载本种为中药京大戟的法定原植物来源种之一。主产于江苏等地。

大戟主要含二萜、黄酮类和可水解鞣质成分。《中国药典》以性状和显微鉴别等控制药材质量。

药理研究表明，大戟具有调节肌体平滑肌、利尿、扩张血管等作用，对皮肤有刺激性。

中医理论认为京大戟具有泄水逐饮，消肿散结，化痰解毒等功效。

大戟 *Euphorbia pekinensis* Rupr.

药材京大戟 Radix Euphorbine Pekinensis

1cm

化学成分

大戟根含二萜类成分euphpekinensin[1]，黄酮类成分槲皮素(quercetin)[2]；香豆素类成分伞形花内酯(7-hydroxycoumarin)。另含3-甲氧基-4-羟基反式苯丙烯酸正十八醇酯[3-(4-hydroxy-3-methoxyphenyl)-2(E)-propenoate]、2',6-二甲氧基-1,7-二羟基-5',5-氧-6',6-联苯二甲酸酐[2,6-dimethoxy-1,7-dihydroxy-benzofuro(4,3,2-def)(2)benzoxepin-8,10-dione]、d-松脂素(d-pinoresinol)、3,4-二甲氧基苯甲酸(3,4-dimethoxybenzoic acid)、3,4-二羟基苯甲酸(3,4-dihydroxybenzoic acid)[2]。

大戟的地上部分含没食子酸(gallic acid)、3-O-没食子酰(-)-莽草酸[3-O-galloyl-(-)-shikimic acid]、corilagin、老鹳草素(geraniin)、槲皮素-3-O-(2"-O-没食子酰)-β-D-葡萄糖苷[quercetin-3-O-(2"-O-galloyl)-β-D-glucoside]、山奈酚-3-O-(2"-O-没食子酰)-β-D-葡萄糖苷[kaempferol-3-O-(2"-O-galloyl)-β-D-glucoside]、(-)-奎宁酸[(-)-quinic acid]、(-)-莽草酸[(-)-shikimic acid]、鞣花酸(ellagic acid)、山奈酚(kaempferol)、槲皮素(quercetin)、槲皮苷(quercitrin)、芦丁(rutin)、槲皮素-3-O-(2"-O-没食子酰)-β-D-芸香糖苷[quercetin-3-O-(2"-O-galloyl)-β-D-rutinoside]和1,3,4,6-四-O-没食子酰基-β-D-葡萄糖(1,3,4,6-tetra-O-galloyl-β-D-glucose)[3]。

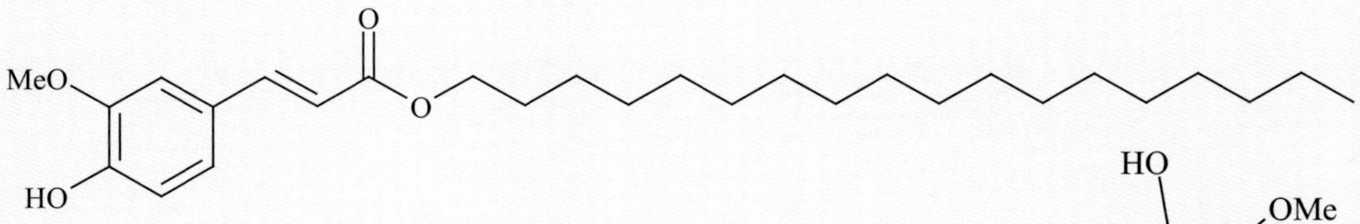

octadecanyl-3-methoxy-4-hydroxybenzeneacrylate

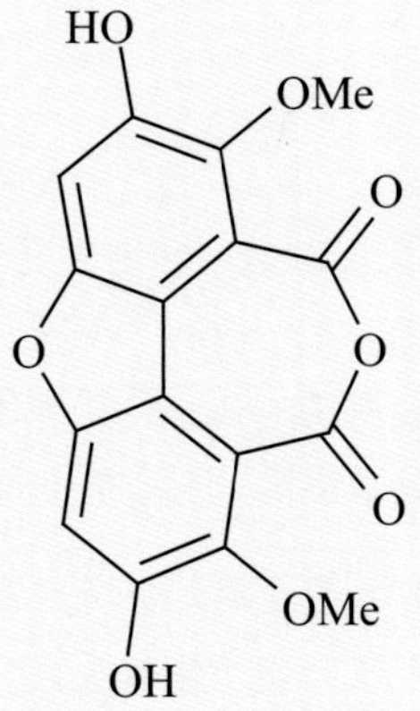

2,2'-dimethoxy-3,3'-dihydroxy-5,5'-oxygen-6,6'-biphenylformic anhydride

药理作用

1. **利尿**
   大戟根醇提物可引起狗的肾容积明显减少，实验性腹水大鼠灌服大戟煎剂或醇浸液，有明显利尿效应[4]。大戟煎剂对硫酸庆大霉素诱发的大鼠急性肾功能不全有利尿作用，对肾小球滤过率和肾小管再吸收有不利影响[4]。

2. **致泻**
   大戟生品和制品的煎剂对动物离体回肠有兴奋作用，能使平滑肌张力提高[4]，肠蠕动增加而产生泻下作用，大戟乙醇及热水提取物均可使实验动物泻下[4]。

3. **降血压**
   大戟提取液对末梢血管有扩张作用，并能对抗肾上腺素的升血压作用。

4. 镇痛

大戟煎剂灌胃对电刺激小鼠有镇痛作用[4]。

5. 抗炎

大戟石油醚提取液给小鼠或大鼠灌胃,可减轻角叉菜胶引起的足趾肿胀,腹腔注射时效果更强[4];对佐剂或甲醛引起的关节炎有明显的抗炎活性;口服可使角叉菜胶诱导大鼠胸膜炎的渗出液减少、白细胞数目增加;还可抑制醋酸诱导的血管通透性增加,抑制佐剂诱导炎症的继发感染及损伤,减少趋化因子,抑制细胞游走[4]。

6. 抗肿瘤

大戟中的二萜类成分具有细胞毒活性[1];大戟注射液可使L615白血病小鼠生存期延长,并阻断癌细胞S期的DNA合成[6]。

7. 其他

醇提取物可兴奋离体妊娠子宫,煎剂对离体蛙心脏高浓度时有抑制作用[4]。大戟鲜叶汁对金黄色葡萄球菌和绿脓杆菌有抑制作用[4];大戟中的黄酮苷有抗Ⅰ型人类免疫缺陷病毒(HIV-1)活性[5]。

应用

本品为中医临床用药。功能:泻水逐饮,消肿散结。主治:①水肿,臌胀,胸胁停饮;②痈肿疮毒,瘰疬痰核等。

现代临床还用于慢性咽喉炎、淋巴结炎、肝硬化腹水、肾炎水肿、结核性胸膜炎、淋巴结核、百日咳、狂躁型精神分裂症、急性乳腺炎、骨质增生、流行性腮腺炎等[4]病的治疗。

评注

中药"十八反"配伍禁忌中规定大戟与甘草不可同用。研究表明大戟与甘草配伍后可使小鼠LD_{50}降低,毒性增加[4],并可使谷丙转氨酶(GPT)升高[7];若将大戟与甘草分别浸出后混合注射,毒性虽减,但仍比单用大。大戟与甘草同用,可使小鼠丙氨酸转氨酶(ALT)、肌酸磷酸激酶(CPK)、乳酸脱氢酶(LDH)和羟丁基脱氢酶(γ-HBDH)、总蛋白水平比使用单味药时显著提高,对心脏、肝脏的毒性增加[8]。

不同剂量大戟与甘草配伍时,部分剂量下对小鼠无明显毒性,另一些剂量下小鼠体重降低甚至死亡,因而又有大戟与甘草配伍反与不反在于二者用量的观点。甘草用量大于大戟时,镇痛作用增强;两药合用时对离体蛙心和离体家兔小肠的抑制作用增强,利尿和泄下作用减弱[4]。

传统理论中大戟反甘草的用药禁忌确有科学合理的因素,但也并非绝对,还有待做更深入的研究。

参考文献

[1] LY Kong, Y Li, XL Wu, ZD Min. Cytoxic diterpenoids from Euphorbia pekinensis. *Planta Medica*. 2002, **68**(3): 249-252

[2] 孔令义,闵知大. 大戟根化学成分的研究. 药学学报. 1996, **31**(7): 524-529

[3] EI Hwang, BT Ahn, HB Lee, YK Kim, KS Lee, SH Bok, YT Kim, SU Kim. Inhibitory activity for chitin synthase II from Saccharomyces cerevisiae by tannins and related compounds. *Planta Medica*. 2001, **67**(6): 501-504

[4] 杜贵友,方文贤. 有毒中药现代研究与合理应用. 北京:人民卫生出版社. 2003: 641-645

[5] MJ Ahn, CY Kim, JS Lee, TG Kim, SH Kim, CK Lee, BB Lee, CG Shin, H Huh, J Kim. Inhibition of HIV-1 integrase by galloyl glucoses from Terminalia chebula and flavonol glycoside gallates from Euphorbia pekinensis. *Planta Medica*. 2002, **68**(5): 457-459

[6] 尚溪瀛,文成英,刘丽波. 大戟注射液对L615白血病小鼠体内药物实验及DNA含量的检测. 中医药学报. 2000, **2**: 76

[7] 杨致礼,王佑之,吴成林,陈怀涛,黄有德,王秋蝉,陈雪峰. "十八反"中海藻、大戟、甘遂和芫花反甘草组的毒性试验. 中国中药杂志. 1989, **14**(2): 48-50

[8] WQ Huang, Y Luo. Influence of Licorice root and Peking Euphorbia root in combination on function and pathological morphology of heart, liver and kidney in rats. *Chinese Journal of Clinical Rehabilitation*. 2004, **8**(30): 6804-6805

吴茱萸 Wuzhuyu CP, JP, VP

芸香科

Evodia rutaecarpa (Juss.) Benth.
Medicinal Evodia

概 述

芸香科 (Rutaceae) 植物吴茱萸 *Evodia rutaecarpa* (Juss.) Benth.，其干燥近成熟果实入药。中药名：吴茱萸。

吴茱萸属 (*Evodia*) 植物全世界约有 150 种，分布于亚洲、非洲东部及大洋洲。中国约有 20 种、5 变种。本属现已供药用者约 6 种。本种分布于中国秦岭以南各省区。

"吴茱萸"药用之名，始载于《神农本草经》，列为中品。历代本草多有著录，但所指为吴茱萸属多种植物。《中国药典》(2005 年版) 收载本种为中药吴茱萸的法定原植物来源种之一。主产于中国广西，贵州、云南、四川、湖南、浙江、陕西等省区也产，药用通常为栽培品。

吴茱萸属植物主要含生物碱类化合物，尚有柠檬苦素、黄酮等成分，也含有挥发油。吴茱萸属植物中普遍存在具活性的喹诺酮类和吲哚喹唑啉类生物碱是该属的特征性成分。《中国药典》采用高效液相色谱法测定，规定吴茱萸中吴茱萸碱、吴茱萸次碱总量不得少于 0.15%，以控制药材质量。

药理研究表明，吴茱萸具有抗炎、镇痛、抗胃溃疡、抑制血栓形成、抑菌和杀虫等作用。

中医理论认为吴茱萸具有散寒止痛，疏肝下气，温中燥湿等功效。

吴茱萸 *Evodia rutaecarpa* (Juss.) Benth.

吴茱萸 Wuzhuyu

药材吴茱萸 Fructus Evodiae

1cm

化学成分

吴茱萸果实含生物碱类成分：吴茱萸碱 (evodiamine)、吴茱萸次碱 (rutaecarpine)、羟基吴茱萸碱 (hydroxyevodiamine)、二氢吴茱萸次碱 (dihydrorutaecarpine)、吴茱萸因碱 (wuchuyine)、吴茱萸卡品碱 (evocarpine)、二氢吴茱萸卡品碱 (dihydroevocarpine)、脱氢吴茱萸碱 (dehydroevodiamine)[1-3]、吴茱萸酰胺Ⅰ、Ⅱ (wuchuyuamides Ⅰ-Ⅱ)[4]、丙酮基吴茱萸碱 (acetonylevodiamine)[5]、吴茱萸宁碱 (evodianinine)[6] 及小檗碱 (berberine)[7] 等；还含有柠檬苦素类成分：柠檬苦素 (limonin)、吴茱萸苦素 (rutaevin)、吴茱萸内酯醇 (evodol)、黄柏酮 (obacunone) 等；黄酮类成分：金丝桃苷 (hyperoside)、异鼠李素-3-O-半乳糖苷 (isorhamnetin-3-O-galactoside)[8] 等。果实也含挥发油，其主要成分为吴茱萸烯 (evodene)[9]。

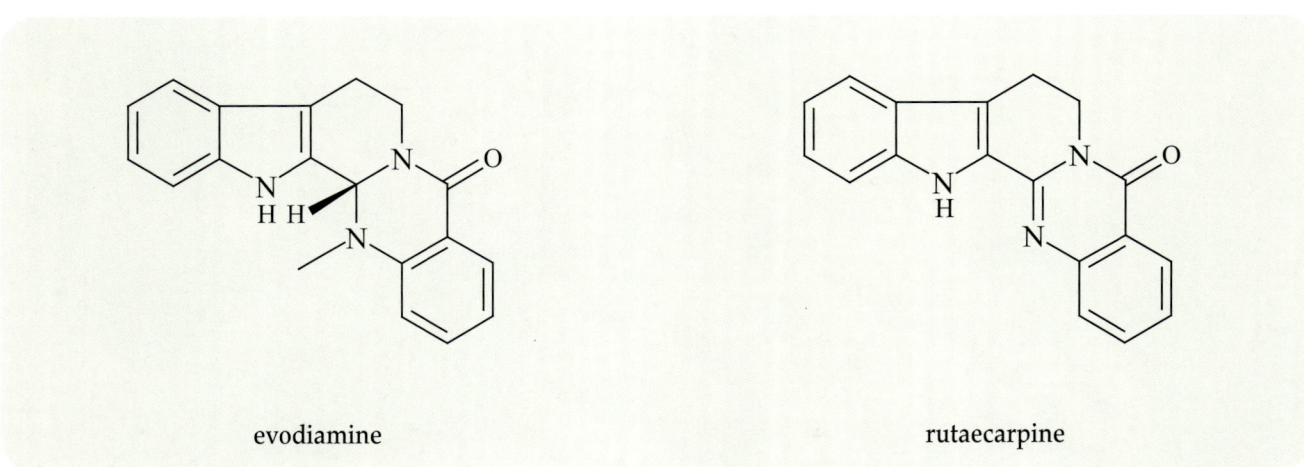

evodiamine

rutaecarpine

药理作用

1. 抗炎、镇痛

吴茱萸次碱可抑制培养的骨髓源性肥大细胞 (BMCC) COX-1和COX-2依赖性前列腺素 D_2 (PGD_2) 产生及外源性花生四烯酸转化生成前列腺素 E_2 (PGE_2)；腹腔注射吴茱萸次碱对角叉菜胶所致大鼠足趾肿胀也有抑制作用；吴茱萸提取部位灌胃能明显降低佐剂关节炎大鼠非造模侧后肢肿胀度，明显改善大鼠免疫器官胸腺、脾脏指数[10-11]。

2. **对胃肠道的影响**

   吴茱萸氯仿提取物经口给药可抑制正常小鼠、利血平造型小鼠胃排空，对抗新斯的明 (neostigmine)、胃复安 (metoclopramide) 所致的胃排空亢进，增强阿托品胃排空抑制作用；体外显著对抗氯化钡及乙酰胆碱所致的大鼠回肠收缩、平滑肌张力增加[12]。

3. **保护心脏**

   吴茱萸碱和吴茱萸次碱可增强豚鼠离体心房收缩力，提高其收缩频率；吴茱萸次碱显著抑制抗原攻击所致的离体豚鼠心功能抑制，促进内源性降钙素基因相关肽 (CGRP) 的释放，降低心肌组织肿瘤坏死因子α (TNF-α) 的浓度[13-14]。

4. **降血压、舒张血管**

   静脉注射吴茱萸次碱可降低大鼠血压、升高血浆 CGRP 浓度，该作用与激活辣椒素受体 (VR1) 促进 CGRP 释放有关[15]。

5. **抗血小板聚集**

   吴茱萸次碱体外可通过抑制磷脂酶C的活性，对抗胶原所诱导的血小板聚集[16]；吴茱萸次碱小鼠静脉注射有类似阿司匹林的抗血小板聚集作用，有效降低二磷酸腺苷 (ADP) 导致的急性肺血栓栓塞小鼠的死亡率，具有抗血栓形成作用[17]。

6. **抗肿瘤**

   吴茱萸碱可抑制结肠癌 26-L5、Lewis 肺肿瘤 LLC、黑素瘤细胞 B16-F10 的侵袭，显著降低接种结肠癌 26-L5 细胞小鼠的肝、肺转移率[18]。吴茱萸碱可诱导人宫颈癌细胞 HeLa 发生 caspase 蛋白酶依赖性凋亡[19]。

7. **促进学习记忆**

   脱氢吴茱萸碱具有抗乙酰胆碱酶活性及改善由类淀粉样蛋白 (Aβ 25-35) 诱发的小鼠学习记忆障碍之健忘症[20]。

8. **其他**

   饲喂吴茱萸果实提取物及吴茱萸碱可明显降低小鼠或大鼠肾和附睾周围脂肪量、血清游离脂肪酸水平以及肝中总脂、三酰甘油 (TG) 和胆固醇水平[21]；吴茱萸次碱能显著降低抗原攻击所致豚鼠预致敏的离体胸主动脉血管的收缩效应[22]。

应用

本品为中医临床用药。功能：散寒止痛，温中止呕，助阳止泻。主治：①寒凝肝脉诸痛证；②胃寒呕吐；③虚寒泻泄。

现代临床还用于高血压、心绞痛、胆心综合征、风湿性关节炎、药物性肝损伤、神经性嗳气等病的治疗。

评注

《中国药典》还收载本种的两个变种：石虎 *Evodia rutaecarpa* (Juss.) Benth. var. *officinalis* (Dode) Huang、疏毛吴茱萸 *E. rutaecarpa* (Juss.) Benth. var. *bodinieri* (Dode) Huang 作为中药吴茱萸的法定原植物来源种。

临床应用吴茱萸常需进行炮制，但作为主要活性成分的生物碱在吴茱萸炮制后含量发生变化，同一品种不同炮制方法，生物碱含量明显不同，不同品种的吴茱萸生物碱成分也有较大差异，有待进一步深入研究。

目前，四川省已建立了吴茱萸的生产种植试验基地。

参考文献

[1] R Tschesche, W Werner. Evocarpine, a new alkaloid from *Evodia rutaecarpa*. *Tetrahedron*. 1967, 23(4): 1873-1881

[2] T Kamikado, S Murakoshi, S Tamura. Structure elucidation and synthesis of alkaloids isolated from fruits of *Evodia rutaecarpa*. *Agricultural and Biological Chemistry*. 1978, 42(8): 1515-1519

[3] CH Park, SH Kim, W Choi, YJ Lee, JS Kim, SS Kang, YH Suh. Novel anticholinesterase and antiamnesic activities of dehydroevodiamine, a constituent of *Evodia rutaecarpa*. *Planta Medica*. 1996, 62(5): 405-409

[4] GY Zuo, XS Yang, XJ Hao. Two new indole alkaloids from *Evodia rutaecarpa*. *Chinese Chemical Letters*. 2000, 11(2): 127-128

[5] 左国营，何红平，王斌贵，洪鑫，郝小江．吴茱萸果实的一种新吲哚喹唑啉生物碱——丙酮基吴茱萸碱．云南植物研究．2003，25(1)：103-106

[6] QZ Wang, JY Liang. Studies on the chemical constituents of *Evodia rutaecarpa* (Juss.) Benth. *Acta Pharmaceutica Sinica*. 2004, 39(8): 605-608

[7] 张起辉，高慧媛，吴立军，张磊．吴茱萸的化学成分．沈阳药科大学学报．2005，22(1)：12-14

[8] 潘浪胜，吕秀阳，吴平东．吴茱萸中二种黄酮类化合物的分离和鉴定．中草药．2004，35(3)：259-260

[9] 王锐，倪京满，马星．中药吴茱萸挥发油成分的研究．中国药学杂志．1993，28(1)：16-18

[10] TC Moon, M Murakami, I Kudo, KH Son, HP Kim, SS Kang, HW Chang. A new class of COX-2 inhibitor, rutaecarpine from *Evodia rutaecarpa*. *Inflammation Research*. 1999, 48(12): 621-625

[11] 盖玲，盖云，宋纯清，胡之璧．吴茱萸B对大鼠佐剂性关节炎的治疗作用．中成药．2001，23(11)：807-808

[12] 戴媛媛，刘保林，窦昌贵．吴茱萸氯仿提取物对胃排空的影响．中药药理与临床．2003，19(3)：16-19

[13] Y Kobayashi, K Hoshikuma, Y Nakano, Y Yokoo, T Kamiya. The positive inotropic and chronotropic effects of evodiamine and rutaecarpine, indoloquinazoline alkaloids isolated from the fruits of *Evodia rutaecarpa*, on the guinea-pig isolated right atria: possible involvement of vanilloid receptors. *Planta Medica*. 2001, 67(3): 244-248

[14] 易宏辉，让蔚清，谭桂山，徐康平，刘桂珍，李元建．吴茱萸次碱对心脏过敏损伤的保护作用．中南药学．2003，1(5)：262-265

[15] CP Hu, L Xiao, HW Deng, YJ Li. The depressor and vasodilator effects of rutaecarpine are mediated by calcitonin gene-related peptide. *Planta Medica*. 2003, 69(2): 125-129

[16] JR Sheu, YC Kan, WC Hung, CH Su, CH Lin, YM Lee, MH Yen. The antiplatelet activity of rutaecarpine, an alkaloid isolated from *Evodia rutaecarpa*, is mediated through inhibition of phospholipase C. *Thrombosis Research*. 1998, 92(2): 53-64

[17] JR Sheu, WC Hung, CH Wu, YM Lee, MH Yen. Antithrombotic effect of rutaecarpine, an alkaloid isolated from *Evodia rutaecarpa*, on platelet plug formation *in vivo* experiments. *British Journal of Haematology*. 2000, 110(1): 110-115

[18] M Ogasawara, T Matsunaga, S Takahashi, I Saiki, H Suzuki. Anti-invasive and metastatic activities of evodiamine. *Biological & Pharmaceutical Bulletin*. 2002, 25(11): 1491-1493

[19] 费晓方，王本祥，池岛乔．吴茱萸碱诱导人子宫颈癌HeLa细胞凋亡的机制研究．药学学报．2002，37(9)：1348-1352

[20] HH Wang, CJ Chou, JF Liao, CF Chen. Dehydroevodiamine attenuates beta-amyloid peptide-induced amnesia in mice. *European Journal of Pharmacology*. 2001, 413: 221-225

[21] Y Kobayashi, Y Nakano, M Kizaki, K Hoshikuma, Y Yokoo, T Kamiya. Capsaicin-like anti-obese activities of evodiamine from fruits of *Evodia rutaecarpa*, a vanilloid receptor agonist. *Planta Medica*. 2001, 67(7): 628-633

[22] 禹静，让蔚清，谭桂山，徐康平，李元建．吴茱萸次碱和辣椒素对过敏反应所致血管收缩的影响．中南药学．2003，1(4)：200-203

无花果 Wuhuaguo BP

Ficus carica L.
Fig

桑科

概述

桑科 (Moraceae) 植物无花果 *Ficus carica* L.，其干燥和新鲜果实入药。中药名：无花果。

榕属 (*Ficus*) 植物全世界约 1000 种，分布于热带、亚热带地区，中国约有 98 种。本属现供药用者达 19 种、1 亚种、8 变种。本种原产于地中海和亚洲西部，现中国各地多有栽培。

"无花果"药用之名，始载于《救荒本草》。《英国药典》收载本种为植物药品种[1]。主产于中国广东、福建、江苏、浙江、湖北、安徽、河南、山东、云南、台湾等地，新疆阿图什有成片的无花果园，被称为"无花果之乡"[2]。

无花果主要活性成分为香豆素类、三萜类、挥发油[3]，其中苯甲醛是抗肿瘤的主要活性成分[4]。

药理研究表明，无花果具有抗菌、增强机体免疫功能、抑制多种肿瘤等作用[5]。

中医理论认为无花果具有清热生津，健脾开胃，解毒消肿等功效。

无花果 *Ficus carica* L.

药材无花果 Fructus Fici

1cm

无花果 Wuhuaguo

化学成分

无花果果实和叶中含香豆素类成分：6-(2-甲氧基,顺-乙烯基)-7-甲基吡喃香豆素 [6-(2-methoxy-Z-vinyl)-7-methyl-pyranocoumarins]、佛手苷内酯 (bergapten)、补骨脂素 (psoralen)[6-7]、7-羟基香豆素 (umbelliferone)、东莨菪亭 (scopoletin)[8]；甾醇类成分：9,19-环丙基-24,25环氧乙烷-5-烯-3β螺甾醇[9]；皂苷类成分：22-环戊烷氧基-22-去异戊基-5-烯-3β-羟基呋喃甾烷醇 (Δ5,22-cyclopentyloxil-22-deisopenty-3β-hydroxyl-furostanol)[10]；挥发油：α-丙基呋喃(α-propylfuran)、对甲基苯甲酸 (p-methyl-phenylformic acid)、苯甲醛 (phenyl aldehyde) 等[11]；黄酮类成分：schaftoside 和 isoschaftoside[12]；另外还有1α-O-[2'-(2'-甲基-5'-异丙基-3'-烯-二氢化呋喃)]-β-D-乳糖苷 {1α-O-[2'-(2'-methyl-5'-isopropyl-3'-en-bihydrofuryl)]-β-D-lactose}[10]。

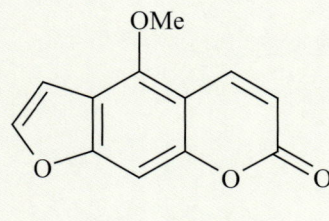
bergapten

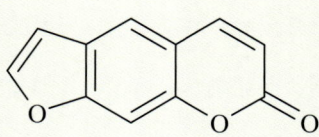
psoralen

药理作用

1. **抗肿瘤、抗突变**

    无花果水提物灌胃对小鼠的艾氏腹水瘤、肉瘤 S_{180} 和 HepA 肝癌及 Lewis 肺癌均有显著的抑瘤作用[4]。其抗肿瘤作用可能与无花果多糖提高超氧化物歧化酶 (SOD)、谷胱甘肽过氧化物酶 (GSH-Px) 活性和降低自由基水平有关[13]。体外人淋巴细胞微核测试法研究发现，无花果所含的黄酮类和三萜类化合物可非常显著地拮抗致突变因子丝裂霉素 C (MMC) 和 γ-射线对体外健康人淋巴细胞诱发的微核形成和对淋巴细胞转化率的抑制作用，表明其具有明显的抗突变作用[14]。

2. **对免疫功能的影响**

    采用 C_3b 受体花环测定结果表明，无花果口服液可提高荷瘤小鼠的红细胞免疫功能[15]。无花果水提物使小鼠炭粒廓清指数K值有一定的提高，脾系数明显高于对照组，表明其具有增强细胞免疫的功能[4]。无花果多糖灌胃给药能明显提高小鼠血清溶血素抗体水平，增强迟发型超敏反应的强度，体外实验在一定剂量范围能显著增强小鼠腹腔巨噬细胞 (Mφ) 的吞噬活性[16-17]。

3. **镇痛**

    无花果提取液给荷瘤小鼠（热板法）灌胃及给正常小鼠（醋酸扭体法）灌胃均有明显的镇痛作用[18]。

4. **其他**

    无花果叶提取物还有抗菌[19]、抗新城疫病毒[20]、抗单纯疱疹病毒[21]、降血压[22]、延缓衰老[23]等作用。

应用

本品为中医临床用药。功能：清热生津，健脾开胃，解毒消肿。主治：①咽喉肿痛，燥咳声嘶；②肠燥便秘，食欲不振，消化不良泻泄，痢疾；③痈肿，癣疾。

现代临床还用于慢性泻泄、痔疮出血、阳痿，恶性肿瘤如胃癌、肠癌、食管癌、膀胱癌等病的治疗。

评注

无花果富含蛋白质、油脂、维生素、氨基酸、多糖、微量元素等营养成分，是一种营养价值极高的食品。现在无花果从栽培到加工及销售已形成专门的行业，无花果的果干、果脯、果酱、果汁发酵酒等各种新产品也先后问世。

无花果提取物具有抗肿瘤、增强免疫功能、抗突变作用，且无毒，资源丰富，因此值得深入研究，有望成为抗肿瘤、抗突变、抗衰老药物。

此外，无花果叶含较高量的补骨脂类化合物，具光敏作用，其制剂可用于治疗白癜风。无花果叶和果实均含有较多的硒，具有较好的抗癌作用[24]。

参考文献

[1] British Pharmacopoeia Commission Office. British Pharmacopoeia. United Kingdom: British Pharmacopoeia Commission Office. 2002: 756

[2] 融甫. 果中明珠无花果. 食品与生活. 2002, 4: 52

[3] 莫少红. 无花果研究进展. 基层中药杂志. 1998, 12(2): 54-55

[4] 王俏先, 张香莲, 高凌, 张琴芬, 亢寿海, 王业遴, 马凯, 姜卫兵, 汪良驹. 无花果抗癌作用的研究. 癌症. 1990, 9(3): 223-225

[5] 徐新春, 吴明光. 无花果本草考证. 中国中药杂志. 2001, 26(6): 392

[6] 尹卫平, 陈宏明, 王天欣, 蔡孟深. 具有抗癌活性的一个新的香豆素化合物. 中草药. 1997, 28(1): 3-4

[7] 孟正木, 王俏先, 纪江, 钟维涛. 无花果叶化学成分研究. 中国药科大学学报. 1996, 27(4): 202-204

[8] MA Ashy, BAH El-Tawil. Constituents of local plants. Part 7: The coumarin constituents of *Ficus carica* L. and *Convolvulus aeyranisis* L. *Pharmazie*. 1981, 36(4): 297

[9] 尹卫平, 陈宏明, 王天欣, 蔡孟深. 9,19-环丙基-24,25环氧乙烷-5烯-3β螺甾醇的化学结构和抗癌活性. 中国药物化学杂志. 1997, 7(1): 46-47

[10] 尹卫平, 陈宏明, 王天欣, 蔡孟深, 阎福林, 吴标, 席茶英. 从无花果中提取新的皂苷和糖苷化合物及其活性研究. 中草药. 1998, 29(8): 505-507

[11] 尹卫平, 陈宏明, 王天欣, 蔡孟深, 任恒甫, 柴整秋. 无花果抽提物抗肿瘤成分的分析. 新乡医学院学报. 1995, 12(4): 316-319

[12] F Siewek, K Herrmann, L Grotjahn, V Wray. Isomeric di-C-glycosylflavones in fig (*Ficus carica* L.). *Journal of Biosciences*. 1985, 40(1-2): 8-12

[13] 朱凡河, 王绍红, 徐丽娟. 荷S_{180}小鼠血清MDA、SOD和GSH-PX的变化及无花果多糖对其影响. 中国民族民间医药杂志. 2002, 4: 231-232

[14] 马国建, 孟正木, 王俏先, 张琴芬, 薛开先. 无花果提取物致突变及抗突变研究. 癌变·畸变·突变. 2002, 14(3): 177-180

[15] 张琴芬, 王俏先, 亢寿海. 无花果口服液对红细胞免疫功能的测定. 江苏中医. 1993, 14(7): 44

[16] 戴伟娟, 司端运, 辛勤, 王清. 无花果多糖免疫药理作用的初步研究. 中国民族民间医药杂志. 2000, 3: 160-162

[17] 戴伟娟, 司端运, 苏艾兰, 辛勤, 王清. 无花果多糖对小鼠迟发型超敏反应的影响. 济宁医学院学报. 1999, 22(4): 26-27

[18] 王俏先, 张琴芬, 高凌, 徐荣华. 无花果提取液镇痛作用的研究. 癌症. 1993, 12(3): 265

[19] 于福泉, 刘玉国. 无花果叶治疗慢性肠炎. 山东医药工业. 2001, 20(4): 45

[20] 王桂亭, 王皞, 宋艳艳, 贾存显, 姚苹, 王志玉, 许洪芝. 无花果叶提取物抗新城疫病毒的实验研究. 中国人兽共患病杂志. 2005, 21(8): 710-712

[21] 王桂亭, 王皞, 宋艳艳, 贾存显, 王志玉, 许洪芝. 无花果叶抗单纯疱疹病毒的实验研究. 中药材. 2004, 27(10): 754-756

[22] 庄志发, 冯紫慧. 食药兼用无花果的开发利用. 山东食品发酵. 2003, 3: 47-49

[23] 肖碧玉, 邓淑文, 马龙, 吾尔古丽. 新疆维吾尔族的几种药食兼用果实对果蝇寿命的影响. 中国老年学杂志. 1996, 16: 291-292

[24] 董善士, 祝昱, 安登魁, 王伯先, 高凌, 张琴芬. 中药无花果及其口服液中微量元素硒的测定. 现代应用药学. 1992, 9(2): 57-59

伞形科

茴香 Huixiang
BP, CP, EP, IP, JP, VP, USP

Foeniculum vulgare Mill.
Fennel

概 述

伞形科 (Apiaceae) 植物茴香 *Foeniculum vulgare* Mill.，其干燥成熟果实入药。中药名：小茴香。

茴香属 (*Foeniculum*) 植物全世界约 4 种，分布于欧洲、美洲及亚洲西部。中国有 1 种，可供药用。茴香在中国各地均有栽培。

茴香以"蘹香子"药用之名，始载《新修本草》。"小茴香"药用之名，始见于《本草蒙荃》。茴香古今药用品种一致。《中国药典》(2005 年版) 收载本种为中药小茴香法定原植物来源种。主产于中国内蒙古、山西、黑龙江等省区，以内蒙古产品质优，山西产量大。此外，南北各地均有栽培。

茴香主要含有挥发油及香豆素成分。《中国药典》采用薄层色谱法鉴别，规定小茴香中挥发油含量不少于1.5% (mL/g)，以控制药材质量。

药理研究表明，茴香具有促进胃肠运动、松弛气管平滑肌、抗胃溃疡、保肝等作用。

中医理论认为小茴香具有散寒止痛，理气和胃等功效。

茴香 *Foeniculum vulgare* Mill.

药材小茴香 Fructus Foeniculi

1cm

化学成分

茴香的果实含挥发油，主要成分为：反式茴香醚 (trans-anethole)、柠檬烯(limonene)、小茴香酮 (fenchone)、爱草脑 (estragole)、γ-松油烯 (γ-terpinene)、α-蒎烯 (α-pinene)等，尚含茴香醛 (anisaldehyde)、香芹酮 (carvone)、反式-β-罗勒烯 (trans-β-ocimene) 等[1-3]；香豆素类成分：花椒毒素 (xanthotoxin)、欧前胡素 (imperatorin)、香柑内酯 (bergapten)、印度枸橘素 (marmesin)[4]；吡喃葡萄糖苷类成分：茴香苷 I、II、III、IV、V、VI、VII、VIII、IX (foeniculosides I-IX)、(1'R,1'S)-erythro-anethole glycol-2'-O-β-D-glucopyranoside、(1S,2S,4S,6R,7S)-2,6,7-trihydroxyfenchane-2-O-β-D-glucopyranoside、trans-p-menthane-7,8-diol-7-O-β-D-glucopyranoside [5-8]等。

叶及花中也含挥发油，主要成分为：柠檬烯、反式茴香醚、α-蒎烯[1]等；香豆素类成分：花椒毒素、香柑内酯、异茴香内酯 (isopimpinellin)、莨菪亭 (scopoletin)、伞形花内酯 (umbelliferone)、印度枸橘素[9]等。

从茴香花中还分得山奈酚-酰化山鼠李糖苷 [kaempferol-3-O-L-(2",3"-di-E-p-coumaroyl)-rhamnoside][10]。

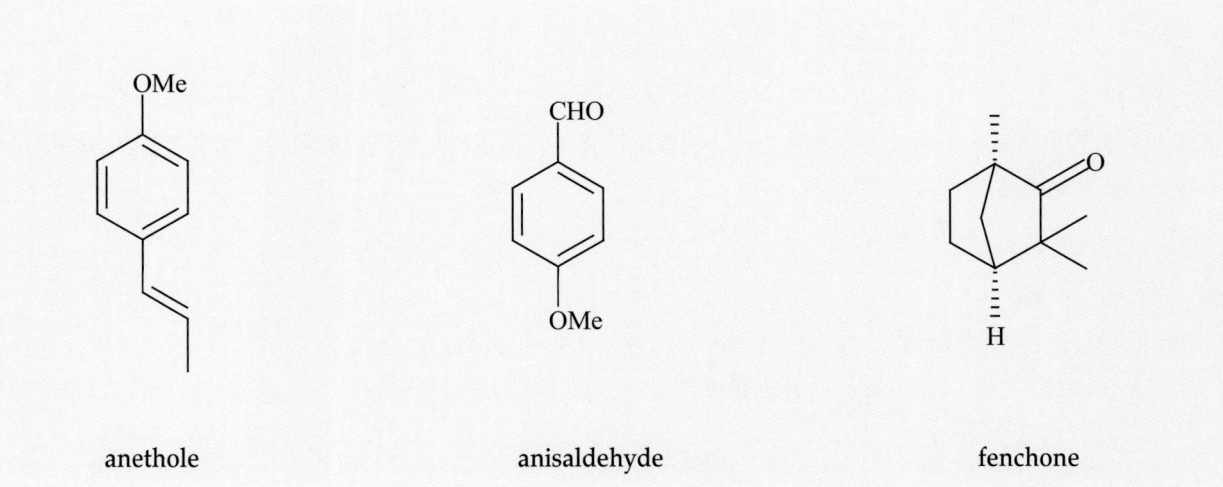

anethole　　　anisaldehyde　　　fenchone

药理作用

1. **调节胃肠运动**
   茴香煎剂能兴奋离体兔肠收缩和促进在体兔肠蠕动；茴香灌服可恢复戊巴比妥钠减弱兔胃肠运动功能。

2. **抗菌**
   体外实验表明茴香挥发油及反式茴香醚、小茴香酮对大肠杆菌、沙门氏菌、金黄色葡萄球菌、变形链球菌等有显著抑制作用[11-12]。

3. **保肝**
   茴香挥发油对 CCl_4 所致大鼠肝纤维化具有保护作用[13]；茴香粉末混悬液灌胃能抑制大鼠肝脏炎症、保护肝细胞、促进纤维化肝脏中胶原降解及逆转肝纤维化，其作用机理可能与其抑制脂质过氧化及肝星状细胞 (HSC) 活化与增殖有关[14]。

4. **松弛气管平滑肌**
   茴香挥发油及乙醇提取物对乙酰胆碱所致离体豚鼠气管痉挛有显著抑制作用，其机制可能与开放钾通道有关[15]。

5. 抗突变

体外实验表明茴香水及乙醇提取物具有清除自由基、抗氧化作用[16]；茴香液灌胃能明显降低环磷酰胺 (CP) 诱导的小鼠骨髓细胞染色体畸变率[17]。

6. 杀虫

茴香提取物及小茴香酮对螨虫及蚊虫具有显著杀灭作用[18-19]。

7. 其他

茴香油、茴香醚、茴香醛等体外对 5-氟脲嘧啶具有一定的促渗作用[20-21]。

应用

本品为中医临床用药。功能：散寒止痛，理气和中。主治：① 寒疝腹痛，睾丸偏坠胀痛，少腹冷痛，痛经；②中焦虚寒气滞证。

现代临床还用于胃溃疡、慢性胃炎、术后腹胀、睾丸鞘膜积液、婴幼儿腹泻、慢性咽炎、肠易激综合征、颞颌关节紊乱综合征等病的治疗。

评注

小茴香是中国卫生部规定的药食同源品种之一。茴香除药用外，其茎叶可作为蔬菜食用，其果实也作为调味品广泛使用，是一种多用途植物。

参考文献

[1] 赵淑平，丛浦珠，权丽辉，李重九. 小茴香挥发油的成分. 植物学报. 1991, 33(1): 82-84

[2] 吴玫涵，聂凌云，刘云，张雷，魏立平. 气相色谱-质谱法分析不同产地小茴香药材挥发油成分. 药物分析杂志. 2001, 21(6): 415-418

[3] MC Diaz-Maroto, IJ Diaz-Maroto Hidalgo, E Sanchez-Palomo, M Soledad Perez-Coello. Volatile components and key odorants of fennel (*Foeniculum vulgare* Mill.) and thyme (*Thymus vulgaris* L.) oil extracts obtained by simultaneous distillation-extraction and supercritical fluid extraction. *Journal of Agricultural and Food Chemistry*. 2005, 53(13): 5385-5389

[4] E AM El-Khrisy, AM Mahmoud, EA Abu-Mustafa. Chemical constituents of *Foeniculum vulgare* fruits. *Fitoterapia*. 1980, 51(5): 273-275

[5] M Ono, Y Ito, T Ishikawa, J Kitajima, Y Tanaka, Y Niiho, T Nohara. Five new monoterpene glycosides and other compounds from Foeniculi Fructus (fruit of *Foeniculum vulgare*). *Chemical & Pharmaceutical Bulletin*. 1996, 44(2): 337-342

[6] J Kitajima, T Ishikawa, Y Tanaka. Water-soluble constituents of fennel. II. Four erythro-anethole glycol glycosides and two p-hydroxyphenylpropylene glycol glycosides. *Chemical & Pharmaceutical Bulletin*. 1998, 46(10):1591-1594

[7] T Ishikawa, J Kitajima, Y Tanaka. Water-soluble constituents of fennel. III. Fenchane-type monoterpenoid glycosides. *Chemical & Pharmaceutical Bulletin*. 1998, 46(10):1599-1602

[8] T Ishikawa, J Kitajima, Y Tanaka. Water-soluble constituents of fennel. IV. Menthane-type monoterpenoids and their glycosides. *Chemical & Pharmaceutical Bulletin*. 1998, 46(10):1603-1606

[9] ME Abdel-Fattah, KE Taha, MH Abdel Aziz, AA Missalem, EAM El-Khrisy. Chemical constituents of *Citrus Limonia* and *Foeniculum vulgare*. Indian Journal of Heterocyclic Chemistry. 2003, 13(1): 45-48

[10] FM Soliman, AH Shehata, AE Khaleel, SM Ezzat. An acylated kaempferol glycoside from flowers of *Foeniculum vulgare* and *F. dulce*. *Molecules*. 2002, 7(2): 245-251

[11] I Dadalioglu, GA Evrendilek. Chemical compositions and antibacterial effects of essential oils of Turkish Oregano (*Origanum minutiflorum*), Bay Laurel (*Laurus nobilis*), Spanish Lavender (*Lavandula stoechas* L.), and Fennel (*Foeniculum vulgare*) on common foodborne pathogens. *Journal of Agricultural and Food Chemistry*. 2004, 52(26): 8255-8260

[12] JS Park, HH Baek, DH Bai, TK Oh, CH Lee. Antibacterial activity of fennel (*Foeniculum vulgare* Mill.) seed essential oil against the growth of *Streptococcus mutans*. *Food Science and Biotechnology*. 2004, **13**(5): 581-585

[13] H Oezbek, S Ugras, I Bayram, I Uygan, E Erdogan, A Oeztuerk, Z Huyut. Hepatoprotective effect of *Foeniculum vulgare* essential oil: a carbon- tetrachloride induced liver fibrosis model in rats. *Scandinavian Journal of Laboratory Animal Science*. 2004, **31**(1): 9-17

[14] 甘子明，方志远．中药小茴香对大鼠肝纤维化的预防作用．新疆医科大学学报．2004，**27**(6)：566-568

[15] MH Boskabady, A Khatami, A Nazari. Possible mechanism(s) for relaxant effects of *Foeniculum vulgare* on guinea pig tracheal chains. *Pharmazie*. 2004, **59**(7): 561-564

[16] M Oktay, I Gulcin, OI Kufrevioglu. Determination of in vitro antioxidant activity of fennel (*Foeniculum vulgare*) seed extracts. *Lebensmittel-Wissenschaft und -Technologie*. 2003, **36**(2): 263-271

[17] 多力坤·买买提玉素甫，王德萍，艾台买提，古丽思玛依，牙里坤．小茴香和洋茴香抗突变作用的初步研究．中国公共卫生．2001，**17**(7)：647

[18] HS Lee. Acaricidal activity of constituents identified in *Foeniculum vulgare* fruit oil against *Dermatophagoides spp*. (Acari: Pyroglyphidae). *Journal of Agricultural and Food Chemistry*. 2004, **52**(10): 2887-2889

[19] AF Traboulsi, S El-Haj, M Tueni, K Taoubi, NA Nader, A Mrad. Repellency and toxicity of aromatic plant extracts against the mosquito *Culex pipiens molestus* (Diptera: Culicidae). *Pest Management Science*. 2005, **61**(6): 597-604

[20] 沈琦，徐莲英．小茴香对5-氟脲嘧啶的促渗作用研究．中成药．2001，**23**(7)：469-471

[21] 沈琦，孙霞，邱明丰，贾伟，徐莲英．茴香醛、茴香脑以及肉桂醛对5-氟脲嘧啶体外透皮吸收的影响．中国天然药物．2005，**3**(2)：101-105

茴香种植基地

连翘 Lianqiao CP, JP, VP

木犀科

Forsythia suspensa (Thunb.) Vahl
Weeping Forsythi

概述

木犀科 (Oleaceae) 植物连翘 *Forsythia suspensa* (Thunb.) Vahl 的干燥成熟果实。中药名：连翘。

连翘属 (*Forsythia*) 植物全世界约有11种，主要分布于亚洲东部地区。中国约有 7 种、1 变型，本属现供药用者约有6种。本种分布于中国河北、山西、陕西、甘肃、山东、江苏、安徽、河南、湖北、四川等地。

"连翘"药用之名，始载于《神农本草经》，列为下品。历代本草多有著录。《中国药典》（2005 年版）收载本种为中药连翘的法定原植物来源种。本品多为栽培，主产于中国陕西、山西、河南、山东等省。

连翘主要活性成分为木脂素类及其苷类、苯乙基苷类、乙基环己醇类成分。《中国药典》采用高效液相色谱法测定，规定连翘中连翘苷含量不得少于 0.15%，以控制药材质量。

药理研究表明，连翘具有抗病原微生物、抗炎、解热、镇吐、利尿、强心、抗肿瘤等作用。

中医理论认为连翘具有清热解毒，消肿散结等功效。

连翘 *Forsythia suspensa* (Thunb.) Vahl

药材连翘 Fructus Forsythiae

1cm

化学成分

连翘的果实含木脂素类成分：连翘苷元 (phillygenin)、(+) - 松脂醇 [(+) - pinoresinol]、连翘苷 (phillyrin)、(+) - pinoresinol - β - D - glucoside[1]、(+) - epipinoresinol - β - D - glucoside、(+) - pinoresinol monomethyl ether - β - D - glucoside[2]、forsythensides A、B[3]、forsythenin、ocotillone、ocotillol monoacetate[4]、calceolarioside A、plantainoside A[5]；三萜类成分：3β - acetyl - 20,25 - epoxydammarane - 24α - ol、3β - acetyl - 20,25 - epoxydammarane - 24β - ol[6]；苯乙基苷类成分：连翘酯苷A[5]、B、C、D[7]、E[8] (forsythosides A - E)；乙基环己醇类成分：连翘环己醇苷A、B、C[10] (rengyosides A - C)、suspensasides A、B[11]、连翘环己醇 (rengyol)[8]、连翘环己醇氧化物 (rengyoxide)[8]、连翘环己醇酮 (rengyolone)[8]、以及 p - hydroxy phenylacetic acid[2]等成分。

叶和花含(+) - pinoresinol - β - D - glucopyranoside[12]、芦丁 (rutin)[13]、forsythiaside、suspensaside、毛蕊花糖苷(acteoside)以及 β - hydroxyacteoside[14]；树皮含(+) - epipinoresinol - 4″ - β - D - glucoside[1]等成分。

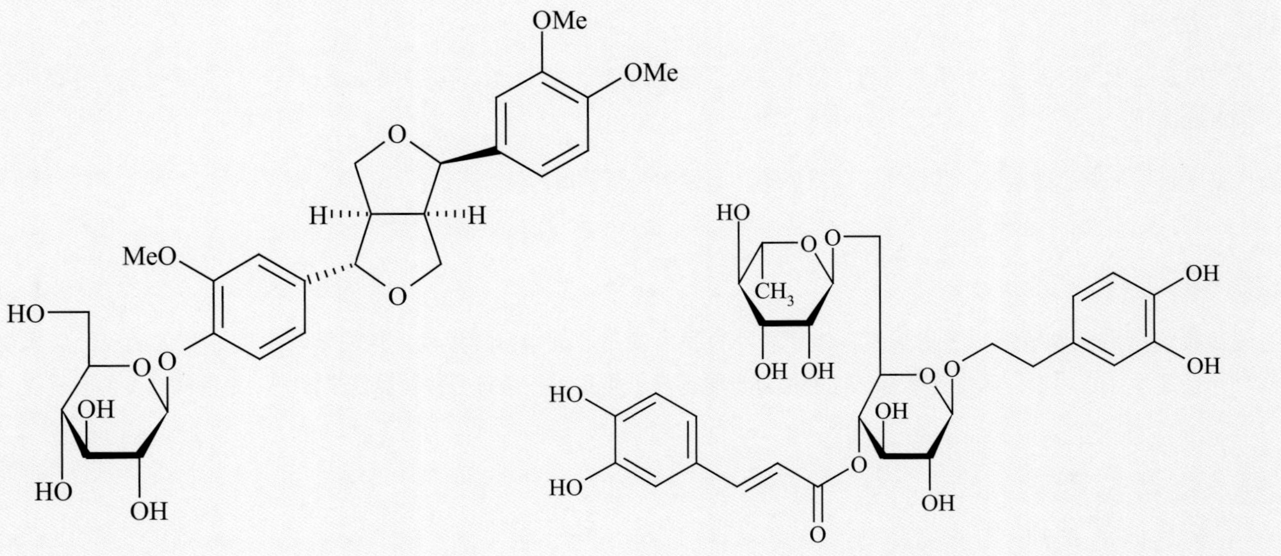

phillyrin

forthiaside A

药理作用

1. **抗病原微生物**
   连翘果实提取物体外对金黄色葡萄球菌、肺炎链球菌[15]、白色葡萄球菌、甲型链球菌等[16]均有抑制作用。连翘水提物在人宫颈癌细胞 HeLa 中可抑制呼吸道合胞病毒 (RSV)[17]；在人喉癌细胞 Hep - 2 上可抑制 I 型单纯性疱疹病毒 (HSV - 1) 复制[18]。

2. **抗炎**
   连翘酯苷体外可抑制弹性蛋白酶活性，具有抗炎作用[19]，连翘水提物可抑制大肠杆菌致腹膜炎大鼠的炎性因子过度表达[20]。连翘中的苯乙基苷类成分能抑制脂氧酶活性，木脂素类成分有抑制磷酸二酯酶活性。

3. **降血脂、减肥**
   连翘苷可降低高血脂小鼠的血浆总胆固醇 (TC)、三酰甘油 (TG)、低密度脂蛋白胆固醇 (LDL - C)，升高高密度脂蛋白胆固醇 (HDL - C)，降低动脉粥样硬化指数 (AI)[21]；可使营养性肥胖小鼠脂肪湿重减轻，脂肪系数降低，全视野内脂肪细胞数目 (HBF) 增加、细胞直径变小，空肠绒毛表面积变小，Lee's 指数减少，具有减肥作用[22]。

4. 保肝

连翘叶提取物可降低四氧嘧啶所致小鼠氧化损伤而引起的肝脏、心肌、股四头肌、脑组织、红细胞等的丙二醛 (MDA)、过氧化物歧化酶 (SOD)、过氧化物酶 (POD) 和血清中丙氨酸转氨酶 (ALT)、天冬氨酸转氨酶 (AST)、碱性磷酸酶 (AKP) 的异常升高[23]；连翘煎剂能显著降低四氯化碳 (CCl_4) 所致肝损伤大鼠血清的谷丙转氨酶 (sGPT)、AKP，并对 CCl_4 中毒有预防作用[24]。

5. 其他

连翘提取物可抑制犬皮下注射阿朴吗啡和豹、蛙口服五水合硫酸铜诱导的呕吐[25]；连翘酯苷对去甲肾上腺素诱导的大鼠血管收缩具有松弛作用[26]；连翘中的鞣质类成分能够抑制肿瘤转移因子及其受体的活性，体外可抑制肿瘤细胞的转移和血管生成[27]。连翘酯苷对超氧阴离子自由基和羟自由基有较强清除作用[28]；连翘苷可抑制高血脂 ICR 小鼠血浆中的 MDA 积累，促进抗氧化酶 (POD)、过氧化氢酶 (CAT) 的活性[21]。

应用

本品为中医临床用药。功能：清热解毒，消痈散结，疏散风热。主治：①痈肿疮毒，瘰疬痰核；②外感风热，温病初起；③热淋涩痛。

现代临床还用于淋巴结结核、肾结核、尿路感染、急性肺脓疡等病的治疗。

评注

连翘传统的药用部位是带种子的果实，连翘茎叶为民间使用。近年研究发现，连翘茎叶中的许多化学成分与果实相似[23]，药理活性也相似，其中连翘苷、连翘酯苷含量远高于果实，并含有多种营养性成分[29]，是值得开发的新资源。

参考文献

[1] H Tsukamoto, S Hisada, S Nishibe. Studies on the lignans from Oleaceae plants. *Tennen Yuki Kagobutsu Toronkai Koen Yoshishu*. 1983, **26**: 181-188

[2] DL Liu, SX Xu, WF Wang. A novel lignan glucoside from Forsythia suspensa Vahl. *Journal of Chinese Pharmaceutical Sciences*. 1998, **7**(1): 49-51

[3] DS Ming, DQ Yu, SS Yu. New Quinoid Glycosides from Forsythia suspensa. *Journal of Natural Products*. 1998, **61**(3): 377-379

[4] DS Ming, DQ Yu, SS Yu, J Liu, CH He. A new furofuran mono-lactone from *Forsythia suspensa*. *Journal of Asian Natural Products Research*. 1999, **1**(3): 221-226

[5] 刘东雷，张杨，徐绥绪，徐颖，王喆星．连翘中苯乙醇苷类化合物．中国药学．1998，**7**(2)：103-105

[6] ASS Rouf, Y Ozaki, MA Rashid, J Rui. Dammarane derivatives from the dried fruits of *Forsythia suspensa*. *Phytochemistry*. 2001, **56**(8): 815-818

[7] K Endo, H Hikino. Validity of oriental medicine. Part 44. Structures of forsythoside C and D, antibacterial principles of *Forsythia suspensa* fruits. *Heterocycles*. 1982, **19**(11): 2033-2036

[8] K Endo, H Hikino. Structures of rengyol, rengyoxide, and rengyolone, new cyclohexylethane derivatives from *Forsythia suspensa* fruits. *Canadian Journal of Chemistry*. 1984, **62**(10): 2011-2014

[9] S Nishibe, K Okabe, H Tsukamoto, A Sakushima, S Hisada, H Baba, T Akisada. Studies on the Chinese crude drug "forsythiae fructus". VI. The structure and antibacterial activity of suspensaside isolated from Forsythia suspensa. *Chemical & Pharmaceutical Bulletin*. 1982, **30**(12): 4548-4553

[10] K Seya, K Endo, H Hikino. Structures of rengyosides A, B, and C, three glucosides of *Forsythia suspensa* fruits. *Phytochemistry*. 1989, **28**(5): 1495-1498

[11] DS Ming, DQ Yu, SS Yu. Two new caffeyol glycosides from *Forsythia suspensa*. *Journal of Asian Natural Products Research*. 1999, **1**(4): 327-335

[12] M Tokar, B Klimek. The content of lignan glycosides in Forsythia flowers and leaves. *Acta Poloniae Pharmaceutica*. 2004, **61**(4): 273-278

[13] B Klimek, M Tokar. Determination of rutin by HPLC in flowers and leaves of Forsythia species. *Herba Polonica*. 2000, **46**(4): 261-266

[14] Y Noro, Y Hisata, K Okuda, T Kawamura, T Tanaka, S Nishibe. Phenylethanoid glycosides in the leaves of Forsythia spp. *Shoyakugaku Zasshi*. 1992, **46**(3): 254-256

[15] 白云娥, 漆小梅, 杨国红, 李青山, 王明杰. 连翘提取物体外抗菌试验. 山西医科大学学报. 2003, **34**(6): 506-507

[16] 牛新华, 邱世翠, 邱大琳, 柏学莲, 高飞. 连翘体外抑菌作用的研究. 时珍国医国药. 2002, **13**(6): 342-343

[17] 田文静, 李洪源, 姚振江, 董艳梅, 邱海岩, 韩志刚. 连翘抑制呼吸道合胞病毒作用的实验研究. 哈尔滨医科大学学报. 2004, **38**(5): 421-423

[18] 刘颖娟, 杨占秋, 肖红, 文利. 中药连翘有效成分体外抗单纯性疱疹病毒的实验研究. 湖北中医学院学报. 2004, **6**(1): 36-38

[19] 张立伟, 赵春贵, 王进东, 杨频. 连翘酯苷分离提取及抑制弹性蛋白酶活性研究. 化学研究与应用. 2002, **14**(2): 219-221

[20] 傅强, 崔华雷, 崔乃杰. 连翘提取物抑制内毒素诱导的炎症反应的实验研究. 天津医药. 2003, **31**(3): 161-163

[21] 赵咏梅, 李发荣, 杨建雄, 梁俊, 张利顺. 连翘苷降血脂及抗氧化作用的实验研究. 天然药物研究与开发. 2005, **17**(2): 157-159

[22] 赵咏梅, 李发荣, 杨建雄, 安小宁, 周敏鹃. 连翘苷对营养性肥胖小鼠减肥作用的影响. 中药材. 2005, **28**(2): 123-124

[23] 朱淑云, 杨建雄, 李发荣. 连翘叶提取物对小鼠氧化损伤的保护作用. 中药药理与临床. 2004, **20**(1): 18-20

[24] 徐春媚, 王文生, 曹艳红, 徐志敏. 连翘护肝作用的实验研究. 黑龙江医药科学. 2001, **24**(1): 10, 12

[25] K Kinoshita, T Kawai, T Imaizumi, Y Akita, K Koyama, K Takahashi. Anti-emetic principles of *Inula linariaefolia* flowers and *Forsythia suspensa* fruits. *Phytomedicine*. 1996, **3**(1): 51-58

[26] T Iizuka, M Nagai. Vasorelaxant effects of forsythiaside from the fruits of *Forsythia suspensa*. *Yakugaku Zasshi*. 2005, **125**(2): 219-224

[27] X Chen, JA Beutler, TG McCloud, A Loehfelm, Y Lu, HF Dong, OY Chertov, R Salcedo, JJ Oppenheim, OMZ Howard. Tannic acid is an inhibitor of CXCL12 (SDF-1)/CXCR4 with antiangiogenic activity. *Clinical Cancer Research*. 2003, **9**(8): 3115-3123

[28] 张立伟, 赵春贵, 杨频. 连翘酯苷抗氧化活性及构效关系研究. 中国药学杂志. 2003, **38**(5): 334-337

[29] 李发荣, 段飞, 杨建雄. 中药连翘及连翘叶中连翘苷含量的比较研究. 西北植物学报. 2004, **24**(4): 725-727

苦枥白蜡树 Kulibailashu CP, KHP

Fraxinus rhynchophylla Hance
Retuse Ash

概 述

木犀科 (Oleaceae) 植物苦枥白蜡树 *Fraxinus rhynchophylla* Hance，其干燥枝皮或干皮入药。中药名：秦皮。

梣属 (*Fraxinus*) 植物全世界约有 60 种，大多数分布于北温带。中国产 27 种、1 变种，分布于全国各省区。本属现供药用者约 8 种。

"秦皮"药用之名，始载于《神农本草经》。秦皮历史上的正品应为木犀科梣属植物的树皮，最早使用的种类为小叶梣 (*Fraxinus bungeana* DC.)，以后渐有白蜡树 (*F. chinensis* Roxb.) 的树皮供药用。近代由于资源及产地变迁，作秦皮药用的植物种类有所不同，但均为梣属植物。《中国药典》（2005 年版）收载本种为中药秦皮的法定原植物来源种之一。主产于中国辽宁、吉林。药材又称"东北秦皮"。

梣属植物主要活性成分为香豆素类。《中国药典》采用高效液相色谱法测定，规定秦皮中秦皮甲素和秦皮乙素总含量不得低于 1.0%，以控制药材质量。

药理研究表明，苦枥白蜡树枝皮及干皮具有抗炎、抗过敏、利尿、抗菌等作用。

中医理论认为秦皮具有清热燥湿，收涩，明目等功效。

苦枥白蜡树 *Fraxinus rhynchophylla* Hance

药材秦皮 Cortex Fraxini rhynchophyllae

5cm

尖叶白蜡树 F. szaboana Lingelsh.

化学成分

苦枥白蜡树的茎皮含有秦皮甲素（即七叶苷，aesculin）及其苷元秦皮乙素（即七叶素，aesculetin）[1]、6,7－二甲氧基－8－羟基香豆素 (6,7－dimethoxy－8－hydroxycoumarin)、秦皮苷 (fraxin)[2]等香豆素类化合物。

苦枥白蜡树的叶也含有秦皮甲素、野莴苣苷 (cichoriin)、东莨菪苷 (scopolin) 和秦皮苷[3]。

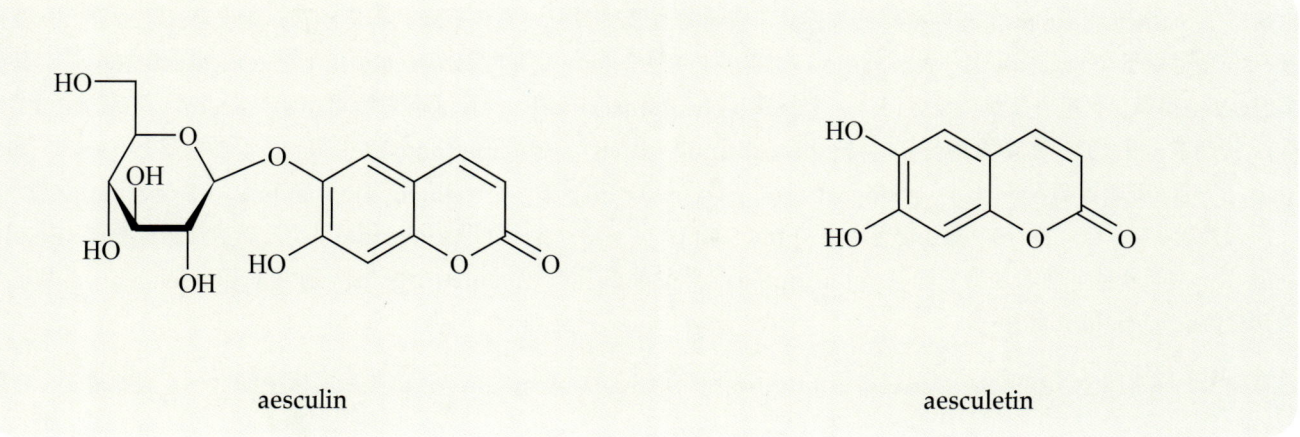

aesculin　　　　　　　　　　　　　aesculetin

木犀科

苦枥白蜡树 Kulibailashu

药理作用

1. **抗菌**
   秦皮水煎液体外对金黄色葡萄球菌、福氏痢疾杆菌、宋内氏痢疾杆菌、伤寒杆菌、副伤寒杆菌[4]、表皮葡萄球菌[5]等多种细菌有抑制作用。

2. **抗炎**
   秦皮甲素、秦皮乙素、秦皮苷腹腔注射能抑制角叉菜胶、右旋糖酐、5－HT、组胺、甲醛诱导的大鼠足趾肿胀和棉球肉芽肿；秦皮免煎冲剂能显著降低前交叉韧带切断致骨关节炎兔关节软骨中的基质金属蛋白酶－1 (MMP－1) 和关节液中一氧化氮 (NO)、前列腺素 E_2 (PGE_2) 水平，减缓骨关节炎发生[6]；秦皮总香豆素灌胃对微晶型尿酸钠 (MSU) 诱导的大鼠急性足趾肿胀和家兔急性痛风性关节炎有显著防治作用[7]。

3. **镇咳、祛痰、平喘**
   秦皮甲素、秦皮乙素腹腔注射有显著镇咳作用（小鼠氨雾法）、祛痰作用（小鼠酚红法）及平喘作用（豚鼠组胺喷雾法）。

4. **其他**
   秦皮甲素、秦皮乙素具有镇静、抗惊及镇痛作用，能促进尿酸排泄，秦皮乙素有抗血凝和抗血小板聚集作用，对过敏反应释放白三烯 (LTS) 引起的血管收缩有保护作用。

应用

本品为中医临床用药。功能：清热燥湿，清肝明目，止咳平喘。主治：①热毒泻痢，湿热带下；②目赤肿痛，目生翳膜；③肺热气喘咳嗽。

现代临床还用于慢性支气管炎、牛皮癣、细菌性痢疾、急性肝炎、睑腺炎等病的治疗。

评注

《中国药典》收载中药秦皮的法定原植物，还包括同属的如下三种植物：

尖叶白蜡树 Fraxinus szaboana Lingelsh.，该种植物的枝皮和干皮含香豆素类化合物秦皮甲素、秦皮乙素、秦皮苷、莨菪亭 (scopoletin)[10-11]以及 2,6－二甲基对苯醌 (2,6－dimethoxy－p－benzoquinone)、N－苯基－2－苯胺 (N－phenyl－2－naphthylamine)[11]等。

宿柱白蜡树 F. stylosa Lingelsh.，该种植物的枝皮和干皮含香豆素类成分：秦皮甲素、秦皮乙素、秦皮苷、丁香苷 (syringin)、宿柱白蜡苷 (stylosin)[8]、秦皮素 (fraxetin)[9]等。

白蜡树 F. chinensis Roxb.，该种植物的枝皮和干皮含香豆素类成分：秦皮甲素、秦皮乙素、秦皮苷、丁香苷[12]、秦皮素－8－葡萄糖苷 (fraxetin－8－glucoside)、七叶树内酯－6－O－葡萄糖苷 (esculetin－6－O－glucoside)[13]、秦皮素 (fraxetin)等；含有木脂素类成分：(+)－松脂素[(+)－pinoresinol]、(+)－乙酰松脂素 [(+)－acetoxypinoresinol]、(+)－松脂素－β－D－吡喃葡萄糖苷 [(+)－pinoresinol－β－D－glucopyranoside]、(+)－丁香树脂酚－4,4'－O－bis－β－D－吡喃葡萄糖苷 [(+)－syringaresinol－4,4'－O－bis－β－D－glucopyranoside]、(+)－cycloolivil[14]、(+)－松脂素－4'－O－β－D－葡萄糖苷[(+)－pinoresino－4'－O－β－D－glucoside]以及三萜类成分熊果酸 (ursolic acid)[15]。白蜡树的叶含有油橄榄苦苷 (oleuropein)、新油橄榄苦苷 (neooleuropein)、野莴苣苷 (cichoriin)、裂环烯醚萜苷类成分frachinoside[16]。

白蜡树为介壳虫科 (Coccidae) 昆虫白蜡虫 Ericerus pela (Chavannes) Guerin 的雄虫栖居植物之一，因此得名。白蜡虫所分泌的蜡入药，中药名为虫白蜡。虫白蜡为机械工业、造纸工业、电子工业、皮革工业不可缺少的原料。

秦皮在同一地区不同品种，或同一品种在不同地区，其内在有效成分秦皮甲素、秦皮乙素等香豆素类成分差异显著，其中陕西洛南县、丹凤县一带产秦皮质量佳，是建立其种植基地的重要区域[19]。

此外，秦皮中的总香豆素等有效成分在枝皮中远较干皮高，并以枝条越细含量越高，干皮中含量较低，未能达《中国药典》规格要求；秦皮饮片炮制过程中，"洗净、润透"过程对香豆素类成分影响较大[20]。

参考文献

[1] 张秀琴，徐礼燊．秦皮中秦皮素的极谱测定．药学学报．1982，17(4)：305-308

[2] 刘丽梅，王瑞海，陈琳，吴萍，王丽．秦皮化学成分的研究．中草药．2003，34(10)：889-890

[3] YS Kwon, CM Kim. Chemical constituents from leaves of Fraxinus rhynchophylla. Saengyak Hakhoechi. 1996, 27(4): 347-349

[4] 杨天鸣，葛欣，王晓妮．秦皮抗菌作用研究．西北国防医学杂志．2003，24(5)：387-388

[5] 李仲兴，王秀华，岳云升，赵宝珍，陈晶波，李继红．用新方法进行秦皮对308株临床菌株的体外抑菌活性研究．中医药研究．2000，16(5)：51-53

[6] 刘世清，贺翎，彭昊，刘军．秦皮对兔实验性关节炎的基质金属蛋白酶-1和一氧化氮及前列腺素E_2的作用．中国临床康复．2005，9(6)：150-152

[7] 赵军宁，王晓东，彭晓华，戴瑛，宋军，邓治文．秦皮总香豆素对实验性痛风性关节炎的影响．中国药理通讯．2003，20(2)：61

[8] 郭希圣，章育中．中药秦皮的化学研究．药学学报．1983，18(6)：434-439

[9] 郭希圣，章育中．秦皮中香豆素成分的薄层分离和光密度法测定．药学学报．1983，18(6)：446-452

[10] 邬家林，付桂兰，曾美怡．生药秦皮的质量与资源研究．药物分析杂志．1983，3(1)：12-18

[11] 李冲，涂茂浰，谢晶曦，黄静．尖叶白蜡树化学成分的研究．中草药．1990，21(8)：2-4，10

[12] 郭希圣，章育中．秦皮中有效成分的高效液相层析分离和测定．药学学报．1983，18(7)：525-528

[13] IH Kim, CJ Kim, CS Yook. The chemical constituents and their pharmacological activities of endemic medicinal plants in Korea. Pharmacologically active constituents of Fraxinus species. Saengyak Hakhoechi. 1993, 24(3):197-202

[14] 张冬梅，胡立宏，叶文才，赵守训．白蜡树的化学成分研究．中国天然药物．2003，1(2)：79-81

[15] 魏秀丽，杨春华，梁敬钰．中药秦皮的化学成分．中国天然药物．2005，3(4)：228-230

[16] H Kuwajima, M Morita, K Takaishi, K Inoue, T Fujita, ZD He, CR Yang. Secoiridoid, coumarin and secoiridoid-coumarin glucosides from Fraxinus chinensis. Phytochemistry. 1992, 31(4): 1277-1280

[17] 程志清，孟楣．秦皮伪品女贞皮的生药鉴别．时珍国医国药．2000，11(6)：516-517

[18] 崔红花，王振月，左月明，刘丽梅．秦皮及其3种混淆品的鉴定研究．中草药．2003，34(4)：374-377

[19] 左月明，王振月，崔红花，刘丽梅．不同地理种源秦皮的树皮及叶中秦皮甲素、秦皮乙素的含量测定．中成药．2003，25(7)：552-554

[20] 蒲旭峰，凌学青，庄小洪．秦皮药材的质量评价．华西药学杂志．2002，17(2)：4-6

百合科

川贝母 Chuanbeimu CP, KHP

Fritillaria cirrhosa D. Don
Tendrilleaf Fritllary

概述

百合科 (Liliaceae) 植物川贝母 *Fritillaria cirrhosa* D. Don 的干燥鳞茎。中药名：川贝母。

贝母属 (*Fritillaria*) 植物全世界约有 60 种，主要分布于北半球温带地区，特别是地中海区域、北美洲、亚洲中部。中国约有 20 种、2 变种，本属现供药用者约 10 种。本种是中药川贝母的主要商品来源之一，分布于中国四川、青海、云南、西藏等省区；尼泊尔也有分布[1]。

"贝母"药用之名，始载于《神农本草经》，列为中品。历代本草多有著录，《滇南本草》首次出现"川贝母"之名。《中国药典》(2005 年版) 收载本种为中药川贝母的法定原植物来源种之一。本品主产于中国西藏、四川、青海等地。

川贝母主要活性成分为甾体生物碱类化合物。《中国药典》以显微鉴定、水分、总灰分、醇浸出物含量测定等来控制药材质量。

药理研究表明，川贝母具有镇咳、化痰、平喘、抑菌等作用。

中医理论认为川贝母具有清热散结，化痰止咳等功效。

川贝母 *Fritillaria cirrhosa* D. Don

暗紫贝母 *F. unibracteata* Hsiao et K. C. Hsia

药材川贝母 Bulbus Fritillariae Cirrhosae

化学成分

川贝母的鳞茎含西贝素 (imperialine, sipeimine)[2]、川贝碱 (fritimine)、鄂贝啶碱 (ebeiedine)、去氢鄂贝啶碱 (ebeiedinone)、ebeienine、hupehenine、异浙贝甲素 (isoverticine)、贝母甲素 (verticine)、贝母乙素 (verticinone)[2-3], (22R,25S)－solanidane－3β－ol等甾体生物碱[4]。川贝母植株的其他部位含有与鳞茎相似的生物碱成分[5]。

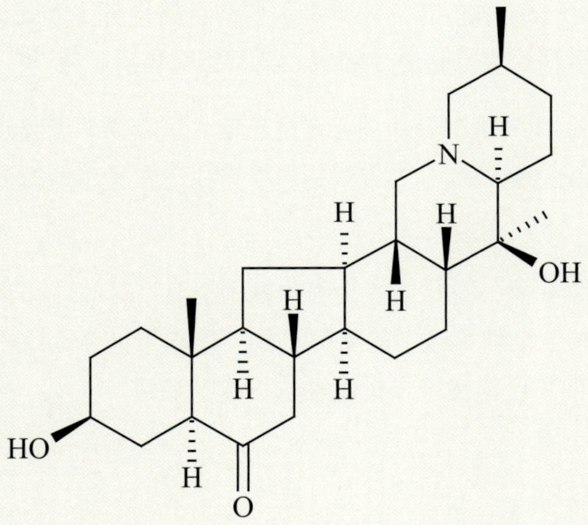

imperialine

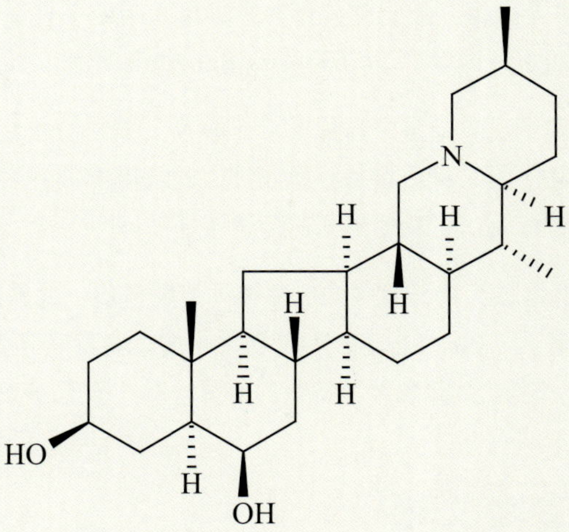

ebeiedine

药理作用

1. **镇咳祛痰**

    川贝母总生物碱灌胃,对氨水引咳小鼠有显著镇咳作用[6],猫腹腔注射川贝醇提物,对电刺激喉上神经引起的咳嗽有显著镇咳作用;川贝母总皂苷灌胃能显著增加小鼠呼吸道酚红排出量,有祛痰作用[6]。

2. **对平滑肌的影响**

    贝母甲素、贝母乙素、西贝素等生物碱对平滑肌有扩张作用,能够抑制卡巴胆碱引起的离体豚鼠气管条收缩[7]和离体兔小肠收缩;西贝碱对离体豚鼠回肠、兔十二指肠、大鼠子宫、在体犬小肠有剂量依赖性松弛作用。川贝母碱体外可引起豚鼠子宫收缩。

3. 对心血管系统的影响

川贝母碱猫静脉注射可使血压持续下降，伴有短暂呼吸抑制；麻醉犬静脉注射西贝碱可使外周血管扩张，血压下降，而心电图无变化；贝母生物碱可显著对抗甲氧胺引起的离体家兔主动脉血管收缩[8]。贝母生物碱可剂量依赖性地增加离体豚鼠、大鼠的左心房心肌收缩力，其作用可逆，对离体豚鼠右心房有负性频率作用[8]。

4. 抑菌

川贝醇提物（相当于生药 2g/mL）体外在 1∶100～1∶10000 浓度时对金黄色葡萄球菌、大肠杆菌有抑制作用；水提物能抑制星形奴卡氏菌生长。

5. 其他

兔静脉注射川贝母碱可使血糖升高。

应 用

本品为中医临床用药。功能：清热化痰，润肺止咳，散结消肿。主治：①虚劳咳嗽，肺热燥咳；②瘰疬疮肿及乳痈，肺痈。

现代临床还用于慢性支气管炎、百日咳等病的治疗。

评 注

川贝母有多种来源，除川贝母 Fritillaria cirrhosa D. Don 外，同属的暗紫贝母 F. unibracteata Hsiao et K. C. Hsia、梭砂贝母 F. delavayi Franch.、甘肃贝母 F. przewalskii Maxim. ex Batal 等多种植物的鳞茎均可作为药材川贝母的来源。《中国药典》还记载了作为平贝母入药的平贝母 F. ussuriensis Maxim.、作为伊贝母入药的新疆贝母 F. walujewii Regel 和伊犁贝母 F. pallidiflora Schrenk 等种。贝母属植物均含有瑟文类异甾体生物碱，具有镇咳化痰功效[3]。

乌头、附子反贝母是中药配伍"十八反"禁忌之一。实验研究证实，附子大剂量使用可提高正常大鼠心律，增强心肌收缩力，附子配贝母后增加心肌收缩力的程度降低，附子对戊巴比妥钠导致大鼠心力衰竭的代偿作用在配贝母后减弱，附子与贝母配伍，可减弱附子的药理活性[9]。

《中国植物志》中记载了 20 余种贝母属植物，此属植物常被栽培供药用，造成较多人为的基因交流，其鳞茎和花形态变异也较大，20 世纪 80 年代以后一些学者发表了数十个贝母属种、变种等级别的新分类群，仅与川贝母近缘的就有 36 个[1]，这些类群多数为特化的变异个体，现已被归并[1]。目前，四川已建立了川贝母种植科技示范区。

参考文献

[1] 罗毅波，陈心启. 中国横断山区及其邻近地区贝母属的研究（一）——川贝母及其近缘种的初步研究. 植物分类学报. 1996, 34(3): 304-312

[2] 李松林，李萍，林鸽，周国华，任延军，阙宁宁. 药用贝母中几种活性异甾体生物碱的分布. 药学学报. 1999, 34(11): 842-847

[3] SL Li, P Li, G Lin, SW Chan, YP Ho. Simultaneous determination of seven major isosteroidal alkaloids in bulbs of Fritillaria by gas chromatography. Journal of Chromatography, A. 2000, 873(2): 221-228

[4] 严忠红，陆阳，丁维功，陈泽乃. 卷叶贝母化学成分研究. 上海第二医科大学学报. 1999, 19(6): 487-489, 507

[5] 钟凤林，陈和荣. 川贝母不同部位化学成分的提取分离及其含量的比较分析. 中国中药杂志. 1994, 19(12): 713-715

[6] 李萍，季晖，徐国均，徐珞珊. 贝母类中药的镇咳祛痰作用研究. 中国药科大学学报. 1993, 24(6): 360-362

[7] 周颖，季晖，李萍，姜艳. 五种贝母甾体生物碱对豚鼠离体气管条M受体的拮抗作用. 中国药科大学学报. 2003, 34(1): 58-60

[8] 冯秀玲，董丽霞，陈晓松，杨燕，王嘉陵. 四种贝母生物碱对离体心肌、血管及神经生理效应的影响. 中药药理与临床. 1999, 15(2): 11-13

[9] 肖志杰，黄华，曾春华，曾宪斌，何颖辉. 附子配贝母对大鼠心功能的影响. 江西中医学院学报. 2005, 17(2): 50-51

浙贝母 Zhebeimu ^{CP, JP, VP}

 百合科

Fritllaria thunbergii Miq.
Thunberg Fritllary

概 述

百合科 (Liliaceae) 植物浙贝母 *Fritllaria thunbergii* Miq. 的干燥鳞茎。中药名：浙贝母。

贝母属 (*Fritillaria*) 植物全世界约有 60 种，主要分布于北半球温带地区，特别是地中海地区、北美洲、亚洲中部。中国约有 20 种、2 变种，本属现供药用者约 10 种，分布于江苏、浙江等省。

"贝母"药用之名，始载于《神农本草经》，列为中品。历代本草多有著录，《本草纲目拾遗》已明确将浙贝母和川贝母分开。《中国药典》(2005年版) 收载本种为中药浙贝母的法定原植物来源种。主产于中国江苏、浙江等省，以栽培为主。

浙贝母主要活性成分为甾体生物碱类化合物，尚有二萜类成分。《中国药典》采用高效液相色谱法测定，规定浙贝母中贝母素甲 (verticine) 和贝母素乙 (peimine) 的总含量不得低于 0.080%，以控制药材质量。

药理研究表明，浙贝母具有镇咳祛痰、扩张平滑肌、镇静和镇痛等作用。

中医理论认为浙贝母具有清热散结，化痰止咳等功效。

浙贝母 *Fritllaria thunbergii* Miq.

药材浙贝母 Bulbus Fritillariae Thunbergii

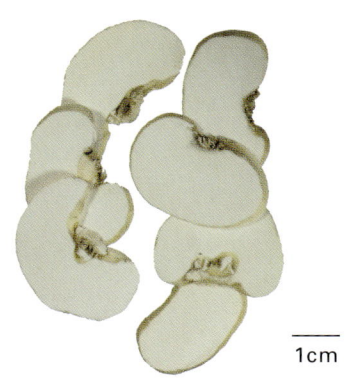

1cm

1cm

浙贝母 Zhebeimu

化学成分

浙贝母的鳞茎含多种甾体生物碱及其苷类成分：贝母素甲 (peimine, verticine)[1]、贝母素乙 (peiminine)[2]、浙贝宁 (zhebeinine)[2]、浙贝素 (zhebeiresinol)[3]、浙贝丙素 (zhebeirine)、鄂贝乙素 (eduardine)[4]、浙贝酮 (zhebeinone)[5]、浙贝母碱苷 (peiminoside)[1]、贝母辛 (peimisine)[6]、贝母素甲-N-氧化物 (verticine N-oxide)[7]；还含有二萜及其苷类成分：isopimaran-19-ol、ent-kauran-16β,17-diol[8]、ent-15β,16-epoxykauran-17-ol、ent-(16S)-atisan 13,17-oxide[9]等。

地上部分含贝母素甲、贝母素乙、茄啶 (solanidine)[10]、β1-马铃薯素(β1-chaconine)、solanidine 3-O-α-L-rhamnopyranosyl-(1→2)-[β-D-glucopyranosyl-(1→4)-]-β-D-glucopyranoside、hapepunine 3-O-α-L-rhamnopyranosyl-(1→2)-β-D-glucopyranoside[11]等。

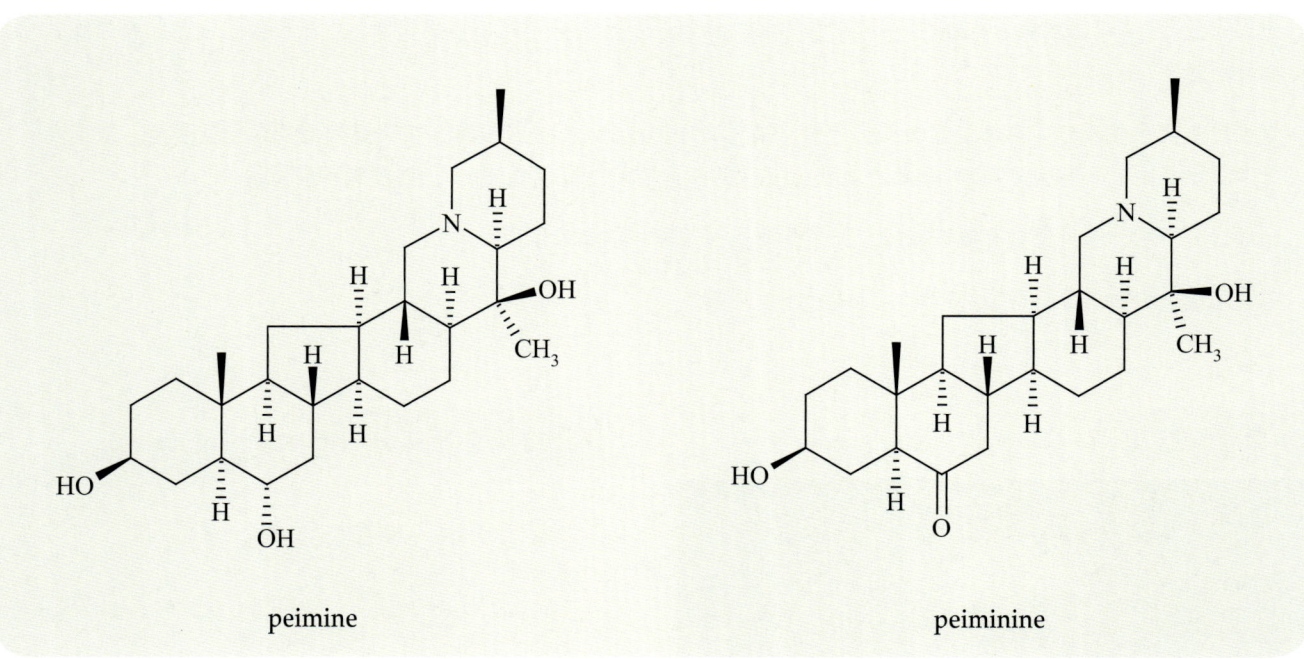

peimine   peiminine

药理作用

1. **镇咳**
   贝母素甲和贝母素乙皮下注射或灌胃，对氨水引咳小鼠、机械刺激引咳豚鼠、电刺激引咳猫均有镇咳作用，贝母甲素腹腔注射对 SO_2 引咳小鼠有镇咳作用。

2. **抗炎**
   浙贝母醇提物灌胃可抑制二甲苯所致小鼠耳廓肿胀、角叉菜胶引起足趾肿胀，抑制醋酸引起的小鼠腹腔毛细血管通透性增加[12]。

3. **对平滑肌的影响**
   低浓度浙贝母碱给离体猫和兔肺灌流，对支气管平滑肌有扩张作用，可使每分钟流出量增加50%以上，高浓度灌流则有收缩作用，流量减少；浙贝母醇提物对组胺引起的离体豚鼠气管片收缩和乙酰胆碱引起的豚鼠回肠收缩有松弛作用；浙贝母碱还可以增强离体兔子宫收缩，已孕子宫比未孕子宫更敏感。

4. **抗溃疡**
   浙贝母醇提物可剂量依赖性地抑制小鼠水浸应激性溃疡、盐酸性溃疡形成，但对吲哚美辛-乙醇性溃疡效果不明显[13]；浙贝母水提物体外对幽门螺旋杆菌有显著抑制作用[14]。

5. **镇痛、镇静**

皮下注射贝母素甲和贝母素乙可使小鼠单位时间内活动减少，灌胃可使戊巴比妥钠引起的小鼠睡眠率提高，睡眠时间延长；浙贝母乙醇提取物皮下注射或灌胃可抑制醋酸所致小鼠扭体反应和热痛刺激所致甩尾反应[13]。

6. **对心血管系统的影响**

贝母素甲和贝母素乙给离体蛙心灌流可使心率减慢，房室传导完全或周期性阻滞；还可引起麻醉猫、兔、犬血压下降。

7. **抗癌**

浙贝母对经典机制的白血病多药耐药细胞 $K_{562}/A02$ 和以多药耐药相关蛋白 (MRP) 升高为主要耐药机制的细胞 HL-60/Adr 有相近的多药耐药逆转活性[15]；浙贝母提取物还有较强的酪氨酸酶抑制活性[16]。

应用

本品为中医临床用药。功能：清热化痰，开郁散结。主治：①风热，燥热，痰热咳嗽；②瘰疬，瘿瘤，痈疡疮毒，肺痈等。

现代临床还用于急慢性气管炎、肺炎等咳嗽及地方性甲状腺肿、胃溃疡等病的治疗。

评注

贝母属植物普遍含有甾体生物碱，为化痰止咳的有效成分，因此中国产的大多数贝母属植物的鳞茎均被作为贝母入药。各种贝母在所含化学成分的种类和含量有一定的差异，在使用中应特别注意。

浙江栽培的浙贝母变种东贝母在产地也作为浙贝母使用，但由于东贝母鳞茎较小，接近川贝母，在广西等地往往被作为川贝母使用。东贝母除含有贝母素甲、贝母素乙[17]等贝母属较普遍的生物碱外，还含有东贝素 (dongbeirine)、东贝宁 (dongbeinine) 等成分[18]。其化学成分接近浙贝母，而与川贝母差别较大[17]，使用中应注意区别。

参考文献

[1] H Morimoto, S Kimata. Components of *Fritillaria thunbergii*. I. Isolation of peimine and its new glycoside. *Chemical & Pharmaceutical Bulletin*. 1960, **8**: 302-307

[2] 张建兴，马广恩，劳爱娜，徐任生．浙贝母化学成分研究．药学学报．1991，**26**(3)：231-233

[3] 金向群，徐东铭，徐亚娟，崔东滨，孝延文，田之悦，吕扬，郑启泰．浙贝素的结构测定．药学学报．1993，**28**(3)：212-215

[4] JX Zhang, AN Lao, GG Ma, RS Xu. Chemical constituents of *Fritillaria thunbergii* Miq. *Acta Botanica Sinica*. 1991, **33**(12): 923-926

[5] 张建兴，劳爱娜，黄慧珠，马广恩，徐任生．浙贝母化学成分研究 III 浙贝酮的分离和鉴定．药学学报．1992，**27**(6)：472-475

[6] 张建兴，劳爱娜，徐任生．浙贝母新鲜鳞茎化学成分的研究．中国中药杂志．1993，**18**(6)：354-355

[7] K Junichi, N Naoki, I Yoshiteru, M Kazumoto, K Toshio. Steroid alkaloids of fresh bulbs of *Fritillaria thunbergii* Miq. and of crude drug "Bai-mo" prepared therefrom. *Heterocycles*. 1981, **15**(2): 791-796

[8] K Junichi, K Tetsuya, K Toshio. Studies on the constituents of the crude drug "Fritillariae Bulbus." III. On the diterpenoid constituents of fresh bulbs of Fritillaria thunbergii Miq. *Chemical & Pharmaceutical Bulletin*. 1982, **30**(11): 3912-3921

[9] K Junichi, N Naoki, I Yoshiteru, K Tetsuya, K Toshio. Studies on the constituents of the crude drug "Fritillariae Bulbus". IV. On the diterpenoid constituents of the crude drug "Fritillariae Bulbus". *Chemical & Pharmaceutical Bulletin*. 1982, **30**(11): 3922-3931

[10] 严铭铭，金向群，徐东铭．浙贝母茎叶化学成分的研究．中草药．1994，**25**(7)：344-346

[11] K Junichi, K Tetsuya, K Toshio, S Hans Rolf. Field desorption mass spectrometry of natural products. Part 9. Basic steroid saponins from aerial parts of *Fritillaria thunbergii*. *Phytochemistry*. 1982, **21**(1): 187-192

浙贝母 Zhebeimu

[12] 张明发, 沈雅琴, 朱自平, 王红武, 马东卫. 浙贝母的抗炎和抗腹泻作用. 湖南中医药导报. 1998, **4**(10): 30-31

[13] 张明发, 沈雅琴, 朱自平, 王红武, 李芳. 浙贝母的抗溃疡和镇痛作用. 西北药学杂志. 1998, **13**(5): 208-209

[14] Y Li, C Xu, Q Zhang, JY Liu, RX Tan. *In vitro* anti-Helicobacter pylori action of 30 Chinese herbal medicines used to treat ulcer diseases. *Journal of Ethnopharmacology*. 2005, **98**(3): 329-333

[15] 胡凯文, 郑红霞, 齐静, 侯丽, 左明焕, 陈信义, 孙颖立, 许元富, 邵晓枫, 杨纯正. 浙贝母碱逆转白血病细胞多药耐药的研究. 中华血液学杂志. 1999, **20**(12): 650-651

[16] Z Miao, H Kayahara, K Tadasa. Superoxide-scavenging and tyrosinase-inhibitory activities of the extracts of some Chinese medicines. *Bioscience, Biotechnology, and Biochemistry*. 1997, **61**(12): 2106-2108

[17] 张建兴, 劳爱娜, 陈秋群, 徐任生. 东贝母化学成分的研究. 中草药. 1993, **24**(7): 341-342, 347

[18] JX Zhang, AN Lao, RS Xu. Steroidal alkaloids from *Fritillaria thunbergii* var. *chekiangensis*. *Phytochemistry*. 1993, **33**(4): 946-947

赤芝 Chizhi CP, KHP

多孔菌科

Ganoderma lucidum (Leyss. ex Fr.) Karst.
Lucid Ganoderma

概 述

多孔菌科 (Polyporaceae) 真菌赤芝 *Ganoderma lucidum* (Leyss. ex Fr.) Karst.，其干燥子实体入药。中药名：灵芝。

灵芝属 (*Ganoderma*) 植物全世界有200余种，分布于温带、亚热带及热带广大地区。中国约有76种。本属现供药用者约有6种。中国除西北部分地区外，各地均有分布。东南亚、非洲、欧洲、美洲均有分布[1]。

"赤芝"药用之名，始载于《神农本草经》。历代本草多有著录。中国从古至今的芝类药材来源混杂，主要以色泽区分为"赤芝、黑芝、青芝、白芝、黄芝、紫芝" 6种。《中国药典》(2005年版) 收载本种为中药灵芝的法定原植物来源种之一。主产于中国华东、西南和吉林、河北、山西、江西、广东、广西等地，人工栽培者全中国大部分地区均产。

赤芝中的主要有效成分为三萜和多糖，其他还有核苷、甾醇等化学成分。《中国药典》采用紫外分光光度法进行测定，规定灵芝多糖含量不得低于0.50%，以控制药材质量。

药理研究表明，赤芝具有镇静镇痛、止咳祛痰平喘、免疫调节和抗肿瘤等作用。

中医理论认为灵芝具有补气安神，止咳平喘等功效。

赤芝 *Ganoderma lucidum* (Leyss. ex Fr.) Karst.

赤芝 Chizhi

紫芝 *Ganoderma sinense* Zhao, Xu et Zhang

化学成分

赤芝的子实体中含有三萜类化合物：灵芝酸A、B、C、C_2、D、E、F、G、H、I、K、Ma、Mb、Mc、Md、Me、Mf、Mg、Mh、Mi、Mj、P、Q、R、S_1、S_2、T、U、V、W、X、Y、Z、DM、α、LM_2 (ganoderic acids A – I, C_2, K, Ma – Mj, P – Q, S_1 – S_2, T – Z, DM, α, LM_2)[2-12]、赤芝酸A、B、C、D、D_1、D_2、E、E_1、E_2、F、N、LM_1 (lucidenic acids A – D, D_1 – D_2, E_1 – E_2, E – F, N, LM_1)[3-4, 6, 11-13]、灵赤酸D (ganolucidic acid D)[11]、tsugaric acids A – B、灵芝内酯 (ganolactone)[12]、lucidenolactone[13]、3β-羟基-26-O-5α-羊毛甾-8,24-二烯-11-酮 (3β - hydroxy - 26 - O - 5α - lanosta - 8,24 - dien - 11 - one)[14]、灵芝醇A、B (ganoderiols A – B)、灵芝三醇 (ganodermatriol)[15]、3β-O-甲酰基-7β,12β-二羟基-5α-羊毛甾-11,15,23-三酮-8-烯(*E*)-26-酸 [3β - O - formyl - 7β,12β - dihydroxy - 5α - lanost - 11,15,23 - trioxo - 8 - en(*E*) - 26 - oic acid][16]；还含甾体类化合物：麦角甾-7,22-二烯-2β,3α,9α-三醇 (ergosta - 7,22 - diene - 2β,3α,9α - triol)[14]、3β,7β - dihydroxy - 4,4,14α - trimethyl - 11,15 - dioxo - 5α - chol - 8 - en - 24 - oic acid[17]、8,9-环氧麦角甾-5,22-二烯-3β,15-二醇 (8,9 - epoxyergosta - 5,22 - dien - 3β,15 - diol)[18]、3β-O-甲酰基-7β,12β-二羟基-4,4,14α-三甲基-5α-胆甾-11,15-二酮-8-烯(*E*)-24-酸 [3β - O - formyl - 7β,12β - dihydroxy - 4,4,14α - trimethyl -

ganoderic acid A

5α - chol - 11,15 - dione - 8 - ene(E) - 24 - oic acid][16]；子实体中还含灵芝多糖A - C (ganoderans A - C)、多糖BN_3A、BN_3B、BN_3C、GL - A、GL - B、GL - C、GLP_{L1} - GLP_{L4}[19]和甾醇类成分麦角甾 - 7,22(E) - 二烯 - 3 - 酮 [ergosta - 7,22(E) - dien - 3 - one][20]、麦角甾 - 7,22 - 二烯 - 3β - 醇十五酸酯 (ergosta - 7,22 - dien - 3β - yl - pentadecanoate)[21]等。

目前对赤芝孢子的研究和应用较多，其化学成分主要有：三萜类化合物：赤芝孢子酸A[22] (ganosporeric acid A)、灵芝酸B - E[22-23]、γ、δ、ε、ζ、η、θ[24]、β[25] (ganoderic acids B - E, γ, δ, ε, ζ, η, θ, β)、灵赤酸A (ganolucidic acid A)、丹芝醇A、B (lucidumols A - B)[25]、3,7,11,12,15,23 - 六氧 - 5α - 羊毛甾 - 8 - 烯 - 26 - 酸 (3,7,11,12,15,23 - hexaoxo - 5α - lanosta - 8 - en - 26 - oic acid)[22]、灵芝醇 F (ganoderiol F)[26]、灵芝萜酮二醇 (ganodermanondiol)[25]、灵芝萜酮三醇 (ganodermanontriol)[22]；还含内酯类化合物：赤芝孢子内酯 A、B (ganosporelactones A - B)[27]。

药理作用

1. **镇静**
   赤芝孢子粉水溶性提取物皮下注射可明显延长小鼠戊巴比妥钠和巴比妥钠睡眠时间，诱导阈下剂量的戊巴比妥小鼠入睡，还可明显抑制小鼠的自主活动，具有较好的镇静催眠效果[28]。

2. **镇痛**
   醋酸扭体法和热板法实验证明，赤芝的热水浸出物给小鼠灌胃可明显提高小鼠的痛阈，镇痛效果显著，其有效成分为灵芝酸 A、B、G 和 H 等[29-30]。

3. **止咳、祛痰、平喘**
   腹腔给药赤芝水提液、渗漉液、醇提液及菌丝醇提液，对氨雾法所致的咳嗽小鼠均有镇咳作用；酚红排泌法证实，腹腔给药赤芝水提液和醇提液有明显的祛痰作用；腹腔给药赤芝酊剂，对豚鼠组胺所致的喘息有解痉作用。

4. **抗心肌缺血**
   对家兔失血性休克再灌注模型，灵芝多糖再灌注可显著改善心功能，抑制一氧化氮合酶 (NOS) 活性，降低血浆和心肌中一氧化氮 (NO) 浓度，使血清心肌酶、心肌丙二醛 (MDA) 含量降低，心肌超氧化物歧化酶 (SOD) 活性升高，对心肌损伤有明显的保护作用[31-32]。

5. **保肝**
   对四氯化碳、氨基半乳糖苷和卡介苗合并脂多糖所致的 3 种肝损伤小鼠模型，灵芝酸 A 和赤芝酸 A 有保护作用，灌胃给药后可明显降低小鼠的血清丙氨酸转氨酶 (ALT) 和肝脏三酰甘油 (TG) 含量，并可不同程度减轻动物的肝损伤[33]。给大鼠灌胃赤芝混悬液，能明显减少四氯化碳引起的肝纤维化[34]。

6. **抗肿瘤**
   灵芝多糖是赤芝抗肿瘤作用的主要活性成分之一。溴化四唑蓝法实验表明，灵芝多糖 GLP_{L1} 和 GLP_{L3} 对人鼻咽癌细胞增殖有明显的抑制作用，灵芝多糖 GLP_{L3} 对人胃癌细胞、人结肠癌细胞增殖也有一定的抑制作用[19]。体外实验表明，灵芝酸 U - Z 能明显地抑制小鼠肝肉瘤 (HTC) 细胞的增殖[12]；3β - 羟基 - 26 - O - 5α - 羊毛甾 - 8,24 - 二烯 - 11 - 酮和麦角甾 - 7,22 - 二烯 - 2β,3α,9α - 三醇对人肝肉瘤细胞和人口腔表皮样癌细胞KB均有抑制作用[14]。

7. **免疫调节**
   纳米级赤芝破壁孢子粉灌胃能提高小鼠刀豆蛋白 A (ConA) 诱导的脾淋巴细胞增殖能力、小鼠左后足趾部厚度差 24 小时测量值、溶血空斑数、自然杀伤细胞 (NK) 活性、血清溶血素抗体积数值、脾脏/体重比例以及小鼠腹腔巨噬细胞吞噬鸡红细胞的吞噬率[35]。灵芝多糖 GLB_7 经口给药能提高小鼠 B 细胞产生特异性抗体的能力[36]。

赤芝 Chizhi

8. 抗衰老

赤芝喂服能明显增强老龄小鼠的血清 SOD 的活性，降低老龄小鼠血清中过氧化脂质的含量，还能延长果蝇寿命[37]。赤芝水煎剂灌胃能促进血虚小鼠的自发活动，明显提高血虚小鼠脑和肝中的 SOD 活性和明显降低脑、肝、心、脾、肌的 MDA 和脂褐素 (LPF) 含量，有显著的抗衰老作用[38]。

9. 抗 HIV-1 和 HIV-1 蛋白酶活性

体外实验表明，灵芝酸 B、丹芝醇 B、灵芝萜酮二醇、灵芝萜酮三醇和灵赤酸 A 对 I 型人类免疫缺陷病毒 (HIV-1) 蛋白酶活性有明显的抑制作用[25]。灵芝萜酮三醇对由 HIV-1 诱导的 MT-4 细胞的细胞毒效应有抑制作用[12, 26]。

10. 其他

赤芝子实体中的三萜类化合物还有抑制组胺释放、抑制血管紧张素转化酶、抑制胆固醇合成等作用[12]。

应用

本品为中医临床用药。功能：补气安神，止咳平喘。主治：①用于眩晕不眠；②心悸气短；③虚劳咳喘等。

现代临床还用于肿瘤、各类型肝炎、冠心病、神经衰弱、老年虚弱、慢性气管炎、高脂血症、多发性肌炎等病的治疗。

评注

《中国药典》除赤芝外，还收载紫芝 *Ganoderma sinense* Zhao, Xu et Zhang 作为中药灵芝的法定原植物来源种。紫芝与赤芝具有类似的药理作用，其化学成分也大致相同，主要含三萜类、甾体类及多糖类化合物，但某些成分的含量与赤芝也有区别，例如紫芝中灵芝酸 B 含量甚微，而在赤芝中则含量较大[39-40]。紫芝野生及栽培均较赤芝数量少。

目前，全世界对灵芝孢子的研究较多。灵芝孢子是灵芝繁殖后代的雌雄配子，其有效成分为存在于灵芝孢子内的油脂质活性物质（孢子油）。由于灵芝孢子壁是一层既不溶于水，也不溶于酸的几丁质，故孢子进入肠胃后有效成分无法被人体吸收利用。要发挥灵芝孢子的功效，必须使灵芝孢子破壁，使有效成分易于提取或被人体吸收。目前主要的破壁方法有机械破壁、生物酶破壁和微米纳级粒子处理技术破壁。其中微米纳级粒子处理技术的破壁率最高。

参考文献

[1] 中国科学院中国孢子植物志编辑委员会. 中国真菌志. 第十八卷. 北京：科学方法出版社. 2000: 28-70

[2] 王芳生，蔡辉，杨峻山，张津梅，侯翠英，刘俊秋，赵莫举. 赤芝子实体中灵芝酸类成分的研究. 药学学报. 1997, 32(6): 447-450

[3] T Kikuchi, S Kanomi, Y Murai, S Kadota, K Tsubono, Z Ogita. Constituents of the fungus *Ganoderma lucidum* (fr.) Karst. II. Structures of ganoderic acids F, G, and H, lucidenic acids D2 and E2, and related compounds. *Chemical & Pharmaceutical Bulletin*. 1986, 34(10): 4018-4029

[4] T Kikuchi, S Kanomi, S Kadota, Y Murai, K Tsubono, Z Ogita. Constituents of the fungus *Ganoderma lucidum* (Fr.) Karst. I. Structures of ganoderic acids C2, E, I, and K, lucidenic acid F and related compounds. *Chemical & Pharmaceutical Bulletin*. 1986, 34(9): 3695-3712

[5] M Hirotani, T Furuya, M Shiro. Studies on the metabolites of higher fungi. Part 4. A ganoderic acid derivative, a highly oxygenated lanostane-type triterpenoid from *Ganoderma lucidum*. *Phytochemistry*. 1985, 24(9): 2055-2061

[6] T Kikuchi, S Matsuda, S Kadota, Y Murai, Z Ogita. Ganoderic acid D, E, F, and H and lucidenic acid D, E, and F, new triterpenoids from *Ganoderma lucidum*. *Chemical & Pharmaceutical Bulletin*. 1985, 33(6): 2624-2647

[7] H Kohda, W Tokumoto, K Sakamoto, M Fujii, Y Hirai, K Yamasaki, Y Komoda, H Nakamura, S Ishihara, M Uchida. The biologically active constituents of *Ganoderma lucidum* (Fr.) Karst. Histamine release-inhibitory triterpenes. *Chemical & Pharmaceutical Bulletin*. 1985, 33(4): 1367-1374

[8] JO Toth, BB Luu, P Jean, G Ourisson. Chemistry and biochemistry of oriental drugs. Part IX. Cytotoxic triterpenes from *Ganoderma lucidum* (Polyporaceae): structures of ganoderic acids U-Z. *Journal of Chemical Research*, Synopses. 1983, 12: 299

[9] JO Toth, B Luu, G Ourisson. Ganoderic acid T and Z: cytotoxic triterpenes from *Ganoderma lucidum* (Polyporaceae). *Tetrahedron Letters*. 1983, **24**(10): 1081-1084

[10] T Kubota, Y Asaka, I Miura, H Mori. Structures of ganoderic acid A and B, two new lanostane type bitter triterpenes from *Ganoderma lucidum* (Fr.) Karst. *Helvetica Chimica Acta*. 1982, **65**(2): 611-619

[11] 陈若芸, 于德泉. 灵芝三萜化学成分研究进展. 药学学报. 1990, **25**(12): 940-953

[12] 罗俊, 林志彬. 灵芝三萜类化合物药理作用研究进展. 药学学报. 2002, **37**(7): 574-578

[13] TS Wu, LS Shi, SC Kuo. Cytotoxicity of *Ganoderma lucidum* Triterpenes. *Journal of Natural Products*. 2001, **64**(8): 1121-1122

[14] CN Lin, WP Tome, SJ Won. Novel cytotoxic principles of Formosan *Ganoderma lucidum*. *Journal of Natural Products*. 1991, **54**(4): 998-1002

[15] 王芳生, 蔡辉, 杨峻山, 张津梅, 赵英举. 赤芝子实体中三萜化学成分的研究. 药学学报. 1996, **31**(3): 200-204

[16] 罗俊, 林志彬. 波谱和X-衍射分析鉴定赤芝子实体三萜类化合物的结构. 中草药. 2002, **33**(3): 197-200

[17] 罗俊, 林志彬. 赤芝子实体新三萜化合物的结构鉴定. 药学学报. 2001, **36**(8): 595-598

[18] HC Chiang, SC Chu. Studies on the constituents of *Ganoderma lucidum*. *Journal of the Chinese Chemical Society*. 1991, **38**(1): 71-76

[19] 赵世华, 姚文兵, 庞秀炳, 赵剑, 高向东. 灵芝多糖分离鉴定及抗肿瘤活性的研究. 中国生化药物杂志. 2003, **24**(4): 173-176

[20] 蔡辉, 王芳生, 张峻生, 张津梅, 白燕, 张祚新. 赤芝子实体化学成分的研究. 中国中药杂志. 1997, **22**(9): 552-553

[21] 张晓琦, 殷志琦, 叶文才, 赵守训. 赤芝子实体化学成分的研究. 中草药. 2005, **36**(11): 1601-1603

[22] RY Chen, DQ Yu. Studies on the triterpenoid constituents of the spores of *Ganoderma lucidum* (Curt.: Fr.) P. Karst. (Aphyllophoromycetideae). *International Journal of Medicinal Mushrooms*. 1999, **1**(2): 147-152

[23] 陈若芸, 于德泉. 赤芝孢子粉三萜化学成分研究. 中国中药杂志. 1993, **2**(2): 91-93

[24] BS Min, JJ Gao, N Nakamura, M Hattori. Triterpenes from the spores of *Ganoderma lucidum* and their cytotoxicity against Meth-A and LLC tumor cells. *Chemical & Pharmaceutical Bulletin*. 2000, **48**(7): 1026-1033

[25] BS Min, N Nakamura, H Miyashiro, KW Bae, M Hattori. Triterpenes from the spores of *Ganoderma lucidum* and their inhibitory activity against HIV-1 protease. *Chemical & Pharmaceutical Bulletin*. 1998, **46**(10): 1607-1612

[26] S El-Mekkawy, MR Meselhy, N Nakamura, Y Tezuka, M Hattori, N Kakiuchi, K Shimotohno, T Kawahata, T Otake. Anti-HIV-1 and anti-HIV-1-protease substances from *Ganoderma lucidum*. *Phytochemistry*. 1998, **49**(6): 1651-1657

[27] 陈若芸, 于德泉. 用二维核磁黄振技术研究赤芝孢子内酯A和B的结构. 药学学报. 1991, **26**(6): 430-436

[28] 魏怀玲, 余凌红, 刘耕陶. 赤芝孢子粉水溶性提取物(肌生注射液)对小鼠的催眠镇静作用. 中药药理与临床. 2000, **16**(6): 12-14

[29] 林春, 方向, 缪永生, 江明华. 灵芝对小鼠的镇痛、镇静及其对耐力的作用. 中成药. 1992, **14**(7): 31-32

[30] K Koyama, T Imaizumi, M Akiba, K Kinoshita, K Takahashi, A Suzuki, S Yano, S Horie, K Watanabe, Y Naoi. Antinociceptive components of *Ganoderma lucidum*. *Planta Medica*. 1997, **63**(3): 224-227

[31] 杨红梅, 王黎, 陈洁, 斐瑞, 徐秋霞, 郭安齐, 桂兴芬. 失血性休克复苏时心肌损伤和一氧化氮的变化及灵芝多糖的干预作用. 中国中西医结合急救杂志. 2003, **10**(5): 304-306

[32] 杨红梅, 王黎, 陈洁, 斐瑞, 徐秋霞, 郭安齐, 桂兴芬. 失血性休克再灌注心肌损伤机制及灵芝多糖的预防作用. 河南职工医学院学报. 2003, **15**(3): 8-10

[33] 王明宇, 刘强, 车庆明, 林志彬. 灵芝三萜类化合物对3种小鼠肝损伤模型的影响. 药学学报. 2000, **35**(5): 326-329

[34] WC Lin, WL Lin. Ameliorative effect of Ganoderma lucidum on carbon tetrachloride-induced liver fibrosis in rats. *World Journal of Gastroenterology*. 2006, **12**(2): 265-270

[35] 徐彩菊, 章荣华, 孟佳, 陈玉满, 傅剑云, 陈江. 纳米灵芝破壁孢子粉对小鼠免疫功能的影响. 中药药理与临床. 2005, **21**(5): 36-38

[36] 江振友, 林晨, 刘小澄, 韦静, 袁桂秀, 李小兰. 灵芝多糖对小鼠体液免疫功能的影响. 暨南大学(医学版). 2003, **24**(2): 51-53

[37] 邵华强, 卢连华. 灵芝抗衰老作用的实验研究. 山东中医药大学学报. 2002, **26**(5): 385-386

[38] 巩菊芳, 邵邻相, 金雷. 灵芝促学习记忆及抗衰老作用实验研究. 时珍国医国药. 2003, **14**(10): F003-F004

[39] 丁平, 蔡红军, 刘艳平, 林丽丽, 徐鸿华. 栽培赤芝与紫芝化学成分的比较. 中药材. 1999, **22**(9): 433-435

[40] 丁平, 徐鸿华, 徐新华. 紫芝与赤芝挥发性成分的研究. 中草药. 1998, **29**(9): 585-586

茜草科

栀子 Zhizi CP, JP, VP

Gardenia jasminoides Ellis
Cape Jasmine

概述

茜草科 (Rubiaceae) 植物栀子 *Gardenia jasminoides* Ellis，其果实入药。中药名：栀子。

栀子属 (*Gardenia*) 植物全世界约有 250 种，分布于热带和亚热带地区。中国有 5 种、1 变种，均可供药用。本种主要分布在中国华东、华中、华南以及西南地区，河北、陕西和甘肃有栽培；日本、朝鲜半岛、越南、老挝、柬埔寨、印度、尼泊尔、巴基斯坦、太平洋岛屿和美洲北部也有野生或栽培。

"栀子"药用之名，始载于《神农本草经》，列为中品。历代本草多有著录。《中国药典》(2005 年版) 收载本种为中药栀子的法定原植物来源种。主产于中国湖南、江西、福建、浙江、四川、湖北等省，以湖南产量大，浙江品质佳。

栀子主要含环烯醚萜苷类化合物，尚含酚类、二萜类成分。栀子苷为主要的活性成分和质量评价的指标性成分。《中国药典》采用高效液相色谱法测定，规定栀子含栀子苷不得少于1.8%，以控制药材质量。

药理研究表明，栀子具有保肝利胆、抗炎、镇静、解热等作用。

中医理论认为栀子具有泻火除烦，清热利湿等功效。

栀子 *Gardenia jasminoides* Ellis

药材栀子 Fructus Gardeniae

化学成分

栀子的果实含环烯醚萜类成分：栀子苷 (geniposide)、羟异栀子苷 (gardenoside)、京尼平-1-β-D-龙胆双糖苷 (genipin-1-β-D-gentiobioside)、山栀苷 (shanzhiside)、栀子新苷 (gardoside)、鸡屎藤次苷甲酯 (scandoside methyl ester)、栀子苷酸 (geniposidic acid)、去乙酰基车前草酸 (deacetyl asperulosidic acid)、去乙酰基车前草酸甲酯 (deacetyl asperulosidic acid methyl ester)、10-乙酰基京尼平苷 (10-acetylgeniposide)、6"-对-香豆酰基京尼平龙胆双糖苷 (6"-p-coumaroyl genipin gentiobioside)、戊乙酰基栀子苷 (penta-acetyl geniposide)[1]、gardaloside、jasminoside G[2]；酸类成分：绿原酸 (chlorogenic acid)、3,4-二-O-咖啡酰基奎宁酸 (3,4-di-O-caffeoyl quinic acid)、3-O-咖啡酰基-4-O-芥子酰基奎宁酸 (3-O-caffeoyl-4-O-sinapoyl quinic acid)、3,5-二-O-咖啡酰基-4-O-(3-羟基-3-甲)-戊二酰基奎宁酸 [3,5-di-O-caffeoyl-4-O-(3-hydroxy-3-methyl)-glutaroyl quinic acid]、3,4-二咖啡酰基-5-(3-羟基-3-甲基戊二酰基)-奎宁酸 [3,4-dicaffeoyl-5-(3-hydroxy-3-methyl glutaroyl)-quinic acid]；二萜类化合物：藏红花酸 (crocetin)、藏红花素 (crocin)、藏红花素葡萄糖苷 (crocin glucoside)；单萜类成分：gardenone、gardendiol[3]还含有挥发油[4-5]等。

果皮和种子中也含羟异栀子苷、栀子苷、栀子苷酸、京尼平-1-β-D-龙胆双糖苷。

花含三萜类成分：栀子花酸A、B (gardenolic acids A-B) 和栀子酸 (gardenic acid)；糖苷类：(R)-linalyl 6-O-α-L-arabinopyranosyl-β-D-glucopyranoside、bornyl 6-O-β-D-xylopyranosyl-β-D-glucopyranoside[6]。

叶含羟异栀子苷、栀子苷、栀子醛 (cerbinal)、二氢茉莉酮酸甲酯 (methyl dihydrojasmonate)、醋酸苄酯 (benzyl acetate)、桂皮酸-α-香树脂醇酯 (α-amyrin cinnamate)、柠檬烯 (limonene)、芳樟醇 (linalool) 等。

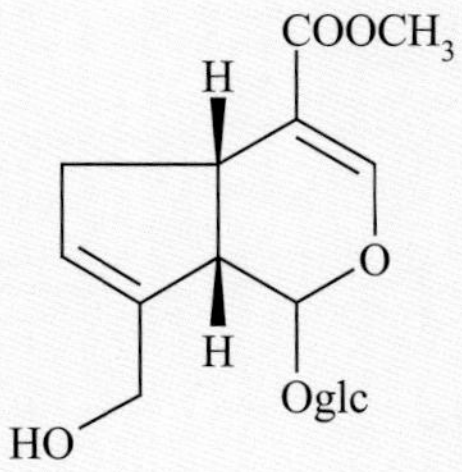

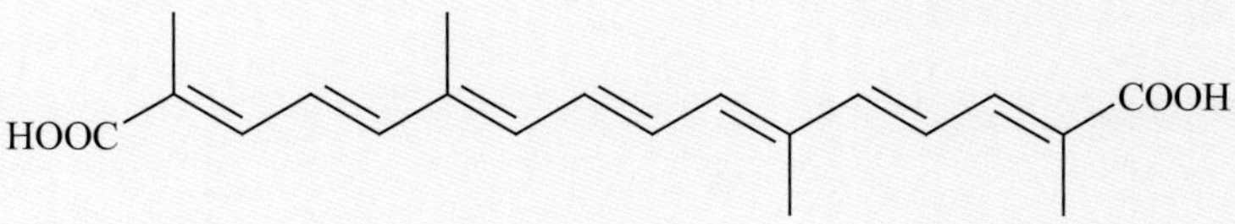

药理作用

1. **镇静、解热**

    栀子藏红花总苷高剂量 (140mg/kg) 不仅明显减少小鼠自发活动，而且显著影响小鼠机能协调功能，与阈下戊巴妥钠有明显协同作用[7]；栀子醇渗漉浓缩液腹腔注射或灌胃可使小鼠自主活动减少，对环己烯巴妥钠催眠作用也有明显协同作用，使小鼠睡眠时间显著延长[8]；给小鼠或大鼠腹腔注射栀子醇渗漉液均产生明显的降温作用，且作用持续 7 小时以上[8]；给酵母致热大鼠口服栀子水煎剂有明显解热作用。

2. **抗炎**

    栀子水煎液灌胃可显著抑制巴豆油所致小鼠耳廓炎症和角叉菜胶所致小鼠足趾肿胀，栀子兰色素、栀子提取物和栀子苷对二甲苯致小鼠耳廓肿胀也具有明显的抑制作用,且栀子提取物和栀子苷对甲醛致大鼠亚急性足趾肿胀也具有抑制作用[9-10]。

3. 对消化系统的作用

(1) 对胆汁分泌的影响　栀子的水提取物及醇提取物家兔静脉给药,可见胆汁分泌量增加;大鼠十二指肠内给予栀子苷后半小时显著增加胆汁分泌,且呈显著的持续性的促进作用;京尼平静脉内及十二指肠内给药,均与去氢胆酸钠利胆作用相同或有过之[11];同时栀子水提物于给药后 4 小时观察对豚鼠也有增加胆汁分泌的趋势;机理研究发现栀子苷的利胆作用是通过水解所生成的京尼平而引起的;但藏红花酸给药后 1 小时对大鼠胆汁分泌却有抑制作用[11]。

(2) 对肝脏功能的影响　栀子苷和栀子粗提物能降低血浆中尿素氮水平,增加肝重/体重比值、总肝脏谷胱甘肽含量和肝细胞溶质谷胱甘肽 S 转移酶活性,进一步分析显示栀子苷能抑制肝脏细胞色素 P_{450} 3A 单氧化酶活性,并增加谷胱甘肽的含量[12];栀子苷和藏红花酸均可对抗四氯化碳和对乙酰氨基酚肝损伤引起的丙二醛二醛升高,谷胱甘肽含量下降和谷胱甘肽过氧化物酶活力降低,肝组织的病理变化也有明显减轻,且栀子苷的作用明显强于藏红花酸[11]。栀子水煎液明显降低正常小鼠血清中总胆红素含量以及四氯化碳和硫代乙酰胺诱发的血清谷丙转氨酶 (GPT) 水平的升高。

(3) 对急性胰腺炎的作用　以大鼠急性出血坏死性胰腺炎作为动物模型,发现栀子提取液能够降低血清和组织髓过氧化物酶水平[13]。

4. 其他

栀子醇提取液可抑制肠系膜小动脉、脑组织小动脉、冠状小动脉和肾脏小动脉去甲肾上腺素的收缩反应并对高钾引起的小动脉收缩有松弛作用[14];栀子苷具有抗血管增生[15]、激活谷胱甘肽S转移酶[16]和保护神经元[17]的作用;藏红花素具有抗氧化[18]和抗高血脂[19]作用;栀子还有致泻、抗病原体、镇痛[13]、生殖毒性[20]和抗肿瘤[1]等作用。

应用

本品为中医临床用药。功能:泻火除烦,清热利湿,凉血解毒,消肿止痛。主治:①热病烦闷;②湿热毒疸;③血热吐衄;④疮疡肿毒,跌打损伤。

现代临床还用于急性肝炎、急性腮腺炎、扭挫伤、冠心病、小儿发热等病的治疗。

评注

栀子是中国卫生部规定的药食同源品种之一。市场销售商品中有一种常见混淆品"水栀子",为大花栀子 *Gardenia jasminoides* Ellis var. *grandiflora* Nakai 的干燥果实。主要用于工业染料原料。以等量水煎剂给药,其毒性大于栀子,某些重要药理指标上与栀子也存在差异,因此"水栀子"不等同于栀子,使用时应注意[21]。

栀子资源丰富,在中国被广泛种植,其中湖南、江西两省种植最多,江西已建立了栀子的规范化种植基地,且栀子质量好。栀子色素是现代国际上重要的天然食品着色剂,用于糖果、糕点、饮料及酒类的调色;栀子花的挥发油可用于多种香型化妆品、香皂香精及高级香水香精。

参考文献

[1] CH Peng, CN Huang, CJ Wang. The anti-tumor effect and mechanisms of action of penta-acetyl geniposide. *Current Cancer Drug Targets*. 2005, **5**(4): 299-305

[2] WL Chang, HY Wang, LS Shi, JH Lai, HC Lin. Immunosuppressive iridoids from the fruits of *Gardenia jasminoides*. *Journal of Natural Products*. 2005, **68**(11):1683-1685

[3] WM Zhao, JP Xu, GW Qin, RS Xu. Two monoterpenes from fruits of *Gardenia jasminoides*. *Phytochemistry*. 1994, 37(4): 1079-1081

[4] 刘洁宇, 张宏桂, 周小平, 李有田, 张连英, 李艳. 中药栀子挥发油成分分析. 白求恩医科大学学报. 1999, 25(1): 25

[5] G Buchbauer, L Jirovetz, A Nikiforov, VK Kaul, N Winker. Volatiles of the absolute of *Gardenia jasminoides* Ellis (Rubiaceae). *Journal of Essential Oil Research*. 1996, 8(3): 241-245

[6] N Watanabe, R Nakajima, S Watanabe, JH Moon, J Inagaki, K Sakata, A Yagi, K Ina. Linalyl and bornyl disaccharide glycosides from *Gardenia jasminoides* flowers. *Phytochemistry*. 1994, 37(2): 457-459

[7] 彭婕, 钱之玉, 刘同征, 饶淑云, 曲斌. 京尼平苷和西红花酸保肝利胆作用的比较. 中国新药杂志. 2003, 12(2): 105-108

[8] JJ Kang, HW Wang, TY Liu, YC Chen, TH Ueng. Modulation of cytochrome P-450-dependent monooxygenases, glutathione and glutathione S-transferase in rat liver by geniposide from *Gardenia jasminoides*. *Food and Chemical Toxicology*. 1997, 35(10/11): 957-965

[9] 毛卫, 席力罡, 王晓光, 付维利, 杨玉龙, 郭宏伟, 谭文翔. 栀子提取液治疗急性重症胰腺炎的疗效及其对髓过氧化物酶的影响. 肝胆胰外科杂志. 2003, 15(3): 156-157

[10] 姚全胜, 周国林, 朱延勤, 潘玉英, 胡俊鋐, 薛慧中, 张勤. 栀子抗炎、治疗软组织损伤有效部位的筛选研究. 中国中药杂志. 1991, 16(8): 489-493

[11] 赵维民, 季新泉, 叶庆华, 秦国伟, 徐任生, 朱兴族. 栀子兰色素可能为栀子粉末外用抗炎消肿时的活性物质. 天然产物研究与开发. 2000, 12(4): 41-44

[12] 张陆勇, 季慧芳, 曹于平, 马晓红. 栀子西红花总苷对神经、心血管及呼吸系统的影响. 中国药科大学学报. 2000, 31(6): 455-457

[13] 王本祥. 现代中药药理学. 天津: 天津科学技术出版社. 1997: 292-294

[14] 杨翼风, 石磊, 王永信, 刘少辉. 栀子提取物对大鼠阻力动脉松弛作用的初步研究. 徐州医学院学报. 1999, 19(2): 99-100

[15] HJ Koo, S Lee, KH Shin, BC Kim, CJ Lim, EH Park. Geniposide, an anti-angiogenic compound from the fruits of *Gardenia jasminoides*. *Planta Medica*. 2004, 70(5): 467-469

[16] WH Kuo, FP Chou, SC Young, YC Chang, CJ Wang. Geniposide activates GSH S-transferase by the induction of GST M1 and GST M2 subunits involving the transcription and phosphorylation of MEK-1 signaling in rat hepatocytes. *Toxicology and Applied Pharmacology*. 2005, 208(2):155-162

[17] P Lee, J Lee, SY Choi, SE Lee, S Lee, D Son. Geniposide from *Gardenia jasminoides* attenuate neuronal cell death in oxygen and glucose deprivation-exposed rat hippocampal slice culture. *Biological & Pharmaceutical Bulletin*. 2006, 29(1): 174-176

[18] TQ Pham, F Cormier, E Farnworth, VH Tong, C Van, R Marie. Antioxidant properties of crocin from *Gardenia jasminoides* Ellis and study of the reactions of crocin with linoleic acid and crocin with oxygen. *Journal of Agricultural and Food Chemistry*. 2000, 48(5): 1455-1461

[19] IA Lee, JH Lee, NI Baek, DH Kim. Antihyperlipidemic effect of crocin isolated from the fructus of *Gardenia jasminoides* and its metabolite crocetin. *Biological & Pharmaceutical Bulletin*. 2005, 28(11): 2106-2110

[20] A Ozaki, M Kitano, N Furusawa, H Yamaguchi, K Kuroda, G Endo. Genotoxicity of gardenia yellow and its components. *Food and Chemical Toxicology*. 2002, 40(11): 1603-1610

[21] 谢宗万, 李燕立, 冈田稔. 水栀子基原植物及其新学名. (日本)植物研究杂志. 1990, 65(4): 121-128

兰科

天麻 Tianma ^{CP, JP, KHP}

Gastrodia elata Bl.
Tall Gastrodis

概 述

兰科 (Orchidaceae) 植物天麻 *Gastrodia elata* Bl.，其干燥块茎入药。中药名：天麻。

天麻属 (*Gastrodia*) 植物全世界约有 20 种，分布于东亚、东南亚至大洋洲。中国产有13种。中国本属供药用者仅1种。本种分布于中国吉林、辽宁、河北、陕西、甘肃、安徽、河南、湖北、四川、贵州、云南、西藏等地。

天麻以"赤箭"药用之名，始载于《神农本草经》，列为上品。"天麻"药用之名，始载于《雷公炮炙论》。《中国药典》(2005 年版) 收载本种为中药天麻的法定原植物来源种。主产于中国贵州、陕西、四川、云南、湖北等地。

天麻的主要化学成分为酚类化合物及其苷类，其中天麻素为主要成分。《中国药典》以药材性状、薄层色谱鉴别、水分、总灰分检查和天麻素含量来控制药材质量。采用高效液相色谱法测定本品天麻素的含量，规定不得少于0.20%。

药理研究表明，天麻具有抗惊厥、镇静、改善记忆力、抗衰老、增强免疫等作用。

中医理论认为天麻具有平肝息风，止痉等功效。

天麻 *Gastrodia elata* Bl.

药材天麻 Rhizoma Gastrodiae

1cm

化学成分

天麻块茎含有酚类化合物及其苷类: 天麻素 (gastrodin)、对甲基苯基-1-O-β-D-吡喃葡萄糖苷 (p-methylphenyl-1-O-β-D-glucopyranoside)、3,5-二甲氧基苯甲酸-4-O-β-D-吡喃葡萄糖苷 (3,5-dimethoxy benzoic acid-4-O-β-D-glucopyranoside)[1]、对羟基苯甲醛 (p-hydroxybenzaldehyde)、对羟苄基乙基醚 (p-hydroxybenzyl ethyl ether)、对羟苄基甲醚 (p-hydroxybenzyl methyl ether)、2,2′-亚甲基-二(6-叔丁基-4-甲基苯酚)[2,2′-methylenebis(6-tert-butyl-4-methylphenyl)][2]、4,4′-二羟基二苄醚 (4,4′-dihydroxydibenzyl ether)、4,4′-二羟基二苄砜 (4,4′-dihydroxydibenzyl sulfone)[3]、4-羟基苯甲醛 (4-hydroxybenzaldehyde)、4-羟基-3-甲氧基苯甲醛 (4-hydroxy-3-methoxybenzaldehyde)[4]、香荚兰醇 (vanillyl alcohol)、3,4-二羟基苯甲醛 (3,4-dihydroxybenzylaldehyde)、4,4′-二羟基二苯甲烷 (4,4′-dihydroxydiphenyl methane)、4-乙氧甲苯基-4′-羟基苄基醚 (4-ethyloxytolyl-4′-hydroxybenzyl ether)、4-羟基苄甲醚 (4-hydroxybenzyl methyl ether)、4,4′-羟基苄基苄甲醚 [4-(4′-hydroxybenzyloxyl)-benzyl methyl ether]、双(4-羟苄基)醚单β-D-吡喃葡萄糖苷 [bis(4-hydroxybenzyl)-ether mono-β-D-glucopyrano-side]、天麻羟胺 (gastrodamine)[5]、α-acetylamino-phenylpropyl、α-benzoylamino-phenylpropionate、4-hydroxybenzyl-β-sitosterol ether[6]、gastrol[7]、4-[4′-(4′′-hydroxybenzyloxy)benzyloxy]-benzyl methyl ether[8]、赛比诺啶A (cymbinodin A)、二对羟基苄硫化物 [bis(4-hydroxybenzyl) sulfide][9]; 此外还含5-hydroxymethyl-2-furancarboxaldehyde[3]和天麻多糖[10]等。

p-hydroxybenzylalcohol: $R_1=CH_2OH$ $R_2=H$
p-hydroxybenzaldehyde: $R_1=CHO$ $R_2=H$
3,4-dihydroxybenzylaldehyde: $R_1=CHO$ $R_2=OH$

gastrodin

药理作用

1. 对中枢神经系统的影响

(1) 抗惊厥 天麻能对抗戊四氮所致小鼠强直性惊厥[11-12]。对士的宁所致小鼠强直性惊厥无明显影响,提示其作用部位不在脊髓[12]。天麻素及其苷元能延长戊四氮阵挛性惊厥的潜伏期; 研究发现, 天麻抗惊厥的有效成分是天麻素、香荚兰醇和香荚兰醛[13]。天麻甲醇提取物的乙醚部位对卡英酸引起的兴奋性中毒有保护作用[14]。

(2) 镇静、催眠、抗焦虑 天麻素与戊巴比妥、水合氯醛及硫喷妥钠等均有协同作用, 可延长小鼠睡眠时间, 减少小鼠自主活动[13]。天麻能延长小鼠戊巴比妥钠阈下剂量睡眠时间, 还能对抗咖啡因所致中枢兴奋[12-13]。天麻水提取物给小鼠灌服或天麻酚类化合物给小鼠腹腔注射, 均有抗焦虑的作用[15]。

(3) 镇痛 天麻煎剂给小鼠灌胃能明显对抗醋酸引起的扭体反应, 延长扭体潜伏期并减少扭体次数[16]。

(4) 改善记忆力 天麻醇提物对东莨菪碱、亚硝酸钠和40%乙醇所致的小鼠记忆障碍均有显著改善作用[17-18]。天麻素及对羟基苯乙醇不影响学习获得, 但能增强记忆巩固及再现, 其作用机制与活化5-色羟胺 5-HT_{1A} 及 5-HT_2

受体有关[19-20]。天麻粉末灌服能减少 D-半乳糖所致衰老小鼠及老年大鼠的跳台错误次数[21-22]。天麻能使大鼠大脑胶质细胞增生，胶质细胞群的面积增大，为活跃神经元，改善记忆力提供物质支援[23]。

2. **抗衰老**

天麻糖复合物能延长果蝇的平均寿命和最高寿命；提高小鼠血清中超氧化物歧化酶 (SOD) 活性，降低丙二醛含量[24]。天麻粉末灌服能减少 D-半乳糖所致衰老小鼠心肌脂褐质，降低老年大鼠的血清脂质过氧化物 (LPO) 含量[21-22]。

3. **对心血管系统的影响**

(1) 对血压和血管的作用　天麻注射液耳缘静脉给药或天麻浸膏十二指肠注入，对家兔血压均有明显的降低作用[25]。天麻素静脉注射能降低犬血压，且能降低外周血管阻力，增加动脉血管中的血流惯性、中央和外周动脉血管的顺应性；还能抑制家兔主动脉血管平滑肌细胞增殖[26-29]。天麻注射液可减缓心率，增加心输出率，降低心肌耗氧量，并使血压下降[13]。

(2) 改善微循环　天麻注射液颈外静脉注射，可显著扩张麻醉大鼠肠系膜动脉管径，加快血流[13]。天麻煎剂能拮抗肾上腺素对大鼠的缩血管效应，能预防微循环障碍，阻止血栓形成；对缺血、缺氧及血液再灌注所致的大鼠脑组织损伤有保护作用[13]。天麻甲醇提取物的乙醚部位对二乙基溴乙酰胺导致的沙鼠全心缺血有保护作用[28]。

4. **增强免疫**

天麻注射液能明显增强小鼠免疫功能和血清溶菌酶活力，提高小鼠迟发性变态反应[29]。天麻素注射液经溶血空斑试验、免疫玫瑰花结形成细胞试验和抗绵羊红细胞抗体试验证实，对小鼠非特异性免疫和特异性免疫中的细胞免疫和体液免疫均有增强作用[29]。天麻多糖也具有增强机体非特异性免疫及细胞免疫的作用[30]。

5. **抗炎**

天麻醇提液对二甲苯所致小鼠耳廓肿胀、角叉菜胶和蛋清所致大、小鼠足趾肿胀均有显著抑制作用；还能降低醋酸所致小鼠腹腔毛细血管通透性增高[31]。

6. **其他**

天麻还有保肝[32]、保护神经元的作用[33]。

应用

本品为中医临床用药。功能：息风止痉，平抑肝阳，祛风通络。主治：①肝风内动，惊痫抽搐；②眩晕，头痛；③肢体痉挛抽搐，风湿痹痛。

现代临床还用于失眠、头痛、耳鸣等神经衰弱征、眩晕综合征、癫痫、高血压、老年痴呆症等病的治疗。

评注

天麻用途广泛，可药食两用，也是多种中成药和保健产品的原料，野生品种远远不能满足市场需求。现人工栽培天麻已研究成功，并在四川和陕西建立了天麻的规范化种植示范基地。

研究发现，人工栽培天麻与野生天麻主要药理作用相似，可替代使用，但同等剂量下作用强度有一定差异，临床运用时应注意品种与用量间的关系[12, 16]。

参考文献

[1] 黄占波，宋冬梅，陈发奎．天麻化学成分的研究(I)．中国药物化学杂志．2005，15(4)：227-229

[2] 王莉，肖红斌，梁鑫淼．天麻化学成分研究(I)．中草药．2003，34(7)：584-585

[3] MK Pyo, JL Jin, YK Koo, HS Yun-Choi. Phenolic and furan type compounds isolated from *Gastrodia elata* and their anti-platelet

effects. *Archives of Pharmacal Research*. 2004, **27**(4): 381-385

[4] JH Ha, SM Shin, SK Lee, JS Kim, US Shin, K Huh, JA Kim, CS Yong, NJ Lee, DU Lee. *In vitro* effects of hydroxybenzaldehydes from *Gastrodia elata* and their analogues on GABAergic neurotransmission, and a structure-activity correlation. *Planta Medica*. 2001, **67**(9): 877-880

[5] 郝小燕, 谭宁华, 周俊. 黔产天麻的化学成分. 云南植物研究. 2000, **22**(1): 81-84

[6] YQ Xiao, L Li, XL You, BL Bian, XM Liang, YT Wang. A new compound from *Gastrodia elata* Blume. *Journal of Asian Natural Products Research*. 2002, **4**(1): 73-79

[7] J Hayashi, T Sekine, S Deguchi, Q Lin, S Horie, S Tsuchiya, S Yano, K Watanabe, F Ikegami. Phenolic compounds from Gastrodia rhizome and relaxant effects of related compounds on isolated smooth muscle preparation. *Phytochemistry*. 2002, **59**(5): 513-519

[8] HS Yun-Choi, MK Pyo, KM Park. Isolation of 3-O-(4'-hydroxybenzyl)-beta- sitosterol and 4-[4'-(4''-hydroxybenzyloxy)benzyloxy] benzyl methyl ether from fresh tubers of *Gastrodia elata*. *Archives of Pharmacal Research*. 1998, **21**(3): 357-360

[9] 肖永庆, 李丽, 游小琳. 天麻有效部位化学成分研究(I). 中国中药杂志. 2002, **27**(1): 35-36

[10] 丁晴. 天麻多糖的含量测定. 中药饮片. 1993, **1**: 21-23

[11] 代声龙, 于榕. 天麻对小鼠戊四唑惊厥的保护作用. 中国新药与临床杂志. 2002, **21**(11): 641-644

[12] 叶红, 汪植, 王绍柏, 谭德福. 种麻及商品麻的药理作用比较II. 时珍国医国药. 2003, **14**(12): 730-731

[13] 岑信钊. 天麻的化学成分与药理作用研究进展. 中药材. 2005, **28**(10): 958-962

[14] HJ Kim, KD Moon, SY Oh, SP Kim, SR Lee. Ether fraction of methanol extracts of *Gastrodia elata*, a traditional medicinal herb, protects against kainic acid-induced neuronal damage in the mouse hippocampus. *Neuroscience Letters*. 2001, **314**(1-2): 65-68

[15] JW Jung, BH Yoon, HR Oh, JH Ahn, SY Kim, SY Park, JH Ryu. Anxiolytic-like effects of *Gastrodia elata* and its phenolic constituents in mice. *Biological & Pharmaceutical Bulletin*. 2006, **29**(2): 261-265

[16] 叶红, 沈映君, 汪鋆植, 王绍柏, 周敏. 天麻种子、种麻及商品麻的药理作用比较I. 时珍国医国药 2003, **14**(9): F003-004

[17] 周本宏, 张洪, 罗顺德, 蔡鸿生. 天麻提取物对小鼠学习记忆能力的影响. 中药药理与临床. 1996, **3**: 32-33

[18] CR Wu, MT Hsieh, SC Huang, WH Peng, YS Chang, CF Chen. Effects of *Gastrodia elata* and its active constituents on scopolamine-induced amnesia in rats. *Planta Medica*. 1996, **62**(4): 317-321

[19] MT Hsieh, CR Wu, CF Chen. Gastrodin and p-hydroxybenzyl alcohol facilitate memory consolidation and retrieval, but not acquisition, on the passive avoidance task in rats. *Journal of Ethnopharmacology*. 1997, **56**(1): 45-54

[20] MT Hsieh, CR Wu, CC Hsieh. Ameliorating effect of p-hydroxybenzyl alcohol on cycloheximide-induced impairment of passive avoidance response in rats: interactions with compounds acting at 5-HT1A and 5-HT2 receptors. *Pharmacology, Biochemistry and Behavior*. 1998, **60**(2): 337-343

[21] 高南南, 于澍仁, 徐锦堂. 天麻对老龄大鼠学习记忆的改善作用. 中国中药杂志. 1995, **20**(9): 562-563, 568

[22] 高南南, 于澍仁, 刘睿红, 徐锦堂. 天麻对D-半乳糖所致衰老小鼠的改善作用. 中草药. 1994, **25**(10): 521-523

[23] 刘建新, 周天达. 天麻对大鼠大脑胶质细胞影响的实验研究. 中国中医基础医学杂志. 1997, **3**(6): 23-25

[24] 陶文娟, 沈业寿, 刘如娟, 赵丽娜. 天麻糖复合物抗衰老作用的实验研究. 生物学杂志. 2005, **22**(5): 24-26

[25] 毛跟年, 张嬬, 聂萌, 王锐. 天麻制剂对家兔血压的影响. 陕西科技大学学报. 2003, **21**(4): 50-53

[26] 王正荣, 罗红淋, 肖静, 郭惠玲, 薛振南. 天麻素对动脉血管顺应性以及血流动力学的影响. 生物医学工程学杂志. 1994, **11**(3): 197-201

[27] 罗红淋, 肖静, 袁淑兰, 郭惠玲. 天麻注射液对主动脉平滑肌细胞增殖的影响. 华西医大学报. 1997, **28**(1): 62-65

[28] HJ Kim, SR Lee, KD Moon. Ether fraction of methanol extracts of *Gastrodia elata*, medicinal herb protects against neuronal cell damage after transient global ischemia in gerbils. *Phytotherapy Research*. 2003, **17**(8): 909-912

[29] 吕国平, 王春芹, 蔡中琴. 天麻素注射液的药理及临床研究. 中草药. 2002, **33**(5): 附003-附004

[30] 杨世林, 兰进, 徐锦堂. 天麻的研究进展. 中草药. 2000, **31**(1): 66-69

[31] 杨万兴, 吕金胜, 封永勇, 向明凤. 天麻醇提液对动物急性炎症的影响. 药品研究. 2002, **11**(12): 26-27

[32] 杨菁, 白秀珍, 孙黎光, 岳春丽, 庄晓燕. 天麻水煎剂对醋氨酚引起肝损伤的保护作用及机制研究. 数理医药学杂志. 2003, **16**(5): 453-455

[33] 李运曼, 陈芳萍, 刘国卿. 天麻素抗谷氨酸和氧自由基诱导的PC12细胞损伤的研究. 中国药科大学学报. 2003, **34**(5): 456-460

秦艽 Qinjiao CP, KHP, VP

Gentiana macrophylla Pall.
Large-leaf Gentian

概述

龙胆科 (Gentianaceae) 植物秦艽 *Gentiana macrophylla* Pall.，其干燥根入药。中药名：秦艽。

龙胆属 (*Gentiana*) 植物全世界约 400 种，分布于欧洲、亚洲、澳洲、新西兰、北美洲及非洲北部。中国约有 247 种，遍及全国。本属现供药用者约有 41 种。秦艽分布于中国东北、华北、西北及四川；俄罗斯西伯利亚和远东地区，蒙古也有分布。

"秦艽"药用之名，始载于《神农本草经》，列为中品。中国从古至今作中药材秦艽入药者为该属多种植物。《中国药典》（2005 年版）收载本种为中药秦艽的法定原植物来源种之一。陕西、甘肃是秦艽的主产区和道地产区[1]；东北、内蒙古、山西、四川也产，以甘肃产量最大，质量最好。

秦艽主要含裂环环烯醚萜苷类成分。《中国药典》采用高效液相色谱法测定，规定秦艽含龙胆苦苷不得少于 2.0%，以控制药材质量。

药理研究表明，秦艽具有抗炎、镇痛、保肝、降血压等作用。

中医理论认为秦艽具有祛风湿，止痹痛，舒筋络，清虚热，利湿退黄等功效。

秦艽 *Gentiana macrophylla* Pall.

药材秦艽 Radix Gentianae Macrophyllae

化学成分

秦艽根含裂环环烯醚萜苷类成分：龙胆苦苷 (gentiopicroside, gentiopicrin)[2]、秦艽苷A (qinjiaoside A)、哈马苷 (harpagoside)[3]、獐牙菜苷（当药苷，sweroside）、6'-O-β-D-葡萄糖基龙胆苦苷 (6'-O-β-D-glucosylgentiopicroside)、6'-O-β-D-葡萄糖基獐牙菜苷(6'-O-β-D-glucosylsweroside)、三叶苷 (trifloroside)、rindoside、大叶苷A、B、C、D (macrophyllosides A-D)[4]、獐牙菜苦苷（当药苦苷，swertiamarin）[5]等；三萜类成分：α-香树脂素 (α-amyrin)、齐墩果酸 (oleanolic acid)[4]、栎瘿酸 (roburic acid)[6-7]等；黄酮类成分：苦参酚 I (kushenol I)、异牡荆黄素(isovitexin, saponaretin)[4]等；香豆素类成分：红白金花内酯 (erythrocentaurin)、红白金花酸 (erythrocentauric acid)[5, 8]；尚含秦艽酰胺 (qinjiao amide)[8]等成分。

地上部分含黄酮类成分异荭草素 (homoorientin)、异牡荆黄素[9]等。

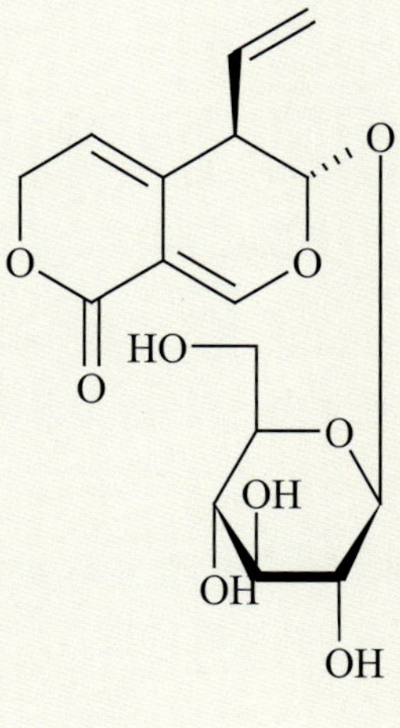

gentiopicroside

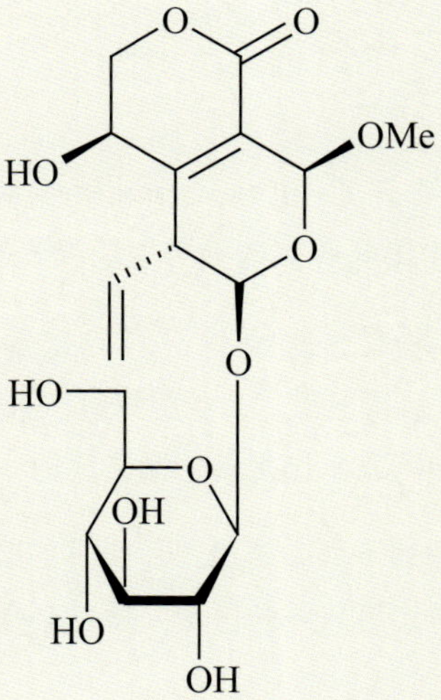

qinjiaoside A

药理作用

1. 抗炎

秦艽水及醇提物灌胃能显著抑制巴豆油所致的小鼠耳廓肿胀[10]；秦艽乙醇提取物口服给药，能显著抑制弗氏完全佐

剂 (FCA) 所致的大鼠佐剂性关节炎，显著降低炎性组织中前列腺素 E_2 (PGE_2) 的水平[11]；龙胆苦苷灌胃能显著抑制二甲苯所致的小鼠耳廓肿胀和醋酸引起的小鼠腹腔毛细血管通透性增加以及酵母多糖A、角叉菜胶所致的大鼠足趾肿胀[12]。

2. 镇痛、镇静

秦艽水及醇提物灌胃能显著抑制醋酸所致的小鼠扭体反应[10]；秦艽醇提液腹腔注射能显著延长热板法试验小鼠痛反应时间[13]。龙胆苦苷和獐牙菜苷腹腔注射能明显延长戊巴比妥钠引起的小鼠睡眠时间，龙胆苦苷作用较强。

3. 抗菌

秦艽醇浸液对痢疾杆菌、伤寒杆菌、肺炎球菌等有抑制作用，而水浸液对同心性毛癣菌、许兰氏黄癣菌、奥杜盎氏小芽孢菌等有抑制作用[14]。

4. 保肝

龙胆苦苷口服对小鼠四氯化碳 (CCl_4) 肝损伤模型和脂多糖/芽孢杆菌 (LPS/BCG) 肝损伤模型均有保护作用，能显著降低小鼠血清谷草转氨酶 (sGOT) 和谷丙转氨酶 (sGPT) 的水平[15]；龙胆苦苷对小鼠、大鼠和豚鼠急性、慢性、免疫性肝损伤有明显的保护作用，能降低肝损伤模型动物血清转氨酶，减轻肝组织肿胀、坏死及脂肪变性的程度，并可促进肝脏的蛋白质合成[16]。龙胆苦苷灌胃能显著增加大鼠胆流量，提高胆汁中胆红素浓度[17]。

5. 其他

秦艽醇提液给猫股静脉注射，有明显的降血压作用[13]。

应用

本品为中医临床用药。功能：清热燥湿，泻肝胆火。主治：①阴肿阴痒，带下湿疹，黄疸尿赤；②肝火头痛、目赤耳聋、胁痛口苦；③肝经热盛，热极生风所致的高热惊厥、手足抽搐。

现代临床还用于肝胆系统炎症、中耳炎、尿道感染、阴道炎、带状疱疹、高血压、急性眼结膜炎、湿疹等病的治疗。

评注

同属植物麻花秦艽 *Gentiana straminea* Maxim.、粗茎秦艽 *G. crassicaulis* Duthie ex Burk. 及小秦艽 *G. dahurica* Fisch. 也为《中国药典》收载为中药秦艽的法定原植物来源种。它们也含有裂环环烯醚萜苷类龙胆苦苷等成分。

关于秦艽的化学成分曾经有不同的报道，认为其含有秦艽碱甲（龙胆碱，gentianine）、秦艽碱乙（龙胆次碱，gentianidine）、秦艽碱丙（龙胆醛碱，gentianal）等生物碱类成分。后经研究证明生物碱类成分是龙胆苦苷等成分在提取分离过程中与氨水作用转化而生成的[2, 18]。

秦艽药材一直依赖于野生资源，而秦艽的药材生长周期较长，一般需要几年时间才可入药；生长环境也仅野生于高海拔的高山草甸、林边等狭窄的区域，所以必须实行有计划的采挖，以确保野生秦艽资源的永续利用。

参考文献

[1] 权宜淑. 中药秦艽的本草学研究. 西北药学杂志. 1997, **12**(3): 113-114

[2] T Hayashi, M Higashino. Studies on crude drugs originated from gentianaceous plants. III. The bitter principle of the Chinese crude drug Quinjiao and its contents. *Yakugaku Zasshi*. 1976, **96**(3): 362-365

[3] 刘艳红, 李兴从, 刘玉清, 杨崇仁. 秦艽中的环烯醚萜苷成分. 云南植物研究. 1994, **16**(1): 85-89

[4] RX Tan, JL Wolfender, LX Zhang, WG Ma, N Fuzzati, A Marston, K Hostettmann. Acyl secoiridoids and antifungal constituents from *Gentiana macrophylla*. *Phytochemistry*. 1996, **42**(5): 1305-1313

[5] 陈千良，石张燕，涂光忠，孙文基．陕西产秦艽的化学成分研究．中国中药杂志．2005，**30**(19)：1519-1522

[6] TT Jong, CT Chen. Roburic acid, a triterpene 3,4-seco acid. *Acta Crystallographica, Section C: Crystal Structure Communications*. 1994, **50**(8) : 1326-1328

[7] Y Kondo, K Yoshida. Constituents of roots of *Gentiana macrophylla*. *Shoyakugaku Zasshi*. 1993, **47**(3): 942-943

[8] 陈千良，孙文基，涂光忠，石张燕．陕西产秦艽脂溶部位化学成分研究．中草药．2005，**36**(1)：4 -7

[9] LA Tikhonova, NF Komissarenko, TP Berezovskaya. Flavone C-glycosides from *Gentiana macrophylla*. *Khimiya Prirodnykh Soedinenii*. 1989, **2**: 287-288

[10] 崔景荣，赵喜元，张建生，楼之岑．四种秦艽的抗炎和镇痛作用比较．北京医科大学学报．1992，**24**(3)：225-227

[11] FR Yu, FH Yu, R Li, R Wang. Inhibitory effects of the *Gentiana macrophylla* (Gentianaceae) extract on rheumatoid arthritis of rats. *Journal of Ethnopharmacology*. 2004, **95**(1): 77-81

[12] 陈长勋，刘占文，孙峥嵘，宋纯清，胡之璧．龙胆苦苷抗炎药理作用研究．中草药．2003，**34**(9)：814-816

[13] 杨愉君，冯国基，邱少铭．^{60}Co-γ射线辐照对秦艽药理作用的影响．中药材．1994，**17**(1)：31-34

[14] 王本祥．现代中药药理学．天津：天津科学技术出版社．1997：398-400

[15] Y Kondo, F Takano, H Hiroshi. Suppression of chemically and immunologically induced hepatic injuries by gentiopicroside in mice. *Planta Medica*. 1994, **60**(5): 414-416

[16] 李艳秋，赵德化，潘伯荣，李保国，孙文基，田琼，贾敏．龙胆苦苷抗鼠肝损伤的作用．第四军医大学学报．2001，**22**(18)：1645-1649

[17] 刘占文，陈长勋，金若敏，史国庆，宋纯清，胡之璧．龙胆苦苷的保肝作用研究．中草药．2002，**33**(1)：47-50

[18] 郭亚健，陆蕴如．龙胆苦苷转化为秦艽丙素等生物碱的研究．药物分析杂志．1983，**3**(5)：268-271

龙胆科

龙胆 Longdan CP, JP

Gentiana scabra Bge.
Chinese Gentian

 概述

龙胆科 (Gentianaceae) 植物龙胆 *Gentiana scabra* Bge.，其干燥根及根茎入药。中药名：龙胆。

龙胆属 (*Gentiana*) 植物全世界约 400 种，分布于欧洲、亚洲、澳洲、新西兰、北美洲及非洲北部等地区。中国约有 247 种，遍及全国。本属现供药用者约 41 种。本种分布于中国内蒙古、黑龙江、吉林、辽宁、贵州、陕西、湖北、湖南、安徽、江苏、浙江、福建、广东、广西等地；俄罗斯、朝鲜半岛、日本也有分布。

"龙胆"药用之名，始载于《神农本草经》，列为上品。历代本草多有著录。中国自古以来所药用者为龙胆属多种植物的根及根茎。《中国药典》(2005 年版) 收载本种为中药龙胆的法定原植物来源种之一。主产于中国黑龙江、吉林、辽宁、内蒙古等地区，产量大，品质优。

龙胆属植物主要活性成分为裂环烯醚萜苷类苦味成分（主要为龙胆苦苷）及生物碱类成分等。《中国药典》采用高效液相色谱法进行测定，规定龙胆中龙胆苦苷含量不得少于 1.0%，以控制药材质量。

药理研究表明，龙胆具有保肝、利胆等作用。

中医理论认为龙胆具有清热燥湿，泻肝胆火等功效。

龙胆 *Gentiana scabra* Bge.

药材龙胆 Radix et Rhizoma Gentianae

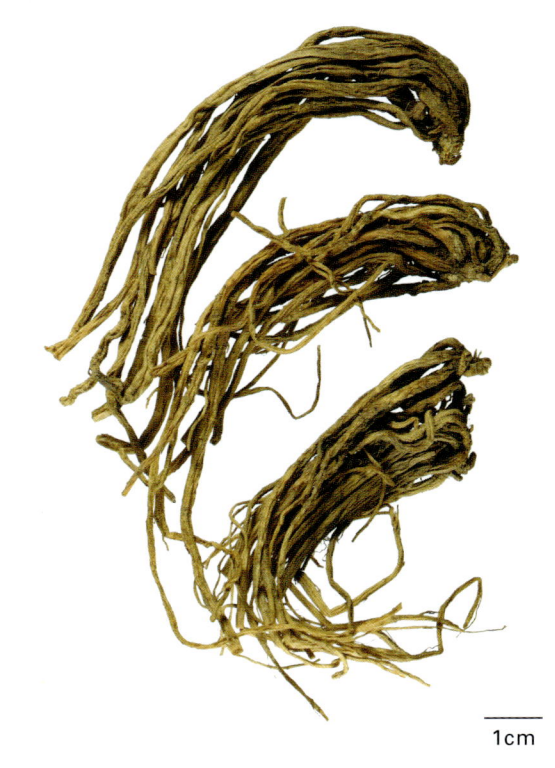

1cm

龙胆科

条叶龙胆 G. manshurica Kitag.

三花龙胆 G. triflora Pall.

坚龙胆 G. rigescens Franch.

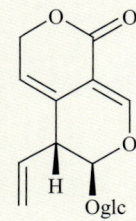 **化学成分**

龙胆根中主要含有裂环烯醚萜苷类成分，已分离得到龙胆苦苷 (gentiopicroside)、当药苷 (sweroside)[1]、当药苦苷 (swertiamarin)[2]、苦龙胆脂苷 (amarogentin)[3]、4′-O-β-D-吡喃葡萄糖基龙胆苦苷 (4′-O-β-D-glucopyranosylgentiopicroside)、6′-O-β-D-吡喃葡萄糖基龙胆苦苷 (6′-O-β-D-glucopyranosylgentiopicroside)[4]、gentiascabraside A、6β-hydroxyswertiajaposide A、1-O-β-D-glucopyranosyl-4-epiamplexine、scabrans G_3、G_4、G_5[5]等；另尚含有生物碱类成分龙胆碱 (gentianine)[6]、龙胆黄碱 (gentioflavine)[7]等及三萜类成分：(20S)-13(17),24-达玛二烯-3-酮 [(20S)-dammara-13(17),24-dien-3-one]、(20R)-13(17),24-达玛二烯-3-酮 [(20R)-dammara-13(17),24-dien-3-one]、chirat-16-en-3-one、chirat-17(22)-en-3-one、17β,21β-环氧-3-何帕酮 (17β,21β-epoxyhopan-3-one)、齐墩果酸 (oleanolic acid)等[8-9]。

gentiopicroside

sweroside

swertiamarin

龙胆 Longdan

龙胆 Longdan

药理作用

1. **保肝利胆**
   龙胆根水提物、甲醇提取物灌胃或龙胆粉针剂腹腔注射对 CCl_4、D-半乳糖胺 (D-GlanN)、硫代乙酰胺 (TAA) 等所致大鼠及小鼠急性肝损伤及肝纤维化具有保护作用[10-14]；龙胆苦苷体外还可抑制人肝癌细胞 SMMC-7721 的增殖[15]。

2. **抗炎、镇痛**
   龙胆水提物灌胃对二甲苯所致小鼠耳廓肿胀有抑制作用，可减少冰醋酸所致小鼠的扭体次数[16]。

3. **抗疲劳、耐缺氧**
   龙胆水提物灌胃可延长小鼠在缺氧情况下的存活时间，并可明显提高运动后血中乳酸的清除速度，增加肝糖原的含量[16]。

4. **抗甲亢**
   龙胆草煎剂灌胃，可明显抑制甲亢大鼠肝中皮质醇分解代谢的关键酶类固醇 Δ^4-还原酶的活性，降低甲亢大鼠肝中皮质醇的降解作用，使甲亢大鼠尿中 17-羟皮质类固醇 (17-OHCS) 排量显著减少[17]。

5. **对中枢神经系统的影响**
   龙胆苦苷对正常小鼠戊巴比妥钠所致的睡眠有协同作用，对 CCl_4 中毒小鼠则明显缩短苯巴比妥钠的睡眠时间，延长翻正反射消失时间；龙胆碱对神经系统则具有兴奋作用，剂量较大时出现麻醉作用[18]。

6. **升血糖**
   龙胆碱腹腔注射能显著升高大鼠血糖，且具有持续作用[19]。

7. **其他**
   龙胆提取物还具有拮抗血小板活化因子 (PAF)[20]、增强免疫、抗菌、抗病原体、健胃、降血压等作用。

应用

本品为中医临床用药。功能：清热燥湿，泻肝胆火。主治：①阴肿阴痒，带下湿疹，黄疸尿赤；②肝火头痛，目赤耳聋，胁痛口苦；③肝经热盛、热极生风所致的高热惊厥、手足抽搐。

现代临床还用于肝胆系统炎症、中耳炎、尿路感染、阴道炎、带状疱疹、高血压、急性眼结膜炎、湿疹等病的治疗。

评注

《中国药典》中收载作龙胆药用的还有同属植物条叶龙胆 Gentiana manshurica Kitag.、三花龙胆 G. triflora Pall. 及坚龙胆 G. rigescens Franch. 的根及根茎。

不同品种龙胆中总苦苷和龙胆苦苷含量测定结果表明，以《中国药典》所收载的 4 种龙胆中含量最高，分别为 4.0%~7.3% 和 3.7%~6.3%。

目前，龙胆药材主要依靠野生资源，已不能满足日益增长的市场需求，有关人工栽培技术[21]及病虫害防治[22]等方面研究正在进行。

龙胆传统上主要以根及根茎入药，对其规范化种植及经验种植的质量分析研究表明，以三年为龙胆最佳采收年限[23]。

龙胆也可被制成兽药，治疗动物消化不良、充血性炎症等；还可制成农药，作为杀菌、杀虫剂。

由于龙胆属植物大多花色鲜艳，秋季开花，有较高的观赏价值，也是观赏花卉中大有开发前景的种植资源[24]。辽宁现已建立了龙胆的规范化种植基地。

参考文献

[1] HQ Tang, RX Tan. Glycosides from *Gentiana scabra*. *Planta Medica*. 1997, **63**(4): 388

[2] T Hayashi, C Kosiro. Studies on crude from *Gentiana scabra*. 5. Determination of Gentianae radix Swertiae herba deapensed in bitter peptic preparations in J. P. VIII and stability of bitter principles gentiopicroside and swertiamarin. *Yakuzaigaku*. 1976, **36**(2): 95-100

[3] Y Takino, M Koshioka, M Kawaguchi, T Miyahara, H Tanizawa, Y Ishii, M Higashino, T Hayashi. Quantitative determination of bitter components in gentianaceous plants. Studies on the evaluation of crude drugs. VIII. *Planta Medica*. 1980, **38**(4): 344-350

[4] R Kakuda, T Iijima, Y Yaoita, K Machida, M Kikuchi. Secoiridoid glycosides from *Gentiana scabra*. *Journal of Natural Products*. 2001, **64**(12): 1574-1575

[5] M Kikuchi, R Kakuda, M Kikuchi, Y Yaoita. Secoiridoid glycosides from *Gentiana scabra*. *Journal of Natural Products*. 2005, **68**(5): 751-753

[6] S Shibata, M Fujita, H Igeta. Detection and isolation of an alkaloid gentianine from Japanese gentianaceous plants. *Journal of Social and Administrative Pharmacy*. 1957, **77**: 116-118

[7] 杨绍云，王薇薇，李志平，黄明星．龙胆化学成分的研究（I）．中草药．1981，**12**(6)：7-8

[8] R Kakuda, T Iijima, Y Yaoita, K Machida, M Kikuchi. Triterpenoids from *Gentiana scabra*. *Phytochemistry*. 2002, **59**(8): 791-794

[9] 刘明韬，韩志超，章漳，吴立军．龙胆的化学成分研究．沈阳药科大学学报．2005，**22**(2)：103-104，118

[10] 崔长旭，柳明洙，李天洙，张学武．龙胆草水提取物对大鼠急性肝损伤的保护作用．延边大学医学学报．2005，**28**(1)：20-22

[11] 朴龙，金英淑，金艳华．龙胆草提取物对D-半乳糖致肝损伤的保护作用．中华综合临床医学杂志．2004，**6**(4)：9-10

[12] 江蔚新，薛宝玉．龙胆对小鼠急性肝损伤保护作用的研究．中国中药杂志．2005，**30**(14)：1105-1107

[13] 柳京浩，李泰峰，金香子．龙胆草提取物对四氯化碳致肝纤维化大鼠 TNF-α、HA及NO的影响．中华综合临床医学杂志．2004，**6**(1)：12-14

[14] 佟丽，陈育尧，刘欢欢，李吉来，罗佳波．龙胆粉针剂对实验性肝损伤的作用．第一军医大学学报．2001，**21**(12)：906-907

[15] 黄馨慧，罗明志，齐浩，王喆之．龙胆苦苷等6种中草药提取物对 SMMC-7721人肝癌细胞增殖的影响．西北药学杂志．2001，**19**(4)：166-168

[16] 金香子，徐明．龙胆草提取物抗炎、镇痛、耐缺氧及抗疲劳作用的研究．时珍国医国药．2005，**16**(9)：842-843

[17] 薛惠娟，赵伟康．龙胆草对甲亢大鼠肝匀浆类固醇 Δ^4-还原酶的活性影响．中国中西医结合杂志．1992，**12**(4)：230-231

[18] 杨书彬，王承．龙胆化学成分和药理作用研究进展．中医药学报．2005，**33**(6)：54-56

[19] 张勇，蒋家雄，李文明．龙胆苦甙药理研究进展．云南医药．1991，**12**(5)：304-306

[20] H Huh, HK Kim, HK Lee. PAF antagonistic activity of 2-hydroxy-3-methoxybenzoic acid glucose ester from *Gentiana scabra*. *Archives of Pharmacal Research*. 1998, **21**(4): 436-439

[21] 赵敏．龙胆草全露地育苗技术的研究．中草药．2003，**34**(8)：757-759

[22] H Uga, YO Kobayashi, K Hagiwara, Y Honda, T Omura. Selection of an attenuated isolate of bean yellow mosaic virus for protection of dwarf gentian plants from viral infection in the field. *Journal of General Plant Pathology*. 2004, **70**(1): 54-60

[23] 孙晖，吴修红，刘丽，王喜军．规范化种植龙胆质量标准的实验研究．中医药学刊．2003，**21**(4)：505，507

[24] 程雪，罗辅燕，苏智先．四川省野生观赏植物资源及开发利用．资源开发与市场．2004，**20**(2)：131-133

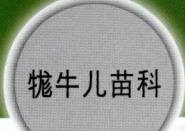

老鹳草 Laoguancao CP

Geranium wilfordii Maxim.
Wilford Cranesbill

概述

牻牛儿苗科 (Geraniaceae) 植物老鹳草 *Geranium wilfordii* Maxim., 其干燥地上部分入药。中药名：老鹳草。

老鹳草属 (*Geranium*) 植物全世界约有 400 种，广布世界各地，主要分布于温带及热带山区。中国产有 55 种、5 变种。本属现供药用者约有 10 种。本种分布于中国东北、华北、华东、华中、陕西、甘肃、四川等地；俄罗斯远东地区、朝鲜半岛、日本也有分布。

"老鹳草"药用之名，始载于《滇南本草》。历代本草多有著录[1]。《中国药典》(2005 年版) 收载本种为中药老鹳草的法定原植物来源种之一。主产于中国云南、四川、湖北等省区。

老鹳草属植物主要化学成分为黄酮和鞣质，尚含有机酸等。槲皮素、山奈酚几乎存在于该属的每种植物，但不含槲皮素-7-O-葡萄糖苷[2]。现代研究发现本种所含的老鹳草素是活性成分之一。《中国药典》以性状、水分、总灰分、酸不溶性灰分、浸出物含量测定等来控制药材质量。

药理研究表明，老鹳草具有抗氧化、保肝、抗菌、抗炎和镇痛等作用。

中医理论认为老鹳草具有祛风湿，通经络，止泻痢等功效。

老鹳草 *Geranium wilfordii* Maxim.

药材老鹳草 Herba Geranii

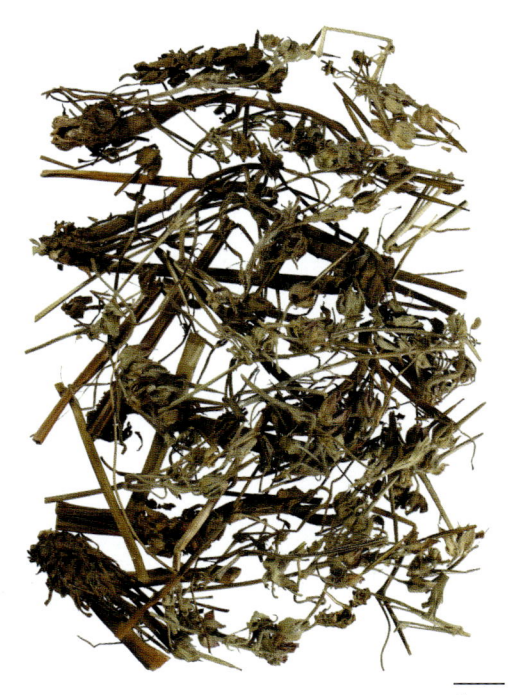

1cm

化学成分

老鹳草全草含有老鹳草素 (geraniin)、金丝桃苷 (hyperin) 等；还含有挥发油，主要成分有：玫瑰醇 (rhodinol)、香茅醇 (citronellol)、香叶醇 (geraniol) 等[3]。

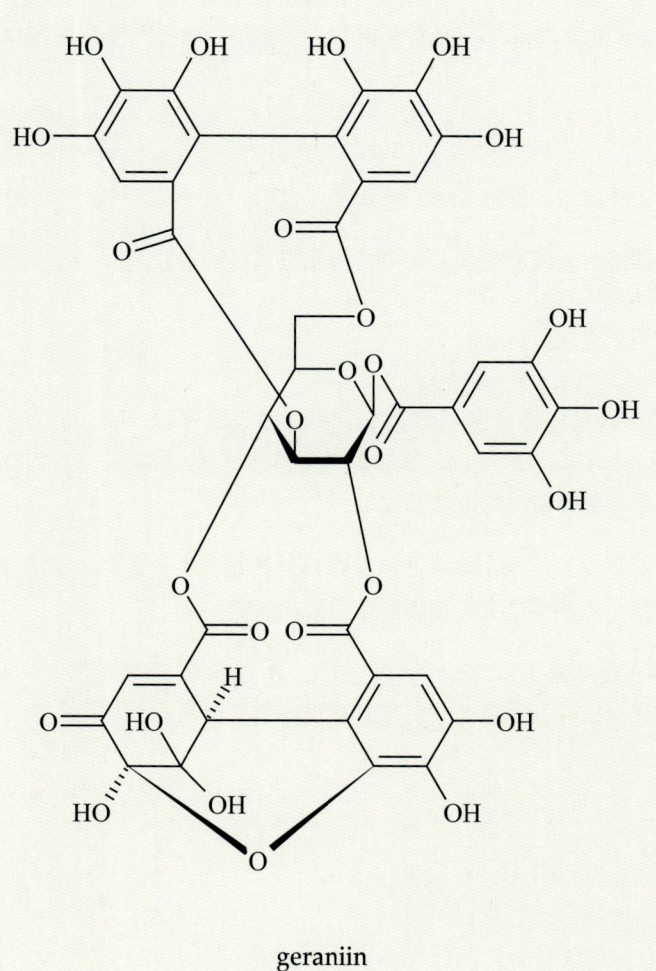

geraniin

药理作用

1. **抗炎、镇痛**

   采用热板法、醋酸扭体法试验，发现老鹳草醋酸乙酯萃取物有镇痛作用；老鹳草醋酸乙酯及水萃取物均可明显抑制由二甲苯所致的小鼠耳廓肿胀，具有明显抗炎作用[4]；老鹳草水提取物对小鼠耳廓肿胀、棉球肉芽组织增生、腹腔毛细血管通透性增高和大鼠佐剂型关节炎均有明显抑制作用[5]。

2. **抗菌**

   体外实验表明老鹳草煎剂对福氏志贺氏菌、宋内氏志贺氏菌、大肠杆菌、金黄色葡萄球菌敏感株和绿脓假单胞菌均有抑制作用[6]。肺炎双球菌、甲型溶血性链球菌对老鹳草煎剂中度敏感，而金黄色葡萄球菌则高度敏感。另外，老鹳草煎膏对肺炎双球菌感染小鼠的抑菌作用与羟氨苄青霉素相当[7]。

3. **抗氧化、保肝**

   老鹳草苷及其分解产物可抑制脂质过氧化和维生素 C 的自动氧化，作用强度大于鞣酸，与有害金属离子 Cr^{6+}、

Pb^{2+} 等共存时，也有显著还原作用[8]。大鼠饲喂过氧化玉米胚芽油产生高脂血症伴有肝损伤，给予老鹳草苷后，显著降低大鼠血清和肝脏内脂质过氧化物的浓度，并抑制血清谷草转氨酶 (sGOT) 和谷丙转氨酶 (sGPT) 水平的升高[6, 9]。老鹳草苷能抑制四氯化碳所致的三酰甘油积聚和脂质过氧化，同时维持血清超氧化物歧化酶 (SOD) 活性在正常水平[10]。

4. 其他

老鹳草苷可抑制肿瘤坏死因子α(TNF-α)的释放[11]，增强巨噬细胞的磷酸酶活性，并显著抑制其内吞、噬菌和胞饮作用[12-13]。此外，老鹳草还有降血压[14]、孕激素样[15]、抗实验性肾炎[16]及抗腹泻作用[17]。

应用

老鹳草为中医临床用药。功能：祛风湿，舒筋活络，止泻痢。主治：①风湿痹痛；②湿热泻痢。

现代临床还用于肠炎、细菌性痢疾、乳腺增生病、疱疹性角膜炎等病的治疗。

评注

《中国药典》除老鹳草外，还收载有老鹳草属植物野老鹳草 *Geranium carolinianum* L. 及牻牛儿苗属植物牻牛儿苗 *Erodium stephanianum* Willd. 为中药老鹳草的法定原植物来源种。野老鹳草、牻牛儿苗与老鹳草具有类似的药理作用，其化学成分也大致相同，主要含鞣质和挥发油类成分。

据文献报道，进行产区和商品的调查后发现，牻牛儿苗是中药老鹳草的主流品种，资源丰富；本草考证发现清朝以前牻牛儿苗并未作老鹳草药用，因此，应加强这三种植物的系统对比研究。

《日本药局方》(第十五版)收载童氏老鹳草 *G. thunbergii* Sied. et Zucc.，在日本主要用于治疗饮食不洁的泻肚、便秘，并被肠胃不好病人的代茶饮，现代研究发现童氏老鹳草具有很好的抗菌和止泻作用[3, 18]。

参考文献

[1] 刘娟，王良信. 老鹳草的本草考证. 中草药. 1992, 23(5): 276-277

[2] 雷海民，魏璐雪. 牻牛儿苗科植物化学分类研究. 西北药学杂志. 1997, 12(5): 207-208

[3] 周海燕. 老鹳草的研究概况. 国外医药: 植物药分册. 1996, 11(4): 164-166

[4] 胡迎庆，刘岱琳，周运筹，雷志勇. 老鹳草的抗炎、镇痛活性研究. 西北药学杂志. 2003, 18(3): 113-115

[5] 冯平安，贾得云，刘超，王静. 老鹳草抗炎作用的研究. 安徽中医临床杂志. 2003, 15(6): 511-512

[6] 宋华. 老鹳草的药理作用研究进展. 中草药. 1997, 28: 132-133

[7] 纳冬荃，魏群德，赵淮，纳志云，李海林. 老鹳草煎膏的体内外抑菌实验及急性毒性实验研究. 1998, 34: 32-35

[8] 杜晓鸣，郭永泗. 老鹳草素 (Geraniin) 及其抗氧化作用. 国外医药: 植物药分册. 1990, 5(2): 57-62

[9] 王本祥. 现代中药药理学. 天津: 天津科学技术出版社. 1997: 443-445

[10] Y Nakanishi, T Okuda, H Abe. Effects of geraniin on the liver in rats III -correlation between lipid accumulations and liver damage in CCl4-treated rats. *Natural Medicines*. 1999, 53(1): 22-26

[11] S Okabe, M Suganuma, Y Imayoshi, S Taniguchi, T Yoshida, H Fujiki. New TNF-alpha releasing inhibitors, geraniin and corilagin, in leaves of *Acer nikoense*, Megusurino-ki. *Biological & Pharmaceutical Bulletin*. 2001, 24(10): 1145-1148

[12] Y Ushio, T Fang, T Okuda, H Abe. Modificational changes in function and morphology of cultured macrophages by geraniin. *Japanese Journal of Pharmacology*. 1991, 57(2): 187-196

[13] Y Ushio, T Okuda, H Abe. Effects of geraniin on morphology and function of macrophages. *International Archives of Allergy and Applied Immunology*. 1991, 96(3): 224-230

[14] JT Cheng, SS Chang, FL Hsu. Antihypertensive action of geraniin in rats. *The Journal of Pharmacy and Pharmacology*. 1994, **46**(1): 46-49

[15] 闫润红，杨文珍，王世民．老鹳草孕激素样作用的实验观察．中药药理与临床．1998，**14**(4)：29

[16] Y Nakanishi, M Kubo, T Okuda, H Abe. Effects of geraniin on aminonucleoside nephrosis in rats. *Natural Medicines*. 1999, **53**(2): 94-100

[17] 王丽敏，卢春凤，路雅真，傅正宗，刘娟．老鹳草鞣质类化合物的抗腹泻作用研究．黑龙江医药科学．2003，**26**(5)：28-29

[18] 日本公定书协会．日本药局方．十五版．东京：广川书店．2006：3539-3540

银杏 Yinxing
BP, CP, EP, KHP, USP

Ginkgo biloba L.
Ginkgo

银杏科

概述

银杏科 (Ginkgoaceae) 植物银杏 *Ginkgo biloba* L.，其种子入药。中药名：白果。其叶也入药。

银杏是世界上残存的植物活化石之一，作为中生代的子遗植物，为中国特有。银杏在中国多为栽培，北自辽宁沈阳，南至广东广州，西至贵州、云南西部，东至华东各省均有分布。朝鲜半岛、日本、欧洲及美洲也有栽培。

银杏以"白果"药用之名，始载于《证类本草》。《中国药典》（2005 年版）收载其种子和叶作药用；《韩国药典》收载白果药用[1]；《英国植物药典》收载银杏叶药用[2]，近年银杏叶已为多国药典收载。主产于中国广西、四川、河南、山东、湖北、辽宁等地。

银杏的主要活性成分为黄酮类和倍半萜内酯类化合物，尚含有机醇、醛类、生物碱等类成分。银杏内酯 B 和白果内酯是银杏的特征性成分。《中国药典》规定，以高效液相色谱法测定，银杏叶含银杏内酯 A、B、C 和白果内酯的总量不得少于 0.25%，以槲皮素、山奈素、异鼠李素合计的总黄酮醇苷含量不得少于 0.40%，以控制药材质量。以薄层色谱法可检出白果中的银杏内酯 A、C。

药理研究表明，银杏叶具有扩张血管、降血脂、清除自由基、抗缺氧等作用。银杏叶标准提取物 (EGb761) 为全世界销售量最大的天然药物制剂之一。

中医传统以白果入药，银杏叶极少使用。中医理论认为白果具有敛肺定喘，止带，缩尿等功效。

银杏 *Ginkgo biloba* L.

药材白果 Semen Ginkgo

1cm

化学成分

银杏叶中的主要活性成分为黄酮类和倍半萜内酯类成分。单黄酮类成分主要有槲皮素(quercetin)、山柰酚(kaempferol)、异鼠李素(isorhamnetin)、槲皮素-3-鼠李糖-2-(6-对羟基顺式桂皮酰)-葡萄糖苷[quercetin-3-rhamnopyranosyl-2-(6-p-hydroxy-cis-cinnamoyl)-glucopyranoside]、山柰酚-3-鼠李糖-2-(6-对羟基顺式桂皮酰)-葡萄糖苷[kaempferol-3-rhamnopyranosyl-2-(6-p-hydroxy-cis-cinnamoyl)-glucopyranoside]、槲皮素-3-鼠李糖-2-(6-对羟基顺式桂皮酰)-葡萄糖-7-葡萄糖苷[quercetin-3-rhamnopyranosyl-2-(6-p-hydroxy-cis-cinnamoyl)-glucosyl-7-glucopyranoside][3];双黄酮类成分有穗花杉双黄酮(amentoflavone)、银杏双黄酮(bilobetin)、白果双黄酮(ginkgetin)、异白果双黄酮(isoginkgetin)、5′-甲氧基银杏双黄酮(5′-methoxybilobetin)、金松双黄酮(sciadopitysin)[3];儿茶素类成分:(+)-儿茶素[(+)-catechin]、(-)-表儿茶素[(-)-epicatechin]、(+)-没食子酸儿茶素[(+)-gallocatechin]和(-)-表没食子酸儿茶素[(-)-epigallocatechin];内酯类成分:银杏内酯A、B、C、J、K、M(ginkgolides A-C, J, K, M)[4]和白果内酯(bilobalide);尚含白果酸(ginkgoic acid)、氢化白果酸(hydroginkgolic acid)、氢化白果亚酸(hydrginkgolinic acid)、白果酮(ginnone)、银杏酮(bilobanone)、白果酚(ginkgol)及银杏多糖等成分[5]。

银杏种子中含有4-O-甲基吡多醇(4-O-methylpyridoxol),又称银杏毒素(ginkgotoxin)。

银杏外种皮含白果双黄酮、异白果双黄酮、氢化白果酸、白果酚和白果醇(ginnol)[6]。

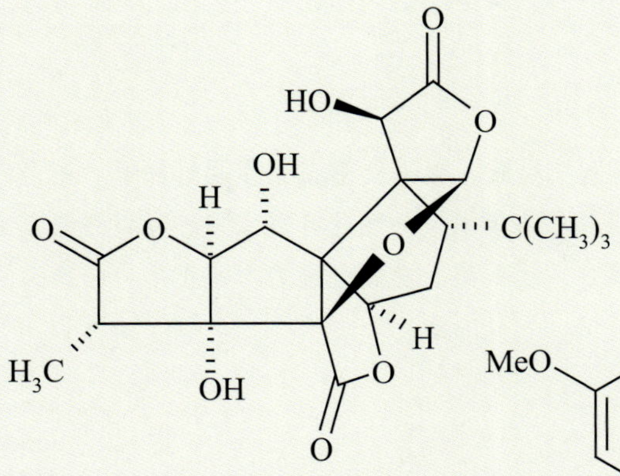

ginkgolide B

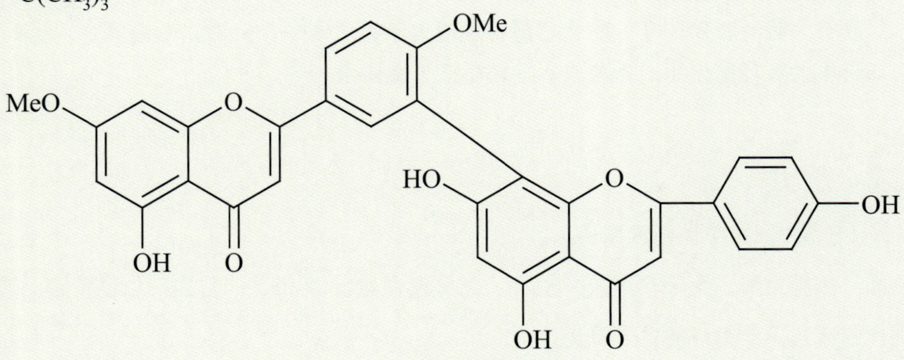

ginkgetin

药理作用

1. **祛痰**
   银杏种子醇提物腹腔注射,小鼠酚红排泌法证明有祛痰作用。

2. **保护心血管系统**
   银杏黄酮静脉注射可使胎儿羊水致血瘀症模型家兔的肠系膜管径、全血黏度和血浆黏度增加,红细胞聚集指数、变形指数和取向指数降低,明显改善血液流变学及微循环障碍[7];银杏叶提取物体外可诱导培养胎儿血管平滑肌细胞(VSMC)Bcl-2蛋白表达减少,凋亡率增加[8]。银杏提取物灌胃,可显著抑制动脉粥样硬化大鼠主动脉致炎细胞因子白介素1β(IL-1β)、肿瘤坏死因子α(TNF-α)的表达,上调抗炎细胞因子IL-10、IL-10R的表达[9]。银杏内酯

银杏 Yinxing

B 和 C 体外具有明显的抑制血小板激活因子 (PAF) 诱导的血小板聚集[10]，银杏内酯B静脉注射可阻断 PAF 导致的烫伤大鼠血压下降，改善心功能[11]；银杏提取物对外源性 PAF 加重离体豚鼠心脏缺血再灌注损伤具有保护作用[12]。

3. **保护中枢神经系统**

银杏内酯灌胃可降低麻醉犬脑血管阻力，增加脑血流量[13]；银杏提取物灌胃可有效改善 D-半乳糖、三氯化铝致痴呆大鼠学习和记忆能力[14]；银杏外种皮内酯可改善 D-半乳糖致衰老小鼠学习记忆和运动能力，提高小鼠海马超氧化歧化酶 (SOD) 活性、降低大脑皮质血清胆碱脂酶 (CHE) 活性和丙二醛 (MDA) 含量[15]。银杏内酯灌胃可改善急性不完全性脑缺血 (AICI)、中动脉阻塞 (MCAO)、全脑缺血 (GI) 大鼠的缺血状态，对抗缺血性脑损伤[16]；银杏叶提取物体外能逆转低氧复氧、H_2O_2、L-谷氨酸损伤后谷氨酸诱导的星形胶质细胞 $[Ca^{2+}]_i$ 异常变化[17]，银杏内酯 B 灌胃，可明显提高全脑缺血再灌注损伤模型大鼠脑组织的 SOD、谷胱甘肽过氧化物酶 (GSH-Px)、ATP酶活性，降低 MDA 水平，减轻脑组织神经细胞损伤[18]。

4. **抗氧化**

银杏叶提取物腹腔注射，可降低对乙酰氨基酚致肝损伤小鼠的丙氨酸转氨酶 (ALT) 和天冬氨酸转氨酶 (AST)、TNF-α水平，提高 GSH、MDA 水平和髓过氧化物酶 (MPO) 活性[19]。EGb761 体外能显著抑制 H_2O_2 诱导的红细胞溶血反应，提高红细胞 SOD、Na^+、K^+-ATP 酶、Mg^{2+}、Ca^{2+}-ATP 酶的活性，降低MDA水平[20]。

5. **抗肿瘤**

银杏提取物体外可抑制 S_{180} 和 H22 细胞生长，腹腔注射可抑制小鼠 S_{180}、H_{22} 移植瘤生长[21]；银杏叶多糖体外可增加环磷酰胺等化疗药物和 $^{60}Co-γ$ 照射对鼻咽癌细胞 CNE-2、宫颈癌细胞HeLa的杀伤作用[22]。EGb761 体外显著抑制重组人肿瘤坏死因子α (rhTNF-α) 诱导HeLa细胞凋亡[23]。

6. **其他**

银杏叶乙醇提取物与总黄酮苷类对豚鼠离体肠平滑肌有解痉作用，能对抗组胺、胆碱及 $BaCl_2$ 引起的痉挛。银杏内酯 B 能抑制小鼠慢性炎症性血管生成[24]。白果内酯体外可抑制卡氏肺孢子虫增殖[25]。银杏叶提取物还具有改善人工衰老大鼠肾肺功能[26]，防止乙醇诱发的大鼠胃溃疡[27]，抗菌[28]、镇痛[29]、抗病毒、提高免疫力[30]等作用。白果肉、白果汁有抑菌作用，外种皮水提物有抗过敏作用。

应用

种子（白果），为中医临床用药。

功能：敛肺定喘，止带，缩尿。主治：①哮喘痰嗽；②带下，白浊，小便频数，遗尿等。

现代临床还用于治疗慢性气管炎。

叶

功能：敛肺平喘，活血止痛。主治：肺虚咳喘。

现代临床还用于冠心病、心绞痛、脑血管痉挛、脑供血不全、记忆力衰退、老年性痴呆等、支气管哮喘等病的治疗。

评注

白果是中国卫生部规定的药食同源品种之一。

除药品外，银杏还用于保健品、食品、化妆品中，具有一定的保健作用。

银杏叶片精美、典雅可用于书签，也有防虫作用，银杏叶在农药与驱虫药的开发研究方面值得探索。

目前银杏叶已成为中国出口量最大的药材之一，银杏叶产量 2 万吨[31]，年产银杏黄酮苷近百吨，80%销往国外[32]。

银杏为中国的特有树种，中国是全球银杏的供应大国。为保证药源的可持续发展，江苏现已建立了银杏的规范化种植基地。

参考文献

[1] 肖培根,金在佶. 东洋传统药物原色图鉴. 永林社. 1995: 288

[2] British Pharmacopoeia Commission Office. British Pharmacopoeia. United Kingdom: British Pharmacopoeia Commission Office. 2002: 822-824

[3] 钱天秀,杨世林,徐丽珍,曹瑾. 银杏研究现状. 国外医药:植物药分册. 1997, 12(4): 157-163

[4] 楼凤昌,凌娅,唐于平,王颖. 银杏萜内酯的分离、纯化和结构鉴定. 中国天然药物. 2004, 2(1): 11-15

[5] 黄桂宽,曾麒燕. 银杏叶多糖的化学研究. 中草药. 1997, 28(8): 459-461

[6] 王杰,余碧玉,刘向龙,张雨梅. 银杏外种皮化学成分的分离和鉴定. 中草药. 1995, 26(8): 290-292, 328

[7] 刘发明,李勇剑,李淑玮,马丽敏,高尔. 银杏黄酮磷脂复合物对家兔血液流变性与微循环的影响. 潍坊医学院学报. 2005, 27(4): 241-245

[8] 董少红,高虹,梁新剑. 银杏叶提取物对培养中胎儿血管平滑肌细胞Bcl-2蛋白表达量的影响. 中国心血管杂志. 2005, 10(4): 241-244

[9] 焦亚斌,芮耀诚,杨鹏远,李铁军,邱彦. 动脉粥样硬化大鼠主动脉IL-1β、TNFα、IL-10及IL-10R的表达及银杏叶提取物的作用. 第二军医大学学报. 2005, 26(2): 158-160

[10] K Stromgaard, DR Saito, H Shindou, S Ishii, T Shimizu, K Nakanishi. Ginkgolide derivatives for photolabeling studies: preparation and pharmacological evaluation. *Journal of Medicinal Chemistry*. 2002, 45(18): 4038-4046

[11] 殷明,方之扬,葛绳德,刘世康,陈玉林. 血小板激活因子拮抗剂银杏苦内酯B对烫伤大鼠心血管功能的影响. 第二军医大学学报. 1990, 11(3): 210-212

[12] 王秋娟,高建. 银杏内酯对血小板活化因子加重离体豚鼠心肌缺血再灌注损伤的影响. 中国新药杂志. 2005, 14(4): 423-427

[13] 徐江平,李琳,孙莉莎. 银杏内酯对犬脑血流量的影响. 中西医结合学报. 2005, 3(1): 50-53

[14] 李红枝,陈伟强. 银杏叶提取物对雌性阿尔茨海默病大鼠学习记忆能力影响. 武汉大学学报(医学版). 2005, 26(5): 582-584

[15] 王爱萍,史明仪,费文勇,江雷. 银杏外种皮内酯对D-半乳糖致脑衰老小鼠的作用. 中国中医基础医学杂志. 2005, 11(3): 189-191

[16] 任俊,贾正平,邓虹珠,何晓英,张汝学,李琳. 银杏内酯对三种脑缺血模型大鼠的保护作用. 中药新药与临床药理. 2005, 16(1): 41-45

[17] Z Li, XM Lin, PL Gong, GH Du, FD Zeng. Effects of *Ginkgo biloba* extract on glutamate-induced $[Ca^{2+}]_i$ changes in cultured cortical astrocytes after hypoxia/ reoxygenation, H_2O_2 or L-glutamate injury. *Acta Pharceutica Sinica*. 2005, 40(3): 213-219

[18] 秦兵,张根葆,陈冬云,许敏,李爱华. 银杏内酯B对脑缺血-再灌注神经元损伤的保护作用. 中国中西医结合急救杂志. 2005, 12(1): 17-20

[19] G Sener, GZ Omurtag, O Sehirli, A Tozan, M Yueksel, F Ercan, N Gedik. Protective effects of *Ginkgo biloba* against acetaminophen-induced toxicity in mice. *Molecular and Cellular Biochemistry*. 2006, 283(1-2): 39-45

[20] 李静,刘成玉. 银杏叶提取物(EGb761)对红细胞脂质过氧化损伤的影响. 中国海洋大学学报. 2005, 35(3): 487-490

[21] 嵇玉峰,黄金活,梁洪江,李金昌,王书浩,李大鹏,陶岚,张丽,张华. 银杏提取物抗肿瘤作用的实验研究. 中医研究. 2005, 18(7): 14-16

[22] 侯华新,黎丹戎,黄桂宽,张玮,莫玉珍,宋慧,周劲帆. 银杏叶多糖在肿瘤放射、化学治疗中的增敏作用研究. 广西医科大学学报. 2005, 22(1): 29-31

[23] 黄迪南,侯敢,刘万策. 银杏叶提取物EGb761通过caspase-3抑制TNF-α诱导HeLa细胞凋亡. 肿瘤. 2005, 25(3): 229-231, 242

[24] 欧阳雪宇,王文杰,廖文辉,陈晓红. 银杏内酯B对慢性炎症血管生成的抑制作用. 药学学报. 2005, 40(4): 311-315

[25] 倪小毅,王健,陈雅棠,余登高,马经野,秦德英. 白果内酯抗卡氏肺孢子虫体外作用的研究. 中国人兽共患病杂志. 2005, 21(8): 677-680

[26] Y Sun, RY Sun, YW Du, SW Wang. Protective effect of *Ginkgo biloba* extract on lung and kidney function in artificial aging rats. *Chinese Journal of Clinical Rehabilitation*. 2005, 9(27): 239-241

[27] SH Chen, YC Liang, JCJ Chao, LH Tsai, CC Chang, CC Wang, S Pan. Protective effects of *Ginkgo biloba* extract on the ethanol-induced gastric ulcer in rats. *World Journal of Gastroenterology: WJG*. 2005, 11(24): 3746-3750

[28] 杨小明,陈钧,钱之玉,郭涛. 银杏酸抑菌效果的初步研究. 中药材. 2002, 25(9): 651-653

[29] 张黎,赵春晖,陈志武,王瑜,方明,江勤,岑德意,潘见. 银杏叶总黄酮镇痛作用及机制的探讨. 安徽医科大学学报. 2001, 36(4): 263-266

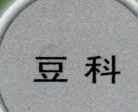

皂荚 Zaojia^{CP}

豆科

Gleditsia sinensis Lam.
Chinese Honeylocust

概 述

豆科 (Leguminosae) 植物皂荚 *Gleditsia sinensis* Lam., 其干燥棘刺入药, 中药名: 皂角刺; 其干燥不育果实入药, 中药名: 猪牙皂; 其干燥成熟果实入药, 中药名: 大皂角。

皂荚属 (*Gleditsia*) 植物全世界约 16 种, 分布于亚洲中部和东南部以及南北美洲。中国产 6 种、2变种, 广布于南北各省区。本属现供药用者约为 4 种。皂荚分布于中国东北、华北、华东、华南及四川、贵州等地。

"皂荚"药用之名, 始载于《神农本草经》, 列为下品。《中国药典》(2005年版) 收载本种为中药皂角刺和猪牙皂的法定原植物来源种, 并在附录中规定皂荚为中药大皂角的原植物来源种。皂角刺主产河南、江苏、湖北、广西、安徽、四川、湖南等地。大皂角中国大部分地区均产, 仅在山西、江苏、浙江、江西的个别地区药用; 猪牙皂主产山东、四川、云南、贵州、陕西、河南等省区。

皂荚属植物主要活性成分为三萜皂苷类化合物, 尚有黄酮及黄酮苷等。《中国药典》采用性状及显微鉴别等项目指标控制其药材质量。

药理研究表明, 皂荚的棘刺具有祛痰、抗菌、抗癌等作用。

中医理论认为皂角刺具有祛痰止咳, 杀虫散结等功效。

皂荚 *Gleditsia sinensis* Lam.

药材猪牙皂 Fructus Gleditsiae Abnormalis

1cm

皂荚 G. sinensis Lam.（皂角刺）

药材皂角刺 Spina Gleditsiae

化学成分

皂荚的果实含三萜及其皂苷类成分：皂荚苷元 (gledigenin)、皂荚苷 (gledinin)、皂荚皂苷 (gleditschia saponin)、皂角苷A、B、C、D、E、F、G、H、I、J、K、N、O、P、Q (gleditsiosides A－K, N－Q)、皂角皂苷C'、E' (gleditsia saponins C', E')[1-4]等。

皂荚种子含树胶 (gum)、半乳甘露聚糖[5-6]。

皂荚叶含黄酮苷类成分：木犀草素-7-葡萄糖苷 (luteolin-7-glucoside)、异槲皮苷 (isoquercitrin)、牡荆素 (vitexin)、异牡荆素 (isovitexin)、荭草素 (orientin)、异荭草素 (homoorientin)[7]等。

皂角刺含黄酮类成分：漆二氢素 (fustin)、漆黄素 (fisetin)；还含三萜类成分合欢酸 (echinocystic acid)、及三萜皂苷类成分皂角皂苷C (gleditsia saponin C)[8]等。

药理作用

1. 祛痰

皂荚所含皂苷类成分有刺激胃黏膜反射、促进呼吸道黏液分泌的作用[9]。

gleditsioside A

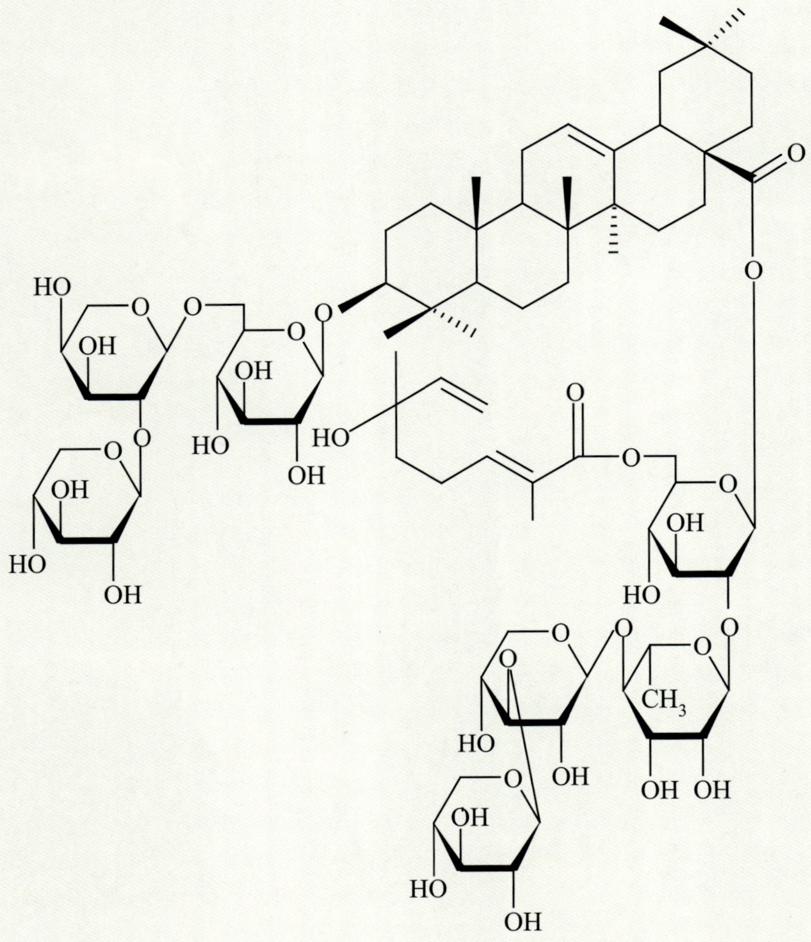

2. 抗菌

皂荚体外对大肠杆菌、痢疾杆菌、绿脓杆菌和霍乱弧菌等革兰阴性肠内致病菌有抑制作用[9]。

3. 抗肿瘤

从皂荚中提取得到的三萜皂苷 gleditsioside E 对人肝癌细胞 Bel-7402、髓样白血病细胞HL-60等表现出显著的细胞毒活性[10]。小鼠灌胃猪牙皂提取物浸膏 300 或 500mg/kg 每天，连续 10 天，对小鼠肉瘤 S_{180}、宫颈 U14、血性Sb_{180}实体瘤有较好的治疗作用[9]。皂荚果实提取物 (GSE) 对乳腺癌细胞 MCF-7、肝癌细胞 HepG2 等四种实体肿瘤细胞表现出显著的抗增殖活性，可诱导人实体肿瘤细胞凋亡[11]。GSE 能抑制急慢性骨髓性白血病病人血癌细胞的生长，诱导其凋亡[12]。

4. 抗过敏

猪牙皂提取物正丁醇部位口服对抗原诱导的大鼠实验性过敏性鼻炎有抑制作用[13]。

5. 其他

皂荚果实煎液有镇静催眠作用。

豆 科

应用

本品为中医临床用药。功能：祛顽痰，通窍开闭，祛风杀虫。主治：①顽痰阻肺，喘咳痰多之证；②痰盛关窍闭阻之证。

现代临床还用于支气管炎、哮喘、慢性阻塞性肺疾病、高脂血症、面神经炎、面神经麻痹、慢性传染性肝炎[14-16]、阴道炎、肠梗阻、骨癌[17-18]等病的治疗。

评 注

皂荚除药用外，在其他方面也具有很高的利用价值。因其抗寒、抗风、耐酸碱、适应性强等特点，被作为一种很好的绿化树种广泛种植；皂荚（属）果实作为工业原料用途广泛，其中植物胶（瓜尔胶）可望成为重要的战略原料资源；皂荚（属）种仁富含多种氨基酸、微量元素和半乳甘露聚糖，有益于人体身心健康，可制保健饼干、面包、饮料等。在面粉中加入一定的植物胶，可提高面粉的品质，制成各种专用面粉供食品生产。

此外，皂荚有深层清洁、滋润、温和收敛和抗皱的功效，还可用于美容。

参 考 文 献

[1] ZZ Zhang, K Koike, ZH Jia, T Nikaido, DA Guo, JH Zheng. Four new triterpenoidal saponins acylated with one monoterpenic acid from *Gleditsia sinensis. Journal of Natural Products*. 1999, **62**(5): 740-745

[2] Z Zhang, K Koike, Z Jia, T Nikaido, D Guo, J Zheng. Triterpenoidal saponins acylated with two monoterpenic acids from *Gleditsia sinensis. Chemical & Pharmaceutical Bulletin*. 1999, **47**(3): 388-393

[3] ZZ Zhang, K Koike, ZH Jia, T Nikaido, DA Guo, JH Zheng. Triterpenoidal saponins from *Gleditsia sinensis. Phytochemistry*. 1999, **52**(4): 715-722

[4] Z Zhang, K Koike, Z Jia, T Nikaido, D Guo, J Zheng. Gleditsiosides N-Q, new triterpenoid saponins from *Gleditsia sinensis. Journal of Natural Products*. 1999, **62**(6): 877-881

[5] J Hua, MJ Fan, GW Chang. Studies on the chemical structure of the galactomannan from the seed of *Gleditsia sinensis* Lam. *Zhiwu Xuebao*. 1983, **25**(2): 149-152

[6] MR Mirzaeva, RK Rakhmanberdyeva, EL Kristallovich. DA Rakbimov, NI Shtonda. Water-soluble polysaccharides of seeds of the genus Gleditsia. *Chemistry of Natural Compounds*. 1999, **34**(6): 653-655

[7] M Yoshizaki, T Tomimori, T Namba. Pharmacognostical studies on Gleditsia. III. Flavonoidal constituents in the leaves of *Gleditsia japonica* Miquel and *G. sinensis* Lamarck. *Chemical & Pharmaceutical Bulletin*. 1977, **25**(12): 3408-3409

[8] 李万华，傅建熙，范代娣，李琴．皂角刺化学成分的研究——皂苷成分的研究．西北大学学报（自然科学版）．2000，30(2)：137-138

[9] 王本祥．现代中药药理学．天津：天津科学技术出版社．1997：966-968

[10] L Zhong, GQ Qu, P Li, J Han, DA Guo. Induction of apoptosis and G2/M cell cycle arrest by gleditsioside e from *Gleditsia sinensis* in HL-60 cells. *Planta Medica*. 2003, **69**(6): 561-563

[11] LMC Chow, JCO Tang, ITN Teo, CH Chui, FY Lau, TWT Leung, G Cheng, RS M Wong, ILK Wong, KMS Tsang, WQ Tan, YZ Zhao, KB Lai, WH Lam, DA Guo, ASC Chan. Antiproliferative activity of the extract of *Gleditsia sinensis* fruit on human solid tumour cell lines. *Chemotherapy*. 2002, **48**(6): 303-308

[12] LMC Chow, CH Chui, JCO Tang, ITN Teo, FY Lau, GYM Cheng, RSM Wong, TWT Leung, KB Lai, MYC Yau, DA Gou, ASC Chan. *Gleditsia sinensis* fruit extract is a potential chemotherapeutic agent in chronic and acute myelogenous leukemia. *Oncology Reports*. 2003, **10**(5): 1601-1607

[13] LJ Fu, Y Dai, ZT Wang, M Zhang. Inhibition of experimental allergic rhinitis by the n-butanol fraction from the anomalous fruits of *Gleditsia sinensis. Biological & Pharmaceutical Bulletin*. 2003, **26**(7): 974-977

[14] 岳旭东．皂荚丸在呼吸系统疾病中的应用．光明中医．2002，**17**(101)：12-14

[15] 王业龙．皂荚在喉源性咳嗽中的应用．山西中医．2004，**20**(2)：8

[16] 包娜丽，马天义，温素梅．皂荚治疗慢性传染性肝炎．实用中西医结合杂志．1997，**10**(8)：801

[17] 尹旭君，尹浩，张德秀．皂荚苦参液治疗滴虫性阴道炎68例．甘肃中医．1996，**9**(3)：35-36

[18] 李智．皂荚临床新用．陕西中医学院学报．1995，**18**(4)：25

珊瑚菜 Shanhucai CP, JP

Glehnia littoralis Fr. Schmidt ex Miq.
Coastal Glehnia

概述

伞形科 (Apiaceae) 植物珊瑚菜 *Glehnia littoralis* Fr. Schmidt ex Miq.，其干燥根入药。中药名：北沙参。

珊瑚菜属 (*Glehnia*) 植物全世界约有 2 种，分布于亚洲东部及北美洲太平洋沿岸。中国仅有 1 种，且供药用。本种分布于中国辽宁、河北、山东、江苏、浙江、福建、台湾、广东等省。俄罗斯、日本、朝鲜半岛也有分布。

"沙参"药用之名，始见于《神农本草经》。明代以前的本草对"沙参"无南、北之分。"北沙参"之名始见《本草汇言》，至清代《本经逢源》才有南北两种沙参之分。《中国药典》(2005 年版) 收载本种为中药北沙参的法定原植物来源种。商品主要为栽培品，主产于中国山东、福建、河北、江苏、广东及辽宁。其中以山东莱阳产者最为著名。

珊瑚菜主要含多种香豆素类及多炔类成分等。《中国药典》以药材性状、显微特征鉴别等指标控制其药材质量。

药理研究表明，珊瑚菜具有镇咳祛痰、免疫调节、解热、镇痛等作用。

中医理论认为北沙参具有养阴清肺，益胃生津等功效。

珊瑚菜 *Glehnia littoralis* Fr. Schmidt ex Miq.

药材北沙参 Radix Glehniae

1cm

1cm

化学成分

珊瑚菜的根及根茎含香豆素及其苷类成分：补骨脂素 (psoralen)、佛手柑内酯 (bergapten)、花椒毒素 (xanthotoxin)、欧前胡素 (imperatorin)、异欧前胡素 (isoimperatorin)、花椒毒酚 (xanthotoxol)、印度榅桲素 (marmesin)、东莨菪素 (scopoletin)、欧芹酚-7-O-β-龙胆二糖苷 (ostheol-7–O-β-gentiobioside)[1-2]等；多炔类成分：(9Z)-1,9-heptadecadiene-4,6-diyne-3,8,11-triol、(10E)-1,10-heptadecadiene-4,6-diyne-3,8,9-triol、法卡林二醇 (falcalindiol)、(8E)-1,8-heptadecadiene-4,6-diyne-3,10-diol[3-4]等；木脂素苷成分：glehlinosides A、B、C[5]等。

根及地上部分含挥发油，其主要成分为α-蒎烯 (α-pinene)、β-水芹烯 (β-phellandrene)[6]等。

从其果实中得到多种单萜或芳香族化合物的β-D-吡喃葡萄糖苷[7]。

glehlinoside A : R=H

glehlinoside B : R=OCH$_3$

珊瑚菜 Shanhucai

珊瑚菜 Shanhucai

药理作用

1. **镇咳祛痰**
   珊瑚菜乙醇提取物灌胃能显著减少氨水所致小鼠的咳嗽次数，延长其咳嗽潜伏期；增加小鼠呼吸道酚红排出量[8]。

2. **免疫调节功能**
   珊瑚菜100%水煎剂、5%醇沉液及20%多糖灌胃对小鼠巨噬细胞($M\varphi$)吞噬功能、血清溶菌酶水平、迟发型超敏反应(DTH)有非常显著的促进作用。醇沉液及多糖对B、T细胞增殖呈显著抑制作用，而水煎剂对B细胞增殖呈显著促进作用[9]。

3. **抗突变**
   珊瑚菜的水、乙醇浸出液体外能抑制三种阳性诱变剂(2-AF、2,7-AF、NaN_3)诱导的鼠伤寒沙门氏菌组氨酸缺陷型突变株TA_{98}、TA_{100}回复突变，且呈剂量依赖关系[10]。

4. **解热、镇静、镇痛**
   珊瑚菜乙醇提取物可使伤寒疫苗所致发热家兔的体温下降；应用家兔牙髓电刺激法证明其有镇痛作用。珊瑚菜根甲醇提取物口服能延长催眠剂量戊巴比妥钠小鼠的睡眠时间，醋酸乙酯提取物有镇痛作用[11]。

5. **其他**
   珊瑚菜果实甲醇提取物能抑制肿瘤细胞MK-1、HeLa和B16F10的增殖[12]；珊瑚菜根水提取物能强烈抑制红细胞溶血，有机溶剂提取物对脂质过氧化反应有显著抑制作用[13]。

应用

本品为中医临床用药。功能：养阴清肺，益胃生津。主治：①肺阴虚的肺热燥咳，干咳少痰，或痨嗽久咳，咽干音哑等；②胃阴虚或热伤胃阴，津伤口渴咽干。

现代临床还用于急慢性支气管炎、肺结核等病的治疗。

评注

珊瑚菜主要为栽培，野生极少。据考证中国古时的南沙参和北沙参均为桔梗科沙参属植物，把珊瑚菜的根作为北沙参始于清代。珊瑚菜在日本汉字译名为滨防风，历史上曾一度做防风使用，因功效不同，现已与防风分列条目。

北沙参具有较好的滋阴功效，其物质基础、作用机理及相关药理作用有待于进一步深入研究。

参考文献

[1] H Sasaki, H Taguchi, T Endo, I Yosioka. The constituents of *Glehnia littoralis* Fr. Schmidt et Miq. Structure of a new coumarin glycoside, osthenol-7-O-β-gentiobioside. *Chemical & Pharmaceutical Bulletin*. 1980, 28(6): 1847-1852

[2] J Kitajima, C Okamura, T Ishikawa, Y Tanaka. Coumarin glycosides of *Glehnia littoralis* root and rhizoma. *Chemical & Pharmaceutical Bulletin*. 1998, 46(9): 1404-1407

[3] H Matsuura, G Saxena, SW Farmer, REW Hancock, GHN Towers. Antibacterial and antifungal polyyne compounds from *Glehnia littoralis*. *Planta Medica*. 1996, 62(3): 256-259

[4] 原忠, 赵梦飞, 陈发奎, 门田重利, 李铣. 北沙参化学成分的研究. 中草药. 2002, 33(12): 1063-1065

[5] Z Yuan, Y Tezuka, WZ Fan, S Kadota, X Li. Constituents of the underground parts of *Glehnia littoralis*. *Chemical & Pharmaceutical Bulletin*. 2002, 50(1): 73-77

[6] M Miyazawa, K Kurose, A Itoh, N Hiraoka, H Kameoka. Components of the essential oil from *Glehnia littoralis*. *Flavour and Fragrance Journal*. 2001, 16(3): 215-218

[7] T Ishikawa, Y Sega, J Kitajima. Water-soluble constituents of *Glehnia littoralis* fruit. *Chemical & Pharmaceutical Bulletin*. 2001, **49**(5): 584-588

[8] 屠鹏飞, 张红彬, 徐国钧, 徐铬珊, 金蓉鸾. 中药沙参类研究V. 镇咳祛痰药理作用比较. 中草药. 1995, **26**(1): 22-23

[9] 谭允育, 康娟娟, 王娟娟. 沙参对正常小鼠免疫功能影响的实验研究. 北京中医药大学学报. 1999, **22**(6): 39-41

[10] 王中民, 张永祥, 史美育, 尤银珍, 何秋, 刘荣祖. 北沙参抗突变试验研究. 上海中医药杂志. 1993, **5**: 47-48

[11] E Okuyama, T Hasegawa, T Matsushita, H Fujimoto, M Ishibashi, M Yamazaki, M Hosokawa, N Hiraoka, M Anetai, T Masuda, M Takasugi. Analgesic components of Glehnia root (*Glehnia littoralis*). *Natural Medicine*s. 1998, **52**(6): 491-501

[12] Y Nakano, H Matsunaga, T Saita, M Mori, M Katano, H Okabe. Antiproliferative constituents in Umbelliferae plants. II. Screening for polyacetylenes in some Umbelliferae plants, and isolation of panaxynol and falcarindiol from the root of *Heracleum moellendorffii*. *Biological & Pharmaceutical Bulletin*. 1998, **21**(3): 257-261

[13] TB Ng, F Liu, HX Wang. The antioxidant effects of aqueous and organic extracts of *Panax quinquefolium*, *Panax notoginseng*, *Codonopsis pilosula*, *Pseudostellaria heterophylla* and *Glehnia littoralis*. *Journal of Ethnopharmacology*. 2004, **93**(2-3): 285-288

珊瑚菜种植基地

豆科

甘草 Gancao ^{CP, JP, VP}

Glycyrrhiza uralensis Fisch.
Licorice

概述

豆科 (Fabaceae) 植物甘草 *Glycyrrhiza uralensis* Fisch.，其干燥根及根茎入药。中药名：甘草。

甘草属 (*Glycyrrhiza*) 植物全世界约有 20 种，遍布全球各大洲，以欧亚大陆为多，又以亚洲中部的分布最为集中。中国产约有8种，主要分布于黄河流域以北各省区，个别种见于云南西北部。中国本属现供药用者达 6 种。本种主要分布于中国东北、华北、西北各省区及山东。蒙古及俄罗斯西伯利亚地区也有分布。

"甘草"药用之名，始载于《神农本草经》，列为上品。历代本草多有著录。中国从古至今作中药甘草入药者为甘草属多种植物。《中国药典》(2005 年版) 收载本种为甘草的法定原植物来源品种之一。主产于中国内蒙古、甘肃、新疆等省区。

甘草属植物主要活性成分为三萜皂苷类、黄酮类化合物，《中国药典》采用高效液相色谱法测定，规定甘草含甘草酸不得少于 2.0%，含甘草苷不得少于 1.0%，以控制药材质量。

药理研究表明，甘草具有肾上腺皮质激素样作用，对消化系统、免疫系统、心血管系统也有多重药理作用。

中医理论认为甘草具有补中益气，缓急止痛，润肺止咳，清热解毒，调和药性等功效。

甘草 *Glycyrrhiza uralensis* Fisch.

药材甘草 Radix et Rhizoma Glycyrrhizae

1cm

化学成分

甘草根及根茎主含以五环三萜为苷元的三萜皂苷，主要含甘草甜素 (glycyrrhizin)，是甘草酸 (glycyrrhizic acid) 的钾、钙盐，为甘草的甜味成分；甘草酸水解后生成甘草次酸，又名18β-甘草次酸 (18β- glycyrrhetic acid)；其他的三萜皂苷有：乌拉尔甘草皂苷 A、B (uralsaponins A-B)、甘乌内酯 (glyuranolide)、乌拉内酯 (uralenolide)[1]、甘 草 皂 苷 A_3、B_2、C_2、D_3、E_2、F_3、G_2、H_2、J_2、K_2 (licoricesaponins A_3、B_2、C_2、D_3、E_2、F_3、G_2、H_2、J_2、K_2)[2-3]；黄酮类化合物有：甘草苷元 (liquiritigenin)、甘草苷 (liquiritin)、异甘草苷元 (isoliquiritigenin)、异甘草苷 (isoliquiritin)、新甘草苷 (neoliquiritin)、新异甘草苷 (neoisoliquiritin)、甘草西定 (licoricidin)、甘草利酮 (licoricone)、芒柄花素 (formononetin)、异芒柄花苷 (isoononin)、异甘草素葡萄糖洋芫荽糖苷 (licuraside)[4-5]、5-O-甲基甘草西定 (5-O-methyllicoricidin)[6]、甘草素-4'-芹糖基(1→2)葡萄糖苷 [liquiritigenin-4'-apiosyl(1→2) glucoside]、甘草素-7,4'-二葡萄糖苷 (liquiritigenin-7,4'-diglucoside)[7]。

甘草叶中含乌拉尔醇 (uralenol)、新乌拉尔醇 (neouralenol)、乌拉尔宁 (uralenin)[8]、乌拉尔醇-3-甲醚 (uralenol-3-methylether)、乌拉尔素 (uralene)[9]、乌拉尔新苷 (uralenneoside)[10]。还含香豆素类化合物甘草香豆素 (glycycoumarin)[11]、甘草醇 (glycyrol)、异甘草酚 (isoglycyrol)[12]、新甘草酚 (neoglycyrol)[13]及生物碱5,6,7,8-四氢-4-甲基喹啉 (5,6,7,8-tetrahydro-4-methylquinoline)、5,6,7,8-四氢-2,4-二甲基喹啉 (5,6,7,8-tetrahydro-2,4-dimethylquinoline)[14]等。

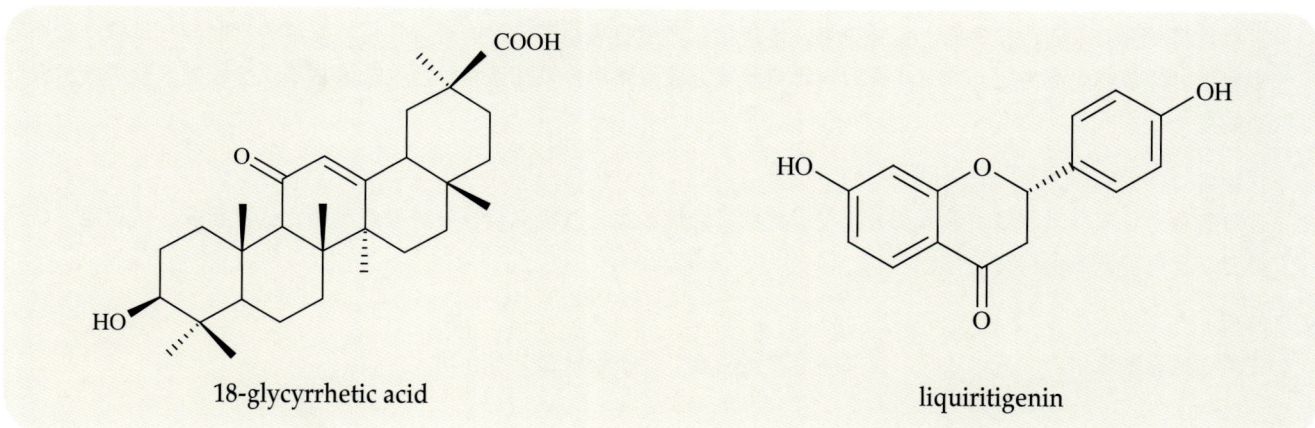

18-glycyrrhetic acid   liquiritigenin

药理作用

1. **肾上腺皮质激素样作用**

   甘草及其制剂中的甘草酸及甘草次酸可抑制肾脏11-β羟甾脱氢酶 (11-OHSD) 活性，使肾脏局部皮质醇或皮质酮水平增多而超过局部醛固酮水平继而作用于醛固酮受体而产生盐皮质激素样作用[15]。此外还有糖皮质激素样作用[16]。

2. **对消化系统的影响**

   甘草酸铋钾灌胃对醋酸、水浸应激及幽门结扎引起的大鼠胃溃疡均有良好的抑制作用，还可抑制胃酸分泌，降低胃蛋白酶的活性[17]。甘草水煎液灌胃对大鼠胃动力有抑制作用，与其引起5-羟色胺 (5-HT)、P-物质 (SP) 和血管活性肠肽 (VIP) 分泌失调有关[18]。

3. **抗炎**

   甘草水煎液皮下注射对巴豆油诱发的小鼠耳廓肿胀、醋酸诱发的急性渗出炎症以及慢性肉芽组织增生的炎症均有明显的抑制作用[19]。甘草酸可能由于增强垂体-肾上腺轴功能，从而使肾上腺激素分泌增加而产生抗炎作用[20]；甘草次酸的作用和抑制炎症组织中前列腺素 E_2 (PGE_2) 的生成、拮抗炎症介质组胺、5-羟色胺等有关[21]。

4. 抗菌、抗病毒

体外实验表明，甘草水煎液对金黄色葡萄球菌、大肠杆菌、白色葡萄球菌、乙型链球菌、绿脓杆菌等；甘草黄酮对甲氧西林敏感的金黄色葡萄球菌、耐甲氧西林金黄色葡萄球菌、藤黄微球菌、肺炎杆菌等；甘草次酸钠对金黄色葡萄球菌、乙型链球菌、变异链球菌等均有显著的抑制作用[22-24]。甘草甜素对 I 型单纯性疱疹病毒 (HSV - 1)、严重急性呼吸器官综合征 (SARS) 病毒、巨细胞病毒以及人类免疫缺陷病毒 (HIV) 具有显著的抑制作用[25-27]；甘草黄酮对 HIV 病毒增殖的抑制作用是甘草甜素的 25 倍；甘草水煎液对呼吸道合胞病毒也有抑制作用[28]。

5. 对心血管系统的影响

甘草甜素能使大鼠动脉壁溶酶体磷脂酶A_2活性明显下降[29]，还可抑制机体及血管壁的炎症反应，防止动脉硬化的发生及发展。18β-甘草次酸钠腹腔注射能对抗氯仿诱发的小鼠室颤、氯仿-肾上腺素所致兔室性心律失常，延长氯化钙所致大鼠室性心律失常出现时间，减慢大鼠和兔心律，部分对抗异丙肾上腺素的心率加速作用[30]。此外，甘草水提液、甘草总黄酮以及异甘草素等也具有抗心律失常作用[31-33]。

6. 镇咳祛痰

甘草黄酮、甘草次酸及甘草浸膏灌胃对小鼠氨水引咳、二氧化硫引咳均有显著的镇咳作用，其中作用最强的是甘草次酸[34]。甘草黄酮类化合物的镇咳与中枢和外周作用均有关[35]。此外，还能促进咽喉及支气管的分泌，呈现镇咳祛痰的效果[34]。

7. 解毒

甘草及其制剂对某些药物中毒、食物中毒、体内代谢产物中毒都有一定的解毒作用。解毒的机制与甘草酸同毒物结合转化为低毒或无毒物质、甘草甜素吸附毒物及肾上腺素作用、以及其水解后生成的甘草次酸和葡萄糖醛酸的保肝功能有关[36]。

8. 抗肿瘤

甘草甜素、甘草酸、甘草次酸等都有不同程度的抗肿瘤作用，其机制与诱导肿瘤细胞凋亡、抗氧化、抗促癌、抗致突变以及免疫调节作用有关[37]。

9. 其他

甘草还具有抗氧化[38]、抗过敏[39]、提高内耳听觉功能[40]、抗脑缺血[41]等作用。

应用

本品为中医临床用药。功能：补中益气，缓急止痛，润肺止咳，清热解毒，调和药性。主治：①心气不足的心悸动，脉结代，与脾气虚弱的倦怠乏力，食少便溏；②痰多咳嗽；③脘腹及四肢挛急作痛；④热毒疮疡，咽喉肿及药物、食物中毒等。常用于药性峻猛的方剂中。

现代临床还用于胃及十二指肠溃疡、气管炎、咽喉炎、慢性肝炎等病的治疗。

评注

甘草是中国卫生部规定的药食同源品种之一。《中国药典》除本种外，还收载胀果甘草 *Glycyrrhiza inflata* Bat.、光果甘草 *G. glabra* L. 作为中药甘草的法定原植物来源种。胀果甘草和光果甘草与甘草具有类似的药理作用，其主要化学成分也大致相同，主要含三萜皂苷、黄酮和香豆素类化合物。

与甘草相比，胀果甘草含胀果皂苷 I、II、VI (inflasaponins I - II, VI)[42-43]等三萜类化合物；胀果甘草宁 G、I、J、K (glyinflanins G, I - K)[44]等黄酮类化合物；胀果甘草宁 H (glyinflanin H)[44]、胀果香豆素 A (inflacoumarin)[45]等香豆素类化合物；还含有胀果甘草宁 A、B、C、D、E、F (glyinflanins A - F)[46]等二芳基丙二酮类成分。

与甘草相比，光果甘草含有光甘草内酯 (glabrolide)、异光甘草内酯 (isoglabrolide)、欧甘草酸 (liquoric acid)、光甘草酸 (glabric acid)、美草醇 (glycyrrhetol)[1]、光甘草宁 A、B (glabranins A – B)[47]等三萜类化合物；光甘草定 (glabridin)、光甘草素 (glabrene)[48]、欧甘草素 A、B (hispaglabridin A – B)[49]、光甘草异黄烷酮 A、B (glabroisoflavanones A – B)[50]、kanzonols T[51]、X、Y[52]、光甘草醇 (glabrol)、shinflavanone、xambioona[53]等黄酮类化合物。光果甘草所含的光甘草定具有抗神经炎和清除自由基的活性[54]。

甘草生长于向阳干燥的棕钙土，含盐分较少，土层深厚、排水良好的钙质草原，盐碱地不能生长。胀果甘草则可生长于盐渍化土壤的芦苇滩草地。目前在甘草资源保护方面的研究还较少，人工栽培技术的研究仅限于较低的水平，应加强这方面的工作，以解决资源开发与资源保护的矛盾。内蒙古现已建立了甘草的规范化种植基地。

参考文献

[1] 王彩兰，韩永生，丁立．甘草属植物中三萜类化学成分研究进展．河南师范大学学报（自然科学版）．1990，3：39-46

[2] I Kitagawa, JL Zhou, M Sakagami, T Taniyama, M Yoshikawa. Licorice-saponins A_3, B_2, C_2, D_3, and E_2, five new oleanene-type triterpene oligoglycosides from Chinese Glycyrrhizae radix. *Chemical & Pharmaceutical Bulletin*. 1988, 36(9): 3710-3713

[3] I Kitagawa, JL Zhou, M Sakagami, E Uchida, M Yoshikawa. Licorice-saponins F_3, G_2, H_2, J_2, and K_2, five new oleanene-triterpene oligoglycosides from the root of *Glycyrrhiza uralensis*. *Chemical & Pharmaceutical Bulletin*. 1991, 39(1): 244-246

[4] 张海军，刘援，张如意．乌拉尔甘草中黄酮苷类成分的研究．药学学报．1994，29(6)：471-474

[5] B Fu, H Li, X Wang, FS Lee, S Cui. Isolation and identification of flavonoids in licorice and a study of their inhibitory effects on tyrosinase. *Journal of Agricultural and Food Chemistry*. 2005, 53(19): 7408-7414

[6] YKT Lam, M Sandrino-Meinz, L Huang, RD Busch, T Mellin, D Zink, GQ Han. 5-O-Methyllicoricidin: a new and potent benzodiazepine-binding stimulator from *Glycyrrhiza uralensis*. *Planta Medica*. 1992, 58(2): 221-222

甘草种植基地

[7] S Yahara, I Nishioka. Flavonoid glucosides from licorice. *Phytochemistry*. 1984, **23**(9): 2108-2109

[8] 贾世山, 马超美, 王建民. 甘草叶中黄酮类成分的化学研究. 药学学报. 1990, **25**(10): 758-762

[9] 贾世山, 刘冬, 郑秀萍, 张勇, 李永康. 甘草叶中两个新异戊烯基黄酮类化合物. 药学学报. 1993, **28**(1): 28-31

[10] 贾世山, 马超美, 李英和, 郝俊海. 甘草叶中酚酸和黄酮苷类成分的分离鉴定. 药学学报. 1992, **27**(6): 441-444

[11] H Hayashi, K Inoue, K Ozaki, H Wantanabe. Comparative analysis of ten strains of *Glycyrrhiza uralensis* cultivated in Japan. *Biological & Pharmaceutical Bulletin*. 2005, **28**(6): 1113-1116

[12] T Shiozawa, S Urata, T Kinoshita, T Saitoh. Revised structures of glycyrol and isoglycyrol, constituents of the root of *Glycyrrhiza uralensis*. *Chemical & Pharmaceutical Bulletin*. 1989, **37**(8): 2239-2240

[13] 王彩兰, 张如意, 韩永生, 董熙嘏, 刘文彬. 乌拉尔甘草中新香豆素的化学研究. 药学学报. 1991, **26**(2): 147-151

[14] YN Han, MS Chung, TH Kim, BH Han. Two tetrahydroquinoline alkaloids from *Glycyrrhiza uralensis*. *Archives of Pharmacal Research*. 1990, **13**(1): 101-102

[15] 葛仁山, 桑国卫. 甘草的盐皮质激素样作用及作用机制. 中国药理学通报. 1996, **12**(2): 117-119

[16] 马艺军, 林海月, 郭巍. 对甘草药理作用的新看法. 吉林医学信息. 2002, **19**(7-8): 42-43

[17] 曹苹, 汪岱迪. 甘草酸铋钾对大鼠实验性胃溃疡的作用. 中草药. 2001, **32**(7): 623-625

[18] 寻庆英, 王翠芬, 魏义全, 杨德治, 窦国祥. 甘草对大鼠胃动力功能影响的实验研究. 东南大学学报（医学版）. 2005, **24**(4): 226-229

[19] 张宝恒, 贾健宁, 王惠琴, 张京春, 曾路, 张如意. 乌拉尔甘草的抗炎症作用. 中草药. 1991, **22**(10): 452-453, 474

[20] 黄能慧, 李诚秀, 罗俊, 李玲, 李建英. 甘草酸铵的抗炎作用. 贵阳医学院学报. 1995, **20**(1): 26-28

[21] 吴勇杰, 李新芳, 何琳, 刘莉. 甘草次酸钠的抗炎作用机理. 中国药理学通报. 1991, **7**(1): 46-49

[22] 丁长玲, 邱世翠, 宫照龙, 高飞, 邱大琳. 甘草的体外抑菌作用研究. 时珍国医国药. 2002, **13**(9): 518

[23] T Fukai, A Marumo, K Kaitou, T Kanda, S Terada, T Nomura. Antimicrobial activity of licorice flavonoids against methicillin-resistant *Staphylococcus aureus*. *Fitoterapia*. 2002, **73**(6): 536-539

[24] 郭朝晖, 于波, 李谦, 吴勇杰, 李新芳. 18β-甘草次酸钠体外抑菌作用. 中国药理学通报. 1996, **12**(2): 192

[25] 赵高年, 谢鹏, 李平. 甘草甜素对HSV-1抑制作用的实验研究. 重庆医科大学学报. 2005, **30**(2): 243-245

[26] 陈悦青, 钱汶, 毛子安. 甘草根活性成分-甘草甜素可抑制SARS病毒复制. 国外医学: 流行病学. 传染病分册. 2004, **31**(4): 3

[27] 李铁民, 梁再赋. 甘草提取物及其衍生物的抗病毒研究现状. 中草药. 1994, **25**(12): 655-658

[28] 董艳梅, 李洪源, 姚振江, 田文静, 韩志刚, 邱海岩, 朴英爱. 甘草体外抑制呼吸道合胞病毒作用研究. 中药材. 2004, **27**(6): 425-427

[29] Y Shiki, N Sasaki, K Shirai, Y Saito, S Yoshida. Effect of glycyrrhizin on stability of lysosomes in the rat arterial wall. *The American Journal of Chinese Medicine*. 1986, **14**(3-4): 138-144

[30] 李新芳, 吴勇杰, 郭朝晖, 刘莉. 18β-甘草次酸钠对实验性心律失常的影响. 中国中药杂志. 1992, **17**(3): 176-178

[31] 黄彩云, 谢世荣, 杨静娴, 黄胜英, 高广猷. 甘草水提取液抗实验性心律失常的作用. 大连医科大学学报. 2003, **25**(1): 13-15

[32] 胡小鹰, 彭国平, 陈汝炎. 甘草总黄酮抗心律失常作用研究. 中草药. 1996, **27**(12): 733-735

[33] 胡小鹰, 陈汝炎, 彭国平. 异甘草素抗心律失常作用研究. 中药药理与临床. 1996, **5**: 13-15

[34] 俞腾飞, 田向东, 李仁, 朱惠珍. 甘草黄酮、甘草浸膏及甘草次酸的镇咳祛痰作用. 中成药. 1993, **15**(3): 32-33

[35] J Kamei, R Nakamura, H Ichiki, M Kubo. Antitussive principles of Glycyrrhizae radix, a main component of the Kampo preparations Bakumondo-to (Mai-men-dong-tang). *European Journal of Pharmacology*. 2003, **469**(1-3): 159-163

[36] 许庆鑫, 王正益, 李晖. 甘草解毒机理浅析. 中药饮片. 1992, **5**: 38-39

[37] 孙晓红, 邵世和, 李洪涛, 周丽琴. 甘草抗肿瘤作用的研究及临床应用. 北华大学学报（自然科学版）. 2004, **5**(6): 540-544

[38] 吴碧华, 杨得本, 龙存国, 许可, 胡长林. 甘草总黄酮的体外抗氧化作用. 中国临床康复. 2004, **8**(36): 8262-8263

[39] 金四立, 霍立杰, 王丽芳, 谭颖慧, 殷金珠, 白小薇, 刘淑文, 岳华英. 苦参、甘草、枸杞子抗过敏作用机制的研究. 齐齐哈尔医学院学报. 1995, **16**(2): 81-84

[40] 董维嘉, 陈继生. 甘草次酸对内耳听觉功能的影响. 中草药. 1989, **20**(11): 27-28

[41] 詹春, 杨静, 詹莉, 张晶, 张琳. 异甘草素对小鼠脑缺血-再灌注损伤的保护作用. 武汉大学学报（医学版）. 2005, **26**(3): 398-401

[42] 邹坤, 赵玉英, 张如意. 胀果甘草中皂苷I和II的结构鉴定. 药学学报. 1994, **29**(5): 393-396

[43] 邹坤，张如意．胀果皂苷II与胀果皂苷VI的结构鉴定．实用医学进修杂志．1994，22(1)：30-33

[44] T Fukai, T Nomura. Isoprenoid-substituted flavonoids from roots of Glycyrrhiza inflata. *Phytochemistry*. 1995, **38**(3): 759-765

[45] 邹坤，张如意，杨宪斌．胀果香豆素甲的结构鉴定．药学学报．1994，29(5)：397-399

[46] L Zeng, T Fukai, T Kaneki, T Nomura, RY Zhang, ZC Lou. Four new isoprenoid –substituted dibenzoylmethane derivatives, glyinflanins A, B, C, and D from the roots of *Glycyrrhiza inflata*. *Hetercocycles*. 1992, **34**(1): 85-97

[47] IP Varshney, DC Jain, HC Srivastava. Study of saponins from *Glycyrrhiza glabra* root. *International Journal of Crude Drug Research*. 1983, **21**(4): 169-172

[48] T Hatano, T Fukuda, YZ Liu, T Noro, T Okuda. Phenolic constituents of licorice. IV. Correlation of phenolic constituents and licorice specimens from various sources, and inhibitory effects of licorice extracts on xanthine oxidase and monoamine oxidase. *Yakugaku Zasshi*. 1991, **111**(6): 311-321

[49] T Kinoshita, K Kajiyama, Y Hiraga, K Takahashi, Y Tamura, K Mizutani. Isoflavan derivatives from *Glycyrrhiza glabra* (licorice). *Heterocycles*. 1996, **43**(3): 581-588

[50] T Kinoshita, Y Tamura, K Mizutani. The isolation and structure elucidation of minor isofalvonoids from licorice of *Glycyrrhiza glabra* origin. *Chemical & Pharmaceutical Bulletin*. 2005, **53**(7): 847-849

[51] T Fukai, L Tantai, T Nomura. Isoprenoid-substituted flavonoids from *Glycyrrhiza glabra*. *Phytochemistry*. 1996, **43**(2): 531-532

[52] T Fukai, CB Sheng, T Horikoshi, T Nomura. Isoprenylated flavonoids from underground parts of *Glycyrrhiza glabra*. *Phytochemistry*. 1996, **43**(5): 1119-1124

[53] T Kinoshita, K Kajiyama, Y Hiraga, K Takahashi, Y Tamura, K Mizutani. The isolation of new pyrano-2-arylbenzofuran derivatives from the root of *Glycyrrhiza glabra*. *Chemical & Pharmaceutical Bulletin*. 1996, **44**(6): 1218-1221

[54] T Fukai, K Satoh, T Nomura, H Sakagami. Preliminary evaluation of antinephritis and radical scavenging activities of glabridin from *Glycyrrhiza glabra*. *Fitoterapia*. 2003, **74**(7-8): 624-629

多序岩黄芪 Duoxuyanhuangqi ^{CP}

豆科

Hedysarum polybotrys Hand. -Mazz.
Manyinflorescenced Sweetvetch

概述

豆科 (Fabaceae) 植物多序岩黄芪 *Hedysarum polybotrys* Hand. -Mazz.，其干燥根入药。中药名：红芪。

岩黄芪属 (*Hedysarum*) 植物全世界约有 150 种，分布于北温带的欧洲、亚洲、北美和北非等地区。中国约有 42 种、11 变种。中国本属供药用者约有 5 种。本种分布于中国甘肃和四川等省区。

"红芪"药用之名，始载于《名医别录》黄芪项下。《中国药典》(2005 年版) 收载本种为中药红芪的法定原植物来源种。主产于中国甘肃。

红芪的有效成分主要为黄酮类化合物。《中国药典》以药材性状、薄层色谱鉴别和醇溶性浸出物含量来控制药材质量。

药理研究表明，多序岩黄芪具有增强免疫、抗衰老、改善心血管功能、保肝、镇痛和抗炎等作用。

中医理论认为红芪具有补气固表，利尿托毒，排脓，敛疮生肌等功效。

多序岩黄芪 *Hedysarum polybotrys* Hand. -Mazz.

药材红芪 Radix Hedysari

1cm

化学成分

多序岩黄芪的根中含黄酮类化合物：L‑3‑羟基‑9‑甲氧基紫檀烷(L‑3‑hydroxy‑9‑methoxypterocarpan)、毛蕊异黄酮 (calycosin)、芒柄花素 (formononetin)、芒柄花苷 (ononin)、甘草素 (liquiritigenin)、异甘草素 (isoliquiritigenin)、植保素 [(‑)‑vestitol]、1,7‑二羟基‑3,8‑二甲氧基呫酮 (1,7‑dihydroxy‑3,8‑dimethoxy xanthone) 等[1-3]；还含苯并呋喃类化合物：5‑羟基‑2‑(2‑羟基‑4‑甲氧基苯基)‑6‑甲氧基苯并呋喃 [5‑hydroxy‑2‑(2‑hydroxy‑4‑methoxyphenyl)‑6‑methoxybenzofuran]、6‑羟基‑2‑(2‑羟基‑4‑甲氧基苯基)‑苯并呋喃[6‑hydroxy‑2‑(2‑hydroxy‑4‑methoxyphenyl)‑benzofuran] [4]；又含有机酸类化合物：具有降血压活性的 γ‑氨基丁酸 (γ‑aminobutyric acid)（含量为0.10%）[5]、琥珀酸 (succinic acid)、亚麻酸 (linolenic acid)、4‑甲氧基苯乙酸 (4‑methoxyphenyl acetic acid)[6]；此外，还含红芪木脂素 (hedysalignan A)[1]。

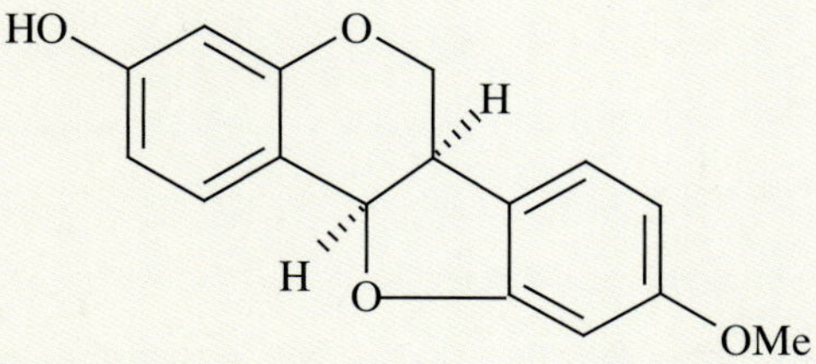

L-3-hydroxy-9-methoxypterocarpan

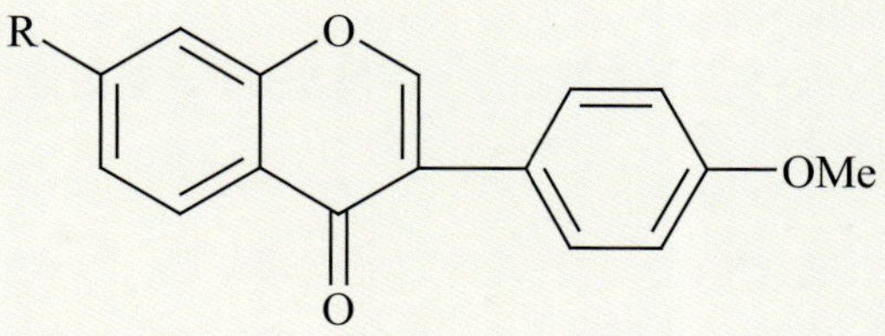

formononetin: R=OH
ononin: R=Oglc

药理作用

1. **增强免疫**
   多序岩黄芪煎剂能明显增加正常小鼠胸腺和脾脏重量，增强腹腔巨噬细胞的吞噬功能，增加环磷酰胺所致免疫抑制小鼠的红细胞和白细胞数量[7]；还能提高氢化可的松所致免疫抑制小鼠的外周血 T 淋巴细胞亚群水平[8]。红芪多糖能明显提高中性粒细胞活性，改善老年小鼠 T 细胞对抗原刺激的应激性[9]。

2. **抗衰老**
   多序岩黄芪多糖能明显延长果蝇的寿命，减少小鼠血浆过氧化脂质 (LPO) 和脾脏内脂褐素含量；还可显著提高老年大鼠红细胞超氧化物歧化酶 (SOD)、血清皮质醇和睾酮含量[9]。

3. **对呼吸系统的影响**
   多序岩黄芪煎剂对油酸所致大鼠呼吸窘迫综合征有治疗作用，可减轻肺水肿、肺出血、充血、肺不张、透明膜和炎细胞浸润等病理变化，提高肺表面活性物质的含量，保护 I 型肺泡上皮细胞和毛细血管内皮细胞，增加 II 型肺泡上皮细胞数量并稳定细胞的板层小体结构[10]。

4. **抗骨代谢紊乱和骨质疏松**
   多序岩黄芪水提液对醋酸泼尼松引起的大鼠骨质疏松症有防治作用，能拮抗骨代谢紊乱，减少骨质的流失，增加骨形成和骨量[11-12]。

5. **对心血管系统的影响**
   多序岩黄芪煎剂灌胃对大鼠大脑中动脉栓塞所致的运动障碍有明显的改善作用，并能增加脑毛细血管通透性[13]。静脉注射多序岩黄芪多糖能降低家兔左心室压，灌注时还有抑制离体蟾蜍心脏的作用[14]。多序岩黄芪水提物能显著降低家兔动脉血压和窦性心率，还能减弱离体蟾蜍心肌收缩力[14]。

6. 对血液流变学的影响

多序岩黄芪醇提物能显著降低正常大鼠高切和低切下全血比黏度；水提物则能显著减轻正常大鼠体外血栓的干重，降低肾上腺素加冰水浴所致血瘀模型大鼠体外血栓湿重和干重；二者均可抑制二磷酸腺苷 (ADP) 引起的家兔血小板聚集，并呈剂量依赖性[15]。

7. 保肝

多序岩黄芪多糖灌胃对四氯化碳和D-半乳糖胺所致小鼠肝脏丙二醛 (MDA) 含量升高均有抑制作用[16]。

8. 镇痛、抗炎

多序岩黄芪水提物能明显提高小鼠痛阈，对5-色羟胺所致大鼠足趾肿胀、二甲苯所致小鼠耳廓肿胀、大鼠棉球肉芽增生、5-羟色胺和组胺引起的毛细血管通透性增加均有明显抑制作用[17]。多序岩黄芪水提物可使大鼠肾上腺内抗坏血酸含量明显减少，表明其可能是通过兴奋垂体-肾上腺系统而间接发挥抗炎作用[17]。

9. 其他

多序岩黄芪还有降血糖[18]、降血脂[18]、抗病毒[19]和抗肿瘤[20]的作用。

应用

本品为中医临床用药。功能：补气固表，利尿托毒，托毒，敛疮。主治：①气虚乏力，食少便溏，久泻脱肛；②便血，崩漏；③表虚自汗，气虚浮肿，血虚萎黄；④痈疽难溃难敛。

现代临床还用于贫血、肠易激综合征、外科疮疡、非功能性子宫出血等病的治疗。

评注

多序岩黄芪具有良好的功效，口感佳，在东南亚地区深受欢迎，但是目前中国应用局限于西北部分地区，仍然以出口外销为主，其国内市场尚有开发前景。甘肃省的多序岩黄芪栽培历史悠久，质量最佳，应用也最普遍，为建立规范化种植基地奠定了良好的基础。

尽管红芪在《中国药典》中已单列为一种中药，鉴于多序岩黄芪与黄芪的历史渊源，建议进一步加强对其化学成分及药理活性方面的研究，尤其要注重红芪与黄芪的异同研究，为其更广泛的应用于临床提供科学依据。

参考文献

[1] 海力茜, 张庆英, 梁鸿, 赵玉英, 堵年生. 多序岩黄芪化学成分研究. 药学学报. 2003, 38(8): 592-595

[2] M Kubo, T Odani, S Hotta, S Arichi, K Namba. Studies on the Chinese crude drug haunggi. I. Isolation of an antibacterial compound from Honggi (*Hedysarum polybotrys* Hand.-Mazz.). Shoyakugaku Zasshi. 1977, 31(1): 82-86

[3] 田宏印. 红芪化学成分的研究现状. 西北民族学院学报. 1996, 17(1): 89-91

[4] T Miyase, S Fukushima, Y Akiyama. Studies on the constituents of *Hedysarum polybotrys* Hand-Mazz. Chemical & Pharmaceutical Bulletin. 1984, 32(8): 3267-3270

[5] 赵长琦, 李广民, 王军. 中药红芪中降压有效成分γ-氨基丁酸的薄层扫描测定. 西北大学学报(自然科学版). 1995, 25(3): 277-278

[6] 杨智, 刘静明, 王伏华, 崔淑莲, 乐崇熙. 中药红芪的化学成分的研究. 中国中药杂志. 1992, 17(10): 615-616

[7] 吴敬敏, 张元杏. 红芪对小鼠免疫功能的影响. 河北医学院学报. 1994, 15(3): 144-145

[8] 马骏, 任远, 崔祝梅, 姜晓霞. 红芪多糖对氢化可的松所致免疫抑制模型小鼠T淋巴细胞亚群的影响. 甘肃中医学院学报. 2003, 20(3): 18-19

[9] 黄正良，崔祝梅，任远，张坚，甘敏，齐文萱，李茂言，邱桐，孙启祥．红芪多糖抗衰老作用的实验研究．中草药．1992，23(9)：469-473

[10] 白娟，明彩荣，井欢，蔡玉文．红芪改善大鼠呼吸窘迫综合征的实验研究．中国中医药资讯杂志．2003，10(2)：23-25

[11] 苏开鑫，林智，王宏芬，唐道鹤，谢华．红芪水提液对糖皮质激素性骨质疏松大鼠骨代谢影响的实验研究．中国临床医药研究杂志．2005，135：4-5

[12] 苏开鑫，林智，王宏芬，谢华，唐道鹤．红芪水提液防治大鼠类固醇性骨质疏松的实验研究．实用中西医结合临床．2005，5(4)：4-5

[13] 权菊香，杜贵友．黄芪与红芪对脑缺血动物保护作用的研究．中国中药杂志．1998，23(6)：371-373

[14] 权菊香．红芪的药理研究进展．时珍国医国药．1997，8(2)：178-180

[15] 寇俊萍，朱海容，唐新娟，童纯宁，严永清．红芪对血液流变性的影响．中药药理与临床．2003，19(4)：22-24

[16] 任远，马骏，崔笑梅．红芪多糖对实验性肝损伤的保护作用(II)．甘肃中医学院学报．2000，17(4)：10-11

[17] 崔祝梅，黄正良，任远，张坚．红芪的镇痛抗炎作用．中草药．1989，20(5)：22-24

[18] 金智生，汝亚琴，李应东，楚惠媛，吴立文，马骏，晁梁．红芪多糖对不同病程糖尿病大鼠血脂的影响．中西医结合心脑血管病杂志．2004，2(5)：278-280

[19] 张宸豪，高俊涛，方芳，李岩，马爱新．红芪提取物对柯萨奇病毒抑制作用的研究．吉林医药学院学报．2005，26(3)：132-133

[20] 崔笑梅，王志平，张志华，任远，崔祝梅．红芪多糖增强LAK细胞对膀胱肿瘤细胞杀伤作用的实验研究．中药药理与临床．1999，15(2)：18-19

多序岩黄芪种植基地

百合科

萱草 Xuancao KHP

Hemerocallis fulva L.
Orange Daylily

概述

百合科 (Liliaceae) 植物萱草 *Hemerocallis fulva* L.，其干燥根入药。中药名：萱草根。

萱草属 (*Hemerocallis*) 植物全世界约有 14 种，大部分布于亚洲温带至亚热带地区，少数见于欧洲。中国产约有 11 种。有些种类被广泛栽培，供食用和观赏。大多数种类的花可供食用和药用。

"萱草根"药用之名，始载于《嘉祐本草》。中国从古至今作中药萱草根入药者为萱草属多种植物，本种为其主流品种。萱草根主产于中国湖南、福建、江西、浙江等地。

萱草属植物主要化学成分主要为蒽醌类、二氢呋喃-γ-内酰胺类、生物碱、黄酮、萘酚、甾醇等，此外，皂苷、脂肪族、单苯环衍生物也有过报道[1]。现代研究指出：萱草类植物中普遍存在的具活性的大黄酚、大黄酸是该类植物利尿的有效成分。

药理研究表明，萱草具有利尿、抗肿瘤、抗氧化、抗菌等作用。

中医理论认为萱草根具有清热凉血，利尿通淋等功效。

萱草 *Hemerocallis fulva* L.

黄花菜 *H. citrina* Baroni

药材萱草根 Radix Hemerocallis Fulvae

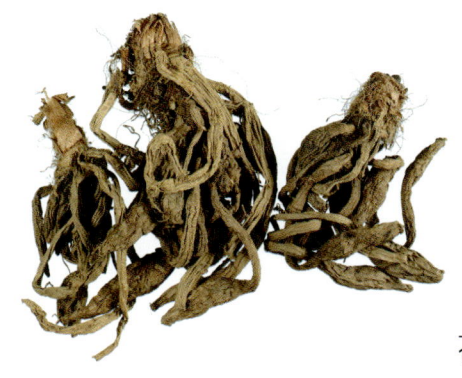

1cm

化学成分

萱草根含蒽醌类成分：大黄酚 (chrysophanol)、甲基大黄酸 (methyl rhein)、大黄酸 (rhein)、1,8-二羟基-3-甲氧基蒽醌 (1,8-dihydroxy-3-methoxy-anthraquinone)[2]、7-羟基-1,2,8-三甲氧基-3-甲基蒽醌 (7-hydroxy-1,2,8-trimethoxy-3-methylanthraquinone)、7,8-二羟基-1,2-二甲氧基-3-甲基蒽醌 (7,8-dihydroxy-1,2-dimethoxy-3-methylanthraquinone)[3]、2-羟基大黄酚 (2-hydroxychrysophanol)、kwanzoquinones A、B、C、D、E、F、G[4]；三萜类成分：3α-乙酰基-11-氧代-12-乌苏烯-24-羧酸 (3α-acetyl-11-oxo-12-ursene-24-oic acid)、3-氧代羊毛甾-8,24-二烯-21-羧酸 (3-oxolanosta-8,24-diene-21-oic acid)、3β-羟基羊毛甾-8,24-二烯-21-羧酸 (3β-hydroxylanosta-8,24-diene-21-oic acid)、3α-羟基羊毛甾-8,24-二烯-21-羧酸 (3α-hydroxylanosta-8,24-diene-21-oic acid)、α-乳香酸 (α-boswellic acid)、β-乳香酸 (β-boswellic acid)、11α-羟基-3-乙酰基-β-乳香酸 (11α-hydroxy-3-acetyl-β-boswellic acid)；螺甾烷类成分：25(R)-螺甾烷-4-烯-3,12-二酮 [25(R)-spirostan-4-ene-3,12-dione][5]；二萜类成分：hemerocalla A[6]；黄酮类成分：2′,4,6′-三羟基-4′-甲氧基-3′-甲基二氢查耳酮 (2′,4,6′-trihydroxoy-4′-methoxy-3′-methylchalcone)[5]、6-甲基木犀草素 (6-methylluteolin)[7]；苷类成分：5-hydroxydianellin、dianellin[7]、hemerocalloside[6]。

萱草叶含有长寿花糖苷 (roseoside)、phlomuroside、落叶松脂素 (lariciresinol)、阿糖腺苷 (adenosine)、槲皮素-3,7-O-β-D-二葡萄糖苷 (quercetin-3,7-O-β-D-diglucopyranoside)、异鼠李素-3-O-β-D-6′-乙酰葡萄糖苷 (isorhamnetin-3-O-β-D-6′-acetylglucopyranoside) 等[8]。萱草花中还含有环己酰亚胺 (cycloheximide) 和细胞分裂素 (cytokinin)[9]等。

chrysophanol: R_1=H R_2=CH$_3$
rhein: R_1=COOH R_2=H

药理作用

1. **利尿**
   萱草根所含的大黄酚、大黄酸有利尿的作用[1]。

2. **抗肿瘤**
   萱草根所含的蒽醌类化合物在体外对人乳腺、中枢神经系统、结肠以及肺部肿瘤细胞的增殖均有一定抑制作用[4]。

3. **抗氧化**
   萱草叶甲醇提取物中多种成分在体外均显示出显著的抗脂质过氧化作用[8]。萱草花乙醇提取物也有很强的抗氧化活性[10]。

4. **抗菌**

   体外试验证明，萱草根对结核杆菌有一定的抑制作用，萱草根及萱草乙醚浸膏对豚鼠实验性结核病均有一定的治疗作用。萱草的氯仿提取物及其所含的多种蒽醌类化合物都具有抗菌活性[2]。

5. **抗血吸虫**

   萱草根所含的2-羟基大黄酚和kwanzoquinone E对人病原性吸虫曼氏血吸虫成虫和尾蚴阶段有杀灭活性，对童虫阶段无作用[7]。由于萱草根对宿主有强烈的毒性，安全范围小，故无临床价值[11]。

6. **其他**

   萱草花浸膏小鼠灌胃有明显的镇静作用，能逐渐减少小鼠的活动，2小时后逐渐恢复，与戊巴比妥钠联合用药还能减少后者的用量[12]。此外，萱草花提取液尚能抑制成纤维细胞增生[13]。

应用

萱草根

本品为中医临床用药。功能：清热利湿，凉血止血，解毒消肿，利尿通淋。主治：①黄疸，水肿，淋浊，带下；②衄血，便血，崩漏；③瘰疬；④乳痈，乳汁不通。

现代临床还用于肝炎、肺结核、尿路感染、乳腺炎等病的治疗。

萱草嫩苗

本品为中医临床用药。功能：清热利湿。主治：胸膈烦热，黄疸，小便短赤。

评注

中医认为萱草根为清热利尿药，但其原植物自古即有混乱，现代植物分类学界也存在不同的观点。宋代萱草根的基源植物为本种，明代以后出现多基源现象，有萱草、黄花菜 *Hemerocallis citrina* Baroni、重瓣萱草 *H. fulva* L. var. *kwanso* Regel、北黄花菜 *H. lilio-asphodelus* L. 和小黄花菜 *H. minor* Mill.。

《中国药典》1977年版规定萱草根的来源为本种以及黄花菜和小黄花菜的干燥根及根茎。因萱草根有一定的毒、副作用。《中国药典》1985年以后均未收载。

在中国，萱草属植物的根及根茎除作药用以外，有些种类（如黄花菜又名金针菜）的花加工后可供食用，有些种类作为观赏植物也有很悠久的历史。

由于长期栽培，在欧美更培育出5000多个品种以供观赏。萱草属多数种类的叶还是优良的纤维原料，可供造纸、捻绳、编织草垫；花葶开后可作燃料。

参考文献

[1] 杨中铎，李援朝. 萱草属植物化学成分及生物活性研究进展. 天然产物研究与开发. 2002, 14(1): 93-97

[2] TM Sarg, SA Salem, NM Farrag, MM Abdel-Aal, AM Ateya. Phytochemical and antimicrobial investigation of *Hemerocallis fulva* L. grown in Egypt. *International Journal of Crude Drug Research*. 1990, 28(2): 153-156

[3] YL Huang, FH Chow, BJ Shieh, JC Ou, CC Chen. Two new anthraquinones from *Hemerocallis fulva*. *Chinese Pharmaceutical Journal*. 2003, 55(1): 83-86

[4] RH Cichewicz, YJ Zhang, NP Seeram, MG Nair. Inhibition of human tumor cell proliferation by novel anthraquinones from daylilies. *Life Sciences*. 2004, 74(14): 1791-1799

[5] 杨中铎，李援朝. 萱草根化学成分的分离与结构鉴定. 中国药物化学杂志. 2003, 13(1): 34-37

[6] ZD Yang, H Chen, YC Li. A new glycoside and a novel-type diterpene from *Hemerocallis fulva* L. *Helvetica Chimica Acta*. 2003, **86**(10): 3305-3309

[7] RH Cichewicz, KC Lim, JH McKerrow, MG Nair. Kwanzoquinones A-G and other constituents of *Hemerocallis fulva* 'Kwanzo' roots and their activity against the human pathogenic trematode Schistosoma mansoni. *Tetrahedron*. 2002, **58**(42): 8597-8606

[8] Y Zhang, RH Cichewicz, MG Nair. Lipid peroxidation inhibitory compounds from daylily (*Hemerocallis fulva*) leaves. *Life Sciences*. 2004, **75**(6): 753-763

[9] S Gulzar, I Tahir, S Farooq, SM Sultan. Effects of cytokinins on the senescence and longevity of isolated flowers of day lily (*Hemerocallis fulva*) cv. Royal Crown sprayed with cycloheximide. *Acta Horticulturae*. 2005, **669**: 395-403

[10] LC Mao, X Pan, F Que, XH Fang. Antioxidant properties of water and ethanol extracts from hot air-dried and freeze-dried daylily flowers. *Food Research and Technology*. 2006, **222** (3-4): 236-241

[11] 王本祥．现代中药药理学．天津：天津科学技术出版社．1997：591-592

[12] 范斌，王佳，许绍芬．萱草花对小鼠镇静作用的实验观察．上海中医药杂志．1996，**2**：40-41

[13] 何成雄．萱草花提取液及表皮生长因子对人真皮成纤维细胞增殖的作用．中华皮肤科杂志．1994，**27**(4)：218-220

野生黄花菜

胡颓子科

沙棘 Shaji ᶜᴾ

Hippophae rhamnoides L.
Seabuckthorn

概 述

胡颓子科 (Elaeagnaceae) 植物沙棘 *Hippophae rhamnoides* L.，其成熟果实入药。蒙药名"其察日嘎纳"，藏药名"达普"。

沙棘属 (*Hippophae*) 植物全世界有 4 种、9 亚种，广布欧亚大陆。中国有 4 种、5 亚种，本种分布于中国河北、河南、内蒙古、山西、陕西、甘肃、宁夏、新疆、青海、四川、云南、西藏等省区；俄罗斯、蒙古、印度、伊朗及欧洲也有分布。

沙棘系蒙古族、藏族习用药材，始载于《月王药诊》及《四部医典》中。《中国药典》(2005 年版) 收载本种为蒙药其察日嘎纳和藏药达普的法定原植物来源种。主产于内蒙古、陕西、宁夏、甘肃、青海等省区。

沙棘的果实主要含有黄酮类、不饱和脂肪酸等成分。《中国药典》规定以热浸法测定，醇溶出物不得少于 25%，以紫外可见分光光度法测定，含总黄酮以无水芦丁计不得少于 1.5%，以高效液相色谱法测定，含异鼠李素不得少于 0.10%，以控制药材质量。

药理研究表明，沙棘对于咳嗽痰多、消化不良、跌打损伤、胃溃疡等有较好疗效。

中医理论认为沙棘具有止咳化痰，消食化滞，活血化瘀等功效。

沙棘 *Hippophae rhamnoides* L.

化学成分

沙棘果实中含有黄酮类成分：异鼠李素 (isorhamnetin)、异鼠李素－3－O－β－D－葡萄糖苷(isorhamnetin－3－O－β－D－glucoside)、异鼠李素－3－O－β－芸香糖苷(isorhamnetin－3－O－β－rutinoside)[1]、芦丁 (rutin)、槲皮素 (quercetin)、槲皮素－7－O－鼠李糖苷 (quercetin－7－O－rhamnoside)、槲皮素－3－O－甲酯 (quercetin－3－O－methyl ether)、异鼠李素－3－O－芸香糖苷 (isorhamnetin－3－O－rutinoside)[2]、紫云英苷 (astragalin)和以槲皮素和山奈酚 (kaempferol)为苷元的糖苷[1]，含丰富营养成分如维生素 A、B_1、B_2、C、E、去氢抗坏血酸 (dehydroascorbic acid)、叶酸 (folic acid)、类胡萝卜素 (carotenoid)、花色素 (anthocyanin)等。

沙棘种子含油脂，其中皂化部分有：丁酸 (butyric acid)、己酸 (caproic acid)、辛酸 (caprylic acid)、癸酸 (capric acid)、月桂酸 (lauric acid)、肉豆蔻酸 (myristic acid)、棕榈油酸 (palmitoleic acid)、棕榈酸 (palmitic acid)、油酸 (oleic acid)、亚油酸 (linoleic acid)、亚麻酸 (linolenic acid)、硬脂酸 (stearic acid)。沙棘挥发油中存在3种甘油三酯化合物，即棕榈酸、棕榈油酸、棕榈油酸三酸甘油酯。非皂化部分有：玉米黄质 (zeaxanthin)、隐黄质 (cryptoxanthin) 等[3]。

沙棘果皮含熊果酸 (ursolic acid)、齐墩果酸 (oleanolic acid) 等三萜类成分[4]。

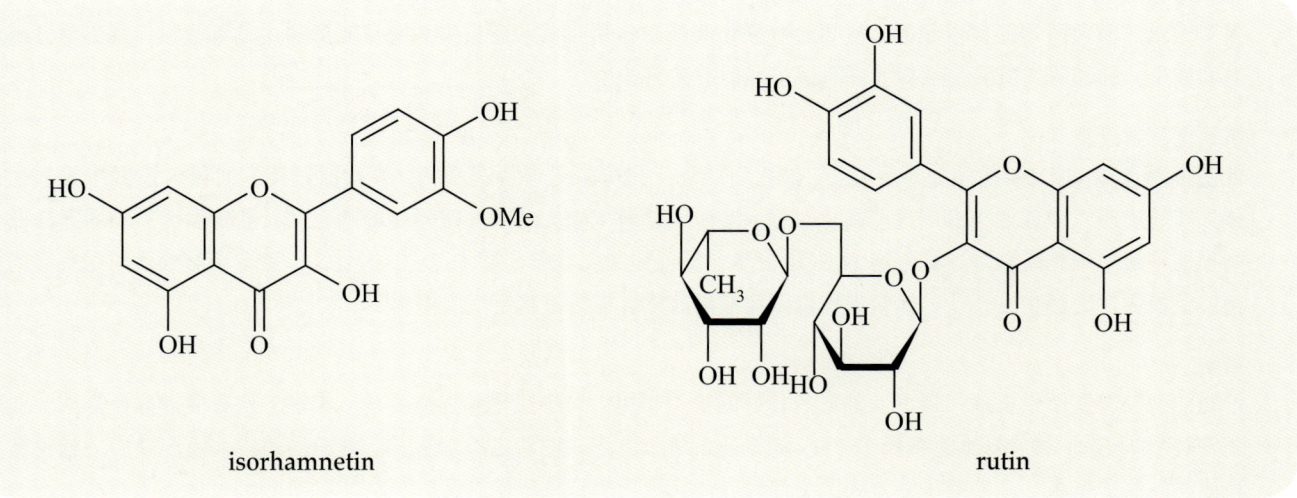

药理作用

1. **对免疫功能的影响**

   沙棘提取物腹腔注射，可明显增加小鼠胸腺和脾重量、提高腹腔巨噬细胞对鸡红细胞的吞噬功能、提高血清溶菌酶含量和外周血α-萘酸性酯酶阳性 (ANAE$^+$) 细胞数[5]；小鼠口服沙棘粉可促进脾淋巴细胞转化，增强腹腔巨噬细胞对鸡红细胞的吞噬功能和血清抗体水平[6]。沙棘油、原汁灌胃可使大鼠血清中 IgG、IgM、C_3 水平均增高[7]。沙棘总黄酮 (TFH) 腹腔注射可提高小鼠脾细胞特异玫瑰花形成细胞 (SRFC) 数量[8]。沙棘子油使正常和 D－半乳糖苷 (D－GalN) 致肝损伤小鼠腹腔巨噬细胞吞噬功能、血清溶菌酶活性、脾淋巴细胞转化和白介素 2 (IL－2) 活性增强[9]。TFH 腹腔注射可抑制小鼠被动皮肤过敏反应 (PCA)[10]。

2. **抗肿瘤**

   沙棘汁和沙棘油腹腔注射或灌胃对 S_{180} 移植瘤、黑色素瘤 B16、和淋巴白细胞病 P388 等均有明显的抑制作用；沙棘汁体外能杀伤 S_{180}、P388、L1210 和人胃癌 SGC9901 等癌细胞。沙棘汁口服可有效阻断 N－亚硝基化合物在大鼠体内合成及诱癌[11]；体外人工胃液条件下也可阻断 N－亚硝基吗啉的合成。沙棘汁体外可抑制小鼠骨髓瘤细胞 NS－1、人急性粒白血病细胞 HL－60 及小鼠 T 淋巴瘤细胞 YAC－1 的 DNA 合成[12]。沙棘子渣黄酮类化合物 (FSH) 体外抑制人肝癌细胞 BEL－7402 生长并诱导其凋亡[13]。沙棘油可降低 SO_2 对小鼠骨髓嗜多染红细胞 (PCE) 诱发形成微核 (MN) 的效应，对 SO_2 的致突变效应有抑制作用[14]。

胡颓子科

沙棘 Shaji

3. **对心血管系统的影响**

   TFH 可使培养乳鼠心肌细胞搏动频率显著降低,搏动幅度下降,并可使异常自发搏动节律转为有规律的搏动[15];TFH 口服能增强人心脏的收缩性和泵功能,降低外周血管阻力,增加血管弹性[16];TFH 静脉注射可明显增强戊巴比妥致心衰犬心脏的泵功能和心肌收缩性能,明显改善心肌舒张性[17];沙棘口服可减轻运动对大鼠心肌细胞的损伤,保护心肌缺氧[18]。

4. **对血液系统的影响**

   沙棘汁灌胃可使环磷酰胺致贫血大鼠凝血时间缩短、血小板数量增加、血小板聚集功能改善、降低血小板内 cGMP 含量[19];沙棘油灌胃或腹腔注射可促进化疗大鼠红细胞系造血功能[20]。沙棘汁体外可促进再生障碍性贫血小鼠骨髓红系祖细胞 CFU－E、BFU－E、粒单系祖细胞 (CFU－GM) 集落形成[21]。沙棘枝醇提物静脉给药能降低大鼠全血粘度,静脉与口服给药能显著延长小鼠凝血时间,体外能延长家兔血浆复钙和凝血酶原时间[22];沙棘枝醇提物灌胃能降低实验高脂血症大鼠血清三酰甘油和胆固醇以及肝组织中三酰甘油含量,静注或灌胃能抑制大鼠实验性血栓的形成[23]。

5. **对消化系统的影响**

   沙棘子油及沙棘果油灌胃能明显对抗 CCl_4、扑热息痛和乙醇致小鼠和大鼠肝脏丙二醛 (MDA) 升高,降低血清谷丙转氨酶 (sGPT) 和谷草转氨酶 (sGOT) 活性,阻止扑热息痛中毒小鼠肝谷胱甘肽 (GSH) 的耗竭[24-25]。沙棘子油灌胃对无水乙醇和阿司匹林引起的大鼠胃粘膜损伤有保护作用[26];沙棘果肉油灌胃能抑制大鼠胃酸和胃蛋白酶分泌,对利血平、醋酸等大鼠实验性胃溃疡有保护和促进愈合作用[27]。

6. **抗氧化、抗衰老**

   低密度脂蛋白 (LDL) 在体外易受 Cu^{2+} 催化而氧化,在体内易被巨噬细胞、平滑肌细胞、血管内皮细胞等氧化,体外实验表明,沙棘油可抑制这些氧化过程,减少丙二醛 (MDA) 和共轭双烯的产生[28];沙棘油体外能明显降低高脂损伤平滑肌细胞内脂质过氧化物 (LPO) 含量,提高超氧化物歧化酶 (SOD) 的活性,减轻高脂血清对细胞膜的损伤,保护并促进细胞生长[29]。沙棘提取物灌胃能显著降低老龄鼠脑组织脂褐素[30]。

7. **其他**

   沙棘油对动物实验性炎症、渗出、肿胀有较好的抗炎作用,对小鼠轻度烧伤及马、羊等外伤有促进愈合作用。沙棘子渣黄酮 (FSH) 和沙棘果渣黄酮 (FFH) 能降低正常小鼠的血糖和血脂水平[31]。复方沙棘对大鼠脑缺血、脑梗塞具有明显的保护作用[32],沙棘子油对大鼠急性缺血性脑梗死也具有明显的保护作用[33]。

应用

本植物为藏、蒙用药。功能:止咳化痰,健胃消食,活血化瘀。主治:①咳嗽痰多,肺痈吐脓;②消化不良,食积腹痛,胃痛,肠炎;③闭经,跌打瘀肿。

现代临床还用于咽炎、胃溃疡、皮下出血、月经不调等病的治疗。

评注

沙棘是中国卫生部规定的药食同源品种之一。

除果实入药外,药理研究证明,沙棘的黄酮类成分在治疗缺血性心脏病、心绞痛和高血脂的方面有较好的疗效,同时具有良好的抗肿瘤、抗炎、抗过敏、抗衰老及增强免疫功能的作用;沙棘油在治疗烧伤、妇科病、抗辐射等方面有较好的功效。此外,沙棘叶含有较高的粗蛋白、无氮浸出物、粗脂肪、粗纤维等;维生素C 高于果实。还含有胡萝卜素、类胡萝卜素、氨基酸及微量元素,可制做茶、食品及饲料等。沙棘对保持水土流失,增加土壤肥沃等均有很好作用,因而有很好的发展前景。

沙棘,是一种落叶灌木或小乔木,为西北地区主要的林木品种之一。中国沙棘种植总面积已达世界总面积的95%以上。

参考文献

[1] L Hoerhammer, H Wagner, E Khalil. Flavonol glycosides of the fruit of the sea buckthorn (*Hippophae rhamnoides*). *Lloydia*. 1966, **29**(3): 225-229

[2] O Purve, Y Zham' yansan, VM Malikov, T Baldan. Flavonoids from *Hippophae rhamnoides* growing in Mongolia. *Khimiya Prirodnykh Soedinenii*. 1978, **3**: 403-404

[3] HP Kaufmann, AV Roncero. Oil from the seed of *Hippophae rhamnoides*. II. The unsaponifiable matter. *Grasasy Aceites (Sevilla, Spain)*. 1955, **6**: 129-134

[4] 路平, 宋玉乔, 方翠芬, 李教社, 苏琳, 邹元生, 吴克汶. 中国沙棘果皮化学成分的研究(I). 沙棘. 2002, **15**(4): 25-26

[5] 王玉珍, 焦贺芝, 李岷, 李峰, 马连英, 潘旭, 潘朝. 蒙药沙棘对小鼠非特异性免疫功能的影响. 内蒙古中医药. 1992, **11**(2): 43-44

[6] 李丽芬, 石扣兰, 白建平, 于肯明, 邵鸿娥, 王树华. 沙棘粉对免疫功能及胆固醇的影响. 西北药学杂志. 1994, **9**(5): 218-221

[7] 王仙琴, 胡庆和, 刘英姿, 赵晨, 吴若芬, 崔旭华, 刘建梅, 冯晓君. 沙棘对实验动物体液免疫功能的研究. 宁夏医学杂志. 1989, **11**(5): 281-282

[8] 钟飞, 蒋韵, 吴芬芬, 舒荣华, 蔡仙德, 谭剑萍. 沙棘总黄酮对小鼠细胞免疫功能的影响. 中草药. 1989, **20**(7): 43

[9] 覃红, 程体娟, 佟婉红, 任雅. 沙棘子油对肝损伤小鼠免疫功能的影响. 中药药理与临床. 2003, **19**(1): 14-15

[10] 黎勇, 柳黄. 沙棘汁对致癌物N-二甲基亚硝胺(NDMA)在大鼠体内合成及诱癌的阻断与防护作用. 营养学报. 1989, **11**(1): 47-53

[11] 郁利平, 隋志仁, 范洪学. 沙棘汁对细胞免疫功能及抑瘤作用的影响. 营养学报. 1993, **15**(3): 280-283

[12] 孙斌, 章平, 瞿伟菁, 张晓玲, 庄秀园, 杨煌建. 沙棘子渣黄酮类化合物诱导人肝癌细胞凋亡研究. 中药材. 2003, **26**(12): 875-877

[13] 孟紫强, 阮爱东, 张波, 桑楠, 张建彪. 二氧化硫对小鼠骨髓细胞微核的诱发及沙棘油的防护作用. 山西大学学报(自然科学版). 2002, **25**(2): 168-172

[14] 吴捷, 李孝光. 沙棘总黄酮对培养心肌细胞搏动及电活动的影响. 西安医科大学学报. 1990, **11**(4): 301-303

[15] 王秉文, 冯养正, 于佑民, 张慧敏, 朱蓉. 沙棘总黄酮对正常人心功能及血流动力学的影响. 西安医科大学学报. 1993, **14**(2): 138-140

[16] 吴英, 王毅, 王秉文, 雷海鸣, 杨银京. 沙棘总黄酮对急性心衰犬心功能和血流动力学的影响. 中国中药杂志. 1997, **22**(7): 429-431

[17] 步斌, 沈异, 雷鸣鸣, 孙君志. 运动负荷与沙棘对大鼠心肌VEGF表达影响的研究. 成都体育学院学报. 2004, **30**(6): 76-79

[18] 葛志红, 梁毅, 陈运贤, 伍耀衡, 周红, 李达. 沙棘汁对环磷酰胺所致大鼠血小板减少的影响. 中国病理生理杂志. 2003, **19**(5): 693-695

[19] 陈运贤, 钟雪云, 刘天浩, 葛志红. 沙棘油重建造血功能的实验研究. 中药材. 2003, **26**(8): 572-575

[20] 葛志红, 梁毅, 伍耀衡. 沙棘汁对再生障碍性贫血小鼠骨髓红系祖细胞、粒单系祖细胞的影响. 新中医. 2003, **35**(9): 73-74

[21] 白音夫, 周长凤, 孙雷, 党小菊. 沙棘枝对动物血液粘度及凝固作用的影响. 中药材. 1990, **13**(12): 38-40

[22] 白音夫, 孙雷, 党小菊, 顾凯, 李锐锋, 冯国庆. 沙棘枝提取物对大鼠实验性高血脂和血栓形成的影响. 中国中药杂志. 1992, **17**(1): 50-52

[23] 程体娟, 卜积康, 武莉薇, 马征蓉, 曹中吉, 李天健. 沙棘子油的保肝作用及其作用机理初探. 中国中药杂志. 1994, **19**(6): 367-370

[24] 程体娟, 李天健, 段志兴, 曹中吉, 马征蓉, 张培栈. 沙棘果油的急性毒性及其实验性肝损伤的保护作用. 中国中药杂志. 1990, **15**(1): 45-47

[25] 钟启新, 陈再智, 陈小娟, 陈丽娟. 沙棘油的成分对抗胃溃疡的实验研究. 广东医学. 1995, **16**(6): 405-406

[26] 邢建峰, 董亚琳, 王秉文, 侯家玉. 沙棘果肉油对大鼠胃液分泌的影响及抗胃溃疡作用. 中国药房. 2003, **14**(8): 461-463

[27] 史泓浏, 蔡海江, 陈秀英, 杨春梅. 沙棘种子油抗氧化作用的研究. 营养学报. 1994, **16**(3): 292-295

[28] 王宇, 卢咏才, 刘小青, 郭肇铮, 胡金红. 沙棘对高脂血清培养平滑肌细胞的保护作用. 中国中药杂志. 1992, **17**(10): 624-626

[29] 刘志婷, 黄晶, 王永香, 安伟琪. 沙棘提取物对老龄大鼠脑脂褐素的影响. 中国老年学杂志. 2001, **21**(4): 300-301

[30] 钟飞, 蒋韵, 吴芬芬, 陈春霞, 卫寄英. 沙棘总黄酮的抗过敏作用. 中草药. 1990, **21**(12): 6, 29

[31] 曹群华, 瞿伟菁, 邓云霞, 张志才, 牛伟, 潘一峰. 沙棘子渣和果渣中黄酮对小鼠糖代谢的影响. 中药材. 2003, **26**(10): 735-737

[32] 高丽萍, 程体娟, 王玉斌, 孙以方, 张坚. 复方沙棘对大鼠及小鼠缺血性脑梗塞的防治作用. 兰州大学学报(自然科学版). 2003, **39**(3): 53-56

[33] 程体娟, 王玉斌, 高丽萍, 孙以方, 张坚. 沙棘子油对大鼠急性缺血性脑梗死的保护作用. 中国中药杂志. 2003, **28**(6): 548-550

蕺菜 Jicai CP, JP, KHP

Houttuynia cordata Thunb.
Houttuynia cordata

概述

三白草科 (Saururaceae) 植物蕺菜 *Houttuynia cordata* Thunb.，其新鲜全草和干燥地上部分入药。中药名：鱼腥草。

蕺菜属 (*Houttuynia*) 植物全世界仅有1种，分布于亚洲东部和东南部。广泛分布于中国长江流域及其以南各省区。

"蕺菜"原名"蕺"，始载于《名医别录》，列为下品。"鱼腥草"药用之名，首载于《履巉岩本草》，《本草纲目》也用此名。《中国药典》(2005年版)收载本种为中药鱼腥草的法定原植物来源种，《日本药局方》(第十五版)也有收载，蕺菜在日本被称作"十药"。鱼腥草产于中国中部、东南及西南部各省区，东起台湾，西南至云南、西藏，北达陕西、甘肃。

蕺菜主要活性成分为挥发油和黄酮类化合物，此外还含生物碱、木质素、有机酸等。《中国药典》采用薄层色谱法以甲基正壬酮为对照品来控制药材的质量。

现代药理研究表明，蕺菜具有抗菌消炎、抗过敏、增强免疫功能等药理作用。

中医理论认为鱼腥草具有清热解毒，利尿通淋，止血，祛痰止咳，镇痛等功效[1]。

蕺菜 *Houttuynia cordata* Thunb.

药材鱼腥草 Herb Houttuyniae

1cm

化学成分

蕺菜全草含挥发油，茎叶挥发油中含癸酰乙醛 (decanoyl acetaldehyde)、甲基正壬酮 (2 - undecanone)、柠檬烯 (limonene)、榄香烯 (elemene)、lauryl aldehyde、capryl aldehyde 等多种成分[2-3]。

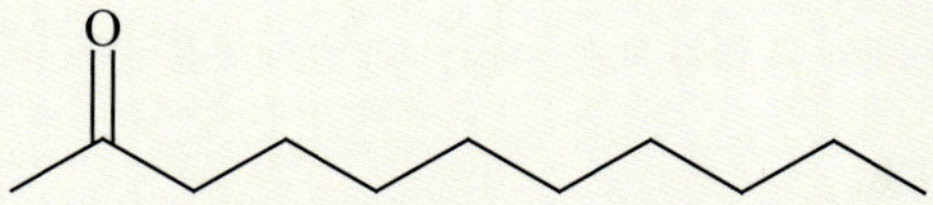

地上部分含黄酮类化合物：槲皮素 (quercetin)、异槲皮素 (isoquercetin)、瑞诺苷 (reynoutrin)、金丝桃苷 (hyperin)、阿夫苷 (afzerin)、芸香苷 (rutin) 等[4]；还含有生物碱类成分：金线吊乌龟酮碱B (cepharanone B)、缺碳金线吊乌龟二酮碱 B (cepharadione B)、7 - chloro - 6 - demethyl cepharadione B[5]、3,5 - 二癸酰基吡啶 (3,5 - didecanoyl pyridine)、3 - 癸酰基 - 6 - 壬基吡啶 (3 - decanoyl - 6 - nonyl pyridine)、3 - decanoyl - 4 - nonyl - 1,4 - dihydropyridine、3,5 - didecanoyl - 4 - nonyl - 1,4 - dihydropyridine、3,5 - didodecanoyl - 4 - nonyl - 1,4 - dihydropyridine[6]。此外尚含1,3,5 - 三癸酰基苯 1,1',1'' - (1,3,5 - benzenetriyl) tris - 1 - decanone、石竹烯氧化物 (caryophyllene oxide) 、芝麻素 (sesamin)、吐叶醇 (vomifoliol)[7]。

decanoyl acetaldehyde

2-undecanone

1,1',1'' - (1,3,5 - benzenetriyl) tris - 1 - decanone

vomifoliol

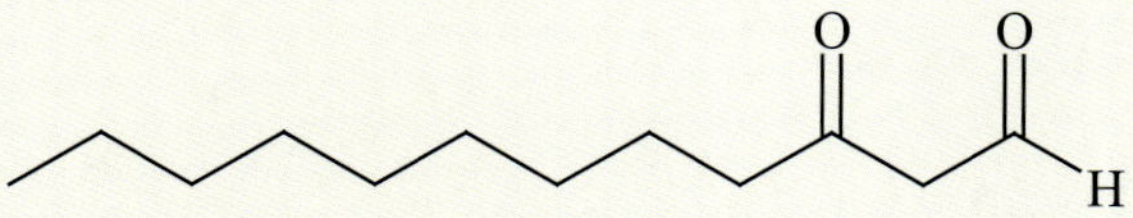

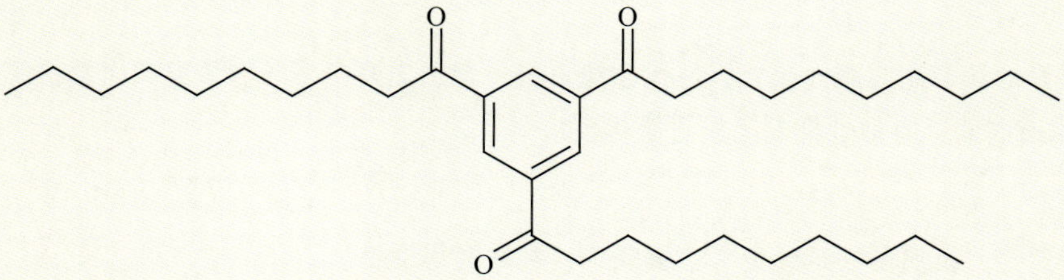

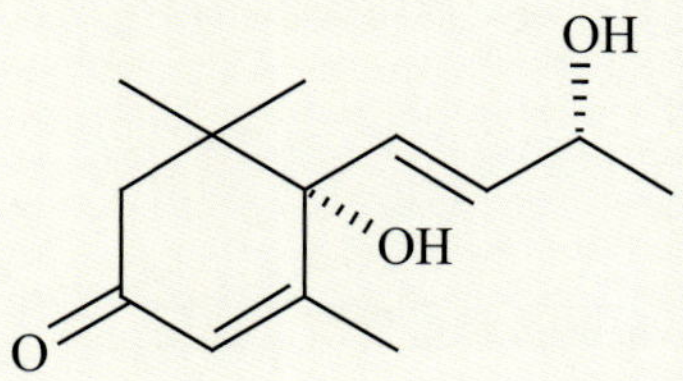

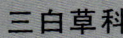

三白草科

蕺菜 Jicai

药理作用

1. 抗菌、抗病毒

体外实验表明，蕺菜挥发油可明显抑制金黄色葡萄球菌和八叠球菌，对肺炎球菌和乙型溶血性链球菌也有一定抑制作用[8]；新鲜蕺菜蒸馏液具有抗流感病毒、I型单纯性疱疹病毒-1 (HSV-1) 和 I 型人类免疫缺陷病毒 (HIV-1)的活性，其主要活性成分为甲基正壬酮、lauryl aldehyde 和 capryl aldehyde 等[3, 9]。此外，鱼腥草注射液腹腔注射对小鼠乳鼠出血热病毒 (EHFV) 也具有一定的抑制作用，能使病毒在体内的分布发生明显的变化[10]。以平板培养法所建立的铜绿假单胞菌生物被膜为体外模型，发现鱼腥草注射液和盐酸左氧氟沙星注射液联合使用对生物被膜细菌可产生协同杀菌作用[11]。

2. 增强免疫

鱼腥草注射液皮下注射能够显著提高大鼠外周血 T 淋巴细胞的比例，明显增强中性白细胞的吞噬能力，从而产生免疫调节作用[12]。蕺菜营养液灌胃对小鼠 X 线辐射和环磷酰胺毒害造成的白细胞减少具有较好的恢复作用，可升高白细胞和淋巴细胞的数量，表明其对免疫功能损伤有一定的保护作用[13]。雾化吸入蕺菜提取液后，大鼠的肺 T 淋巴细胞和肺泡巨噬细胞吞噬率以及外周血 T 淋巴细胞明显升高，外周血白细胞显著降低，提示其能增强呼吸道局部的特异性和非特异性免疫功能，对全身免疫也有作用[14]。

3. 抗过敏

蕺菜水提液灌胃可抑制化合物 48/80（苯乙胺与甲醛交联而成的聚合物）所致的肥大细胞脱颗粒作用以及秋水仙碱引起的大鼠腹腔肥大细胞变形 (RPMC)，抑制化合物 48/80 和抗二硝基甲苯免疫球蛋白所致 RPMC 的组胺释放及钙吸收，且呈剂量依赖性，增加体内环腺苷酸水平，对化合物 48/80 所致的小鼠全身性过敏及抗二硝基甲苯免疫球蛋白所致的大鼠被动皮内过敏反应 (PCA) 有显著的抑制作用，可用于肥大细胞介导过敏反应的治疗[15]。蕺菜挥发油能明显拮抗慢反应物质对豚鼠离体回肠和肺条的作用，抑制致敏豚鼠离体回肠的过敏性收缩，皮下注射对豚鼠过敏性哮喘有保护作用[16]。

4. 抗氧化

以蕺菜粉末喂养可很好地调节高血脂大鼠外因性代谢酶系统，增加血浆中多酚的浓度和血总抗氧化能力，并延长低密度脂蛋白 (LDL) 迟滞时间，有效地抑制脂质过氧化反应[17-19]。

5. 其他

蕺菜还有明显的抗诱变[18]、抗溃疡性结肠炎[20]、镇痛[21]、利尿[22]等活性。

应用

本品为中医临床用药。功能：清热解毒，消痈排脓，利尿通淋。主治：①肺痈吐脓，肺热咳嗽；②热毒疮疡；③湿热淋证，湿热泻痢。

现代临床还用于大叶性肺炎、急性支气管炎、肠炎腹泻、尿路感染、鼻窦炎、慢性化脓性中耳炎、盆腔炎等病的治疗。

评注

鱼腥草是中国卫生部规定的药食同源品种之一。蕺菜富含蛋白质、油脂、维生素等营养成分，其嫩叶及根茎均可食用，是一种营养价值极高的野生蔬菜。蕺菜药用保健产品的开发研制也日益受到重视，鱼腥草茶、鱼腥草饮料、鱼腥草营养液、鱼腥草袋装方便食品和鱼腥草蜜酒等许多新产品也先后问世。

蕺菜历来为野生植物，近年来，由于需求量不断增加，也为了控制药材的质量，开始了人工栽培研究，对鱼腥草的生长习性、繁殖方法、选地整地、播种、田间管理、病虫防治等进行了研究，并已在四川建立了规范化种植基地。

以往对蕺菜的研究和开发利用，大都用干品，或提取挥发油制成注射剂。而蕺菜中的有效成分癸酰乙醛极不稳定，易氧化聚合，据研究，干鱼腥草揉搓几乎无蕺菜的特殊气味，蒸馏液也难检出。目前鱼腥草注射液均以新鲜蕺菜为提取原料，并以亚硫酸氢钠与癸酰乙醛加合成鱼腥草素，以保持蕺菜原有的功效。

参考文献

[1] 曹郡双，秦荣和．鱼腥草的药理作用及临床应用．现代中西医结合杂志．2001，10(6)：572-573

[2] 曾志，石建功，曾和平，赖闻玲．有机质谱学在中药鱼腥草研究中的应用．分析化学．2003，31(4)：399-404

[3] K Hayashi, M Kamiya, T Hayashi. Virucidal effects of the steam distillate from *Houttuynia cordata* and its components on HSV-1, influenza virus, and HIV. *Planta Medica*. 1995, 61(3): 237-241

[4] KH Choe, SJ Kwon, DS Jung. A study on chemical composition of Saururaceae growing in Korea. 4. On flavonoid constituents of *Houttuynia cordata*. *Analytical Science & Technology*. 1991, 4(3): 285-288

[5] TT Jong, MY Jean. Alkaloids from *Houttuyniae cordata*. *Journal of the Chinese Chemical Society*. 1993, 40(3): 301-303

[6] A Proebstle, A Neszmelyi, G Jerkovich, H Wagner, R Bauer. Novel pyridine and 1,4-dihydropyridine alkaloids from *Houttuynia cordata*. *Natural Product Letters*. 1994, 4(3): 235-240

[7] TT Jong, MY Jean. Constituents of Houttuyniae cordata and the crystal structure of vomifoliol. *Journal of the Chinese Chemical Society*. 1993, 40(4): 399-402

[8] 史蕙，任利斌．筑产鱼腥草挥发油抑菌作用的初步研究．贵阳中医学院学报．1998，20(3)：61

[9] 郭惠，姚灿，何士勤．鱼腥草抗流感病毒诱导细胞凋亡的研究．赣南医学院学报．2003，23(6)：615-616

[10] 郑宣鹤，唐晓鹏，苏先狮．青蒿素等4种中草药抑制出血热病毒的实验研究．湖南医科大学学报．1993，18(2)：165-167

[11] 李鸿雁，夏前明，李福祥，全燕．鱼腥草与左氧氟沙星联合应用对生物被膜细菌的清除作用．中药新药与临床药理．2005，16(1)：23-26

[12] 宋志军，王潮临，程建祥，李逢春，朱作金，宁耀瑜，张明安．鱼腥草、田基黄和丁公藤注射液对大鼠免疫功能的影响．中草药．1993，24(12)：643-644，648

[13] 任玉翠，周彦钢，凌文娟，盛清．鱼腥草营养液升白细胞作用的研究．预防医学文献信息．1999，5(1)：5-6

[14] 宁耀瑜，柯美珍，周晓玲，杨志平，宋志军．雾化吸入鱼腥草提取液对大鼠呼吸道及全身免疫功能的影响．广西医科大学学报．1997，14(4)：70-72

[15] GZ Li, OH Chai, MS Lee, EH Han, HT Kim, CH Song. Inhibitory effects of *Houttuynia cordata* water extracts on anaphylactic reaction and mast cell activation. *Biological & Pharmaceutical Bulletin*. 2005, 28(10): 1864-1868

[16] 周大兴，张红霞，李昌煜，张秀尧．鱼腥草油抗慢反应物质及平喘作用的研究．中成药．1991，13(6)：31-32

[17] YY Chen, CM Chen, PY Chao, TJ Chang, JF Liu. Effects of frying oil and *Houttuynia cordata* thunb on xenobiotic-metabolizing enzyme system of rodents. *World Journal of Gastroenterology*. 2005, 11(3): 389-392

[18] YY Chen, JF Liu, CM Chen, PY Chao, TJ Chang. A study of the antioxidative and antimutagenic effects of *Houttuynia cordata* Thunb. using an oxidized frying oil-fed model. *Journal of Nutritional Science and Vitaminology*. 2003, 49(5): 327-333

[19] EJ Cho, T Yokozawa, DY Rhyu, HY Kim, N Shibahara, JC Park. The inhibitory effects of 12 medicinal plants and their component compounds on lipid peroxidation. *The American Journal of Chinese Medicine*. 2003, 31(6): 907-917

[20] XL Jiang, HF Cui. Different therapy for different types of ulcerative colitis in China. *World Journal of Gastroenterology*. 2004, 10(10): 1513-1520

[21] 李爽，于庆海，张劲松．合成鱼腥草素的抗炎镇痛作用．沈阳药科大学学报．1998，15(4)：272-275

[22] 廖德胜，王敬勉，赵家振，卫丽．鱼腥草黄酮的制备及其应用研究．中国食品添加剂．2002，2：81-83

鼠李科

北枳椇 Beizhiju ^KHP

Hovenia dulcis Thunb.
Japanese Raisin Tree

概 述

鼠李科 (Rhamnaceae) 植物北枳椇 *Hovenia dulcis* Thunb., 其干燥成熟种子入药。中药名：枳椇子。

枳椇属 (*Hovenia*) 植物全世界约有3种、2变种。中国也分布有3种和2变种，中国本属现供药用者有3种。本种分布于中国河北、山东、山西、河南、陕西、甘肃、四川、湖北、安徽、江苏、江西等省区；朝鲜半岛、日本也有分布。

"枳椇子"药用之名，始载于《新修本草》。主产于中国陕西、湖北、江苏、安徽和福建等省区。

北枳椇主要活性成分为三萜皂苷类化合物，尚有黄酮类成分。

药理研究表明，北枳椇具有解酒、抗肝损害、抗脂质过氧化和降血糖等作用。

中医理论认为枳椇子具有止渴除烦，清湿热，解酒毒等功效。

北枳椇 *Hovenia dulcis* Thunb.

药材枳椇子 Semen Hoveniae Dulcis

0.5cm

化学成分

北枳椇种子部分含三萜皂苷类化合物：北枳椇皂苷A_1、A_2、B_1、B_2 (hovenidulciosides A_1, A_2, B_1, B_2)、北拐枣皂苷III (hoduloside III)、拐枣皂苷G (hovenoside G) [1-2]；又含黄酮类成分：双氢山柰酚 (dihydrokaempferol)、槲皮素 (quercetin)、(+)-3,3',5',5,7-五羟基双氢黄酮 [(+)-3,3',5',5,7-pentahydroflavanone]、(+)-双氢杨梅黄素[(+)-dihydromyricetin]、(+)-蛇葡萄素 [(+)-ampelopsin]、落叶黄素 (laricetrin)、杨梅素 (myricetin)、枳椇黄酮I、II、III (hovenitins I-III) [3-4]；还含生物碱类成分：黑麦草碱 (perlolyrine)[5]。

树叶部分含皂苷类化合物:北拐枣皂苷I、II、III、IV、V (hodulosides I - V)、拐枣皂苷 I (hovenoside I)、酸枣皂苷 (jujuboside B)、北拐枣皂苷C_2、E、H (saponins C_2, E, H)、北枳椇内酯 (hovenolactone)[6-7]。

皮部分含皂苷类化合物:拐枣皂苷G、D、I (hovenosides G, D, I)[8]。

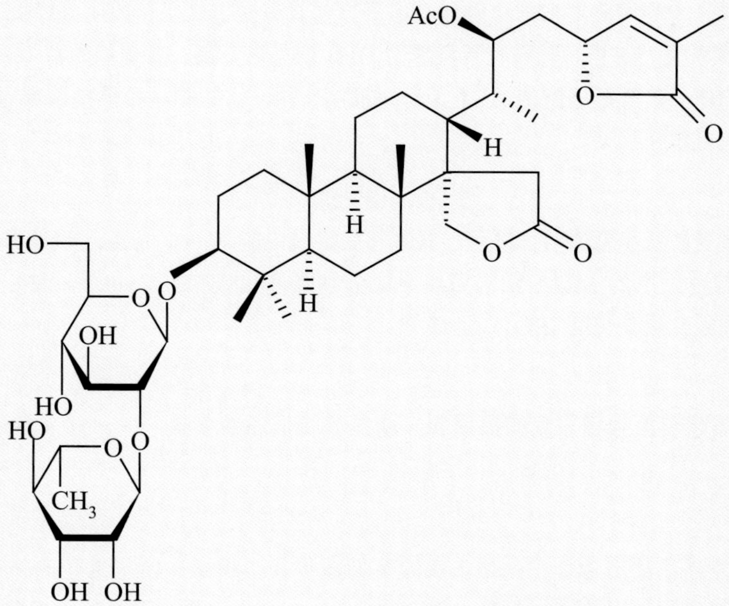

hovenidulcioside A_1

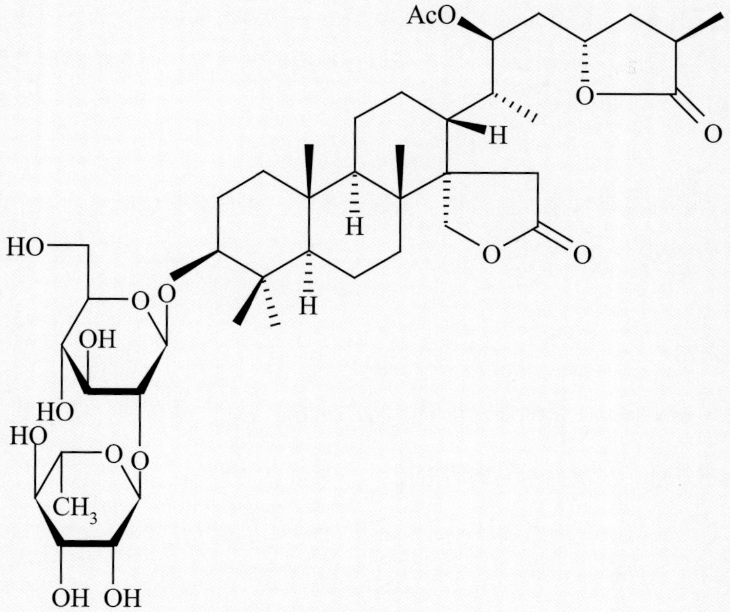

hovenidulcioside B_1

鼠李科

北枳椇 Beizhiju

药理作用

1. **解酒、保肝**
   枳椇子具有解酒的功效，酒前服用比酒后服用效果更佳[9]。可显著降低血中乙醇浓度和乙醇代谢排出量，缩短乙醇诱导的小鼠睡眠时间，降低丙二醛 (MDA) 含量，并能提高谷胱甘肽过氧化物酶 (GSH‐Px) 活力[10-11]。枳椇子生物碱组分能明显拮抗乙醇所致肝损伤的有效部位，黄酮可能为其辅助组分[12]。枳椇黄酮和蛇葡萄素还能抑制乙醇诱导的肌松作用[13]。枳椇子水提取液对四氯化碳致小鼠肝损伤具有保护作用，能明显降低四氯化碳所致的丙氨酸转氨酶 (ALT)、天冬氨酸转氨酶 (AST)、乳酸脱苯氢酶 (LDH) 的异常升高，并使胆固醇 (CH)、三酰甘油 (TG) 有所降低；对四氯化碳诱导的体外培养肝细胞的 AST 上升有抑制作用[14]。枳椇子甲醇提取物对 D‐氨基半乳糖/脂多糖诱导的实验性肝损伤也有保护作用[15]。

2. **抗氧化**
   枳椇子匀浆灌胃时能显著降低小鼠血清、肝脏、肾脏和脑组织中的 MDA 含量，并呈明显量效关系，在高剂量下，血清、肝脏、肾脏和脑组织中的 MDA 比对照组小鼠分别降低34%、70%、9.2%和26%。此外，还能升高小鼠肝脏、肾脏和脑组织中超氧化物歧化酶 (SOD) 活性[16]。

3. **降血糖**
   枳椇子水提取液给四氧嘧啶所致糖尿病小鼠灌胃，能显著降低血糖含量，中、低剂量还能显著升高小鼠肝糖原含量[17]。

4. **抗肿瘤**
   枳椇子水提取物在体外显示细胞毒作用，体内实验有抑瘤作用。枳椇子水提取物对体外培养的人肝癌细胞 Bel‐7402 的生长有显著抑制作用，半数抑制浓度 (ID_{50}) 为 14.0mg/mL；体内灌胃给予枳椇子水提取物，对小鼠肝癌有抑制作用[18]。

5. **适应原样作用**
   枳椇子水提取液给小鼠灌胃，结果显示枳椇子水提取液能显著提高小鼠的耐寒 (-5°C) 和耐热机能 (50°C)，并延长小鼠游泳和爬杆时间[19]。

6. **降血压**
   静脉注射枳椇水提取液、枳椇正丁醇提取物水溶液均可降低正常麻醉猫的平均动脉血压，并呈现量效关系，且枳椇正丁醇提取物水溶液的效力较强。静脉注射引起的降血压持续时间短暂。而枳椇醋酸乙酯提取物水溶液对动脉压无影响[20]。

7. **其他**
   枳椇子乙醇提取物水溶液还能显著抑制大鼠食欲，减轻体重[21]。枳椇皂苷能明显抑制小鼠应激性胃溃疡。此外，枳椇子还有利尿和抗突变的作用。

应用

本品为中医临床用药。功能：解酒毒，止渴除烦，止呕，利大小便。主治：①醉酒；②烦渴，呕吐，二便不利。

现代临床还用于酒精肝、化学性肝、风湿麻木等病的治疗。

评注

枳椇子是中国卫生部规定的药食同源品种之一。北枳椇为庭园绿化用材和药用树种，花序柄结果时肉质，可生食或酿酒，种子供药用。由于其种子具高效促乙醇分解、抗肝中毒、抗肿瘤和增强体能活性，除入成药外，还可作为保健食品和饮料等。

同属植物枳椇 *Hovenia acerba* Lindl. 和毛果枳椇 *H. trichocarpa* Chun et Tsiang 的种子在中国也为枳椇子的来源品种。绒毛枳椇 *H. dulcis* Thunb. var. *tomentella* Makino 和朝鲜北枳椇 *H. dulcis* Thunb. var. *koreana* Nakai 分别原产于日本和朝鲜，现代研究发现两种植物均有相似化学成分和药理作用[22]。

北枳椇和绒毛枳椇的新鲜叶中均含北拐枣皂苷，此皂苷可选择性抑制人体甜味敏觉，可作为甜味调节剂，用作生理学工具研究味觉[6, 23]。

参考文献

[1] M Yoshikawa, T Murakami, T Ueda, H Matsuda, J Yamahara, N Murakami. Bioactive saponins and glycosides. IV. Four methyl-migrated 16,17-seco-dammarane triterpene glycosides from Chinese natural medicine, Hoveniae Semen Seu Fructus, the seeds and fruit of *Hovenia dulcis* Thunb.: absolute stereostructures and inhibitory activity on histamine release of hovenidulciosides A1, A2, B1, and B2. *Chemical & Pharmaceutical Bulletin*. 1996, **44**(9): 1736-1743

[2] K Kawai, T Akiyama, Y Ogihara, S Shibata. Chemical studies on the Oriental plant drugs. XXXVIII. New sapogenin in the saponins of *Zizyphus jujuba, Hovenia dulcis,* and *Bacopa monniera. Phytochemistry*. 1974, **13**(12): 2829-2832

[3] 丁林生，梁侨丽，腾艳芬. 枳椇子黄酮类成分研究. 药学学报. 1997, **32**(8): 600-602

[4] M Yoshikawa, T Murakami, T Ueda, S Yoshizumi, K Ninomiya, N Murakami, H Matsuda, M Saito, W Fujii, T Tanaka, J Yamahara. Bioactive constituents of Chinese natural medicines. III. Absolute stereostructures of new dihydroflavonols, hovenitins I, II, and III, isolated from Hoveniae Semen Seu Fructus, the seed and fruit of *Hovenia dulcis* Thunb. (Rhamnaceae): inhibitory effect on alcohol-induced muscular relaxation and hepatoprotective activity. *Yakugaku Zasshi*. 1997, **117**(2): 108-118

[5] 金宝渊，朴万基，朴政一. 枳椇子生物碱成分的研究. 中草药. 1994, **25**(3): 161

[6] K Yoshikawa, S Tumura, K Yamada, S Arihara. Antisweet natural products. VII. Hodulosides I, II, III, IV, and V from the leaves of *Hovenia dulcis* Thunb. *Chemical & Pharmaceutical Bulletin*. 1992, **40**(9): 2287-2291

[7] Y Kobayashi, T Takeda, Y Ogihara, Y Iitaka. Novel dammarane triterpenoid glycosides from the leaves of *Hovenia dulcis*. X-ray crystal structure of hovenolactone monohydrate. *Journal of the Chemical Society, Perkin Transactions 1: Organic and Bio-Organic Chemistry*. 1982, **12**: 2795-2799

[8] O Inoue, T Takeda, Y Ogihara. Carbohydrate structures of three new saponins from the root bark of *Hovenia dulcis* (Rhamnaceae). *Journal of the Chemical Society, Perkin Transactions 1: Organic and Bio-Organic Chemistry*. 1978, **11**: 1289-1293

[9] 尹秋霞，陈英剑，孙晓明，薛炼，武立新. 葛根、枳椇子对大鼠血中乙醇浓度变化的影响. 山东中医药大学学报. 2003, **27**(4): 310-311

[10] 嵇扬，陆红，杨平. 枳椇子酒与枳椇子水提取液解酒毒作用比较研究. 时珍国医国药. 2001, **12**(6): 481-483

[11] 王平. 拐枣果浸渍液对机体乙醇代谢的影响. 中南林学院学报. 1997, **17**(3): 65-67

[12] 张洪，叶丽萍，张如洪，王鹏. 枳椇子有效部位的初步研究. 广东药学院学报. 2003, **19**(2): 111, 115

[13] N Murakami, T Ueda, M Yoshikawa, H Matsuda, J Yamahara, M Saito, T Tanaka. Histamine release inhibitory and alcohol induced muscle relaxation inhibitory constituents from Hoveniae Semen Seu Fructus. Absolute structure of methyl-migrated 16,17-seco-dammarane triterpene glycosides, hovenidulciosides. *Tennen Yuki Kagobutsu Toronkai Koen Yoshishu*. 1995, **37**: 397-402

[14] 嵇扬，陆红. 枳椇子水提取液对四氯化碳致小鼠肝损伤的保护作用. 时珍国医国药. 2002, **13**(6): 327-328

[15] K Hase, M Ohsugi, Q Xiong, P Basnet, S Kadota, T Namba. Hepatoprotective effect of *Hovenia dulcis* Thunb. on experimental liver injuries induced by carbon tetrachloride or D-galactosamine/lipopolysaccharide. *Biological & Pharmaceutical Bulletin*. 1997, **20**(4): 381-385

[16] 王艳林，韩钰，钱京萍. 枳椇子抗脂质过氧化作用的实验研究. 中草药. 1994, **25**(6): 306-307, 316

[17] 嵇扬，陈善，张葵荣，王文俊，陆红. 枳椇水提取液对四氧嘧啶糖尿病小鼠血糖和肝糖原含量的影响. 中药材. 2002, **25**(3): 190-191

[18] 嵇扬. 枳椇子水提取物细胞毒作用与抑瘤功效的研究. 中医药学刊. 2003, **21**(4): 538, 543

[19] 嵇扬，王文俊，孙芳. 枳椇子水提取液对小鼠综合体能的影响. 中医药学报. 2003, **31**(3): 22-23

[20] 嵇扬，姜春来，张癸荣. 枳椇子对血压影响的实验研究. 中医药学刊. 2003, **21**(8): 1258-1259

[21] 稽扬，王文俊，狄亚敏，张癸荣. 枳椇对大鼠食欲抑制作用的实验研究. 解放军药学学报. 2003, **19**(2): 114-116

[22] 陈蕙芳. 朝鲜北枳椇的保肝作用. 国外药讯. 2003, **4**: 38

冬青科

枸骨 Gougu^{CP}

Ilex cornuta Lindl. ex Paxt.
Chinese Holly

 概 述

冬青科 (Aquifoliaceae) 植物枸骨 *Ilex cornuta* Lindl. ex Paxt.，其干燥叶入药。中药名：枸骨叶。

冬青属 (*Ilex*) 植物全世界约有 400 种，广布于两半球的热带、亚热带至温带地区，主产中南美洲和亚洲热带地区。中国产约有 200 种，分布于秦岭南坡、长江流域及其以南广大地区，而以西南和华南地区最多。中国本属现供药用者约有 20 种。本种分布于中国江苏、上海、安徽、浙江、江西、湖北、湖南、云南等地；欧美一些国家也有栽培。

"枸骨"药用之名，始载于《神农本草经》，列于女贞项下。《中国药典》（2005 年版）收载本种为中药枸骨叶的法定原植物来源种。枸骨主产于中国江苏、河南等地，以江苏产量最大。此外，浙江、安徽、四川、陕西也产。

枸骨叶的主要有效成分为三萜皂苷类化合物。此外，还含有糖脂类、有机酸类、鞣质、黄酮类等化学成分。《中国药典》从性状鉴别等方面来控制药材质量。

药理研究表明，枸骨叶具有强心、避孕等作用。

中医理论认为枸骨叶具有清热养阴，平肝，益肾的功效。

枸骨 *Ilex cornuta* Lindl. ex Paxt.

药材枸骨叶 Folium Ilicis Cornutae

ilexside II : R=glc

cornutaside A: $R_1=$

$R_2=$

cornutaside B: $R_1=$

$R_2=$

枸骨 Gougu

冬青科

枸骨 Gougu

化学成分

枸骨叶主要含三萜皂苷类化合物：苦丁茶苷 A、B、C、D (cornutasides A-D)、地榆苷 I、II (zigu-glucosides I-II)、冬青苷 II (ilexside II)、冬青苷 I 甲酯 (ilexside I methyl ester)、枸骨苷 I、II、III (gougusides I-VII)[1]、11-酮基-α-香树脂醇棕榈酸酯 (11-keto-α-amyrin palmitate)、α-香树脂醇棕榈酸酯 (α-amyrin palmitate)[2]；还含糖脂类化合物：苦丁茶糖脂素 A、B (cornutaglycolipides A-B)；又含有机酸类成分：3,4-二咖啡酰奎宁酸 (3,4-dicaffeoylquinic acid)、3,5-二咖啡酰奎宁酸 (3,5-dicaffeoylquinic acid)、3,4-二羟基桂皮酸 (3,4-dihydroxycinnamonic acid)[1]；尚含黄酮类化合物：槲皮素 (quercetin)、异鼠李素 (isorhamnetin)、金丝桃苷 (hyperoside)[3]等；香豆素类化合物：七叶内酯 (aesculetin)[3]；此外还含链状倍半萜：艾菊萜 (tanacetene)[2]。

药理作用

1. **对心血管系统的影响**

   离体豚鼠心脏灌流实验表明，枸骨有增加冠状动脉流量和加强心肌收缩力的作用。枸骨叶中的枸骨苷 IV 静脉注射对小鼠脑垂体后叶素诱发的心肌缺血有保护作用，不改变豚鼠离体心肌的心率和冠脉流量，但可显著降低心肌收缩力[4]。

2. **抗生育**

   枸骨叶丙酮提取物皮下注射可终止小鼠早孕；醇提物腹腔注射可终止小鼠早、中和晚期妊娠以及大鼠早期妊娠；醇提物对豚鼠和大鼠的离体子宫也有兴奋作用[4-5]。

3. **抗菌**

   体外实验表明枸骨叶的粗提物、醋酸乙酯提取物和正丁醇提取物对白色念珠菌和光滑念珠菌具有明显的抑制作用[6-7]。

4. **对免疫系统的影响**

   枸骨叶的脂溶性萃取物对 T 淋巴细胞活化和增殖具有较强的抑制作用[8]。

5. **其他**

   枸骨叶中的有机酸类成分 3,4-二咖啡酰奎宁酸能显著地促进前列腺环素 (PGI_2) 的释放[9]。枸骨叶的三萜皂苷类化合物在体外有抑制酰基辅酶A-胆固醇酰基转移酶的作用[10]。

应用

本品为中医临床用药。功能：清虚热，益肝肾，祛风湿。主治：①阴虚劳热，咳嗽咯血，头晕目眩，腰膝痿软；②风湿痹痛；③白癜风。

现代临床还用于防治感冒、肺结核、腰肌劳损、腰骶疼痛、风湿性关节炎等病的治疗。

评注

历史上，枸骨叶曾被误用为十大功劳并载于《本经逢原》与《本草纲目拾遗》等书。十大功劳来源为小檗科植物阔叶十大功劳 Mahonia bealei (Forti.) Carr. 的叶。枸骨叶和十大功劳来源相去甚远，应区别使用。

枸骨的嫩叶为苦丁茶一种，有散风热、清头目、解烦闷、活血脉的功效。民间苦丁茶泡茶为减肥饮料，也用于治疗冠心病心绞痛和高血压症。

枸骨种子可入药，功能：补肝肾，强筋活络，固涩下焦。主治：①体虚低热；②筋骨疼痛；③崩漏，带下；④泻泄。现代临床还用于百日咳等病的治疗。

枸骨树皮也可入药，为中医临床用药。功能：补肝肾，强筋骨。主治：肝肾不足，腰腿痿弱。

枸骨根也可入药，为中医临床用药。功能：补益肝肾，疏风清热。主治：①腰膝痿弱，关节疼痛；②头风，眼赤，牙痛；③风疹。

参考文献

[1] 李维林，吴菊兰，任冰如，赵友谊，张涵庆，郑汉臣．枸骨的化学成分．植物资源与环境学报．2003，12(2)：1-5

[2] 吴弢，程志红，刘和平，李颜，俞桂新，王峥涛．中药枸骨叶脂溶性化学成分的研究．中国药学杂志．2005，40(19)：1460-1462

[3] 杨雁芳，阎玉凝．中药枸骨叶的化学成分研究．中国中医药信息杂志．2002，9(4)：33-34

[4] 李维林，吴菊兰，任冰如，周爱玲，郑汉臣．枸骨中3种化合物的心血管药理作用．植物资源与环境学报．2003，12(3)：6-10

[5] 魏成武，杨翠芝，任华能，鲁维华，姚朗，孙正川．枸骨抗生育作用．中国中药杂志．1988，13(5)：48-50

[6] 张晶，林晨，岑颖洲，沈伟哉．枸骨叶抗真菌作用初探．中国病理生理杂志．2003，19(11)：1562

[7] 林晨，张晶，沈伟哉，岑颖洲，江振友．枸骨叶两种溶媒萃取物抑制念珠菌机制探讨．中国病理生理杂志．2005，21(8)：1653-1654

[8] 林晨，谭玉波，张晶，沈伟哉，岑颖洲，江振友．枸骨叶五种溶媒萃取物对C57BL/6鼠T淋巴细胞作用研究．中国病理生理杂志．2005，21(8)：1654

[9] 秦文娟，吴秀娥，福山爱保，山田敏英．苦丁茶化学成分的研究（II）．中草药．1988，19(11)：486

[10] K Nishimura, T Miyase, H Noguchi. Acyl CoA cholesterol acyltransferase inhibitors from *Ilex cornuta*. Japan Kokai Tokkyo Koho. 2001: 9

禾本科

白茅 Baimao CP, JP

Imperata cylindrica Beauv. var. *major* (Nees) C. E. Hubb.
Lalang Grass

 概 述

禾本科 (Gramineae) 植物白茅 *Imperata cylindrica* Beauv. var. *major* (Nees) C. E. Hubb.，其干燥根茎入药。中药名：白茅根。

白茅属 (*Imperata*) 植物全世界约有10种，分布于热带和亚热带地区。中国产约有4种。本属现供药用者仅1种。本种分布于中国东北、华北、华东、中南、西南及陕西、甘肃等地；朝鲜半岛、日本也有分布。

白茅根以"茅根"药用之名，始载于《神农本草经》，列为中品。历代本草多有著录。《中国药典》(2005年版) 收载本种为中药白茅根的法定原植物来源种。中国大部分地区均产，以华北地区产量较多。

白茅的化学成分以三萜类化合物为主，另外还含有内酯成分[1]。现代研究指出：白茅中存在的具活性的α-联苯双酯可能是该植物抗肝炎的有效成分[2]。

药理研究表明，白茅的根具有止血、抗炎、利尿等作用。

中医理论认为白茅根具有凉血止血，清热利尿等功效。

白茅 *Imperata cylindrica* Beauv. var. *major* (Nees) C. E. Hubb.

药材白茅根 Rhizoma Imperatae

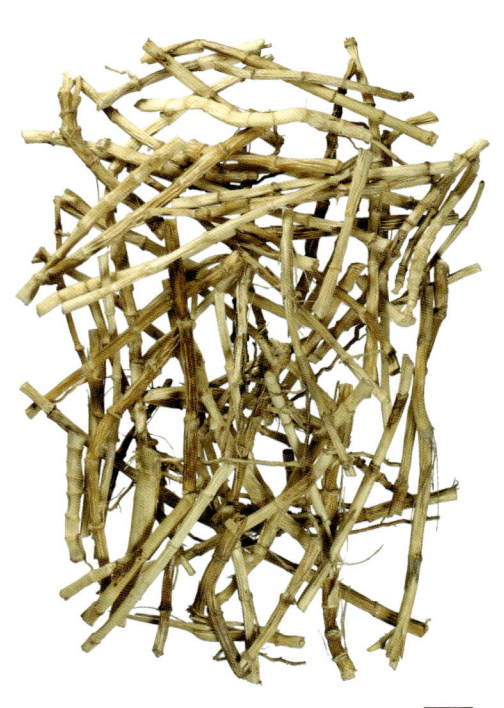

1cm

化学成分

白茅的根茎含三萜类化合物：芦竹素 (arundoin)、白茅素 (cylindrin)、异乔木萜醇 (isoarborinol)[3]、羊齿烯醇 (fernenol)、西米杜鹃醇 (simiarenol)[4]、乔木萜醇 (arborinol)、乔木萜醇甲醚 (arborinol methyl ether)、乔木萜酮 (arborinone) 和木栓酮 (friedelin)[5]等；内酯类成分：白头翁素 (anemonin)、薏苡素 (coixol)[1]。近年来又分得 cylindrene[6]、白茅素S (imperanene)[7]、cylindols A、B[8]、graminones A、B[9]、α-联苯双酯、(dimethyl-4,4′-dimethoxy-5,6,5′,6′-dimethylenedioxybiphenyl-2,2′-dicarboxylate)[2]和多糖类物质[10]。

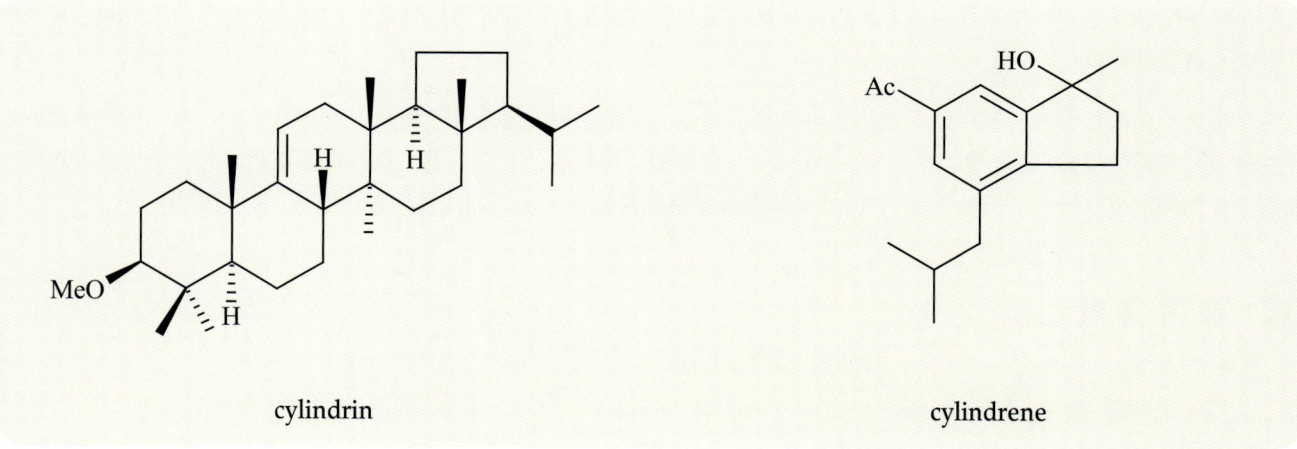

cylindrin　　　cylindrene

药理作用

1. **对血液系统的影响**

   白茅根茎的生、炭品水煎液灌胃能明显缩短断尾小鼠的出血时间、凝血时间和血浆复钙时间，提高大鼠体外血小板的最大凝集率，其作用机理与影响内原性凝血因子及抑制纤溶过程有关，炭品的作用明显优于生品[11]。白茅素S 可抑制血小板凝聚[7]，可能是白茅活血作用的有效成分。

2. **利尿**

   白茅根茎水煎液给小鼠灌胃显示有利尿作用，此作用可能与白茅根含丰富的钾盐有关[12]。

3. **抗肝炎**

   白茅根煎剂连续多日服用对乙型肝炎患者提高乙型肝炎表面抗原阳性的转阴率有一定的效果[13]。其所含的 α-联苯双酯具有明显的降低血清谷丙转氨酶活性的作用，可能是白茅根治疗肝炎的有效成分[2]。

4. **抗炎、镇痛**

   白茅根煎剂灌胃给药可以抑制小鼠醋酸引起的扭体反应，还可以抑制醋酸所致的毛细血管通透性增加，具有抗炎镇痛的作用[12]。

5. **增强免疫**

   白茅根水煎液灌胃能显著提高小鼠腹腔巨噬细胞的吞噬功能，明显增加吞噬率、吞噬指数和辅助性 T 细胞 (T_H) 数目，并促进白介素2 (IL-2) 的产生，有增强机体非特异性免疫作用[14]。多糖为活性成分之一[10]。

6. **其他**

   白茅根茎所含的 cylindrene 可抑制血管平滑肌收缩[6]，graminone B 具有血管舒张作用[9]；cylindol A 可抑制5-脂肪氧化酶，显示出抗氧化作用[8]。

白茅 Baimao

应用

本品为中医临床用药。功能：凉血止血，清热利尿。主治：①血热妄行之出血证，如咳血、吐血、衄血、尿血等；②热淋，水肿等；③温热烦渴，胃热呕吐，肺热咳嗽，湿热黄疸等。

现代临床还用于急性肾炎、尿路感染、糖尿病等病的治疗。

评注

白茅在中国部分地区用新鲜根茎入药，鲜白茅根是中国卫生部规定的药食同源品种之一，可用于治疗急性肾炎、急性黄疸肝炎，有显著疗效。

以白茅根为主药的积雪草合剂可用于预防和治疗急性肾炎、尿路感染、血尿及小便黄少等。鲜茅根止血、利尿作用在古代文献中就有记载，如《医学衷中参西录》中记载："白茅根必用鲜者，其效方著，春前秋后剖用味甘，至生苗盛茂时，味即不甘，用之也有效验，远胜干者。"因此可利用鲜茅根榨取鲜汁，加工制成鲜茅根口服液，效果较好。

参考文献

[1] 王明雷，王素贤，孙启时. 白茅根化学及药理研究进展. 沈阳药科大学学报. 1997, 14(1): 67-69, 78

[2] 王明雷，王素贤，孙启时，吴立军. 白茅根化学成分的研究. 中国药物化学杂志. 1996, 6(3): 192-194, 209

[3] T Ohmoto, K Nishimoto, M Ito, S Natori. Triterpene methyl ethers from rhizome of *Imperate cylindrica* var *media*. Chemical & Pharmaceutical Bulletin. 1965, 13(2): 224-226

[4] K Nishimoto, M Ito, S Natori, T Ohmoto. Structures of arundoin, cylindrin and fernenol. Triterpenoids of fernane and arborane groups of *Imperata cylindrica* var *koenigii*. Tetrahedron. 1968, 24(2): 735-752

[5] T Ohmoto, S Natori. Triterpene methyl ethers from gramineae plant: lupeol methyl ether, 12-oxoarundoin, and arborinol methyl ether. Journal of the Chemical Communications. 1969, 11: 601

[6] K Matsunaga, M Shibuya, Y Ohizumi. Cylindrene, a novel sesquiterpenoid from Imperata cylindrica with inhibitory activity on contractions of vascular smooth muscle. Journal of Natural Products. 1994, 57(8): 1183-1184

[7] K Matsunaga, M Shibuya, Y Ohizumi. Imperanene, a novel phenolic compound with platelet aggregation inhibitory activity from *Imperata cylindrica*. Journal of Natural Products. 1995, 58(1): 138-139

[8] K Matsunaga, M Ikeda, M Shibuya, Y Ohizumi. Cylindol A, a novel biphenyl ether with 5-lipoxygenase inhibitory activity, and a related compound from *Imperata cylindrica*. Journal of Natural Products. 1994, 57(9): 1290-1293

[9] K Matsunaga, M Shibuya, Y Ohizumi. Graminone B, a novel lignan with vasodilative activity from *Imperata cylindrica*. Journal of Natural Products. 1994, 57(12): 1734-1736

[10] V Pinilla, B Luu. Isolation and partial characterization of immunostimulating polysaccharides from *Imperata cylindrica*. Planta Medica. 1999, 65(6): 549-552

[11] 宋劲诗，陈康. 白茅根炒炭后的止血作用研究. 中山大学学报论丛. 2000, 20(5): 45-48

[12] 于庆海，杨丽君，孙启时，王素贤，杨洪菊，杨静玉，徐涛. 白茅根药理研究. 中药材. 1995, 18(2): 88-90

[13] 魏中海. 白茅根煎剂治疗乙型肝炎表面抗原阳性的临床疗效观察. 中医药研究. 1992, 4: 30-31

[14] 吕世静，黄槐莲. 白茅根对IL-2和T细胞亚群变化的调节作用. 中国中药杂志. 1996, 21(8): 488-489

[15] D Koh, CL Goh, HT Tan, SK Ng, WK Wong. Allergic contact dermatitis from grasses. Contact Dermatitis. 1997, 37(1): 32-34

土木香 Tumuxiang CP, KHP

Inula helenium L.
Elecampane Inula

菊 科

概　述

菊科 (Asteraceae) 植物土木香 *Inula helenium* L.，其干燥根入药。中药名：土木香。

旋覆花属 (*Inula*) 植物全世界约 100 种，分布于欧洲、非洲及亚洲，以地中海地区为主，俄罗斯西伯利亚西部至蒙古北部和北美均有分布。中国有 20 种和多数变种。本属现供药用者约 17 种。本种分布于中国新疆，各地多有栽培。在欧洲、亚洲（西部、中部）、俄罗斯西伯利亚至蒙古北部、北美也有分布。

"土木香"药用之名，始载于《本草图经》。历代本草多有著录。《中国药典》(2005 年版) 收载本种为中药土木香的法定原植物来源种。主产于中国河北，此外，新疆、甘肃、陕西、四川、河南、浙江等地也产。

土木香主要活性成分为倍半萜类成分，此外还有香豆素、黄酮等成分。《中国药典》采用薄层色谱法以土木香内酯与异土木香内酯为对照品来控制药材的质量。

药理研究表明，土木香具有驱虫、抗菌、降血糖等作用。

中医理论认为土木香具有健脾和胃，行气止痛等功效。

土木香 *Inula helenium* L.

土木香 Tumuxiang

药材土木香 Radix Inulae

1cm

化学成分

土木香的根含挥发油, 油中主要成分为倍半萜内酯类成分: 土木香内酯 (alantolactone)、风毛菊内酯 (saussurealactone)、异土木香内酯 (iso-alantolactone)、二氢异土木香内酯 (dihydro-iso-alantolactone)[1]、二氢土木香内酯 (dihydro-alantolactone)[2]; 单萜类成分: 肉豆蔻醚 (myristicin)、β-榄香烯 (β-elemene)、香橙烯 (aromadendrene)[1]; 香豆素类成分: 花椒毒素 (xanthotoxin)、异虎耳草素 (isopimpinellin)、异佛手柑内酯 (isobergapten)[3]; 黄酮类成分: 芦丁 (rutin)、槲皮素 (quercetin)[3]; 三萜类成分: 达玛二烯醇乙酸酯 (dammaradienyl acetate), 此成分水解后产生达玛二烯醇 (dammaradienol)[4]; 多糖类成分: 菊糖 (inulin)、胶质; 脂肪酸类成分: 酒石酸 (tartartic acid)、琥珀酸 (succinic acid); 此外还含有 10-isobutyryloxy-8,9-epoxythymol isobutyrate[5] 和皂苷类成分等[3]。地上部分含 11(13)-dehydroeriolin 和 2α-羟基土木香内酯 (eudesmanolide)[6]。

叶中含土木香苦素 (alantopicrin)[7]。

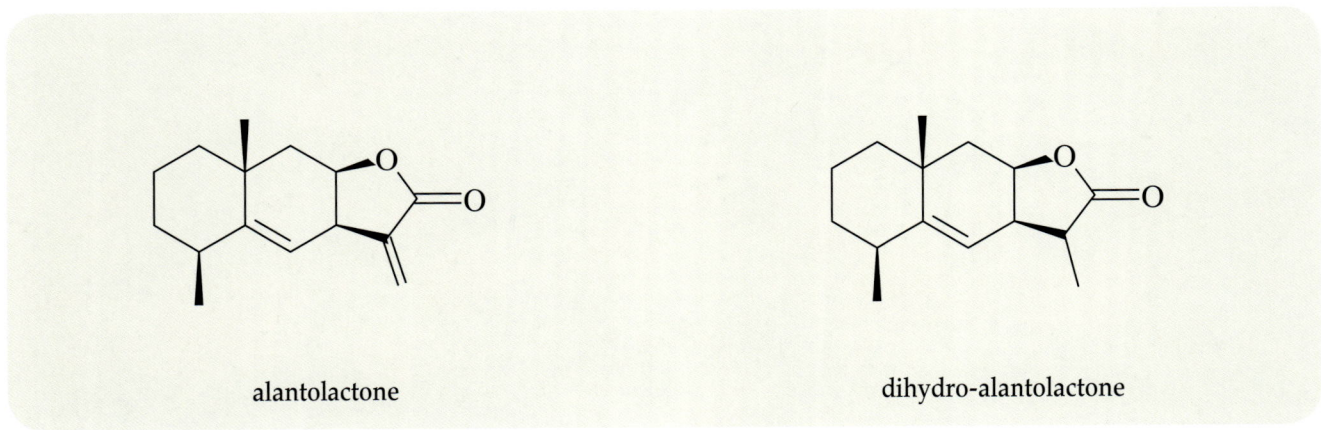

alantolactone

dihydro-alantolactone

药理作用

1. **抗菌**

   土木香提取物具有抗菌活性[8], 对结核分支杆菌有较强的抑制作用[6], 所含的 10-isobutyryloxy-8,9-epoxythymol isobutyrate 对金黄色葡萄球菌、粪肠球菌、大肠杆菌、绿脓杆菌和白色念珠菌有一定的抗菌活性[5]。

2. **驱虫**

   体外实验表明, 土木香水提液能在 40 天内有效地杀灭蛔虫幼虫, 20 天内杀灭蛔虫虫卵[9]。体内实验表明, 给家兔灌服含华支睾吸虫的土木香沸水提取液后, 土木香能很地抑制华支睾吸虫产卵[10]。

3. 抗肿瘤

土木香甲醇提取液对人胃癌细胞 MK-1、人宫颈癌细胞 HeLa、以及小鼠黑色素瘤细胞 B16F10 的增殖均有抑制作用[2]。体外实验表明，土木香乙醇提取液具有显著的细胞毒性，可抑制拉吉类淋巴母细胞的生长，与抗肿瘤药物合用时，活性增强，其主要活性成分为土木香内酯等倍半萜类化合物[11]。

4. 镇痛

小鼠醋酸致痛法与热板法实验均表明，土木香根、茎、叶和种子的乙醇提取物都有明显的止痛效果[12]。

5. 致敏

含土木香提取物的搽剂可引起接触性皮炎，其过敏原为倍半萜类化合物，经体外淋巴细胞转化试验 (LTT) 与体内小鼠致敏度试验考察发现，土木香内酯的致敏作用强于异土木香内酯[13-15]。

6. 其他

在研究小鼠急性应激性试验中，土木香对小鼠体内器官、血液、糖代谢和脂质过氧化过程均有保护作用[16]。此外，土木香还具有降血糖等作用。

应用

本品为中医临床用药。功能：健脾和胃，行气止痛，驱虫。主治：胃脘，胸腹胀痛，呕吐腹泻，痢疾，食积，虫积。

现代临床还用于牙痛、慢性胃炎、胃肠功能紊乱、肋间神经痛和胸壁挫伤等病的治疗。

评注

《中国药典》(1985 年版) 曾收载同属植物总状土木香 *Inula racemosa* Hook. f 为中药土木香的法定原植物来源种之一，分布于新疆天山阿尔泰山一带，在四川、湖北、陕西、甘肃、西藏等地有栽培，其根的功用与土木香大致相同。《中国药典》(2005 年版) 仅以土木香 *I. helenium* L. 为法定来源种。

土木香在欧洲也有栽培。欧洲将土木香用于利尿、祛痰、健胃，俄罗斯民间用于癌症的治疗[11]，中国用于治疗胃肠炎、支气管炎及结核性腹泻等。

土木香中含有大量倍半萜内酯，具有抗菌、驱虫、抗肿瘤等作用，但同时又具有致敏作用，易引起接触性皮炎。研究表明，土木香内酯致敏作用较强，异土木香内酯无显著的致敏作用。现已开发出一种对皮肤无刺激的植物抗炎剂，由土木香提取物和水溶性脱乙酰壳多糖组成，带有阳电荷，能与细菌细胞壁上的阴电荷产生较强的抗菌活性，可作为抗菌剂、抗炎剂用于医药、食品和化妆品[17]。

参考文献

[1] 戴斌，丘翠嫦. 新疆木香挥发油气相色谱-质谱分析. 中药材. 1995, 18(3): 139-142

[2] T Konishi, Y Shimada, T Nagao, H Okabe, T Konoshima. Antiproliferative sesquiterpene lactones from the roots of *Inula helenium*. *Biological & Pharmaceutical Bulletin*. 2002, 25(10): 1370-1372

[3] SA Matasova, NA Mitina, GL Ryzhova, DO Zhuganov, KA Dychko. Preparation of dried extract from *Inula helenium* roots and characterization of its chemical content. *Khimiya Rastitel'nogo Syr'ya*. 1999, 2: 119-123

[4] I Yosioka, Y Yamada. Isolation of dammaradienyl acetate from *Inula helenium* L. *Yakugaku Zasshi*. 1963, 83: 801-802

[5] A Stojakowska, B Kedzia, W Kisiel. Antimicrobial activity of 10-isobutyryloxy-8,9-epoxythymol isobutyrate. *Fitoterapia*. 2005, 76(7-8): 687-690

[6] CL Cantrell, L Abate, FR Fronczek, SG Franzblau, L Quijano, NH Fischer. Antimycobacterial eudesmanolides from *Inula helenium* and *Rudbeckia subtomentosa*. *Planta Medica*. 1999, 65(4): 351-355

[7] GF Von. Alantopicrin, a bitter principle from elecampane leaves; contribution to the composite bitter principles. *Archiv der Pharmazie und Berichte der Deutschen Pharmazeutischen Gesellschaft*. 1954, **287**(2): 57-62

[8] W Olechnowicz-Stepien, H Skurska. Studies on antibiotic properties of roots of i*nula helenium*, compositae. *Archivum Immunologiae et Therapiae Experimentalis*. 1960, **8**: 179-189

[9] GMF El, LH Mahmoud. Anthelminthic efficacy of traditional herbs on Ascaris lumbricoides. *Journal of the Egyptian Society of Parasitology*. 2002, **32**(3): 893-900

[10] JK Rhee, BK Baek, BZ Ahn. Alternations of Clonorchis sinensis EPG by administration of herbs in rabbits. *The American Journal of Chinese Medicine*. 1985, **13**(1-4): 65-69

[11] NA Spiridonov, DA Konovalov, VV Arkhipov. Cytotoxicity of some Russian ethnomedicinal plants and plant compounds. *Phytotherapy Research*. 2005, **19**: 428-432

[12] 王良信．土木香乙醇提取物的镇痛作用．国外医药：植物药分册．2004，**19**(6)：261

[13] M Pazzaglia, N Venturo, G Borda, A Tosti. Contact dermatitis due to a massage liniment containing *Inula helenium* extract. *Contact Dermatitis*. 1995, **33**(4): 267

[14] E Paulsen. Contact sensitization from Compositae-containing herbal remedies and cosmetics. *Contact Dermatitis*. 2002, **47**(4): 189-198

[15] BN Alonso, R Fraginals, JP Lepoittevin, C Benezra. A murine in vitro model of allergic contact dermatitis to sesquiterpene alpha-methylene-gamma- butyrolactones. *Archives of Dermatological Researc*h. 1992, **284**(5): 297-302

[16] IV Nesterova, KL Zelenskaia, TV Vetoshkina, SG Aksinenko, AV Gorbacheva, NA Gorbatykh. Mechanism of antistressor activity of *Inula helenium* preparations. *Eksperimental'naia i Klinicheskaia Farmakologiia*. 2003, **66**(4): 63-65

[17] 国外药讯编辑部．植物抗炎剂．国外药讯．2003，**9**：37

土木香种植地

旋覆花 Xuanfuhua CP, KHP

Inula japonica Thunb.
Japanese Inula

菊 科

 概 述

菊科 (Asteraceae) 植物旋覆花 *Inula japonica* Thunb.，其干燥头状花序入药，中药名：旋覆花；其干燥地上部分入药，中药名：金沸草。

旋覆花属 (*Inula*) 植物全世界约 100 种，分布于欧洲、非洲及亚洲，以地中海地区为主，俄罗斯西伯利亚西部至蒙古北部和北美均有。中国有 20 余种和多数变种，本属现作药用者约 17 种。本种主要分布于中国东北部、北部、东部；日本也有。

"旋覆花"药用之名，始载于《神农本草经》，列为下品。历代本草多有著录。中国自古以来作中药材旋覆花入药者为菊科多种植物的花序。《中国药典》(2005 年版) 收载本种为中药旋覆花的法定原植物来源种之一。主产于中国河南、江苏、河北、浙江。以河南产量最大，江苏、浙江品质最佳。

旋覆花主要含有倍半萜内酯和黄酮类化合物。《中国药典》以药材性状和显微鉴别来控制其质量。

药理研究表明，旋覆花具有镇咳、祛痰和抗炎的作用。

中医理论认为的旋覆花具有降气，消炎，行水，止呕等功效。

旋覆花 *Inula japonica* Thunb.

旋覆花 Xuanfuhua

药材旋覆花 Flos Inulae

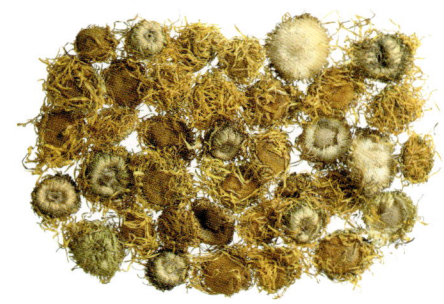

1cm

化学成分

旋覆花头状花序含甾醇类化合物：蒲公英甾醇 (taraxasterol)[1]；倍半萜内酯类成分：大花旋覆花内酯 (britannilactone)、1-O-乙酰大花旋覆花内酯 (1-O-acetylbritannilactone)、1,6-O,O-二乙酰大花旋覆花内酯 (1,6-O,O-diacetyl britannilactone)[2]、球醚大花旋覆花内酯 (britannilide)、氧化大花旋覆花内酯 (oxobritannilactone)、旋覆花佛术内酯 (eremobritanilin)[3]、1-O-乙酰-4R,6S-旋覆花内酯 (1-O-acetyl-4R,6S-britannilactone)[4]、锦菊素 (bigelovin)、2,3-二氢芳香堆心菊素 (2,3-dihydroaromaticin)、二氢锦菊素 (ergolide)[5]；黄酮类成分：山柰酚 (kaempferol)、槲皮素 (quercetin)、柽柳素 (tamarixetin)、杜鹃黄素 (azaleatin) 等。

地上部分含倍半萜内酯类成分：旋覆花素 (inulicin)[6]、去乙酰旋覆花素 (deacetyl inulicin)[7]、银胶菊素 (tomentosin)、豚草素 (ivalin)、4-表异粘性旋覆花内酯 (4-epi-isoinuviscolide)、天人菊内酯 (gaillardin)、旋覆花内酯A、B、C (inuchinenolides A-C)[8]、1β-羟基-8β-乙酰氧基木香酸甲酯 (1β-hydroxy-8β-acetoxycostic acid methyl ester)、1β-羟基-8β-乙酰氧基异木香酸甲酯 (1β-hydroxy-8β-acetoxyisocostic acid methyl ester)、1β-hydroxy-4α,11α-eudesma-5-en-12,8β-olide[9]。

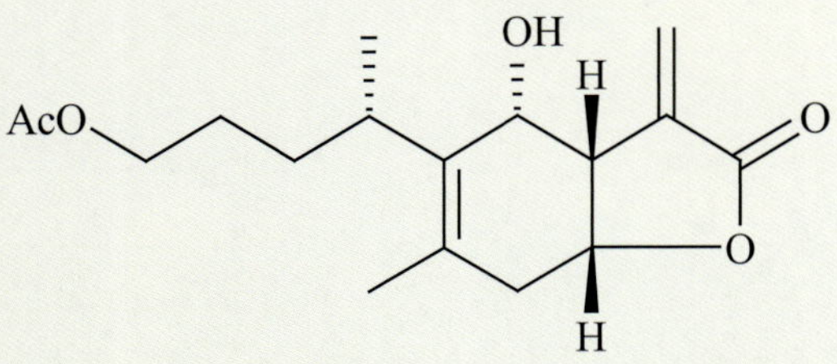

1-O-acetylbritannilactone

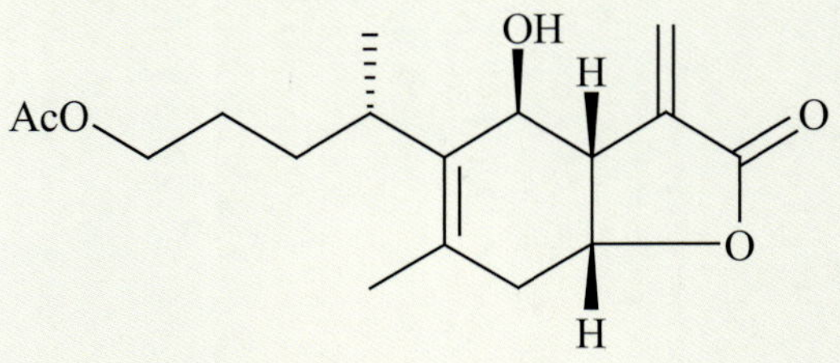

inulicin

药理作用

1. **止咳、祛痰、平喘**
   SO_2 引咳法表明旋覆花煎剂小鼠腹腔注射有显著的镇咳作用；酚红排泌法显示有很好的祛痰作用[10]。旋覆花黄酮对组胺引起的豚鼠支气管痉挛性哮喘有明显的保护作用，对组胺引起的豚鼠离体支气管痉挛有对抗作用。

2. **抗炎**
   旋覆花煎剂腹腔注射对巴豆油所致小鼠耳廓肿胀有明显抑制作用[10]。对体外 RAW264.7 巨噬细胞抗炎实验表明，

1-O-乙酰大花旋覆花内酯可能通过抑制核因子κB (NF-κB) 与相应作用位点结合，降低环加氧酶 2 (COX-2) 和诱导型一氧化氮合酶 (iNOS) 基因表达的活性以及前列腺素 E_2 (PGE_2) 与一氧化氮的合成而发挥其抗炎作用[11]；二氢锦菊素、2,3-二氢芳香堆心菊素和锦菊素对脂多糖诱导的一氧化氮合酶均有一定的抑制作用[5]。旋覆花素也具有抗炎活性[12]。

3. 抗菌

体外实验表明旋覆花乙醇提取物对大肠杆菌、金黄色葡萄球菌、枯草杆菌都有一定程度的抑菌作用。黄酮类化合物可能是其主要的抗菌成分[13]。

4. 保肝

旋覆花热水提取物注射给药可提高可化舒 (propionibacterium acnes) 和脂多糖所致肝损伤小鼠的存活率，其有效成分为蒲公英甾醇[1]。

5. 降血糖

旋覆花水提物灌胃给药可显著降低四氧嘧啶所致糖尿病小鼠血清三酰甘油含量，升高血浆中胰岛素水平，使水和食物的消耗量大大减少，血糖明显降低，而对正常小鼠的血糖影响很小[14]。

6. 抗肿瘤

体外实验表明球醚大花旋覆花内酯和旋覆花佛术内酯可抑制人白血病细胞 P388 的生长[3]；1,6-O,O-二乙酰大花旋覆花内酯也显示出对肿瘤细胞的细胞毒活性[2]。

7. 其他

旋覆花水提液在体外对猪晶体醛糖还原酶有较好的抑制作用，提示对糖性白内障有防治效果[15]。旋覆花乙醇提取物对动物油脂有较好的抗氧化作用[13]。旋覆花素具有刺激中枢神经系统、促进肠平滑肌运动、抗溃疡、利尿、大剂量抑制心搏等多种药理活性[12]。

应用

本品为中医临床用药。功能：降气化痰，降逆止呕。主治：①咳喘痰多及痰饮蓄结，胸膈痞满等；②噫气，呕吐；③胸胁痛。

现代临床还用于急慢性支气管炎、支气管哮喘等病的治疗。

评注

《中国药典》规定中药旋覆花的正品来源为旋覆花和欧亚旋覆花 Inula britannica L. 的头状花序；旋覆花与欧亚旋覆花极为相似，仅以叶形和毛茸为区别，化学成分和药理作用也无太大差别。

条叶旋覆花 I. linariifolia Turcz. 由于习性与分布均与旋覆花和欧亚旋覆花相近，植物形态也相似，在采摘过程中易二者混淆。条叶旋覆花的头状花序在临床上应用时曾出现过多例致吐的副作用，不宜作旋覆花入药，使用时应多加注意。

在日本，旋覆花用作健胃、祛痰、利尿药，民间用来镇吐；俄罗斯则将欧亚旋覆花作为解痉剂，治疗胃肠部疼痛、风湿、痔疮等，全草或根茎作为祛痰、利尿、发汗和泻药，新鲜的叶外敷伤口用于止血。

参考文献

[1] K Iijima, H Kiyohara, M Tanaka, T Matsumoto, JC Cyong, H Yamada. Preventive effect of taraxasteryl acetate from Inula britannica subsp. japonica on experimental hepatitis in vivo. Planta Medica. 1995, 61(1): 50-53

[2] BN Zhou, NS Bai, LZ Lin, GA Cordell. Sesquiterpene lactones from Inula britannica. Phytochemistry. 1993, 34(1): 249-252

旋覆花 Xuanfuhua

[3] NS Bai, BN Zhou, L Sang, SM Sang, K He, QY Zheng. Three new sesquiterpene lactones from *Inula britannica*. *ACS Symposium Series*. 2003, **859**: 271-278

[4] AR Han, W Mar, EK Seo. X-ray crystallography of a new sesquiterpene lactone isolated from *Inula britannica var. chinensis*. *Natural Product Sciences*. 2003, **9**(1): 28-30

[5] HT Lee, SW Yang, KH Kim, EK Seo, W Mar. Pseudoguaianolides isolated from *Inula britannica var. chinenis* as inhibitory constituents against inducible nitric oxide synthase. *Archives of Pharmacal Research*. 2002, **25**(2):151-153

[6] EY Kiseleva, VI Sheichenko, KS Rybalko, AA Ivashenko. Inulicin, a new sesquiterpene lactone from *Inula japonica*. *Khimiya Prirodnykh Soedinenii*. 1968, **4**(6): 386-387

[7] RI Evstratova, VI Sheichenko, KS Rybalko. Sesquiterpene lactones from *Inula japonica*. *Khimiya Prirodnykh Soedineni*i. 1974, **6**: 730-733

[8] K Ito, T Iida. Seven sesquiterpene lactones from *Inula britannica* var. *chinensis*. *Phytochemistry*. 1981, **20**(2): 271-273

[9] C Yang, CM Wang, ZJ Jia, Sesquiterpenes and other constituents from the aerial parts of *Inula japonica*. *Planta Medica*. 2003, **69**(7): 662-666

[10] 王建华，齐治，贾桂胜，陈蕾蕊，林阳．中药旋覆花与其地区惯用品的药理作用研究．北京中医．1997，**1**：42-44

[11] M Han, JK Wen, B Zheng, DQ Zhang. Acetylbritannilatone suppresses NO and PGE_2 synthesis in RAW 264.7 macrophages through the inhibition of iNOS and COX-2 gene expression. *Life Sciences*. 2004, **75**(6): 675-684

[12] LF Belova, AI Baginskaya, T Trumpe, SY Sokolov, KS Rybalko. Pharmacological properties of inulicin, a sesquiterpene lactone from *Inula japonica*. *Farmakologiya i Toksikologiya*. 1981, **44**(4): 463-467

[13] 王萍，吴冬青，李彩霞．旋覆花乙醇提取物的抗氧化性与抑菌作用研究．中国医学理论与实践．2005，**15**(1)：142-143，153

[14] JJ Shan, M Yang, JW Ren. Anti-diabetic and hypolipidemic effects of aqueous-extract from the flower of *Inula japonica* in alloxan-induced diabetic mice. *Biological & Pharmaceutical Bulletin*. 2006, **29**(3): 455-459

[15] 胡书群，任孝衡，赵惠仁．旋覆花等50种中药对猪晶体醛糖还原酶的抑制作用．中西医结合眼科杂志．1992，**10**(1)：1-3

[16] 时艳萍，孙爱丽．煎服旋覆花出现过敏反应1例．中华当代医学．2005，**3**(1)：86

旋覆花种植基地

菘蓝 Songlan^{CP}

十字花科

Isatis indigotica Fort.
Indigoblue Woad

概 述

十字花科 (Brassicaceae) 植物菘蓝 *Isatis indigotica* Fort.，其干燥根入药，中药名：板蓝根；干燥叶入药，中药名：大青叶；其茎叶加工所得的粉末或团块，中药名：青黛。

菘蓝 (*Isatis*) 属植物全世界约 30 种，分布于中欧、地中海地区，亚洲西部及中部。中国有 6 种、1 变种。本属现供药用者有 2 种。本种原产中国，各地均有栽培。

"菘蓝"药用之名，出自《本草经集注》。《中国药典》（2005 版）收载本种的根、叶、叶或茎的加工干燥粉末分别作为"板蓝根"、"大青叶"和"青黛"药用。主产于中国江苏、安徽，此外浙江、河南、河北、山东、辽宁、内蒙古及西北大部分省区都有栽培。

菘蓝中主要含有吲哚类、喹唑酮类及芥子苷类化合物。其活性成分尚未明确，现大多采用靛蓝、靛玉红作为定量检测的指标[1]。《中国药典》规定板蓝根中醇溶性浸出物不得少于 25%；大青叶中按照干燥品计算，含靛玉红不得少于 0.020%；青黛中靛蓝含量不得少于干燥品的 2.0%，靛玉红的含量不得少于干燥品的 0.13%，以控制药材质量。

药理研究表明，菘蓝具有抗病原微生物、抗内毒素、解热、镇痛、抗炎、抗癌、免疫增强等作用。

中医理论认为板蓝根和大青叶具有清热解毒，凉血利咽消肿等功效。

菘蓝 *Isatis indigotica* Fort.

药材大青叶 Folium Isatidis

1cm

药材板蓝根 Radix Isatidis

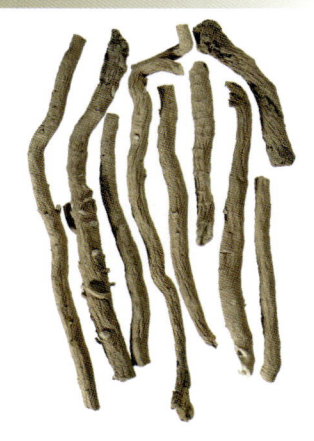

1cm

菘蓝 Songlan

化学成分

菘蓝根含吲哚类化合物：靛蓝 (indigo)、靛玉红 (indirubin)、靛苷 (indoxyl-β-glucoside)、靛红 (isatin)[1]、(E)-二甲氧羟苄吲哚酮 [(E)-3-(3',5'-dimethoxy-4'-hydroxy-benzylidene)-2-indolinone][2]、羟基靛玉红 (hydroxyindirubin)[3]、吲哚-3-乙腈-6-O-β-D-葡萄糖苷 (indole-3-acetonitrile-6-O-β-D-glucopyranoside)[4]、bisindigotin[5]等；喹唑酮类化合物：依靛蓝酮 (isaindigodione)、3羟苯基喹唑酮 [3-(2'-hydroxyphenyl)-4(3H)-quinazolinone][6]、青黛酮 (qingdainone)、色胺酮 (tryptanthrin)、2,3-二氢-1H-吡咯并 (2,1-O) (1,4) 苯并二氮杂䓬-5,11(10H,11aH)-二酮{2,3-dihydro-1H-pyrrolo(2,1-O)(1,4) benzodiazepine-5,11(10H,11aH)-dione}、去氧鸭嘴花酮碱 (deoxyvasicinone)[7]、依靛蓝双酮 (isaindigotidione)[2]、2,4(1H,3H)喹唑二酮[2,4(1H,3H) quinazolinedione][8]、板蓝根二酮B (tryptanthrin B)[9]等；蒽醌类成分：大黄素 (emodin)、大黄素-8-O-β-D-葡萄糖苷 (emodin-8-O-β-D-glucoside)[10]；黄酮类成分：异牡荆苷 (homovitexin)、蒙花苷 (linarin)[10]、新橙皮苷 (neohesperidin)、甘草素 (liquiritigenin)、异甘草素 (isoliquiritigenin)[11]；木脂素类成分：丁香苷 (syringin)、(+)-异落叶松树脂醇[(+)-isolariciresinol][4]、clemastanin B、板蓝根木脂素苷A (indigoticoside A)[12]；此外还含有芥子苷类、有机酸类等多种成分。

菘蓝叶含靛玉红、靛蓝、菘蓝苷 (isatan B)、2,4(1H,3H)-喹唑二酮 [2, 4(1H,3H)-quinazoline dione]、色胺酮 (tryptanthrin)等。

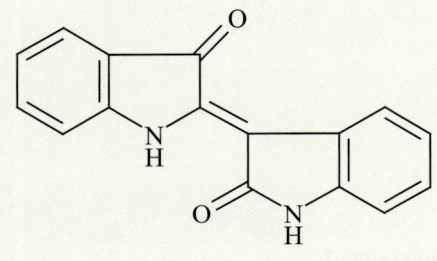
indirubin

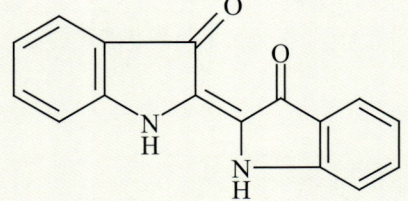
indigo

药理作用

1. 抗病原微生物

菘蓝中提取的单体成分体外对柯萨奇病毒B组3型 (CVB_3)[13]、腺病毒[14]、单纯性疱疹病毒Ⅰ型[15]、SARS病毒[16]、流感病毒、乙型脑炎病毒以及腮腺炎病毒有抑制作用[17]。菘蓝根提取物体外对CVB_3感染的大鼠病毒性心肌炎 (VMC) 心肌细胞有保护作用[18]；叶提取物灌胃给药可显著改善CVB_3感染早期致小鼠VMC的病理改变[19]。菘蓝叶和根提取物体外对金黄色葡萄球菌等致病菌有广谱抗菌作用[20]，其高极性部位抑菌活性较强[21]。

2. 抗内毒素

菘蓝根氯仿提取物体外可直接破坏内毒素结构[22]；灌胃给药可抑制LPS刺激小鼠巨噬细胞分泌肿瘤坏死因子α (TNF-α) 和一氧化氮 (NO)，抑制肝、脾、肾组织中 moesin mRNA 表达[23-24]以及单核细胞分泌 P38 丝裂原活化蛋白激酶活性，降低小鼠死亡率[25]；对内毒素血症小鼠巨噬细胞膜脂各组成成分均具有保护作用[26]，丁香酸是其抗内毒素主要活性物质之一[27]。动态浊度法研究显示，菘蓝叶正丁醇提取部位也具有显著抗内毒素活性[28]。体外实验同样表明，菘蓝根氯仿提取物可降低LPS刺激小鼠腹腔单核细胞释放TNF-α、白介素6 (IL-6) 和NO的水平[29]。

3. 解热、镇痛

菘蓝根醇提物腹腔注射，对福尔马林所致的小鼠扭体反应有显著的镇痛作用，对脂多糖 (LPS) 引起的大鼠发热有显著解热作用[30]。菘蓝根氯仿提取物耳缘静脉注射可抑制内毒素引起的家兔发热[23]。

4. 抗炎

菘蓝根醇提物腹腔注射对大鼠角叉菜胶所致的足趾肿胀有明显的抗炎作用[30]；灌胃给药，对二甲苯所致的小鼠耳廓肿胀也有显著的抗炎作用，其高极性部位抗炎活性较强[21]。化学发光法检测显示菘蓝根低极性流分及其亚流分也含有抗炎成分[31]。

5. 抗肿瘤

板蓝根二酮B体外可抑制肝癌细胞 BEL-7402、卵巢癌细胞 A2780 的增殖[9]。菘蓝根高级不饱和脂肪酸体外可抑制 BEL-7402 增殖[32]，腹腔注射可抑制小鼠 S_{180} 移植瘤生长，延长肝癌移植瘤H22生存期[33]；菘蓝根中的活性单体和高级不饱和脂肪酸体外能逆转肝癌多药耐药细胞 BEL-7402/ADM、BEL-7404/ADM 对阿霉素（ADM）的耐药性[34-35]。

6. 增强免疫

菘蓝根多糖腹腔注射能显著促进小鼠免疫功能，菘蓝叶水煎剂体外可促进刀豆蛋白 A（ConA）诱导小鼠脾淋巴细胞分泌 IL-2，增强免疫功能[36]。

7. 其他

菘蓝叶氯仿提取物能减轻环磷酰胺（CP）对生殖细胞遗传损伤[37]，同时对小鼠胚胎发育有保护作用[38]。板蓝根提取物能清除氧自由基，其中的根高极性流分及其亚流分含有抗氧自由基活性成分[39]。板蓝根凝集素有促进胸腺淋巴细胞分裂活性[40]；靛红有抑制单胺氧化酶作用[41]。

应用

本品为中医临床用药。其干燥根入药即为"板蓝根"，干燥叶入药称为"大青叶"，其茎叶加工所得的粉末或团块名为"青黛"入药，三者功效基本一致。功能：清热解毒，凉血利咽消斑。主治：①热入营血，温毒发斑；②喉痹口疮，丹毒痈肿；③暑热惊痫，惊风抽搐。

现代临床还用于病毒性及细菌性疾病：流行性乙型脑炎、流行性感冒、流行性腮腺炎、肺炎、肝炎、钩端螺旋体病、带状疱疹等病的治疗。

评注

《中国药典》还收载爵床科植物马蓝 *Baphicacanthus cusia* (Nees) Bremek. 为中药南板蓝根的法定原植物来源种，其干燥根茎及根入药，在中国南方地区广为应用。

现有的化学成分和药理研究结果表明，本品通过多成分、多靶点、多途径作用于机体，以发挥多样的药理活性。因此，有必要尽快找到发挥各药效的活性部位，阐明其作用机制，进行深入的研究与开发。目前，安徽已建立了菘蓝的规范化种植基地。

参考文献

[1] 崔卓，王颖，康廷国．板蓝根有效成分质量研究．辽宁中医杂志．2004, 31(8): 692-693

[2] 刘云海，秦国伟，丁水平，吴晓云．板蓝根化学成分研究（I）．中草药．2001, 32(12): 1057-1060

[3] 丁水平，刘云海，李敬，秦国伟，吴晓云．板蓝根化学成分研究（II）．医药导报．2001, 20(8): 475-476

[4] 何立巍，李祥，陈建伟，吴健，孙东东．板蓝根水溶性化学成分的研究．中国药房．2006, 17(3): 232-234

[5] XY Wei, CY Leung, CKC Wong, XL Shen, RNS Wong, ZW Cai, NK Mak. Bisindigotin, a TCDD antagonist from the Chinese medicinal herb *Isatis indigotica*. Journal of Natural Products. 2005, 68(3): 427-429

[6] 刘云海，秦国伟，丁水平，吴晓云．板蓝根化学成分的研究（III）．中草药．2002, 33(2): 97-99

[7] 刘云海，吴晓云，方建国，汤杰．板蓝根化学成分研究（IV）．医药导报．2003, 22(9): 591-594

[8] 徐丽华, 黄芳, 陈婷, 吴洁. 板蓝根中的抗病毒活性成分. 中国天然药物. 2005, 3(6): 359-360

[9] 梁永红, 侯华新, 黎丹戎, 秦箐, 邱莉, 吴华慧. 板蓝根二酮B体外抗癌活性研究. 中草药. 2000, 31(7): 531-533

[10] 刘云海, 吴晓云, 方建国, 谢委. 板蓝根化学成分研究(V). 中南药学. 2003, 1(5): 302-305

[11] 何铁, 鲁静, 林瑞超. 板蓝根化学成分研究. 中草药. 2003, 34(9): 777-778

[12] 张永文, 俞敏倩, 陈玉武, 李克明, 陈建民. 板蓝根中的木脂素双葡萄糖苷. 中国中药杂志. 2005, 30(5): 395-397

[13] 赵玲敏, 杨占秋, 钟琼, 王薇, 方建国, 汤杰, 丁晓华, 肖红. 菘蓝的4种单体成分抗柯萨奇病毒作用的研究. 武汉大学学报(医学版). 2005, 26(1): 53-57

[14] 赵玲敏, 杨占秋, 方建国, 汤杰, 丁晓华, 肖红. 菘蓝的4种有效成分及配伍组合抗腺病毒作用的研究. 中药新药与临床药理. 2005, 16(3): 178-181

[15] 方建国, 汤杰, 杨占秋, 胡娅, 刘云海, 王文清. 板蓝根体外抗单纯疱疹病毒Ⅰ型作用. 中草药. 2005, 36(2): 242-244

[16] CW Lin, FJ Tsai, CH Tsai, CC Lai, L Wan, TY Ho, CC Hsieh, PDL Chao. Anti-SARS coronavirus 3C-like protease effects of Isatis indigotica root and plant-derived phenolic compounds. *Antiviral Research*. 2005, 68(1): 36-42

[17] 王本祥. 现代中药药理学. 天津: 天津科学出版社. 1997: 1514-1516

[18] 朱理安, 关瑞锦, 胡锡衷. 板蓝根对实验性病毒性心肌炎心肌细胞的保护作用研究. 中国心血管病杂志. 1999, 27(6): 467-468

[19] 李小青, 张国成, 许东亮, 卫文峰, 李如英. 黄芪和大青叶治疗小鼠病毒性心肌炎的对比研究. 中国当代儿科杂志. 2003, 5(5): 439

[20] 郑剑玲, 王美惠, 杨秀珍, 吴立军. 大青叶和板蓝根提取物的抑菌作用研究. 中国微生态学杂志. 2003, 15(1): 18

[21] 汤杰, 施春阳, 徐晗, 王文清, 方建国, 刘云海. 板蓝根抑菌抗炎活性部位的评价. 中国医院药学杂志. 2003, 23(6): 327-328

[22] 刘云海, 方建国, 谢委. 板蓝根抗内毒素机制研究. 中国药科大学学报. 2003, 34(5): 442-447

[23] 刘云海, 方建国, 王文清, 汤杰, 施春阳, 谢委. 板蓝根抗内毒素活性有效部位研究(Ⅰ). 中南药学. 2004, 2(4): 195-198

[24] 刘云海, 谢委, 方建国, 李敬. 板蓝根有效部位F022对脂多糖刺激小鼠组织膜结构伸展刺突蛋白mRNA表达的影响. 医药导报. 2006, 25(1): 1-3

[25] 刘云海, 方建国, 王文清, 汤杰, 施春阳, 伍三兰. 板蓝根抗内毒素活性部位研究(Ⅱ). 中南药学. 2004, 2(5): 263-266

[26] 王新春, 许平, 刘北彦, 肖莉萍, 刘雪松, 刘春丽. 板蓝根磷脂对内毒素血症小鼠巨噬细胞膜脂成分的保护作用. 中华急诊医学杂志. 2005, 14(7): 577-578

[27] 刘云海, 方建国, 龚雪芃, 谢委. 板蓝根中丁香酸的抗内毒素作用. 中草药. 2003, 34(10): 926-928

[28] 方建国, 施春阳, 汤杰, 王文清, 刘云海. 大青叶抗内毒素活性部位筛选. 中草药. 2004, 35(1): 60-62

[29] 刘云海, 尹雄章, 谢委, 石钉晶. 板蓝根对脂多糖刺激鼠释放炎性细胞因子的影响. 中国药房. 2006, 17(1): 18-20

[30] YL Ho, YS Chang. Studies on the antinociceptive, anti-inflammatory and antipyretic effects of *Isatis indigotica* root. *Phytomedicine*. 2002, 9: 419-424

[31] 秦箐, 贺海平, SB Christensen, HB Rasmussen, A Kharazmi, 陈鸣. 板蓝根低极性流分的分离及其免疫活性. 中国临床药学杂志. 2001, 10(1): 29-31

[32] 侯华新, 秦箐, 黎丹戎, 唐东平, 邱莉, 吴华慧, SB Christensen, HB Rasmussen. 板蓝根高级不饱和脂肪组酸的体外抗人肝癌BEL-7402细胞活性. 中国临床药学杂志. 2002, 11(1): 16-19

[33] 侯华新, 黎丹戎, 秦箐, 梁纲, 梁永红, 邱莉, 臧林泉. 板蓝根高级不饱和脂肪组酸体内抗肿瘤实验研究. 中药新药与临床药理. 2002, 13(3): 156-157

[34] 韦长元, 黎丹戎, 刘剑仑, 梁安民, 姜飚, 唐东平, 侯华新, 秦箐. 板蓝根组酸活性单体-5b对不同肝癌耐药细胞的逆转作用. 实用肿瘤杂志. 2003, 18(1): 44-46

[35] 侯华新, 黎丹戎, 韦长元, 秦箐, 姜飚, 唐东平. 板蓝根高级不饱和脂肪酸对耐药肝癌细胞株BEL-7404/ADM逆转作用实验. 中国现代应用药学杂志. 2002, 19(5): 351

[36] 赵红, 张淑杰, 马立人. 大青叶水煎剂调节小鼠免疫细胞分泌IL-2、TNF-α的体外研究. 陕西中医. 2003, 23(8): 757

[37] 王莉, 邢绥光, 安长新. 菘蓝对小鼠生殖细胞损伤的保护作用. 癌变·畸变·突变. 2002, 14(4): 238-240

[38] 王莉, 买尔江, 邢绥光, 安长新. 菘蓝对小鼠胚胎发育的保护作用. 解剖学杂志. 2004, 27(1): 47

[39] 秦箐, 侯华新, 邱莉, 吴华慧, 魏猛杰, 潘志松. 板蓝根高极性流分及其亚流分抗氧自由基的活性. 中国临床药学杂志. 2001, 10(6): 373

[40] 胡兴昌, 张慧绮. 板蓝根凝集素对小鼠胸腺淋巴细胞分裂作用的电镜观察. 上海师范大学学报(自然科学版). 2002, 31(1): 61-66

[41] N Hamaue. Pharmacological role of isatin, an endogenous MAO inhibitor. *Yakugadu Zasshi*. 2000, 120(4): 352-362

胡桃 Hutao ^{CP, IP}

Juglans regia L.
Walnut

胡桃科

 概 述

胡桃科 (Juglandaceae) 植物胡桃 *Juglans regia* L.，其干燥成熟种子入药。中药名：核桃仁。

胡桃属 (*Juglans*) 植物全世界约有 20 种，分布于两半球温带和热带地区。中国产 5 种、1 变种。本属现供药用者约有 3 种。本种广布于中国各地；中亚、西亚、南亚和欧洲也有分布。

"核桃仁"药用之名，始载见于《千金方》。历代本草多有著录。《中国药典》（2005 年版）收载本种为中药核桃仁的法定原植物来源种。主产于中国河北、北京、山西、山东等省区。

胡桃种仁含脂肪油和蛋白质及甾醇类成分等。《中国药典》从性状鉴别和水分含量测定来控制药材质量。

药理研究表明，胡桃的种子具有强壮、抗衰老、抗肿瘤等作用。

中医理论认为核桃仁具有补肾，温肺，润肠等功效。

胡桃 *Juglans regia* L.

胡桃 Hutao

胡桃 *Juglans regia* L.

药材核桃仁 Semen Juglandis

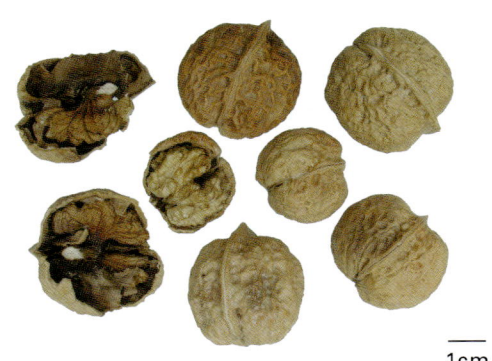

1cm

化学成分

胡桃种仁含脂肪酸成分：亚油酸 (linoleic acid)、亚麻酸 (linolenic acid)、棕榈油酸 (palmitoleic acid)、油酸 (oleic acid) 及myristolenic acid[1]；甾醇类：β-谷甾醇 (β-sitosterol)、δ(5)-燕麦甾醇 [δ(5)-avenasterol]、菜油甾醇 (campesterol)[2]；多酚类：glansrins A、B、C[3]；此外，还含5-羟色胺serotonin[4]、胱氨酸 (cystine)、半胱氨酸 (cysteine)、门冬氨酸 (aspartic acid)、丝氨酸 (serine)、甘氨酸 (glycine)、丙氨酸 (alanine)、脯氨酸 (proline)、酪氨酸 (tyrosine)、苯丙氨酸 (phenylalanine)、色氨酸 (tryptophan)等[5]。

胡桃壳含萘醌类成分：1,4-萘醌 (1,4-naphthoquinone)、胡桃醌 (juglone)、2-甲基-1,4-萘醌 (2-methyl-1,4-naphthoquinone)、白花丹素 (plumbagin)[6]。

胡桃树皮含(-)-regiolone、胡桃醌 (juglone)、白桦脂酸 (betulinic acid)[7]。

胡桃根皮含3,3'-bisjuglone[8]。

胡桃叶含黄酮苷类成分：胡桃宁 (juglanin)、萹蓄苷 (avicularin)、三叶豆苷 (trifolin)、金丝桃苷 (hyperin)[9]。

药理作用

1. **抗氧化**
   核桃仁体外有明显的清除超氧阴离子自由基能力，清除率为31%±6.3%，比维生素C清除能力弱[10]。用核桃仁饲料喂养小鼠20周后发现，核桃仁能提高小鼠细胞膜 Na^+, K^+-ATP 酶的活性，降低血清过氧化脂质 (LPO) 水平，并提高超氧化物歧化酶 (SOD) 活性[11]。对氯化高汞 ($HgCl_2$) 所致的染毒小鼠血浆、肝、脑组织中 LPO 含量增高，核桃仁有明显的抑制作用[12]。

2. **促进生长发育**
   用核桃仁粉拌于饲料中饲喂小鼠，3周、4周龄仔鼠体重较对照组显著增高，耳廓分离、长毛、门齿萌出、平面翻正及平面旋转时间均不同程度短于对照组，证实其有一定促生长发育作用[13]。

3. **促进学习记忆**
   小鼠在喂养核桃仁提取物后，在跳台实验、水迷宫实验中，学习错误次数明显减少，脑内 NO 水平显著增加[14]。

4. **抗肿瘤**
   胡桃未成熟果皮（核桃青皮）提取物对小鼠S_{180}实体瘤有抑制作用[15]。

5. **其他**
   核桃能延长全脑缺血小鼠的存活时间，还有抗应激作用[16]。

应用

本品为中医临床用药。功能：补肾，温肺定喘，润肠。主治：①肺肾两虚的喘咳；②肾阳不足的腰膝痠痛，遗精尿频；③肠燥便秘。

现代临床还用于慢性气管炎、肝硬化腹水、尿路结石、子宫颈癌等病的治疗。

评注

胡桃未成熟果实的肉质果皮，称为青胡桃皮，民间用于痢疾、慢性支气管炎、肺气肿、疮疡和顽癣等病的治疗。胡桃叶民间用治白带过多、疥癣等，现代研究表明其有抗菌、抗肿瘤、抗炎、抗氧化、舒张血管作用[17-19]，有很好开发前景，有待进一步深入研究和开发[18]。

胡桃花在中国云南一些地区的民间作为蔬菜食用，分析测定结果表明，胡桃花营养较为丰富和全面，蛋白质高达 21%，K、Fe、Mn、Zn、Se及β-胡萝卜素、维生素B_2、维生素E、维生素C等含量也较高，可作为保健食品进行开发利用[20]。

胡桃仁富含脂肪酸，其中不饱和脂肪酸含量丰富，还有抗氧化、防衰老等功效，可作为健康食用油大力推广。

参考文献

[1] Z Kawecki, J Jaworski. Fatty acids of crude lipid in stratified walnut seeds, *Juglans regia*. *Fruit Science Reports*. 1975, **2**(2): 17-23

[2] S Amaral Joana, S Casal, A Pereira Jose, M Seabra Rosa, PP Oliveira Beatriz. Determination of sterol and fatty acid compositions, oxidative stability, and nutritional value of six walnut (*Juglans regia* L.) cultivars grown in Portugal. *Journal of Agricultural and Food Chemistry*. 2003, **51**(26): 7698-7702

[3] T Fukuda, H Ito, T Yoshida. Antioxidative polyphenols from walnuts (*Juglans regia* L.). *Phytochemistry*. 2003, **63**(7): 795-801

[4] L Bergmann, W Grosse, HG Ruppel. Formation of serotonin in *Juglans regia*. *Planta*. 1970, **94**: 47-59

[5] N Nedev, P Prodanski, S Dzhondzhorova. Protein level and amino acid composition in the nuclei of walnut (*Juglans regia*) varieties. *Doklady Akademii Sel'skokhozyaistvennykh Nauk v Bolgarii*. 1971, **4**(3): 295-298

[6] N Mahoney, RJ Molyneux, BC Campbell. Regulation of aflatoxin production by naphthoquinones of walnut (*Juglans regia*). *Journal of Agricultural and Food Chemistry*. 2000, **48**(9): 4418-4421

[7] SK Talapatra, B Karmacharya, SC De, B Talapatra. (-)-Regiolone, an α-tetralone from *Juglans regia*: structure, stereochemistry and conformation. *Phytochemistry*. 1988, **27**(12): 3929-3932

[8] M Pardhasaradhi, BM Hari. A new bisjuglone from *Juglans regia* root bark. *Phytochemistry*. 1978, **17**(11): 2042-2043

[9] G Tsiklauri, M Dadeshkeliani, A Shalashvili. Georgia. Flavonol in ordinary nut tree leaves. *Bulletin of the Georgian Academy of Sciences*. 1998, **157**(2): 308-310

[10] 韦红霞，韦英群，张树球，韦惊肢，莫翠新，唐一衡，李震．核桃仁抗超氧阴离子自由基能力的研究．现代中西医结合杂志．2003，**12**(17)：1823-1824

[11] 王素敏，符云峰，董玉枝，王薇．胡桃对小鼠组织细胞膜酶及脂质过氧化的影响．营养学报．1994，**16**(2)：195-196

[12] 江城梅，肖棣，赵红，马栋柱，王允滋．核桃仁拮抗氯化高汞致衰老和诱变作用．蚌埠医学院学报．1995，**20**(4)：227-228

[13] 张立实，冯曦兮，赵锐，吴紫华．智强核桃粉对小鼠生长发育的影响．现代预防医学．1998，**25**(2)：189-192

[14] 赵海峰，李学敏，肖荣．核桃提取物对改善小鼠学习和记忆作用的实验研究．山西医科大学学报．2004，**35**(1)：20-22

[15] 王春玲，曹小红．核桃青皮对S_{180}实体瘤的作用研究．食品科学．2004，**25**(11)：285-287

[16] 王志平，杨栓平，李文德，杨锁连．核桃油及维生素E复合核桃油对动物功能行为影响的研究．山西医药杂志．2000，**29**(4)：325-326

[17] 胡博路，杭瑚．核桃清除活性氧自由基的研究．中草药．2002，**33**(3)：227-228

[18] N Erdemoglu, E Kupeli, E Yesilada. Anti-inflammatory and antinociceptive activity assessment of plants used as remedy in Turkish folk medicine. *Journal of Ethnopharmacology*. 2003, **89**(1): 123-129

[19] M Perusquia, S Mendoza, R Bye, E Linares, R Mata. Vasoactive effects of aqueous extracts from five Mexican medicinal plants on isolated rat aorta. *Journal of Ethnopharmacology*. 1995, **46**(1): 63-69

[20] 陈朝银，赵声兰，曹建新，张荣庆，郭家明．核桃花营养成分的分析．中国野生植物资源．1999，**18**(2)：45-47

藜 科

地肤 Difu CP, KHP

Kochia scoparia (L.) Schrad.
Belvedere

概 述

藜科 (Chenopodiaceae) 植物地肤 *Kochia scoparia* (L.) Schrad.，其干燥成熟果实入药。中药名：地肤子。

地肤属 (*Kochia*) 植物全世界约35种，分布于非洲、中欧、亚洲温带地区以及美洲的北部和西部地区。中国约有7种，仅1种可供药用。地肤在中国各地均有分布，欧洲及亚洲其他地区也产。

"地肤子"药用之名，始载于《神农本草经》，列为上品。历代本草均有著录，古今药用品种一致。《中国药典》(2005年版)收载本种为中药地肤子的法定原植物来源种。主产于中国江苏、山东、河南、河北等省区。

地肤主要含三萜皂苷类成分。地肤子所含的皂苷类为其主要的活性成分。《中国药典》采用高效液相色谱法测定，规定地肤子含地肤子皂苷 Ic 不得少于 1.8%，以控制药材质量。

药理研究表明，地肤具有抗病原微生物、抗炎、抗过敏、降血糖和抗胃黏膜损伤等作用。

中医药理论认为地肤子具有清热利湿，祛风止痒的功效。

地肤 *Kochia scoparia* (L.) Schrad.

药材地肤子 Fructus Kochiae

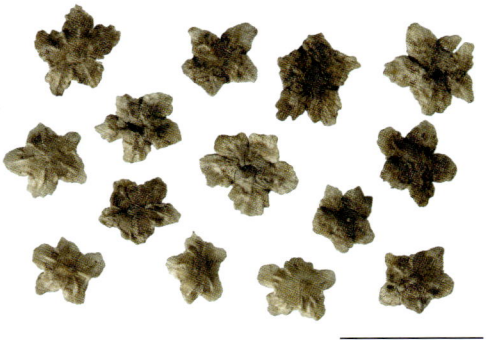

0.5cm

化学成分

地肤的果实主要含三萜皂苷类成分[1]：地肤子皂苷 Ib (momordin Ib)[2]、地肤子皂苷 Ic (momordin Ic)、地肤子皂苷 IIc (momordin IIc)、地肤子皂苷A、B、C (kochiosides A－C)[3-5]、2'－O－β－D－glucopyranosylmomordin Ic、2'－O－β－D－glucopyranosylmomordin IIc[6]、kochianosides I、II、III、IV[7]、scoparianosides A、B、C[8]、齐墩果酸28－O－β－D－吡喃葡萄糖酯苷 (28－O－β－D－glucopyranosyl oleanolic acid)、齐墩果酸3－O－β－D－吡喃葡萄糖醛酸甲酯苷 [3－O－β－D－(6－O－methyl－glucuronopyranosyl) oleanolic acid]、豆甾醇－3－O－β－D－吡喃葡糖苷(stigmasterol－3－O－β－D－glycopyranoside)[9]等；还含24－ethyllathosterol等甾醇类成分[10]。

地肤的地上部分含生物碱类成分：哈尔明碱 (harmine)、harmane[11]等。

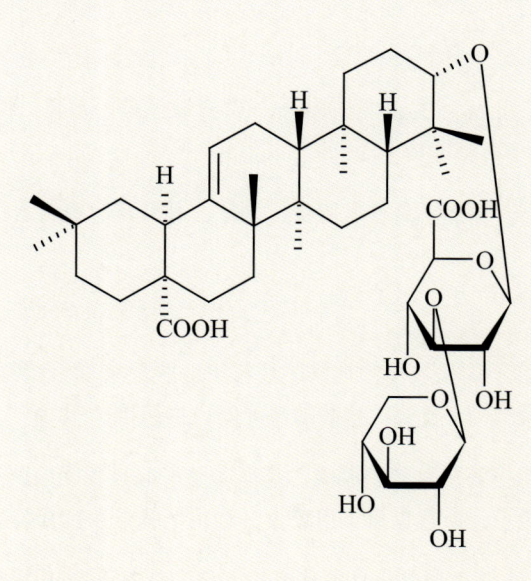

momordin Ic

药理作用

1. 抗病原微生物

超临界 CO_2 萃取的地肤子油体外能抑制金黄色葡萄球菌、表皮葡萄球菌、石膏样毛癣菌、红色毛癣菌、羊毛小孢子菌等常见致病菌；超临界 CO_2 萃取的地肤子油体外对阴道滴虫也有较好的抑制作用，其抑制阴道滴虫生长的最低药物浓度为 0.32～1.28mg/mL[12-13]。地肤子乙醚提取物体外能显著抑制角膜致病真菌串珠镰孢菌的生长，其最小抑菌浓度 (MIC) 为 2.5mg/mL[14]。

2. 抗炎

地肤子甲醇提取物能显著抑制弗氏完全佐剂所致的大鼠佐剂性关节炎，乙醇提取物也有抗炎作用；主要抗炎活性成分为地肤子皂苷 Ic 及其苷元齐墩果酸[2, 15]。抗炎作用的机理与地肤子甲醇提取物显著抑制脂多糖 (LPS) 诱导的肿瘤坏死因子α (TNF－α)、前列腺素E_2 (PGE_2)、一氧化氮 (NO) 等炎性递质的释放有关[16]。

3. 抗过敏

地肤子水提物能显著抑制腹腔巨噬系统的吞噬功能[17]，乙醇提取物口服能显著抑制化合物 48/80 诱导的小鼠搔抓反应，显著抑制大鼠 I、III、IV 型变态反应[18-20]；醇提取物或总皂苷灌胃能显著抑制绵羊红细胞 (SRBC) 诱导的小鼠迟发型足趾肿胀及氯化苦 (PC) 诱导的小鼠耳廓接触性皮炎；其抑制速发型及迟发型变态反应的活性成分为地肤子皂苷类[21]。

4. 降血糖

地肤子甲醇提取物、地肤子皂苷 Ic 能显著抑制灌胃葡萄糖导致的大鼠血糖升高[8]，正丁醇提取物、总苷、地肤子皂苷 Ic 灌胃能显著抑制小鼠胃排空，正丁醇提取物、总苷灌胃能显著降低四氧嘧啶 (alloxan) 所致高血糖小鼠的血糖水平，正丁醇提取物能浓度依赖性地减少大鼠小肠对葡萄糖的吸收[22-24]。

5. 对胃肠的影响

地肤子皂苷 Ic 口服能显著抑制酒精所致的大鼠胃黏膜损害[25]。地肤子醇提物灌胃能显著抑制小鼠胃排空，其作用机理与中枢神经系统、儿茶酚胺、内源性前列腺素及胆碱能神经系统有关[26]；地肤子正丁醇提取物灌胃，可改善多种因素所致的小肠运动障碍[27]。

应用

本品为中医临床用药。功能：清热利湿，止痒。主治：①淋证；②皮肤风疹，湿疮，周身瘙痒等证；③下焦湿热，外阴湿痒。

现代临床还用于急性肾炎、泌尿系统结石、头痛、急性乳腺炎、湿疹、荨麻疹等病的治疗。

评注

地肤在中国各地普遍分布，但不同产地和不同采收期的地肤子药材中地肤子皂苷 Ic 和总皂苷含量有一定的差异，用药时应考虑产地和采收期与药材质量的关系[28-29]。此外，地肤的嫩茎叶也供药用，称为"地肤苗"。

地肤子临床可用于治疗足癣、银屑病、湿疹等皮肤真菌感染。药理实验研究也表明地肤子对多种真菌有抑制作用。目前临床上抗真菌抗生素和抗真菌化学药物较少，而且毒副作用较大，利用地肤开发抗真菌药具有一定的前景。

地肤子的主要活性成分地肤子皂苷 Ic、IIc 等皂苷类化合物在结构上与人参皂苷 R_0 相接近，其活性值得进一步探索。

参考文献

[1] 文晔，王志学，许春泉. 地肤子挥发油成分的研究. 中药材. 1992, **15**(2): 29-31

[2] JW Choi, KT Lee, HJ Jung, HS Park, HJ Park. Anti-rheumatoid arthritis effect of the *Kochia scoparia* fruits and activity comparison of momordin Ic, its prosapogenin and sapogenin. *Archives of Pharmacal Research*. 2002, **25**(3): 336-342

[3] 文晔，陈英杰，李嘉和，王志学，许春泉. 地肤子中皂苷的研究. 中药材. 1993, **16**(5): 28-30

[4] 文晔，陈英杰，王志学，李嘉和，许春泉. 地肤子化学成分的研究. 中草药. 1993, **24**(1): 5-7

[5] 文晔，陈英杰，李嘉和，王志学，许春泉. 地肤子中的新三萜皂苷. 中药材. 1993, **16**(8): 34-36

[6] Y Wen, YJ Chen, ZP Cui, JH Li, ZX Wang. Triterpenoid glycosides from the fruits of *Kochia scoparia*. *Planta Medica*. 1995, **61**(5): 450-452

[7] M Yoshikawa, Y Dai, H Shimada, T Morikawa, N Matsumura, S Yoshizumi, H Matsuda, H Matsuda, M Kubo. Studies on Kochiae Fructus. II. On the saponin constituents from the fruit of Chinese *Kochia scoparia* (Chenopodiaceae): chemical structures of kochianosides I, II, III, and IV. *Chemical & Pharmaceutical Bulletin*. 1997, **45**(6): 1052-1055

[8] M Yoshikawa, H Shimada, T Morikawa, S Yoshizumi, N Matsumura, T Murakami, H Matsuda, K Hori, J Yamahara. Medicinal foodstuffs. VII. On the saponin constituents with glucose and alcohol absorption-inhibitory activity from a food garnish "Tonburi", the fruit of Japanese *Kochia scoparia* (L.) Schrad.: structures of scoparianosides A, B, and C. *Chemical & Pharmaceutical Bulletin*. 1997, **45**(8): 1300-1305

[9] 汪豪，范春林，王蓓，戴岳，叶文才，赵守训. 中药地肤子的三萜和皂苷成分研究. 中国天然药物. 2003, **1**(3): 134-136

[10] Y Narumi, M Inoue, T Tanaka, S Takatsuto. Sterols in *Kochia scoparia* fruit. *Journal of Oleo Science*. 2001, 50(11): 913-916

[11] K Drost-Karbowska, Z Kowalewski, JD Phillipson. Isolation of harmane and harmine from *Kochia scoparia*. *Lloydia*. 1978, 41(3): 289-290

[12] 林秀仙, 李菁. 超临界萃取地肤子油的抑菌作用研究. 中药材. 2004, 27(8): 603-604

[13] 林秀仙, 李菁, 张淑华, 欧真蓉, 胡劲维, 葛发欢. 地肤子超临界CO_2萃取物抗阴道滴虫药效学研究. 中药材. 2005, 28(1): 44-45

[14] 刘翠青, 王桂荣, 刘艳军. 中药地肤子乙醚提取物抗角膜真菌作用研究. 中华实用中西医杂志. 2005, 18(5): 658

[15] H Matsuda, Y Dai, Y Ido, S Ko, M Yoshikawa, M Kubo. Studies on Kochiae Fructus III. Antinociceptive and antiinflammatory effects of 70% ethanol extract and its component, momordin Ic from dried fruits of *Kochia scoparia* L. *Biological & Pharmaceutical Bulletin*. 1997, 20(10): 1086-1091

[16] KM Shin, YH Kim, WS Park, I Kang, J Ha, JW Choi, HJ Park, KT Lee. Inhibition of methanol extract from the fruits of *Kochia scoparia* on lipopolysaccharide-induced nitric oxide, prostagladin E_2, and tumor necrosis factor-production from murine macrophage RAW 264.7 cells. *Biological & Pharmaceutical Bulletin*. 2004, 27(4): 538-543

[17] 戴岳, 黄罗生, 冯国雄, 杭秉茜. 地肤子对单核巨噬系统及迟发型超敏反应的抑制作用. 中国药科大学学报. 1994, 25(1): 44-48

[18] M Kubo, H Matsuda, Y Dai, Y Ido, M Yoshikawa. Kochiae Fructus. I. Antipruritogenic effect of 70% ethanol extract from Kochiae Fructus and its active component. *Yakugaku Zasshi*.1997, 117(4):193-201

[19] H Matsuda, Y Dai, Y Ido, T Murakami, H Matsuda, M Yoshikawa, M Kubo. Studies on kochiae fructus. V. Antipruritic effects of oleanolic acid glycosides and the structure-requirement. *Biological & Pharmaceutical Bulletin*. 1998, 21(11): 1231-1233

[20] H Matsuda, Y Dai, Y Ido, MYoshikawa, M Kubo. Studies on Kochiae Fructus IV. Antiallergic effects of 70% ethanol extract and its component, momordin Ic from dried fruits of *Kochia scoparia* L. *Biological & Pharmaceutical Bulletin*. 1997, 20(11): 1165-1170

[21] 戴岳, 夏玉凤, 陈海标, 松田秀秋, 久保道德. 地肤子70%醇提取物抑制速发型及迟发型变态反应. 中国现代应用药学杂志. 2001, 18(1): 8-10

[22] H Matsuda, Y Li, J Yamahara, M Yoshikawa. Inhibition of gastric emptying by triterpene saponin, momordin Ic, in mice: roles of blood glucose, capsaicin-sensitive sensory nerves, and central nervous system. *Journal of Pharmacology and Experimental Therapeutics*. 1999, 289(2): 729-734

[23] 戴岳, 刘学英. 地肤子总苷降糖作用的研究. 中国野生植物资源. 2002, 21(5): 36-38

[24] 戴岳, 夏玉凤, 林己茏. 地肤子正丁醇部分降糖机制的研究. 中药药理与临床. 2003, 19(5): 21-24

[25] H Matsuda, Y Li, M Yoshikawa. Roles of capsaicin-sensitive sensory nerves, endogenous nitric oxide, sulfhydryls, and prostaglandins in gastroprotection by momordin Ic, an oleanolic acid oligoglycoside, on ethanol-induced gastric mucosal lesions in rats. *Life Sciences*. 1999, 65(2): 27-32

[26] 夏玉凤, 戴岳, 杨丽. 地肤子对小鼠胃排空的抑制作用. 中国天然药物. 2003, 1(4): 233-236

[27] 戴岳, 夏玉凤, 杨丽. 地肤子正丁醇部分对小鼠小肠运动的影响. 中药药理与临床. 2004, 20(5): 18-20

[28] 夏玉凤, 王强, 戴岳, 裴铠. 不同产地地肤子中皂苷的含量分析. 中国中药杂志. 2002, 27(12): 890-893

[29] 夏玉凤, 王强, 戴岳. 不同采收期地肤子中皂苷的含量变化. 植物资源与环境学报. 2002, 11(4): 54-55

拉丁学名索引

A

Acanthopanax giruldii Harms	2
Acanthopanax gracilistylus W. W. Smith	2
Acanthopanax senticosus (Rupr. et Maxim.) Harms	6
Acanthopanax trifoliatus (L.) Merr. var. *setosus* Li	2
Acanthopanax trifoliatus (L.) Merr.	2
Achyranthes bidentata Bl.	12
Aconitum carmichaeli Debx.	16
Aconitum jaluense var. *glabrescens* Nakai	16
Aconitum karakolicum Rapaics	16
Aconitum kusnezoffii Reichb.	20
Aconitum paniculigerum var. *wulingensse* (Nakai) W. T. Wang	16
Acorus calamus L.	24
Acorus tatarinowii Schott	24
Adenophora stricta Miq.	28
Adenophora tetraphylla (Thunb.) Fich.	28
Agrimonia pilosa Ledeb.	31
Albizia julibrissin Durazz.	35
Albizia kalkora (Roxb.) Prain.	35
Allium tuberosum Rottl.	39
Ampelopsis japonica (Thunb.) Makino	42
Anemarrhena asphodeloides Bge.	45
Anemone amurensis (Korsch.) Kom.	50
Anemone raddeana Regel	50
Angelica acutiloba (Sieb. et Zucc.) Kitag.	53
Angelica dahurica (Fisch. ex Hoffm.) Benth. et Hook. f.	56
Angelica dahurica (Fisch. ex Hoffm.) Benth. et Hook. f. var. *formosana* (Boiss.) Shan et Yuan	56
Angelica gigas Nakai	60
Angelica pubescens Maxim. f. *biserrata* Shan et Yuan	64
Angelica sinensis (Oliv.) Diels	67
Arctium lappa L.	71
Arctium tomentosum Mill.	71
Ardisia crenata Sims	75
Arisaema amurense Maxim.	78
Arisaema erubescens (Wall.) Schott	78
Arisaema heterophyllum Bl.	78
Arnebia euchroma (Royle) Johnst.	82
Arnebia guttata Bge.	82
Artemisia annua L.	86
Artemisia argyi Lévl. et Vant.	90
Artemisia capillaris Thunb.	94
Artemisia scoparia Waldst. et Kit.	94
Asarum heterotropoides Fr. Schmidt var. *mandshuricum* (Maxim.) Kitag.	98
Asarum sieboldii Miq.	98
Asarum sieboldii Miq. var. *seoulense* Nakai	98
Asparagus cochinchinensis (Lour.) Merr.	102
Asparagus filicinus Ham. ex D. Don	102
Asparagus myriacanthus Wang et S. C. Chen	102
Aster tataricus L. f.	106
Astragalus membranaceus (Fisch.) Bge.	110
Astragalus membranaceus (Fisch.) Bge. var. *mongholicus* (Bge.) Hsiao	110
Atractylodes chinensis (DC.) Koidz.	116
Atractylodes japonica Koidz. ex Kitam.	120
Atractylodes lancea (Thunb.) DC.	116
Atractylodes macrocephala Koidz.	120
Aucklandia lappa Decne.	124
Auricularia auricula (L. ex Hook.) Underw.	128
Auricularia delicata (Fr.) P. Henn.	128
Auricularia polytricha (Mont.) Sacc.	128

B

Baphicacanthus cusia (Nees) Bremek.	479
Belamcanda chinensis (L.) DC.	132
Berberis poiretii Schneid.	136
Bidens bipinnata L.	140
Bidens pilosa L.	140
Bletilla striata (Thunb.) Reichb. f.	144
Broussonetia papyrifera (L.) Vent.	148

Buddleja officinalis Maxim.	152
Bupleurum chinense DC.	156
Bupleurum falcatum L.	160
Bupleurum longiradiatum Turcz.	156
Bupleurum scorzonerifolium Willd.	156

C

Campsis grandiflora (Thunb.) K. Schum.	164
Campsis radicans (L.) Seem	164
Cannabis sativa L.	168
Cassia obtusifolia L.	172
Cassia tora L.	172
Celosia argentea L.	176
Celosia cristata L.	180
Cephalanoplos segetum (Bge.) Kitam.	207
Cephalanoplos setosum (MB.) Kitam.	207
Chaenomeles speciosa (Sweet) Nakai	184
Chrysanthemum indicum L.	188
Chrysanthemum morifolium Ramat.	192
Cichorium glandulosum Boiss. et Huet.	196
Cichorium intybus L.	196
Cimicifuga dahurica (Turcz.) Maxim.	200
Cimicifuga foetida L.	200
Cimicifuga heracleifolia Kom.	200
Cirsium japonicum Fisch. ex DC.	204
Cirsium segetum Bge.	207
Cirsium setosum (Willd.) MB.	207
Cistanche deserticola Y. C. Ma	210
Cistanche tubulosa (Schrenk) Wight	210
Citrus medica L. var. *sarcodactylis* (Noot.) Swingle	214
Citrus reticulata Blanco	218
Clematis chinensis Osbeck	222
Clematis hexapetala Pall.	222
Clematis mandshurica Rupr.	222
Clematis meyeniana Walp.	222
Clematis montana Buch. -Ham.	226
Cnidium monnieri (L.) Cuss.	230
Codonopsis pilosula (Franch.) Nannf.	233
Codonopsis pilosula (Franch.) Nannf. var. *modesta* (Nannf.) L. T. Shen	233
Codonopsis tangshen Oliv.	233
Coix chinensis Tod.	237
Coix chinensis Tod. var. *formosanna* (Ohwi) L. Liu	237
Coix lacryma-jobi L.	237
Coix lacryma-jobi L. var. *maxima* Makino	237
Coix lacryma-jobi L. var. *mayuen* (Roman.) Stapf	237
Coix stenocarpa Balansa	237
Commelina communis L.	241
Coptis chinensis Franch	244
Coptis deltoidea C. Y. Cheng et Hsiao	244
Coptis japonica Makino	248
Coptis teeta Wall.	244
Cordyceps barnesii Thwaites ex Berk et Br.	252
Cordyceps hawkesii Cray	252
Cordyceps liangshanensis Zang, Liu et Hu	252
Cordyceps sinensis (Berk.) Sacc.	252
Cordycrps militaris (L.) Link	252
Cornus officinalis Sieb. et Zucc.	256
Corydalis yanhusuo W. T. Wang	260
Crataegus pinnatifida Bge.	264
Crataegus pinnatifida Bge. var. *major* N. E. Br.	264
Croton tiglium L.	268
Curculigo orchioides Gaertn.	272
Curcuma wenyujin Y. H. Chen et C. Ling	276
Cuscuta australis R. Br.	279
Cuscuta chinensis Lam.	279
Cuscuta japonica Choisy	279
Cyathula officinalis Kuan	283
Cynanchum atratum Bge.	287
Cynanchum glaucescens (Decne.) Hand.-Mazz.	290
Cynanchum stauntonii (Decne.) Schltr. ex Lévl.	290
Cynanchum versicolor Bge.	287
Cynomorium songaricum Rupr.	294

D

Datura arborea L.	298
Datura innoxia Mill.	298
Datura metel L.	298
Datura stramonium L.	298
Dendranthema indicum (L.) Des Moul.	188
Dendranthema morifolium (Ramat.) Tzvel.	192
Dendrobium candidum Wall. ex Lindl.	302
Dendrobium fimbriatum Hook. var. *oculatum* Hook.	302
Dendrobium nobile Lindl.	302

Dianthus chinensis L.	306
Dianthus superbus L.	306
Dichroa febrifuga Lour.	309
Dictamnus dasycarpus Turcz.	312
Dioscorea bulbifera L.	316
Dioscorea nippoinca Makino	320
Dioscorea opposita Thunb.	320
Dioscorea zingiberensis C. H. Wright	320
Dipsacus asperoides C. Y. Cheng et T. M. Ai	324
Dolichos lablab L.	328
Drynaria fortunei (Kunze) J. Sm.	331
Dysosma pleiantha (Hance) Woods	335
Dysosma versipellis (Hance) M. Cheng ex Ying	335

E

Eclipta prostrata L.	338
Ephedra equisetina Bge.	343
Ephedra intermedia Schrenk et C. A. Mey.	343
Ephedra sinica Stapf	342
Epimedium brevicornum Maxim.	346
Epimedium koreanum Nakai	346
Epimedium pubescens Maxim.	346
Epimedium sagittatum (Sieb. et Zucc.) Maxim.	346
Epimedium wushanense T. S. Ying	346
Eriobotrya japonica (Thunb.) Lindl.	351
Erodium stephanianum Willd.	420
Eucommia ulmoides Oliv.	355
Eupatorium fortunei Turcz.	359
Euphorbia kansui T. N. Liou ex T. P. Wang	362
Euphorbia lathyris L.	366
Euphorbia pekinensis Rupr.	370
Evodia rutaecarpa (Juss.) Benth.	373
Evodia rutaecarpa (Juss.) Benth. var. *bodinieri* (Dode) Huang	373
Evodia rutaecarpa (Juss.) Benth. var. *officinalis* (Dode) Huang	373

F

Ficus carica L.	377
Foeniculum vulgare Mill.	380
Forsythia suspensa (Thunb.) Vahl	384
Fraxinus chinensis Roxb.	392
Fraxinus rhynchophylla Hance	388
Fraxinus stylosa Lingelsh.	392
Fraxinus szaboana Lingelsh.	392
Fritillaria cirrhosa D. Don	392
Fritillaria delavayi Franch.	395
Fritillaria pallidiflora Schrenk	395
Fritillaria przewalskii Maxim. ex Batal	395
Fritillaria thunbergii Miq.	395
Fritillaria unibracteata Hsiao et K. C. Hsia	395
Fritillaria ussuriensis Maxim.	395
Fritillaria walujewii Regel	395

G

Ganoderma lucidum (Leyss. ex Fr.) Karst.	399
Ganoderma sinense Zhao, Xu et Zhang	399
Gardenia jasminoides Ellis	404
Gardenia jasminoides Ellis var. *grandiflora* Nakai	404
Gastrodia elata Bl.	408
Gentiana crassicaulis Duthie ex Burk.	412
Gentiana dahurica Fisch.	412
Gentiana macrophylla Pall.	412
Gentiana manshurica Kitag.	416
Gentiana rigescens Franch.	416
Gentiana scabra Bge.	416
Gentiana straminea Maxim.	412
Gentiana triflora Pall.	416
Geranium carolinianum L.	420
Geranium thunbergii Sieb. et Zucc.	420
Geranium wilfordii Maxim.	420
Ginkgo biloba L.	424
Gleditsia sinensis Lam.	428
Glehnia littoralis Fr. Schmidt ex Miq.	432
Glycyrrhiza galbra L.	436
Glycyrrhiza inflata Bat.	436
Glycyrrhiza uralensis Fisch.	436

H

Haloxylon ammodendron (C. A. Mey.) Bge.	210
Haloxylon persicum Bge. ex Boiss.	210
Hedysarum polybotrys Hand.-Mazz.	442
Hemerocallis citrina Baroni	446
Hemerocallis fulva L.	446

Hemerocallis fulva (L.) var. *kwanso* Regel	446
Hemerocallis liio-asphodelus L.	446
Hemerocallis minor Mill.	446
Hepialus armoricanus Oberthür	252
Hippophae rhamnoides L.	450
Houttuynia cordata Thunb.	454
Hovenia acerba Lindl.	458
Hovenia dulcis Thunb.	458
Hovenia dulcis Thunb. var. *koreana* Nakai	458
Hovenia dulcis Thunb. var. *tomentella* Makino	458
Hovenia trichocarpa Chun et Tsiang	458
Hydrangea umbellate Rehd.	309

I
Ilex cornuta Lindl. ex Paxt.	462
Imperata cylindrica Beauv. var. *major* (Nees) C. E. Hubb.	466
Inula britannica L.	473
Inula helenium L.	469
Inula japonica Thunb.	473
Inula linariifolia Turcz.	473
Inula racemosa Hook. f	469
Iris tectorum Maxim.	128
Isatis indigotica Fort.	477

J
Juglans regia L.	481

K
Kochia scoparia (L.) Schrad.	484

L
Lablab purpureus (L.) Sweet.	328
Lithospermum erythrorhizon Sieb. et Zucc.	82
Lycopus lucidus Turcz var. *hirtus* Regel	359

M
Mahonia bealei (Forti.) Carr.	462

N
Notopterygium incisum Ting ex H. T. Chung	64

O
Onosma confertum W. W. Smith	82
Onosma exsertum Hemsl.	82
Onosma hookeri Clarke var. *longiflorum* Duthie ex Stapf	82
Onosma paniculatum Bur. et Franch.	82

P
Phlomis umbrosa Turcz	324
Pinellia pedatisecta Schott	78
Pseudodrynaria coronans (Wall.) Ching	331

S
Saussurea costus (Falc.) Lipsch.	124
Saussurea lappa (Decne.) C. B. Clarke	124
Sechium edule (Jacq.) Swartz	214

中文笔画索引

二画
八角莲 335

三画
三岛柴胡 160
土木香 469
大麻 168
大戟 370
山茱萸 256
山楂 264
川牛膝 283
川贝母 392
川续断 324

四画
天冬 102
天南星 78
天麻 408
无花果 377
木耳 128
木香 124
日本当归 53
日本黄连 248
牛蒡 71
牛膝 12
毛曼陀罗 298
升麻 200
乌头 16
巴豆 268

五画
甘草 436
甘遂 362
艾 90
石菖蒲 24
龙芽草 31
龙胆 416
北乌头 20
北细辛 98
北枳椇 458
仙茅 272
白及 144
白术 120
白芷 56
白茅 466
白蔹 42
白鲜 312
白薇 287
冬虫夏草 252

六画
老鹳草 420
地肤 484
当归 67
肉苁蓉 210
朱砂根 75
延胡索 260
合欢 35
多序岩黄芪 442
多被银莲花 50
决明 172

七画
赤芝 399
杜仲 355
连翘 384

吴茱萸	373
佛手	214
皂荚	428
沙参	28
沙棘	450
鸡冠花	180

八画

青葙	176
苦枥白蜡树	388
茅苍术	116
枇杷	351
构树	148
刺儿菜	207
刺五加	6
知母	45
佩兰	359
金钗石斛	302
细叶小檗	136
细柱五加	2

九画

珊瑚菜	432
草麻黄	342
茴香	380
胡桃	481
栀子	404
枸骨	462
柳叶白前	290
威灵仙	222
韭菜	39
贴梗海棠	184
重齿毛当归	64
鬼针草	140
扁豆	328

十画

秦艽	412
柴胡	156
党参	233
鸭跖草	241
射干	132
凌霄	164
浙贝母	395
绣球藤	226

十一画

黄花蒿	86
黄连	244
黄独	316
菘蓝	479
菟丝子	279
菊	192
菊苣	196
常山	309
野菊	188
蛇床	230
银杏	424
旋覆花	473
淫羊藿	346
密蒙花	152
续随子	366

十二画

萱草	446
朝鲜当归	60
紫菀	106
锁阳	294
温郁金	276

十三画

蓟	204
新疆紫草	82

滨蒿	94	**十八画**	
		瞿麦	306
十四画			
膜荚黄芪	110	**二十一画**	
		鳢肠	338
十五画			
蕺菜	454		
槲蕨	331		
十六画			
薯蓣	320		
薏苡	237		
橘	218		

拼音索引

A

Ai	90

B

Badou	268
Bajiaolian	335
Baiji	144
Bailian	42
Baimao	466
Baiwei	287
Baixian	312
Baizhi	56
Baizhu	120
Beiwutou	20
Beixixin	98
Beizhiju	458
Biandou	328
Binhao	94

C

Caomahuang	342
Chaihu	156
Changshan	309
Chaoxiandanggui	60
Chizhi	399
Chongchimaodanggui	64
Chuanbeimu	392
Chuanniuxi	283
Chuanxuduan	324
Ci'ercai	207
Ciwujia	6

D

Daji	370
Dama	168
Danggui	67
Dangshen	233
Difu	484
Dongchongxiacao	252
Duobeiyinlianhua	50
Duoxuyanhuangqi	442
Duzhong	355

F

Foshou	214

G

Gancao	436
Gansui	362
Gougu	462
Goushu	148
Guizhencao	140

H

Hehuan	35
Huangdu	316
Huanghuahao	86
Huanglian	244
Huixiang	380
Hujue	331
Hutao	481

J

Ji	204
Jicai	454
Jiguanhua	180
Jinchaishihu	302
Jiucai	39
Ju (菊)	192
Ju (橘)	218
Jueming	172
Juju	196

K
Kulibaishu	388

L
Laoguancao	420
Lianqiao	384
Lichang	338
Lingxiao	164
Liuyebaiqian	290
Longdan	416
Longyacao	31

M
Maocangzhu	116
Maomantuoluo	298
Mimenghua	152
Mojiahuangqi	110
Mu'er	128
Muxiang	124

N
Niubang	71
Niuxi	12

P
Peilan	359
Pipa	351

Q
Qingxiang	176
Qinjiao	412
Qumai	306

R
Ribendanggui	53
Ribenhuanglian	248
Roucongrong	210

S
Sandaochaihu	160
Shaji	450
Shanhucai	432
Shanzha	264
Shanzhuyu	256
Shashen	28
Shechuang	230
Shegan	132
Shengma	200
Shichangpu	24
Shuyu	320
Songlan	477
Suoyang	294

T
Tiandong	102
Tianma	408
Tiannanxing	78
Tiegenghaitang	184
Tumuxiang	469
Tusizi	279

W
Weilingxian	222
Wenyujin	276
Wuhuaguo	377
Wutou	16
Wuzhuyu	373

X
Xianmao	272
Xinjiangzicao	82
Xiuqiuteng	226
Xiyexiaobo	136
Xizhuwujia	2
Xuancao	446
Xuanfuhua	473
Xusuizi	366

Y
Yanhusuo	260
Yazhicao	241
Yeju	188
Yinxing	424
Yinyanghuo	346

Yiyi	237	Zhimu	45
		Zhizi	404
Z		Zhushagen	75
Zaojia	428	Ziwan	106
Zhebeimu	395		

英文名称索引

A
Airpotato Yam	316
Albizzia	35
Anemone Clematis	226
Annual Wormwood	86
Antifebrile Dichroa	309
Argy Wormwood	90
Asiatic Cornelian Cherry	256
Asper-like Teasel	324

B
Bellflower	484
Belvedere	484
Blackberrylily	132
Blackend Swallowwort	287

C
Cape Jasmine	404
Caper Euphorbia	366
Chicory	196
Chinese Angelica	67
Chinese Caterpillar Fungus	252
Chinese Clematis	222
Chinese Dodder	279
Chinese Gentian	416
Chinese Hawthorn	264
Chinese Holly	462
Chinese Honeylocust	428
Chinese Leek	39
Chinese Thorowax	156
Chinese Trumpetcreeper	164
Chrysanthemum	192
Coastal Glehnia	432
Common Anemarrhenae	45
Common Aucklandia	124
Common Bletilla	144
Common Cnidium	230
Common Cockscomb	180
Common Dayflower	241
Common Dysosma	335
Common Floweringqince	184
Common Papermulberry	148
Common Yam	320
Coptis	244
Coral Ardisia	75
Croton	268
Curculigo	272

D
Dahurian Angelica	56
Densefruit pittany	312
Desertliving Cistanche	210
Doubleteeth Angelica	64

E
Elecampane Inula	469
Ephedra	342
Eucommia	355

F
Feather Cockscomb	176
Fennel	380
Fig	377
Fleshfingered Citron	214
Fortune Eupatorium	359
Fortune's Drynaria	331
Fringed Pink	306

G
Ginkgo	424
Grassleaf Sweelflag	24
Great Burdock	71

H
Hairy Datura	298
Hairyvein Agrimonia	31
Hare's Ear	160
Hemp	168
Houttuynia cordata	454
Hyacinth Bean	328

I
Indigoblue Woad	477

J
Jackinthepulpit	78
Japanese Angelica	53
Japanese Ampelopsis	42
Japanese Coptis	248
Japanese Inula	473
Japanese Raisin Tree	458
Japanese Thistle	204
Jew's Ear	128
Jobstears	237

K
Kansui	362
Korean Angelica	60
Kusnezoff Monkshood	20

L
Lalang Grass	466
Largehead Atractylodes	120
Large-leaf Gentian	412
Largetrifoliolious Bugbane	200
Licorice	436
Loquat	351
Lucid Asparagus	102
Lucid Ganoderma	399

M
Manchurian Wildginger	98
Manyinflorescenced Sweetvetch	442
Manyprickle Acanthopanax	6
Medicinal Cyathula	283
Medicinal Evodia	373
Milkvetch Huangchi	110
Mousebane	16

N
Noble Dendrobium	302

O
Orange Daylily	446

P
Pale Butterflybush	152
Poiret Barberry	136

R
Radde Anemone	50
Retuse Ash	388

S
Seabuckthorn	450
Setose Thistle	207
Short-horned Epimedium	346
Sicklepod	172
Sinkiang Arnebia	82
Slenderstyle Acanthopanax	2
Songaria Cynomorium	294
Spanishneedles	140
Spurge	370
Swordlike Atractylodes	116

T
Tall Gastrodis	408
Tangerine	218
Tatarian Aster	106
Tendrilleaf Fritllary	392
Thunberg Fritllary	395
Twotoothed Achyranthes	12
Tuber Onion	39

U
Upright Ladybell	28

V
Virgate Wormwood 94

W
Walnut 481
Weeping Forsythi 384
Wild Chrysanthemum 188
Wilford Cranesbill 420

Willowleaf Swallowwort 290

Y
Yanhusuo 260
Yerbadetajo 338

Z
Zhejiang Curcuma 276